半导体与集成电路关键技术丛书

IC 工程师精英课堂

三维微电子封装：从架构到应用

（原书第2版）

[美] 李琰（Yan Li）迪帕克·戈亚尔（Deepak Goyal） 主编

曾 策 卢 茜 向伟玮

肖 庆 廖承举 冯国彪 陈春梅 陈丽丽 崔西会 代晓丽 戴广乾

方 杰 雷东阳 李军辉 李阳阳 李展坤 罗建强 吕英飞 王文博 译

伍天翔 伍艺龙 叶惠婕 张 剑 张 健 赵刘和 赵鸣霄 朱晨俊

王传声 陆吟泉 徐榕青 审校

机械工业出版社

本书为学术界和工业界的研究生和专业人士提供了全面的参考指南，内容涉及三维微电子封装的基本原理、技术体系、工艺细节及其应用。本书向读者展示了有关该行业的技术趋势，使读者能深入了解最新的研究与开发成果，包括TSV、芯片工艺、微凸点、直接键合、先进材料等，同时还包括了三维微电子封装的质量、可靠性、故障隔离，以及失效分析等内容。书中使用了大量的图表和精心制作的示意图，可以帮助读者快速理解专业技术信息。读者通过本书将全面地获得三维封装技术以及相关的质量、可靠性、失效机理等知识。此外，本书还对三维封装技术尚在发展中的领域和存在的差距做了介绍，为未来的研究开发工作带来有益的启发。

本书适合从事集成电路芯片封装技术的工程师、科研人员和技术人员阅读，也可作为高等院校微电子封装工程专业的高年级本科生、研究生以及培训人员的教材和教学参考书。

Translation from English language edition:

3D Microelectronic Packaging: From Architectures to Applications，Second Edition

By Yan Li and Deepak Goyal

Copyright © Yan Li and Deepak Goyal

This edition has been translated and published under licence from Springer Nature Singapore Pte Ltd.

All Rights Reserved

本书由Springer授权机械工业出版社在中国大陆地区（不包括香港、澳门特别行政区及台湾地区）销售。

北京市版权局著作权合同登记　图字：01-2021-2301号

图书在版编目（CIP）数据

三维微电子封装：从架构到应用：原书第2版 /（美）李琰（Yan Li），（美）迪帕克·戈亚尔（Deepak Goyal）主编；曾策等译 .—北京：机械工业出版社，2022.2（2023.9 重印）

（半导体与集成电路关键技术丛书 . IC 工程师精英课堂）

书名原文：3D Microelectronic Packaging: From Architectures to Applications, Second Edition

ISBN 978-7-111-69655-1

Ⅰ.①三…　Ⅱ.①李…②迪…③曾…　Ⅲ.①微电子技术 – 封装工艺　Ⅳ.① TN405.94

中国版本图书馆 CIP 数据核字（2021）第 245036 号

机械工业出版社（北京市百万庄大街 22 号　邮政编码 100037）

策划编辑：吕　潇　责任编辑：吕　潇

责任校对：樊钟英　封面设计：马精明

责任印制：单爱军

北京虎彩文化传播有限公司印刷

2023 年 9 月第 1 版第 2 次印刷

169mm × 239mm · 30.25 印张 · 28 插页 · 695 千字

标准书号：ISBN 978-7-111-69655-1

定价：220.00 元

电话服务　　　　　　　　　　网络服务

客服电话：010-88361066　　机 工 官 网：www.cmpbook.com

　　　　　010-88379833　　机 工 官 博：weibo.com/cmp1952

　　　　　010-68326294　　金　书　网：www.golden-book.com

封底无防伪标均为盗版　　机工教育服务网：www.cmpedu.com

序

集成电路是事关国家安全和发展全局的战略性、基础性和先导性产业，但我国与世界先进水平有明显差距，因此集成电路被列入《中华人民共和国国民经济和社会发展第十四个五年规划和 2035 年远景目标纲要》强化国家战略科技力量的科技前沿攻关领域。

近年来，集成电路摩尔定律正逼近物理、技术和成本的极限，而以异构集成为特征的超越摩尔定律为电子系统微型化和多功能集成开拓了极为广阔的前景。三维微电子封装技术作为已逐渐成为提升产品集成密度和性能的重要解决途径，将催生更多种类的新器件、集成结构和系统创新方法，具备颠覆传统产品形态、推动信息产业革命性创新的巨大能力，并已成为必然的技术趋势。据国际知名市场调研公司 Yole 报告，以三维封装为代表的先进封装市场规模将在 2022 年超过传统封装的市场规模。到 2026 年，先进封装市场营收将达到 475 亿美元，在整个半导体市场中的份额将占有近 50%。在后摩尔时代对芯片性能持续提升的需求推动下，半导体产业链逐渐加大对先进微电子封装领域的投资力度，先进微电子封装技术不仅成为引领芯片行业进步的关键一环，还成为衡量国家科技硬实力的一项重要指标。三维微电子封装技术作为近年以来得到重点关注的先进封装技术，在消费类电子产品、人工智能、新能源汽车等各类产业领域都具有极高的应用价值。通过三维微电子封装取代传统单芯片封装，可以实现相当大的尺寸减小和性能提升，是微电子封装领域发展前景最好、最具代表性的技术。

该书主要内容涉及三维微电子封装的基本原理、技术体系、工艺细节及其应用，涵盖了三维封装的架构设计、互连与键合工艺、先进封装材料、热管理、热机械建模、质量和可靠性以及三维封装失效分析等方面的基础知识，这些对于三维微电子封装的成功都至关重要，将为科技界的教学研究以及工业界的研发制造提供全面的参考指南，具有很强的操作指导价值。我非常高兴看到中国电科的技术专家们翻译出版了这本优秀的技术专著，相信该书的译介将推动我国先进封装技术的不断进步。

黄庆安

IEEE Fellow

东南大学

2022 年 2 月 21 日

译者序

мик电子产业已不可避免地进入"后摩尔时代",为满足电子产品持续向超轻、超薄、高性能、低功耗发展的需求,先进微电子封装已然成为主流的技术趋势并提供了创新的解决方案。封装技术从二维的 MCM 技术向 2.5 维和三维异构集成技术快速发展,也即是本书的主题:三维微电子封装技术。三维微电子封装为以低成本的方式延续摩尔定律开辟了一条可行的路径,已经成为当前微电子产业界和学术界重要的研究热点。

本书很好地总结了三维微电子封装当前最新的研究成果,对相关的工艺、材料、设计、质量与可靠性等重要议题进行了详细总结和论述,能够帮助从事该领域研究的研究生和工程师快速地建立起必要的知识体系,使之更快地进入工程实践或前沿技术研究。值得一提的是,本书特别突出了与三维微电子封装密切相关的质量和可靠性的基础理论与技术,这在三维微电子封装技术已广泛应用于消费电子产品,并快速向通信、汽车、航空航天等高可靠应用领域渗透的当下,具有非常重要的实践指导意义。

本书的两位主编是行业知名公司的技术专家,其研究代表了行业前沿水平,作为2017 年初次出版后的第 2 版,在原书第 1 版的基础上经过增补完善,内容更全面地反映了行业最新研究成果。相信本书的译介能够对国内电子封装技术领域的研究生和技术开发人员带来很好的帮助。

本书主要由中国电子科技集团公司第二十九研究所、四川省宽带微波电路高密度集成工程研究中心的技术团队负责翻译,中南大学李军辉教授给予了特别的帮助。译者要感谢中国电子科技集团公司第四十三研究所的王传声研究员、李建辉研究员、刘俊夫高工、李林森博士、朱喆博士、徐春林博士,以及中山大学黄智恒教授、刘金欣博士对译稿的细致审阅。感谢厦门大学教授 / 云天半导体创始人于大全博士对译稿提出的宝贵意见。他们的支持使本书的翻译质量得到了极大提升!

本书的原版中引用的资料来源较多,不同资料中的个别术语表述方式、一些单位名称及物理量符号的使用标准不完全一致,为避免不必要的错误,译者对此并未刻意进行换算或统一。因译者翻译和学术水平有限,其中的错误和不当之处,恳请广大读者给予指正。

译者

主编简介

李琰

李琰（Yan Li）博士是英特尔公司位于美国亚利桑那州钱德勒"封装测试与技术开发失效分析实验室"的高级主任工程师。她在北京大学获得物理学学士和硕士学位，并于 2006 年获得美国西北大学材料科学与工程博士学位。作为英特尔三维封装技术开发项目的首席封装失效分析工程师，李博士参与了英特尔众多与封装相关的技术解决方案，并专注于电子封装的质量和可靠性，对失效模式和失效机理有深入的研究，开发了用于三维封装故障隔离和失效分析的新工具及技术。李博士是美国矿物、金属和材料学会（TMS）、美国金属学会（AMS）和电子器件失效分析协会（EDFAS）等多个国际专业学会的资深会员及撰稿人。自 2011 年以来，李博士担任了 TMS、测试与失效分析国际会议（ISTFA）的年会组织者。李博士 2018 年进入集成电路物理与失效分析国际会议（IPFA）技术委员会，她还获得了 2014 年 TMS EMPMD 青年领袖专业发展奖。李博士在微电子封装领域发表了 20 余篇论文，拥有多项专利，并联合编撰了受到业界高度认可的著作 *3D Microelectronic Packaging*。

迪帕克·戈亚尔

迪帕克·戈亚尔（Deepak Goyal）博士目前是英特尔 ATTD/ATM 封装 FA 和 LYA 实验室的主任，毕业于美国纽约州立大学石溪分校，并获得材料科学与工程博士学位。他负责为英特尔下一代微电子封装开发新的分析工具、缺陷表征、故障隔离、失效和材料分析技术。他协助开发了英特尔整套封装技术，包括 FCxGA、FCCSP、TSV、EMIB 和 Foveros 等。他作为失效分析方面的专家，在国际电子元件与技术会议（ECTC）上教授了有关封装 FA/FI 方法及失效机理的专业课程。他曾获得两项英特尔成就奖和 25 项部门奖。Goyal 博士已撰写或合著了 50 多篇论文，并拥有 11 项美国专利。他是 IEEE 的高级会员，曾担任由半导体制造技术战略联盟（Sematech）举办的封装与互连故障分析论坛主席，以及 ECTC 应用可靠性委员会主席。

目　录

第 **1** 章

三维微电子封装概论

Yan Li，Deepak Goyal

1.1 导言

微电子封装在 IC（Integrated Circuit，集成电路）与电子系统之间架起桥梁，并将两种技术融为一体 [1]。先进三维（3D）微电子封装技术是满足便携式电子产品对超轻、超薄、高性能和低功耗需求的行业趋势。与此同时，它也为半导体行业以更低的成本保持摩尔定律开辟了新方向 [1-3]。

近年来，采用先进三维封装技术的实际产品相继面世。例如，2013 年 9 月推出的苹果 iPhone 5s 所配置的 Apple A7 芯片即是一款 PoP（Package on Package，堆叠封装）结构的三维封装 [4]。如图 1.1 所示，引线键合的 Elpida（现为镁光）存储器封装（LP-DDR3，低功耗移动随机存取存储器）堆叠在 Apple A7 倒装芯片封装之上，以获得更高性能和更小的外形尺寸。2014 年初，SK Hynix 发布了其 HBM（High Bandwidth Memory，高带宽存储器）产品，它堆叠了多达 8 层的 DRAM 芯片，并通过 TSV（Through Silicon Vias，硅通孔）和微凸点实现互连，实现了更高的带宽、更低的功耗以及大幅减小的外形尺寸 [5]。2015 年 7 月，AMD 推出了 AMD Radeon™ Fury 显卡，这是第一个采用 TSV 和微凸点 HBM 的 GPU（Graphic Processing Unit，图形处理器）[6]。图 1.2 展示了一个三维先进封装的俯视图和剖面示意图。图中大的 GPU 芯片与四个通过微凸点和 TSV 堆叠的 HBM 同时集成到硅转接板（Si interposer）上，确保了芯片之间的互连更快、更短 [6]。

类似的封装技术在台积电（Taiwanese Semiconductor Manufacturing Company，TSMC）被称为 CoWoS（Chip-on-Wafer-on-Substrate），于 2016 年实现量产，可将多个先进芯片集成在单个硅转接板之上 [7]。

自 2018 年以来，英特尔（Intel）推出了采用 EMIB（Embedded Multi-Die Interconnect Bridge，嵌入式多芯片互连桥）技术的 Kaby Lake-G 和 Stratix 10 系列产品 [8]。这些产品中 FPGA（Field-Programmable Gate Array，现场可编程门阵列）、收发器、堆叠

1

HBM、GPU 等芯片采用埋置于有机基板中的小型硅芯片和局部的高密度微凸点实现互连，因此没有使用一整块的硅转接板。2019 年英特尔公布了其 Lakefield 处理器，这是使用被称之为 Foveros 的三维"有源转接板（active interposer）"堆叠技术的第一款产品 [9]。IO、内核和板载 LLC / DRAM 芯片分别独立制作，然后通过芯片级的三维堆叠封装技术实现互连。IO 芯片位于堆叠的底部，并同时作为"有源转接板"完成顶部各芯片之间的数据路由。

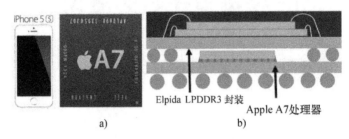

a)   b)

图 1.1   iPhone 5s 内置的 PoP（堆叠封装）
a）Apple A7 封装俯视图   b）剖面示意图（未按比例绘制）
（改编自参考文献 [4]）

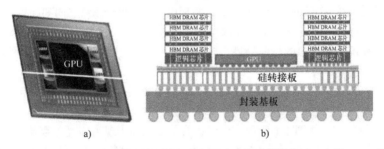

a)   b)

图 1.2   AMD Radeon™ Fury 的俯视图和剖面示意图（未按比例绘制）：大的 GPU 芯片与四个通过微凸点和 TSV 堆叠的 HBM 同时集成到硅转接板之上
（改编自参考文献 [6]）

图 1.3 所示为台积电的 InFO（Integrated Fan-Out，集成扇出）-PoP（Package On Package，堆叠封装），该技术 2016 年应用于移动通信产品并实现量产，其特征是通过高密度的 RDL（Redistribution Layer，再布线层）和 TIV（Through InFO Via，集成扇出通孔）实现逻辑芯片与 DRAM 封装堆叠的集成 [10]。与倒装芯片 PoP 相比，InFO-PoP 由于不采用有机基板和 C4 凸点，因此剖面更薄，电性能和热性能更佳。

图 1.3   台积电的 InFO-PoP 封装技术示意图
（改编自参考文献 [10]）

Xperi 公司的混合键合（hybrid bonding）技术，也称之为 DBI（Direct Bond Interconnect，直接键合互连），它将介质与嵌入式的金属导体同时实现键合并形成互连。如图 1.4 所示，低温混合键合解决方案可在晶圆或芯片键合中实现极细节距的三维电互连，从而使缩小凸点节距成为可能。该技术已由索尼公司应用于三维堆叠的背照式数字影像传感器（IMX260），并应用在三星 2016 年发布的 Galaxy S7 Edge 手机上 [11]。

图 1.4　Xperi 公司的混合键合 / 直接键合互连（DBI）技术示意图
（改编自参考文献 [11]）

这些真实的产品将三维封装技术从理论走向现实、从概念走向商业化，同时也标志着三维封装技术在微电子领域有着广泛的应用。

三维封装技术涉及多个学科，如材料科学、机械工程、物理学、化学以及电气工程等。对于学术界和工业界的研究生和专业人士来说，都期待有一本广度上能全面涵盖三维微电子封装技术的书籍。当前有关三维集成的书籍通常专注于晶圆工艺，尤其是 TSV 的制造，而不涉及其他的关键要素，编写本书的目的即是为填补这一空白。本书涵盖了三维封装的互连、键合工艺、先进封装材料、热管理、热机械建模、架构设计、质量和可靠性以及三维封装失效分析等方面的基础知识，这些对于三维先进封装的成功都至关重要。

本章详细阐释三维封装的动因以及各种架构，然后探讨三维封装中有关制造、装配、成本、设计、建模、热管理、材料、基板、质量、可靠性，以及失效分析等方面的挑战，并同时结合这些挑战简要介绍各章节的内容。

1.2　为什么采用三维封装

1.2.1　摩尔定律

自从 1971 年英特尔推出世界上第一个单芯片微处理器 Intel 4004 以来，每颗芯片上晶体管数量呈指数增长，并遵从摩尔定律 [12]。如图 1.5 所示，每颗硅芯片的晶体管数量大约每 18 个月翻一番，在对数坐标上形成一条直线 [12, 13]。在 1990 年，为了降低热功耗、电路尺寸和制造成本，双极晶体管技术转向 CMOS，也同步提高了工作速度和能源效率 [3]。在 2000 年初，开发了多核处理器来解决传统单核处理器棘手的热功率问题 [3]。由于多核处理器需要巨大的缓存容量和内存带宽才能达到设计性能，而三维封装以相对较低的成本提供所需的缓存和带宽，因此成为可行的解决方案之一 [3]。

维持摩尔定律的传统方法是通过光刻技术来减小元器件尺寸，然而光刻技术变得越

来越复杂和昂贵 [13]。如图 1.6 所示，自 20 世纪 70 年代以来，光刻设备的成本呈指数增长，当设备成本增长速度快于半导体行业的回报时，就出现了经济学上的挑战 [13]。三维集成技术已被公认为是未来低成本 IC 的使能技术，它在第三维度上延伸摩尔定律，获得更高的密度、更多的功能，并实现更低的成本 [3]。

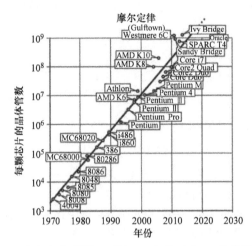

图 1.5　摩尔定律预测 20 世纪 70 年代以来 IC 的指数增长
（改编自参考文献 [13]）

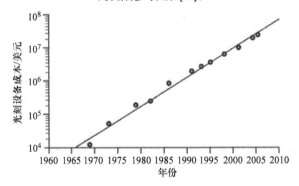

图 1.6　20 世纪 70 年代以来光刻设备成本的指数增长
（改编自参考文献 [13]）

1.2.2　小型化需要三维封装

小型化微电子产品的市场需求转向超轻、超薄的三维封装，并同时具有较小的元器件封装面积。三维封装中的硅芯片通常厚 50~100μm，比传统封装中的芯片薄了大约 90%。三维封装基板的芯板厚度为 0~100μm，比传统封装薄了 90% 以上。三维封装中高密度互连的直径为 5~20μm，比二维封装中的缩小了 90% 以上。因此，通过三维技术替代传统封装，可以大幅缩小尺寸和减轻重量 [2]。

小型化要求小的元器件封装（footprint），元器件封装被定义为硅芯片所占据的 PCB

（Printed Circuit Board，印制电路板）区域，如图 1.7[2] 所示。通过使用三维封装技术将多个芯片彼此堆叠在一起，可以显著缩小元器件封装。图 1.7 示意性地展示了常规二维封装和三维封装之间的区别。

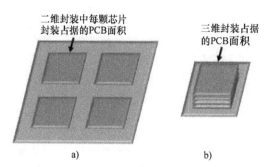

图 1.7　传统二维封装和三维封装所占据的面积差异示意图
（改编自参考文献 [2]）

1.2.3　降低功耗提高系统性能

与传统的二维封装相比，三维封装中的互连长度可以得到大幅度的缩短[2]。图 1.8a 所示为二维封装中一个典型的 4mm 长的互连。而图 1.8b 所示的三维封装中，互连长度可以缩短到 200μm。此外，三维封装还可以大大提高互连的可用性和连接性[2]。图 1.9 所示为二维和三维封装在互连的连接性和可用性方面的对比。与二维封装技术的中心元器件有八个相邻元件相比，采用三维封装的结构时，中心元器件在相等的互连长度下可连接 116 个堆叠起来的相邻元器件。

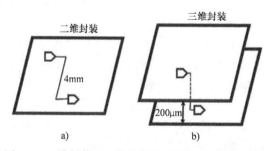

图 1.8　二维封装和三维封装布线长度的比较示意图
（改编自参考文献 [2]）

三维器件中互连长度有效缩短，互连可用性和连接性急剧提升，使得主要受互连传输影响的信号时延大幅下降[2]。三维微电子系统中低时延和宽总线能显著提升系统带宽[2]。设计良好的三维微电子系统中的噪声，包括反射噪声、串扰噪声、同步开关噪声和电磁干扰等，可以因互连长度的缩短而得到降低[2]。此外，由于微电子封装中的寄生电容与互连长度成正比，因此三维封装中的总功耗也因寄生电容的减小而降低[2]。三维技术使器件能够在更低的功耗下，以更快的速度或更高的频率运行，从而实现节电。通过应用三维封装技术，可大大提高系统的整体性能 [2]。

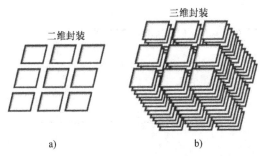

图 1.9　在二维封装和三维封装在互连的连接性和可用性方面的比较示意图
（改编自参考文献 [2]）

1.3　三维微电子封装架构

各种三维封装架构可以分为以下三类：芯片 - 芯片三维集成、封装 - 封装三维集成，以及结合了封装和芯片堆叠的异构三维集成 [3, 14, 15]。第 2 章将详细讨论不同的三维封装架构的组装和测试流程。

1.3.1　芯片 – 芯片三维集成

通过 TSV 的互连，以及减薄芯片间的键合，可以实现芯片 - 芯片的三维集成 [3]。如图 1.10 所示，两个存储芯片堆叠在带有 TSV 和微凸点的逻辑芯片之上。FLI（Fist Level Interconnect，第一级互连）焊点将逻辑芯片与基板相连，而 SLI（Second Level Interconnect，第二级互连）焊点则提供了该三维封装与 PCB 之间的连接 [15]。首先进行激光打孔或深反应离子刻蚀（Deep Reactive Ion Etching，DRIE），然后进行绝缘层沉积和铜填充工艺，从而制备出 TSV。TSV 有三种典型的制造工艺，分别是先通孔（via first），中通孔（via middle）和后通孔（via last）[16-18]。第 2、3 章将详细讨论每种工艺的流程以及它们各自的优缺点。

芯片 - 芯片的键合可通过用于焊料微凸点的 TCB（Thermal Compression Bonding，热压焊）工艺实现，也可通过 Cu-Cu 键合等其他键合工艺实现。二维封装中传统的批量回流焊（mass reflow）工艺包括助焊剂分配，芯片贴装和焊料回流等步骤，但是当三维先进封装中含有较薄的芯片和有机封装，并同时具有小尺寸、高密度互连时，该组装工艺将不再适合。由于在回流温度下，芯片和基板的翘曲伸展超出了焊料的表面张力，导致芯片错位、芯片倾斜、焊点非接触开路（non-contact opens）和焊料凸点桥接短路等缺陷 [19]。因此专门开发了用于三维封装焊料微凸点焊接的 TCB 工艺，以代替传统的焊料批量回流焊接。如图 1.11 所示，预涂有助焊剂的基板用真空固定在加热的基台上，可保持基板平坦，避免翘曲。芯片由键合头拾取，同样在真空作用下吸紧并保持平坦，消除来料芯片可能的翘曲。将芯片与基板精确对准后，带有芯片的键合头移动并与基板接触。

然后，通过键合头将恒定的键合力施加到芯片上，同时将芯片快速加热到焊料熔点以上的温度，其升温速率超过 100℃/s。一旦焊点熔化，芯片将进一步向下移动，以确保所有焊点处于同一高度。芯片在该位置保持足够的时间，并与基板之间形成焊点。当焊料仍处于熔融状态时，带有芯片的键合头可向上回缩以控制焊点高度。随后，将焊点以高于 50℃/s 的速度迅速冷却到固相线温度以下，紧接着芯片从键合头上脱离[19]。与传统的焊料批量回流工艺不同，一个批次的产品需要多达 10min 的工艺时间，而 TCB 焊接则是逐个单元进行组装，每个单元仅需几秒钟[19]。此外，TCB 工艺在加热和冷却循环的升降温速率比传统方法高得多，这会引起焊料晶粒尺寸和取向上的差异，从而影响机械性能，详见第 10 章。

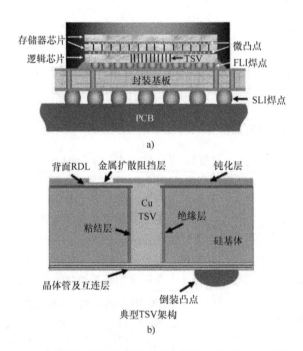

图 1.10　以 TSV 和减薄芯片键合实现的芯片 - 芯片三维集成示意图（彩图见插页）

（改编自参考文献 [15]）

焊料微凸点顺应性好，因此在大批量制造中可以补偿凸点高度上的波动、共面性不足以及对位偏差等问题。然而，TCB 工艺的峰值温度必须高于焊料熔点（通常在 250~300℃范围），这带来了更多组装和可靠性方面的挑战。此外，随着凸点节距从大于 100μm 减小到小于 40μm，焊料桥接短路的风险变得更高。混合键合等其他键合工艺可解决节距小于 5μm 的凸点互连，并且组装温度相对更低，因此非常具有前景。第 8 章将综述各种不同类型的键合工艺，以及与基于焊料的 TCB 工艺进行优缺点对比。

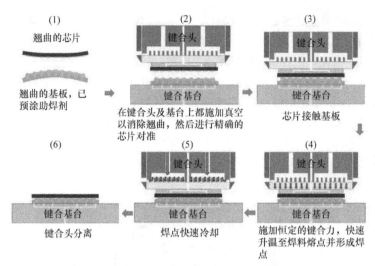

图 1.11　典型的 TCB 工艺示意图（彩图见插页）

（改编自参考文献 [19]）

1.3.2　封装 – 封装三维集成

SiP（System in Package，系统级封装）和 PoP（Package on Package，堆叠封装）是封装 - 封装三维集成的典型结构，它通过引线键合或倒装芯片键合实现封装的堆叠 [3]。与芯片堆叠相比，封装 - 封装的堆叠技术具有较短的开发周期，从而有助于以较低的价格更快地将产品推向市场。如图 1.12 所示，通过倒装键合将引线键合封装堆叠在另一个引线键合封装的顶部，然后再将这两个封装堆叠在一个倒装芯片封装之上，最后形成 PoP。如果封装翘曲度可控，且互连尺寸和密度与传统二维封装相当，则传统的焊料批量回流工艺仍可用于堆叠封装的焊接。但是，市场需求的是超薄封装，因此限制了堆叠的封装层数。此外，SiP 和 PoP 中的焊点和封装材料需要经历多次回流，从而带来工艺和可靠性方面的挑战，例如焊点开路、封装的分层以及各回流工序之间的湿度控制等。第 17 章将详细讨论堆叠封装技术的工艺和可靠性，以及与芯片堆叠相比的优缺点。

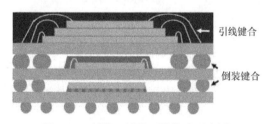

图 1.12　封装 - 封装三维集成示意图

（改编自参考文献 [3]）

1.3.3　三维异构集成

三维集成将单独制造的元器件组装到同一个小型封装中，从而提供更强的功能，更低的功耗，更高的系统性能，更小的尺寸以及更低的成本 [9, 20]。与单芯片技术相比，为保证性能最大化，在三维异构集成中不同功能的各个芯粒（chiplet）允许采用最佳的可用技术节点。由于各芯粒的尺寸小得多，因此其良率也得到极大提高。通过将商用元件整合到新的封装中，产品开发周期将显著缩短[9, 20]。

　　根据产品需求，复杂的三维异构封装可以同时包含芯片堆叠和封装堆叠[15]。如图 1.13 所示，四个存储器芯片通过 TSV 和微凸点堆叠在逻辑芯片之上，形成动态随机存取存储器（DRAM）的三维封装，此封装与倒装 CPU 芯片集成在一起，从而以封装堆叠的方式形成三维封装。CPU 芯片与三维封装之间的第一级互连（FLI），DRAM 封装与三维封装之间的 MLI（Mid Level Interconnect，中间级互连），再加上基板中的互连，共同实现了 CPU 芯片与 DRAM 封装之间的连接[15]。为了获得更好的性能、更高的带宽和更低的功耗，迫切需要芯片与封装之间的互连尺寸更小、密度更高。图 1.2 展示的是硅转接板技术，该技术通过具有高密度的铜互连和 TSV 的硅转接板，实现了 CPU 芯片和 HBM 芯片堆叠之间更佳的连接[15, 21]。嵌入式多芯片互连桥（EMIB）技术是另一种在芯粒之间进行局部高密度互连的方法，但它无需使用 TSV 硅转接板[8]。如图 1.14 所示，芯片间的连接由嵌入在有机基板中的硅桥所含的精细 Cu 互连提供，其中高密度的第一级互连（FLI）局限于硅桥与芯片之间。与硅转接板技术相比，EMIB 技术能够以低得多的成本实现相当的性能，从而为三维异构封装开辟新的市场机遇[8]。图 1.15 展示的是另一种用于封装尺寸受限情况下的小型化三维异构封装。CPU 芯片和 IO 芯片采用 Foveros 技术堆叠，该技术通过芯片中精细 Cu 互连，以及芯片间的微凸点实现芯粒之间面对面的连接。底部芯片内部的 TSV 通过第一级互连（FLI）与有机基板连接。另外，应用 PoP 结构将 DRAM 封装堆叠在 CPU 和 IO 芯片之上[9]。三维异构集成方法为芯片设计师提供了前所未有的灵活性，可以实现新产品设计中不同的外形尺寸要求，以及非常积极的开发时间表，更佳的系统性能，最小化的功耗，以及尽可能低的成本。

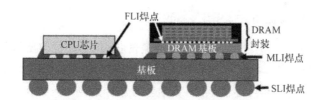

图 1.13　同时包含芯片堆叠和封装堆叠的三维封装架构示意图
（改编自参考文献 [15]）

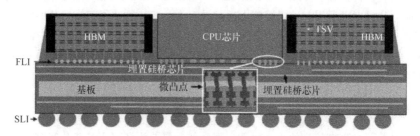

图 1.14　嵌入式多芯片互连桥（EMIB）技术示意图，
在 CPU 芯片和 HBM 芯片堆叠之间提供局部高密度互连
（改编自参考文献 [8]）

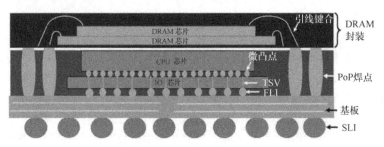

图 1.15　包含 Foveros 技术的三维异构封装示意图，通过 TSV 和微凸点在 CPU 芯片和 IO 芯片之间提供了面对面的芯片堆叠；应用 PoP 结构将 DRAM 封装堆叠在 CPU 和 IO 芯片之上（改编自参考文献 [9]）

1.4　三维微电子封装的挑战

1.4.1　组装工艺、良率、测试及成本的挑战

三维封装涉及比传统封装更具挑战性的组装步骤，如 TSV 晶圆制造和芯片分离工艺（见第 7 章）、微凸点的 TCB 工艺（见第 15 章）、PoP 的多次回流焊工艺（见第 17 章）。复杂的工艺会带来良率、测试和成本等方面的挑战[2]，这些挑战可以通过冗余或容错设计、装配过程的 TPT（Through-Put Time，产出时间）改进，以及基于产品质量和可靠性要求的工艺步骤简化等措施来解决[2, 3]。

1.4.2　热管理、封装设计及建模的挑战

发热元件之间近距离的三维集成增加了热流密度和冷却路径的复杂度，从而给三维封装的热管理带来巨大的挑战[2, 3]。第 13 章将介绍传热的基本原理以及有助于解决该问题的高阶指南。

由于系统复杂性的增加，三维封装的设计可能非常具有挑战性，但可以通过设计和开发设计软件来解决[2]。除了增加了系统复杂性外，三维封装还涉及多个层级的焊点、底部填充和模塑料。由于 CTE（Coefficients of Thermal Expansion，热膨胀系数）失配引起的热应力和过度吸湿引起的吸湿应力经常结合在一起，这使得三维封装中的应力建模变得复杂[22, 23]。对于直径为 µm 级的互连（例如 TSV），在应力建模过程中需要考虑微观结构、材料各向异性、再结晶，以及时间依赖的相形态演变等方面[24]。第 4~6 章和第 16 章将对三维封装中热机械应力和湿应力建模作详细的讨论。

1.4.3　材料和基板的挑战

三维封装通常具有较小的互连尺寸、更密的凸点节距和更小的芯片间隙，这给底部填充、芯片贴装和助焊剂清洗工艺带来挑战。此外，在三维封装的芯片贴装中广泛使用的 TCB 工艺与传统的批量回流工艺截然不同，整个芯片键合过程在几秒钟之内完成，而

无需 10min 以上 [19]。为防止底部填充工艺、助焊剂残留及互连完整性等导致的良率损失（例如底部填充空洞、助焊剂残留导致的分层、焊料凸点的桥接或不沾锡等），有必要对传统的底部填充剂和助焊剂材料做较大的调整。第 10 章将综述材料的挑战，并给出有关环氧树脂和助焊剂材料选择的指南。

为了实现高度集成的三维封装，基板和 PCB 都需要满足更高的信号和功率密度要求。基板的过孔、通孔（through holes，TH）以及布线需要尺寸更小，同时节距更密。此外，将硅芯片和封装埋置集成到基板或 PCB 中，是实现产品小型化，并满足更高性能、更低功耗目标的方法之一。这些给基板带来巨大的挑战，包括翘曲控制，以及为实现更精细的互连尺寸和节距所需的无缺陷制备工艺。第 14 章将回顾基板材料和制造技术的发展，并给出三维封装中选择应用合适的材料及工艺技术的一般性建议。

1.4.4　质量、可靠性及失效分析的挑战

复杂的三维封装具有从几 μm 到 1000μm 范围的多尺度互连。例如，TSV 和微凸点的直径大约为几 μm，而封装到 PCB 的第二级互连直径可能高达 1000μm。在三维集成过程中，互连需要经历多次焊料回流过程，制造和组装过程中产生的缺陷、不同材料之间的热膨胀系数失配以及互连中的微结构演变，这些都可能产生新的质量和可靠性问题。此外，在高可靠性要求的产品中拓展三维封装的应用，例如 ADAS（Advanced Driver Assistance Systems，先进驾驶辅助系统）、航空电子设备和高端服务器，对三维封装的质量和可靠性提出了额外的挑战，第 3~6 章将讨论 TSV 的质量和可靠性。第 12 章讨论三维封装互连中的电迁移问题，重点是堆叠封装中多级焊点的可靠性。第 16 章阐释了消费类电子产品和高可靠电子产品之间对可靠性的不同要求，另外还详细讨论了使用条件、包封材料和底部填充材料的作用、可靠性测试和建模，以解决三维封装中复杂的可靠性问题。第 17 章将概述三维封装的互连质量和可靠性，并结合案例研究和现场性能预测做了说明。

失效分析是开发三维封装技术的关键，深入的失效根源分析为解决质量和可靠性问题提供了解决途径。由于三维封装的复杂性，FI（Fault Isolation，故障隔离）和 FA（Failure analysis，失效分析）变得极具挑战性。首先，一个单元在完成可靠性试验之后可能存在多重的失效，而要对每个失效进行完美的失效分析则需要非破坏性的高解析度技术，包括故障隔离、成像和材料分析。此外，三维封装中的每一个电性能故障都可能来自不同的芯片、组装层或互连，因此特别需要那些可提供缺陷三维信息的高解析度故障隔离技术。识别出缺陷后，需要进行物理失效分析以进行根本原因的研究。然而，三维封装中的互连，如 TSV，具有较小的直径（2~10μm）和较大的长度（40~200μm），因此短周期且无需手工制样（artifact free）的截面分析技术对于表征较大横截面中的小缺陷至关重要。第 18 章将概述最新的高分辨率无损 FI 和 FA 技术，如 EOTPR（ElectroOptic Terahertz Pulse Reflectometry，电光学太赫兹脉冲反射）、3D X 射线 CT（Computed Tomography，计算机断层扫描）、LIT（Lock-in Thermography，锁相红外成像）和声学显微等。本章还将讨论新的物理制样技术和各种材料分析方法在三维封装失效分析中的应用。此外还结合案例，提出建立有效的三维封装 FI-FA 流程

和进行深入的根本原因研究的指南。

1.5 小结

三维封装已经为半导体行业提供了一种低成本保持摩尔定律的新方法，并被认为是提供性能更好、功耗更小、成本更低的便携式微电子产品的有效途径。近年来，为开发三维先进封装出现了许多新颖的技术创新。但是，由于更小尺寸和更高密度的互连、复杂的装配工艺、独特的 TSV 和微凸点 TCB 工艺，以及在高可靠性产品中的拓展应用，高度集成的三维封装面临着巨大的挑战。

本书的各章由学术界和半导体产业界的专家撰写。第 2 章深入分析了三维封装架构和装配工艺设计；第 3~7 章重点介绍了 TSV 工艺、可靠性和机械性能的基本原理；第 8~10 章讨论了微凸点的热压键合、工艺材料、直接 Cu-Cu 键合以及三维封装中其他互连技术的基本原理；第 11 章和第 12 章提供了三维封装互连中焊料合金和电迁移的基本原理；第 13 章全面介绍了三维封装中的热管理；第 14 章详细介绍了基板材料的基础和制造工艺；第 15 章介绍了三维封装中的热机械和湿气建模；第 16~18 章全面阐述了三维先进封装的互连质量、可靠性、故障隔离和失效分析。读者从本书可以获得有关三维封装的全方位的知识，包括基本原理，发展中的领域，技术差距以及未来研究与开发的指引。

致谢： 编者们要感谢劳伦斯·利弗莫尔国家实验室（Lawrence Livermore National Laboratory）的约翰·埃尔默（John Elmer）对本章的审阅。

参考文献

1. I. Szendiuch, Radioengineering **20**(1), 214 (2011)
2. S.F. Al-sarawi, D. Abbott, P.D. Franzon, IEEE Trans. Compon. Pack. Manufact. Technol. Part B **21**(1), 2 (1998)
3. J.Q. Lu, Proc. IEEE **97**(1), 18 (2009)
4. J.H. Lau, Chip Scale Rev. **18**(1), 32 (2014)
5. L. Li, P. Chia, P. Ton, M. Nagar, S. Patil, J. Xue, J. DeLaCruz, M. Voicu, J. Hellings, B. Isaacson, M. Coor, R. Havens, in *Conference Proceedings from the 66th Electronic Components and Technology Conference (ECTC)* (2016), p. 1445
6. C. Lee, C. Hung, C. Cheung, P. Yang, C. Kao, D. Chen, M. Shih, C.C. Chien, Y. Hsiao, L. Chen, M. Su, M. Alfano, J. Siegel, J. Din, B. Black, in *Conference Proceedings from the 66th Electronic Components and Technology Conference (ECTC)* (2016), p. 1439
7. S.Y. Hou, W.C. Chen, C. Hu. C. Chiu, K.C. Ting, T.S. Lin, W.H. Wei, W.C. Chiou, J.C. Lin, C.Y. Chang, C.T. Wang, C.H. Wu, D. Yu, IEEE Trans. Electron Dev. **64**(10), 4071 (2017)
8. R. Mahajan, R. Sankman, N. Patel, D. Kim, K. Aygun, Z. Qian, Y. Mekonnen, I. Salama, S. Sharan, D. Iyengar, D. Mallik, in *Conference Proceedings from the 66th Electronic Components and Technology Conference (ECTC)* (2016), p. 558
9. D.B. Ingerly, S. Amin, L. Aryasomayajula, A. Balankutty, D. Borst, A. Chandra, K. Cheemalapati, C.S. Cook, R. Criss, K. Enamul1, W. Gomes, D. Jones, K.C. Kolluru, A. Kandas, G.-S. Kim, H. Ma, D. Pantuso, C.F. Petersburg, M. Phen-givoni, A.M. Pillai, A. Sairam, P. Shekhar,

P. Sinha, P. Stover, A. Telang, Z. Zell, in *Conference Proceedings from the IEEE International Electron Devices Meeting (IEDM)* (2019)

10. C. Tseng, C. Liu, C. Wu, D. Yu, in *Conference Proceedings from the 66th Electronic Components and Technology Conference (ECTC)* (2016), p. 1

11. G. Gao, L. Mirkarimi, G. Fountain, L. Wang, C. Uzoh, T. Workman, G. Guevara, C. Mandalapu, B Lee, R. Katkar, in *Conference Proceedings from the 68th Electronic Components and Technology Conference (ECTC)* (2018), p. 314

12. R.R. Tummala, *Fundamentals of Microsystems Packaging* (McGraw-Hill, 2001), pp. 4–41

13. D.C. Brock, *Understanding Moore's Law: Four Decades of Innovation* (Chemical Heritage Foundation, 2006), pp. 67–84

14. Y. Li, P.K. Muthur Srinath, D. Goyal, J. Electron. Mater. **45**(1), 116 (2016)

15. Z. Ma, D.G. Seiler, *Metrology and Diagnostic Techniques for Nanoelectronics* (Pan Stanford Publishing Pte. Ltd., 2017)

16. T.M. Bauer, S.L. Shinde, J.E. Massad, D.L. Hetherington, in *Conference Proceedings from the 59th Electronic Components and Technology Conference (ECTC)* (2009), p. 1165

17. G. Pares, N. Bresson, S. Minoret, V. Lapras, P. Brianceau, J. F. Lugand, R. Anciant, N. Sillon, in *Conference Proceedings from the 11th Electronics Packaging Technology Conference (EPTC)* (2009), p. 772

18. K.-.W Lee, H. Hashimoto, M. Onishi, Y. Sato, M. Murugesan, J.-.C Bea, T. Fukushima, T. Tananka, M. Koyanagi, in *Conference Proceedings from the 64th Electronic Components and Technology Conference (ECTC)* (2014), p. 304

19. A. Eitan, K.Hung, in *Conference Proceedings from the 65th Electronic Components and Technology Conference (ECTC)* (2015), p. 460

20. R. Viswanath, A. Chandrasekhar, S. Srinivasan, Z. Qian, R. Mahajan, in *Conference Proceedings from the IEEE Electrical Design of Advanced Packaging and Systems Symposium (EDAPS)* (2018), M-I.1

21. K. Zoschke, M. Wegner, M. Wilke, N. Jürgensen, C. Lopper, I. Kuna, V. Glaw, J. Röder1, O. Wünsch1, M.J. Wolf, O. Ehrmann, H. Reichl, in *Conference Proceedings from the 60th Electronic Components and Technology Conference (ECTC)* (2010), p. 1385

22. C.-H. Liu, J.-L. Tsai, C. Hung-Hsien, C.-L. Lu, S.-C. Chen, in *Conference Proceedings from the 64th Electronic Components and Technology Conference (ECTC)* (2014), p. 1628

23. C.-H. Liu, Y.-H. Liao, W.-T. Chen, C.-L. Lu, S.-C. Chen, in *Conference Proceedings from the 65th Electronic Components and Technology Conference (ECTC)* (2015), p. 1502

24. N. Nabiollahi, N. Moelans, M. Gonzalez, J.D. Messemaeker, C.J. Wilson, K. Croes, E. Beyne, I.D. Wolf, Microelectr. Reliab. **765** (2015)

第 2 章

三维封装架构和组装流程设计

Ravi Mahajan，Bob Sankman

缩略语：

3D	Three Dimensional	三维
2D	Two Dimensional	二维
SBS	Side by Side	并排
SiP	System in Package	系统级封装
SoC	System on Chip	片上系统
IP	Intellectual Property	知识产权
MCP	Multi Chip Package	多芯片封装
MCM	Multi Chip Module	多芯片组件
MPM	Multi Package Module	多封装模块
EMIB	Embedded Multi-Die Interconnect Bridge	嵌入式多芯片互连桥
TSV	Through Silicon Via	硅通孔
W2W	Wafer to Wafer	晶圆对晶圆
D2W	Die to Wafer	芯片对晶圆
D2D	Die to Die	芯片对芯片
BI	Burn-In	老化
Tx	Transmitter	发射器
Rx	Receiver	接收器
TDP	Thermal Design Power	热设计功耗
TIM	Thermal Interface Material	热界面材料
KOZ	Keep Out Zone	阻止区
CMP	Chemical Mechanical Polishing	化学机械抛光

ECD	Electro Chemical Deposition	电化学沉积
PECVD	Plasma Enhanced Chemical Vapor Deposition	等离子增强化学气相沉积
PVD	Plasma Vapor Deposition	等离子气相沉积
FEOL	Front End of Line	前道
MEOL	Middle End of Line	中道
BEOL	Back End of Line	后道
KGD	Known Good Die	已知良好芯片
PCH	Peripheral Controller Hub	外围设备控制器中枢

2.1 导言

晶体管密度按摩尔定律 [5, 6] 不断增长，催生了功能强大、泛在互联的计算机系统，这使得消费和商业应用得到广泛普及（如图 2.1 所示）。这些计算机及网络系统利用数字电路 [例如微处理器（Microprocessor）、现场可编程门阵列（Field Programmable Gate Arrays，FPGA）]、存储电路（例如 SRAM、DRAM）和模拟电路（例如电源、时钟、RF 前端模块、放大器、SERDES、USB、PCIe、DDR）实现各种各样的计算和通信功能。不同的计算和通信功能可集成在一个硅单片上（通常被称为片上系统或 SoC 集成），或者异构集成在封装内 [通常称为系统级封装（System in Package，SiP）⊖]。片上系统集成技术的优点在于缩短了互连长度，提高了信号传输保真度；由于 IP 核⊖ 之间的高效片上连接降低了系统功耗，同时也因从整体上减少了硅片面积而实现摩尔定律缩放。因此，在以下情况下，通常首选片上系统集成。

1）所集成的功能可在同一硅工艺上轻松实现。例如，数字逻辑和 SRAM 芯片可以使用兼容的硅工艺制造。而高性能数字逻辑和 DRAM 芯片则很少使用类似的硅工艺来制造，因此一般不会包含在同一芯片之中。

2）SoC 所需的 IP 核可在相同的硅工艺中获得，且芯片符合成本目标，经济上可行。

SiP 是实现异构集成功能的首选。它能提升产量弹性、达到更全面的测试覆盖性，并且当技术或商业原因阻碍 SoC 集成的时效性时，还可以帮助产品以更快的速度投放市场。如今，SiP 广泛应用于电子行业，其中主要是移动通信领域的应用（如图 2.2 所示）。SiP 架构大致可分为三类（如图 2.3 所示，其给出了一些代表性的构型和最新产品实例）。

1）平面结构，其中两颗或两颗以上芯片或封装并排放置，并通过多层基板中的横向互连相互连接 [9]。

2）堆叠结构，其中两颗或两颗以上芯片或封装堆叠在另一颗芯片或封装基板之上，并通过横向和垂直互连的搭配进行连接 [1-3, 10]。

3）混合结构，结合了平面和堆叠结构 [7, 11–16]。

⊖ 异构集成是指将分别制造的元器件（如单颗芯片、MEMS 器件、无源元件、预封装器件等）集成到更高级别的组件（SiP）中，从总体上提供增强的功能和改进的运行特性 [7]。

SiP 被认为是 SoP（System on Package，系统级封装）[8] 这一更宽泛概念的子集，SoP 将整个计算机系统构建在一个封装之上。

⊖ IP 核（知识产权核）是执行特定功能的可重用电路块，是构建 SoC 的基本单元。

数字社会：新趋势和市场驱动力

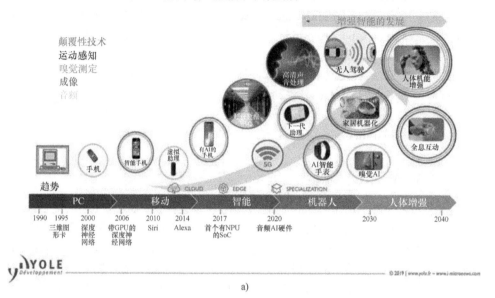

a)

驱动半导体业务的三大趋势

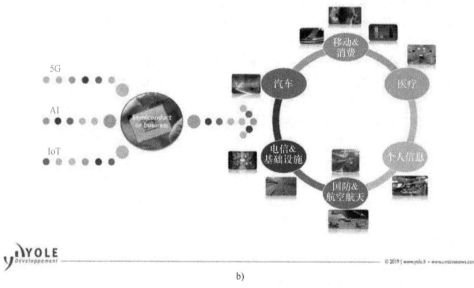

b)

图 2.1　数字社会的市场驱动力（彩图见插页，来源：先进封装行业现状报告，
Yole Développement，2019）

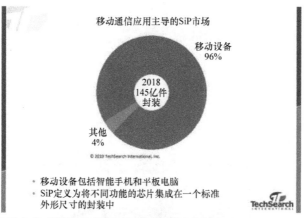

图 2.2　按设备类型划分的 2018 年 SiP 市场（来源：TechSearch International）

① 双芯片MCP，其中CPU与控制器芯片（PCH）集成在封装上，图为第10代Intel®Core™ 移动处理器

② 双芯片MCP的示意图，红线表示两颗或多颗芯片通过封装上的横向多层布线进行电气互连

a)

① 基于FPGA的多芯片组件，包含了多颗单芯片和堆叠芯片，图为Intel基于10nm的Agilex™ FPGA

图 2.3　a）多芯片组件（MCM）——两颗或以上芯片以平面结构连接到封装基板上　b）基于嵌入式多芯片互连桥（EMIB）的多芯片封装（MCP）——多颗芯片（包括 HBM 堆叠）通过局部的高密度互连桥连接　c）基于硅转接板的 SiP 模组——硅转接板用于实现不同芯片或芯片堆叠之间精细尺寸的互连，转接板通过 TSV 将芯片连接至封装基板上。有关产品实现，参见参考文献 [73]　d）基于 TSV 互连的多芯片堆叠三维微模组，上图为镁光的 HMC 内存堆叠　e）三维堆叠结构，在这种结构中不同硅工艺的两颗芯片面对面键合在一起，英特尔公司的这种三维堆叠技术称之为 Foveros（彩图见插页）

② MCP示意图，单芯片与堆叠芯片之间基于高密度互连桥的横向互连（如红线所示）

b)

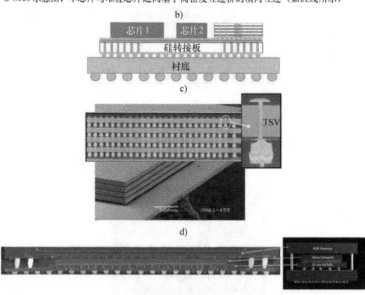

c)

d)

① 三维堆叠，将来自两个不同硅工艺节点的芯片面对面地堆叠在一起，与预先封装的存储芯片连接形成PoP结构，图为英特尔Lakefield处理器

② 三维集成架构示意图，底座芯片着以不同颜色，以突出显示其包含有源电路

e)

图 2.3　a）多芯片组件（MCM）——两颗或以上芯片以平面结构连接到封装基板上　b）基于嵌入式多芯片互连桥（EMIB）的多芯片封装（MCP）——多颗芯片（包括 HBM 堆叠）通过局部的高密度互连桥连接　c）基于硅转接板的 SiP 模组——硅转接板用于实现不同芯片或芯片堆叠之间精细尺寸的互连，转接板通过 TSV 将芯片连接至封装基板上。有关产品实现，参见参考文献 [73]　d）基于 TSV 互连的多芯片堆叠三维微模组，上图为镁光的 HMC 内存堆叠　e）三维堆叠结构，在这种结构中不同硅工艺的两颗芯片面对面键合在一起，英特尔公司的这种三维堆叠技术称之为 Foveros（彩图见插页）（续）

　　平面和堆叠结构所构建的 SiP 架构有众多创新的形式。其中融入了硅通孔（Through Silicon Via，TSV）技术的一类 SiP 结构最具变革性。本章重点介绍通过 TSV 技术实现的芯片三维堆叠。二十多年来，基于 TSV 的 SiP 一直是大量研究的主题，众多论文在应用、架构和设计方法，以及工艺、材料和设备等方面做了探讨 [17–22]。在产品设计中应用芯片堆叠的价值，以及利用封装内的垂直互连缩短互连长度[⊖]，这些在参考文献 [18–20] 中已有详细论述。因为在总体的概述中难以进行全面的讨论，所以本章将尝试提供一个关于架构、工艺挑战性和复杂性的广阔视角。TSV 的制备工艺在第 3 章中进行深入论述，除 2.3节中简要提及外，此处不再赘述。

―――――――――
　⊖　物理和电气互连特性对芯片性能有重大影响 [18–20]。

当前（2019—2020 年）应用 TSV 的产品中，堆叠芯片之间以焊料为基础的互连最为常用（如图 2.4 所示），其互连间距可低至 40μm。基于焊料的互连具有适应性好的优点，它们在组装过程中对键合表面轻微错位和共面度不足的容忍性更好[⊖]。然而随着未来三维堆叠的互连节距逐渐减小，焊点越来越小，焊点的焊料量也将急剧减少，焊点金属间化合物的比例也随之增加，其适应性也随之下降[24]。此外，随着互连节距的缩小，组装过程中相邻互连之间的焊料桥接短路风险也在增加。随着芯片间距的减小，保护性环氧树脂底部填充料的分配和流动也成为日益严峻的挑战。为进一步降低尺寸，许多研究团队提出了芯片间互连的替代方案，其中最常见的是铜 - 铜（Cu-Cu）键合[25-30]，该主题将在第 8 章中做详细介绍。

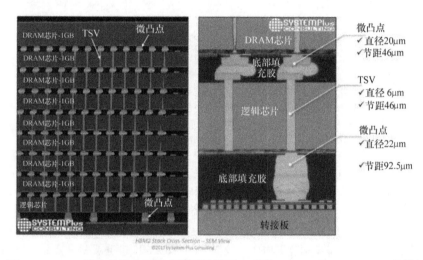

图 2.4　HBM2 堆叠的横截面图（彩图见插页，感谢 System Plus Consulting 提供）

2.2　基于硅通孔（TSV）的三维架构：优势与劣势

在过去的几十年中，由于三维 TSV 结构紧凑、电气性能良好，基于三维 TSV 的 SiP 架构[31-36]引起了人们极大的兴趣。在 2019 年，有三种应用 TSV 的商业产品发行，即 DRAM 内存堆叠、图像传感器和处理器[1, 2, 10, 37-40]。

TSV 良好的电气性能包括信号时延小，以及互连长度短带来的信号传输功耗低两方面。图 2.5 通过简单电容模型对 0 → 1bit 和 1 → 0bit 翻转中的能量耗散进行了解释。假设发射器（Tx）和接收器（Rx）有相同的电容值，能量的耗散与互连电容值成正比，这就是 TSV 相对于传统平面导线连接的优势所在。由于 TSV 与标准基板相比有短得多的互连长度，焊盘也明显更小，因此与并排或平面的互连相比，TSV 的互连电容可显著降低（通常降低为以前的 $\frac{1}{20} \sim \frac{1}{4}$ [41]）。在图 2.6a 中，存储器通过封装上的平面互连与处理

⊖　在大多数应用中，使用热压焊（TCB）在两个堆叠芯片之间形成细节距互连，原因在于它比基于回流焊的倒装芯片键合具有更好的对准能力[23]。

器相连接，在图 2.6b 中，采用了 TSV 实现互连。

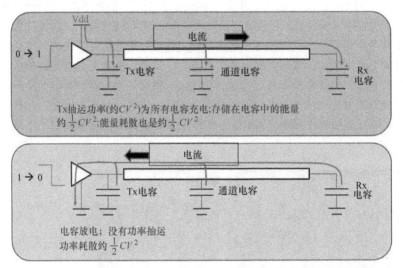

图 2.5 描述 Tx（发射器）和 Rx（接收器）互连链路中能量消耗的简单电容模型
（彩图见插页）

综合计算[42]表明,CPU 通过 TSV 访问 WIO⊖ 内存时，互连功率效率 [mW/(Gbit/s)] 从 15.65 mW/（Gbit/s）（CPU 访问 DIMM 插槽中的 DDR 内存的一个边界值）下降到 0.55mW/（Gbit/s），提升超过 28 倍⊜。功率效率将随接口互连线数量增加而倍增，再加上减小互连长度带来的数据时延降低，这些因素促使了设计者考虑应用用基于 TSV 的架构。在 2.5 维⊜ 和三维架构范围内作比较[45]⑭（见图 2.6），很重要的一点是，三维 TSV （见图 2.6b）互连电容显著降低，部分原因是互连长度的减少，而另一部分原因则是结构的不同。与已知最好的 2.5 维案例相比，三维架构具有更低的时延（15.7%）和更低的功耗（32.2%）。三维 TSV 堆叠的功率效率优势在所有的应用领域内都很有吸引力，如手持或移动设备可以获得延长电池充电间隔时间，服务器可以实现更低的能源成本等。

虽然基于三维 TSV 架构在功率效率和时延方面具有显著的优势，但一个主要的不足在于其最大热设计功耗（Thermal Design Power，TDP）将显著低于同等的二维结构。由于三维堆叠的热阻为串联关系，因此总热阻为各层热阻之和（如图 2.7 所示）。考虑这样一种情况：将多个 DRAM 存储器堆叠在逻辑处理器之上，处理器与存储器之间的

⊖ WIO，即 Wide I/O，是 JEDEC 标准内存接口，其中内存芯片通过 TSV 连接[43]。

⊜ 引述 ESD 功率效率的案例。有关 LPDDR 和宽 IO 之间的功率和性能差异，请参见参考文献 [44] 详细介绍。

⊜ 此处使用 2.5 维命名法是为了与 2019 HIR 之前出版的文献保持一致[7]。

⑭ 值得注意的是参考文献 [45] 还包括单片三维集成电路（Monolithic 3D IC）的情况，它在晶圆内实现多重器件级的堆叠。这确实是一个三维集成的范例，但超出了本章的范围。参考文献 [46，47] 更详细地介绍了这一主题。

界面、DRAM 的硅本体、DRAM-DRAM 界面都增加了热流路径的热阻。与平面集成相比，来自处理器的热量只需流过单颗芯片的硅和热界面材料（Thermal Interface Material，TIM），即可到达热扩散器（heat spreader）或热沉底板⊖。因此，三维堆叠对热的影响是，它降低了系统设计者可用于处理器的总 TDP。图 2.8 通过一个简单的案例定量地说明了这一点。在案例中比较了三维集成（1 个和 4 个 DRAM 堆叠在处理器顶部）和二维集成（1 个或 4 个 DRAM 与处理器并排放置）之间的 TDP。在本案例研究中有如下的假设：

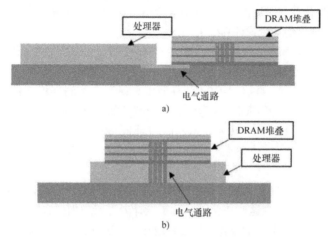

图 2.6　a）并排的处理器 -DRAM 互连示意图　b）处理器 -DRAM 堆叠互连示意图
（彩图见插页）

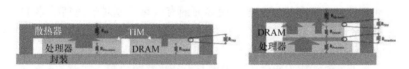

图 2.7　二维与三维堆叠中热传导路径示意图（彩图见插页）

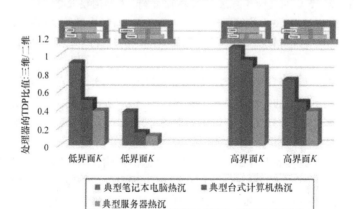

图 2.8　三维堆叠的 TDP 影响（彩图见插页）

⊖　实际上，通过热扩散器会产生热串扰，并影响 TDP 包络。

1）处理器和 DRAM 硅芯片均为 100μm 厚。

2）处理器功率在整个处理器芯片上是均匀分布的，并且与时间无关。

3）处理器和 DRAM 的结温上限均为 105℃。

4）考虑 3 种不同的系统冷却[⊖]解决方案，即：

① 主要依赖传导的高热阻冷却解决方案（在无法使用主动气流的情况下采用，典型的如笔记本电脑）；

② 同时使用传导和对流传热的中等热阻冷却解决方案（在冷却解决方案注重性价比的情况下采用，典型的如台式计算机）；

③ 同时使用传导和对流传热的低热阻冷却解决方案（在注重性能以实现高的 TDP 包络情况下采用，典型的如服务器）。

5）处理器 -DRAM、DRAM-DRAM 界面由金属互连和底部填充保护胶共同组成，它们是限制热输运的主要界面，因为该界面的有效热导率（K）大致范围在 0.3~3.0W/（m·℃）之间，明显低于硅 [110W/（m·℃）] 或铜 [390W/（m·℃）] 的热导率。分析中考虑了两种不同的界面条件，包括 $K = 0.3W/$（m·℃）和 $K = 3.0W/$（m·℃）的高低热导率两种界面。

如果系统热阻（即完整构造的最终产品）相对于封装热阻较高，则封装热阻变化对整体 TDP 的影响较小。在这些情况下，系统设计者可以增加内存容量，并且仍然可获得提升内存容量和节省电能的收益。随着系统热散解决方案性能的提高，增加封装热阻（随着堆叠数量的增加）将对产品的 TDP 能力产生更大的影响。在这种情况下，TDP 退化与堆叠数量增加更为显著。从图 2.8 可以看出，由于封装中的大部分热传递是基于传导的。在这种场景中，提高叠层硅芯片间界面的有效热导率对于提高整体 TDP 至关重要。提升界面有效热导率可通过增加芯片之间的微凸点数量，以及通过增加用于提高微凸点可靠性的底部填充（或聚合物包封）材料的有效热导率来实现。此外，提高系统的热解决方案的能力仍然必要。为解决三维堆叠中的热管理问题，开发了各种不同的热管理方案和策略，第 13 章对此作了综述。除第 13 章外，《异构集成路线图（Heterogeneous Integration Roadmap）》中关于热管理的章节（参考文献 [7] 中的第 20 章）分析了一系列典型案例，识别出了极限情况，描述了不同体系结构的热性能差异，并指出了潜在的解决方案路径。

应当注意的是，处理器中功率均匀分布的假设过于简单。几乎在所有情况下，处理器的功率分布都是不均匀的。与并排布局相比，来自 DRAM 堆叠存在的额外热界面，以及由此产生的更高的热阻将加剧热点升温。对各种降低封装热负荷的设计概念进行分析，表明可以实现与二维结构相当的热性能 [48]。

另一个重要的考虑因素是 TSV 对硅中应力状态的影响。铜和钨是 TSV 常用的材料，参考文献 [49] 中还提到了多晶硅 TSV 的应用。TSV 通常使用物理气相沉积（PVD）和电化学沉积（Electro-Chemical Deposition，ECD）进行绝缘层制备和孔填充。200℃的工艺

⊖ 系统冷却是指加到 SiP 上的冷却解决方案。

温度[⊖] 明显高于处理器或存储器的典型工作温度（90~110℃）。在沉积温度下，TSV 与周围的硅处于平衡状态（即无应力状态），但在静置或工作时的温度下，TSV 会在周围的硅中产生径向拉应力和切向压应力（如图 2.9 所示），这是由 Cu/W 填充物和周围硅之间的热膨胀系数（CTE）的差异造成的。这些应力会影响晶体管中的电子和空穴迁移率，从而影响晶体管的性能和可靠性 [50-52]。给芯片设计规定阻止区（KOZ）（即 TSV 周围的硅中无法制备晶体管的区域），以便将性能和可靠性影响降低到可接受的水平。由于 TSV 及其相关 KOZ 的存在，其结果是硅芯片面积将会增加。

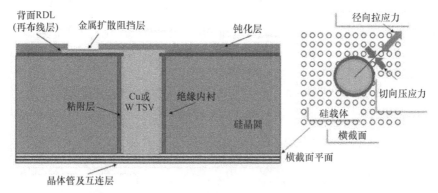

图 2.9　TSV 集成在硅中产生的应力

总之，TSV 缩短互连长度带来了能量效率的优势，但这必须与 TDP 降低以及 TSV 集成可能带来的芯片面积增加的劣势相平衡。设计师必须确保这些劣势不会对所设计产品的整体性能或价值产生负面影响。

2.3　TSV 的制造方法及其他特性

参照典型晶圆中的晶体管和后道互连叠层，一个 TSV 的结构和位置如图 2.10 所示。TSV 通常使用如下步骤的工艺流程来制造。

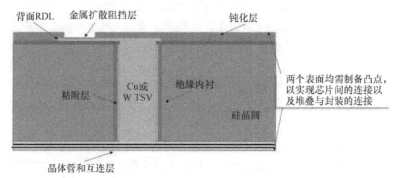

图 2.10　硅后道互连叠层中的 TSV 结构示意图

　⊖　此处引述的 200℃典型情况下为下限值。许多前道（FEOL）和中道（MEOL）工艺的沉积温度明显高于 200℃。

1）在硅片上涂覆光刻胶并使用光刻曝光来确定出 TSV 的位置。

2）通常使用 Bosch 工艺[53-56]刻蚀硅，该工艺使用多重的刻蚀和涂覆步骤来制备通孔。

3）然后去除光刻胶并清洗硅片表面。

4）使用热氧化或是 PECVD（等离子增强化学气相沉积）工艺在 TSV 的内壁沉积一层介电层（通常为 SiO_2，Si_3N_4 也有报道[57]），它实现 TSV 与体硅之间的电绝缘。

5）然后通过 PVD（物理气相沉积）在 TSV 内壁介电层上生长一层粘附层，通常使用 Ti 或 Ta。

6）接下来，在通孔中沉积一薄层导电种子层，用于随后的 TSV 通孔金属沉积。

7）使用电化学沉积（ECD，即电镀）的方式来在通孔内填充 Cu 或 W。

8）通过退火来稳定 TSV 的微观结构并释放 TSV 内的应力。

9）最后，通过化学机械抛光（CMP）平坦化硅晶圆并去除不需要的材料。

TSV 通常使用 3 种不同的工艺制造，如图 2.11 所示⊖。

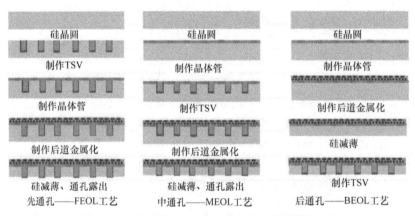

图 2.11　3 种制作 TSV 的工艺流程（彩图见插页）

1. 先通孔工艺（Via-First），也称为前道（FEOL）通孔工艺

该工艺中，TSV 早于晶体管之前制作完成[58, 59]。该工艺的主要步骤如下。

1）晶圆表面图形化，然后在晶圆的晶体管侧（正面或者有源面）刻蚀、填充形成 TSV。

2）在形成 TSV 之后，将晶圆平坦化并准备好制作晶体管。

3）制作晶体管之后，进行后道工艺（BEOL）的工序，在硅晶圆上制作多个金属/绝缘层。

4）最后再减薄晶圆背面，露出通孔，并制造出再布线层（RDL），如图 2.12 所示。

由于通孔先于晶体管制作，因此可先对晶圆进行检测，然后再在无 TSV 缺陷的晶圆上进行后续的步骤。这形成了先通孔工艺的一个重要优点。

⊖　图 2.11 从较高的层级上做了概念性的描述，但具体的细节可能会有所不同。例如，在"中通孔"工艺中，部分金属化可以先于 TSV 形成。

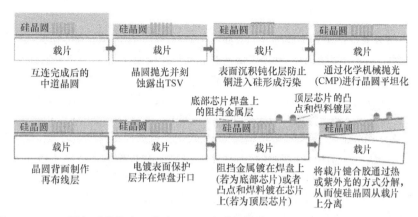

图 2.12　TSV 制备后的凸点工艺流程，以中道/前道（MEOL/FEOL）TSV 工艺为例

此外，一些作者[58]声称，与中通孔和后通孔工艺相比，先通孔工艺有更少的设计限制和更高的通孔密度⊖。先通孔方法的主要限制是所有 TSV 材料和工艺需要与 CMOS 工艺和温度兼容（约 1200℃）。多晶硅通孔主要用于先通孔工艺[59]。Bauer 等人[57]所讨论的一种工艺，其高密度的通孔是在先通孔工艺中制作的，在最初的通孔形成步骤中使用硅作为牺牲材料。在晶体管形成过程完成后，用钨（W）代替硅。

2. 中通孔工艺（Via-Middle），也称为中道通孔工艺（MEOL）

在该工艺中 TSV 是在前道器件制作之后、所有后道金属层制作之前形成的[60-66]。该工艺的主要步骤如下。

1）前道器件包括晶体管和几个靠下的金属布线层的制作。

2）接下来通常在 400~450℃的温度下，从有源器件侧制作 TSV。

3）将 TSV 镀上 Cu 或 W。

4）晶圆在约 400℃下退火，以释放 TSV 中的应力并稳定 TSV 金属结构。

5）接下来，用典型的大马士革工艺将晶圆平坦化，并准备进行剩余的 BEOL 金属化。

6）在 BEOL 金属化完成后，将晶圆安装在载片上，并减薄晶圆以露出非有源面（背面）上的 TSV。外露通孔之后通常可制作一层 RDL 和背面凸点，这是芯片堆叠的关键结构（见图 2.12）。

中通孔工艺的优点除了使用了铜基通孔外，还包括由于后续芯片制造工艺温度低于先通孔工艺，因硅和 TSV 金属间 CTE 失配而在硅中产生的热应力更低。

3. 后通孔工艺（Via-Last），也称为后道通孔工艺（BEOL）

在该工艺中，TSV 是在晶体管和内部互连形成之后制作的[67]。该工艺的主要步骤如下。

1）首先完成晶体管和整个 BEOL 工序。

2）然后在有源面（正面）上用黏合剂（通常称为晶圆键合/解键合胶）将晶圆临时

⊖　虽然该说法从直观上看是合理的，但作者没有找到权威的研究能证明先通孔工艺相对于中通孔或后通孔工艺存在设计上的优势。

键合到载片上。

3）晶圆减薄，TSV 的形成过程与前面介绍的中通孔过程相似。接下来是再布线和背面植球。背面 RDL 和植球工艺与图 2.12 所述基本相同。

在后通孔工艺中，TSV 的工艺温度通常低于 200℃。这一点很重要，因为制作完成的晶圆使用低温黏合剂键合在载片上。该方法的优点是热应力低于先通孔和中通孔工艺。然而，后通孔工艺有两个重要的问题需要关注。首先，由于 TSV 是在 BEOL 之后制作的，因此 TSV 需要落在芯片金属布线层的正确金属层上。这个特殊的对接表面，也称为对接环（catch cups），它包含在硅芯片的金属布线层之中，用以精确地定位 TSV。须特别注意 TSV 与对接环之间的对接，应避免将对接环冲破。对接环的完整性需要精心的设计，并限制 TSV 的布置位置。其次，由于 TSV 在完成晶圆加工之后制作，因此 TSV 制作的良率损失可能会导致高价值的硅晶圆报废。

TSV 的关键设计属性包括直径、节距、径深比（即 TSV 直径与深度的比值）、电气特性（包括 TSV 和邻近硅的电阻、电感和频率相关的电容等）以及与阻止区（KOZ）有关的应力。TSV 径深比受到几个关键参数的影响，例如获得良好的绝缘覆盖能力（依赖于通孔深度），以及获得无空洞填充通孔的能力。表 2.1 显示了关于 TSV 直径和深度的一些文献数据。电气特性和应力特性由 TSV 材料选择（包括通孔金属、绝缘层、粘附材料、硅晶圆掺杂）和工艺选择（沉积和退火温度）决定。

表 2.1 文献中报告的一些最新的 TSV 尺寸

参考文献	TSV 直径 /μm	硅厚度 /μm	径深比 （直径:深度）	TSV 材料	工艺
[40]	2	45	1：22.5	W	FEOL
[41]	5	150	1：30	多晶硅	FEOL
[42]	3	100	1：33.3	W	MEOL
[48]	10	50	1：5	Cu	BEOL
[43]	6	55	1：9	Cu	MEOL
[44]	10	50	1：5	Cu	MEOL
[49]	5	50	1：10	Cu	MEOL/BEOL
[50]	20	50	1：2.5	Cu	BEOL
[51]	2	30	1：15	Cu	不明确
[46]	3	50	1：17	Cu	MEOL

2.4 组装工艺流程

有三种不同的方法进行三维堆叠组装。它们通常被称为晶圆对晶圆（Wafer-to-Wafer，W2W）键合[68,69]、芯片对晶圆（Die-to-Wafer，D2W）键合[70-72]或芯片对芯片（Die-to-Die，D2D）键合。

1. 晶圆对晶圆（W2W）键合

W2W 过程中，先将整个晶圆对准，然后进行键合，接着将芯片堆叠切割分离。两种 W2W 工艺流程如图 2.13 所示。

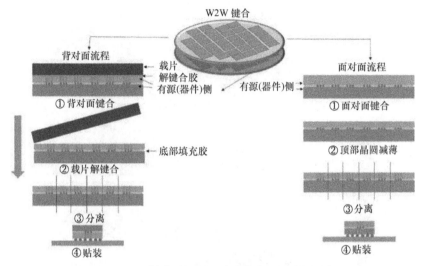

图 2.13　W2W 键合过程主要步骤示意图（彩图见插页）

1）背对面（Back-to-Face）流程：顶部晶圆的无源面（背面）与底部晶圆的有源面（正面）相键合。这种方法可以让带有 TSV 的多个晶圆依次串联起来，同时所有的芯片之间均为背对面连接。

2）面对面（Face-to-Face）流程：顶部晶圆的有源面键合到底部晶圆的有源面。因为非对称性，该方法较少用于两片以上的晶圆堆叠。

W2W 工艺的一个显著优点是，两个键合表面都非常平坦，因此可以实现良好的晶圆对准（整个晶圆范围内 < 3μm），因此可以实现非常精细的互连节距。对于基于焊料的互连而言，W2W 键合的节距缩放受到焊料桥接短路以及金属间化合物形成的影响。另外，高产能的成批处理能力是 W2W 工艺的另一个优点。W2W 工艺的主要局限性包括：①所有的芯片必须具有相同的尺寸；②该工艺不支持已知良好芯片的键合；③在此过程中，由于未对准而导致的良率损失成本可能非常巨大，尤其是在多个晶圆堆叠的情况下。需要注意的是，在 W2W 中应用底部填充材料更具挑战性，因此需要有晶圆级的底部填充工艺。

2. 芯片对晶圆（D2W）键合

在 D2W 工艺中，单颗芯片[⊖]（带或不带 TSV）被键合在包含 TSV 并安装在载片上的晶圆基片上（如图 2.14 所示）。该工艺具有与 W2W 工艺相似的对准精度的优势，且不受芯片尺寸相同要求的限制。依次堆叠步骤中，顶部芯片的尺寸可以与其下方的芯片尺

⊖　需说明的是，芯片堆叠也可以直接键合到晶圆上，HBM 堆叠即是一个很好的例子。

寸相同或更小。如果只堆叠已知良好芯片，则可以得到比 W2W 工艺更好的良率。此外，与底部芯片功能相异的各种顶部芯片都可以进行堆叠，从而增加异构集成能力。与 W2W 流程不同，D2W 的串行执行工艺大大降低了吞吐能力，组装设备的效能较低。

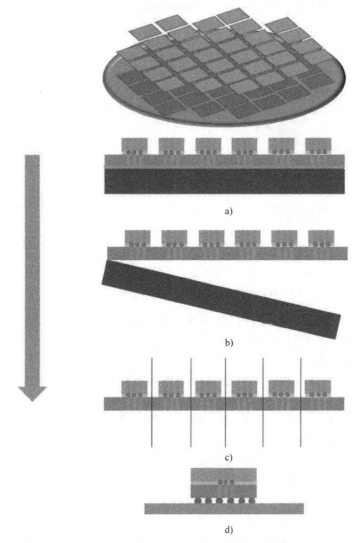

a)

b)

c)

d)

图 2.14　D2W 键合过程主要步骤示意图（彩图见插页）
a）D2W 键合　b）载片解键合　c）分离　d）封装贴装

3. 芯片对芯片（D2D）键合

在 D2D 工艺中，首先将底部芯片组装到封装基板上，然后将其他芯片或芯片堆叠模组进一步堆叠到上述底部芯片上（如图 2.15 所示）。该工艺通过精细的对准方法解决了 W2W 和 D2W 的芯片尺寸限制。这样，比底部芯片大的芯片可以堆叠在顶部。由于底部芯片可以在与顶部芯片堆叠之前进行全面的测试，因此在制作"已知良好堆叠（known good stacks）"的三种工艺中最具可行性。然而，该工艺的一个主要缺点是，由于底部芯片完全组装到封装基板上（通常是有机封装基板上），由于热膨胀系数（CTE）与有机封装材料不匹配，它的形变可能非常大。因此，在将顶部芯片连接到底部封装的过程中，由于对准的问题，芯片到封装的组装良率可能会受到影响。一般来说，三维堆叠过程要运用精确的公差和工艺控制，并且需要有效地监测组装表面特性随温度的变化情况。后文的图 2.16 也对此作了一定的说明。

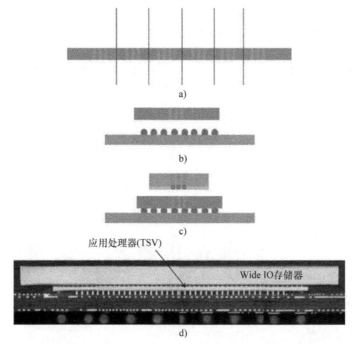

图 2.15　D2D 键合过程主要步骤示意图（彩图见插页）

a）分离　b）芯片至封装的贴装①　c）芯片至封装的贴装②　d）应用处理器上的 WIO 内存

上述的三种键合工艺都应考虑的一个重要因素是底部填充的问题。成功地使用环氧基化合物对芯片间互连部位进行底部填充，这在非常精细的节距下尤其具有挑战性。为了提高芯片 - 芯片和芯片 - 封装之间的互连可靠性需要进行底部填充。与典型的芯片 - 封装的互连节距（典型的 ≥ 100μm）相比，芯片 - 芯片的互连节距相当低（通常 ≤ 55μm），因此芯片间互连凸点之间的间隙 / 空间变得更小，这成了 D2W 工艺的另一个缺点。由于这是一个顺序执行的堆叠过程，逐步点涂液态底部填充胶是可行的，但底部填充胶溢出并在相邻未贴芯片的区域意外固化是个问题。在所有的芯片贴片之后再进行底部填充也是可行的，但需要提前仔细规划，以确保在芯片之间有足够的间隙，使基于焊料的凸点之间有足够的底部填充胶流入。预先施加底部填充胶膜是 D2W 堆叠技术一个更好的选择，但，如果希望在底部填充胶中加入无机填料来改善热性能（见 2.2 节），那么需要重点关注芯片键合过程中在焊点处的填料包裹问题。

2.5 制造良率及测试的作用

多芯片模组制造的关键目标之一是实现良率的最大化。测试未通过模组中被报废的良好芯片数量对产品平均成本有巨大的影响，应当最大程度地降低。对此用一个简单的例子做定量说明：以一个集成有 n 颗芯片的模组为例，每颗芯片的成本为 a，并且集成到一个单独的封装基板上，其成本为 b。为简单起见，假设每颗芯片仅用单个工艺步骤即可组装到封装体上（即整个装配是单步的集成过程），因此 SiP 装配共有 n 个步骤——每颗芯片一个步骤。若单步芯片集成的良率为 z，则 n 步以后的良率为 z^n，良率损失为 $1-z^n$。如图 2.16[⊖] 所示，良率损失是集成步骤数和单步集成良率的函数。由于装配过程中的缺陷而导致失效的废弃模组的成本为 $(na+b) \times (1-z^n)$。降低报废成本的主要方法有三种。

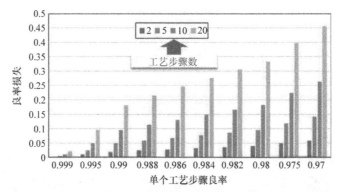

图 2.16　作为单个工艺步骤良率函数的 SiP 良率损失（彩图见插页）

1. 提高单步良率

提高组装过程中每一独立步骤良率是封装技术开发的重点。每个装配步骤的工艺、材料和设计参数，以及对工艺上下游步骤的影响都要围绕良率的最大化做仔细的研究和优化。

2. 确保每个关键部件是"已知良好（Known Good）"

如果只组装已知良好部件，则整个模组正常工作的可能性将显著增加。部件和子组件需要在组装前进行充分的测试，以确保它们是"已知良好"[⊖] 的，并且不会引起模组测试中的良率损失。设计有效的测试流程，最大限度地提高已知良好组件的数量，并同时最小化附加的测试成本，这项工作应当重点关注。

3. 在芯片电路设计中增加冗余互连设计

由于在互连形成过程中总有一定的良率损失，因此一种好的做法是设置冗余互

⊖ 需要指出的是，该模型虽然具有说明性，但在许多方面都过于简单。实际的工艺步骤数一般高于 n，单步良率也是变化的，且相互之间不总是独立的。

⊖ 行业中用缩略语 KGD（Known Good Die，已知良好芯片）用来描述封装前已通过测试功能的芯片。

连——即超过所需的互连，即使某些互连无效，也可以利用冗余互连来确保电路绕过缺陷而工作。冗余设计增加了电路面积因而可能导致成本上升，因此必须通过设计在提高良率和增加电路面积之间取得平衡。

在讨论三维 TSV 堆叠 SiP 测试相关的挑战前，有必要了解所涉及的各步骤。图 2.17 概括性地给出了封装的典型工艺流程，流程中包含了对晶圆、芯片和封装典型的测试点，以检查其制造质量或性能。产品测试所含的主要步骤包括：

图 2.17　封装组装工艺关键工序

1）电测试（E-Test）：此步骤是晶圆制造中用于确认制造质量和器件参数值的工艺检查步骤。电测试可在中间工艺步骤之后用于检查该步骤的质量，还可以在晶圆加工结束后用于评估整体质量。需注意该测试步骤不会影响 SiP 模组的良率，但会间接影响模组成本，因为低的晶圆良率将转化为较高的芯片成本。

2）晶圆级测试（Wafer Level Sort）或探针测试（Probe）：这是一种晶圆级的测试，每个单独的芯片都会用探针进行功能测试，以确认它功能是否完整以及如何进行分类组装⊖。使用探针卡实现与芯片的接触连通，探针卡上含有独立的探针并与芯片上的焊盘电接触。通常一个探针卡可以同时接触多颗芯片，并对每颗芯片作单独测试。测试结果存储在数据库中，该数据库可以追踪到每个晶圆和芯片，并根据芯片在晶圆上的位置进行索引。对于 SiP 模组，晶圆级测试步骤用于标识出 KGD，以及组装后几乎不会发生故障的那些芯片。

3）老炼（Burn-in）：老炼的功能是加速组装 SiP 单元中潜在缺陷（如制造和 / 或组装工艺引起的缺陷，或芯片的设计边界）的失效，并通过自动测试设备（ATE）将失效检测出来。老炼步骤有助于剔除因早期失效（Infant Mortality）导致客户无法使用的模块。通过剔除这些单元，客户观察到的产品失效仅限于"老化"机制，这需要用户在使用很长时间之后才可能发生。潜在故障的加速是通过给这些单元施加更高的电压和温度应力来实现的，并通常需持续几分钟到几个小时。⊖ 老炼的目标是确保向客户交付高质量的产品。随着制造工艺的成熟，老炼时间通常会缩短。

4）封装级功能测试：该测试是最全面的测试步骤，以确保组装单元没有缺陷、满足性能要求，并对组装单元的性能水平进行分级。由于这是最终的测试步骤，因此测试覆盖率水平（即对多少产品功能做了评价）和测试参数的精确控制都受到严格监控。

⊖　确定组装的可行性需要细致的成本优化（即应当对晶圆探针测试的成本与封装报废和后续流程附加的测试步骤的成本进行权衡）和测试覆盖率（在封装前检测更多芯片功能，除了在经济上可行，同时也可能需要更为复杂的分选测试技术）。

⊖　制造成本的一个关键考虑因素是测试单元所需的时间。时间越长，吞吐量就越低，因此成本也就越高。电测试、分选和封装测试步骤的目标是在不影响质量的情况下将测试时间最小化。另一方面，老炼过程被设计为运行较长的时间，以便筛选出潜在的缺陷。

在介绍了主要的测试步骤之后，现在结合图 2.18 讨论三维 TSV 堆叠测试所面临的具体挑战。该图显示了一个两芯片的堆叠，其结论可以扩展到更高数量堆叠的情况。FEOL 和 MEOL 工艺流程中，芯片 1 和 2 的测试分选在晶圆减薄和 TSV 露孔步骤之前进行，而在 BEOL 工艺流程中，测试分选则在制作 TSV 之前进行。分选时只对芯片的有源面作探针测试，而不用关心芯片背面。在 W2W 和 D2W 流程中，每颗芯片在 TSV 和 RDL 形成之前已作了同样的分选测试。芯片经过组装过程形成封装堆叠。将整个芯片堆叠安装在封装上之后进行功能测试。D2D 流程下，优点是可在组装芯片 2 之前对芯片 1 作全功能的测试。因此，只有已知良好的芯片 1 封装才可用于后续组装。芯片 2 的全功能验证只能借助芯片 1 的连通才能完成。如果两颗芯片在封装中采用并排组装的方式则不存在此约束。此外，相比并排组装的方式，由于芯片 1 的散热通路受到芯片 2 的阻碍，因此全功能测试中精确控制芯片 1 的温度也将更具挑战性。与并排组装相比，这两个约束都意味着堆叠芯片的测试面临着更多的挑战，同样，综合良率损失也可能更高。

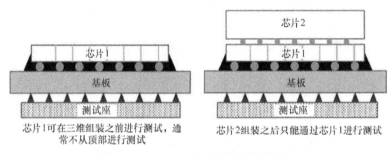

芯片 1 可在三维组装之前进行测试，通常不从顶部进行测试   芯片 2 组装之后只能通过芯片 1 进行测试

图 2.18　含 TSV 的三维堆叠测试思路

2.6　TSV 三维架构的挑战

从这些讨论中可清楚地看到，基于 TSV 的架构虽然从性能和能效的角度来看很有吸引力，但从热的角度来看却会限制产品的性能。增加三维堆叠的热包络是一个重要的挑战。在第 13 章中介绍了大量关于加强热传导和热对流模式方面的研究。三维 TSV 堆叠打破了现有范式，亟需新的设计工具支撑，实现既能充分利用新的垂直 TSV 互连，又能很好地调和面积及应力对晶体管性能的影响。

从制造角度看，TSV 制造工艺在后端硅工艺和组装技术之间形成了较大的交叠地带。此外，它还需要在新设备上进行大量投资，如深孔蚀刻机、高深宽比镀铜、超薄晶圆持拿和堆叠芯片组装等。堆叠芯片组装推动了新材料的需求，例如应用于窄间距少残留的助焊剂，以及与不同组装流程兼容、还能与新型的铜 - 铜键键合技术整合的高导热性底部填充胶。三维堆叠驱动了新的测试范式，包括更细节距的测试，以及对 KGD 和 KGSD 非常深入的理解。

2.7　小结

在过去的二十年里，基于 TSV 的三维堆叠技术引起了人们极大的兴趣，在技术架构和制造领域大量的研发工作使得对该技术在多个维度有了深入的认识。本章分析了基于 TSV 的三维架构的动机，对 SiP 封装的价值和重要性作了概述。

致谢：作者要感谢 Prismark Partners LLC、TechSearch International Inc 和 Yole Développement 慷慨地提供了照片。感谢 Zhiguo Qian 博士（英特尔公司）在 IO 功耗部分的帮助，感谢 Chandra Mohan Jha 博士（英特尔公司）在热分析方面的帮助，感谢 Paul Franzon 教授（美国北卡罗来纳州立大学）在更新时延和能量比较方面的帮助，感谢 Debendra Mallik 在绘图方面的帮助，感谢 Sriram Srinivasan 对本章的全面审查，感谢 Tom DeBonis 在信息收集方面的便利。我们也非常感谢 Chris Nelson（英特尔公司）对测试方面的指导。编辑们要感谢中山大学的黄智恒对本章的细致审阅。

参考文献

1. https://www.anandtech.com/tag/hbm2
2. https://newsroom.intel.com/wp-content/uploads/sites/11/2019/08/Intel-Lakefield-HotChips-presentation.pdf
3. D. Ingerly, S. Amin, L. Aryasomayajula, A. Balankutty, D. Borst, A. Chandra, K. Cheemalapati, C.S. Cook, R. Criss, K. Enamul, W. Gomes, D. Jones, K.C. Kolluri, A. Kandas, G.-S. Kim, H. Ma, D. Pantuso, C.F. Petersburg, M. Phen-Givoni, A.M. Pallai, A. Sairam, P. Shekhar, P. Sinha. P. Stover, A. Telang, Z. Zell, Foveros: 3D integration and the use of face to face stacking for logic devices, in *IEDM 2019*
4. A.A. Elsherbini, S.M. Liff, J.M. Swan, Heterogeneous integration using omni-directional interconnect packaging, in *IEDM 2019*
5. G. Moore, Cramming more components onto integrated circuits. Electronics **38**(8), 114 (1965)
6. R. Thakur, 50 Years of Moore's law. Solid State Technol. **58**(4), 41 (2015)
7. https://eps.ieee.org/technology/heterogeneous-integration-roadmap/2019-edition.html
8. R. Tummala, *System On Package: Miniaturization of the Entire System* (The McGraw-Hill Companies Inc., 2008)
9. https://www.anandtech.com/show/6911/intels-return-to-the-dram-business-haswell-gt3e-to-integrate-128mb-edram
10. http://www.hybridmemorycube.org/
11. https://www.intel.com/content/www/us/en/products/programmable/fpga/agilex.html?wapkw=agilex
12. R. Mahajan, R. Sankman, N. Patel, D.-W. Kim, K. Aygun, Z. Qian, Y. Mekonnen, I. Salama, S. Sharan, D. Iyengar, D. Mallik, Embedded multi-die interconnect bridge (EMIB)—A high density, high bandwidth packaging interconnect, in *Paper presented at the 66th Electronic Components and Technology Conference, Las Vegas, Nevada 557–565, June 2016*
13. M. Sunohara, et al., Silicon interposer with TSVs (through silicon vias) and fine multilayer wiring, in *Proceedings of IEEE Electronic Components and Technology Conference (ECTC), Lake Buena Vista, FL, May 27–30, 2008*, pp. 847–852
14. K. Oi, et al., Development of new 2.5D package with novel integrated organic interposer substrate with ultra-fine wiring and high density bumps, in *Proceedings of the 2014 IEEE 64th Electronic Components and Technology Conference, Orlando*, pp. 348–353

15. S. Miki, H. Taneda, N. Kobayashi, K. Oi, K. Nagai, T. Koyama, Development of 2.3D high density organic package using low temperature bonding process with Sn–Bi solder, in *Proceedings of the 2019 IEEE 69th Electronic Components and Technology Conference, Las Vegas*, pp. 1599–1604

16. X. Zhang, P.K. Jo, M. Zia, G.S. May, M.S. Bakir, Heterogeneous interconnect stitching technology with compressible microinterconnects for dense multi-die integration. IEEE Electron Device Lett. **38**(2) (2017)

17. W.R. Davis, J. Wilson, J. Xu, L. Luo, H. Hua, A. Sule, C.A. Mineo, M.B. Steer, P.D. Franzon, Demystifying 3D ICs: the pros and cons of going vertical, design and test of computers, IEEE **22**(6), 498–510 (2005)

18. J.D. Meindl, Interconnect opportunities for gigascale integration. IEEE Micro 28–35 (2003)

19. J.D. Meindl, Beyond Moore's law: the interconnect era. Comput. Sci. Eng. 20–24 (2003)

20. R.S. Patti, Three-dimensional integrated circuits and the future of system-on-chip designs. Proc. IEEE **94**(6), 1214–1224 (2006)

21. F. Mukta, S.S. Iyer, 3D integration review. Sci. China Inf. Serv. **54**(5), 1012–1025 (2011)

22. L. England, I. Arsovski, Advanced packaging saves the day!—How TSV technology will enable continued scaling, *IEDM 2017*

23. A. Eitan, K.-Y. Hung, Thermo-compression bonding for fine-pitch copper-pillar flip-chip interconnect—tool features as enablers of unique technology, in *Proceedings IEEE 65th Electronic Components and Technology Conference (ECTC)*, May 2015 pp. 460–464

24. G. Vakanas, O. Minho, B. Dimcic, K. Vanstreels, B. Vandecasteele, I. De Preter, J. Derakhshandeh, K. Rebibis, M. Kajihara, I. De Wolf, Formation, processing and characterization of Co-Sn intermetallic compounds for potential integration in 3D interconnects. Microelectron. Eng. **140**, 72–80 (2015)

25. A. Klumpp, R. Merkel, P. Ramm, J. Weber, R. Weiland, Vertical system integration by using inter-chip vias and solid-liquid interdiffusion bonding. Jpn. J. Appl. Phys. **43**(7A), L829–L830 (2004)

26. P.R. Morrow, C.-M. Park, S. Ramanathan, M.J. Kobrinsky, M. Harmes, Three-dimensional wafer stacking via Cu–Cu bonding integrated with 65-nm strained Si/low-k CMOS technology. IEEE Electron. Device Lett. **27**(5) (2006)

27. P. Batra, S. Skordas, D. LaTulipe, K. Winstel, C. Kothandaraman, B. Himmel, G. Maier, B. He, D.W. Gamage, J. Golz, W. Lin, T. Vo, D. Priyadarshini, A. Hubbard, K. Cauffman, B. Peethala, J. Barth, T. Kirihata, T. Graves-Abe, N. Robson, S. Iyer, Three-dimensonal wafer stacking using Cu TSV integrated with 45 nm high performance SOI-CMOS embedded DRAM technology. J. Low Power Electron. Appl. **4**, 77–89 (2014). https://doi.org/10.3390/jlpea4020077

28. K. Takahashi, M. Umemoto, N. Tanaka, K. Tanida, Y. Nemoto, Y. Tomita, M. Tago, M. Bonkohara, Ultra-high-density interconnection technology of three-dimensional packaging. Microelectron. Reliab. **43**, 1267–1279 (2003)

29. C.S. Tan, G.Y. Chong, High throughput Cu–Cu bonding by non-thermo-compression method, in *Paper presented at the 63rd Electronic Components and Technology Conference, Las Vegas, Nevada* (2013), pp. 1158–1164

30. P. Guegen, C. Ventosa, L. Di Cioccio, H. Moriceau, F. Grossi, M. Rivoire, P. Leduc, L. Clavelier, Physics of direct bonding: applications to 3D heterogeneous or monolithic integration, Microelectron. Eng. **87**, 477–484 (2010)

31. B. Black, M. Annavaram, N. Brekelbaum, J. DeVale, L. Jiang, G.H. Loh, D. McCauley, P. Morrow, D. W. Nelson, D. Pantuso, P. Reed, J. Rupley, S. Shankar, J. Shen, C. Webb, Die stacking (3D) microarchitecture, in *Paper presented at the 39th Annual IEEE/ACM International Symposium on Microarchitecture (MICRO'06)* (2006)

32. J.M. Stern, V.H. Ozguz, 3D system architectures, in *Intelligent Integrated Microsystems*, ed. by R.A. Athale, J. C. Wolper, Proc. SPIE **6232**, 6232K (2006). https://doi.org/10.1117/12.667381

33. P. Jacob, O. Erdogan, A. Zia, P.M. Belemjian, R.P. Kraft, J.F. McDonald, Predicting the performance of a 3D processor-memory chip stack. IEEE Des. Test Comput. 540–547 (2005)

34. P. Franzon, E. Rotenberg, J. Tuck, W.R. Davis, H. Zhou, J. Schabel, Z. Zhang, J.B. Dwiel, E. Forbes, J. Huh, S. Lipa, Computing in 3D, in *Presented at the 2015 Custom Integrated Circuits Conference (CICC), 2015*, 28–30 Sept 2015, pp. 1–6

35. U. Kang, H.-J. Chnug, S. Heo, D.-H. Park, H. Lee, J.H. Kim, S.-H. Ahn, S.-H. Cha, J. Ahn,

D. Kwan, J.-W. Lee, H.-S. Joo, W.-S. Kim, D.H. Jang, N.S. Kim, J.-H. Choi, T.-G. Chung, J.-H. Yoo, J.S. Choi, C. Kim, Y.-H. Jun, 8 Gb 3-D DDR3 DRAM using through-silicon-via technology. IEEE J. Solid-State Circ. **45**(1), 111–119 (2010)

36. J.B. Park, W.R. Davis, P.D. Franzon, 3-D-DATE: a circuit-level three-dimensional DRAM area, timing, and energy model. IEEE Trans. Circ. Syst.-I, Reg. Pap. **66**(2), 756–768 (2019)

37. S. Lhostis, A. Farcy, E. Deloffre, F. Lorut, S. Mermoz, Y. Henrion, L. Bethier, F. Bailly, D, Scevola, F. Gyuader, F. Gigon, C. Besset, S. Pellssier, L. Gay, N. Hetellier, M. Arnoux, A.-L. Le Berrigo, S. Moreau, V. Balan, F. Fournel, A. Jouce, S. Cheramy, B. Rebhan, G. Maier, L. Chitu, Reliable 300 mm wafer level hybrid bonding for 3D stacked CMOS image sensors, in *Paper presented at the 66th Electronic Components and Technology Conference, Las Vegas, Nevada, June 2016*, pp. 869–876

38. V.C. Venezia. C. Shih, W.Z. Yang, B. Zhang, H. Rhodes, Stack chip technology: a new direction for CMOS imagers, in *Presented at the IISW Conference* (2015)

39. R. Fontaine, The state-of-the-art of mainstream CMOS image sensors, in *Presented at the IISW Conference* (2015)

40. *D/3D TSV & Wafer-Level Stacking Technology & Market Updates 2019.* Yole Développement

41. K. Chandrashekar, W. Weis, B. Akesson, N. When, K. Goossens, System and circuit level power modeling of energy-efficient 3D-stacked wide I/O DRAMs, in *Presented at the 2013 DATE Conference*, pp. 236–241

42. M.A. Karim, P.D. Franzon, A. Kumar, Power comparison of 2D, 3D and 2.5D interconnect solutions and power optimization of interposer interconnects, in *ECTC 2013*, pp. 860–866

43. https://www.jedec.org/standards-documents/docs/jesd229–2

44. M.H. Hajkazemi, M.K. Tavana, H. Homayoun, Wide I/O or LPDDR? Exploration and analysis of performance, power and temperature trade-offs of emerging DRAM technologies in embedded MPSoCs, in *Paper presented at the 33rd IEEE International Conference on Computer Design* (2015), pp. 70–77

45. Y. Zhang, X. Zhang, M. Bakir, Benchmarking digital Die-to-Die channels, in 2.5-D and 3-D heterogeneous integration platforms. IEEE Trans. Electron Dev. **65**(12) (2018), 5460–5467

46. S. Panth, K. Samadi, Y. Du, S.K. Lim, High density integration of functional modules using monolithic 3D-IC technology, in *Proceedings IEEE Asia South Pacific Design Automation Conference, January 2013*, pp. 681–686

47. T. Srimani, G. Hills, C. Lau, M. Shulaker, Monolithic three-dimensional imaging system: carbon nanotube computing circuitry integrated directly over silicon imager, in *2019 Symposium on VLSI Technology Digest of Technical Papers*, pp. T24–T25

48. M. Saeidi, K. Samadi, A. Mittal, R. Mittal, Thermal implications of mobile 3D-ICs, in *Presented at the 2014 3D Systems Integration Conference (3DIC) in Kinsdale*, pp. 1–7. https://doi.org/10.1109/3dic.2014.7152160

49. M. Koyanagi, H. Kurino, K.W. Lee, K. Sakuma, N. Miyakawa, H. Itani, Future system-on-silicon LSI chips. IEEE Micro **18**(4), 17–22 (1998)

50. A. Mercha, G. Van der Plas, V. Moroz, I. De Wolf, P. Asimakopoulos, N. Minas, S. Domae, D. Perry, M. Choi, A. Redolifi, C. Okoro, Y. Yang, J. Van Olmen, S. Thangaraju, D. Sabuncuoglu Tezcan, P. Soussan, J.H. Cho, A. Yakovlev, P. Marchal, Y. Travaly, E. Beyne, S. Biesemans, B. Swinnen, Comprehensive Analysis of the impact of single and arrays of through silicon vias induced stress on high-K/metal gate CMOS performance, in *IEDM* (2010), pp. 2.2.1–2.2.4

51. W. Guo, G. Van der Plas, A. Ivankovic, V. Cherman, G. Eneman, B. De Wachter, M. Togo, A. Redolfi, S. Kubicek, Y. Civale, T. Chiarella, B. Vandevelde, K. Croes, I. De Wolf, I. Debusschere, A. Mercha, A. Thean, G. Beyer, B. Swinnen, E. Beyne. Impact of through silicon via induced mechanical stress on fully depleted bulk finFET technology, *IEDM* (2012), pp. 18.4.1–18.4.4

52. T. Kauerauf, A. Branka, K. Croes, A. Redolfi, Y. Civale, C. Torregiani, G. Groeseneken, E. Beyne. Effect of TSV presence on FEOL yield and reliability (2013), pp. 5C.6.1–5C.6.4

53. M. Tanaka, M. Sekine, I. Sakai, Y. Kusuda, T. Nonaka, O. Ysuji, K. Kondo, *TSV Processes. Three Dimensional Integration of Semiconductors* (2015), pp. 43–96. http://rd.springer.com/chapter/10.1007/978-3-18675-7_3/fulltext.html

54. S. Spiesshoefer, L. Schaper, IC stacking technology using fine pitch, nanoscale through silicon vias, in *Proceedings of IEEE 53rd Electronic Components and Technology Conference (ECTC)*, May 2003, pp. 631–633

55. S. Spiesshoefer, L. Schaper, S. Burkett, G. Vangara, Z. Rahman, P. Arunasalam, Z-Axis inter-connects using fine pitch, nanoscale through-silicon vias: process development, in *Proceedings of IEEE 54th Electronic Components and Technology Conference (ECTC)*, June 2004, pp. 466–471

56. N. Ranganathan, K. Prasad, N. Balasubramanian, Z. Qiaoer, S.C. Hwee, High aspect ratio through-wafer interconnect for three dimensional integrated circuits, in *Proceedings of IEEE 55th Electronic Components and Technology Conference (ECTC)*, (2005), pp. 343–348

57. T.M. Bauer, S.L. Shinde, J.E. Massad, D.L. Hetherington, Front end of line integration of high density, electrically isolated, metallized through silicon vias, in *Proceedings of the 58th Electronic Components and Technology Conference (ECTC)*, May 2009, pp. 1165–1169

58. M. Puech, J.M. Thevenoud, J.M. Gruffat, N. Launay, N. Arnal, P. Godinat, Fabrication of 3D packaging TSV using DRIE, design, test, integration and packaging of MEMS/MOEMS, 2008, in *Symposium on MEMS/MOEMS 2008*, pp. 109–114. http://doi.org/10.1109/DTIP.2008.475 2963

59. G. Pares, N. Bresson, S. Minoret, V. Lapras, P. Brianceau, J.F. Lugand, R. Anciant, N. Sillon, Through silicon via technology using tungsten metallization, in *2011 IEEE International Conference on IC Design & Technology* (2011), pp. 1–4. https://doi.org/10.1109/icicdt.2011. 5783204

60. R. Agarwal, D. Hiner, S. Kannan, K. Lee, D. Kim, J. Paek, S. Kang, Y. Song, S. Dej, D. Smith, S. Thangaraju, J. Paul, TSV integration on 20 nm logic: 3D assembly and reliability results, in *Proceedings of the 64th Electronic Components and Technology Conference (ECTC)*, May 2014, pp. 590–595

61. D.J. Na, K.O. Aung, W.K. Choi, T. Kida, T. Ochiai, T. Hashimoto, M. Kimura, K. Kata, S.W. Yoon, A.C.B. Yong, TSV MEOL (mid end of line) and packaging technology of mobile 3D-IC stacking, in *Proceedings of the 64th Electronic *Components and Technology Conference (ECTC)*, May 2014, pp. 596–600

62. N. Kumar, S. Ramaswami, J. Dukovic, J. Tseng, R. Ding, N, Rajagopalan, B. Eaton, R. Mishra, R. Yalamanchili, Z. Wang, S, Xia, K, Sapre, J, Hua, A. Chan, G. Mori, B. Linke, Robust TSV via-middle and via-reveal process integration accomplished through characterization and manage-ment of sources of variation, in *2012 IEEE 62nd Electronic Components and Technology Conference*, pp, 787–793. https://doi.org/10.1109/ectc.2012.6248922

63. E. Beyne, Reliable via-middle copper through-silicon via technology for 3-D integration. IEEE Trans. Compon. Pack. Manuf. Technol. **6**(7), 983–992 (2016). https://doi.org/10.1109/tcpmt. 2015.2495166

64. S.W. Yoon, D.J. Na, K.T. Kang, W.K. Choi, C.B. Yong, Y.C. Kim, P.C. Marimuthu, TSV MEOL (mid-end-of-line) and its assembly/packaging technology for 3D/2.5D solutions, in *ICEP-IAAC 2012 Proceedings*, pp. 1–5

65. K.-W. Lee, H. Hashimoto, M. Onishi, Y. Sato, M. Murugesan, J.-C. Bea, T. Fukushima, T. Tananka, M. Koyanagi, A resilient 3D stacked multicore processor fabricated using die-level 3D integration and backside TSV technologies, in *Proceedings of the 64th Electronic Components and Technology Conference (ECTC)*, May 2014 pp. 304–308

66. M.-J. Tsai, Overview of ITRI's TSV technology, in *7th Annual SEMATECH Sympo-sium Japan*, June 2011. http://www.sematech.org/meetings/archives/symposia/9237/Session% 205%203D%20interconnect/1%20MJ_Tsai_ITRI.pdf

67. H. Ikeda, Heterogeneous 3D stacking technology developments in ASET, in *CPMT Symposium Japan, 2012 2nd IEEE*, pp. 1–4. https://doi.org/10.1109/icsj.2012.6523453

68. P. Lindner, V. Dragoi, T. Glinsner, C. Schaefer, R. Islam, 3D interconnect through aligned wafer level bonding, in *Proceedings of the 52nd Electronic Components and Technology Conference (ECTC)*, May 2002, pp. 1439–1443

69. T. Ohba, Wafer level three-dimensional integration (#DI) using bumpless TSV interconnects for tera-scale generation, in *2013 IEEE*, pp. 1–4

70. Q. Chen, D. Zhang, Z. Wang, L. Liu, J.J.-Q. Lu, Chip-to-wafer (C2W) 3D integration with well-controlled template alignment and wafer-level bonding, in *Proceedings of the 61st Electronic Components and Technology Conference (ECTC)*, May 2011, pp. 1–6

71. W.K. Choi, C.S. Premchandran, L. Xie, S.C. Ong, J.H. He, G.J. Yap, A. Yu, A novel die to wafer (D2W) collective bonding method for MEMs and electronics a heterogeneous 3D integration,

in *Proceedings of the 60th Electronic Components and Technology Conference (ECTC)*, May 2010, pp. 829–833

72. K. Sakuma, P.S. Andy, C.K. Tsang, S.L. Wright, B. Dang, C.S. Patel, B.C. Webb, J. Maria, E.J. Sprogis, S.K. Kang, R.J. Polastre, R.R. Horton, J.U. Knockerbocker, 3D chip-stacking technology with through-silicon vias and low-volume lead-free interconnections. IBM J. Res. Dev. **52**(6), 611–622 (2008)

73. http://ewh.ieee.org/soc/cpmt/presentations/cpmt1801.pdf

第3章

硅通孔（TSV）的材料与工艺

Praveen Kumar, Indranath Dutta, Zhiheng Huang, Paul Conway

3.1 导言

随着电子技术应用不断向高能效、高性能的移动平台发展，对于具有更加小型化、更轻和更低功耗，同时还拥有更高带宽、更高存储容量的封装技术的需求愈发迫切。基于上述需求，由于微电子器件三维（3D）封装可以显著降低封装寄生效应，大幅度降低处理每比特（bit）信息所需的能耗，其应用不断增长。在众多堆叠芯片封装中，采用硅通孔（Through Silicon Via，TSV）技术的阵列封装似乎是最优的三维封装架构。在典型的三维封装中，多个针对不同任务需求的芯片在垂直空间内堆叠集成在一起，层与层之间通过焊料微凸点连接，并通过在减薄晶圆上制备的金属填充硅通孔实现信号连通。通过以上互连架构，三维封装有效规避了对平面集成的面积需求，降低了通信总线路径长度，从而在提升了封装性能的同时减少了能源足迹，降低了能耗。

本章主要聚焦 TSV 制造所需的材料、关键工艺过程以及基于 TSV 技术的硅芯片三维集成工艺流程。在下一章中将探讨 TSV 微结构和可靠性问题。

3.2 TSV 的材料与工艺概览

TSV 由穿过堆叠芯片中硅衬底的导体结构组成。该导体结构与衬底之间通过介电层，也就是 TSV 的绝缘层实现电学绝缘，并在垂直方向上将堆叠芯片的金属布线形成互连。TSV 绝缘层也决定了 TSV 的寄生电容，为了避免金属从 TSV 扩散到硅衬底中，需要在 TSV 金属部分和内衬部分之间添加一层阻挡层[1, 2]。根据不同的三维堆叠技术，TSV 的几何形状可能不同。电流穿过的互连区域可以有不同的形状，如正方形、矩形、圆形、椭圆形和多边形[3, 4]。此外，导体的侧面可以是圆柱形或圆锥形[2]。

基于 TSV 的三维互连技术整体上包含三个主要的工艺模块：① TSV 结构制造本身；

②晶圆减薄和背面工艺；③芯片或晶圆堆叠（永久键合和 / 或临时键合）[1]。上述工艺模块的顺序可以改变，根据下面四项关键特征可以区分不同的工艺顺序[1]：

1）TSV 工艺同晶圆前道工艺的顺序选择，根据此项区别可以区分为先通孔（Via-first）、中通孔（Via-middle）和后通孔（Via-last）三种工艺顺序，详见 3.4.1 节。

2）TSV 工艺和键合的顺序选择。

3）晶圆减薄和键合的顺序选择。

4）键合方法的选择，根据此项可以区分为晶圆对晶圆键合（Wafer-to-Wafer，W2W），芯片对晶圆键合（Die-to-Wafer，D2W）和芯片对芯片键合（Die-to-Die，D2D）。

此外，除了上述四项主要特征，还可以通过以下三项次级特征区分工艺顺序：

1）面对面键合（Face-to-Face，F2F）还是背对面键合（Back-to-Face，B2F）（具有有源器件和后道互连的一面是晶圆的正面），详见 3.4.2 节。

2）在 Via-last 工艺顺序中，TSV 微孔从晶圆正面还是背面刻蚀。从正面刻蚀微孔需要穿过后道（Back End of Line，BEOL）互连层。

3）去除载片（carrier-wafer）是在键合前还是键合后（也即采用临时键合还是永久键合）。

表 3.1 列出了 TSV 材料和相对应的工艺方法。

表 3.1　TSV 概述①

	材料	工艺	注释
填充物	Cu	ECD②	成熟的高导电性工艺，与后道金属工艺兼容
	W	CVD③	导电性比 Cu 低，但与 Si 的热膨胀系数（CTE）匹配更好，对小通孔的填充性更好
	多晶硅	LPCVD④	CVD 工艺同前道工艺兼容，但导电性低且接触电阻高
	焊料合金	LMF⑤ [6, 7]，IMS⑥ [8]	同 Cu TSV 相比主应力较低
	高分子聚合物	旋涂[9]，纳米填充[10]	采用聚合物填充工艺，同金属相比电导率较低
	CNT⑦	CVD/PECVD⑧	CNT 管通孔很有前途，但材料和工艺问题仍待解决
扩散阻挡层	Ta，TaN	CVD	常用于 Cu TSV
	TiN	CVD	常用于 W TSV
	NiB 等	ELD⑨	用于特殊工艺（如绝缘层、扩散阻挡层、铜种子层的电接枝沉积）

（续）

	材料	工艺	注释
绝缘层	SiO_2	CVD	SiO_2 和 SiN_x 都常用作绝缘层，通常一起使用
	SiN_x	CVD	
	高分子聚合物	旋涂	聚合物层可用作应力缓冲层

① 该表格是本章参考文献 [5] 中初始表格的更新版本；

② 电镀（Electrochemical Deposition）；

③ 化学气相沉积（Chemical Vapor Deposition）；

④ 低压化学气相沉积（Low Pressure CVD）；

⑤ 液态金属填充（Liquid Metal Filling）；

⑥ 焊料注射成型（Injection Molded Soldering）；

⑦ 碳纳米管（Carbon Nanotube）；

⑧ 等离子增强化学气相沉积（Plasma-Enhanced CVD）；

⑨ 化学镀（Electroless Deposition）。

3.3 TSV 的制作与组装

制作 TSV 结构（或集成组装 TSV 结构）包括四个主要步骤：①硅刻蚀，在硅晶圆中制备盲孔或通孔；②孔填充，在上一步制备的孔中依次填充介电层、扩散阻挡层和（或）粘附层、种子层和填充材料；③在填充后进行表面平坦化和减薄；④沉积包含内埋电路的再布线层，对电信号端口进行重新分配，以适配堆叠在上面的芯片。步骤①到步骤③如图 3.1 所示。在这 3 个步骤中使用的大多数工艺最初是用于制造 MEMS（Micro-Electro-Mechanical Systems，微机电系统）和 IC（Integrated Circuits，集成电路）。因此，这些工艺和相应的技术并非严格意义上的新技术，然而，正如下文将解释的那样，这些工艺技术已经被显著修改和调整，以满足制备 TSV 结构的要求。TSV 最独特的特点是其有较高的深宽比（High Aspect Ratio，HAR）的结构，它具有非常小的横截面积。因此，与制造 TSV 和组装 TSV 相关的独特挑战主要来自于在硅片上制备高深宽比的孔，然后依次用各种不同类别的材料（如金属、陶瓷等）填充它。下面将描述制造和组装 TSV 的主要步骤，也对其中的挑战和解决办法进行了相应论述。

3.3.1 在硅晶圆上形成孔或沟槽

通常 TSV 的直径和高度尺寸范围分别为 1~10μm 和 10~150μm[13-15]，因此，TSV 的深宽比通常在 1~50。一般来说，小直径 TSV 有助于提升版图设计效率（layout efficiency）⊖ 和减小阻止区（Keep-Out Zone，KOZ）⊜。此外，孔的内壁应光滑并稍有锥度（85°~88°[16]）以实现保形且无空洞的填充[16-18]。TSV 的光滑内壁也降低了应力集中；这

⊖ 版图设计效率是指单位面积的导体数量。

⊜ 阻止区是指硅的功能属性被 TSV 应力场显著影响的区域。

非常重要，因为 TSV 组件通常有很高的残余应力，且 TSV 在晶体管制备工艺中和服役过程中经常处于高热应力环境[19, 20]。因此，制造 TSV 需要在硅晶圆上制备小尺寸、低锥度、深宽比高的光滑孔。为此，业界研究了激光钻孔、喷砂微加工、各向异性湿法刻蚀和等离子体刻蚀等技术。然而，如下所述，为制备 TSV 结构的深孔和腔槽，基于等离子体刻蚀的 Bosch 工艺，即深反应离子蚀刻（Deep Reactive Ion Etching，DRIE）是应用最广泛的商业方法[21]。

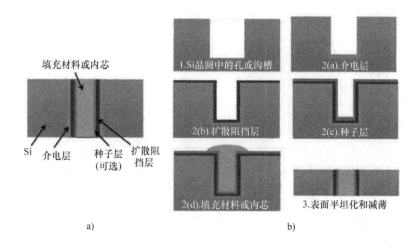

图 3.1　a）由介电层、扩散阻挡层、种子层和填充材料组成的 TSV 组件或 TSV 结构示意图
　　　　b）制造 TSV 组件所需的三个主要步骤（彩图见插页）

3.3.1.1　激光钻孔

用于制造 TSV 的激光钻孔是一种加工孔或沟槽的工艺方法。该方法通过将高能激光束聚焦在硅晶圆上所需的位置，由于高温加热，激光束下方的硅熔化蒸发，从而形成一个直径很小的垂直沟槽[22]。该工艺所用激光束的典型直径为 10~20μm[22, 23]。为了限制热影响区域的扩散和清除已加工的碎片，可以将冷却液（例如去离子水）喷射到晶圆靠近激光点的位置。如图 3.2 所示，该工艺已成功用于在硅晶圆中钻取直径 10~80μm 的高深宽比盲孔[24]。由于可以同时使用多束激光束，该工艺可以同时钻多个孔（见图 3.2b），因此也可以有很高的加工产能（> 2000 孔 /s[23]）。

然而，激光钻孔工艺带来了高温加热的问题，尽管激光作用区域较小，但加热温度过高，会损伤到硅晶圆中靠近孔的区域。当硅晶圆是单晶时，这个问题尤其突出，因为这样的加热会产生缺陷，也会引起多晶化，从而导致硅晶圆功能性能的恶化[23]。此外，过度加热也可能影响已经在晶圆上制造的前道和后道结构。超短脉冲激光（即超快激光）可以减小热影响区和残余应力（或应变）。由于热影响区的存在，该工艺目前在制造 TSV 中应用受限。

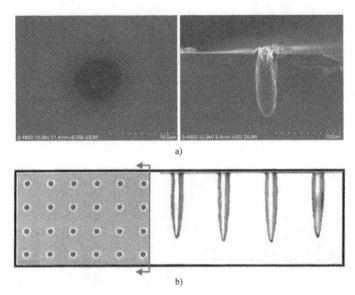

图 3.2　激光盲孔钻的几个例子

a）盲孔顶部和侧部的扫描电子显微镜照片，盲孔直径约 8μm[25]　b）硅晶圆中的典型微孔阵列，孔径约 10μm，深度约 70μm[22]，注意钻孔的锥形特征

3.3.1.2　喷砂微加工

　　喷砂微加工（Powder Blast Micromachining，PBM）或磨料射流加工（Abrasive Jet Machining，AJM）是一种以机械方式将材料从精确位置上去除的钻孔方法。该工艺方法中，非常细的硬粉末通过高压空气喷嘴轰击在晶圆上，当高速移动的硬粉末（速度约为 100m/s[26]）与硅发生碰撞时，它会磨掉硅，从而在硅晶圆中形成沟槽或微孔[26]。

　　粒径在 10~20μm 范围内的 Al_2O_3 粉末可用于在硅晶圆上制作沟槽[26,27]。在该工艺中，一种延展性材料的掩膜，如电镀铜、聚合物光刻胶等，置于硅片的顶部，以保护该区域不被研磨去除。使用这样的掩膜会降低沟槽[27]的深宽比。如图 3.3 所示，PBM 已成功地用于硅晶圆中钻孔。然而，这一过程并不能钻出高深宽比的孔（通常深宽比 < 5[26]）。此外，该工艺对硅晶片施加了很大的机械应力，并带来了一系列问题，如显著的残余应力、边角的崩裂、缺陷和硅多晶化。因此，这种工艺在 TSV 制造中同样应用受限。

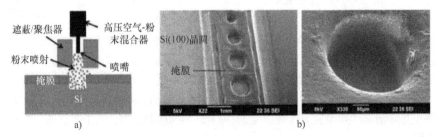

图 3.3　a）喷砂微加工装置示意图　b）使用高分辨率喷砂微加工[27]在硅晶圆上制备不同直径的盲孔，其中使用的掩膜为 SU-8

3.3.1.3 湿法刻蚀

利用氢氧化物 [如 KOH、NaOH、CeOH、RbOH、NH₄OH、（CH₃）₄NOH（即四甲基氢氧化铵或 TMAH）等] 对硅进行各向异性湿法刻蚀是制备硅沟槽的一种常用方法。OH⁻ 与硅的反应产生一种水溶性的硅氧化物复合物 [即 $SiO_2(OH)_2^{2-}$]，并很快溶解排出，在硅晶圆中形成沟槽。由于 KOH 对 {110} 晶面的蚀刻速度几乎是 {111} 晶面的 600 倍，因此采用适当的掩膜暴露硅表面，可以导致沿一个方向的各向异性蚀刻，从而得到高深宽比沟槽（如图 3.4a 所示）。此外，由于 {110} 晶面的氧化动力学明显慢于 {111} 晶面，因此与 {110} 晶面相比 [21]，在 KOH 中添加氧化剂可以进一步抑制 {111} 晶面的刻蚀速率，增强各向异性刻蚀，实现深宽比高达 600 的微孔 [28]。类似地，乙二胺邻苯二酚（EDP）和 TMAH 对 {100} 晶面刻蚀速率高于 {111} 晶面约 30 倍，也可以用于在 Si(100) 晶圆上刻蚀微孔 [29]。在湿法刻蚀中，由于没食子酸胺对 {100} 晶面的刻蚀速率是 {111} 晶面的 50~100 倍，也可以用于 {100} 晶面的各向异性刻蚀。如图 3.4b 所示，Si 的各向异性湿法刻蚀可以用于制备高深宽比 TSV 结构。尽管该工艺方法易于实现，且可实现高深宽比结构，但该方法主要用于制备矩形腔槽，并没有广泛应用于制备具有垂直壁孔的 TSV [21]。

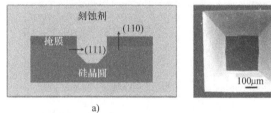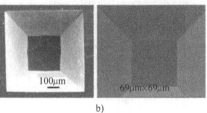

图 3.4 a）硅晶圆各向异性湿法刻蚀工作原理示意图 b）9M KOH 在 60~65℃条件下刻蚀（100）晶向硅晶圆制备的沟槽 [30]，其中，刻蚀掩模为 SiO₂ 硬掩膜

3.3.1.4 基于等离子的方法

利用快速移动和碰撞的等离子体对硅进行各向异性刻蚀，是在硅中制造高垂直度 TSV 最常见的方法，这种方法被称为"深反应离子刻蚀（DRIE）" [21]。在硅中刻蚀垂直孔的 DRIE 工艺主要有两种：低温 DRIE 工艺和 Bosch 工艺。在低温等离子体刻蚀中，硅晶圆被冷却到非常低的温度，通常采用液氮或液氩单元提供低于 −110℃ 的低温 [21]，然后用刻蚀等离子体单向轰击。由于低温，反应离子（各向同性）引起的硅的化学刻蚀大大减少，硅晶圆主要受高能等离子物理轰击作用影响，在特定位置上实现垂直方向刻蚀 [21]。因此，如图 3.5 所示，低温 DRIE 实现了高深宽比的孔洞或沟槽，其壁几乎是垂直的 [30]。低温处理的主要问题是：①需要一个在等离子体轰击下不会刻蚀掉的硬掩膜；②由于极低温度 [21]，Si 晶圆会开裂，特别是在孔边缘附近。由于上述问题，该工艺尚未在商业生产中广泛应用。

Bosch 工艺是另一种用于在硅中刻蚀高深宽比孔或沟槽的 DRIE 工艺，属于一种时分复用交替工艺（time-multiplexed alternation process） [21]。顾名思义，在时分复用交替工艺中，多个工序以同步方式交替发生。例如，在 Bosch 工艺中，刻蚀和钝化工艺以同步方式分别执行，其中刻蚀之后是钝化，反之亦然[32, 33]。因为通常很难从纯粹的等离子体的物理轰击中实现各向异性蚀刻，这种交替的同步过程可以有效地在硅中制造非常深的沟槽或孔。钝化层在孔内壁附着，尤其是孔的侧壁，使孔的直径不会随着孔的深度增加而变大。根据图 3.6 所示的原理图，我们将此过程的各个步骤描述如下。

1）硅晶圆的表面采用标准的光刻技术制备掩模图形（如图 3.6a 所示）。等离子体辅助刻蚀过程不会刻蚀涂覆在硅晶圆上的光刻胶。硅晶圆表面是否生长 SiO_2 层均可。

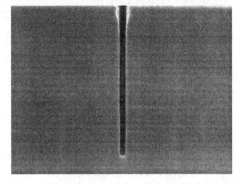

图 3.5 低温等离子刻蚀工艺在硅晶圆中刻蚀的高深宽比盲孔[31]

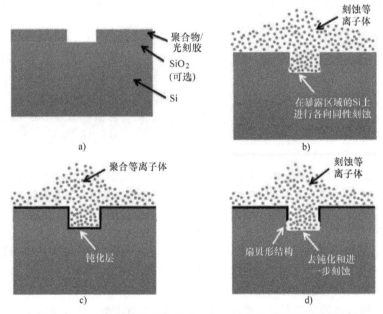

图 3.6 在硅中刻蚀孔或沟槽的 Bosch 工艺的不同阶段示意图

a）在硅表面制备聚合物掩模　b）反应气体等离子体流在暴露的硅表面进行硅刻蚀　c）钝化气体流在孔壁和底部形成钝化层　d）从孔底部去除聚合物层（去钝化）并在孔底部进一步刻蚀加深（彩图见插页）

2）硅晶圆被反应气体的高能等离子体刻蚀，如 SF_6，CF_4，NF_3，Cl_2 等（如图 3.6b 所示）[21]。气体产生的等离子体包括电子和电中性粒子以及带正电荷的粒子。带正电荷的粒子在外加电场作用下加速，高速撞击与运动路径垂直的硅表面，去除表面上的钝化层或轰击产物，然后与硅[21]发生反应。有趣的是，由于等离子体的高动量，它也会从深孔的底端去除形成的化合物。最常见的刻蚀气体（也是 Bosch 工艺中最初推荐的气体）是六氟化硫（SF_6）[32]。SF_6 和 Si 之间可以发生以下化学反应：

$$Si + 2SF_6(g) \rightarrow SiF_4(g) + 2SF_4(g) \qquad T > 100℃ \qquad (3.1)$$

$$2Si + 2SF_6(g) \rightarrow 2SiF_4(g) + S_2F_4(g) \qquad T < -30℃ \qquad (3.2)$$

由于上述反应式中所有的反应产物都是气态的，即挥发性的，因此随着上述过程的进行，硅原子逐渐从晶圆中被去除掉。上述反应是高度放热的，因此 Bosch 工艺经常在低温下进行（< 5℃）。此外，保持温度均匀稳定可获得良好且均匀的刻蚀速率。

3）在上述蚀刻过程之后，另一种气体，如 C_4F_8、C_4F_6 等，在孔壁和孔底沉积了一层薄薄的钝化聚合物层（如图 3.6c 所示）[33]。最常见的钝化气体是八氟环丁烷（C_4F_8），刻蚀过程中它会在等离子体中分解并产生聚四氟乙烯型聚合物的重复单元 -[CF_2]-。随后聚合物沉积在孔壁和孔底[21]。

4）在接下来的蚀刻过程中（即步骤 1），快速移动的等离子体撞击孔的底部，并从那里去除聚合物层，这一步骤称为去钝化（如图 3.6d 所示）。这将使孔底的硅暴露在刻蚀反应气体中，使得孔的深度进一步增加。另一方面，垂直侧壁的钝化保持完整（因为它们平行于等离子体的流动，并且不会与等离子体正面碰撞），因此孔壁仍然受到保护不会接触到刻蚀气体。然而，等离子体也会从侧壁上去除一些聚合物层，特别是在孔的底部附近。这导致了硅壁的侧面蚀刻或下切，形成扇贝形结构（如图 3.7 所示）。在 Bosch 工艺中，最小化扇贝形结构或表面粗糙度是一个挑战，因此产生了几种创新技术，下文将对此进行阐述。

a)

特征线宽(CD)=0.6μm 特征线宽(CD)=3μm 特征线宽(CD)=10μm
沟槽深度=5.6μm 沟槽深度=26μm 沟槽深度=31μm
刻蚀速率=1.0μm/min 刻蚀速率=3.2μm/min 刻蚀速率=3.9μm/min
b)

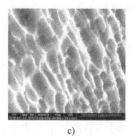
c)

图 3.7　采用 Bosch 工艺制备的几种典型的硅盲孔：图 a 为 SF_6/C_4F_8[17]，
图 b 为 $SF_6/HBr/O_2$[35]；图 a 的插图展示了孔壁的放大图，清楚地显示了扇贝形结构的形成，
侧壁粗糙扇贝形结构的放大图像见图 c

利用 Bosch 工艺，成功地制备了不同直径和深宽比的微孔（案例见图 3.7）。需要注意的是，底部聚合物的去除速率随着孔深的增加而降低（随着等离子体速度的降低）。因此，为了获得高深宽比的孔 [34]，通常采用随孔深逐渐增加加速电压的策略。同样重要的是，单步刻蚀 - 钝化工艺也可用于 Bosch 工艺。然而，与两步循环 Bosch 法相比，单步刻蚀法的蚀刻速率非常低，因此前者得到了更广泛的应用。在循环 Bosch 工艺中，刻蚀和钝化两步可能每步持续几秒钟。在一个刻蚀 - 钝化循环中，刻蚀孔的深度可增加 0.5~5μm。初始 Bosch 工艺采用 SF_6/C_4F_8 刻蚀气体组合，蚀刻速率为 10μm/min，可以通过调节气体成分进一步提高 [21]。刻蚀循环周期越长，刻蚀率越高，但这样同时也增加了侧壁的粗糙度 [21]。

如上所述和图 3.7a 所示，Bosch 工艺产生的微孔通常具有扇贝形结构。功率压力比是影响表面粗糙度的重要工艺参数，功率压力比越高，侧壁表面越光滑。当 Bosch 工艺控制良好时，侧壁扇贝形结构最高点与最低点之间的最大距离小于 50nm。此外，有报道称，刻蚀后增加 KOH 和异丙醇湿法刻蚀工艺可以将表面粗糙度降低到 6nm[37]。也有报道称，在上述时分复用交替过程中增加新的步骤，包括氧等离子体或氧 / 氩混合等离子体 [38, 39]，也可以降低表面粗糙度，并同时增加微孔的总深度。另一种降低表面粗糙度的策略是在刻蚀过程开始时进行单步各向异性刻蚀，然后再采用时分复用交替方法 [21]。这种方法源自于观察到 Bosch 工艺的侧壁的粗糙度随着孔深度的增加而减小这一现象 [21]。

3.3.2 循序填充 TSV

当盲孔在硅晶圆中刻蚀完成后，接下来它就被不同种类的材料所保形填充。在所有的材料填充过程中，两个最关键的标准是：台阶覆盖和无空隙填充。为了确保台阶覆盖，希望微孔侧壁具有一定锥度 [16, 17]，通常 2°~5° 的锥度（也即是 TSV 侧壁相对于晶圆表面的倾角为 85°~88°）对保形填充为优选参数 [16]。下面将结合图 3.1b，对填充过程进行详细描述。

1）介电层：该介电层位于孔壁表面，其目的是在承载电流的填充物与硅晶圆的其余部分之间形成电绝缘。最常见的介电材料有 SiO_2、氮化硅、氮氧化硅、正硅酸四乙酯（Tetra-ethyl orthosilicate，TEOS）等。上述这些介电材料大部分通过等离子体增强化学气相沉积（Plasma Enhanced Chemical Vapor Deposition，PECVD）技术沉积，其中 SiO_2 也可以通过热氧化工艺生长。在此过程中保持较低的热预算是很重要的，特别是在制作晶体管等之后制备 TSV 时。聚合物是另一类介电材料，可以在低温下涂覆，适用于低功率应用。常见的聚合物介电材料是对二甲苯或聚（对二甲苯）[40]。使用柔韧的聚合物介电层的另一个优点是，在热循环过程中，它可以吸收硅和金属填充材料（如铜）在受热时产生的热应变差异，从而最小化 TSV 模组中产生的应力 [41]。如图 3.8a 所示，将聚合物涂覆在硅上的一种方法是首先刻蚀一个与最终的通孔同心的环形沟槽，然后用旋涂聚合物填充它，再固化聚合物 [41]。在硅环形沟槽中涂覆聚合物之后，沟槽内的固体硅被蚀刻，得到一个侧壁为聚合物的盲孔（见图 3.8a）。如图 3.8b 所示，该方法可以在微孔侧壁形成无空洞的保形介电层。氧化物基和聚合物基介电层的厚度分别为 50~200nm 和 1 ~ 5μm[41]。

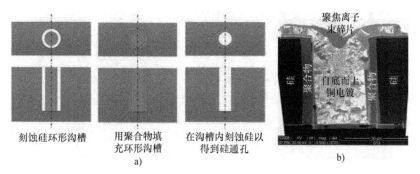

刻蚀硅环形沟槽　　　　用聚合物填　　　　在沟槽内刻蚀硅以　　　聚焦离子
充环形沟槽　　　　得到硅通孔　　　　束碎片
a)

图 3.8　a）聚合物填充策略示意图　b）用聚合物（环氧 8023-10）作为介电层实现 Cu 填充
TSV 的扫描电镜显微照片[41]（彩图见插页）

2）扩散阻挡层和粘附层：在微孔壁上沉积生长适当的介电层之后，接下来在介电层上生长薄的阻挡层，以抑制导电填充材料（filler）扩散进入介电层，乃至进入体硅。扩散阻挡层的选择由填充材料相决定，如 Ta、TaN、TaN/Ta、Re、Ti、TiN 等均可作为Cu[42] 的扩散阻挡层。为了改善种子层在阻挡层顶部的附着[43, 44]，可以在扩散阻挡层上沉积额外的粘附层。如 TiW、Ti 和 Ta 薄膜可以作为 Cu 的粘附层[44, 45]。有趣的是，一些材料，如 TaN、Ti、Mn_4N 等，可以同时作为扩散阻挡层和粘附层[44, 45]。TaN 薄膜作为扩散阻挡层，在某些特殊情况下，会在其上面加一层薄的 Ta 层，以进一步提高附着力。扩散阻挡层可采用离子化物理气相沉积（Ionized Physical Vapor Deposition，PVD）、原子层沉积（ALD）和化学气相沉积（CVD）工艺沉积。在上述工艺方法中，ALD 通常能以最小的扩散阻挡层厚度提供最佳的保形度和连续性的涂层。通常扩散阻挡层的厚度为几十纳米。

3）种子层：由于扩散阻挡层的电阻率很高，不能直接用作电镀金属填充材料的基底（即阴极）。因此，在阻挡层上沉积一层薄薄的填充金属种子层，以便电镀填充金属。因此，如果采用将导电浆料压入孔中，或者使用中等导电的阻挡层（例如 Re）等，则可以不需要沉积种子层。通常用 PVD 沉积种子层。然而，通过 PVD 实现高深宽比微孔的保形连续薄膜层挑战性很高。种子层沉积不良会带来孔内电镀金属多孔疏松和底部空洞等常见问题[46]。CVD 可使种子层获得较好的保形薄膜层；然而，CVD 生长 Cu 薄膜层与扩散阻挡层的粘附仍然是一个问题[46]。基于湿法沉积的电化学种子层增强（Seed-Layer Enhancement，SLE）技术可以通过填充 PVD 粒子层[46] 中的不连续点来修复种子层。这个过程也是一个电镀过程（将在下文中讨论，用金属填充孔），因此与标准电镀相同的装置也可以用于该工艺。然而，SLE 使用不同的镀液，使金属电镀可以在种子层和扩散阻挡层上进行，而不会腐蚀已有的种子层[46]。图 3.9 所示的两张 SEM 照片显示了 SLE 工艺对 PVD 生长的种子层的影响。如图 3.9 所示，通常种子层厚度为 10~40nm。由于金属填充材料的晶粒尺寸、晶粒形状和晶粒取向取决于种子层的微观结构[47]，种子层生长是一个非常关键的步骤，也是一个不断创新的课题。

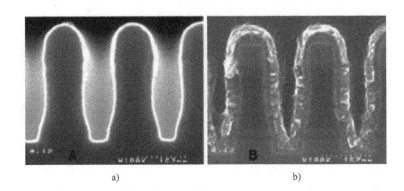

图 3.9　扫描电镜显示了 SLE 工艺对在 0.15μm 开口微槽内沉积的 Cu 种子层的影响

a）通过 PVD 工艺沉积的 15nm 厚的种子层　b）通过 SLE 工艺进一步沉积的 40nm 厚的种子层 [46]

4）填充材料：一旦硅微孔被介电层、扩散阻挡层和种子层填充，接下来的步骤便是将其填充导电材料，该填充材料占据了微孔的大部分体积。图 3.10 所示为 Cu 填充 TSV 的显微照片，其中显示了不同的薄膜层。沉积填充材料最常用的方法是电镀。这是由于金属，特别是 Cu，是 TSV 组件中最广泛使用的填充材料。除电镀外，还可用导电浆料（称为浆料印刷）和 CVD 来填充微孔 [48]。填充工艺应实现无空隙和无应力的填充，然而，这两个关键需求并不容易满足。因此，在实践中，目标变成最小化上面两种缺陷的影响。填充材料中，Cu、W 和其他金属采用电镀工艺，而重掺杂多晶硅是由低压气相沉积（Low Pressure Chemical Vapor Deposition，LPCVD）实现填充 [49]，金属 - 聚合物（如 Ag/ 聚吡咯）复合材料通常采用浆料印刷工艺 [48]。一种常见的商业铜电镀液是由 0.88mol/L CuSO$_4$、0.54mol/L H$_2$SO$_4$ 和 60 ppm Cl$^-$（NaCl）组成的酸性镀液 [49]。由于最常见的填充孔的策略是自下而上的（即具有方向性而不是各向同性的），为了高效填充 [50]，还在电镀液中添加了抑制剂，加速剂和整平剂。抑制剂与氯离子相互作用抑制铜的沉积。加速剂被吸附在电极表面，逐渐取代抑制剂，从而实现铜电镀。此外，加速剂的覆盖范围跟随电镀过程逐渐向上移动，从而使铜电镀填充自底向上持续进行 [50]。整平剂用于改善填充性能，降低表面粗糙度，防止 Cu 在孔口沉积 [50]。大多数抑制剂是聚合物（如聚乙二醇（PEG）等），而常用的加速剂和镀铜整平剂是 3- 巯基 -1- 丙磺酸盐（MPS）、（3- 磺丙基）二硫醚（SPS）、3,3- 硫代双（1- 丙磺酸盐）（TBPS）等，以及詹纳斯绿 B（JGB）、二嗪黑、阿尔新蓝等 [50]。如前所述，Cu 由于具有很高的导电性和与后道电路结构的兼容性，是应用最广泛的填充材料，尽管如此，在一些应用中，也使用 W 金属填充材料 [51]。另一方面，多晶硅与前道电路结构（即晶体管）兼容，其热膨胀系数也与 Si 相似。

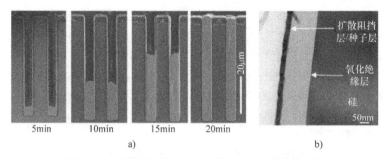

图 3.10　显微照片显示了 Cu 填充 TSV 的横截面图

a）低放大倍数下不同时间照片显示了自下而上电镀的填充面[52]　b）高放大倍数的 TEM 显微图显示了不同的材料层[53]［图 a 中电镀电压：0.600V，镀液成分：1.0mol/L CuSO$_4$、0.5mol/L H$_2$SO$_4$、0.001mol/L NaCl 和 10μmol/L 泊洛沙胺（Poloxamine）（Tetronic 701）[52]］

3.3.3　平坦化和芯片减薄

如图 3.1b 和 3.11a 所示，在硅微孔中填充金属后，晶圆的顶部有一些剩余的金属或浆料，这种特征被称为过填充（overburden）。该过填充结构是为了尽量减少填料内部的空洞等缺陷。此外，由于 Cu 挤出（Cu pumping）现象[54]（这将在下一章讨论），铜金属会突出于硅晶圆表面。进一步来说，如果金属没有过填充，填充材料可能会在微孔内收缩，在其入口附近留下空隙。因此，需要在有 TSV 开口的一侧（即从制作和填充 TSV 的一侧）将硅晶圆平坦化。此外，硅晶圆也可能需要被减薄到所需的厚度。在没有进行 TSV 处理的背面，可以方便地将硅片减薄处理，这主要是为了避免同时抛光延展性金属和脆性硅。图 3.11 显示了这两种工艺的流程及其对 TSV 的影响。

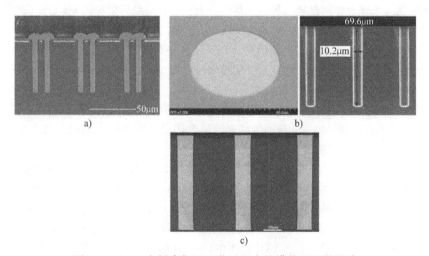

图 3.11　TSV 在循序加工工艺过程中的横截面显微照片

a）金属填充[52]　b）晶圆 TSV 开口表面平坦化（左、右图分别显示顶部和侧面图）（根据参考文献[55]重绘）　c）晶圆背面减薄[56]

49

如前文所述，Cu 挤出可能发生在前道和后道结构的高温加工以及再布线层（Redistri-bution Layer，RDL）的制备过程中，表现为 Cu 相对于硅晶圆的突出 [54, 57, 58]。由于前道、后道、焊接和芯片堆叠工艺通常需要 250~450℃的加热过程，在填充电镀和化学机械抛光（Chemical Mechanical Planarization，CMP）之间，沉积生长的铜 TSV 结构往往进行退火处理，退火温度通常选择适度高于后续加工步骤温度 [58]。这种 CMP 前退火减少了后续使用过程中 Cu 挤出效应的不利影响，还提高了通孔金属与通孔壁的粘附性，使填充金属的微结构得到了稳固 [59]。

在退火处理后，在微孔开口侧进行机械磨削和 CMP 加工使硅晶圆表面平坦化，同时也实现了硅晶圆的减薄。经过平坦化和减薄，硅表面具有很低的粗糙度（通常优于 1nm）和 TSV 残余应力。为了进行机械磨削和 CMP，含有 TSV 结构的硅晶圆可以使用环氧树脂与玻璃片或其他厚的硅片临时键合到一起。

3.4　TSV 制作与芯片集成的工艺流程

包含 TSV 的三维微电子封装可以分为九种不同类型制备方法。由于 TSV 结构在工艺流程中制造的顺序不同，可分为三种不同技术路线，而对于这三种路线中的任意一种，TSV 芯片和其他芯片都存在三种不同的集成方法。同 3.3 节中的描述一致，在上述任意一种方法中，制造 TSV 结构的基本步骤均包含硅刻蚀、填充、平坦化和减薄。

3.4.1　流程顺序

根据工艺流程的顺序，相对于前道（Front End Of Line，FEOL）工艺和后道（Back End Of Line，BEOL）工艺，由 TSV 结构的制造在流程中的位置区分，可以分为先制造、后制造和在工艺流程中间制造三种工艺路线。上述工艺路线分别称为 via-first（先通孔）、via-last（后通孔）和 via-middle（中通孔）[13]。从这些工艺路线的名称可以看出，如图 3.12 所示，在 via-first 和 via-last 工艺路线中，TSV 结构分别在 FEOL 工艺之前和 BEOL 工艺之后制造，而在 via-middle 工艺中，TSV 结构是在 FEOL 之后，BEOL 之前制造。此外，如图 3.12 所示，在 via-first 和 via-middle 工艺路线中，晶圆从顶部（FEOL 和 BEOL 结构所在位置）刻蚀，制造 TSV 结构后，从底部减薄。相对的，在 via-last 工艺中，晶圆在制造 TSV 结构之前减薄，然后从晶圆的底部蚀刻微孔 [33]。因此，在 via-last 工艺路线中实现 TSV 和 BEOL 之间的精确对准非常具有挑战性。

影响微孔加工顺序选择的另一个重要因素是 FEOL 和 BEOL 工艺中的热预算。FEOL 加工涉及硅的氧化和刻蚀，经常在高温下进行（> 400℃）。BEOL 工艺包含沉积电介质和金属互连等，尽管介质沉积温度有时可以达到 425~450℃，该工艺仍可认为通常在相对较低的温度下进行（< 400℃）。因此，选择 TSV 的制造顺序是很重要的，必须根据具体情况进行优化。例如，制造 TSV 组件在 via-first 路线中同其他路线相比是最简单的，因为该路线中 TSV 制造允许在没有其他结构的初始晶圆上进行加工。然而，由于填充金属的 CTE 和 Si 之间可能存在很大的差异，FEOL 工艺可能导致 TSV 结构中积累显著的热应力，导致金属挤出、界面滑动、断裂和其他可靠性问题。此外，某些填充金属，例

如 Cu，由于它们在高温下会非常快地扩散到 Si 中，所以很难在 via-first 工艺路线中使用。这限制了填充材料的选择，只能选择如 W 和重掺杂多晶硅等 CTE 接近 Si 的材料。另一方面，via-last 工艺路线可以避免 TSV 组件的热负荷。然而，除了对准问题之外，由于硅片上存在大量的已制备结构（即 BEOL 和 FEOL），via-last 工艺路线的工艺灵活性较为受限。因此，在 via-last 工艺路线中制作小直径（＜5μm）、高深宽比（>50）的 TSV 相对较困难。由于上述提到的 via-first 和 via-last 工艺路线存在的限制，via-middle 工艺路线通常被认为是更适合于应用的制造方法。

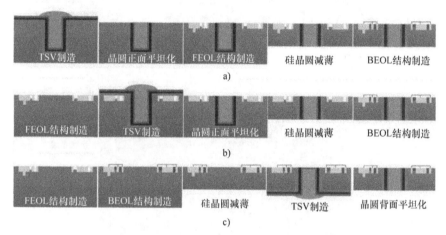

图 3.12　制造 TSV 组件相对于 FEOL 和 BEOL 工艺的流程顺序

a）via-first　b）via-middle　c）via-last（需要注意的是，根据工艺优化，某些工艺流程顺序可能会发生互换，例如在 via-first 工艺路线中，硅片减薄之前可能会制备 BEOL 结构等）（彩图见插页）

3.4.2　包含 TSV 的芯片集成

当一个包含 TSV 结构的芯片被制造出来，它就可以与具备微电子器件的另一个芯片集成在一起。如图 3.13a~ 图 3.13c 所示，集成可以选用以下三种策略：①面对面（Face-to-Face，F2F），正面，也即硅晶圆具有 FEOL 和 BEOL 结构的面，两个面彼此相对集成；②背对背（Back-to-Back，B2B），两个芯片的背面彼此相对集成；③面对背（Face-to-Back，F2B），一个芯片的正面和另一个芯片的背面相对集成[15]。在这些集成策略中，精确对准的 TSV 之间可以使用焊料微凸点形成互连，通常采用键合焊盘或附在 TSV 末端的铜柱。如图 3.13d 所示，为减少精确对准的难度，以及扇出和/或扩大芯片间的互连焊盘，通常采用再布线层（RDL）实现从 TSV 到较大键合焊盘的重分布。RDL 包含嵌入在介电层 [例如聚酰亚胺（Polyimide，PI）或苯并环丁烯（benzocyclobutene，BCB）] 中的金属电路（例如 Cu）。此外，由于放宽了互连间距和尺寸的限制，多层再布线可以减小 TSV 的插入损耗，同时提升信号传输性能和可靠性[60]。该方法也避免了堆叠时同 TSV 连接的焊盘的精确对位需求，为超薄互连焊盘的焊接提供了更大的灵活性。图 3.14 展示了面对背（F2B）集成器件截面图。两片芯片集成过程中的两项关键挑战是如何夹持超薄晶圆（厚度 < 100μm）和在组装集成过程中减小翘曲。为尽量减少上述问题，减薄的晶圆通常用环氧胶、高温胶或静电吸附临时键合到玻璃或厚硅片上。然而，静电吸附键合需要玻璃晶圆和硅晶圆的表面非常光滑（粗糙度 < 10nm）和洁净。此外，由于静电吸附键合通常需要高温（> 300℃）操作，此时玻璃载片需要选择 CTE 同硅相近的材料型号。

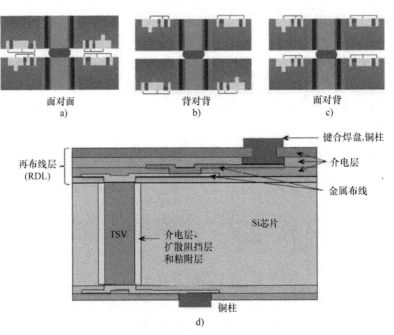

面对面
a)

背对背
b)

面对背
c)

图 3.13　通过芯片堆叠和焊料微凸点互连的集成策略示意图

a）面对面　b）背对背　c）面对背　d）再布线层（RDL）可允许 TSV 布置在键合焊盘不同的位置，常用于实现芯片互连（彩图见插页）

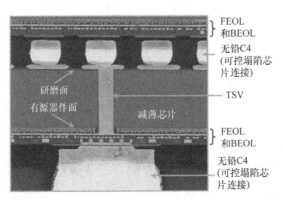

图 3.14　采用面对背键合集成策略的芯片组件截面[61]

3.5　小结

TSV 是面阵列（area-array）芯片垂直堆叠的关键特征，因此也是三维封装非常重要的使能特征。本章介绍了在芯片上制造 TSV 的方法。简单地说，制造过程包括四个步骤，包括在硅上制备微孔、循序填充硅通孔（各层分别为介电层、扩散阻挡层、粘附层、种子层和金属填充材料）、化学机械表面平坦化（chemical-mechanical planarization）和晶圆减薄，以及再布线层在硅晶圆表面的制备。本章对上述工艺过程和相关的材料进行了详细的介绍，尤其对工艺挑战和解决方法着重作了探讨。

致谢：编者感谢英特尔公司的 Purushotham Kaushik Muthur Srinath 和 Shengquan E Ou 对本章的审阅。作者（P. Kumar 和 I. Dutta）感谢美国国家科学基金会（DMR-0513874 和 DMR-1309843）、思科研究委员会和半导体研究公司（Semiconductor Research Corporation，SRC）对本章部分发表工作的资助。衷心感谢来自几位同行专家的贡献和合作（Lutz Meinshausen 博士，之前在华盛顿州立大学，目前在德国德累斯顿的格罗方德；Tae-Kyu Lee 博士，之前在思科，目前在波特兰州立大学；英特尔公司的 Ravi Mahajan 博士；飞思卡尔的 Vijay Sarihan 博士和佐治亚理工的 Muhannad Bakir 教授）以及现同事和前同事（华盛顿州立大学 Henry Yang 博士和之前在华盛顿州立大学，目前在希捷技术公司的 Zhe Huang 博士）在文献调研方面的帮助。作者（Zhiheng Huang）感谢广州市珠江科技新星计划（项目号 2012J2200074）、中国国家自然科学基金（NSFC）（项目号 51004118）和广东省自然科学基金（项目号 2015A030312011）对他研究工作的资助。

参考文献

1. E. Beyne, Through-silicon via technology for 3D IC, in *Ultra-Thin Chip Technology and Applications*, ed. by J.N. Burghartz (Springer, New York, 2011)
2. M. Stucchi, G. Katti, D. Velenis, TSV characterization and modeling, in *Three Dimensional System Integration: IC Stacking Process and Design*, ed. by A. Papanikolaou, D. Soudris, R. Radojcic (Springer, New York, 2011)
3. P.S. Andry, C.K. Tsang, B.C. Webb, E.J. Sprogis, S.L. Wright, B. Dang, D.G. Manzer, Fabrication and characterization of robust through-silicon vias for silicon-carrier applications. IBM J. Res. Dev. **52**, 571–581 (2008)
4. Z. Xu, J.Q. Lu, High-speed design and broadband modeling of through-strata-vias (TSVs) in 3D integration. IEEE Trans. Compon. Pack. Manuf. Technol. **1**, 154–162 (2011)
5. J.Q. Lu, Advances in materials and processes for 3D-TSV integration. ECS Trans. **45**, 119–129 (2012)
6. A. Tsukada, R. Sato, S. Sekine, R. Kimura, K. Kishi, Y. Sato, Y. Iwata, H. Murata, Study on TSV with new filling method and alloy for advanced 3D-SiP, in *ECTC: Electronic Components and Technology Conference*, 31 May–3 June 2011 (IEEE, Lake Buena Vista, FL, 2011), p. 1981
7. R. Sato, A. Tsukada, Y. Sato, Y. Iwata, H. Murata, S. Sekine, R. Kimura, K. Kishi, Study on high performance and productivity of TSV's with new filling method and alloy for advanced 3D-SiP, in *3DIC: International 3D Systems Integration Conference*, 31 Jan–2 Feb 2012 (IEEE, Osaka, 2012), p. 1
8. A. Horibe, K. Sueoka, T. Aoki, K. Toriyama, K. Okamoto, S. Kohara, H. Mori, Y. Orii, Through

silicon via process for effective multi-wafer integration, in *ECTC: Electronic Components and Technology Conference*, 26–29 May 2015 (IEEE, San Diego, CA, 2015), p. 1808

9. M. Bouchoucha, L.L. Chapelon, P. Chausse, S. Moreau, N. Sillon, Through silicon via polymer filling for 3D-WLP applications, in *ESTC: Electronic System-Integration Technology Conference*, 13–16 Sept 2010 (IEEE, Berlin, 2010), p. 1

10. A. Peic, Lithography process innovations for 2.5/3D Part 1: alleviating TSV stress (2014). http://www.3dincites.com/2014/08/lithography-process-innovations-for-2-53d-part-1-alleviating-tsv-stress/. Accessed 21 June 2016

11. L. Zhu, D.W. Hess, C.P. Wong, Carbon nanotube electrical and thermal properties and applications for interconnects, in *Integrated Interconnect Technologies for 3D Nanoelectronic Systems*, ed. by M.S. Bakir, J.D. Meindl (Artech House, Norwood, MA, 2009)

12. D. Jiang, W. Mu, S. Chen, Y. Fu, K. Jeppson, J. Liu, Vertically stacked carbon nanotube-based interconnects for through silicon via application. IEEE Electron. Dev. Lett. **36**, 499–501 (2015)

13. J.U. Knickerbocker, P.S. Andry, B. Dang et al., Three dimensional silicon integration. IBM J. Res. Dev. **52**, 553–569 (2008)

14. J.Q. Lu, 3-D hyperintegration and packaging technologies for micro-nano systems. Proc. IEEE **97**, 18–30 (2009)

15. M. Koyanagi, T. Fkushima, T. Tanaka, High-density through silicon vias for 3-D LSIs. Proc. IEEE **97**, 49–59 (2009)

16. S. Spiesshoefer, Z. Rahman, G. Vangara, S. Polamreddy, S. Burkett, L. Schaper, Process integration for through-silicon vias. J. Vac. Sci. Technol. A **23**, 824–829 (2005)

17. R. Nagarajan, K. Prasad, L. Ebin, B. Narayanan, Development of dual-etch via tapering process for through-silicon interconnection. Sens. Actuat. A **139**, 323–329 (2007)

18. R. Li, Y. Lamy, W.F.A. Besling, F. Roozeboom, P.M. Sarro, Continuous deep reactive ion etching of tapered via holes for three-dimensional integration. J. Micromech. Microeng. **18**, 125023 (2008)

19. C. Okoro, K. Vanstreels, R. Labie, O. Luhn, B. Vandevelde, B. Verlinden, D. Vandepitte, Influence of annealing conditions on the mechanical and microstructural behavior of electroplated Cu-TSV. J. Micromech. Microeng. **20**, 045032 (2010)

20. N. Ranganathan, L. Ebin, L. Linn, L.W.S. Vincent, O.K. Navas, V. Kripesh, N. Balasubramanian, Integration of high aspect ratio tapered silicon via for silicon carrier fabrication. IEEE Trans. Adv. Pack. **32**, 62–71 (2009)

21. B. Wu, A. Kumar, S. Pamarthy, High aspect ratio silicon etch: a review. J. Appl. Phys. **108**, 051101 (2010)

22. D. Gerke, *NASA 2009 Body of Knowledge (BoK): Through-Silicon Via Technology* (JPL Publication 09-28, Jet Propulsion Laboratory, Pasadena, CA, 2009)

23. R. Landgraf, R. Rieske, A.N. Danilewsky, K.J. Wolter, Laser drilled through silicon vias: crystal defect analysis by synchrotron X-ray topography, in *ESTC: 2nd Electronics System-Integration Technology Conference*, Greenwich, UK, 1–4 Sept 2008 (IEEE, 2008), p. 1023

24. Industrial laser application note: laser drilling of through silicon vias (TSV). http://www.spectra-physics.com/applications/application-notes/laser-drilling-of-through-silicon-vias-tsv. Accessed 21 June 2016

25. Y.H. Lee, K.J. Choi, Analysis of silicon via hole drilling for wafer level chip stacking by UV laser. Int. J. Precis. Eng. Manuf. **11**, 501–507 (2010)

26. A. Polyakov, T. Grob, R.A. Hovenkamp, H.J. Kettelarij, I. Eidner, M.A. de Samber, M. Bartek, J.N. Burghartz, Comparison of via-fabrication techniques for through-wafer electrical interconnect applications, in *ECTC: Electronic Components and Technology Conference*, 1–4 June 2004 (IEEE, 2004), p. 1466

27. S.P. Lee, H.-W. Kang, S.-J. Lee, I.H. Lee, T.J. Ko, D.-W. Cho, Development of rapid mask fabrication technology for micro-abrasive jet machining. J Mech. Sci. Technol. **22**, 2190–2196 (2008)

28. S.H. Kim et al., (110) Silicon etching for high aspect ratio comb structures, in *ETFA'97: Proceedings of Emerging Technologies and Fatory Automation*, 9–12 Sept 1997 (Los Angeles, IEEE, CA, 1997), p. 248

29. G.T.A. Kovacs, N.I. Maluf, K.E. Petersen, Bulk micromachining of silicon. Proc. IEEE **86**, 1536–1551 (1998)

30. M.J. Archer, F.S. Ligler, Fabrication and characterization of silicon micro-funnels and tapered

micro-channels for stochastic sensing applications. Sensors **8**, 3848–3872 (2008)

31. S. Aachboun, P. Ranson, Deep anisotropic etching of silicon. J. Vac. Sci. Technol. A **17**, 2270–2273 (1999)
32. F. Laermer, A. Schilp, Method of anisotropically etching silicon. US Patent US5501893 A (1996)
33. M.J. Madou, *Fundamentals of Microfabrication: The Science of Miniaturization*, 2nd edn. (CRC Press, Boca Raton, 2002)
34. S.-B. Jo, M.-W. Lee, S.-G. Lee, E.-H. Lee, S.-G. Park, O B.-H., Characterization of a modified Bosch-type process for silicon mold fabrication. J. Vac. Sci. Technol. A **23**, 905–910 (2005)
35. P. Nallan, A. Khan, S. Pamarthy, S.T. Hsu, A. Kumar, Advanced deep silicon etching for deep trench isolation, optical components and micro-machining applications, in *ET Conference Proceedings* (Applied Materials Internal Publication, 2001)
36. M.J. Walker, Comparison of Bosch and cryogenic processes for patterning high aspect ratio features in silicon. Proc. SPIE **4407**, 89–99 (2001)
37. I.R. Johnston, H. Ashraf, J.K. Bhardwaj, J. Hopkins, A.M. Hynes, G. Nicholls, S.A. McAuley, S. Hall, L. Atabo, G.R. Bogart, A. Kornblit, A.E. Novembre, Etching 200-mm diameter SCALPEL masks with the ASE process. Proc. SPIE **3997**, 184–193 (2000)
38. R. Nagarajan, L. Ebin, D. Lee, C.S. Soh, K. Prasad, N. Balasubramanian, Development of a novel deep silicon tapered via etch process for through-silicon interconnection in 3-D integrated systems, in *ECTC: Electronic Components and Technology Conference*, 30 May–2 June 2006 (IEEE, San Diego, CA, 2006), p. 383
39. J.-H. Lai, H.S. Yang, H. Chen, C.R. King, J. Zaveri, R. Ravindran, M.S. Bakir, A 'mesh' seed layer for improved through-silicon-via fabrication. J. Micromech. Microeng. **20**, 025016 (2010)
40. M. Miao, Y. Zhu, M. Ji, J. Ma, X. Sun, Y. Jin, Bottom-up filling of through silicon via (TSV) with Parylene as sidewall protection layer, in *EPTC'09: Electronics Packaging Technology Conference*, 9–11 Dec 2009 (IEEE, Singapore, 2009), p. 442
41. D.S. Tezcan, F. Duval, H. Philipsen, O. Luhn, P. Soussan, B. Swinnen, Scalable through silicon via with polymer deep trench isolation for 3D wafer level packaging, in *ECTC: Electronic Components and Technology Conference*, 26–29 May 2009 (IEEE, San Diego, CA, 2009), p. 1159
42. P. Shi, J. Enloe, R. van den Boom, B. Sapp, Direct copper electrodeposition on a chemical vapor-deposited Ruthenium seed layer for through-silicon vias, in *IITC: International Interconnect Technology Conference*, 4–6 June 2012 (IEEE, San Jose, CA, 2012), p. 1
43. M.J. Wolf, T. Dretschkow, B. Wunderle, N. Jurgensen, G. Engelmann, O. Ehrmann, A. Uhlig, B. Michel, H. Reichl, High aspect ratio TSV copper filling with different seed layers, in *ECTC: Electronic Components and Technology Conference*, 27–30 May 2008 (IEEE, Lake Buena Vista, FL, 2008), p. 563
44. V.S. Rao, S.W. Ho, W.S.V. Lee, H.Y. Li, E. Liao, R. Nagarajan, T.C. Chai, X. Zhang, P. Damaruganath, TSV interposer fabrication for 3D IC packaging, in *EPTC'09: Electronics Packaging Technology Conference*, 9–11 Dec 2009 (IEEE, Singapore, 2009). p. 431
45. Y. Au, Q.M. Wang, H. Li, J.S.M. Lehn, D.V. Shenai, R.G. Gordon, Vapor deposition of highly conformal copper seed layers for plating through-silicon vias (TSVs). J. Electrochem. Soc. **159**, D382–D385 (2012)
46. P.H. Haumesser, L.A. Roule, S. Maitrejean, G. Passemard, Seed enhancement: a bridging technology. Future Fab. Int. **19**, 81–83 (2005)
47. K.J. Ganesh, A.D. Darbal, S. Rajasekhara, Effect of downscaling nano-copper interconnects on the microstructure revealed by high resolution TEM-orientation-mapping. Nanotechnology **23**, 135702 (2012)
48. B. Horvath, J. Kawakita, T. Chikyow, Through silicon via filling methods with metal/polymer composite for three-dimensional LSI. Jpn. J. Appl. Phys. **53**, 06JH01 (2014)
49. P. Dixit, T. Vehmas, S. Vahanen, P. Monnoyer, K. Henttinen, Fabrication and electrical characterization of high aspect ratio poly-silicon filled through-silicon vias. J. Micromech. Microeng. **22**, 055021 (2012)
50. C.-F. Hsu, W.-P. Dow, H.-C. Chang, W.-Y. Chiu, Optimization of the copper plating process using the Taguchi experimental design method: I. Microvia filling by copper plating using dual leverlers. J. Electrochem. Soc. **162**, D525–D530 (2015)

51. G. Pares, N. Bresson, S. Minoret, V. Lapras, P. Brianceau, J.F. Lugand, R. Anciant, N. Sillon, Through silicon via technology using tungsten metallization, in *Conference IC Design & Technology*, 2–4 May 2011 (IEEE, Kaohsiung, 2011), p. 1

52. T.P. Moffat, D. Josell, Extreme bottom-up superfilling of through-silicon-vias by damascene processing: suppressor disruption, positive feedback and Turing patterns. J. Electrochem. Soc. **159**, D208–D216 (2012)

53. J. Dukovic, S. Ramaswami, S. Pamarthy, R. Yalamanchili, N. Rajagopalan, K. Sapre, Z. Cao, T. Ritzdorf, Y. Wang, B. Eaton, R. Ding, M. Hernandez, M. Naik, D. Mao, J. Tseng, D. Cui, G. Mori, P. Fulmer, K. Sirajuddin, J. Hua, S. Xia, D. Erickson, R. Beica, E. Young, P. Kusler, R. Kulzer, S. Oemardani, H. Dai, X. Xu, M. Okazaki, K. Dotan, C. Yu, C. Lazik, J. Tran, L. Luo, L, Through-silicon-via technology for 3D integration, in *IEEE International Memory Workshop*, 16–19 May 2010 (IEEE, Seoul, 2010), p 1

54. D. Smith, S. Singh, Y. Ramnath, M. Rabie, D. Zhang, L. England, TSV residual Cu step height analysis by white light interferometry for 3D integration, in *ECTC: Electronic Components and Technology Conference*, 26–29 May 2015 (IEEE, San Diego, CA, 2015), p. 578

55. R.L. Rhoades, Overview of CMP for TSV applications (2013). http://www.entrepix.com/docs/papers-and-presentations/Rhoades-CMP-for-TSV-AVS-June2013-shareable.pdf. Accessed 21 June 2016

56. S.W. Yoon, D.J. Na, K.T. Kang, W.K. Choi, C.B. Yong, Y.C. Kim, P.C. Marimuthu, TSV MEOL (Mid-End-Of-Line) and its assembly/packaging technology for 3D/2.5D solutions, in *ICEP-IAAC: Joint Conference of International Conference on Electronics Packaging and IMAPS All Asia Conference*, 17–20 April 2012, Tokyo, Japan (2012). http://www.statschippac.com/~/media/Files/DocLibrary/whitepapers/2012/STATSChipPAC_ICEP2012_TSV_MEOL_and_Pkg.ashx. Accessed 21 June 2016

57. A. Heryanto, W.N. Putra, A. Trigg, S. Gao, W.S. Kwon, F.X. Che, X.F. Ang, J. Wei, R.I. Made, C.L. Gan, K.L. Pey, Effect of copper TSV annealing on via protrusion for TSV wafer fabrication. J. Electron. Mater. **41**, 2533–2542 (2012)

58. T. Jiang, S.-K. Ryu, Q. Zhao, J. Im, R. Huang, P.S. Ho, Measurement and analysis of thermal stresses in 3D integrated structures containing through-silicon-vias. Microelectron. Reliab. **53**, 53–62 (2013)

59. K. Ohta, A. Hirate, Y. Miyachi, T. Shimizu, S. Shingubara, All-wet TSV filling with highly adhesive displacement plated Cu seed layer, in *3DIC: International 3D Systems Integration Conference*, 31 Aug–2 Sept 2015 (IEEE, Sendai, 2015), p. TS8.4.1

60. Q. Cui, X. Sun, Y. Zhu, S. Ma, J. Chen, M. Miao, Y. Jin, Design and optimization of redistribution layer (RDL) on TSV interposer for high frequency applications, in *ICEPT-HDP: International Conference on Electronic Packaging Technology and High Density Packaging*, 8–11 Aug 2011 (IEEE, Shanghai, 2011), p. 1

61. *IBM 3D Semiconductor & Packaging Technology for Systems* http://researcher.ibm.com/researcher/view_group.php?id=4436. Accessed 21 June 2016

第 4 章

TSV 的微观结构与力学可靠性

Praveen Kumar, Tae-Kyu Lee, Indranath Dutta, Zhiheng Huang, Paul Conway

4.1 导言

本章将在第 3 章介绍的材料、结构与组装的基础上继续讨论 TSV 的微观结构和可靠性问题。本章首先讨论了微观结构的表征和应力的测量，然后详细讨论了与 TSV 相关的可靠性问题，最后提出了基于原子尺度信息的 TSV 可靠性建模这一有前景的技术。

4.2 微观结构表征及应力测量

4.2.1 微观结构表征

TSV 的微观结构可以从晶体结构、相结构、晶粒结构和缺陷结构 4 个层面进行表征。Bunge 引入了数学函数来定量描述微观结构 [1, 2]：

$$G(x) = \begin{cases} i(x), & \text{相} \\ g(x), & \text{取向} \\ D(x), & \text{缺陷，晶格应变} \end{cases} \tag{4.1}$$

标准的金相技术也可以应用于 TSV 结构的实验表征，但由于 TSV 的尺寸小，软质填充料（如 Cu、Ag 等）被硬脆的 Si 环绕，标准的金相抛磨制样过程烦冗耗时且金相分析的定位准确性难以保证。聚焦离子束（Focus Ion Beam，FIB）铣削可实现小尺寸的精密加工，被广泛应用于微结构表征的 TSV 样件制备，还可将 TSV 制成可用于 TEM 观察的超薄样品，但是制备效率低且成本高。近期出现的 Xe$^+$ 等离子 FIB 系统通过对铣削参数进行优化控制，有望获得更快的材料去除速率 [3]。另一种表征填充材料微观结构的方法是过孔曝露法（via revealing）：制备过程中 Si 被氢氧化物刻蚀去除，金属填充物不受影响则被曝露出来 [4, 5]。然而此工艺方法同样也很缓慢，且无法用于观察硅与填充物之间的界面。因而，制备用于微结构表征的样品通常非常耗时，尤其是需要覆盖 TSV 的完整结构时。一般来说，TSV 模组定性和定量的重要微观结构特征包括填充物的晶粒尺寸和形状、微观织构和晶粒取向、铜填充物的孪晶界、填充物空隙或空洞的形状和尺寸、微观裂纹和界面结构等。

晶粒尺寸对于金属填充物的强度影响很大，可以通过扫描电子显微镜（SEM）和透射电子显微镜（TEM）测量得到。TSV 填充物的硬度和强度可以通过纳米压痕法测量。通常情况下晶粒尺寸越小，材料的强度也越高，但并非绝对。由图 4.1 可知，具有较小晶粒尺寸的 TSV 填充物并非对应更高的强度，并且强度与晶粒尺寸的关系通常不遵循 Hall-Petch 关系，即强度的增加并不严格与晶粒尺寸的平方根的倒数成正比[6, 7]。上述偏差是由于 TSV 填充物在通孔直径上的晶粒相对较少，如图 4.2 所示，所以通常不显示多晶特性。研究表明含杂质的电镀液可以提高填充物的屈服强度[15]。因此在评估 TSV 力学性能时应选择合适的方法[8, 9]。此外，常规的平均晶粒尺寸参数不足以表征 TSV 填充物的晶粒结构。当前的材料基因组计划（the materials genome initiative）[10] 中已经提出了基于相的形态和分布的参数等方法来量化微观结构[11, 12]。

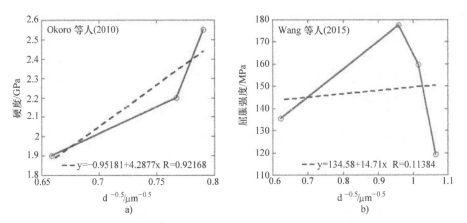

图 4.1　平均硬度[6] 和屈服强度[7] 随铜平均晶粒尺寸变化而变化。折线显示出平均硬度和屈服强度之间的 Hall-Petch 关系和晶粒尺寸平方根的反比的最佳曲线拟合

图 4.2 表明，铜填充物的晶粒尺寸在高温退火后明显增大[6]，在 450℃下退火 30min 会导致晶粒尺寸从 0.84μm 增加到 1.26μm[14]，图 4.2b 表明退火过程中晶粒长大通常是不均匀的[13]。除此之外，由参考文献 [15] 可知，填充物中的杂质会降低退火过程中的晶粒长大速率。参考文献 [7] 通过实验发现，当电镀电流密度分别为 1A/cm² 和 9A/cm² 时，铜填充物的平均晶粒尺寸分别为 2.57μm 和 0.88μm，由此可知电镀电流密度越低，晶粒尺寸越大。参考文献 [6, 16] 发现退火还会诱导铜填充物孪晶的生成。

通常可利用扫描电子显微镜（SEM）的电子背散射衍射（EBSD）来观测 TSV 填充物的微观织构，见图 4.2a。如果填充物晶粒非常小（比如在种子层中的填充物），则也可以使用衍射扫描透射电子显微镜（D-STEM）绘制微观纹理图[17]。由参考文献 [6] 可知，退火仅增大了晶粒尺寸，对填充物材料的织构没有明显的其他影响。参考文献 [17] 指出，填充材料的微观织构受种子层方向、电镀条件（电流密度、镀液化学性质、镀液温度等）和杂质浓度等影响[17]。截至目前，通孔填充物的晶体学织构与工艺和几何参数的相关性还没有得到清晰的确定。

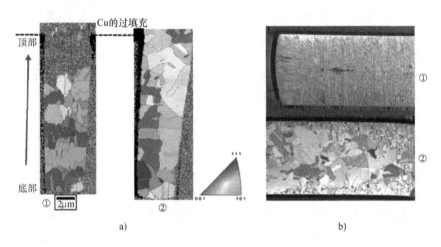

图 4.2　a）铜填充物横截面的反极图（IPF）EBSD 图样：①沉积状态；②420℃退火 20min 后，然后在 300℃退火 15min[6]　b）铜填充物的晶粒结构 FIB 照片：①沉积状态；②在 400℃退火 1h[13]（彩图见插页）

　　扫描透射电子显微镜（STEM）、能量色散 X 射线光谱（EDXS）、电子探针微分析（EPMA）等常规的微结构表征技术可用于鉴定 TSV 中的化学组分并绘制其浓度分布图。此外，飞秒二次离子质谱法（TOF-SIMS）可用于研究 TSV 中的化学物质[15]，X 射线衍射（XRD）用于识别 TSV 结构中存在的相[18]。

4.2.2　应力状态测量

　　TSV 模组在加工和热循环过程中会产生较大的应力，其诱因和影响将在 4.3 节中进行讨论。这些应力会影响 TSV 封装器件的整体可靠性，因此各种方法都被广泛用于这些应力特性的研究，下面简要讨论了用于测量 TSV 应力状态的三种主要技术。

4.2.2.1　晶圆曲率法

　　由参考文献 [19] 可知，将具有不同热膨胀系数（CTE）的多种材料叠层后进行加热，则组装体将产生与单层部件中的面内应力成比例的曲率弯曲。虽然 TSV 模组比多层板更复杂，但由于热漂移过程中残余应力的产生和释放会导致弯曲[15, 20-22]，所以晶圆曲率法可用于测量 TSV 中的应力。由于 TSV 结构中的应力状态比简单的薄膜基板系统要复杂得多，因此通常采用有限元分析对晶圆曲率法进行补充[21]。由于仅测量了曲率这一个参数，晶圆曲率法给出的是总应力或平均应力的情况，因此可以用有限元分析法对应力的三维状态进行预测。此外，该方法可用于如热循环过程的应力原位测量。

4.2.2.2 微拉曼光谱

Si 具有拉曼活性，因此可用微拉曼光谱（Micro-Raman Sepectroscopy，μRS）来测量 Si 晶片中的应力[20, 23-25]。求解纵向振动模式（即模式 3）最常用的是背散射微拉曼光谱，再用该模式确定两个平面内主应力之和[23, 25]。参考文献 [23] 指出，如果使用较高的数值孔径（如 0.4 以上），则有可能求解三种振动模式，从而解决 TSV 结构中应力张量分析问题。图 4.3a 中，硅基体中的压应力、拉应力会导致拉曼信号向前、向后偏移（例如，波数为 1cm^{-1} 的偏移对应约 434MPa 的应力），该偏移与硅基体中的应力成正比[24]。由于波长较长的激光束可以穿透更深的硅，因此它能提供更深处的信息。由于背散射装置中微拉曼光谱的穿透深度仍然很小，所以该方法只能用于从近表面区域获得应力信息。图 4.3b 中，TSV 周围的 Si 应力大小在很大程度上取决于与通孔端的距离，在近表面的应力可用短波激光测得，当位置远离通孔端时，拉应力逐渐变小。表面位置的应力可用长波激光测得，当位置远离通孔端时，应力从压缩状态转变为拉伸状态。由于 Si 晶片中的应力状态通常有三个自由度方向，通过拉曼光谱法对三个自由度的应力分量测量具有挑战性。尽管如此，当与有限元分析相结合后，微拉曼光谱可以很好地用于对晶片中的三维应力状态的估计[23-25]。值得注意是，金属不具有拉曼活性，因此不能使用这种技术来测量 Cu 的应力状态，而必须从对 Si 的测量中间接得出。

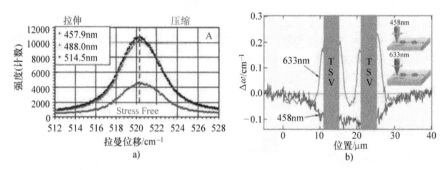

图 4.3　a）使用波长为 457.9nm、488.0nm 和 514.5nm 的激光器得到的硅晶片典型拉曼光谱，显示了位移和应力之间的关系[24]　b）使用两种不同波长的激光束，测量铜 TSV 附近不同深度的硅晶圆的应力剖面[25]（彩图见插页）

4.2.2.3 基于 X 射线衍射（XRD）的技术

为了直接测量局部应变，进而直接测量 Cu TSV 中的应力场，可以将 X 射线衍射（XRD）与横截面 TEM 或同步加速器辐射源结合使用，以确定应力引起的晶胞参数从平衡态变化的情况[26-28]。这个方法也可用于对 Si 应力进行非破坏性高分辨率测量。尽管 XRD 通常仅测量平均应力值，但是将同步加速器中的高能 X 射线聚焦到较小的光束尺寸，再将其栅格化至样品上，则可以得到 TSV 结构中亚微米级样本体积内的全部应变和应力张量[26, 29-31]。图 4.4 所示为使用高能 X 射线分析 TSV 模组中空间应力变化的示例。

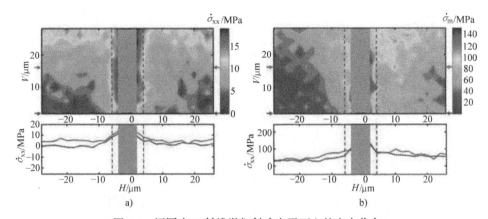

图 4.4　用同步 X 射线微衍射确定平面上的应力分布

a）偏 σ_{xx} 应力　b）Von-Mises 应力 [26]（虚线为铜 TSV 的有效尺寸，灰色阴影区域表示"不可指标化"区域，其中铜的衍射强度与硅的衍射强度接近）（彩图见插页）

4.2.2.4　应力计量的挑战

同步加速器 X 射线微衍射是迄今为止最强大的应力分析技术，但其价格最昂贵，且需要使用同步加速器辐射源 [28]，并且这些前述技术都不能直接测量 Si 或 Cu 中的应力。在拉曼光谱中，声子频移被转换为应力值 [28]；在基于衍射的技术中，基于大块单晶样品的线性弹性特性，将应变张量在数学上转换为应力张量 [28]。尽管微拉曼光谱可以提供深度方向上的应力分布，但穿透深度在亚微米范围内，因此 TSV 完整的应力分布图仍然无法获取，但此信息对于 4.3.1.3 节中讨论的金属挤出现象的机理分析很重要。4.4 节中讨论的建模技术可以为其提供解决方案。

4.3　TSV 相关的可靠性问题

影响 TSV 可靠性的主要因素有环境应力和电气参数，并且常因微观结构效应而复杂化。下面将讨论这些可靠性问题的诱因及影响，以及规避和减小这些问题的潜在方法。

4.3.1　TSV 中的应力

4.3.1.1　应力的产生与影响

TSV 及临近区域 Si 中的应力主要有两个来源，其一是填孔电镀造成的生长应力；其二是孔中的 Cu 与周围的 Si 之间热膨胀失配引起的热机械应力。

当电镀 Cu 在 Cu 种子层中从通孔侧壁沿径向向内生长并相互邻接时，会产生生长应力，通常会生成沿 TSV 轴的接缝，如图 4.5 所示。接缝可能会沿着 TSV 轴留下一条细的空隙线，该空隙线会在沉积后的退火过程中增长，并导致机械和电气性能下降。电镀 Cu 在室温下自退火后晶粒明显长大，从而引起因晶界消除所导致的 Cu 的 TSV 体积收缩 [32]。这可能使得现有的空洞在自退火和 CMP 前的退火过程中生长。在退火过程中，晶格空位向轴心已有的空洞扩散，从而使铜内部缺陷周围的静水应力梯度得到释放，这同样会导

致空洞的生长 [33]。

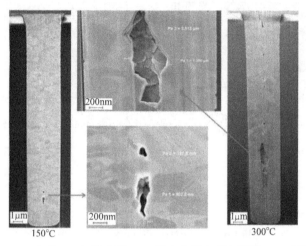

图 4.5　150℃和 300℃退火后 TSV 的中心线出现空洞的 SEM 图像 [33]

　　TSV 的热 - 机械应力是由于器件温度变化时 Cu 和 Si 之间的热形变差异所致，其根本原因是材料间的热膨胀系数差异巨大（$\alpha_{Si} = 2.8 \times 10^{-6}/K$，$\alpha_{Cu} = 17 \times 10^{-6}/K$）。因焦耳热的波动引起的热循环在电子器件服役期间频繁发生，三维封装器件也不例外。通常，Si 上的电镀 Cu 在室温下残余了张应力，在加热时张应力首先被弹性释放，继而逐步形成压缩应力。随着温度的升高，Cu 的屈服强度和抗蠕变性降低，从而通过塑性屈服和蠕变来缓解应力，因此在最高温度下几乎没有残余应力，如图 4.6 所示。随后的冷却过程中会形成张应力，从而导致临近区域 200~500MPa 的应力值（薄膜为双轴应力，而 TSV 为静水应力）。更多的温度循环将重复相同的行为，然而由于在第一个循环中发生了相当大的塑性，因此后续循环在较高温度才会开始发生屈服和应力松弛，因此其程度也较低。图 4.6 显示了通过晶圆曲率测试法测得的 Si 上 Cu 膜的应力 [34]。以上行为的具体情况取决于温度范围和热循环速率，但定性地讲，在 TSV 中的规律也应如此。然而与薄膜不同的是，TSV 应力状态是三轴的，且在室温下通常处于三轴（即静水力学）张力状态。

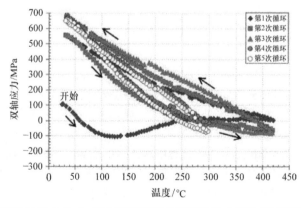

图 4.6　沉积在 Si 上的 Cu 膜在热循环时的等双轴应力演化 [34]（彩图见插页）

如前所述，Cu 的 TSV 中的应力状态可以用两种方法来测量，其一是通过拉曼光谱法测量 Si 中的应力，其二是通过 X 射线微衍射测量 Si 或 Cu 中的应力来间接测量。参考文献 [24，25] 通过不同激发波长的氩激光来进行深度敏感的拉曼测量，结果表明，被 TSV 环绕的 Si 在室温下具有压缩静水应力，且应力沿 Si 通孔的长度变化很大，且越靠近 Si 通孔的端部处的 Si 静水应力越小。假设环绕 TSV 的 Si 中的径向应力（σ_{rr}）和周向应力（$\sigma_{\theta\theta}$）较弱或与相对于 TSV 的轴向位置无关，则可以推断在室温下，靠近 TSV 中间的 Si 的轴向应力为负（即 Cu 的轴向应力为正），在表面处轴向应力约为 0。此外，TSV 直径越小（如较大的 TSV 深宽比），沿深度的应力变化越大。TSV 阵列区域内 Si 的应力通常大于 TSV 阵列区域外 Si 的应力，这些应力在 Cu 电镀沉积后由于生长和自退火产生，当温度升高时变为压应力并不断增加 [35]。通过对靠近 TSV 末端的芯片表面进行拉曼峰位移测量，结果表明在 TSV 芯片界面处的双轴静水应力（即 $[\sigma_r + \sigma_\theta]/3$，因 σ_z 近似为 0）为负，并且在 TSV 之间急剧上升并变为正值，如图 4.7 所示。退火后由于 Cu 的体积膨胀，Si 中的静水应力在界面处压缩得更厉害，并且远离界面处的拉伸程度更大 [20]。相反，退火除了增加晶粒尺寸，还应减少了 Cu 中的压应力。

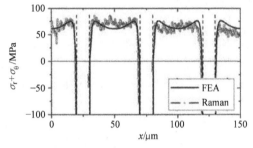

图 4.7　TSV 末端附近 Si 的应力状态图，图中三个 TSV 均为插入 Si 的垂直带 [20]

热循环还会导致静水应力在 Cu 的 TSV 或填充物中累积 [27]，高杂质含量的 TSV 有导致较高残余应力的趋势 [15]。研究结果表明，硅-铜界面处存在较大的径向拉伸应力 [25]，这些位置更容易出现失效。对于给定直径的通孔，在 Cu 填充物和 Si 界面处的径向应力通常会随着 TSV 的长度而增加 [25]。尽管 TSV 直径与静水应力的关系不具有单调性，但对 TSV 模组中的应力状态似乎存在一定的影响 [36]。

诱导压阻效应将导致载流子迁移率降低，因此在靠近 Cu 填充物的 Si 表面产生的应力将对临近器件的电性能产生不利影响 [37, 38]。这就需要在每个 TSV 的紧邻区的 Si 中设置一个数微米宽的禁止区（Keep Out Zone，KOZ），在此区域内不能布置有源器件。KOZ 的尺寸与 TSV 直径的平方成正比，并且对于高深宽比的 TSV 来说需要更大的 KOZ。随着芯片中 TSV 密度的增加，KOZ 区域明显增大，芯片上可用于有源器件的区域被明显压缩。参考文献 [39] 对邻近 TSV 的 Si 中的应力状态进行了有限元分析，发现屈服强度较小的铜微结构会减小 KOZ 尺寸，而 KOZ 随着屈服强度的增加而增大，直到通孔进入塑性屈服才保持稳定。

参考文献 [40] 对自由状态芯片中的 TSV 开展有限元分析，结果表明加热并冷却后，最大 Von Mises 应力及由此引起的 Cu 塑性形变均发生在靠近 TSV 末端的界面附近，这也是 Cu 挤出（copper-pumping）现象的根本原因。通过进一步观察发现，最大主应力（张力）位于 TSV 中部附近的界面处，同时也位于环绕 TSV 的绝缘介电层上，并沿径向分布 [41]。通过图 4.8 可以看出，在热循环后，Cu - SiO₂ - Si 环形界面处的介电层发生开裂，同样还观察到 TSV 顶部的金属线因产生了空洞化而变得粗糙 [42]。

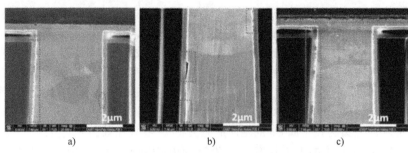

图 4.8　TSV 介质裂纹和顶部粗化的形成 [42]

a）未施加温度循环　b）500 个温度循环　c）2000 个温度循环

但是，通过对堆叠式芯片封装进行有限元分析，发现封装从零应力温度（150℃）开始冷却时，每个芯片都会发生凸状弯曲，相对于自由状态芯片，应力和位移的关系发生了根本性的变化 [41]。凸状弯曲使径向界面应力变为压缩应力，从而降低了界面断裂和介电层开裂的可能性，并将致命失效位置转移至三维封装中微凸点界面附近的 Cu 柱 [41]。事实上，三维封装中 TSV 和 Cu 柱直径的增加，Si-Cu 柱 - 微凸焊点附近的失效概率（如最大等效应变所示），以及 KOZ 的直径均会随之增加 [43]。

TSV 制作过程所产生的缺陷（如空洞）可能会影响电气性能以及引起界面和介质的开裂失效。除此以外，诱导应力还将引起一种通常被称为"Cu 挤出"的材料塑性现象，并对可靠性产生严重影响。由于这种现象具有普遍性，因此 4.3.1.3 节将对其进行单独讨论。

4.3.1.2　微观结构与应力

用 X 射线微衍射法直接测量 Cu TSV 中的应力，结果显示，在室温下存在较大的静水张应力（约 234MPa），在 200℃下退火状态下变为压缩应力（约 196MPa）。当样品进一步冷却到室温时张应力变小（约 167MPa）。较大的初始张应力源自器件制作过程和自退火发生的晶界消除，如前文所述，从可靠性的角度来看，由于这导致了 Si 中出现了较大的应力，因此这并不是所期望的情况。即使在退火过程中初始较大的晶粒区域扩大，后续的退火处理也会降低 Cu 中的静水张应力，如图 4.9 所示，这可能是由于高温下发生了与塑性形变和蠕变所致 [29]。

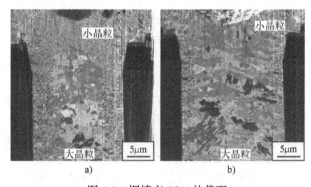

图 4.9　铜填充 TSV 的截面

a）初始状态，中心区域为大晶粒，周围为小晶粒　b）退火后，中心大晶粒区域扩展 [29]

　　EBSD 研究表明，在退火过程中，当 $\Sigma 3$ 孪晶界占优势时大晶粒保持稳定，当不存在孪晶以及晶粒较小时晶粒生长迅速[44]。此外，Cu 的 TSV 的织构在退火前后均具有随机性。在退火过程中形成的微孔或小裂纹降低了应力，如图 4.10 所示。这可能是由于在退火期间，在 TSV 内静水应力梯度作用下的空位向已存在的缺陷扩散所引起，正如此前对图 4.5 的讨论。

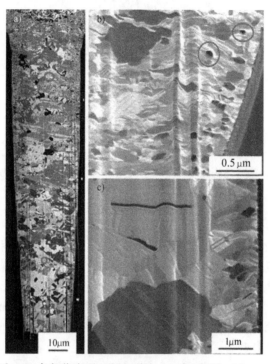

图 4.10　a）退火后 TSV 各部位出现空洞和裂纹（红色圆圈）　b）TSV 顶部附近的空洞
c）侧壁附近的晶界裂纹[44]（彩图见插页）

　　通过有限元分析还发现了 Cu 晶粒的微观结构与 Cu TSV 应力之间的联系。通过图 4.11 和线弹性力学模型的结果可知，由于 Cu 的弹性柔度张量的各向异性，TSV 填充物内部的应力分布相当不均匀。根据铜晶粒的织构、形态和分布，可以推断出应力集中可能出现在晶界[45]。为解释 Cu 挤出的形成，采用了弹塑性模型直接对 Cu 的晶粒结构进行分析[46,47]。此模型的不足也很明显：首先，尽管直接对 Cu 的微观结构进行了机械分析，但仍假定在机械加载过程中其微观结构保持不变；其次，在原子尺度上的塑性形变机理，例如原子尺度的位错运动未加考虑。研究表明，在电沉积 Cu 中位错的发生涉及回复、再结晶和晶粒生长等过程，并且显著影响其机械性能[48]。再结晶也被认为是 Cu 挤出现象的原因[15、36、49]。针对当前建模技术的局限性，需要开发考虑了 Cu TSV 的多晶性质、复杂形变和应力松弛机理等更稳健的建模方法[36]。4.4 节介绍的基于原子信息的建模技术可解决以上问题。

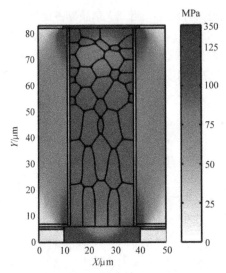

图 4.11　依据包含晶粒微观结构的线弹性力学模型，Cu TSV 结构中的 Von Mises 应力分布 [45]
（彩图见插页）

4.3.1.3　TSV 金属的挤出或内陷

　　TSV 在服役中将经历热循环，因 Cu 和 Si 的 CTE 不匹配将在材料中产生残余应力
（σ_{Cu}、σ_{Si}），以及通孔末端附近巨大的界面剪切应力（T_i）。如果诱导应力足够高，则可能
会导致填充物的塑性形变 [39, 47, 50, 51]，Cu 和 Si 之间的应变差异有时会导致界面滑移 [52-54]。
这使得 Cu 产生相对于 Si 的挤出（有时为内陷）。通常而言，Cu 的挤出是由于金属在通
孔末端附近（通常朝向通孔的顶部或开口处）发生塑性形变所导致的，并且通过蠕变和
晶界滑移被增强，如图 4.12 所示。

a)　　　　　　　　　　　　　　　　　　　　b)

图 4.12　Cu 挤出的案例

a）样品在 400℃下退火 60min 发生均匀的挤出，截面图像显示 TSV 顶部弯曲，导致其上的 RDL 结构变
形 [50]　b）样品在 425℃下退火 90min 发生非均匀的挤出，一些 Cu 晶粒从 Si 表面突出 [54]

　　当以较快速度加热并在高温下保温一段时间后，可观察到填充物发生挤出。这通
常由 Cu 的塑性形变导致，因为从图 4.12 中并未观察到 Cu 和 Si 之间界面处的相对位
移。通常情况下，挤出量随着温度的升高而增加。在 CMP 前后的退火期间，以及后道
（BEOL）或再布线层工艺的介质沉积相关的加热过程中都有可能发生 Cu 挤出。有限元
分析表明，在加热到退火或制备工艺的高温（425℃）并冷却后，整个 TSV 上半部分的
Von Mises 应力超过了屈服强度，导致通孔顶部发生屈服，如图 4.13a 所示。从图 4.13b

和图 4.13c 中可知，TSV 端头的界面附近产生了应变集中情况下，屈服使得非弹性（塑性和蠕变）应变在孔的顶部形成累积。这种在 TSV 顶部产生的塑性和蠕变应变累积导致了 Cu 的挤出，或者在 TSV 的顶部产生突起。由于铜的膨胀都必然表现在过孔的开口端，所以挤出现象在盲孔中尤其严重。

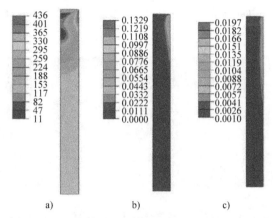

图 4.13　当 Cu TSV 在 425℃下制作并冷却到 −25℃后（还未进行热循环）

a）为 Von Mises 应力（MPa）　b）为等效塑性应变　c）蠕变应变。

（图中为 TSV 的 1/4，右侧为界面，左侧为 TSV 轴线，底部为 TSV 中平面。虽然塑性应变图只突出了界面附近的应变集中，但 TSV 上部的大部分 von Mises 应力大于 250MPa，Cu 已经发生屈服）（彩图见插页）

　　EBSD 研究表明，TSV 中的 Cu 晶粒通常具有随机的晶界取向差，几乎无织构，并且没有观察到取向与挤出的晶粒之间存在相关性[44]。从图 4.14 可以明显的看到 TSV 中的随机织构。当 TSV 端头附近的晶粒尺寸很大时，可观察到均匀的挤出，但当 TSV 端头附近晶粒较小时，挤出则是不均匀的[47]。一般而言，当 TSV 端头存在容易发生蠕变的大角度晶界时挤出程度更大，但 TSV 端头存在共格孪晶界时则与之相反[55]。

图 4.14　TSV 的 EBSD 取向图，显示随机的晶粒织构[44]，这是也文献中所报道的大多数 TSV 的典型结构（彩图见插页）

如图 4.15a 所示，对于 Cu-Si 的粘附界面，当 TSV 发生均匀的挤出时，Cu 的顶部通常会产生凸曲率，Cu 和 Si（或者阻挡层）之间的界面处相对位移很小甚至没有。当芯片进行快速温度循环或保持在恒定的温度时尤其如此。另一方面，当芯片进行缓慢的温度循环时，剪应力会在 TSV 端头附近的界面处反复产生和释放，从而有足够的时间来驱动扩散控制界面滑移（diffusionally accommodated interfacial sliding），显现出阶梯状的界面位移[52-54]，如图 4.15 所示。

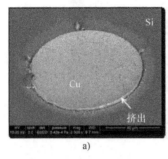 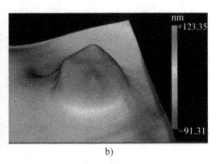

图 4.15　界面处铜和硅的相对位移，大多数挤出发生在界面处　a）直径为 80μm 过孔上的 Cu 挤出物 SEM 图像　b）直径为 10μm 过孔上的 Cu 挤出物扫描白光干涉图像[54]（彩图见插页）

异质材料界面处的扩散控制界面滑移与晶界滑移类似，并且可由 TSV 端头界面处的剪切应力（τ_i）驱动。此外，由于沿界面相关的电迁移作用，流过 TSV 的电流可能会增强或减轻此界面滑移。合成位移率可表示为[57-59]：

$$\dot{U} = \frac{8\Omega\delta_i D_i}{kTh^2}\tau_i = \frac{4\delta_i D_i}{kTh}Z^* eE \tag{4.2}$$

式中，Ω 是原子体积；h 是形貌周期性界面的粗糙度；k 和 T 分别是玻尔兹曼常数和温度；D_i 是界面扩散系数；δ_i 是界面区域的厚度，Z^* 和 e 分别是扩散离子的有效电荷数和单个电子的电荷。因此，$\dot{U}$ 与 τ_i 和电场 E（等同为电流密度 j，其中 ρ 为填充物的电阻率）线性相关。在式（4.2）中，第一项给出了剪应力的影响，第二项给出了叠加电迁移（EM）的影响，这两者的相对符号决定了它们是互相增强还是互相削弱。由于 Z^* 为负，所以当两个驱动力（τ_i 和 E）为正时，第二项与第一项相反，从而降低了界面滑移率。相反，如果 τ_i 和 E 异号，则式（4.2）中的两项相互增强，从而增加界面滑移。图 4.15 显示了仅由 τ_i 引起的界面滑移效应（即 $E = 0$ 时），图 4.16 给出了热偏移之后在通孔和盲孔中 τ_i 的成因示意图。叠加电流对界面滑移的影响将结合电迁移在 4.3.2 节中作单独讨论。

TSV 在制备完成后的冷却的过程中，界面会产生在通孔长度方向对称的剪应力，并集中于通孔两端。因此，对于直通孔（即非锥形），孔两端的界面滑移和铜挤出也将对称。对于盲孔，界面剪应力从盲孔底部向开口端升高，因此开口端的挤出量更大。需要注意的是，在剪切应力作用下因界面扩散而发生界面滑移，该机理可以调和界面处 Cu 和 Si 的形变差异，因此热偏移需要有足够高的温度和足够长的时间来获得有效的扩散。这就解释了为什么在快速热循环条件下通常发生均匀的挤出现象，此时主要由 Cu 的非弹性形变所引发，而界面滑移贡献不显著。而当循环的温度范围更大、速度放缓时，因界面发生滑移则出现台阶状的挤出。

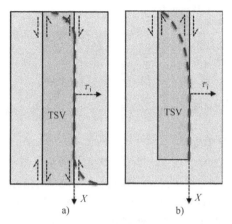

图 4.16　通孔（a）和盲孔（b）在 TSV-Si 界面剪应力分布示意图。对于通孔，界面剪应力（虚线）沿 TSV 长度上对称，仅在 TSV 端头附近为非零值。τ_i 在盲孔底部为零，并向开口端单调上升

由于 Cu 的热膨胀系数比 Si 大得多，当从高温冷却时 Cu 会发生显著的相对收缩，该相对形变差也可以通过界面的滑移得到调和。在这种情况下，Cu 过孔的末端可能会在界面处以陡峭的台阶内陷入 Si 中，而不会产生挤出，如 4.17 的 SEM 图像所示。这也就是说，收缩由于 Cu 的形变引起，而界面处的台阶则是由于扩散控制界面滑移所导致的。然而，随着循环次数的增加，热循环过程中通孔端头的挤出或内陷率会

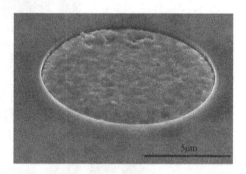

图 4.17　从 −25℃到 150℃以 0.1℃/min 升温速率进行 5 个循环之后，TSV 端头内陷。在循环之前，TSV 端头突出 Si 表面约 30nm

降低，这是由于金属填充物逐渐应变强化，应力达到饱和导致。因此，经历数次循环后，Cu 的挤出或内陷趋于平稳 [52-54]。

由于 TSV 的末端通常连接到 RDL 或 BEOL 层，铜通孔的挤出或内陷会对这些层的完整性造成重大风险。除了图 4.12a 中的 RDL/BEOL 结构的变形之外，图 4.18 中由通孔末端很小的突起应力引起的 TSV 覆盖层分层，同样会给可靠性带来严峻挑战。由于不易发现且后果严重，Cu 挤出引起的可靠性问题已得到广泛的研究，如 TSV 间距、直径、电镀后过填充以及退火条件等各种工艺参数的影响已有所报道 [50]。TSV 高温退火后，大多数情况下 Cu 的挤出均匀，或呈球形（10~30nm 的突起），很少有个别晶粒被挤出的情况出现。通孔间距对挤出影响较小，对于较大的通孔直径，通常平均挤出量更大 [50, 56]。然而，尽管较大的 TSV 阵列的平均挤出量更大，但最大 Cu 挤出量与 TSV 直

径几乎无关，这表明 TSV 直径对 BEOL 可靠性的影响很小[56]。Cu 覆盖层通常对挤出没有影响，但 CMP 前较高的退火温度（约 430℃）会降低挤出量。最后，在 CMP 前的退火之后再进行额外的退火步骤可显著减少挤出[50]。

近期研究表明，热循环后在 TSV 端面上经常观察到表面的起伏，见图 4.12b，这与沿着 Cu 的非共格 Σ3 晶界的滑移有关[60]。如前所述，Cu TSV 的 EBSD 通常不会显示出强烈的择优取向（织构），并且存在大量的大角度晶

图 4.18　热偏移后 TSV 顶部的覆盖层分层的 SEM 图

界。尤其是在电镀 Cu TSV 中，Σ3 晶界（共格和非共格）特别丰富。然而，取向差约 59° 的非共格 Σ3 晶界（例如图 4.19 中，B 与 C、C 与 D、D 与 E 之间）的界面能较高，因此属于容易发生滑移的一种情况[60]。另外，能量极低的共格 Σ3 晶界不会滑移，这意味着如果可以控制 TSV 的电镀工艺，使得在 TSV 上表面附近制得的全部为 Σ3 晶界，则可以在很大程度上消除由于晶界滑移所引起的 Cu 挤出。

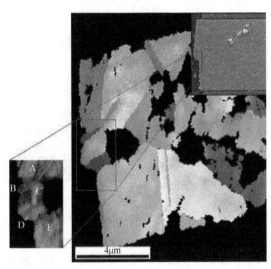

图 4.19　TSV 上表面附近截面的晶粒取向图和对应的 SEM 图像（小图），可见明显的表面台阶；还给出了台阶区域的 EBSD 图像，红线表示非共格 Σ3 晶界，绿线表示共格 Σ3 晶界（孪生面）（彩图见插页）

4.3.1.4　Cu 挤出与加热速率的相关性

在热循环期间，Cu 挤出的程度和机理取决于封装所经历的温度变化速率和温度范围。原位加热过程中加热速率的影响见参考文献[60]，该研究将 200μm 间距的 TSV 阵列样件以 0.1℃/s 的速率快速加热至 300℃，然后在不同的速率下进一步加热至 425℃。

实验发现，TSV 的表面在 300℃时无任何变化，但在 425℃下保持 90min 后表面开始出现挤出现象，如图 4.20 和图 4.21 所示。TSV 分别以 0.02℃/s 和 0.05℃/s 的速度升

温至 425℃并保温。前者几乎没有变化，而后者晶粒沿 TSV 的边缘和中心突起，其成因为晶界滑移。随着时间的推移，这些特征会更加明显。此外需要注意的是，尽管不同速率和不同温度范围下的主导的机理各不相同，但是晶界滑移、界面滑移、塑性和蠕变等多种机理都同时在起作用。由于晶界滑移、界面滑移和蠕变都是速率相关（即依赖于扩散）的过程，所以挤出现象与加热速率也具有相关性。由于总是存在对扩散、TSV 和界面应力状态（也是这些过程的驱动力）的依赖性，与上述机理相关的动力学同时取决于温度和加热速率。

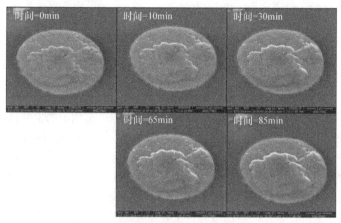

图 4.20　对转接板表面同一个 TSV 的原位观察 SEM 图像，温度保持在 425℃，TSV 热循环升温速率为 0.02℃ /s[60]

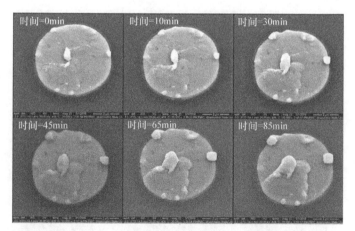

图 4.21　对转接板表面同一个 TSV 的原位观察 SEM 图像，温度保持在 425℃，TSV 热循环升温速率为 0.05℃ /s[60]

图 4.22 为 TSV 经历从室温以 0.01℃ /s 的速率加热到 300℃和 425℃的五次热循环后，其顶部典型的图像[60]，显然，在相同的加热速率下，热循环的温度范围对 Cu 挤出现象的主导机理存在明显的影响（300℃为晶界滑移，425℃为界面滑移）。在这种缓慢的加热

速率下，蠕变机理（即晶界滑移和界面滑移）占主导地位，其中前者在较低温度下占主导地位，后者在较高温度下占主导地位。

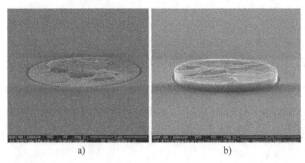

图 4.22　从室温升温至 300℃（a）和 425℃（b），均以 0.01℃/s 的加热速率进行五次热循环后的 TSV 顶部图像

基于此，图 4.23 给出了在不同加热速率与热循环温度范围下的主导机理示意图。当加热速率高且温度范围小时（尤其是最高温度较低时），占主导地位的机理是与速率无关的塑性形变；当加热速率和温度范围适中时，由于有足够的热活化和扩散时间，并且 TSV 中的应力足够高，故占主导地位的机理是晶界滑移，导致 TSV 顶面出现明显的表面起伏；当最高温度较高且加热速率缓慢时，由于位错或扩散蠕变引起的应力消除，使得 TSV 中的应力显著降低，此时界面滑移占主导地位。应力状态、加热速率和热偏移的最高温度之间的相互作用通常会导致图 4.23 中三种效应的叠加，但这些机理中的一种或两种效应占主导地位。

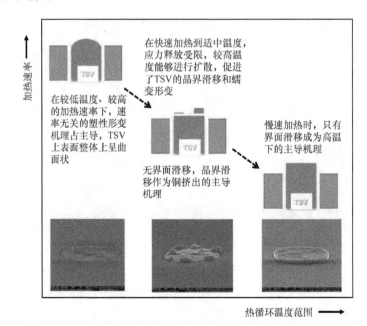

图 4.23　TSV 挤出机理与加热速率和热循环温度范围的关系图

4.3.2　电迁移有关的效应

尽管电迁移对电子产品中的金属互连（尤其是在 BEOL 结构中）可靠性有重要影响，但 TSV 的可靠性通常不太容易受到电迁移的影响。这主要是由于它们的横截面相对较大，从而降低了电流密度。但是在 TSV 上方和下方与 BEOL 或 RDL 结构的连接处，电流和的复杂应力状态的组合会引起明显的扩散效应，并导致与电迁移相关的空洞生长。通过应力梯度、电位梯度和温度梯度对原子通量散度（Atomic Flux Divergence，AFD）的影响的有限元分析，发现上下金属化层与 TSV 连接处的 AFD 通常很高[61]。AFD 与扩散流动相关，因此也与电迁移相关。AFD 很大一部分是由于焦耳热产生的应力梯度所导致，而归因于电位梯度部分相对较少。这足以带来电迁移损伤及空洞生长。通常，减少应力梯度的措施将减缓空洞的生长。

参考文献 [62，63] 对 TSV 顶部和底部具有薄金属层和厚金属层的器件上进行电迁移实验，结果表明，无论电流方向如何，TSV 内的电迁移都不会形成空洞。然而，电子流动的下游方向，在 TSV 端头和 RDL 金属层的交界处形成了空洞。一种空洞成核的假设是：由于被 TiN 阻挡层所阻止，TSV 中的 Cu 原子无法向空洞迁移，但是空洞区域的原子却能向 TSV 端头的 Cu 导线迁移。因此，作为有效的扩散阻挡层的 TiN 层，实际上是电迁移空洞成核的根本原因。在薄的 Cu 导线中，空洞占据了导线的整个厚度（TiN 阻挡层和 SiN 覆盖层之间的厚度）。对于较厚的导线，在电子流出 TSV 的位置电流聚集程度更大，因此更厚的导线并不能减轻电迁移空洞。对于较厚的导线，空洞将在 TiN 和铜导线之间的界面处产生。电迁移实验研究还显示，在 TSV 电子流动下游方向，Cu 导线的背面 SiN-Cu 界面上出现了空洞，而不在图 4.24 中所示的 TiN-Cu 界面上[64]。当然，在电迁移实验之前就存在于 TSV 内的小空洞仍保持不变。因此，尽管 TSV 本身不易受到电迁移损伤，但器件中的 BEOL 和 RDL 结构将受到电迁移巨大的影响。

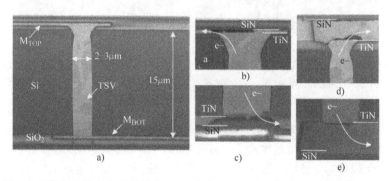

图 4.24　图 a 为顶部和底部有金属导线的 TSV 芯片，顶部和底部电子流出到薄金属线（b 和 c）以及厚金属线（d 和 e），在 300℃ 下电迁移下形成空洞[62]

如 4.3.1.3 节所述，电迁移条件下的界面滑移会导致多种类型的失效。从式（4.2）明显可知，取决于外加电场的方向，施加的电流可增强或减弱界面剪切应力引起的界面滑移动力学。即使界面上的剪应力较小甚至没有，电迁移也可以驱动沿 TSV-Si（实际上是 TSV- 阻挡层）界面的发生滑移。如图 4.25 和图 4.26 所示，在热循环下以及恒定温度、恒定电流下的电迁移样件，TSV 端头沿电子流动的方向发现有突出现象，而在电子流动的反方向则出现凹陷。在施加电流时，铜沿电子流动方向从界面扩散，这导致铜填充物相对硅随时间发生移位[52-54]。由于电迁移导致的界面滑移是非对称且连续累积的，尤其是当通孔流经的电流密度随着 TSV 直径的减小而增加时，可能会带来严重的可靠性问题[52-54]。需要注意的是，该实验中电迁移试验样件不含有 RDL，当存在 RDL 或 BEOL 电介质时，则能约束并减缓这种电迁移。由于 RDL/BEOL 介电材料的弹性模量较低，约束的效果可能有限，因此该现象对 RDL 或 BEOL 层的稳定性方面的影响需要进一步研究。

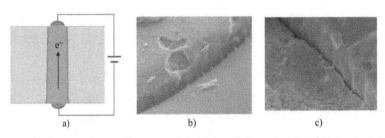

图 4.25　a）电迁移和热循环（25~425℃）实验示意图　b）3 次热循环＋电流密度为 $5.2 \times 10^4 \mathrm{A/cm}^2$ 的电迁移，电子向上流过 Cu，TSV 边缘呈突起状　c）与图 b 中的电流等大反向，Cu 内陷入 Si[52, 53]

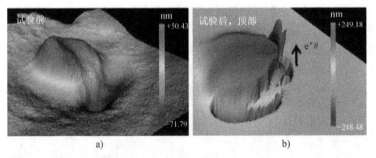

图 4.26　电迁移实验前后 TSV 端头的扫描白光干涉图像，在电子流动方向出现突起；电流穿过沉积在芯片顶部和底部的铜薄膜，并同时穿过多个 TSV，持续时间 62h，温度 170℃，电流密度 $5 \times 10^5 \mathrm{A/cm}^2$[54]（彩图见插页）

　　针对含有顶层金属布线的 TSV 转接板，最新的研究表明存在两种主导的电迁移损伤机理[65]。由于顶部的后道互连结构、底部的 RDL、Cu 焊盘和焊点的存在，使得 TSV 的挤出/内陷受到抑制。然而，当在 200℃持续 20 天通电（电流密度 $1.5 \times 10^5 \mathrm{A/cm}^2$）这样极端电迁移条件下，在金属层 1（M1）中观察到空洞。在空洞处电子从较大横截面的 TSV 聚集流入，然后又扇出分流，如图 4.27a 中的箭头处所示。这些由电流聚集而导致的电迁移空洞与常规的高电流密度下、高密度互连结构中形成的空洞一致。第二种损伤机理是 TSV 内 Sn 的富集程度变化。由图 4.27b 中 Sn 的 K_α X 射线图（由能量色散 X 射线谱分析得到）可知，极端条件下的电迁移使得锡沿着电子流动的方向上从锡焊球穿过 TSV 下方的金属化层，再沿着 TSV-Si 界面电迁移到 TSV 中。当暴露在极高的电流密度下时，Cu 与焊料中元素的合金化会导致器件电性能的显著恶化和机械结构的不稳定。上述实验条件虽然要比封装的实际工况要严苛得多，但是它给出了三维封装经历大电流和温升（环境或焦耳热引起）时的损伤类型。

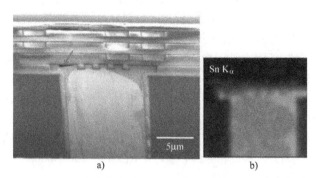

图 4.27　a）200℃下、20 天，电流密度为 $1.5 \times 10^5 A/cm^2$ 的 TSV 顶部附近的 FIB 截面图像，电子向上流动通过 TSV 进入 M1 层，并 90° 转向 b）TSV 中 Sn 的 K_α X 射线图，离子图像中暗的特征反映 Sn 的富集程度

4.4　面向原子信息的 TSV 可靠性建模

如 4.2.2.4 节和 4.3.1.2 节中的讨论，需要有更稳健的建模技术来作为有限元分析和先进实验表征的补充，以便提供 TSV 内部微观结构和应力的全貌。本节将介绍晶体塑性有限元（Crystal Plasticity Finite Element，CPFE）法和晶体相场（Phase Field Crystal，PFC）法两种方法，并讨论它们基于原子信息的 TSV 可靠性建模能力。

4.4.1　CPFE 法

机械应力分析不是什么新鲜事物，而且已有若干的仿真工具在电子行业中有着长期的应用历史。大多数有效的仿真工具都是基于 FEA 及其衍生方法。已有的 FEA 应力仿真工具通常用于解决芯片 - 封装之间的相互作用，如开裂、分层或断裂这样的物理形变 [66]。尽管早在 1934 年就已知结晶材料会通过位错滑移而发生塑性形变，但在这类分析中，Si 芯片和填充物通常被当做整体的砌块，并使用基于经验方程的各向同性材料模型 [67-69]。而 CPFE 法基于物理学原理，其价值在于可以处理 Cu TSV 的多晶性质及其复杂的形变和应力松弛机制。

早期的 CPFE 模型使用唯象的本构方程，并将位错滑移视为唯一的形变机制 [67]。在唯象本构模型中，T_c^α 为临界分切应力，被当作每个滑移系统 α 的状态变量，$\dot{\gamma}^\alpha$ 为剪切速率，表达为分切应力和临界分切应力的函数：

$$\dot{\gamma}^\alpha = f(T^\alpha, \ T_c^\alpha) \tag{4.3}$$

材料状态的演变可表示为总剪切 γ 和剪切速率 $\dot{\gamma}$ 的函数：

$$T_c = g(\gamma, \dot{\gamma}) \tag{4.4}$$

CPFE 仿真始于 1982 年，当初将问题简化为两个对称滑移系统来研究单晶的拉伸行为[70]，这项技术后来扩展到两个或三个滑移系统的二维多晶场景[71, 72]。1991 年出现了具有 12 个滑移系统的面心立方（FCC）晶体的仿真案例[73]。随着研究的不断进行，研究者发现将上述唯象本构关系应用于小尺度形变、界面力学、孪晶/形变诱导相变往往变得不适用[65]。为了解决尺寸效应的影响，研究者将应变梯度理论引入到 CPFE 框架中[74]。由于应变梯度可与几何必须位错（Geometrically Necessary Dislocations，GND）相关联，因此开发了新的内部变量本构方程，将位错密度作为基于物理的状态变量代替应变变量。参考文献 [67] 中的本构模型还允许将额外的晶界力学和损伤等这些冶金机理灵活地纳入模型中。参考文献 [75] 进一步扩展了 CPFE 框架，以处理例如孪生诱导塑性（Twinning-Induced Plasticity，TWIP）钢或相变诱导塑性（Transformation-Induced Plasticity，TRIP）钢的额外形变机理。

图 4.28 所示为 CPFE 法对铜单晶单向压缩的仿真结果[76]，该仿真是在杜塞尔多夫先进材料仿真套件（DAMASK）框架中实现的[77]。尽管机械边界条件和材料都与真实的 Cu TSV 结构有所不同，但仿真结果的证明了 CPFE 方法在捕获原子级形变和形变诱导晶体取向演化方面的实用性。此外，参考文献 [78] 使用 DAMASK 框架研究了体心立方（BCC）钨单晶受到单轴加载的情况。

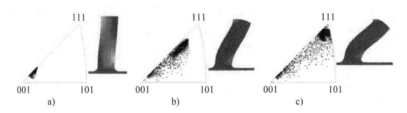

图 4.28　图 a~ 图 c 分别为当压缩应变为 0.05、0.15 和 0.25 时，直径 - 长度比为 0.29 的 Cu 单晶柱的晶体取向和几何形状演化。彩色编码代表累积的塑性剪切量，范围从蓝色（小）到黄色（大）。初始单晶取向 [1 1 12] 和不稳定的压缩轴[76]（彩图见插页）

4.4.2　PFC 法

相场（phase field，PF）法是一种原子扩散界面方法，用于凝固、析出和相变（由应变引起）中复杂的微观结构建模[79, 80]。相场可看作是描述结晶度或相中原子的有序/无序程度[80]。PFC 模型是新近发展起来的一类相场模型，它通过原子变化顺序参数场（与原子密度场松散连接）来描述相变的热力学和动力学状态[8, 81, 82]。PFC 模型能顺利提取多组分和多相系统中的成核、多晶凝固、晶界[8, 83]和凝固[84, 85]等大部分显著的物理特征。此外，PFC 模型还可以在单阶参数的情况下捕获与固态过程相关的弹塑性现象，如位错源生成、位错稳定性[86, 87]和蠕变[88]。最初，PFC 模型主要用于研究平面三角形和三维BCC 晶体对称性[8, 81]，后来的模型在自由能的非局部部分引入了多峰两点相关内核，使其能简单而稳健地模拟二维方形、BCC、FCC 和 HCP 等相变中的大多数常见金属晶体结构[87, 88]，这些结构性的 PFC（即 XPFC）模型后来被推广到二元和多组分多相合金的研究中[85, 89]。

图 4.29 所示为不同几何形状的 TSV 中晶粒形成的二维 PFC 仿真。为了研究铜挤出现象，必须对相应晶粒结构的样品施加机械载荷。由于 PFC 方法没有对固体 - 真空界面进行建模，因此在 PFC 模型中引入了惩罚项（penalty term）的机制来修正边界条件。在对形变进行仿真时，位错的产生和消失是 PFC 模型的突出特征。因此，将 PFC 模型应用于 TSV 填充物可以研究金属挤出或内陷问题的位错动力学。现有的位错动力学也可写出基于位错的本构方程，并在 CPFE 法中进行应用。此外，将原子级 PFC 密度场耦合到描述铁磁和铁电有序的阶参数方面也取得了进展[90]。因此，PFC 模型可用于研究外部磁场或电场对扩散时间尺度上原子级缺陷结构演变的作用。这为运用 PFC 模型来研究 TSV 的电迁移相关可靠性问题提供了可能。

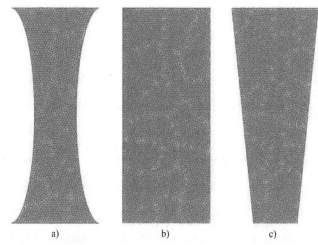

图 4.29　利用晶体相场模型仿真中原子尺度微观结构的形成（彩图见插页）
a）沙漏形 TSV　b）矩形 TSV　c）梯形 TSV

4.5　小结

本章讨论了 TSV 在可靠性方面的关键问题，首先对 TSV 中应力的起源和性质进行了介绍，然后对应力所引起的微结构演变进行研究，以及对器件性能和 BEOL / RDL 的可靠性的影响进行介绍。主要的可靠性问题是：①在 CMP 前后退火期间，通过空洞的增长来缓解内应力梯度；②在加工或服役期间由于热失配和铜的非弹性形变导致铜的挤出 / 内陷，并可由界面处发生的滑移所调和，以及关联引起 BEOL 和 RDL 的形变；③压阻效应导致器件性能下降并需要在临近 TSV 设置禁止区（KOZ）；④电迁移导致 TSV 外部互连线中电子流动下游方向的空洞增长。上述影响已经在相关物理机理的背景下进行了分析。最后介绍了 CPFE 和 PFC 这两种有前景的方法，以实现基于原子信息的 TSV 可靠性建模。

致谢：本章作者感谢美国国家科学基金会（DMR-0513874 和 DMR-1309843）、Cisco 研究委员会和 Semiconductor Research Corporation 对部分发表工作的经济支持。感谢几位同事的贡献和合作，他们是 Global Foundries 的 Lutz Meinshausen 博士；波特兰州立大学 Tae-Kyu Lee 博士；英特尔公司的 Ravi Mahajan；飞思卡尔半导体的 Vijay Sarihan 博士和佐治亚理工学院的 Muhannad Bakir 教授。感谢部分同事对文献调查的帮助，他们是华盛顿州立大学的 Hanry Yang 博士和希捷科技的 Zhe Huang 博士。作者（ZH）感谢广州市珠江科技新星计划（2012J2200074），国家自然科学基金项目（51004118），广东省自然科学基金（2015A030312011）的资助。感谢马克斯普朗克钢铁研究所的 F. Roters 博士关于 CPFE 方法和麦吉尔大学的 N. Provatas 教授关于晶体相场模型的探讨。本书作者感谢英特尔公司的 George Vakanas 对本章的审阅。

参考文献

1. H.J. Bunge, R.A. Schwarzer, Orientation stereology—a new branch in texture research. Adv. Eng. Mater. **3**, 25–39 (2001)
2. H.J. Bunge, Texture Analysis in Materials Science—Mathematical Methods (Butterworth & Co, London, 1982)
3. T. Hrncir, J. Dluhos, L. Hladik, E. Moyal, Advances in FIB-SEM analysis of TSV and solder bumps—approaching higher precision, throughput and comprehensiveness, in *IST-FA 2014: Proceedings of the 40th International Symposium for Testing and Failure Analysis* (Houston, Texas, USA, November 2014)
4. B. Wu, A. Kumar, S. Pamarthy, High aspect ratio silicon etch: a review. J. App. Phys. **108**, 051101 (2010)
5. L.B. Mauer, J. Taddei, R. Yousself, Wet silicon etch process for TSV reveal, in *Electronic Components and Technology Conference, IEEE*, p. 878 (2014)
6. C. Okoro, K. Vanstreels, R. Labie, O. Luhn, B. Vandevelde, B. Verlinden, D. Vandepitte, Influence of annealing condition on the mechanical and microstructural behavior of electroplated Cu-TSV. J. Micromech. Microeng. **20**, 045032 (2010)
7. H. Wang, P. Cheng, H. Wang, R. Liu, L. Sun, Q. Rao, Z. Wang, T. Gu, G. Ding, Effect of current density on microstructure and mechanical property of Cu micro-cylinders electrode-posited in through silicon vias. Mater. Charact. **109**, 164–172 (2015)
8. K.E. Elder, M. Grant, Modeling elastic and plastic deformations in nonequilibrium processing using phase field crystals. Phys. Rev. E **70**, 051605 (2004)
9. P. Stefanovic, M. Haataja, N. Provatas, Phase field crystal study of deformation and plasticity in nanocrystalline materials. Phys. Rev. E **80**, 046107 (2009)
10. Natinoal Science and Technology Council, Materials genome initiative for global competitiveness. National Science and Technology Council, Washington, D.C. (2011). http://www.mgi.gov. Accessed 21 June 2016
11. S.R. Kalidindi, M. De Graef, Materials data science: current status and future outlook. Annu. Rev. Mater. Res. **45**, 171–193 (2015)
12. H. Xiong, Z. Huang, P. Conway, A method for quantification of the effects of size and geometry on the microstructure of miniature interconnects. J. Electron. Mater. **43**, 618–629 (2014)
13. M. Krause, et al., Characterization and failure analysis of TSV interconnects: from non-destructive defect localization to material analysis with nanometer resolution, in *Electronic Components and Technology Conference, IEEE*, p. 1452 (2011)
14. A. Heryanto, W.N. Putra, A. Trigg, S. Gao, W.S. Kwon, F.X. Che, X.F. Ang, J. Wei, R.I. Made, C.L. Gan, K.L. Pey, Effect of copper TSV annealing on via protrusion for TSV Wafer

Fabrication. J. Electron. Mater. **41**, 2533–2542 (2012)

15. C. Okoro, R. Labie, K. Vanstreels, A. Franquet, M. Gonzalez, B. Vandevelde, E. Beyne, D. Vandepitte, B. Verlinden, Impact of the electrodeposition chemistry used for TSV filling on the microstructural and thermo-mechanical response of Cu. J. Mater. Sci. **46**, 3868–3882 (2011)

16. X. Feng, T. Huang, M. Li, The influence of annealing on characteristics of copper in TSV. ECS J. Solid State Sci. Technol. **4**, P451–P455 (2015)

17. K.J. Ganesh, A.D. Darbal, S. Rajasekhara, G.S. Rohrer, K. Barmak, P.J. Ferreira, Effect of downscaling nano-copper interconnects on the microstructure revealed by high resolution TEM-orientation-mapping. Nanotechnology **23**, 135702 (2012)

18. M. Faheem, R.R. Giridharan, Y. Liang, P. van Der Heide, Micro-XRD characterization of a single copper filled through-silicon via. Mater. Lett. **161**, 391–394 (2015)

19. G.G. Stoney, The tension of metallic films deposited by electrolysis. Proc. R. Soc. Lond. A **82**, 172–175 (1909)

20. T. Jiang, S.-K. Ryu, Q. Zhao, J. Im, R. Huang, P.S. Ho, Measurement and analysis of thermal stresses in 3D integrated structures containing through-silicon-vias. Microelectron. Reliab. **53**, 53–62 (2013)

21. S.K. Ryu, T. Jiang, K.H. Lu, J. Im, H.-Y. Son, K.-Y. Byun, R. Huang, P.S. Ho, Characterization of thermal stresses in through-silicon vias for three-dimensional interconnects by bending beam technique. Appl. Phys. Lett. **100**, 041901 (2012)

22. K.H. Lu, S.K. Ryu, Q. Zhao, K. Hummler, J. Im, R. Huang, P.S. Ho, Temperature-dependent thermal stress determination for through-silicon-vias (TSVs) by combining bending beam technique with finite element analysis, in *Electronic Components and Technology Conference, IEEE*, p. 1475 (2011)

23. Q. Zhao, J. Im, R. Huang, P.S. Ho, Extension of micro-Raman spectroscopy for full-component stress characterization of TSV structures, in *Electronic Components and Technology Conference, IEEE*, p. 397 (2013)

24. A.D. Trigg, L.H. Yu, C.K. Cheng, R. Kumar, D.L. Kwong, T. Ueda, T. Ishigaki, K. Kang, W.S. Yoo, Three dimensional stress mapping of silicon surrounded by copper filled through silicon vias using polychromator-based multi-wavelength micro Raman spectroscopy. Appl. Phys. Exp. **3**, 086601 (2010)

25. I. De Wolf, V. Simons, V. Cherman, R. Labie, B. Vandevelde, E. Beyne, In-depth Raman spectroscopy analysis of various parameters affecting the mechanical stress near the surface and bulk of Cu-TSVs, in *Electronic Components and Technology Conference, IEEE*, p. 331 (2012)

26. M. Song, K.R. Mundboth, J.A. Szpunar, L. Chen, R. Feng, Characterization of local strain/stress in copper through-silicon via structures using synchrotron x-ray microdiffraction, electron backscattered diffraction and nonlinear thermomechanical model. J. Micromech. Microeng. **25**, 085002 (2015)

27. C. Okoro, L.E. Levine, R. Xu, K. Hummler, Y. Obeng, X-ray micro-beam diffraction measurement of the effect of thermal cycling on stress in Cu TSV: a comparative study, in *Electronic Components and Technology Conference, IEEE*, p. 1648 (2014)

28. V.H. Vartanian, R.A. Allen, L. Smith, K. Hummler, S. Olson, B.C. Sapp, Metrology needs for through-silicon via fabrication. J. Micro/Nanolith MEMS MOEMS **13**, 011206 (2014)

29. A.S. Budiman, H.-A.-S. Shin, B.-J. Kim, B.-J. Kim, S.-H. Hwang, H.-Y. Son, M.-S. Suh, Q.-H. Chung, K.-Y. Byun, N. Tamura, M. Kunz, Y.-C. Joo, Measurement of stresses in Cu and Si around through-silicon via by synchrotron X-ray microdiffraction for 3-dimensional integrated circuits. Microelectron. Reliab. **52**, 530–533 (2012)

30. T. Tian, Shin H. Morusupalli, H.-Y. Son, K.-Y. Byun, Y.-C. Joo, R. Caramto, L. Smith, Y.-L. Shen, M. Kunz, N. Tamura, A.S. Budiman, On the mechanical stresses of Cu through-silicon via (TSV) samples fabricated by SK Hynix vs. SEMATECH Enabling robust and reliable 3-D interconnect/integrated circuit (IC) technology. Procedia Eng. **139**, 101–111 (2016)

31. L.E. Levine, C. Okoro, R. Xu, Full elastic strain and stress tensor measurements from individual dislocation cells in copper through-Si vias. IUCrJ **2**, 635–642 (2015)

32. J.M.E. Harper, C. Cabral Jr., P.C. Andricacos, L. Gignac, I.C. Noyan, K.P. Rodbell, C.K. Hu, Mechanisms for microstructure evolution in electroplated copper thin films near room temperature. J. Appl. Phys. **86**, 2516–2525 (1999)

33. L.W. Kong, J.R. Lloyd, K.B. Yeap, E. Zschech, A. Rudack, M. Liehr, A. Diebold, Applying x-ray microscopy and finite element modeling to identify the mechanism of stress-assisted void growth in through-silicon vias. J. Appl. Phys. **110**, 053502 (2011)

34. I. De Wolf, K. Croes, O. Varela Pedreira, R. Labie, A. Redolfi, M. Van De Peer, K. Vanstreels, C. Okoro, B. Vandevelde, E. Beyne, Cu pumping in TSVs: effect of pre-CMP thermal budget. Microelectron. Reliab. **51**, 1856–1859 (2011)

35. C. McDonough, B. Backes, W. Wang, R. Caramto, R.E. Gree, Thermal and spatial dependence of TSV-induced stress in Si, in *Interconnect Technology Conference and 2011 Materials for Advanced Metallization (IITC/MAM)* (Dresden, May 2011)

36. C. Okoro, L.E. Levine, R. Xu, Y.S. Obeng, Experimentally, how does Cu TSV diameter influence its stress state? in *Electronic Components and Technology Conference, IEEE*, p. 54 (2015)

37. K. Athikulwongse, A. Chakraborty, J.S. Yang, D.Z. Pan, S.K. Lim, Stress-driven 3D-IC placement with TSV keep-out zone and regularity study, in *International Conference on Computer-Aided Design (ICCAD)* (San Jose, CA, November 2010), IEEE/ACM, p. 669

38. P.S. Ho, S.K. Ryu, K.H. Lu, Q. Zhao, J. Im, R. Huang, Reliability challenges for 3D interconnects: a material and design perspective. *Presentation at the 3D Sematech Workshop* (Burlingame, 17, March 2011)

39. T. Jiang, S.K. Ryu, J. Im, H.Y. Son, N.S. Kim, R. Huang, P.S. Ho, Impact of material and microstructure on thermal stresses and reliability of through-silicon via (TSV) structures, in *IITC: IEEE International Interconnect Technology Conference* (Kyoto, June 2013)

40. E.J. Cheng, Y.L. Shen, Thermal expansion behavior of through-silicon-via structures in three-dimensional microelectronic packaging. Microelectron. Reliab. **52**, 534–540 (2012)

41. X. Liu, Q. Chen, V. Sundaram, M. Simmons-Matthews, K.P. Wachtler, R.R. Tummla, S.K. Sitaraman, Thermo-mechanical behavior of through silicon vias in a 3D integrated package with inter-chip microbumps, in *Electronic Components and Technology Conference, IEEE*, p. 1190 (2011)

42. C. Okoro, J.W. La, F. Golshany, K. Hummler, Y.S. Obeng, A detailed failure analysis examination of the effect of thermal cycling on Cu TSV reliability. IEEE Trans. Electron. Dev. **61**, 15–22 (2014)

43. S.-H. Hwang, B.-J. Kim, H.-Y. Lee, Y.-C. Joo, Electrical and mechanical properties of through-silicon vias and bonding layers in stacked wafers for 3D integrated circuits. J. Electron. Mater. **41**, 232–240 (2012)

44. H.-A.-S. Shin, B.-J. Kim, J.-H. Kim, S.-H. Hwang, A.S. Budiman, H.-Y. Son, K.-Y. Byun, N. Tamura, M. Kunz, D.-I. Kim, Y.-C. Joo, Microstructure evolution and defect formation in Cu through-silicon vias (TSVs) during thermal annealing. J. Electron. Mater. **41**, 712–719 (2012)

45. Z. Wu, Z. Huang, Y. Ma, H. Xiong, P.P. Conway, Effects of the microstructure of copper through-silicon vias on their thermally induced linear elastic mechanical behavior. Electron. Mater. Lett. **10**, 281–292 (2014)

46. N. Nabiollahi, N. Moelans, M. Gonzalez, J. De Messemaeker, C.J. Wilson, K. Croes, E. Beyne, I. De Wolf, Microstructure simulation of grain growth in Cu through silicon vias using phase-field modeling. Microelectron. Reliab. **55**, 765–770 (2015)

47. T. Jiang, C. Wu, J. Im, R. Huang, P.S. Ho, Effect of microstructure on via extrusion profile and reliability implication for copper through-silicon vias (TSVs) structures, in *IITC/AMC: International Interconnect Technology Conference/Advanced Metallization Conference, IEEE* (San Jose, CA, May 2014), p. 377

48. H.D. Merchant, Thermal response of electrodeposited copper. J. Electron. Mater. **24**, 919–925 (1995)

49. P. Bayat, D. Vogel, R.D. Rodriguez, E. Sheremet, D.R.T. Zahn, S. Rzepka, B. Michel, Thermo-mechanical characterization of copper through-silicon vias (Cu-TSVs) using micro-Raman spectroscopy and atomic force microscopy. Microelectron. Eng. **137**, 101–104 (2015)

50. D. Smith, S. Singh, Y. Ramnath, M. Rabie, D. Zhang, L. England, TSV residual Cu step height analysis by white light interferometry for 3D integration, in *Electronic Components and Technology Conference, IEEE*, p. 578 (2015)

51. C. Okoro, C. Huyghebaert, J. Van Olmen, R. Labie, K. Lambrinou, B. Vandevelde, E. Beyne, Van- depitte D, Elimination of the axial deformation problem of Cu TSV in 3D integration.

AIP Conf. Proc. **1300**, 214 (2010)

52. I. Dutta, P. Kumar, M.S. Bakir, Interface-related reliability challenges in 3-D interconnect systems with through-silicon vias. JOM **63**, 70–77 (2011)

53. P. Kumar, I. Dutta, M.S. Bakir, Interfacial effects during thermal cycling of Cu-filled through-silicon vias (TSV). J. Electron. Mater. **41**, 322–335 (2012)

54. L. Meinshausen, M. Liu, T.K. Lee, I. Dutta, L. Li, Reliability implications of thermo-mechanically and electrically induced interfacial sliding of through-silicon vias in 3D packages, in *ASME 2015 International Technical Conference and Exhibition on Packaging and Integration of Electronic and Photonic Microsystems* (San Francisco, CA, July 2015)

55. J. De Messemaeker, O.V. Pereira, H. Philipsen, E. Beyne, I. De Wolf, T. Van der Donck, K. Croes, Correlation between Cu microstructure and TSV Cu pumping, in *Electronic Components and Technology Conference, IEEE*, p. 613 (2014)

56. J. De Messemaeker, O.V. Pereira, B. Vandevelde, H. Philipsen, I. De Wolf, E. Beyne, K. Croes, Impact of post-plating anneal and through-silicon via dimensions on Cu pumping, in *Electronic Components and Technology Conference, IEEE*, p. 586 (2013)

57. P. Kumar, I. Dutta, Influence of electric current on diffusionally accommodated sliding at hetero-interfaces. Acta Mater. **59**, 2096–2108 (2011)

58. P. Kumar, I. Dutta, Effect of substrate surface on electromigration-induced sliding at hetero-interfaces. J. Phys. D **46**, 155303 (2013)

59. K.A. Peterson, I. Dutta, M.W. Chen, Diffusionally accommodated interfacial sliding in metal-silicon systems. Acta Mater. **51**, 2831–2846 (2003)

60. H. Yang, T.K. Lee, L. Meinshausen, I. Dutta, J. Electronic. Mater. **48**, 159–169 (2019)

61. Y.C. Tan, C.M. Tan, X.W. Zhang, T.C. Chai, D.Q. Yu, Electromigration performance of through silicon via (TSV)—a modeling approach. Microelectron. Reliab. **50**, 1336–1340 (2010)

62. T. Frank, S. Moreau, C. Chappaz, L. Arnaud, P. Leduc, A. Thuaire, L. Anghel, Electromigration behavior of 3D-IC TSV interconnects, in *Electronic Components and Technology Conference, IEEE*, p. 326 (2012)

63. T. Frank, S. Moreau, C. Chappaz, P. Leduc, L. Arnaud, A. Thuaire, E. Chery, F. Lorut, L. Anghel, G. Poupon, Reliability of TSV interconnects: electromigration, thermal cycling, and impact on above metal level dielectric. Microelectron. Reliab. **53**, 17–29 (2013)

64. H.J. Choi, S.M. Choi, M.S. Yeo, S.D. Cho, D.C. Baek, J. Park, An experimental study on the TSV reliability: electromigration (EM) and time dependant dielectric breakdown (TDDB), in *IITC: IEEE International Interconnect Technology Conference. San Jose, CA (June, 2012)*

65. T.K. Lee, I. Dutta, Unpublished Research

66. R. Radojcic, M. Nowak, M. Nakamoto, TechTuning: stress management for 3D through-silicon-via stacking technologies. AIP Conf. Proc. **1378**, 5–20 (2011)

67. F. Roters, Advanced material models for the crystal plasticity finite element method: development of a general CPFEM framework. Habilitation Thesis, RWTH Aachen University (2011)

68. G.I. Taylor, The mechanism of plastic deformation of crystals. Part I. Theor. Proc. R. Soc. Lond. A **145**, 362–387 (1934)

69. G.I. Taylor, The mechanism of plastic deformation of crystals. Part II. Comparison with observations. Proc. R. Soc. Lond. A **145**, 388–404 (1934)

70. D. Peirce, R.J. Asaro, A. Needleman, An analysis of nonuniform and localized deformation in ductile single crystals. Acta Metall. **30**, 1087–1119 (1982)

71. S.V. Harren, H.E. Deve, R.J. Asaro (1988) Shear band formation in plane strain compression. Acta Metall. **36**, 2435–2480 (1988)

72. S.V. Harren, R.J. Asaro, Nonuniform deformations in polycrystals and aspects of the validity of the Taylor model. J. Mech. Phys. Solids **37**, 191–232 (1989)

73. R. Becker, J.F. Butler, H. Hu, L.A. Lalli, Analysis of an aluminum single crystal with unstable initial orientation (001) [110] in channel die compression. Metall. Trans. A **22**, 45–48 (1991)

74. W.D. Nix, J.R. Greer, G. Feng, E.T. Lilleodden, Deformation at the nanometer and micrometer length scales: effects of strain gradients and dislocation starvation. Thin Solid Films **515**, 3152–3157 (2007)

75. S.R. Kalidindi, Incorporation of deformation twinning in crystal plasticity models. J. Mech. Phys. Solids **46**, 267–290 (1998)

76. D. Raabe, D. Ma, F. Roters, Effects of initial orientation, sample geometry and friction on anisotropy and crystallographic orientation changes in single crystal microcompression deformation: a crystal plasticity finite element study. Acta Mater. **55**, 4567–4583 (2007)

77. F. Roters, P. Eisenlohr, C. Kords, D.D. Tjahjanto, M. Diehl, D. Raabe, DAMASK: the Düs-seldorf advanced material simulation kit for studying crystal plasticity using an FE based or a spectral numerical solver. Procedia IUTAM **3**, 3–10 (2012)

78. D. Cereceda, M. Diehl, F. Roters, D. Raabe, J.M. Perlado, J. Marian, Unraveling the temperature dependence of the yield strength in single-crystal tungsten using atomistically-informed crystal plasticity calculations. Int. J. Plasticity **78**, 242–265 (2016)

79. L.Q. Chen, Phase-field models for microstructure evolution. Ann. Rev. Mater. Res. **32**, 113–140 (2002)

80. N. Provatas, K. Elder, *Phase-Field Methods in Material Science and Engineering* (Wiley-VCH, Weinheim, 2010)

81. K.R. Elder, M. Katakowski, M. Haataja, M. Grant, Modeling elasticity in crystal growth. Phys. Rev. Lett. **88**, 245701 (2002)

82. M. Seymour, N. Provatas, Structural phase field crystal approach for modeling graphene and other two-dimensional structures. Phys Rev B **93**, 035447 (2016)

83. L. Granasy, F. Podmaniczky, G.I. Toth, G. Tegze, T. Pusztai, Heterogeneous nucleation of/on nanoparticles: a density functional study using the phase-field crystal model. Chem. Soc. Rev. **43**, 2159–2173 (2014)

84. K.R. Elder, N. Provatas, J. Berry, P. Stefanovic, M. Grant, Phase-field crystal modeling and classical density functional theory of freezing. Phys. Rev. B **75**, 064107 (2007)

85. N. Ofori-Opoku, V. Fallah, M. Greenwood, S. Esmaeili, N. Provatas, Multicomponent phase-field crystal model for structural transformations in metal alloys. Phys. Rev. B **87**, 134105 (2013)

86. J. Berry, N. Provatas, J. Rottler, C.W. Sinclair, Defect stability in phase-field crystal models: Stacking faults and partial dislocations. Phys. Rev. B **86**, 224112 (2012)

87. J. Berry, N. Provatas, J. Rottler, C.W. Sinclair, Phase field crystal modeling as a unified atomistic approach to defect dynamics. Phys. Rev. B **89**, 214117 (2014)

88. J. Berry, J. Rottler, C.W. Sinclair, N. Provatas, Atomistic study of diffusion-mediated plasticity and creep using phase field crystal methods. Phys. Rev. B **92**, 134103 (2015)

89. M. Greenwood, N. Ofori-Opoku, J. Rottler, N. Provatas, Modeling structural transformations in binary alloys with phase field crystals. Phys. Rev. B **84**, 064104 (2011)

90. M. Seymour, F. Sanches, K. Elder, N. Provatas, Phase-field crystal approach for modeling the role of microstructure in multiferroic composite materials. Phys. Rev. B **92**, 184109 (2015)

第 5 章

晶体相场（PFC）模型：探测 TSV 中原子的工具

Jinxin Liu，Zhiheng Huang，Paul Conway，Yang Liu

5.1 导言

继第 4 章关于 TSV 的原子可靠性建模，本章将详细推导晶体相场模型。首先回顾 PFC 模型的基础，即基于经典密度泛函理论（Classic Density Functional Theory，CDFT）的近似。然后详细介绍了 PFC 模型参数的推导、微观结构演化的控制方程、PFC 模型扩展到多组分多相材料体系以及与外场耦合的最新进展。最后，讨论了 PFC 模型在 TSV 中的潜在应用。

5.2 PFC 模型基础

5.2.1 经典密度泛函理论

本节先简要回顾 CDFT。Ramakrishnan 和 Yussouff[1] 提供了 CDFT 详细的推导，Singh 进行了归纳 [2]。此外，Oxtoby[3] 的讲义也是对 CDFT 很好的说明。

通常，一个物质系统的自由能 F 取决于它的密度 ρ，相关函数为 $F(\rho)$。因为密度随空间的变化而变化，其本身是一个位置矢量 r 的函数 $\rho(r)$，所以密度的自由能为一个泛函，表示为 $F[\rho(r)]$。变量 r 经常被省略，因此在本章中自由能函数改写成 $F[\rho]$。

通常，一个函数 $f(x)$ 可以表示为关于点 x_0 的泰勒展开式，形式如下：

$$f(x) = f(x_0) + \left(\frac{\mathrm{d}f}{\mathrm{d}x}\right)_{x_0}(x-x_0) + \frac{1}{2}\left(\frac{\mathrm{d}^2 f}{\mathrm{d}x^2}\right)_{x_0}(x-x_0)^2 + \cdots \tag{5.1}$$

多元函数可以表示为

$$f(x_1, \ x_2, \cdots, \ x_n) \equiv f(x) = f(x_0) + \sum_{i=1}^{n} \left(\frac{df}{dx_i}\right)_{x_0} (x_i - x_0) +$$

$$\frac{1}{2}\sum_{i=1}^{n}\sum_{j=1}^{n} \left(\frac{d^2 f}{dx_i dx_j}\right)_{x_0} (x_i - x_{i0})(x_j - x_{j0}) + \cdots \tag{5.2}$$

现在，考虑一个泛函 $F[\rho(r)]$，它可以被认为具有无穷变量的方程（5.2）的连续表达。因此，求和操作应该被对 r 的积分代替。同理，$F[\rho]$ 对于数密度 $\rho(r)$，即单位体积原子数，在密度 $\rho_0(r)$ 附近的泰勒展开式为

$$F[\rho(r)] = F[\rho_0(r)] + \int dr \frac{\delta F}{\delta\rho(r)}[\rho(r) - \rho_0(r)] +$$

$$\frac{1}{2}\iint dr dr' \frac{\delta^2 F}{\delta\rho(r)\delta\rho(r')}[\rho(r) - \rho_0(r)][\rho(r') - \rho_0(r')] + \cdots \tag{5.3}$$

式中，$\delta F / \delta \rho(r)$ 是一阶函数导数，或一阶变分。

根据 Ramakrishnan 和 Yussouff[1]，式（5.3）的第二项为"理想气体"贡献，将系统驱动到稳定的均匀场。可以计算为不考虑交互作用的理想体系的自由能，即不考虑相互作用势能，因此这一项的被积函数可以写成[2, 4]：

$$\frac{\delta F}{\delta\rho(r)}[\rho(r) - \rho_0(r)] = \rho(r)\ln[\rho(r)] - \rho(r) \tag{5.4}$$

此外，式（5.3）的第三项是对体系自由能的修正，为非理想体系自由能（交互作用能）的贡献。这一项驱动体系形成周期性结构相，即晶格[5, 6]。n 点相关函数的一般形式定义为[7, 8]

$$C_n(r_1, \ r_2, \ldots, \ r_n) \equiv -\frac{\delta^n F}{\delta\rho(r_1)\delta\rho(r_2)\cdots\delta\rho(r_n)} \tag{5.5}$$

因此，F 对密度 ρ 的二阶函数导数定义为两点直接相关函数：

$$C_2(r,r') \equiv -\frac{\delta^2 F}{\delta\rho(r)\delta\rho(r')} \tag{5.6}$$

两点直接相关函数 $C_2(r, r')$ 用于测量空间中不同位置的两个密度 $\rho(r)$ 和 $\rho(r')$ 之间的相关性，表现为一个原子位于位置 r 并且同时另一个原子位于位置 r' 概率的度量[7]。通常假设 C_2 仅取决于两点之间的距离，即 $C_2(r,r') = C_2(|r-r'|)$[7, 8]。$\int dr' C_2(|r-r'|)[\rho(r')-\rho_i(r')]$ 是在傅里叶空间中模拟晶体晶格对称性的卷积$^\ominus$。例如，基于 1393K 温度

$\ominus$　两个函数 $g(x)$ 和 $f(x)$ 的卷积定义为

$$(g*f)(x) = \int_{-\infty}^{\infty} du g(x-u) f(u)$$

根据卷积定理，在傅里叶空间频谱相乘 $\mathcal{F}[g(x)] \cdot \mathcal{F}[f(x)]$ 等于 $\mathcal{F}[(g*f)(x)]$，即

$$\mathcal{F}[g(x)] \cdot \mathcal{F}[f(x)] = \mathcal{F}[(g*f)(x)]$$

因此，卷积 $\int dr' C_2(|r-r'|)\rho(r')$ 等效于在傅里叶空间中使用 $\tilde{C}_2(k)$ 来确定晶体结构。

下中子衍射实验数据，Cu 元素的 $\hat{C}_2(k)$ 曲线如图 5.1 所示 [9, 10]。

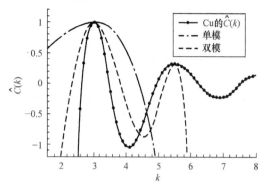

图 5.1　实线为 1393K 下 Cu 的两点直接相关函数。点标识出中子衍射实验的数据点 [9, 10]，点划线和虚线为傅里叶空间中 $\hat{C}_2(k)$ 的单模和双模近似：单模近似时，$\hat{C}_2(k)$ 中多项式 k 最高为四阶（k^4），$\hat{C}_2(k) = 0.225 + 2k^2 - k^4$[参考后文的式（5.14）]；对于双模近似则 k 最高为 8 阶（k^8）多项式 $\hat{C}_2(k) = -10.5 + 30.2k^2 - 26.3k^4 + 8.8k^6 - k^8$

因此，式（5.3）可变为

$$F[\rho(r)] = F[\rho_t(r)] + \int dr\rho(r)\{\ln[\rho(r)] - 1\} - \frac{1}{2}\int dr[\rho(r) - \rho_t(r)]\int dr' C_2(|r - r'|)[\rho(r') - \rho_t(r')] + \cdots$$

（5.7）

这是下一节推导 PFC 模型的起点。

5.2.2　近似模型

在本节中，式（5.7）被进一步近似。但这一近似是比较简略的，其目标不是复现 CDFT，而是推导出一个包含"必要物理信息"的方案 [7]。为了简化推导，定义无量纲序参量 n 为

$$n = \frac{\rho - \bar{\rho}}{\bar{\rho}}$$

（5.8）

式中，$\bar{\rho}$ 是恒定参考密度。

将恒定密度 $\bar{\rho}$ 代入自由能函数 $F[\rho]$ 公式（5.7）：

$$F[\bar{\rho}] = F[\bar{\rho}_0] + \int dr[\bar{\rho}\ln(\bar{\rho}) - \bar{\rho}] - \frac{1}{2}\iint dr_1 dr_2(\bar{\rho}_1 - \rho_0)C_2(|r_1 - r_2|)(\bar{\rho}_2 - \rho_0)$$

（5.9）

同理，任意密度 ρ 自由能函数可变为

$$F[\rho] = F[\rho_0] + \int dr[\rho\ln(\rho) - \rho] - \frac{1}{2}\iint dr_1 dr_2[\rho_0(r_1) - \rho_t(r_1)]C_2(|r_1 - r_2|)[\rho_2(r_2) - \rho_0(r_1)]$$

$$= F[\rho_0] + \int dr[(n\bar{\rho} + \bar{\rho})\ln(n\bar{\rho} + \bar{\rho}) - (n\bar{\rho} + \bar{\rho})]$$

$$- \frac{1}{2}\iint dr_1 dr_2(n_1\bar{\rho}_1 + \bar{\rho}_1 - \rho_0)C_2(|r_1 - r_2|)(n_2\bar{\rho}_2 + \bar{\rho}_2 - \rho_0)$$

（5.10）

上式通过将式（5.8）的 $\rho = n\bar{\rho} + \bar{\rho}$ 代入得到。由于 ρ_1 和 ρ_2 仅在位置上有区别，参考密度是相同的，即 $\bar{\rho}_1 = \bar{\rho}_2 = \bar{\rho}$，式（5.10）中减去式（5.9）得：

$$\Delta F = \bar{\rho} \int \mathrm{d}\boldsymbol{r} \left[(n+1)\ln(n+1) - n \right] - \frac{\bar{\rho}^2}{2} \iint \mathrm{d}\boldsymbol{r}_1 \mathrm{d}\boldsymbol{r}_2 n_1 C_2 n_2 \tag{5.11}$$

其中，因为参考密度在任何地方都是恒定的，所以由 $F[\rho_0] - F[\bar{\rho}_0] = 0$，即 $\rho_0 = \bar{\rho}_0$ [7]。使用关系式：

$$\ln(1+x) = \sum_{n=1}^{\infty} \frac{(-1)^{n+1}}{n} x^n = x - \frac{x^2}{2} + \frac{x^3}{3} - \frac{x^4}{4} + \cdots, \tag{5.12}$$

式（5.11）可以变为

$$\mathcal{F} = \frac{\Delta F}{\bar{\rho}} = \int \mathrm{d}\boldsymbol{r} \left(\frac{n^2}{2} - \frac{n^3}{6} + \frac{n^4}{12} \right) - \frac{\bar{\rho}}{2} \iint \mathrm{d}\boldsymbol{r}_1 \mathrm{d}\boldsymbol{r}_2 n_1 C_2 n_2 \tag{5.13}$$

接下来，进一步简化式（5.13）中的第二项。如上所述，在用来调制傅里叶空间中的晶体结构，卷积 $\int \mathrm{d}\boldsymbol{r}_2 C_2 n_2$ 与 $\hat{C}_2(k)$ 相当。Greenwood 等人的研究表明大约 92% 的 BCC 交互作用能存储在 $\hat{C}_2(k)$ 的第一个峰中，而 FCC 结构的交互作用能在其前两个峰之间分散大约 70%~30%[6]。将 $\hat{C}_2(k)$ 扩展到 4 阶 k 可以拟合第一个峰值，给出单模 PFC 模型为

$$\hat{C}_2(k) \approx -\hat{c}_0 + \hat{c}_2 k^2 - \hat{c}_4 k^4 \tag{5.14}$$

使用 8 阶 k 去近似 $\hat{C}_2(k)$ 中的前两个峰值可以得到双模 PFC 模型。为了说明这一点，图 5.1 分别绘制了以多项式 k 的单模和双模近似 $\hat{C}_2(k)$。单模 PFC 模型可以描述 BCC 晶格和二维三角形晶格，而双模 PFC 模型可以描述 FCC 晶格和二维方形晶格。下面将推导单模 PFC 模型的详细推导，双模 PFC 模型也可以按照同样的过程推导。

将 $\hat{C}_2(k)$ 转化为实空间，需要注意的是在傅里叶空间中乘以 k 的二次项，相当于实空间中的一个拉普拉斯算子[⊖]。

因此，在实空间中，式（5.14）可变换为

$$\int \mathrm{d}\boldsymbol{r}_2 n_1 C_2(\boldsymbol{r}_1, \boldsymbol{r}_2) n_2 \approx n_1 \left(-\hat{c}_0 - \hat{c}_2 \nabla^2 - \hat{c}_4 \nabla^4 \right) n_1 \tag{5.15}$$

将式（5.15）代入式（5.13）：

⊖ $C(k)$ 的傅里叶反变换和二阶微分：

$$c(x) = \mathcal{F}^{-1}C(k) = \int C(k)\mathrm{e}^{i2\pi kx}\mathrm{d}k, \quad \mathcal{F}\left\{ \frac{\partial^2 c(x)}{\partial x^2} \right\} = -(2\pi k)^2 C(k)$$

$$\mathcal{F} = \int \mathrm{d}\boldsymbol{r} \left[\left(\frac{n^2}{2} - \frac{n^3}{6} + \frac{n^4}{12} \right) + \frac{\bar{\rho}}{2} n \left(\hat{c}_0 + \hat{c}_2 \nabla^2 + \hat{c}_4 \nabla^4 \right) n \right]$$

$$= \int \mathrm{d}\boldsymbol{r} \left[\frac{1 + \bar{\rho}\hat{c}_0}{2} n^2 + \frac{\bar{\rho}\hat{c}_2}{2} \nabla^2 n + n \frac{\bar{\rho}\hat{c}_4}{2} \nabla^4 n - \frac{n^3}{6} + \frac{n^4}{12} \right] \quad （5.16）$$

$$= \int \mathrm{d}\boldsymbol{r} \left[\frac{B^l}{2} n^2 + \frac{B^x}{2} n \left(2R^2 \nabla^2 + R^4 \nabla^4 \right) n - \frac{n^3}{6} + \frac{n^4}{12} \right]$$

式中，$B^l \equiv 1 + \bar{\rho}\hat{c}_0$，$B^x \equiv \bar{\rho}(\hat{c}_2)^2 / a\hat{c}_4$，$R \equiv \sqrt{2|\hat{c}_4|/\hat{c}_2}$。这是单模式 PFC 模型中自由能泛函的一般形式[7, 8]。

如前文所述，单模 PFC 模型描述的周期性晶体结构为 BCC 晶格，可以写成：

$$n = n_0 + \phi[\cos(qx)\cos(qy) + \cos(qx)\cos(qz) + \cos(qy)\cos(qz)] \quad （5.17）$$

图 5.2 展示了 n 的三维图。将式（5.17）代入式（5.16）中，并在区间 $-\pi/q \leqslant x$，y，$z \leqslant \pi/q$ 内进行积分，得到了包含 q、n_0 和 ϕ 的函数 $\mathcal{F}(q, n_0, \phi)$。找到稳定结构就是确定 $\mathcal{F}$ 函数的最小值。对应于 q 的表达式为

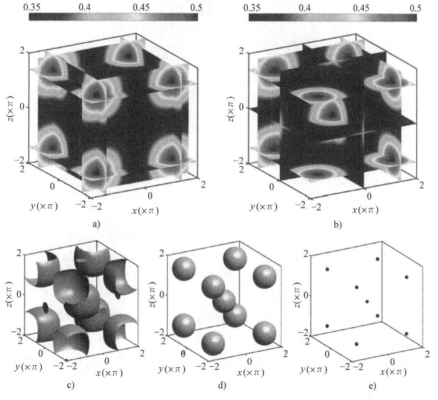

图 5.2　式（5.17）中 n 的三维图：图 a 和 b 所示的切片图为 BCC 晶体结构中原子的位置，图 c~e 分别所示为 $n = 0.4$、$n = 0.45$ 和 $n = 0.5$ 时的等值面，其体积为 $4\pi^3$，大于晶胞的体积，$q = (a_{lc})^3 = (2\sqrt{2}\pi)^3$（晶格常数 $a_{lc} = 2\pi q$，$q = 1/\sqrt{2}$）（彩图见插页）

$$\frac{\mathrm{d}\mathcal{F}}{\mathrm{d}q} = 3B^x(-q + 2q^3) = 0 \tag{5.18}$$

式中，对于 BCC 晶格，$q = 1/\sqrt{2}$。关于 n_0 和 ϕ 的结果更为复杂：

$$\mathcal{F}(\phi,\ n_0) = \frac{B^l}{2}n_0^2 - \frac{n_0^3}{6} + \frac{n_0^4}{12} + \frac{3}{8}\left[(B^l - B^x) - n_0(1 - n_0)\phi^2 - \left(\frac{1}{8} - \frac{n_0}{4}\right)\phi^3 + \frac{135}{769}\phi^4\right] \tag{5.19}$$

另一种求 $\mathcal{F}$ 的局部最小值方法是数值方法，如最速下降法和共轭梯度法[11]。式（5.19）中的自由能，由根据 n_0 和 ϕ 绘制的图 5.3 来展示。自由能有两个最小值，一个对应于液化（n_0, ϕ）=（0, 0），另一个对应于结晶（n_0, ϕ）=（0.03811, 0.3870）[7]。

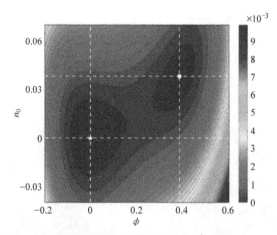

图 5.3　自由能 $\mathcal{F}$ 作为 n_0 和 ϕ 的函数的等值线图，其中 $B^l = 1$ 且 $B^x = 0.925$，白点标出了自由能的两个局部最小值（彩图见插页）

对于 FCC 晶格，n 的双模近似具有以下形式[12]：

$$n = n_0 + 8A\cos(qx)\cos(qy)\cos(qz) + 2B[\cos(2qx) + \cos(2qy) + \cos(2qz)] \tag{5.20}$$

式中，$q = 1/\sqrt{3}$，$n_0 = 0.073$，$A = 0.014$，$B = 0.010$[13]。n 的三维图如图 5.4 所示。

5.2.3　模型参数

如前文所述，PFC 模型是由 CDFT 的近似推导的。为了找出 PFC 模型中的模型参数，使用了 Greenwood 等人提出的近似 $\hat{C}_2(k)$ 相关函数[5, 6]。这种方法被称为结构 PFC（XPFC）模型，并为模拟不同的晶格（如 BCC、FCC 和 HCP）提供了一个通用框架。XPFC 模型中的 $\hat{C}_2(k)$ 是在傅里叶空间中构建的：

$$\hat{C}_2(k)_i = e^{-(k - k_i)^2/(2\alpha_i^2)}e^{-\sigma^2 k_i^2/(2\rho_i \beta_i)} \tag{5.21}$$

式中，i 表示波数为 k_i 的晶格平面族；常数 α_i、ρ_i 和 β_i 分别表示弹性常数、平面原子密度和晶格平面数；σ 是 Debye-Waller 衰减因子，用于描述晶格振动对布拉格峰强度的影响。通过对中子的非弹性散射测量，可以得到 Debye-Waller 因子的表达式[14]。已提出 σ 的形式为

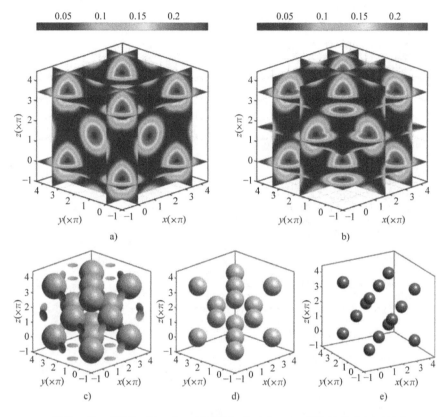

图 5.4　FCC 晶格 n 的三维图：图 a 和 b 所示的切片图为 FCC 晶体结构中原子的位置，图 c~e 分别所示为 n = 0.1、n = 0.15 和 n = 0.2 时的等值面。请注意，其体积为（5π）³，大于晶胞的体积（a_{lc}）³ =（2√3 π）³（彩图见插页）

$$y = T/T_m \tag{5.22}$$

$$\sigma = (\omega_t/\omega_m)J(y) \tag{5.23}$$

$$J(y) = \begin{cases} f_{-1} + (\pi^2/3)\alpha & y < 0.2 \\ 2f_{-2}y + 1/6y - f_2/360y^3 & y \geqslant 0.2 \end{cases} \tag{5.24}$$

在 Mathematica 软件中，铜的 XPFC 模型的详细推导，如代码 Ch5MC1 所示。这种类型的相关函数与 Wu 等人[12] 开发的所谓双模式 PFC 模型中的相关函数相当。Berry 等人对不同类型的相关函数进行了更详细的讨论[15]。

Mathematica 软件代码（Ch5MC1）

```
(*Define the parameters*)
(*constants*)
h = 6.62606896*10^(-34)/(2 Pi);
\[Nu] = 7.29*10^12; (* unit:Hz *)
\[Omega] = \[Nu]*2 Pi;
Tm = 350;(* unit:K *)
Subscript[f, -2] = 3.737;
Subscript[f, -1] = 1.699;
Subscript[f, 2] = 0.479;
m = 63.546/(6.02*10^23)*10^(-3);(* unit:Kg *)
a = 0.361*10^(-9);(* unit:m *)

(*parameters*)
Subscript[\[Alpha], 200] = 0.175;
Subscript[\[Alpha], 111] = Sqrt[3]/2*Subscript[\[Alpha], 200];
Subscript[\[Beta], 111] = 4;
Subscript[\[Beta], 200] = 4;
Subscript[\[Rho], 111] = (3/2 + 3/6)/(Sqrt[6]/2*Sqrt[2]/2*1^2);
Subscript[\[Rho], 200] = 1/1;
Subscript[k, 111] = Sqrt[2]*2 Pi/a;
Subscript[k, 200] = 2 Pi/a;

(*Debye-Waller factor*)
J[T_] := 2 Subscript[f, -2] (T/Tm) + 1/6 (T/Tm) -
   Subscript[f, 2]/360*(T/Tm)^3;
Subscript[\[Sigma], 111] = 4 h/(m*\[Omega])*J[273 + 800];
Subscript[\[Sigma], 200] = 4 h/(m*\[Omega])*J[273 + 800];

(**correlation function**)
k0 = 1;
k1 = Sqrt[2] k0;
k2 = k0;
Subscript[C, 2 _ 111] =
  Exp[-Subscript[\[Sigma], 111]
       Subscript[k,
       111]^2/(2 Subscript[\[Rho], 111] Subscript[\[Beta],
        111])] Exp[-(k - k1)^2/(2 Subscript[\[Alpha], 111]^2)];
Subscript[C, 2 _ 200] =
  Exp[-Subscript[\[Sigma], 200]
       Subscript[k,
       200]^2/(2 Subscript[\[Rho], 200] Subscript[\[Beta],
        200])] Exp[-(k - k2)^2/(2 Subscript[\[Alpha], 200]^2)];
Subscript[C, 2] = Subscript[C, 2 _ 111] + Subscript[C, 2 _ 200];

p1 = Plot[Subscript[C, 2 _ 111], {k, 0, 3}, PlotRange -> 1.5,
   PlotStyle -> Blue];
p2 = Plot[Subscript[C, 2 _ 200], {k, 0, 3}, PlotRange -> 1.5,
   PlotStyle -> Blue];
p3 = Plot[Subscript[C, 2], {k, 0, 3}, PlotRange -> 1.5,
   PlotStyle -> Red];

(*two-mode PFC model [35]*)
Q1 = Sqrt[2/1];
Cwu[k_] := -r - Bx (1 - (k)^2)^2 ((Q1^2 - (k)^2)^2 + R1/Bx);
```

```
c111fm = FindMaximum[Subscript[C, 2 _ 111], k]
c111m = c111fm[[1]];
c111mp = k /. c111fm[[2]];
c200fm = FindMaximum[Subscript[C, 2 _ 200], k]
c200m = c200fm[[1]];
c200mp = k /. c200fm[[2]];
c111cp = Max[k /. Solve[Subscript[C, 2 _ 111] == c111m/1.5, k]];

(*Model parameter for two-mode PFC*)
fsol = NSolve[
    Cwu[c111mp] == c111m && Cwu[c111cp] == c111m/1.5 &&
    Cwu[c200mp] == c200m, {r, Bx, R1}]
p4 = Plot[Cwu[k] /. fsol[[1]], {k, 0, 3}, PlotRange -> 1.5,
    PlotStyle -> Red];
Show[p1, p2, p4]
Expand[Cwu[k] /. fsol[[1]]]
```

5.2.4　控制方程

PFC 模型的控制方程是通过自由能泛函 $\mathcal{F}$ 的最小化得到序参量 n 的演化过程。由于原子密度场是保守场，控制方程可以表示为 [8]

$$\frac{\partial n}{\partial t} = \Gamma \nabla^2 \frac{\delta \mathcal{F}}{\delta n} = \Gamma \nabla^2 \left[B^l n + B^x \left(2R^2 \nabla^2 + R^4 \nabla^4 \right) n - \frac{n^2}{2} + \frac{n^3}{3} \right] \tag{5.25}$$

Provatas 和 Elder[7]、Chaikin 和 Lubensky[8] 以及 Khachaturyan[16] 对这个守恒方程进行了更详细推导。

Stefanovic 等人提出了另一种形式的控制方程：修正的 PFC（MPFC）[17]。它将公式（5.25）作了进一步的修改，使得控制方程存在两个时间尺度：扩散时间尺度和传递弹性变形相关的时间尺度 [17, 18]。

$$\frac{\partial^2 n}{\partial t^2} + \beta \frac{\partial n}{\partial t} = \nabla \cdot \left(n \nabla \frac{\delta \mathcal{F}}{\delta n} \right) \tag{5.26}$$

Heinonen 等人还提出一种将 PFC 模型中弹性激励的时间演化与扩散动力学隔离开来的方法，因为扩散驱动的过程通常比弹性激励的动力学慢几个数量级 [19]。他们推导并建立了一个两阶段的过程，其中弹性激励分别平衡，始终确保机械平衡。

5.2.5　多组分多相系统的应用

Elder 等人提出了第一个二元合金的 PFC 模型 [8]。随后，Greenwood 等人将 XPFC 模型扩展到二元合金 [20] 以及 Ofori-Opoku 等人的多组分合金 [21]。模型中可以同时存在多组分、多相（固、液、不同晶格）和相应的相变。另一项成就是在 PFC 框架内扩展了固 - 液 - 气相。Schwalbach[22] 和 Kocher、Provatas[23] 等人分别提出了两种方法。基于这些发展，研究了多组分和多相系统，例如共晶生长 [20]、Al-Cu-Mg 合金中的溶质聚集 [21]、二维 h-BN 中的晶界结构和动力学 [24]，以及石墨烯和 h-BN 的 2D 异质结构 [25]。

对于由 A 和 B 原子组成的二元合金，自由能泛函可以写成两个纯系统的自由能泛函加上耦合项的和[8]：

$$\mathcal{F}(\rho_A,\ \rho_B)=\mathcal{F}_A+\mathcal{F}_B-\iint \mathrm{d}r_1\mathrm{d}r_2\Delta\rho_A(\mathbf{r}_1)C_{AB}(\mathbf{r}_1,\ \mathbf{r}_2)\Delta\rho_B(\mathbf{r}_2) \tag{5.27}$$

式中，$\nabla\rho_A=\rho_A-\rho_A^l$、$\nabla\rho_B=\rho_B-\rho_B^l$和$C_{AB}$是原子 A 和 B 原子之间的 2 点相关函数。常用的方法是引入总密度场$\rho\equiv\rho_A+\rho_B$和浓度场$c\equiv\rho_A/\rho$，然后式（5.27）改写为

$$\mathcal{F}(\rho_A,\ \rho_B)=\int\mathrm{d}r\left\{\rho\ln\frac{\rho}{\rho_1}-\Delta\rho+\rho\left[(1-c)\ln(1-c)+c\ln c\right]-\frac{\rho}{2}\left[c^2C_{AA}+(1-c)^2C_{BB}+\right.\right.$$
$$\left.\left.2c(1-c)C_{AB}\right]\rho+\rho c\left[(C_{AA}-C_{AB})\rho_{lA}+(C_{AB}-C_{BB})\rho_{lB}+\ln\frac{\rho_{lB}}{\rho_{lA}}\right]\right\} \tag{5.28}$$

为了进一步简化表达式，定义了两个无量纲序参量：$n=(\rho-\rho_1)/\rho_1$和$\psi=2c-1$。推导过程这里略去，相关细节可以查阅参考文献 [7, 8]。最终结果如下：

$$\mathcal{F}(n,\ \psi)=\int\mathrm{d}r\left[\frac{B^l}{2}n^2+\frac{B^x}{2}n(2R^2\nabla^2+R^4\nabla^4)n-\frac{n^3}{6}+\frac{n^4}{12}+\gamma\psi+\frac{\omega}{2}\psi^2+\frac{\mu}{4}\psi^4+\frac{K}{2}|\nabla\psi|^2\right] \tag{5.29}$$

ρ_A和ρ_B的动力学过程是要使自由能$\mathcal{F}$最小化：

$$\frac{\partial\rho_A}{\partial t}=\nabla\cdot M_A\nabla\frac{\mathcal{F}(\rho_A,\ \rho_B)}{\delta\rho_A}$$
$$\frac{\partial\rho_B}{\partial t}=\nabla\cdot M_B\nabla\frac{\mathcal{F}(\rho_A,\ \rho_B)}{\delta\rho_B} \tag{5.30}$$

式中，M_A和M_B是每个原子种类的迁移率。因此，无量纲序参量n和ψ的控制方程改写为

$$\frac{\partial n}{\partial t}=\nabla\cdot\Gamma_1\nabla\frac{\delta\mathcal{F}(n,\psi)}{\delta\psi}+\nabla\cdot\Gamma_2\nabla\frac{\delta\mathcal{F}(n,\psi)}{\delta\psi}$$
$$\frac{\partial\psi}{\partial t}=\nabla\cdot\Gamma_2\nabla\frac{\delta\mathcal{F}(n,\psi)}{\delta n}+\nabla\cdot\Gamma_1\nabla\frac{\delta\mathcal{F}(n,\psi)}{\delta\psi} \tag{5.31}$$

式中，$\Gamma_1\equiv(M_A+M_B)/\rho_1^2$和$\Gamma_1\equiv(M_A-M_B)/\rho_1^2$。

图 5.5 所示为石墨烯 - 六方氮化硼 - 石墨烯的双晶异质结构，其中蜂窝状石墨烯结构位于两侧[25]。

图 5.5　石墨烯 - 六方氮化硼 - 石墨烯的双晶异质结构[25]（彩图见插页）

5.2.6　物理场耦合

与外场耦合的自由能泛函一般形式为

$$\mathcal{F}' = \mathcal{F} + \mathcal{F}_{\text{ext}} \tag{5.32}$$

其中能量 $\mathcal{F}_{\text{ext}}$ 为外加场势。

5.2.6.1　应变场

应变场的应用有三种方法：由 Stefanovic 等人开发的"penalty term（惩罚项）"方法 [17, 18]；Hirouchi 等人提出的通过控制计算网格尺寸来使系统变形 [26]；在 APFC 模型 [27, 28] 的振幅序参量中包含变形场。"惩罚项（penalty term）"方法是最直观、最简单的方法，其形式类似于式（5.32）。因此，本节将重点介绍在 PFC 模型中应用应变场的"惩罚项"方法。

PFC 模型中应用的"惩罚项"用作牵引边界条件。它是密度场 n 与施加的密度场 n_s 之差的平方 [17, 18, 29, 30]，即

$$\mathcal{F}_{\text{ext}} = \int \mathrm{d}r M(r)(n - n_s)^2$$
$$\frac{\partial n}{\partial t} = \nabla^2 \frac{\delta \mathcal{F}'}{\delta n} = \nabla^2 \left(\frac{\delta \mathcal{F}}{\delta n} + \frac{\delta \mathcal{F}_{\text{ext}}}{\delta n} \right) \tag{5.33}$$

其中，"惩罚项"由函数 $M(r)$ 调制，即在施加牵引力的区域外，$M(r) = 0$。对于多晶"惩罚项"的应用，需要调整 n_s 以适应各种晶粒取向，其形式与式（5.17）类似。n 的不同晶粒取向由坐标 (x, y, z) 旋转到新坐标 (x', y', z')，即 $(x', y', z')^{\text{T}} = R_m (x, y, z)^{\text{T}[31]}$。$R_m$ 表示为旋转矩阵，T 表示矩阵的转置。图 5.6 所示为剪切应变下的 PFC 模型。

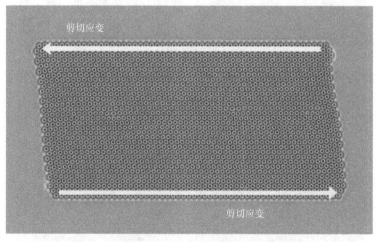

图 5.6　剪切应变下的 PFC 模型（彩图见插页）

5.2.6.2 磁场

为了耦合 PFC 模型中的磁场，通过耦合三个场（数密度 $n(r)$、磁化矢量 $m(r)$ 和磁场 B）构建了无量纲自由能 $\mathcal{F}$[32-34]：

$$\mathcal{F}' = \mathcal{F} + \int dr\omega\left[\frac{W_0^2}{2}|\nabla m|^2 + \left(r_c - \beta n^2\right)\frac{|m|^2}{2} + \gamma\frac{|m|^4}{4} - \frac{\alpha}{2}\left(m\cdot\nabla n\right)^2 - m\cdot B + \frac{|B|^2}{2}\right] \quad (5.34)$$

式中，磁场可分为外部磁场和自感应磁场，即 $B = B_{ind} + B_{ext}$。此外，感应磁场与磁化矢量 $m(r)$ 的关系为：$B_{ind} = \nabla\times A$ 和 $\nabla^2 A = -\nabla\times m$。该模型在参考文献 [32] 有详细的描述。

m 的控制方程是非守恒动力学，n 的控制方程是守恒动力学：

$$\begin{aligned}\frac{\partial m_i(r,t)}{\partial t} &= -\frac{\delta\mathcal{F}'(n,m)}{\delta m_i} \\ \frac{\partial n(r,t)}{\partial t} &= \nabla^2\frac{\delta\mathcal{F}'(n,m)}{\delta n}\end{aligned} \quad (5.35)$$

式中，$i = x$、y、z；m_i 是 m 的分量。

图 5.7 所示为磁场如何诱发相变的示例[33]。在 10^5 个时间步后，系统平衡到均一态，如图 5.7b 所示。然后施加外部磁场 H 并引起方形晶格的生长，如图 5.7c、d 所示。

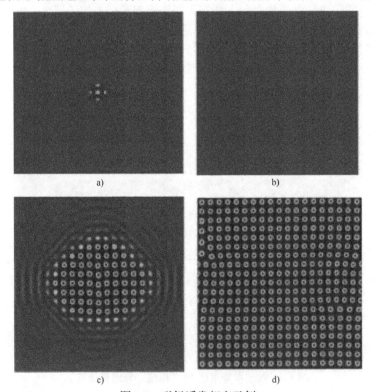

图 5.7　磁场诱发相变示例

a）$t=0$　b）$t=100\ 000$　c）$t=103\ 000$　d）$t=200\ 000$[33]（在 $t=100\ 000$ 后施加外场 H）（彩图见插页）

5.2.6.3　电场

描述金属电迁移的 PFC 模型是由 Wang、Bevan 和 Provatas 开发的[35]。为电迁移驱动力引入了一个新术语 $\mathcal{F}_{EM}$：

$$\mathcal{F}_{ext} = \mathcal{F}_{EM} = \int dr A_{EM}(\boldsymbol{r}) eV(\boldsymbol{r}) = \int dr A_0 \frac{Z^*}{\Omega} n_{mf} n(\boldsymbol{r}) eV(\boldsymbol{r}) \tag{5.36}$$

式中，A_0 是耦合常数；Z^* 是有效电迁移电荷参数；Ω 是原子体积；$n_{mf} = \int d\boldsymbol{r}' \exp[-(\boldsymbol{r} - \boldsymbol{r}')^2 / (2\lambda_{mf})] n(\boldsymbol{r}')$ 是局部平均密度；e 是电子电荷；$V(\boldsymbol{r})$ 是局部电势。

控制方程为

$$\frac{\partial n}{\partial t} = \nabla^2 \frac{\delta \mathcal{F}'}{\delta n} = \nabla^2 \frac{\delta(\mathcal{F} + \mathcal{F}_{EM})}{\delta n} \tag{5.37}$$
$$\nabla \cdot (\sigma_0 \nabla V) = 0$$

式中，σ_0 是电导率，由于电迁移驱动的原子迁移是一个相当缓慢的过程，因此假定电场演化遵循静电条件。

图 5.8 显示了在互连失效时发生的电迁移过程中，三联点附近原子尺度的空洞成核[35]。

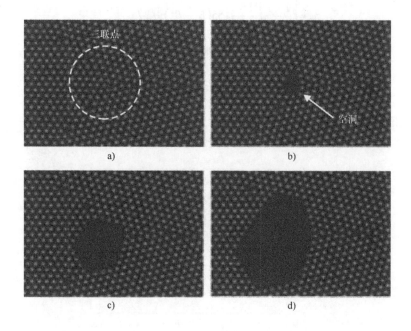

图 5.8　电迁移过程中三联点附近空洞的成核[35]（彩图见插页）

5.3 TSV 的 PFC 模型

5.3.1 三角晶格

一般来说，单模 PFC 模型可以描述 BCC 晶格，如钨和二维三角晶格。第一个 PFC 模型由 Elder 等人提出[36, 37]，该模型也被称为原始 PFC 模型。

对于二维三角晶格，序参量 n 的形式为

$$n = n_0 + \phi\left[\frac{1}{2}\cos\left(\frac{2qy}{\sqrt{3}}\right) - \cos(qx)\cos\left(\frac{qy}{\sqrt{3}}\right)\right] \quad (5.38)$$

式中，$q = \sqrt{3/2}$ 为最小自由能。那么自由能泛函 $\mathcal{F}_{tri}$ 可以写为

$$\mathcal{F}_{tri}(\phi, n_0) = \frac{B^l}{2}n_0^2 - \frac{n_0^3}{6} + \frac{n_0^4}{12} + \frac{3}{16}\left[\left(B^l - B^x\right) - n_0(1-n_0)\right]\phi^2 - \left(\frac{1}{32} - \frac{n_0}{16}\right)\phi^3 + \frac{45}{1536}\phi^4 \quad (5.39)$$

此外，关于 ϕ 和 n_0 的最小自由能泛函 $\mathcal{F}_{tri}$ 给出为[7]

$$\phi = \frac{4}{5}\left[\frac{1}{2} - n_0 + \sqrt{\frac{1}{4} - 5\left(B^l - B^x\right) + 4n_0(1-n_0)}\right]$$
$$n_0 = \left[\frac{1}{2} - 3\sqrt{\frac{185}{4} - 185\left(B^l - B^x\right)}\right]/37 \quad (5.40)$$

对于液相，$\phi = 0$，因此液相的自由能函数为

$$\mathcal{F}_{liq} = \frac{B^l}{2}n_0^2 - \frac{n_0^3}{6} + \frac{n_0^4}{12} \quad (5.41)$$

通过比较 $\mathcal{F}_{tri}$ 和 $\mathcal{F}_{liq}$，得到了三角晶格和液相共存的样品相图。该相图的一个例子如图 5.9 所示。此外，矩形 TSV 的三角晶格示意图如图 5.10a 所示。

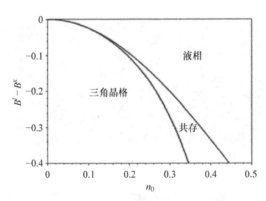

图 5.9 三角晶格与液相共存的样品相图

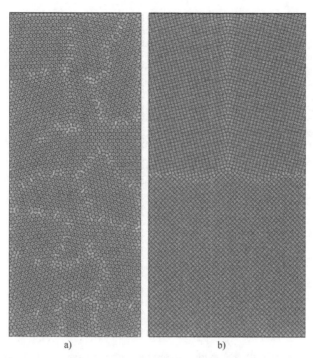

图 5.10　矩形 TSV 中的多晶结构

a）三角晶格　b）方晶格（彩图见插页）

5.3.2　方晶格

双模式 PFC 模型由 Wu 首先提出[12, 38]。该模型可以描述 FCC 晶格，例如铜和铝，以及二维方晶格。二维中的方晶格有一个顺序参数：

$$n = n_0 + \sum_{n=1,2} A_n e^{i\boldsymbol{K}_n \cdot \boldsymbol{r}} \tag{5.42}$$

$$= n_0 + 2A_1[\cos(qx) + \cos(qy)] + 4A_2\cos(qx)\cos(qy) \tag{5.43}$$

式中，A_1 和 A_2 分别是波矢 $\boldsymbol{K}_1 = \langle 1, 0 \rangle$ 和 $\boldsymbol{K}_2 = \langle 1, 1 \rangle$ 的两组密度波的振幅；$q = 2\pi/a$ 是与晶格常数 a 相关的参数，对应的自由能泛函为

$$F[n] = \int \mathrm{d}\boldsymbol{r} \left\{ \left[r + \left(\nabla^2 + 1\right)^2 \left(\nabla^2 + Q^2\right)^2 \right] n + \frac{n^4}{4} \right\} \tag{5.44}$$

式中，$Q = |\boldsymbol{K}_2|/|\boldsymbol{K}_1| = \sqrt{2}$ 是两个波矢的幅度之比。此外，$r \propto (T - T_m)/T_m$ 是标度温度，其中 T 是绝对温度，单位为 K，T_m 是熔化温度。这种情况下的参数比单模 PFC 模型中的参数更复杂，参见其 Mathematica 软件代码 Ch5MC2：

Mathematica 软件代码（Ch5MC2）

```
(*free energy functional for square lattice*)
n = n0 + A*(Exp[I*q*{1, 0}.{x, y}] + Exp[I*q*{-1, 0}.{x, y}]
        + Exp[I*q*{0, 1}.{x, y}] + Exp[I*q*{0, -1}.{x, y}]) +
    B*(Exp[I*q*{1, 1}.{x, y}] + Exp[I*q*{-1, 1}.{x, y}] +
        Exp[I*q*{1, -1}.{x, y}] + Exp[I*q*{-1, -1}.{x, y}]);
n = Collect[TrigExpand[ExpToTrig[n]], 2*A, Simplify]
Ln2 = Laplacian[n, {x, y}];
Ln4 = Laplacian[Ln2, {x, y}];
Ln6 = Laplacian[Ln4, {x, y}];
Ln8 = Laplacian[Ln6, {x, y}];
f = n/2*(-epsilon + 4)*n + n/2*(12*Ln2 + 13*Ln4 + 6*Ln6 + Ln8)
        + n^4/4;

intef1 = Integrate[
        Collect[f, {A, B}, Simplify], {x, -2 Pi/q, 2 Pi/q},
        {y, -2 Pi/q, 2 Pi/q}]/(4 Pi/q)^2;
intef = Expand[intef1]
Solve[D[intef, q] == 0, q]

(*parameters A and B*)
q = 1;
fs = intef
f1 = -(epsilon - 4) n1^2/2 + n1^4/4
dfsA = D[fs, A];
dfsB = D[fs, B];
Solve[{dfsA == 0, dfsB == 0}, {A, B}];
```

运行 Ch5MC2 可以得到序参量和自由能函数 A 和 B 的表达式。如图 5.10b 所示的一个方晶格的例子，下一章将呈现更多的例子。

5.3.3 基于石墨烯的 TSV

石墨烯被认为是 TSV 中一种很有前景的填充材料，因为与 Cu 相比，它显示出更好的电学、热学和机械性能。作为互连材料，与 Cu 相比，石墨烯在时延、功耗和带宽方面表现出更好的性能 [39-41]，在不远的将来，将为填充材料开辟一个新领域 [42]。本节将简要介绍通过 PFC 模型模拟石墨烯结构。

为了模拟具有更复杂结构的固相，需要更高阶的相关函数，即三点相关函数 [43-45]。自由能泛函现在变为

$$\mathcal{F} = \int dr \left(\frac{n^2}{2} - \frac{n^3}{6} + \frac{n^4}{12} \right) - \frac{1}{2} \iint dr_1 dr_2 n_1 C_2 n_2$$
$$- \frac{1}{3} \int dr_1 n(r_1) \sum_i \left[\int dr_2 C_s^{(i)} (r_1 - r_2) n(r_2) \right]^2 \tag{5.45}$$

式中，$C_s^{(i)}$ 是三点相关函数的分量。现在选择 C_2 项为以下形式：

$$C_2(r) = \frac{R}{\pi r_0^2}, \quad 当 r < r_0$$
$$C_2(r) = 0, \quad 当 r > r_0 \tag{5.46}$$

式中，对石墨烯，$R = 6$ 和 $r_0 = 1.22604$。对于三点相关函数，可以方便地分为径向部分和角向部分，即 $C_s^{(i)}(r, \theta) \to C_r(r)C_\theta^{(i)}(\theta)$，且

$$C_r(r) = \frac{X}{2\pi a_0}\delta(r - a_0) \tag{5.47}$$

和

$$C_\theta^{(1)}(\theta) = \cos(3\theta) \qquad C_\theta^{(2)}(\theta) = \cos(3\theta) \tag{5.48}$$

对该模型特性的进一步研究参考了 Seymour 和 Provatas[43] 的工作。图 5.11 所示为石墨烯有序相和无序相共存的一个例子 [43]。

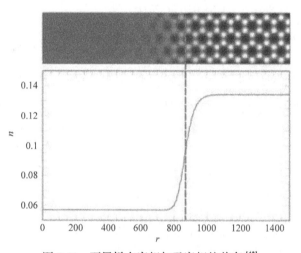

图 5.11　石墨烯有序相与无序相的共存 [43]

5.4　小结

本章介绍了 PFC 模型的推导和最新进展，用自由能泛函中的相关函数用不同阶的多项式近似，即单模和双模近似，描述不同的晶体结构，例如 BCC 和 FCC。此外，PFC 模型可以处理多组分和多相材料体系，并与外部应变、磁场和电场耦合。本文给出了基于 TSV 应用的 PFC 模型，为第 6 章的研究提供了理论。

致谢：本章作者感谢中国国家自然科学基金（NSFC）51832002 的资助和广东省自然科学基金 2015A030312011 的资助。同样要感谢来自 TexasA&M 大学的 V.Attari 的详细审阅和有益的批注，提高了本章的质量。

参考文献

1. T. Ramakrishnan, M. Yussouff, First-principles order-parameter theory of freezing. Phys. Rev. B **19**, 2775 (1979)
2. Y. Singh, Density-functional theory of freezing and properties of the ordered phase. Phys. Rep. **207**, 351–444 (1991)
3. D. Oxtoby, Crystallization of liquids: a density functional approach, in *Liquids, Freezing and the Glass Transition*, ed. by J. Hansen, D. Levesque, J. Zinn-Justin (Elsevier Science & Technology, Oxford, Uk, 1991)
4. R. Evans, The nature of the liquid-vapour interface and other topics in the statistical mechanics of non-uniform, classical fluids. Adv. Phys. **28**, 143–200 (1979)
5. M. Greenwood, N. Provatas, J. Rottler, Free energy functionals for efficient phase field crystal modeling of structural phase transformations. Phys. Rev. Lett. **105**, 045702 (2010)
6. M. Greenwood, J. Rottler, N. Provatas, Phase-field-crystal methodology for modeling of structural transformations. Phys. Rev. E **83**, 031601 (2011)
7. N. Provatas, K. Elder, *Phase-Field Methods in Material Science and Engineering* (WILEY-VCH Verlag GmbH & Co, KGaA, Germany, 2010)
8. P. Chaikin, T. Lubensky, Principles of condensed matter physics. Cambridge University Press, Cambridge, Great Britain (1995)
9. O. Eder, E. Erdpresser, B. Kunscht et al., The structure factor of liquid copper at 1393 K and 1833 K. J Phys. F: Metal Phys. **10**, 183–195 (1980)
10. D. Belashchenko, Y. Zhuravlev, Application of the embedded-atom method to liquid copper. Inorg. Mater. **44**, 939–945 (2008)
11. G. Strang, *Computational Science and Engineering* (Wellesley-Cambridge Press, USA, 2007)
12. K. Wu, A. Adland, A. Karma, Phase-field-crystal model for fcc ordering. Phys. Rev. E **81**, 061601 (2010)
13. E. Asadi, M.A. Zaeem, Quantitative phase-field crystal modeling of solid-liquid interfaces for FCC metals. Comput. Mater. Sci **127**, 236–243 (2017)
14. V. Sears, S. Shelley, Debye-Waller factor for elemental crystals. Acta Cryst. **47**, 441–446 (1991)
15. J. Berry, N. Provatas, J. Rottler et al., Defect stability in phase-field crystal models: stacking faults and partial dislocations. Phys. Rev. B **86**, 224112 (2012)
16. Y.M. Jin, A.G. Khachaturyan, Atomic density function theory and modeling of microstructure evolution at the atomic scale. J. Appl. Phys. **100**, 013519 (2006)
17. P. Stefanovic, M. Haataja, N. Provatas et al., Phase-field crystals with elastic interactions. Phys. Rev. Lett. **96**, 225504 (2006)
18. P. Stefanovic, M. Haataja, N. Provatas et al., Phase field crystal study of deformation and plasticity in nanocrystalline materials. Phys. Rev. E **80**, 046107 (2009)
19. V. Heinonen, C. Achim, K. Elder et al., Phase-field-crystal models and mechanical equilibrium. Phys. Rev. E **89**, 032411 (2014)
20. M. Greenwood, N. Ofori-Opoku, J. Rottler et al., Modeling structural transformations in binary alloys with phase field crystals. Phys. Rev. B **84**, 064104 (2011)
21. N. Ofori-Opoku, V. Fallah, M. Greenwood et al., Multicomponent phase-field crystal model for structural transformations in metal alloys. Phys. Rev. B **87**, 134105 (2013)
22. E. Schwalbach, J. Warren, K. Wu et al., Phase-field crystal model with a vapor phase. Phys. Rev. E **88**, 023306 (2013)
23. G. Kocher, N. Provatas, New density functional approach for solid-liquid-vapor transitions in pure materials. Phys. Rev. Lett. **114**, 155501 (2015)
24. D. Taha, S. Mkhonta, K. Elder et al., Grain boundary structures and collective dynamics of inversion domains in binary two-dimensional materials. Phys. Rev. Lett. **118**, 255501 (2017)
25. P. Hirvonen, V. Heinonen, H. Dong et al., Phase field crystal model for heterostructures. Phys. Rev. B **100**, 165412 (2019)
26. T. Hirouchi, T. Takaki, Y. Tomita, Development of numerical scheme for phase field crystal deformation simulation. Comput. Mater. Sci. **44**, 1192–1197 (2009)
27. P. Chan, N. Goldenfeld, Nonlinear elasticity of the phase-field crystal model from the renormalization group. Phys. Rev. E **80**, 065105 (2009)

28. M. Salvalaglio, A. Voigt, K. Elder, Closing the gap between atomic-scale lattice deformations and continuum elasticity. NPJ Comput. Mater. **5**, 48 (2019)

29. J. Berry, M. Grant, K. Elder, Diffusive atomistic dynamics of edge dislocations in two dimensions. Phys. Rev. E **73**, 031609 (2006)

30. P. Chan, G. Tsekenis, J. Dantzig et al., Plasticity and dislocation dynamics in a phase field crystal model. Phys. Rev. Lett **105**, 015502 (2010)

31. J. Nye, *Physical Properties of Crystals Their Representation by Sensors and Matrices* (Oxford University Press Inc., New York, 2006)

32. N. Faghihi, N. Provatas, K. Elder et al., Phase-field-crystal model for magnetocrystalline interactions in isotropic ferromagnetic solids. Phys. Rev. E **88**, 032407 (2013)

33. N. Faghihi, S. Mkhonta, K. Elder et al., Magnetic islands modelled by a phase-field-crystal approach. Eur. Phys. J. B **91**, 55 (2018)

34. N. Faghihi, S. Mkhonta, K. Elder et al., Phase-field crystal for an antiferromagnet with elastic interactions. Phys. Rev. E **100**, 022128 (2019)

35. N. Wang, K. Bevan, N. Provatas, Phase-field-crystal model for electromigration in metal interconnects. Phys. Rev. Lett. **117**, 155901 (2016)

36. K. Elder, M. Katakowski, M. Haataja et al., Modeling elasticity in crystal growth. Phys. Rev. Lett. **88**, 245701 (2002)

37. K. Elder, M. Grant, Modeling elastic and plastic deformations in nonequilibrium processing using phase field crystals. Phys. Rev. E **70**, 051605 (2004)

38. K. Wu, *Order-Parameter Models of Microstructural Evolution* (Northeastern University, Boston, MA, 2006)

39. V. Kumar, M. Majumder, B. Kaushik, Graphene based onchip interconnects and TSVs-prospects and challenges. IEEE Nanotechnol. Mag. **8**, 14–20 (2014)

40. V. Kumar, M. Majumder, N. Kukkam et al., Time and frequency domain analysis of MLGNR interconnects. IEEE Trans. Nanotechnol. **14**, 484–492 (2015)

41. V. Kumar, M. Majumder, A. Alam et al., Stability and delay analysis of multi-layered GNR and multi-walled CNT interconnects. J Comput. Electron. **14**, 611–618 (2015)

42. B. Kaushik, V. Kumar, M. Majumder et al., *Through Silicon Vias: Materials, Models, Design, and Performance* (CRC Press, Boca Raton, FL, 2017)

43. M. Seymour, N. Provatas, Structural phase field crystal approach for modeling graphene and other two-dimensional structures. Phys. Rev. B. **93**, 035447 (2016)

44. P. Hirvonen, M. Ervasti, Z. Fan, Multiscale modeling of polycrystalline graphene: a comparison of structure and defect energies of realistic samples from phase field crystal models. Phys. Rev. B **94**, 035414 (2016)

45. M. Smirman, D. Taha, A. Singh, Influence of misorientation on graphene Moire patterns. Phys. Rev. B **95**, 085407 (2017)

第 6 章

TSV 挤出效应的原子尺度动力学

Jinxin Liu，Zhiheng Huang，Paul Conway，Yang Liu

6.1 导言

正如第 4 章所讨论的，多晶铜（Cu）的微观结构是充分理解 TSV 挤出（Protusion）效应的统计行为的一个重要因素。由于多晶铜的随机性质，很难找到晶粒结构和挤出之间的直接关系。最近，Spinella 等人 [1] 和 Messemaeker 等人 [2] 在实验中对微观结构和挤出之间的统计相关性进行了表征。本章将介绍最近在原子尺度上关于 TSV 挤出的 PFC 建模工作 [3-5]。下面列出了用于重现挤出行为的二维双模 PFC 模型：

$$n = n_0 + A[\cos(qx) + \cos(qy)] + B\cos(qx)\cos(qy) \tag{6.1}$$

$$F[n] = \int d\mathbf{r} \left\{ \frac{n}{2} \left[r + \left(\nabla^2 + 1 \right)^2 \left(\nabla^2 + Q^2 \right)^2 \right] n + \frac{n^4}{4} \right\} \tag{6.2}$$

$$F'[n] = F[n] + \int d\mathbf{r} M(\mathbf{r}) [n(\mathbf{r}, t) - n_s(\mathbf{r}(\nabla, t), t)] \tag{6.3}$$

$$\frac{\partial n}{\partial t} = \nabla^2 \cdot \frac{\delta \cdot F'[n]}{\delta n} \tag{6.4}$$

上述公式和参数请参考第 5 章 5.2.6.1 节和 5.3.2 节。

本章的其余部分组织如下。首先，给出了该模型的突出特征和挤出过程的示例。然后讨论了在不同的外载荷作用下的挤出行为，以及晶粒结构、温度和几何形状对挤出行为的影响。最后，基于上述仿真结果，提出了关于 TSV 挤出效应的总体观点和对未来工作的展望。

6.2 模型设置和 TSV 挤出的实例

图 6.1 显示了施加了载荷的 TSV 结构的模型结构。之所以选择梯形形状的 TSV，是

因为实际的钻孔天然就具有梯形的特性 [6]。最初的原子尺度的微观结构是通过在 TSV 内放置晶核而产生的。在 TSV 中放置晶核，然后引发凝固。微观结构凝固后保持一定的时间使其到达平衡，直至保持不变 [3]。人为在 TSV 周围添加左右两侧的固相外层，用于施加应变，可通过 PFC 模型的边界条件进行控制，即式（6.3）中的 "penalty term（惩罚项）"。如图 6.1 所示，外层晶粒的取向是根据它们在 TSV 中的相邻晶粒设置的。在加载阶段，这些外层中的原子被激发移动来模拟 TSV 的加载。至于 TSV 顶部的外部层，它由一个水平取向的单一晶粒组成，提供固相覆盖。本节中 PFC 模型使用的参数设置如下：$(r, n_0, A, B, q, |v|) = (-1, 0.59, -0.31, -0.14, 1.0, 1.0 \times 10^{-4})$。参数 v 定义了外层原子的运动速度和方向。本文中这样的模型设置存在局限性，因为在实际的 TSV 结构中，覆盖层是 TiN，TSV 被扩散阻挡层（如 Ta、TaN）、介电层（如 SiO_2）和 Si 包围。而使用扩展到多组分和多相系统的 PFC 模型为研究 TSV 中的这类异质界面提供了可能性。模型参数 $r = -1$ 将系统温度固定在 700℃ 左右，如参考文献 [3] 所述：改变参数 r，并记录相应的位错滑移速度，然后根据滑移速度和温度之间的关系来确定温度，即 $u = u_0 e^{(-\Delta G / k_B T)}$，如图 6.2 所示。在实验工作中，Cu-TSV 通常在 400~450℃ 退火，并产生 Cu 挤出 [2, 7-9]。在我们的仿真中，有意提高温度以加速挤出过程。在 PFC 仿真中，尽管温度升高，但 Cu 的挤出机制保持不变 [3]，通过分子动力学仿真表明，在 327~827℃ 的温度范围内，扩散蠕变是纳米 Cu 挤出的主要机制 [10, 11]。请注意，符号 $a = 0.25nm$ 在下文中被定义为铜的晶格常数。

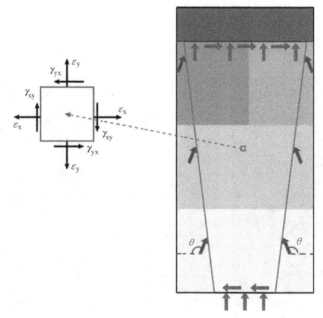

图 6.1　施加载荷时 TSV 结构示意图：晶粒的取向用不同的颜色突出显示，不同类型的载荷用彩色箭头标出；插图说明了 TSV 中一个材料点的应变状态（彩图见插页）

图 6.3 展示了 TSV 样品的挤出过程，TSV 中的六个晶粒被标记为 1—6 的数字。关于本例中所加的应变，可以按以下方式估算：将速度 $|v|$ 乘以时间 t，然后除以原始长度，

例如，发现 $t = 30000$ 时的应变约为 0.01。晶界（Grain Boundary，GB）附近的原子和位错被定义为缺陷原子，用黄点表示。在压缩应变下，可以观察到晶粒开始变形，GB 变得弯曲。白色的曲线勾勒出不同时间步长的挤出轮廓。在施加应变的作用下，晶粒 1 和 2 被推入 TSV 样品的覆盖层中，从而直接导致了挤出效应。此外，可以观察到晶粒 2 引起的最大挤出量高于晶粒 1，如图 6.3c 所示。这个过程的动画可以在补充材料 Ch6AN1$^{\ominus}$ 中找到。

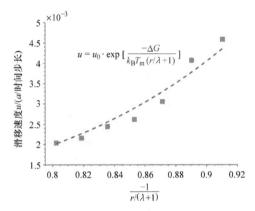

图 6.2　位错的滑移速度与 $\dfrac{-1}{r/(\lambda+1)}$ 的关系图，其中 $r = \lambda \dfrac{T - T_{\mathrm{m}}}{T_{\mathrm{m}}}$，$\lambda = 4.06$，$\lambda$ 的值通过以下关

系计算 $u = u_0 \cdot \exp\left[\dfrac{-\Delta G}{k_{\mathrm{B}} T_{\mathrm{m}}(r/\lambda+1)}\right]$，其中 $\Delta G = 1.0\mathrm{eV}^{[14]}$，$k_{\mathrm{B}}$ 为玻尔兹曼常数，铜的熔化温度 T_{m}

= 1357.77K。因此，$r = -1$ 被确定为大约 700℃

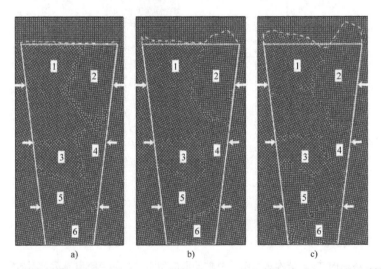

图 6.3　TSV 样品的模型结构以及在 $t = 0$（图 a）、$t = 10000$（图 b）和 $t = 30000$（图 c）的挤出过程快照：挤出的轮廓用白色虚线勾画；TSV 中的缺陷原子由黄色的点标明；箭头表示施加的压缩应变（彩图见插页）

　　$\ominus$　读者可从 Springer 出版社网站下载该补充材料——译者注。

6.3　不同机械载荷条件下的挤出

TSV 中的应力和应变状态很复杂，与 Cu 晶粒的随机结构密切相关[12, 13]。同时，考虑到所有可能的微观结构以及所有的加载条件，微尺度 TSV 的实验表征面临困难。在这一节中，研究了不同加载条件下 Cu-TSV 的挤出行为。请注意，为了简单起见，首先假设载荷沿 TSV 的边缘均匀分布，非均匀的载荷分布将在第 6.3.4 节讨论。晶粒结构的影响将在下一节讨论。

6.3.1　剪切应变 γ_{yx}

当 TSV 处于纯剪切应变 γ_{yx} 时，没有观察到挤出现象。原子沿着剪切方向在 x 方向扩散，位错向 TSV 的左侧或右侧边缘移动。例如，图 6.4 记录了位错在剪切应变下的轨迹坐标。在 $t = 5000$ 和 $t = 10000$ 时切换剪切加载方向，这导致位错沿相反的 x 方向上移动。可以观察到，位错并没有立即响应剪切载荷的方向转换，而是经过一段时间的滞后，位错会沿着剪切的方向移动。需要注意的是，位错也沿着正 y 方向移动，但是在 $t = 0 \sim 5000$ 时，沿着 y 方向的位移要比沿着 x 方向的位移小得多。此外，TSV 是一个高深宽比的结构，这意味着在剪切应变 γ_{yx} 下，位错很可能到达左右边缘，而不是到达顶面并导致挤出。此外，在式（6.3）中"惩罚项"的激励下，观察到靠近顶端的原子沿着 x 方向移动。因此，纯剪切应变 γ_{yx} 不会导致 TSV 挤出，在下面的章节中不作进一步的讨论。

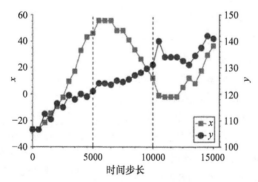

图 6.4　剪切应变 γ_{yx} 下的位错轨迹坐标图：注意在 $t = 5000$ 和 $t = 10000$ 时，剪切载荷的方向发生了切换

6.3.2　法向应变 ε_x 和剪切应变 γ_{xy}

如图 6.5c 所示，通过控制加载方向 θ，研究了可能发生在 TSV 左右边缘的应变 ε_x 和 γ_{xy} 的各种组合。例如，$\theta = 180°$ 时表示纯压缩变 ε_x，而 $\theta = 150°$ 表示压缩应变 ε_x 和剪切应变 γ_{xy} 的组合。

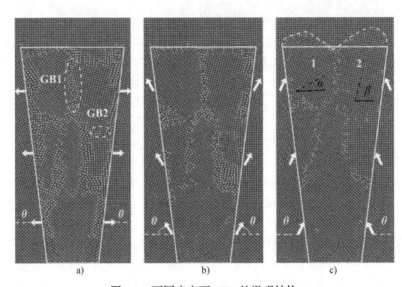

图 6.5　不同应变下 TSV 的微观结构

a）$\theta = 0°$　b）$\theta = 60°$　c）$\theta = 150°$（白色箭头表示加载方向，白色点状椭圆勾勒出晶界 GB1 和 GB2 的轮廓）（彩图见插页）

图 6.6 中绘制了 TSV 挤出和加载方向 θ 之间的关系，其中 θ 从 0~360° 之间系统地变化。结果显示，平均挤出通常随着 θ 的增加先增加后减少，并且最大的平均挤出发生在 $\theta =$ 150°。对于 $\theta \leqslant 90°$ 和 $\theta \geqslant 270°$，TSV 受到拉伸应变 ε_x 和剪切应变 γ_{xy}。当 TSV 受到纯拉伸应变时，即图 6.5a 中的 $\theta = 0°$，很少产生挤出。在拉伸应变 ε_x 的驱动下，原子被迫沿 x 方向移动到 TSV 的边缘，TSV 中的 GB 网络变厚，特别是沿 y 方向，

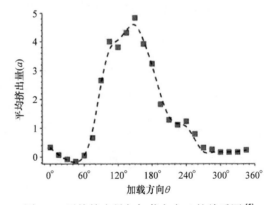

图 6.6　平均挤出量与加载方向 θ 的关系图[5]

如 GB1 比 GB2 更厚。如图 6.5b 所示，在 $\theta = 60°$ 时也可以观察到类似的行为。在压缩应变 ε_x 和剪切应变 γ_{xy}（$90° < \theta < 270°$）下，例如图 6.5c 中的 $\theta = 150°$，左右边缘的原子倾向于向内扩散到 TSV 的中心，扩散的原子无法被容纳到 TSV 的中心，因此被迫沿 y 方向垂直扩散，最终导致挤出。

关于图 6.5a、c 的微观结构演变的动画分别在补充材料 Ch6AN2 和 Ch6AN3 中提供⊖。

⊖　读者可从 Springer 出版社网站下载该补充材料——译者注。

6.3.3 正应变 ε_y

当 TSV 受到法向应变 ε_y 的作用时，考虑两种情况：一是将底部晶粒向上推，二是将顶部晶粒沿正 y 方向拉，分别如图 6.7 和图 6.8 所示。

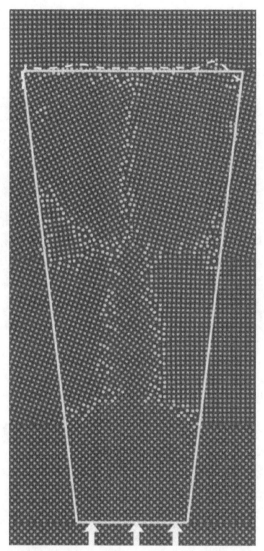

图 6.7 施加在 TSV 底部边缘的载荷产生一个可以忽略的挤出 [5]（彩图见插页）

首先，在底部施加压缩应变 ε_y，在 TSV 下方添加一层外层，如图 6.7 所示。请注意，顶面、左右边缘的 TSV 是允许自由变形的。挤出部分可以忽略不计。在 TSV 中沿 y 方向有三层晶粒堆积。在施加 ε_y 时，由于局部变形，位错从底端产生，但随后相互湮灭或被位错聚集的 GB 吸收，因此，通过中间层晶粒的微小调整，底部晶粒的变形再次迅速达到平衡状态。因此，底部晶粒的变形几乎对挤出没有产生任何影响。

　　另一方面，如果直接在 TSV 的顶层施加拉伸应变 ε_y，与图 6.8a 中没有 ε_y 的情况相比，上表面会产生如 6.8b 所示的大的凸起。在拉伸应变 ε_y 的作用下，靠近顶层的原子被驱动向正 y 方向移动，并直接导致挤出。值得注意的是，在图 6.8b、c 中分别观察到三峰和四峰轮廓。在后一种情况下，挤出是相对均匀的，因为这些峰值太接近，无法单独识别。这些模拟结果表明，挤出的轮廓与顶部附近的晶粒密切相关。Jiang 等人的实验研究也报道了挤出轮廓与靠近顶端的局部晶粒结构相吻合 [8, 15]。图 6.9 给出了实验结果，靠近顶端的三个晶粒产生了三峰的挤出轮廓，这与图 6.8b 所示情况相似。

　　图 6.7 和 6.8b 的动画在补充材料 Ch6AN4 和 Ch6AN5 中提供[⊖]。

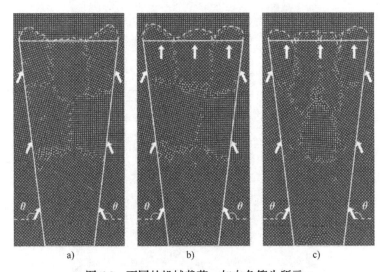

图 6.8　不同的机械载荷，如白色箭头所示
a）在 TSV 的左右边缘加载产生了挤出的两峰轮廓　b）在 TSV 的边缘和上端加载导致三峰轮廓
c）在 TSV 的边缘和上端加载导致四峰的轮廓（彩图见插页）

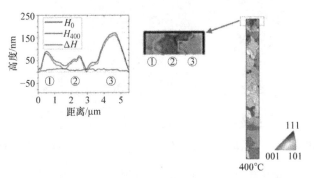

图 6.9　挤出部分的轮廓与顶层的局部晶粒结构相吻合 [15]，右侧所示的 TSV 是一个盲孔，
尺寸为 $5.5 \times 50\mu m$（彩图见插页）

　　⊖　读者可从 Springer 出版社网站下载该补充材料——译者注。

6.3.4　载荷分布

如前文所述，上述各小节中所施加的载荷被假定为沿 TSV 的边缘均匀分布的。然而，有限元方法（Finite Element Method，FEM）仿真和实验结果表明，TSV 中的应变呈现出非线性分布，较高的应变发生在 TSV 的顶端附近 [13, 16]。图 6.10 描绘了 TSV 中的应力分布云图。尤其是图 6.10d 显示在 TSV 的顶部和底部附近出现了较高水平的等效应力。为了进一步研究载荷分布对挤出行为的影响，在 TSV 边缘的不同区域用速度 $|v|$ 控制非均匀的载荷分布。使用了三种速度 $|v|$：1×10^{-4}、5×10^{-4} 和 10×10^{-4}，如图 6.11 所示。四个 TSV 样品被标记为 MLD1~MLD4。对 MLD1 和 MLD3 的研究发现，在 TSV 上端附近施加的载荷对挤出有很大影响：在上端附近施加的载荷越大，产生的挤出就越大。比较 MLD2 和 MLD3，两个 TSV 的挤出几乎相同，这表明底部区域的载荷变化对挤出的影响很小。这一发现表明，在 TSV 的上端附近施加的载荷对挤出有更大的影响。Jiang 等人的实验工作也提出，TSV 上端附近的局部应变可能是导致挤出的原因 [1, 8]，作者观察到，在具有较高挤出的 TSV 中，上端附近确实观察到了较高的应变。

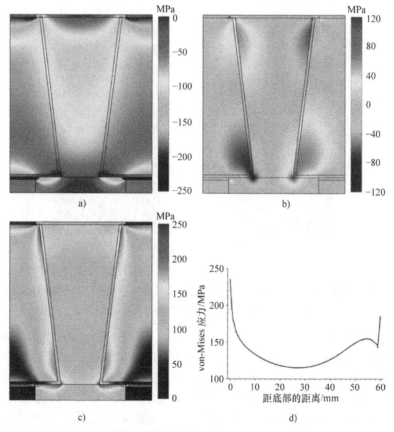

图 6.10　不考虑微观结构的情况下 TSV 中的 FEM 仿真应力云图
a）法向应力 σ_{xx}　b）剪应力 σ_{xy}　c）等效应力　d）等效应力沿 TSV 边缘的分布
（注意，由于对称性，左右边缘的应力分布是完全相同的）（彩图见插页）

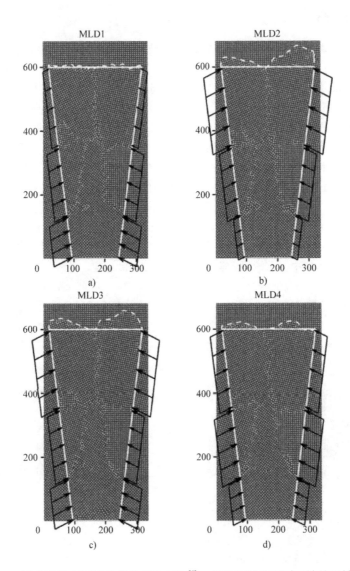

图 6.11　沿着边缘有不同负载分布的 TSV[5]：箭头勾勒出不同区域的机械载荷，
用白色的虚线勾勒出挤出的轮廓（彩图见插页）

另一种类型的载荷分布于 TSV 的左右边缘。由于两个相邻的 TSV 之间的相互作用，两个边缘可能存在不同的负载条件。已有文献通过有限元仿真，在一个方形的 TSV 阵列中观察到了这种效应 [17]。将 7 个左右边缘有不同载荷分布的 TSV 标记为 MLA1~MLA7，详细的模型构型见表 6.1。相应的挤出高度如图 6.12a 所示。结果表明，当施加的应变是对称的时候，挤出较高。在对称载荷下，原子沿 y 方向扩散速度较快，沿 x 方向扩散速度较慢，因此导致较高的挤出。对于非对称载荷，原子沿 x 方向需要更高的扩散速率以适应 TSV 左右两半晶粒的不均匀变形。因此，沿 y 方向的扩散速度较慢并导致较低的挤出。

表 6.1　左侧和右侧边缘的载荷分布情况

样品号	左侧角度	右侧角度
MLA1	$\theta = 120°$	零应变
MLA2	$\theta = 120°$	$\theta = 135°$
MLA3	$\theta = 120°$	$\theta = 150°$
MLA4	$\theta = 120°$	$\theta = 120°$
MLA5	$\theta = 135°$	$\theta = 120°$
MLA6	$\theta = 150°$	$\theta = 120°$
MLA7	零应变	$\theta = 120°$

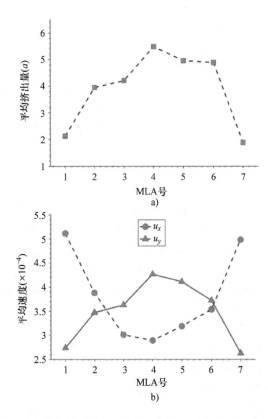

图 6.12　a）左右边缘不同载荷条件下模型的平均挤出量　b）原子沿 x 方向和 y 方向的平均速度

6.4　晶粒结构的影响

本节重点讨论晶粒结构的影响，相应的加载条件参考图 6.1，即法向应变 ε_x 和剪切应变 γ_{xy} 的组合，除非另有说明。

6.4.1 晶粒分布

根据 Messemaeker 等人的研究，挤出高度与 TSV 顶层附近的晶粒有统计相关性[2, 9]。研究表明，TSV 顶层的晶粒数量越多，挤出程度就越高，同时，TSV 顶层的晶粒比下层对挤出轮廓和高度的贡献更大。在本小节中，将讨论 TSV 顶层晶粒的影响，为实验结果补充模拟仿真的证据。

对 20 个具有随机初始晶粒结构的 TSV 样品的挤出行为进行了研究，其中 10 个在顶层含有相同的两个晶粒，其余的样品中包含三个晶粒。平均挤出的数据由图 6.13 中的实心圆圈计算并绘制。结果显示，当顶层的晶粒保持不变时，挤出高度在同一水平线附近分散，与下面随机晶粒的结构无关。这个仿真结果与 Messemaeker 等人[2, 9]的实验结果相吻合：与底部的其他晶粒相比，挤出行为与顶层的晶粒关系更密切。此外，只要顶层的晶粒保持不变，挤出轮廓就会表现出类似的特征。

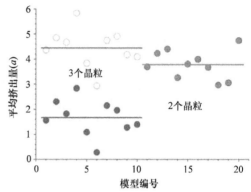

图 6.13　TSV 样品的平均挤出量统计：实心圆圈是指只应用了 ε_x 和 γ_{xy} 的 TSV 样品（$\theta = 150°$）；空心的圆圈是指应用了 ε_x、γ_{xy} 和 ε_y 的 TSV 样品；三条线表示三组样品的相应平均挤出量

6.4.2 晶粒尺寸

根据上一小节的讨论结果，现在重点关注 TSV 顶层附近的晶粒。其中，图 6.5c 中所示的靠近顶端的两个晶粒在下文中被称为晶粒 1 和晶粒 2。图 6.14 绘制了沿 y 方向平均挤出高度与晶粒尺寸的关系。TSV 的顶层晶粒，沿 y 方向晶粒尺寸越小，挤出程度越高。

为了研究沿 x 方向的晶粒尺寸对挤出的影响，考虑了含有两个和三个晶粒的 TSV，如图 6.13 所示：在 TSV 的顶层晶粒越多，挤出较低，即沿 x 方向的晶粒尺寸较小。然而，Messemaeker 等人的实验研究表明，更多的晶粒会导致更高的挤出[9]。这似乎与仿真结果相矛盾。事实上，挤出行为不仅受到晶粒大小的影响，也受到加载条件的影响。在前面 20 个仿真的 TSV 样品中，θ=150° 时的加载只考虑了 ε_x 和 γ_{xy}，即图 6.8a 中，在顶面的中间位置很少观察到的挤出。在同时考虑 ε_y 的情况下，即图 6.8b 中的加载条件时，结果如图 6.13 中的空心圆所示。这些仿真结果与 Messemaeker 等人[9]的实验结果一致。当顶端的晶粒保持不变时，挤出高度也

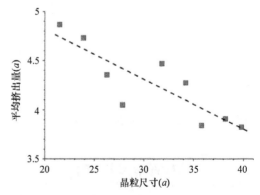

图 6.14　沿 y 方向的平均挤出量与图 6.5c 中晶粒 1 和 2 尺寸的关系图

在同一水平线附近分散，且晶粒越多挤出高度越高。

6.4.3 晶粒取向

　　除了晶粒尺寸之外，顶层的晶粒方向也影响 TSV 的挤出行为。图 6.5c 中所示的晶粒 1 和 2 的取向以 10° 的间隔从 10°~80° 系统地变化。图 6.15 所示为晶粒 1 和 2 之间的取向差 $\eta=|\alpha-\beta|$ 和相应的挤出高度的关系。可以看出，在 $\eta<60°$ 的范围内，当取向差较大时，挤出倾向更大。这种现象发生的原因是 GB 的流动性随着晶粒之间的取向差的增加而降

低。晶粒之间的取向差增加，GB 的移动性就会降低[18]。较低的 GB 流动性意味着它更难以迁移，从而阻碍了原子在 TSV 内部的扩散。因此在外加载荷作用下，原子需要向 TSV 外扩散，顶端的晶粒直接被挤出 TSV 表面，从而导致了大量的挤出。此外，当取向差大约为 60° 时挤出量达到最大值。这个特殊的晶界被称为孪晶界。同时纳米铜的孪晶界具有比其他晶界更高的抗蠕变性，并表现出最高的稳定性和最低的迁移率[19]。孪晶界及其相互作用对 TSV 挤出的影响正在进一步研究中。

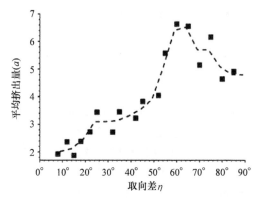

图 6.15　TSV 平均挤出量与晶粒 1 和 2 之间取向差的关系[5]

6.5 温度的影响

　　当 TSV 受到不同温度的影响时，挤出行为和变形机制都不同。图 6.16 所示为挤出高度与温度的关系。挤出的高度随着温度的增加而增加。研究发现，在不同的温度状态下增长速率不同，当 $T<260℃$ 时，增长率较低，当 $T>320℃$ 时，增长率较高。这是因为在不同的温度条件下，不同的变形机制在占主导地位。在较低的温度范围内，是位错运动导致晶粒变形。随着温度上升到 320℃ 及以上时，扩散蠕变占主导地位，包括 GB 扩散（Coble 蠕变）和晶格扩散（Nabarro-Herring 蠕变），Coble 蠕变在相对较低的温度下开始，而随着温度的增加，过渡到 Nabarro-Herring 蠕变[20, 21]。在温度高于 320℃ 时，扩散蠕变和位错蠕变都有助于挤出，最终导致了更大的挤出。

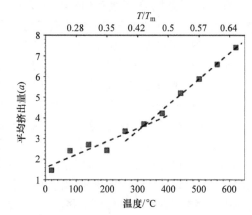

图 6.16　平均挤出量与温度的关系图：晶粒结构和加载条件在图 6.5c 中被给定

6.6 几何形状的影响

6.6.1 TSV 的形状

本节将讨论 TSV 形状对缺陷运动的影响。如图 6.17 所示，TSV 形状包括矩形、梯形和沙漏形 [22]。在不同的几何形状中，尽管一些形貌可能被特定的几何形状所约束，但我们为所有的模型都设置了相同的初始条件，同时为了研究 TSV 的几何形状对缺陷运动的影响，记录了移动缺陷原子（Defect Atom，DA）的数量，DA 的值越大，缺陷扩散的速度就越快。图 6.17 显示了三种 TSV 中 DA 的数量与时间的关系。随着时间的推移，可移动缺陷要么扩散到 TSV 的边缘而变得不移动，要么被 GB 吸收。图 6.17 清楚地显示，矩形 TSV 中的 DA 是三种几何形状中最大的，这表明缺陷在矩形 TSV 中扩散的速度最快。一个可能的解释是，周长与 TSV 面积的比率影响了缺陷扩散速度。据计算，长方形、梯形和沙漏形 TSV 的周长与面积的比率分别为 0.008、0.011 和 0.014。该比值越大，缺陷在边界处聚集的密度越高，在边界处，可移动的缺陷变为固定，可以推断，随着更多的缺陷变得固定，相应的挤出量会降低。

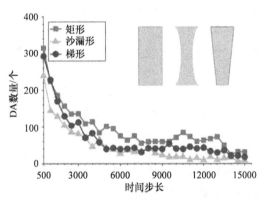

图 6.17 三种不同几何形状的 TSV（矩形、沙漏形和梯形）中 DA 数量与时间的关系图

6.6.2 侧壁粗糙度

在 TSV 制造中，孔的表面不能被控制为完全平坦，因此，存在侧壁扇贝形的粗糙度 [23]。Ehsan 等人强调，侧壁粗糙度是制约电气性能的首要因素，它可以导致大量的泄漏电流，从而影响 TSV 的电容、电阻和电感 [24]。Nakamura 等人报告说，在粗糙侧壁的沟槽点上会产生高达 340MPa 的拉伸应力 [25]。这些位置的应力集中可能会影响挤出的行为。

为了研究侧壁粗糙度的影响，使用一个简单的正弦函数，即 $y = A \cdot \sin(x/N)$，来描述 TSV 的侧壁表面，如图 6.18a 所示，粗糙度为 $Ra = 2 \cdot A$，平均波长为 $\lambda_a = 2\pi \cdot N$。详细的模型结构和挤出的统计数据总结见表 6.2。带侧壁粗糙度的 TSV 如图 6.18b 所示。当考虑 Ra 在 MSR1-4 中的影响时，Ra 越高，平均挤出高度越低，因为 Ra 越高，侧壁的凹槽越大。因此，原子和缺陷在向上移动时受到沟槽的阻碍，可以预期平均挤出高度会降低。对 MSR5-7 的研究表明，λ_a 越小，平均挤出高度越大。尽管侧壁较小的 λ_a 表明有更多的凹槽并阻碍更多的原子移动，但据报道，λ_a 的影响比 Ra 的影响要小：与平均粗糙度高度相比，粗糙度的波长是次要的 [26]。另一方面，因为在施加的载荷下，这些位置的应力集中，位错会从侧壁的凹槽点产生 [25]。因此，更多的凹槽点可能会产生出更多的位错。当到达顶部表面时，这些产生出来的位错会促进挤出的产生。

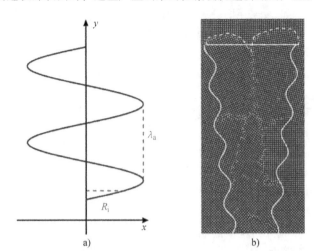

图 6.18　a）TSV 侧壁粗糙度的参数 R_i 和 λ_a 的示意图。平均粗糙度 Ra 通过关系式

Ra=$\dfrac{1}{L}\displaystyle\int_0^L |R_i(y)|\,\mathrm{d}y$ 计算得到　b）一个 TSV 例子，MSR3: Ra=30，λ_a=40π（彩图见插页）

表 6.2　模型 MSR1-MSR7 的挤出量数据和 Ra 和 λ_a 数据

型号	Ra	λ_a	平均挤出量（a）	最大挤出量（a）
MSR1	10	40 π	4.7	7.6
MSR2	20	40 π	4.5	7.6
MSR3	30	40 π	4.3	8.2
MSR4	40	40 π	3.8	7.4
MSR5	20	30 π	3.0	4.6
MSR6	20	20 π	4.2	7.3
MSR7	20	10 π	5.0	9.3

6.7　TSV 挤出效应的一般观点

6.7.1　原子机制

材料在扩散蠕变条件下的材料形变通常是由原子的扩散或空位的扩散引起的，可以用以下公式描述 [27, 28]：

$$\dot{\varepsilon} \approx C\left(\frac{1}{d}\right)p \qquad (6.5)$$

式中，$\dot{\varepsilon}$ 是应变速率；C 是与应力有关的常数；d 是晶粒的平均直径；p 是与扩散蠕变机制有关的功率指数，例如，$p=2$ 用于 Nabarro-Herring 蠕变，$p=3$ 用于 Coble 蠕变。

对于 TSV 的挤出，应变率 $\dot{\varepsilon}$ 是指挤出的速率。为了研究挤出率和晶粒大小之间的关系，TSV 中的平均晶粒大小从大约 $20a$ 系统地增加到 $40a$，并计算相应的挤出率。如图 6.19 所示，$\ln\dot{\varepsilon}$ 和 $\ln(d^{-1})$ 之间近似为线性关系。在 TSV 上分别施加了 $\theta=180°$、$150°$ 和 $120°$ 等不同方向的载荷。用 $\ln\dot{\varepsilon}$ 和 $\ln(d^{-1})$ 之间关系拟合斜率，即功率指数 p 分别为 2.35、1.78 和 2.37。获得的功率指数表明，导致挤出的蠕变机制可能涉及 Nabarro-Herring 蠕变和 Coble 蠕变。此外，这里的晶格扩散的贡献比 GB 扩散大。

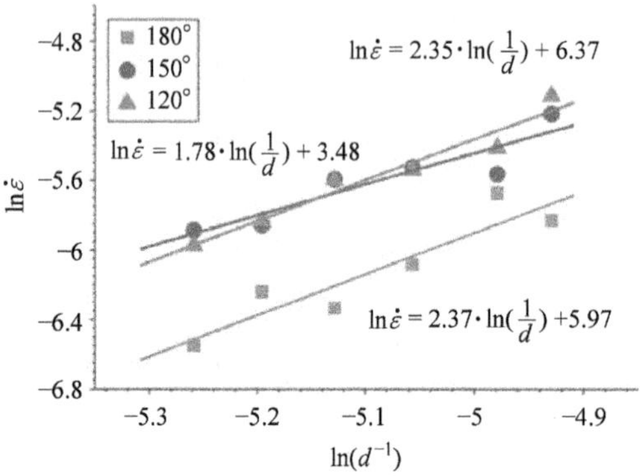

图 6.19　$\ln\dot{\varepsilon}$ 和 $\ln(d^{-1})$ 之间的关系图[3]：在 TSV 上施加三种不同的载荷，即 180°（正方形）、150°（圆形）和 120°（三角形）

6.7.2　挤出的轮廓预测准则

如上所述，为了预测 TSV 的挤出，需要考虑加载条件、晶粒结构、温度和几何形状的影响。请注意，只有在施加匹配的载荷时才会产生挤出。以下的预测准则可以作为指导原则。

1）载荷对 TSV 挤出轮廓影响的预测准则总结为：

- 当 TSV 受到压缩应变 ε_x、γ_{xy} 和 ε_y 时，可以观察到挤出。纯剪切应变 γ_{yx} 下的 TSV 无挤出现象；
- 在压缩应变 ε_x 的作用下，挤出轮廓一般在两个边缘附近隆起，在顶面中间几乎保持平坦。在拉伸应变 ε_y 的作用下，顶面中部会出现凸起；
- 在 TSV 的顶层施加较大的应变，会产生较大的挤出量；
- 对称的机械载荷会导致更大的挤出量。

2）在产生挤出的相同载荷作用下，即 $\theta=150°$ 时，TSV 中的铜晶粒结构决定了挤出行为：

- 顶层的晶粒比下层的晶粒对挤出的贡献更大；
- 沿 y 方向的晶粒尺寸越小，挤出程度越高；
- 在 ε_x，γ_{xy} 的机械载荷下，沿 x 方向晶粒尺寸越大，挤出程度越高；
- ε_y 的作用下，沿 x 方向的晶粒尺寸越大，挤出度越低。

3）更高的温度会导致 TSV 更大的挤出量。

4）侧壁粗糙度 Ra 和波长 λ_a 越小，TSV 的挤出量越大。

6.7.3　塑性流动观点

从塑性流动的观点[29]，可以为理解挤出行为提供一个直观的指导。通过连接原子的初始和最终位置，可以绘制出如图 6.20b、e 所示的流场。在载荷 $\theta=150°$ 时，流场可以

被视为两个分量：一个分量使原子向上／向下移动，导致挤出／内陷，另一个分量使原子旋转，导致局部变形。流场中"无序"的大小可以用涡度来描述，即速度 $\nabla \times u$ 的旋度。图 6.20c、f 描绘了涡度的大小 $|\nabla \times u|$。图 6.20f 中发现了较大的具有实质涡度的"无序"区域。异质的局部变形以 GB 迁移或位错运动的方式发生在"无序"区域。TSV 中产生较大的局部变形意味着向上移动的原子较少，从而导致较低的挤出，如图 6.20a，d 所示。

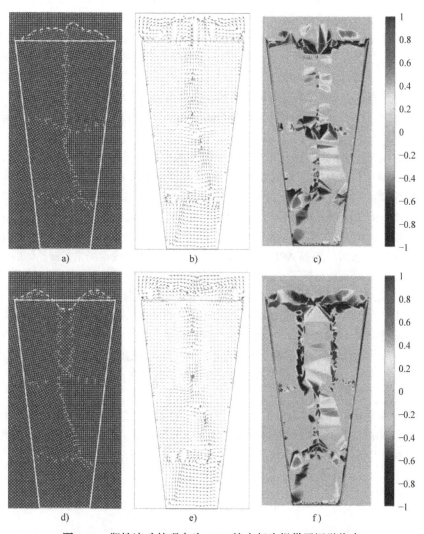

图 6.20　塑性流动的观点为 TSV 挤出行为提供了视觉指南

a）和 d）具有不同晶粒结构的 TSV 的挤出／内陷　b）和 e）相应的原子流场　c）和 f）涡量 $|\nabla \times u|$ 的大小（彩图见插页）

6.8 展望

综上所述，PFC模型可以提供丰富的微观结构信息，可对实验结果作辅助补充，可以被视为基于三维TSV集成的有用的微观结构建模工具。同时本章讨论的情况还十分有限，未来可以考虑在以下方面继续深入开展工作。

首先，晶界工程（Grain boundary engineering，GBE）[30]是第一个值得进一步研究的方向。GBE已被用于改善多晶材料的整体特性和性能。例如，Lu等人建议通过识别GB的结构特征来优化Cu的强度和延展性，即通过控制脉冲电镀工艺参数生成共格晶界[31, 32]。Lu等人对纳米铜的实验研究[32]，在PFC模型中包含相干GB，例如孪晶界，可以控制TSV中Cu填充的力学性能。通过这种方法，可以找到一种优化的结构来缓解TSV挤出的挑战。

其次，关于PFC的仿真结果，更为详细和严谨的分析是必要的。特别是对微观结构演化进行定量描述，包括GB迁移率、扩散控制的蠕变、晶粒生长机制和Gottstein[33]讨论的三结运动。对原子尺度仿真的结果进行定量和深入的分析，有助于进一步明确TSV挤出的成因。

第三，Goldenfeld等人开发的PFC模型的复振幅扩展（APFC）可以在更大尺度上模拟材料的加工和行为[34, 35]。该方法基于重整化群理论来表示原子密度函数，即PFC模型中的序参量，在单一框架下提供了时间和空间上的粗粒化。APFC模型关注原子概率密度幅值，即在比原子间距更大的长度尺度上的变化，这使得自适应网格的使用成为可能。据报道，APFC模型最大的系统可以处理约8×10^6个原子，而Cu的平均体积为约（45nm）$3^{[36]}$。此外，粗晶APFC模型通过在复振幅中引入变形场来控制晶体的弹性和塑性变形[37, 38]。这可能是除了"penalty term（惩罚项）"之外的另一种引入载荷的方法。

最后，使用所谓的结构性PFC（XPFC）模型可以处理多成分和多相系统。例如，Greenwood等人使用XPFC模型来研究了不同结构相包括二维三角形晶格和方形晶格的双组分合金中的溶质偏析[39]。在TSV应用中，界面研究，如Cu/TiN、Cu/Ta、Cu/TaN和Cu/SiO$_2$，对机械可靠性很重要。另一方面，控制TSV电镀中Cu电极电位的添加剂可以减轻挤出行为[40]，这一效应也可以用XPFC模型进行研究。

致谢：本章作者感谢中国国家自然科学基金（NSFC）51832002的资助和广东省自然科学基金2015A030312011的资助。同样要感谢来自TexasA&M大学的V.Attari的详细审阅和有益的批注，提高了本章的质量。

参考文献

1. L. Spinella, T. Jiang, N. Tamura et al., Synchrotron x-ray microdiffraction investigation of scaling effects on reliability for through-silicon vias for 3D integration. IEEE Trans. Device. Mater. Reliab. **19**, 568–571 (2019)
2. J.D. Messemaeker, R.J. Roussel, O.V. Pedreira et al., Statistical distribution of through-silicon via Cu pumping. IEEE Trans. Device Mater. Reliab. **17**, 549–559 (2017)

3. J. Liu, Z. Huang, Y. Zhang et al., Mechanisms of copper protrusion in through-silicon-via structures at the nanoscale. Jpn. J. Appl. Phys. **58**, 016502 (2018)

4. J. Liu, Z. Huang, P. Conway et al., Processing-structure-protrusion relationship of 3D Cu TSVs: control at the atomic scale. IEEE J. Electron. Devices. Soc. (2019). https://doi.org/10.1109/JEDS.2019.2947246

5. J. Liu, Z. Huang, P. Conway et al., Microstructural evolution and protrusion simulationsof Cu-TSVs under different loading conditions. J. Electron. Packag. **10**(1115/1), 4044648 (2019)

6. S. Spiesshoefer, Z. Rahman, G. Vangara et al., Process integration for through-silicon vias. J. Vac. Sci. Technol. A **23**, 824–829 (2005)

7. A. Heryanto, W.N. Putra, A. Trigg et al., Effect of copper TSV annealing on via protrusion for TSV wafer fabrication. J. Electron. Mater. **41**, 2533–2542 (2012)

8. T. Jiang, C. Wu, L. Spinella et al., Plasticity mechanism for copper extrusion in through-silicon vias for three-dimensional interconnects. Appl. Phys. Lett. **103**, 211906 (2013)

9. J.D. Messemaeker, O.V. Pedreira, H. Philipsen et al.: Correlation between Cu microstructure and TSV Cu pumping, in *Electronic Components & Technology Conference*. (IEEE, 2014), p. 613

10. Y. Wang, A. Ishii, S. Ogata, Transition of creep mechanism in nanocrystalline metals. Phys. Rev. B **84**, 224102 (2011)

11. Y. Wang, F.J. Gao, S. Ogata, Atomistic understanding of diffusion kinetics in nanocrystals from molecular dynamics simulations. Phys. Rev. B **88**, 115413 (2013)

12. M. Song, L. Chen, J. Szpunar, Thermomechanical characteristics of copper through-silicon via structures. IEEE Trans. Compon. Packag. Manuf. Technol. **5**, 225–231 (2015)

13. T. Tian, R. Morusupalli, H. Shin et al., On the mechanical stresses of Cu through-silicon via (TSV) samples fabricated by SK Hynix vs. SEMATECH-enabling robust and reliable 3-D interconnect/integrated circuit (IC) technology. Procedia. Eng. **139**, 101–111 (2016)

14. K. Kamada, I. Yoshizawa, H. Naramoto, Temperature dependence of total free energy of activation for dislocation motion. I. Copper crystals after electron irradiation. Phys. Status Solidi A **29**, 231–239 (1975)

15. T. Jiang, L. Spinella, J.H. Im et al., Processing effect on via extrusion for through-silicon vias (TSVs) in 3D interconnects: a comparative study. IEEE Trans. Device Mater. Reliab. **16**, 465–469 (2016)

16. F.X. Che, W.N. Putra, A. Heryanto et al., Study on Cu protrusion of through-silicon via. IEEE Trans. Compon. Packag. Manuf. Technol. **3**, 732–739 (2013)

17. K.H. Lu, X. Zhang, S. Ryu et al., Thermo-mechanical reliability of 3-D ICs containing through silicon vias. in *Electronic Components and Technology Conference* (IEEE, 2009), p. 630

18. G. Gottstein, *Physical foundations of materials science* (Springer, Berlin, 2013)

19. X. Yang, Y. Wang, H. Zhai et al., Time-, stress-, and temperature-dependent deformation in nanostructured copper: creep tests and simulations. J. Mech. Phys. Solids **94**, 191–206 (2016)

20. H. Chokshi, An analysis of creep deformation in nanocrystalline materials. Scr. Mater. **34**, 1905–1910 (1996)

21. M. Kawasaki, T.G. Langdon, The many facets of deformation mechanism mapping and the application to nanostructured materials. J. Mater. Res. **28**, 1827–1834 (2013)

22. Z. Huang, J. Liu, P. Conway et al., An atomistic study of copper extrusion in through-silicon-via using phase field crystal models, in *Electronic System-Integration Technology Conference*. (IEEE, 2016), p. 7764700

23. W. Shen, K. Chen, Three-dimensional integrated circuit (3D IC) key technology: through-silicon via (TSV). Nanoscale Res. Lett. **1**, 56 (2017)

24. M. Ehsan, Z. Zhou, L. Liu et al., An analytical through silicon via (TSV) surface roughness model applied to a millimeter wave 3-D IC. IEEE Trans. Electromagn. Compat. **57**, 815–826 (2015)

25. T. Nakamura, H. Kitada, Y. Mizushima et al., Comparative study of side-wall roughness effects on leakage currents in through-silicon via interconnects, in *International 3D Systems Integration Conference* (IEEE, 2011), pp. 1–4

26. L. Chan, M. MacDonald, D. Chung et al., A systematic investigation of roughness height and wavelength in turbulent pipe flow in the transitionally rough regime. J. Fluid. Mech. **771**, 743–777 (2015)

27. B. Wilshire, A.J. Battenbough, Creep and creep fracture of polycrystalline copper. Mater. Sci. Eng. A **443**, 156–166 (2007)

28. J. Berry, J. Rotter, C.W. Sinclair et al., Atomistic study of diffusion-mediated plasticity and creep using phase field crystal methods. Phys. Rev. B **92**, 134103 (2015)

29. S. Biswas, M. Grant, I. Samajdar et al., Micromechanics of emergent patterns in plastic flows. Sci. Rep. **3**, 2728 (2013)

30. T. Watanabe, Grain boundary engineering: historical perspective and future prospects. J. Mater. Sci. **46**, 4095–4115 (2011)

31. K. Lu, L. Lu, S. Suresh, Strengthening materials by engineering coherent internal boundaries at the nanoscale. Science **324**, 349–352 (2009)

32. K. Lu, Stabilizing nanostructures in metals using grain and twin boundary architectures. Nat. Rev. Mater. **1**, 16019 (2016)

33. G. Gottstein, L.S. Shvindlerman, *Grain Boundary Migration in Metals: Thermodynamics, Kinetics, Applications*, 2nd edn. (CRC Press, Boca Raton, FL, 2009)

34. N. Goldenfeld, B.P. Athreya, J.A. Dantzig et al., Renormalization group approach to multiscale simulation of polycrystalline materials using the phase field crystal model. Phys. Rev. E. **72**, 020601 (2005)

35. B.P. Athreya, N. Goldenfeld, J.A. Dantzig, Renormalization-group theory for the phase-field crystal equation. Phys. Rev. E **74**, 011601 (2006)

36. S. Praetorius, M. Salvalaglio, A. Voigt, An efficient numerical framework for the amplitude expansion of the phase-field crystal model. Modell. Simul. Mater. Sci. Eng. **27**, 044004 (2019)

37. P.Y. Chan, N. Goldenfeld, Nonlinear elasticity of the phase-field crystal model from the renormalization group. Phys. Rev. E **80**, 065105 (2009)

38. A. Skaugen, L. Angheluta, J. Vinals, Separation of elastic and plastic timescales in a phase field crystal model. Phys. Rev. Lett. **121**, 255501 (2018)

39. M. Greenwood, N. Ofori-Opoku, J. Rottler et al., Modeling structural transformations in binary alloys with phase field crystals. Phys. Rev. B **84**, 064104 (2011)

40. M. Sung, A. Lee, T. Kim et al., Sulfur-containing additives for mitigating Cu protrusion in through silicon via (TSV). J. Electrochem. Soc. **166**, D514–D520 (2019)

第 7 章

三维封装芯片准备的原理及失效

Huan Ma, Hualiang Shi, Erasenthiran Poonjolai

7.1 导言

过去几十年,半导体行业一直遵循摩尔定律发展,芯片性能不断提高。如今,台积电(TSMC)和英特尔(Intel)等大型半导体公司正在开发量产 7nm 节点技术。然而,随着线宽逼近物理极限,硅片前道工艺(FEOL)中进一步缩小特征尺寸将变得越来越困难。于是,堆叠封装(PoP)和基于硅通孔(TSV)的三维封装等新技术应运而生,这些技术可以进一步减小封装尺寸,降低功耗,提高互连速度,这些优点引发了人们在相关新材料、新工艺和新设备领域的广泛兴趣。

本章重点介绍基于 TSV 的三维封装中芯片准备的基本原理和失效。鉴于已有多篇综述文章总结了 TSV 晶圆的制造工艺,包括晶圆临时键合、深硅刻蚀、晶圆划片等[1-5],因此,本章首先简要概述 TSV 晶圆的制造和划片工艺,然后对之前综述文章中未讨论的几个关键工艺问题进行研究。第一,本章详细讨论了临时晶圆键合的工艺基础、晶圆屈曲或起皱以及晶圆键合并减薄后出现芯片级波纹的机理和潜在解决方案。第二,本章研究了三种主要晶圆解键合工艺及解键合后清洗的基本原理和存在的挑战。基于简单的黏度定义和晶圆几何形状,提出了晶圆热滑脱黏过程的封闭解析解,可用于过程控制和产能优化。本章后面讨论的两种工艺是激光划片和砂轮划片,这两种工艺可能导致芯片的崩裂和分层。本章还研究了由砂轮划片引起崩裂的封闭解。第三,本章讨论了芯片顶出和贴片工艺的挑战及解决方案。最后但是同样重要的是,本章研究了影响环氧树脂流动时间的关键因素,并提出了减少环氧树脂阻止区(KOZ)的方案。

7.2 TSV 晶圆制造工艺概述

不同的 TSV 晶圆制造方法已见报道[6, 7],包括先通孔(Via First)、中通孔(Via Middle)和后通孔(Via Last)。在 Via First 中,TSV 于 FEOL 之前制作。在 Via Middle 中,

TSV 于 FEOL 和 BEOL 之间制作。在 Via Last 中，TSV 于 BEOL 之后制作。详情请参阅本书第 3 章。不同 TSV 制造方法的优缺点已由多个团队做了评述，本章不再重复。下文将以后通孔工艺为例，着重研究一些关键的工艺问题和故障模式。典型的临时键合工艺流程如图 7.1 所示，解键合后，典型的晶圆划片工艺流程如图 7.2 所示。

器件晶圆完成前道工艺
（光刻、刻蚀等）

翻转晶圆

器件晶圆

带有中间层
的载体晶圆

临时键合

器件晶圆键合
在载体晶圆上

背面减薄，进一步加工
（如形成TSV）
载体晶圆上的器件晶圆
（薄）

解键合

清洗

薄晶圆拿持

以输出形式卸载

图 7.1　典型的临时键合工艺流程图 [12]（彩图见插页）

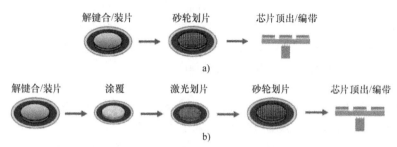

图 7.2　典型的晶圆划片工艺流程图

a）没有激光划片或开槽　b）有激光划片或开槽（彩图见插页）

在 C4 凸点工艺之后，器件晶圆首先要修整边缘，以避免由于诸如晶圆边缘裂纹、崩裂和分层等缺陷造成的良率降低，尤其需要注意存在黏合剂覆盖问题的区域[8]。然后，如图 7.3 所示，使用临时键合胶将器件晶圆粘贴到载体晶圆上[1, 2, 9]。载体晶圆可以是硅晶圆或透明晶圆，例如玻璃、蓝宝石和石英。临时键合胶可以是热固性聚合物，例如环氧树脂、聚酰亚胺以及光刻胶，也可以是热塑聚合物，例如聚二甲基硅氧烷（Polydimethylsiloxane，PDMS），聚甲基丙烯酸甲酯（Polymethylmethacrylate，PMMA）和聚醚酮（Polyetherketone，PEEK）[1]。为了提高工艺良率和键合质量，键合胶的材料性能需优化[10-13]。键合胶应具有良好的耐热性并耐化学腐蚀，能够承受各种下游工艺中在高温下使用的酸、碱和溶剂，同时与器件晶圆和载体晶圆均具有良好的附着力，并且解键合后易于清洁。晶圆键合初期，需清洗并干燥载体晶圆和器件晶圆，以去除颗粒、污染物和水汽，这些沾污后面可能会导致晶圆出现破裂、键合胶起泡或产生空洞和分层。然后，通过旋涂方式使液态或半液态的临时键合胶覆盖晶圆表面，包括 C4 凸点。使用软烘烤去除溶剂和挥发性物质，这些溶剂和挥发性物质后面可能会引起键合胶起泡或产生空洞。接着，在真空室内，器件晶圆和载体晶圆在可控的键合压力和高温下键合在一起。键合压力使键合胶变形，从而使器件晶圆和载体晶圆接触。为了减少键合胶出现起泡、空洞和分层，需调整键合温度、温度曲线以及腔室压力。键合胶的总厚度变化（Total Thickness Variation，TTV）也需要最小化，这会影响晶圆减薄的均匀性。

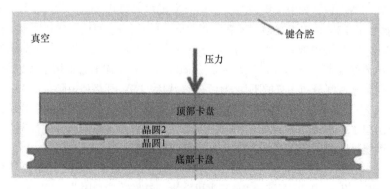

图 7.3　晶圆键合示意图[1]

临时键合后，从裸露的硅片一侧减薄器件晶圆，依次进行粗磨、精磨和释放应力工艺制程 [14-19]。磨削过程基于内嵌金刚石颗粒的砂轮，过程中可能会产生各种缺陷，例如划痕、裂纹、崩裂并产生非晶或多晶表面损坏层。这些缺陷降低了硅的断裂韧性，增加了晶片弯曲度。粗磨可以快速去除硅材料，而精磨可以一定程度减少粗磨引起的损伤。为了去除研磨引起的损伤层，开发了多种消除应力方法，提高了硅片强度，包括化学机械抛光（Chemical Mechanical Polishing，CMP）、干法抛光、湿法蚀刻和干法蚀刻。CMP 和干法抛光均使用聚氨酯基抛光垫。CMP 还需要使用研磨液，研磨液是磨料颗粒、水和碱的混合物。干法蚀刻使用氟基和氧基的等离子体蚀刻硅（即 CF_4、SF_6 和 O_2 等）。湿法蚀刻使用酸蚀刻硅（例如氢氟酸、硝酸等）。如果没有优化临时键合胶的厚度和机械模量，同时 FEOL 和 BEOL 产生的内部残余压应力过高，则器件晶圆可能发生翘曲或起皱，从而增加下游工艺难度。下文将详细讨论该问题的机制和解决方案。

一旦达到硅片的目标厚度，采用光刻工艺完成 TSV 图形化。由于硅对红外（IR）波长是透明的，因此红外成像可用于检测体硅后道工艺加工的金属基准标记。为了提高叠层位置分辨率，提出了不同类型的对准标记 [20, 21]。如果器件晶圆存在屈曲或起皱，则该 TSV 图形化过程可能会比较困难。TSV 图形化后，通过等离子干法刻蚀或激光钻孔来完成 TSV 硅的刻蚀或去除 [3-5]。在各种高深宽比的硅蚀刻工艺中，TSV 硅蚀刻的常用方法是 Bosch 工艺，即交替进行蚀刻（SF_6）和钝化（C_4F_8）的工艺。考虑到等离子体自由基在孔、通孔和沟槽内扩散、反应和重新结合的动力学，Shi 等学者提出了等离子体蚀变层模型（Plasma Altered Layer Model），研究低等离子体能量区域中，等离子体与多孔 low-k 介质相互作用的化学效应 [22, 23]。基于该模型，孔隙、通孔和沟槽的外边缘或上表面反应更强。Shi 等学者还引入了溅射率模型（Sputtering Yield Model），评估高等离子能量区域中，等离子与多孔 Low-k 介质相互作用的物理效应 [24]。基于该模型，溅射产额与直流偏置电压的平方根成正比，同时取决于材料密度和离子入射角。类似的原理可以扩展应用于 TSV 硅蚀刻研究。与 Bosch 工艺有关的硅通孔扇贝形侧壁问题将给下游工艺带来挑战。多个团队通过使用深度分辨光电子显微分析（Depth Resolved Photoemission Microscopy）、光束感生电阻变化（IR-Optical-Beam-Induced Resistance Change，OBIRCH）、锁相红外热成像（Lock-In Thermography，LIT）和电子束吸收电流（Electron Beam Absorbed Current，EBAC）等手段，研究了类似二极管的 TSV 漏电或短路问题 [25-29]。透射电子显微镜（TEM）揭示了 TSV 金属填充物和体硅之间的局部接触。通过优化 TSV 蚀刻工艺，侧壁粗糙度减小，TSV 漏电故障减少。与 Bosch 工艺有关的另一个问题是整个晶圆的硅刻蚀均匀性。电感耦合等离子体（Inductive Coupled Plasma，ICP）通常用于生成等离子体。但是，等离子体密度分布固有的不均匀性可能会导致 TSV 开路和短路，良率降低。如果 TSV 蚀刻工艺的目标是在晶圆中间位置实现完美蚀刻，则晶圆边缘可能会残留硅，从而导致边缘出现 TSV 开路故障；如果 TSV 蚀刻工艺的目标是在晶圆边缘进行完美蚀刻，则晶圆中部可能过度蚀刻，从而导致 TSV 漏电或短路故障。

TSV 硅刻蚀后，需要沉积介电层作为体硅和 TSV 金属填充物之间的绝缘层。与硅 FEOL 和 BEOL 相似，TSV 互连的 RC 延迟可能影响器件性能，因此，TSV 电容研究受到广泛关注 [30]。如图 7.4 所示，高频 TSV 电容由绝缘体电容（C_{ox}^{TSV}）和耗尽层电容（C_{dep}^{TSV}）

组成。TSV 绝缘体电容（C_{ox}^{TSV}）随 TSV 半径（r），TSV 长度（L）和介质介电常数（ε_{ox}）的增大而增大，并随介质厚度（t_{ox}）的增大而减小。TSV 耗尽层电容（C_{dep}^{TSV}）随 TSV 半径（r），TSV 长度（L），介质厚度（t_{ox}）和温度（T）的增大而增大，并随硅电阻率的增大而减小。ε_s 为硅介电常数，N_a 为受主数量，n_i 为固有载流子浓度，k 为玻尔兹曼常数，q 为电子电荷。由于临时键合胶的限制，介电层的沉积温度偏低。介电层包括氧化硅，氮化硅和聚合物。沉积方法包括化学气相沉积（Chemical Vapor Deposition，CVD）和等离子体增强化学气相沉积（Plasma Enhanced Chemical Vapor Deposition，PECVD）。前驱体化学性质、比例以及温度等工艺参数都会影响介电层的介电常数。一些团队报道，介电层内部的微裂纹也可能导致 TSV 漏电故障[27, 28]。有限元分析（FEA）显示，由于 TSV 金属、介电层、阻挡层和体硅的热膨胀系数（CTE）不匹配，TSV 边角处的介电层和阻挡层凹槽点应力较大。

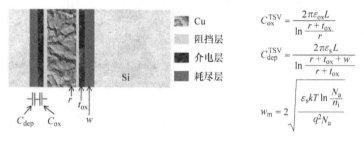

$$C_{ox}^{TSV} = \frac{2\pi\varepsilon_{ox}L}{\ln\dfrac{r + t_{ox}}{r}}$$

$$C_{dep}^{TSV} = \frac{2\pi\varepsilon_s L}{\ln\dfrac{r + t_{ox} + w}{r + t_{ox}}}$$

$$w_m = 2\sqrt{\frac{\varepsilon_s kT \ln\dfrac{N_a}{n_i}}{q^2 N_a}}$$

Cu
阻挡层
介电层
耗尽层
Si

图 7.4　TSV 电容示意图（彩图见插页）

介电层沉积后，采用 CHF_3/SF_6 之类的等离子蚀刻工艺去除 TSV 底部的电介质材料。如果这种电介质刻蚀不完全，则在 TSV 的底部会残留电介质，从而导致 TSV 的开路良率损失；如果这种介电过刻蚀，则 BEOL 内部的局部互连可能会被破坏，从而导致 TSV 漏电或短路良率损失。

清洗后，通过物理气相沉积工艺（Physical Vapor Deposition，PVD）沉积金属阻挡层，如 Ta/TaN 或 Ti，防止 TSV 金属扩散到体硅中。通常，用铜（Cu）作 TSV 金属填充材料。与传统的 BEOL 工艺相似，Cu 沉积工艺包括通过 PVD 沉积 Cu 种子层和电镀 Cu。为了减少 TSV Cu 的空洞和挤出风险，需要优化电镀液和工艺[31]。

与 Via Last 工艺相比，Via Middle 工艺中的 TSV Cu 因为经过高温 BEOL Cu 退火工艺，从而降低 TSV Cu 的挤出风险。一些团队还开发了化学沉积阻挡层工艺以节省成本[32]。一旦完成了 TSV Cu 沉积工艺，就可以使用 CMP 工艺去除 TSV 的 Cu 覆盖层。与压痕效应类似，在 CMP 过程中，TSV 下方可能会发生 Low-k 介电层分层或开裂。经过 CMP 工艺后，采用类似于传统的 BEOL 工艺和 C4 凸点工艺，可以形成再布线层和微凸点。然后，可以通过热滑移解键合、机械解键合和激光解键合[10-13, 33, 34]将减薄的器件晶圆从载体晶圆上剥离下来[10-13, 33, 34]，如图 7.5 所示，详细讨论见 7.4 节。在热滑移过程中，通过热和机械力作用使器件晶圆相对于载体晶圆滑移分开。在机械解键合过程中，从晶圆边缘开始分离，并在垂直方向上提起载体晶圆，然后将晶圆安装在切割胶带上。在激光解键合过程中，激光会穿透光学透明的晶圆，烧蚀离型层或与其反应，从而实现器件晶圆与载体晶圆的分离。

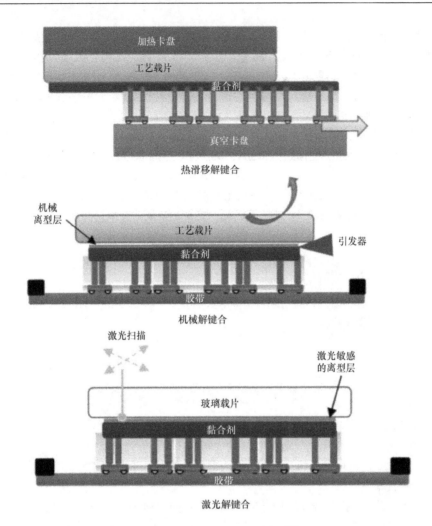

图 7.5　热滑移、机械和激光解键合示意图[34]（彩图见插页）

　　晶圆划片是关键的组装步骤之一。为了满足产能、良率和可靠性目标，晶圆划片过程要求更为高效。随着一代又一代更迭，由于封装设计的改进优化，封装尺寸减小并采用了更为复杂的 Low-k 层间介电层（Inter-Layer Dielectric，ILD）材料，对于晶圆划片工艺的要求变得越来越苛刻。例如，在 3D 互连中，晶圆切割道区域的材料特性、ILD 叠层和金属密度使划片过程变得特别复杂。参见图 7.2 显示的晶圆划片的典型工艺流程，图 7.2a 中，晶圆解键合后，先将薄器件晶圆安装在切割胶带的之上，然后使用金刚石砂轮刀将晶圆切成单片。刀片切穿晶圆切割道中心区域，将晶圆分割为单颗芯片。图 7.6 显示了砂轮划片工艺引起的典型缺陷[35]。砂轮刀片类型和工艺条件的优化对于减少这些缺陷至关重要。最后，使用芯片顶出器从切割胶带中拾取芯片，并将其放入卷带中，或者直接贴片。为了减少芯片崩裂的风险，需要优化顶针或切割刀的设计、结构及其工艺条件。以上要素至关重要，特别是对于薄芯片拾取和放置，否则将导致严重的芯片破裂。

图 7.2b 中在金刚石砂轮刀切割工艺之前先进行晶圆涂胶保护和激光划线工艺。随着工艺节点的进一步推进以及新的 Low-k ILD 材料的引入，使用砂轮刀片划片变得更加困难。由于力学性能较差，这些 Low-k ILD 材料在机械切割过程中易出现裂纹和分层。在这种情况下，可以应用激光划线去除切割道中的 Low-k ILD 和 ETEST 结构，这样在机械切割过程中，砂轮刀片直接切割有源区附近的 ILD 层。在激光划片过程中，可能会生成 Si 和 ILD 碎片并重新沉积在晶片表面上，这会在芯片贴装过程中引起不润湿或非接触式开路失效，造成良率损失。此外，还可能导致环氧树脂分层和焊点裂纹等可靠性风险。因此，在激光划片之前需先施加晶圆涂层以保护晶圆表面，然后在砂轮切割过程中将其清洗掉。激光划片工艺和芯片顶出工艺的要求取决于硅片上叠层的复杂性（ILD 层，划片结构以及裂纹终止或保护环设计）、成品率要求、可靠性问题以及成本考虑。

图 7.7 所示为砂轮切割与激光切割（通过激光划片）的切割速度比较。可以看出厚度小于 150 μm 的芯片，激光切割的加工速度比砂轮切割更快。激光

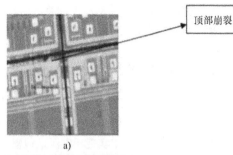

顶部崩裂

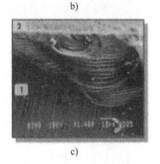

图 7.6　金刚石砂轮刀片引起的 Low-k ILD 层的崩裂和分层现象
a）顶部崩裂　b）背面崩裂
c）从胶带上移除后芯片边缘的 SEM 照片
（彩图见插页）

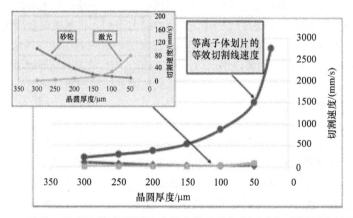

图 7.7　砂轮、激光和等离子划片法的有效芯片切割速度与晶圆厚度的关系

切割的使用通常根据芯片的厚度和叠层的复杂性进行选择。激光切割的主要优点是消除了正面和背面的崩裂。后文将详细讨论激光划片和砂轮切割过程。

7.3 临时晶圆键合

在临时晶圆键合系统中，器件晶圆和载体晶圆之间的键合是通过两者之间的聚合物胶层实现的。图7.8所示为用胶将已修边的器件晶圆键合到载体晶圆的示意图。对于具有凸点的器件晶圆，为了实现无空洞地包覆住凸点，胶层需要比凸点高度更厚。

图7.8　使用胶将修边的器件晶圆键合到载体晶圆的示意图

空白硅片和玻璃晶圆是临时键合/解键合中广泛应用的载体晶圆[36]。为了在键合后的工艺中为器件晶圆提供机械支撑，硅晶圆是首选的载体晶圆。因为硅晶圆具有更高的机械强度，可以抑制晶圆翘曲，而且具有更高的热导率，利于晶圆级测试和老化过程中散热。此外，由于在各种微加工设备（例如等离子体扩散、干法蚀刻和薄膜沉积等）中普遍使用的静电吸附卡盘（Electrostatic Chucking，ESC）[36]基于静电力，因此只能拿持导电或半导体的晶圆（例如硅晶圆）。玻璃晶圆作为绝缘体，需要使用与之不同的叉指或"双极"类型的ESC卡盘[36]，该卡盘需要专用的设备配置。然而，由于其对紫外（UV）激光透明，因此随着激光解键合技术的发展，对玻璃晶圆的需求也随之增加[37, 38]。玻璃晶圆还可以通过玻璃进行视觉或光学检查，以检查是否存在工艺缺陷，例如黏合剂空洞和器件晶圆开裂。最近，有报道证明成功使用红外激光进行激光解键合，其中的玻璃晶圆可以用硅晶圆代替[38, 39]。

键合工艺[1]的第一步是处理两个待键合晶圆的表面。晶圆表面上的纳米级或亚纳米级凹槽中吸附的污染物或冷凝水汽对键合表面的润湿不利，将导致键合质量变差。较大的表面颗粒将阻碍旋涂过程流体的正常流动，在涂层中引入彗星状和条纹状缺陷[40, 41]。去除水分和有机挥发物的表面清洗预烘烤，或在表面[42]上增加增黏剂涂层，都是典型的表面处理方法。在某些情况下，在器件晶圆侧或载体晶圆侧需要增加额外的脱模层或增黏层，以控制界面处的粘附力。

表面处理后，将粘合剂前驱体溶液旋涂在某个晶圆表面上。胶与晶圆界面的粘合主要通过共价键和范德华键实现，这就要求两个表面的原子间隔小于0.3～0.5nm[1]。鉴于晶圆的表面形貌和粗糙度，一种有效的方法是在固化之前以液体形式涂胶以润湿表面，从而使聚合物胶均匀涂覆晶圆的表面并在界面处实现粘结。为了将黏性液体施加到晶圆表面，通常选择旋涂工艺。与喷涂等方法相比，旋涂可以较好地控制胶在整个晶圆上的厚度和均匀性。如图7.9所示，典型旋涂工艺的关键过程包括滴胶、旋转加速，以及恒定速率旋转使流体变薄[40、43]。随着旋转时间的延长，薄膜厚度逐渐减小，直到达到最终的目标膜厚。最终的膜厚取决于使流体从中心流向边缘的离心力（由旋转速度控制）与阻止流动的流体黏性力（由蒸发速率控制）之间细微的平衡。由于表面张力作用[40、44]，晶圆边缘的胶层厚度趋于变厚，从而导致键合胶厚度的不均匀性增加。

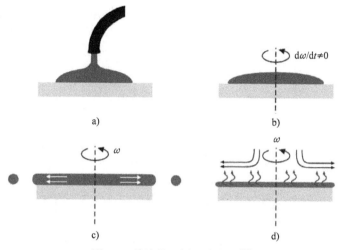

图 7.9　旋涂的不同"阶段"[39]

a）添加　b）加速　c）流动为主　d）蒸发为主

　　然后，晶圆将经历软烘烤过程。主要目的是将所有溶剂和挥发物从胶层中烘烤出来，以防止空洞和分层[45]。热塑性胶在此阶段可能会发生部分或全部聚合，并且在键合过程中仍可以重熔；而热固性黏合剂在此阶段应保持不固化或仅部分固化，以便后续的键合。

　　之后，在真空室中向一对晶圆的顶面和底面施加压力，确保正在连接的界面处原子通过表面塑性或弹性变形实现紧密接触，实现晶圆的连接。在这个过程中，通常选择略高的温度，以降低胶的黏度和模量。对于热固性胶，该温度要低于其固化初始温度。对于热塑性胶，键合温度需高于胶的玻璃化转变温度 T_g，但温度过高会引起胶热降解。较高的键合温度（例如 Brewer Bsi5150 胶键合温度为 275℃）可以降低胶的黏度，减少边缘胶对 TTV 的影响，从而有助于降低 TTV。随着更强类型化学键的形成和聚合物重排的发生，粘附能也会随着键合温度的增加而增加[46]。

　　最后，这对晶圆将在键合室中的键合压力下或在单独的热板上进行最终烘烤。在这一阶段，热固性黏合剂将完全固化，预键合烘烤过程中部分聚合的热塑性黏合剂将完成聚合。

　　在键合过程中，以及键合后的工艺中，晶圆将经受多次热循环。对于晶圆堆叠结构，层间的 CTE 差异将会导致冷却过程产生应力，并可能造成晶片翘曲、TTV 增加、分层甚至晶圆破裂[1、47]。晶圆堆叠结构包括器件晶圆、胶和载体晶圆，各层的 CTE、厚度、模量和初始应力共同作用，决定了晶圆堆叠结构的翘曲。

　　Mei 和 Huang 研究了在弹性基板、柔性基板和黏弹性基板上弹性薄膜的起皱和屈曲分层[48-50]。如图 7.10 所示，起皱的临界压应力随基材和薄膜之间刚度比的增加而增加，随薄膜厚度的增加而增加，而随基材厚度的增加而减小。皱纹幅度随薄膜应变的增加而增加，随基材模量的增加而减小。皱纹波长随刚度比的增加而增加。如图 7.11 所示，屈曲分层的临界压应力随着刚度比的增加而增加，并随着初始裂纹长度的增加而减小。屈曲模式的转变取决于刚度比和初始裂纹长度。

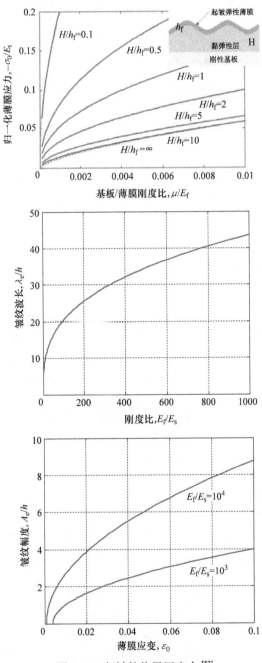

图 7.10　起皱的临界压应力 [52]

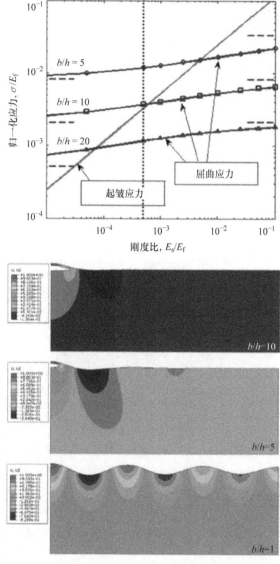

图 7.11　屈曲分层的临界压应力[52]（彩图见插页）

TSV 器件减薄后，器件晶圆、临时键合胶和载体晶圆的堆叠可简化为弹性膜（器件晶圆）和黏弹性衬底（临时键合胶）。在 FEOL 和 BEOL 以及晶片减薄过程中，器件晶圆上存在残余应力。残余应力是压应力或拉应力，这取决于介质沉积、金属镀覆和晶圆减薄条件。同步辐射 X 射线荧光分析、显微拉曼和弯曲试验等多种计量方法已用于检查晶圆的残余应力。基于图 7.10 和图 7.11，为降低晶圆屈曲或起皱的风险，可以采用不同的方法，包括通过优化硅片 BEOL 设计和工艺以及晶圆减薄工艺来降低器件晶圆上的压应力、提高临时键合胶模量、减小临时键合胶的厚度，以及增加器件晶圆的厚度。

除了晶圆级弯曲外，芯片级波纹是另一种减薄和高温工艺后经常出现在器件晶圆上的现象，这增加了随后的背面处理过程的难度。这是因为芯片区域与切割道区域的叠层结构不同。金属层和钝化层在切口边界处终止，通常可在芯片边缘周围附加止裂功能结构。据 Tamura 等报道（如图 7.12 所示），250℃的 PECVD 处理后，在 15mm 的芯片上观察到了高差高达 13μm 的波纹[51]。通过提高临时键合胶的软化温度，波纹的幅度显著降低。

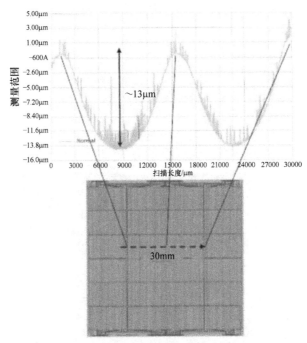

图 7.12　相邻薄芯片之间切割道边界处芯片级波纹的形貌测量

7.4　晶圆解键合及清洁

过去的十年中，涌现出许多不同类型的解键合系统，研究最多的是热滑移解键合，机械解键合和激光解键合。

热滑移解键合需要加热堆叠的晶圆，直到键合胶软化为止，然后通过剪切力将两个晶圆分开。在解键合腔室内，器件晶圆和载体晶圆由两个加热的真空吸盘固定。将器件晶圆和载体晶圆均匀地加热到解键合温度后，施加滑动剪切力，使器件晶片相对于载体晶片滑动脱开。

基于黏度的定义和晶圆的几何形状，Privett 等人研究了热滑移解键合的动力学[52]。然后，Shi 等人进一步扩展了他们的方法，推导了热滑移解键合过程和材料控制的动力学模型[53]。图 7.13 给出了热滑移过程的侧视图和俯视图。晶圆 1 处于固定位置，晶圆 2 在载荷 F 的作用下以速度 v 移动。热滑移温度下胶的黏度为 η，厚度为 H。根据黏度定义，可以得到：

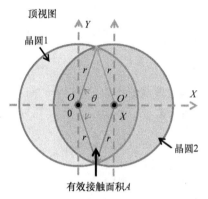

图 7.13　热滑移解键合过程示意图

$$\frac{F}{A} = \eta \frac{\upsilon}{H} \tag{7.1}$$

A 是两个晶圆重叠区域胶的有效接触面积，X 是在滑动方向上的晶片 1 的中心位置和晶片 2 的中心位置之间的距离，即解键合距离。根据几何关系，可以得到：

$$A = r^2(\theta - \sin\theta) \tag{7.2}$$

$$X = 2r\cos\left(\frac{\theta}{2}\right) \tag{7.3}$$

式中，r 是晶圆半径；θ 是角度，如图 7.13 中的顶视图所示。

根据速度定义，可以得到：

$$\upsilon = \frac{\mathrm{d}x}{\mathrm{d}t} = -r\sin\left(\frac{\theta}{2}\right)\frac{\mathrm{d}\theta}{\mathrm{d}t} \tag{7.4}$$

式中，t 是解键合时间。

联立式（7.1）~式（7.4），可以得到：

$$\frac{FH}{\eta r^3} = \sin\left(\frac{\theta}{2}\right)(\sin\theta - \theta)\frac{\mathrm{d}\theta}{\mathrm{d}t} \tag{7.5}$$

力、速度，或者力和速度共同控制着热滑移解键合过程。在力控制的解键合过程中，将施加恒定的力。在速度控制的解键合过程中，将应用恒定速度。如果力控制的解键合过程开始时间为零，则通过求解方程式（7.5）并根据初始条件：

$$\theta(t=0)=\pi \qquad (7.6)$$

可以得到一个封闭的解析解：

$$t = \frac{\eta r^3}{FH}\left[2\theta\cos\left(\frac{\theta}{2}\right) - 4\sin\left(\frac{\theta}{2}\right) + \sin^3\left(\frac{\theta}{2}\right)\right] + C_0 \qquad (7.7)$$

通过联立式（7.3）和式（7.7），可以得到表征热滑移解键合时间（t）和解键合位置（x）之间关系的方程式：

$$t = \frac{\eta r^3}{FH}\left[\frac{2x}{r}\arccos\left(\frac{x}{2r}\right) - 4\sin\left(\arccos\left(\frac{x}{2r}\right)\right) + \frac{4}{3}\sin^3\left(\arccos\left(\frac{x}{2r}\right)\right) + \frac{8}{3}\right] \qquad (7.8)$$

当解键合距离（x）等于晶圆直径时，t 为总解键合时间。如式（7.8）所示，随着胶的黏度降低，或随着解键合力或胶厚度的增加，解键合时间减少。如果解键合过程从时间为零时的速度控制开始，则结合式（7.1）和式（7.4），可以得到：

$$F = \frac{\eta \upsilon r^2}{H}(\theta - \sin\theta) \qquad (7.9)$$

通过联立式（7.3）和式（7.9），可以得到：

$$F = \frac{\eta \upsilon r^2}{H}\left(2\arccos\left(\frac{x}{2r}\right) - \sin\left(2\arccos\left(\frac{x}{2r}\right)\right)\right) \qquad (7.10)$$

式（7.8）和式（7.10）用于控制热滑移过程和材料参数。例如，在其他参数不变的情况下，解键合力（F）与黏合剂黏度（η）成正比，与黏合剂厚度（H）成反比。以上有助于确定黏合剂厚度和黏度的工艺范围，从而能够在目标作用力范围内实现解键合。

下面将讨论热滑移解键合需要解决的三个关键问题。第一个问题是确定一种键合胶材料，该材料可以提供足够的机械支撑，能够耐受键合后的高温过程，而不会产生空洞和分层，并且仍在解键合温度和作用力的工艺窗口内。当加热到解键合温度范围（150～250℃）时，热塑性胶需要达到约 3000Pa·s 或更小的剪切模量才能成功解键合[37, 38]。对于焊锡镀层和回流焊后的晶圆，解键合温度进一步限制在远低于焊锡的熔化温度（Sn 为232℃）。随着焊料体积的缩小，焊料扩散到下面的金属层中是一个日益严重的问题[54]。

其次，在热滑移解键合过程中，器件晶圆的裸露面与卡盘表面直接接触。晶圆表面通常具有不同的形貌，这对解键合过程中保持附着力提出了巨大挑战。存在焊料的情况下，当温度接近焊料熔点，圆形的焊料顶部在回流后将被硬质卡盘材料整平（如图 7.14 所示），可能在芯片装配过程中引起非接触开路失效。

图 7.14　回流焊后的凸点，热滑移过程中轻微扁平（左）和严重扁平（右）

解键合后，拿持高曲度的薄晶圆也非常具有挑战性。与传统晶圆相比，TSV 晶圆两侧均具有互连结构。如果两侧的残余应力不平衡，则可能会发生晶圆弯曲。

溶剂清洗之前，由于胶的 CTE 与硅不匹配，晶圆上残留的薄胶层也会显著增加晶圆翘曲。这个问题可以用 Stoney 方程来模拟。如图 7.15 所示，基于几何学，可以得到：

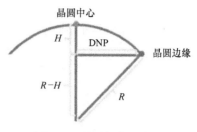

图 7.15　晶圆翘曲示意图

$$R^2=(R\text{–}H)^2 + \mathrm{DNP}^2 \tag{7.11}$$

式中，R 为晶圆曲率半径；H 为晶圆弯曲度；DNP 为晶圆边角到中性点的距离。

Stoney 方程是

$$\sigma_\mathrm{f} = \frac{B_\mathrm{s}h_\mathrm{s}^2}{6h_\mathrm{f}R} \tag{7.12}$$

式中，σ_f 是残余应力；B_s 是基板的杨氏模量（即硅）；h_s 是基板的厚度；h_f 是膜层厚度 [即 C4 侧的 BEOL 层和 C4 侧对面的再布线层（RDL）、胶层]；R 是晶圆曲率半径。

联立式（7.11）和式（7.12），可以得到晶圆弯曲度为

$$H \approx \frac{3h_\mathrm{f}\sigma_\mathrm{f}\mathrm{DNP}^2}{B_\mathrm{s}h_\mathrm{S}^2} \tag{7.13}$$

为了减少晶圆弯曲度（H），需降低晶圆两侧的残余应力（σ_f）或增加晶圆厚度（h_S）。

热滑移解键合面临的上述问题正推动行业向室温解键合工艺方向发展，例如机械解键合和激光解键合。这些工艺能够与较大范围的热塑性和热固性胶兼容，即使胶的剪切模量已经超过了热滑移解键合的工艺能力。由于采用了室温工艺，可在机械解键合或激光解键合之前安装晶圆，因此无需直接接触裸露的器件晶圆表面，并处理单个薄的翘曲晶圆。切割胶带必须与解键合后的化学清洗剂兼容。切割胶带安装的挑战在于在解键合、清洗和分片工艺中，保护晶圆的表面形貌，不发生分层和液体渗入，最终仍然可以在芯片拾放过程中以高良率将芯片从切割胶带上取出。

对于机械解键合 [34, 55]，解键合从晶圆对的一侧开始，并逐渐沿着晶圆的直径进行，其解键合线垂直于解键合方向。通过真空吸盘上的切割胶带使器件晶圆保持平整，载体晶圆则处于倾斜或翘曲状态。键合强度需低于切割胶带的粘合强度，否则器件晶圆与切割胶带界面分离将导致晶圆损坏。另一方面，键合强度也需足够高，以保证晶圆在键合后的制造过程中不会分层、破裂或崩裂。这决定了材料选择时较窄粘附能工艺窗口（0.4 ~ 1.2J/m²）[56]。对于器件晶圆上凸点包裹在临时键合胶中的情况，键合强度也是凸点临界尺寸、密度以及钝化层表面特性的函数，这进一步增加了为所有产品找到单一解决方案的困难。当将激光离型层添加到胶与器件晶圆的界面或胶与载体晶圆的界面时，工艺窗口会扩大。

对于激光解键合，使用对激光透明的载体晶圆，并在载体和胶层之间添加具有强激

光吸收的离型层[38, 57, 58]。在整个键合和键合后的制造工艺过程中，该离型层需在载体晶圆表面和键合胶之间表现出良好的粘合性、热稳定性，并且在解键合波长下具有高激光吸收率。激光烧蚀后，键合胶对玻璃载体的附着力显著降低，从而能够以最小的力进行后续的机械分离，使晶圆上的应力最小。

激光烧蚀是光化学和光热效应的共同作用，主要影响因素有被照射材料的特性和照射条件，如波长和脉冲能量[59]。在紫外线波长范围内，光化学效应占主导地位，也就是说紫外光子直接使连接键断裂。在激光键合中，通常选择紫外激光（如 308nm 或 355nm）烧蚀聚合物离型层。紫外激光可以有效地分裂聚合物链，对烧蚀材料的碳化程度低，且对周围胶层和器件晶圆的热效应低。激光能量密度必须高于烧蚀阈值才足以使键断裂。根据光化学模型，当被照射的材料体积中吸收的光子密度高于材料原子密度，并且光子能量高于原子键能时，就会发生烧蚀。阈值通量 $F_{thr.}$ 可以写为[59]

$$F_{thr.} = \frac{h\gamma n_{at.}}{\alpha} \tag{7.14}$$

式中，h 是普朗克常数；γ 是光子频率；$n_{at.}$ 是材料原子密度；α 是激光波长处的材料吸收系数。

在红外和可见光波长范围内，光热效应占主导地位，也就是激光加热材料。由于硅晶圆对波长大于 1.2μm 的激光透射率超过 52%，因此 IR 激光解键合恰好可用硅作为载体晶圆[39]。在热模型中，阈值通量表示在真空中蒸发被辐照质量所需的能量密度，包括加热能、聚变能和被辐照物质的蒸发能（升华）[59]。为了尽量减少对器件晶圆的热影响，选择具有较低激光释放能量密度的离型层材料至关重要[39]。

解键合后，需要清洗器件晶圆上的键合胶材料。去除残余胶的最常见方法是通过湿法清洗。在一些双层系统中离型层与胶层在同一溶剂中溶解性都较差，因此需先使用机械方法剥离黏合剂，再进行溶剂清洗。此外，机械剥离也是一种减少溶剂消耗和清洗时间方式[60]。

典型的溶剂清洗过程将包括 4 个关键步骤：浸湿、混溶、旋转冲洗和旋转干燥。首先，将溶剂添加到晶圆上，使晶圆低速旋转时，晶圆整个表面被溶剂浸湿。然后，将晶圆静置一段时间，让溶剂与黏合剂相互作用。之后，在晶圆高速旋转的同时添加溶剂冲洗晶圆表面。最后，停止添加溶剂，使晶圆继续高速旋转干燥。当清洗中使用高沸点溶剂时，通常需要使用低沸点溶剂进行二次冲洗，使其在旋转干燥中快速蒸发。

胶溶解到溶剂的过程主要发生在混溶步骤中。对于非交联的热塑性聚合物胶，溶剂分子扩散到聚合物基质时溶解开始。诱导时间过后，聚合物中的溶剂浓度超过临界值，聚合物链解开，真正溶解发生[61]。在溶解过程中，胶与溶剂界面处的表层结构如图 7.16 所示。在聚合物 - 溶剂体系中，纯聚合物在渗透层和固体溶胀层中逐渐转变为玻璃态，在凝胶层进一步转变为类橡胶状，最后在液体层转变为液态，与纯溶剂相连。从纯聚合物层到纯溶剂层，聚合物浓度逐渐降低，聚合物链间的自由体积增加。溶解速率可以通过激光干涉法、椭偏法和重量分析法来测量，例如使用石英晶体微量天平（Quartz Crystalmicrobalance，QCM）[61]。该数据是辅助确定混溶时间的关键。清洗交联热固性胶的机理涉及有机反应试剂，该试剂先将聚合物基质分解，然后实现溶解[62]。

| 纯聚合物 | 渗透层 | 固体溶胀层 | 凝胶层 | 液体层 | 纯溶剂 |

图 7.16　表层构成示意图（改编自参考文献 [61]）

为了减少溶剂消耗和清洗时间，可将溶剂和晶圆加热到略高于室温，利用升高温度增加溶解速率来辅助清洗。溶剂 - 聚合物之间的相互作用参数（χ_{sp}）是温度（T）的函数[61]。

$$\chi_{sp}= 0.34 + V_s/RT(\delta_s - \delta_p) \tag{7.15}$$

式中，V_s 是溶剂的摩尔体积；R 是气体常数；δ_s 和 δ_p 分别是溶剂和聚合物的溶解度。较高的温度降低了聚合物和溶剂分子之间的相互作用参数 χ_{sp}，并且促使溶剂分子以更高的速率渗透到聚合物基质中，因而发生溶剂溶胀，更快地溶解了黏合剂。

7.5　晶圆激光划片

随着硅芯片技术的特征尺寸不断缩小、先进材料的整合，以及小型手持电子产品业务的增长，组装技术正不断地开发出来，以实现具有先进功能的小型封装[63]。这给当前的制造技术带来巨大挑战，并且需要有新的思路。自 1970 年以来，激光为现代制造技术做出了重要的贡献，包括重工业、医学应用以及太空和军事系统等。激光切割和划片在硅技术中一直受到关注，尤其是 MES、MOEMS 和其他微尺度器件更是如此[48]。然而，对半导体中大多数的应用而言，激光的使用仍然处于初始阶段，特别在量产的封装制造方面。究其原因，主要是芯片超过某个特定厚度之后，激光工艺相对较慢，不足以完全满足成本目标。随着光电子领域的持续进步，光学技术仍在不断提升，以符合量产制造的可靠性和成本需求。激光直接的潜在应用是薄晶圆的切割，另外就是一些带有复杂或难处理的 ILD 叠层的晶圆，在机械砂轮划片之前需要先进行的激光划片或开槽。

激光工艺主要和关键的优点包括[64]：

1）得益于细小的光束直径，激光切割道可以做得更小，因此可以增加每片晶圆上的芯片数量。

2）激光切割使非笛卡儿坐标轴的切割道成为可能。因此能够承载多种芯片尺寸，并可在同一片晶圆上获得不同尺寸的芯片。

3）薄晶圆的激光贯穿切割减少或避免了芯片边缘缺陷和裂纹。

4）激光切割或划片相较于砂轮划片而言是一种"干法工艺"，因此有可能避免任何腐蚀和湿气相关的问题。但是因为需要先在晶圆上做涂层并在激光划片后清洗，这些优势可能有限。不过，与砂轮划片的工艺相比，水的使用时间已大为缩短。

众多的文献报道表明，虽然砂轮划片技术在半导体切割方面不断地取得进步，但是面对芯片厚度减小到 100μm 以下时[63-66]，在满足成品率 / 可靠度的需求上仍存在困难和挑战。为了减少背面崩裂（backside chipping）（如图 7.17 所示），切割速度需要大大降低，或者采用多次切割的方法（multi pass process）。当晶圆厚度下降时，激光所能达到的贯穿切割速度将增加，参见图 7.7。为了使激光贯穿切割真正达到更高的生产速率（run rate），并进一步提升切割质量，需要更高的激光功率，以及潜在的超快激光系统。

图 7.17　机械式砂轮划片导致的薄晶圆背面崩裂
a）25μm 厚晶圆　b）40μm 厚晶圆

在复杂的 Low-k ILD 材料、切割道包含更多的测试焊盘和对位结构等情形下，需要采用激光和砂轮切割的复合工艺，以减少芯片边缘的切割应力，从而最大限度地降低芯片缺陷。相较于 Low-k 材料，SiO_2 的 ILD 叠层采用砂轮划片工艺更为合适。机械砂轮切过金属层和 Low-k 介质材料将形成较高的崩裂，原因是高刀片负载引起更大的刀片弯曲并导致芯片边缘缺陷。一种解决此问题的有效方案是在机械划片前使用激光划片工艺，将芯片的有源区域隔离开。如图 7.18a 所示，在切割道边缘用激光开出两条细槽；如图 7.18b 所示，在切割道中心用激光开出一条宽槽[64]。激光开槽的关键特性包括波长、激光功率，以及划线方式。可以采用不同波长的激光划片，但各有优缺点。典型的是使用 355nm 波长纳秒激光。另外，通过在基片上移动脉冲激光束即可实现典型的激光划片加工[64]。

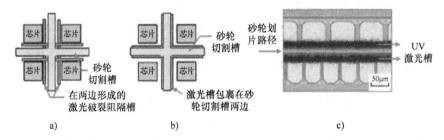

图 7.18　激光 - 砂轮复合切割工艺，用于先进 Low-k 介质和复杂切割道结构的晶圆
a）在切割道边缘用激光开出两条细槽　b）在切割道中心用激光开槽，然后在激光切除区域由砂轮切透
c）划出的两条槽的光学照片

图 7.19 进一步地解释了激光 - 砂轮的复合切割工艺背后的基本原理。残留于切割道中间的 ILD 叠层取决于激光划片方法、光束宽度以及激光通过次数。采用激光烧蚀 ILD 叠层的考虑是：去除掉切割道中的多层金属层，使刀片仅切割剩下的硅材料。该技术能确保切割过程中刀片的负载得到降低。通常，在激光烧蚀去除整个金属堆叠之后，砂轮划片可以用一步工艺，也可以用两步工艺[64]完成。两步工艺使用两种刀片宽度来切割剩余的硅，而一步工艺则仅使用一种刀片宽度来切割硅。激光开槽边缘与砂轮划片边缘之

间的距离取决于切割道宽度、划片宽度和刀片宽度等因素。该距离是关键工艺参数之一，原因是在激光和砂轮划片加工过程中产生的微裂纹在可靠性应力下会发生扩展，并导致可靠性问题。

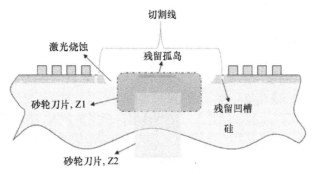

图 7.19　激光烧蚀和砂轮划片机理

有多个出版物讨论了激光 - 固体的相互作用[67-69]。理解激光 - 材料相互作用的关键参数之一是电子和晶格达到热平衡的特征时间[70]。在纳秒尺度下，可以用傅里叶热传导模型来描述能量传输[71, 72]。在这种情况下，激光能量的积累是瞬时的。比较而言，皮秒或飞秒激光方式下，电子和材料晶格没有达到热平衡[70]。

典型的热传导方程适用于任意空间和时间尺度，见式（7.16）：

$$C\frac{\partial T}{\partial t} = -\nabla \cdot q'' + S \tag{7.16}$$

式中，C 是热容（J/m³ · K）；q'' 是热通量矢量；S 是由体加热或电子间耦合引起的内热源（W/m³）。热容 $C=\rho c_p$，而根据傅里叶定律 [式（7.17）]，热通量与温度梯度的关系如下：

$$q'' = -k\nabla T \tag{7.17}$$

将式（7.17）代入式（7.16），得到如下的热传导方程：

$$\rho c_p \frac{\partial T}{\partial t} = \nabla \cdot (k\nabla T) + S \tag{7.18}$$

有关皮秒激光和飞秒激光等超快激光更进一步的信息，一些研究人员，特别是 Zhang[73] 做了很好的阐述。当纳秒激光脉冲的辐照强度超过 10^9W/cm² 时，固体照射表面附近的温度将超过沸点，从而形成过热液体层[74]。有人认为当材料达到 ~$0.9T_{tc}$（T_{tc} 是热力学临界温度）时，发生均质蒸汽气泡成核的位置将发生爆沸[74]。其结果就是，材料从过热液体突然转变为液滴和蒸汽的混合物，然后从照射处喷出[75-79]。

为确保在可靠性和良率方面有可接受的划片切割质量，在选择正确的激光系统（波长、脉冲持续时间和频率）之前，考虑 ILD 堆叠层、材料特性和厚度非常重要。尽管过去将紫外纳秒激光用于划切，但在加工未来先进的 Low-k 和复杂叠层时，要保持相当的良率和可靠性工艺水准可能会面临挑战。这可能需要更短的脉冲持续时间或超快激光系统或其他新技术，例如隐形切割、等离子切割以及水导激光等。超快激光脉冲与目标材料的相互作用发生在小时间尺度（皮秒或更小）和小空间尺度（沿着激光束照射方向几十纳米）上，并伴随着强烈的非线性、非平衡、光学、热和机械耦合过程[80]。由于烧蚀机理是非线性的，因此与纳秒激光相比，多层堆叠的 Low-k 烧蚀过程的能量耦合效率很高。

7.6 晶圆砂轮划片

晶圆砂轮划片技术是一种成熟的工艺，并应用于一代又一代的半导体材料切割。如图 7.20 所示，典型的砂轮划片包括使用两个刀片的分步切割，以及使用单一刀片的一次性贯通切割两种工艺。砂轮划片工艺的选择取决于多个参数，包括芯片厚度、切割道结构、激光烧蚀、切割胶带（dicing tape）以及芯片粘接膜（Die Attach Film，DAF）材料[48, 81-83]。一般来说，两个刀片的分步切割在大多数情况下更好，原因是可以用第一个刀片（Z1）控制正面崩裂（Front Side Chipping，FSC），同时用第二个刀片（Z2）控制背面崩裂（Back Side Chipping，BSC）。

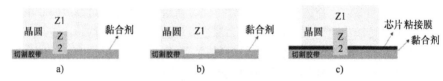

图 7.20 典型砂轮划片工艺

a）分步切割　b）一次性贯通切割　c）带 DAF 材料的分步切割

砂轮划片是一种磨削过程，使用嵌入固体粘合剂的磨料来切穿材料。这里嵌入固体黏合剂中的磨料为金刚石。在砂轮划片中观察到的典型失效模式为正面崩裂（FSC）和背面崩裂（BSC）。崩裂的性质可以是单个的大崩裂，也可能是大或小崩裂的菊花链。主要由切割刀片与 ILD 叠层材料的相互作用形成 FSC，而刀片与切割胶带或芯片粘接膜（DAF）的相互作用则形成 BSC。FSC 和 BSC 还严重依赖于给定晶圆中的切割道结构。高金属含量的切割道将增加刀片负载和切割道中形成的崩裂数量，并导致源自硅侧壁的微裂纹。芯片崩裂尺寸、发生率以及芯片厚度和残余应力将影响到可靠性。在组装和测试的影响下，芯片破裂是一种典型的可靠性失效。在一些情况下芯片崩裂可能导致模塑料裂纹或环氧树脂中产生裂纹。某些产品中的 DAF 材料使传统工具无法观测到 BSC，这是 BSC 检测上的挑战之一。当 BSC 足够小且没有延伸到有源区时，一般来说是可接受的。

多篇论文对 FSC 或 BSC 的影响因素进行了探讨[48, 81-84]。总结起来，为避免或减少崩裂需考虑的关键因素包括以下几个。

（1）刀片类型

1）刀片的磨料粒度会影响崩裂的大小和频次。如果加大粒度尺寸，切削能力增加[84]，从而减少刀片负载。然而该研究同时表明，当晶圆厚度小于 200μm 时，磨料粒度较大将会增加背面崩裂[84]。

2）金刚石含量越高，每个磨料上的负载就越小，崩裂也就更少。

3）较软的黏合剂使刀片具有自锐性，从而减少崩裂。然而较软的粘合材料会导致刀片磨损加快，因此将增加刀片更换频率。

（2）刀片厚度

刀片厚度主要由划片的宽度所决定。然而，需要仔细评估该因素，以确定正确的刀片厚度。较宽的刀片施加到芯片上的力也更大，并导致更多的背面崩裂。另一方面，较窄的刀片在切割中更容易产生摆动，崩裂也更多。切割中刀片的摆动与芯片厚度，以及切割道中金属结构的密度有关。

（3）工艺条件和因素

如切割前的刀片修整（dressing）条件[81]，冷却液流量[85]和方向，刀片设置和表面活性剂流量等。监控这些参数和设置条件对划片中保持刀片上的摩擦力非常重要。可通过在线监控刀片扭矩来维持工艺的稳定性，以满足划片工艺面临的挑战[85]。

如图 7.21 所示，为计算芯片表面的应力水平，刀片偏距 δ 可用式（7.19）计算[48]：

$$\delta = \frac{6Fr_1^3}{Er_2e^3} \tag{7.19}$$

式中，δ 是刀片边缘的位移；F 是总侧向推力，以牛顿（N）为单位，$F=ql$；q 是单位长度侧向推力负载；l 是芯片长度；r_1 是刀片露出长度；r_2 是刀片轮毂半径；E 是刀片弹性模量；e 是刀片厚度。

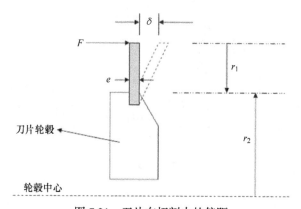

图 7.21　刀片在切割中的偏距

如图 7.22 所示，最大弯曲应力可定义为[48]

$$\sigma_x = \frac{M_x}{I(h/2)} = \frac{3ql^2}{bh^2} \tag{7.20}$$

式中，M_x 是 "x" 处的最大弯矩；I 是二阶惯性矩；h 是芯片 A 的宽度；l 是芯片 A 的长度；q 是单位长度侧向推力负载；b 是芯片 A 的厚度。

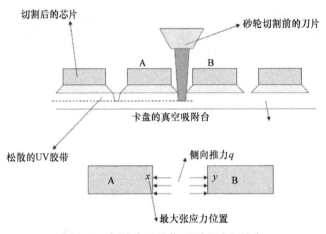

图 7.22　划片中刀片作用到芯片上的力

图 7.23 所示为切割力与进给速度之间的关系[48]。崩裂尺寸可通过下式计算[86-88]：

$$h_{\max} = \left[\frac{3}{C \tan \theta} \left(\frac{\upsilon_{\mathrm{w}}}{\upsilon_{\mathrm{s}}} \right) \left(\frac{a}{d_{\mathrm{s}}} \right)^{1/2} \right]^{1/2}$$ （7.21）

式中，C 为刀片表面上单位面积的有效磨料颗粒数量；θ 为未变形的崩裂横截面半夹角；υ_{w} 为工件速度；υ_{s} 为刀片速度；a 为工件进给速度；d_{s} 则为刀片直径。C 的计算公式为[18]

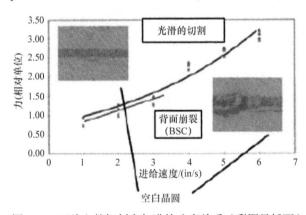

图 7.23　刀片上的切割力与进给速度关系（彩图见插页）

$$C = \frac{4f}{d_{\mathrm{g}}^2 \left(\dfrac{4\pi}{3\upsilon} \right)^{2/3}}$$ （7.22）

式中，d_{g} 为刀片中金刚石磨料的等效直径；f 为刀片中金刚石磨料的有效占比。d_{g} 表达为[88]

$$d_{\mathrm{g}} = 28M^{-1.1}$$ （7.23）

式中，M 为磨料粒度。

为减少 FSC、BSC 和侧壁缺陷，各种出版物对改进砂轮划片工艺的关键参数进行了论述，如图 7.24[48, 89] 所示。

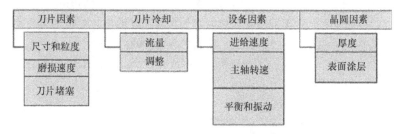

图 7.24　晶圆切割工艺的关键参数

7.7　晶圆芯片顶出

晶圆划片工艺之后，切割好的芯片仍然粘附在切割胶带上。接下来的芯片贴片操作中，芯片将被拾取并放置于基板或另一块芯片之上。半导体工业中，大多数使用拾放工艺（pick and place process）完成芯片贴装操作。某些情况下，先将芯片拾放到卷带包装中，再送至芯片贴装生产线进行组装封装。各种情况下的工艺机理和理论非常相似，因此本节中使用了一个来自于芯片贴装线芯片拾放的案例，该案例通常被称为晶圆芯片顶出（die ejector）。如图 7.25 所示，芯片拾放工艺使用真空吸嘴和芯片顶出装置[90]。芯片顶出装置通常在胶带下方设有顶针或刀片。真空吸嘴拾取芯片并放置于基板上进行芯片贴装。

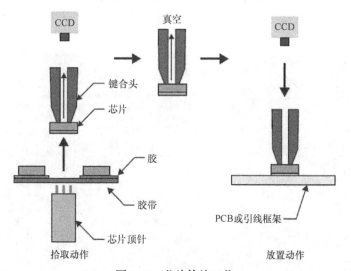

图 7.25　芯片拾放工艺

关键工艺要素包括芯片厚度和尺寸、胶带模量和黏性，芯片顶针类型和结构，还有芯片顶出参数。

这些要素对薄芯片极其关键，尤其是厚度低于 100μm 时。未优化的设置和材料选择将导致芯片破裂。多个文献探讨了芯片拾放的原理和模型，以确定芯片拾取过程中的关键参数和芯片的应力序列 [90-93]。胶带应力首先作用在芯片边缘，并最后移动到顶针上方 [90]。

图 7.26 所示研究了单针和多针芯片顶出装配工艺对芯片破裂的影响 [91]。在单针技术中，随着芯片变薄变大，剥离能量释放速度降低，从而导致芯片更难从切割胶带上剥离 [91]；多针工艺提高了芯片的可拾取性能，降低了芯片上的应力。

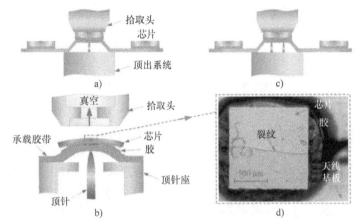

图 7.26　芯片拾取示意图

a）单针　b）潜在的芯片弯曲　c）多针组装实现更平稳的顶出　d）展示了因芯片弯曲导致的芯片破裂

Cheng 等人 [92] 通过实验和有限元模型分析了失效机理。图 7.27 和图 7.28 分别显示了应力和位移的云图 [92]。从模型数据发现，由于穿刺力的作用，芯片四角处的应力低于顶针点；然而与芯片中心相比，四角有更大的位移 [92]。芯片从四角开始向芯片中心与切割胶带发生剥离。

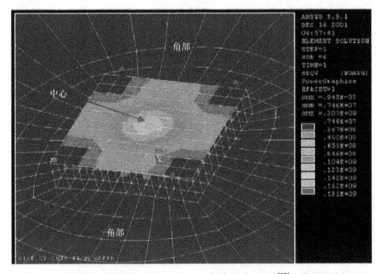

图 7.27　集成电路芯片的 Von Mises 等效应力云图 [92]（彩图见插页）

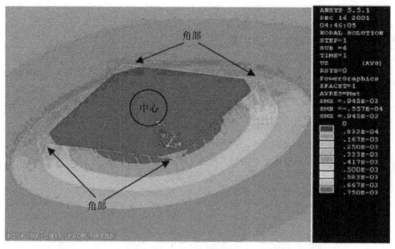

图 7.28　集成电路芯片位移云图[92]（彩图见插页）

总而言之，要最大限度降低芯片上的应力，选择合适的芯片顶出装置（针式或无针式）、顶针形状以及工艺设置都至关重要。通常，无针式的芯片顶出装置用于薄芯片（小于 75μm）。对于堆叠芯片和 TSV 的拾放工艺，需要探索新的芯片顶出和拾取装置，如活塞或滑块顶出器[90-92]。在设置工艺条件时需要考虑的其他关键参数是静电放电（ESD），因为这会严重损坏 TSV 的硅基器件。

7.8　芯片贴装

芯片贴装是指将芯片安装到基板（Chip to Substrate，C2S），或将芯片安装到晶圆（Chip to Wafer，C2W）。一般来说，芯片贴装工艺流程包括喷 / 蘸助焊剂，芯片拾放，回流以及清洗（去除助焊剂）。N_2 回流工艺中，助焊剂被活化并去除金属氧化物；一旦回流温度达到焊料液相线温度，焊料熔化并润湿金属焊盘。清洗工艺中，助焊剂残留被水或化学药液清洗去除，原因在于助焊剂残留可能会导致底部填充空洞，以及底部填充分层、焊点短路、电化学迁移 / 腐蚀等可靠性风险。

表 7.1 将各种不同的倒装焊接方法做了汇总。MR（Mass Reflow，批量回流焊）和 TCB（Thermal Compression Bonding，热压焊）已有不少的研究团队和公司作了讨论，在此将不再重复[94-97]。Amkor 公司发表了数篇有关 LAB（Laser Assisted Bonding，激光辅助键合）应用的论文。Junior 等人将 LAB 的应用扩展到三维封装[100]。与 MR 类似，LAB 的工艺流程从蘸 / 喷助焊剂开始。当芯片贴片完成，LAB 工艺使用矩形匀化的近红外激光束（如 980nm）加热芯片和基板。激光束尺寸应相较芯片尺寸更大。一旦激光照射到硅表面，激光将发生反射和折射。根据菲涅耳方程，反射率（R）是反射界面上两种介质的频率相关折射率（n_1，n_2）的函数：

$$R = \left(\frac{n_1 - n_2}{n_1 + n_2} \right)^2 \tag{7.24}$$

表 7.1 焊接方法的比较

焊接方法	工艺细节	优点	缺点
批量回流（MR）	蘸 / 喷助焊剂（助焊剂类型，用量和图案）→倒装贴片（对准、键合力）→MR（升焊速率、峰值温度、停留时间、N_2 气氛）	成本 自对准 产量	芯片翘曲 基板翘曲 高热应力（焊料、Low-k ILD）
热压焊（TCB）	蘸 / 喷助焊剂（助焊剂类型，用量和图案）→TCB（键合头 / 吸嘴与基座之间的共面度、基台温度和真空度、键合力、位移和温度曲线，如峰值温度和停留时间、均匀度、N_2 气氛）	芯片和基板翘曲控制 细间距 焊点高度控制	成本 产量
激光辅助键合（LAB）	蘸 / 喷助焊剂（助焊剂类型、用量和图案）→倒装贴片（对准、键合力）→LAB（激光波长、光束尺寸、停留时间）	产量 基板翘曲控制	芯片翘曲

实际当中，硅的表面粗糙度和掺杂水平也会影响到反射率。当激光进入芯片，激光强度（I）将随入射深度（x）衰减，由比尔 - 朗伯定律（Beer-Lambert law）描述为

$$I(x) = I_0 * e^{-\alpha x} \tag{7.25}$$

吸收系数（α）与激光波长（或光子能量）、材料特性有关。一旦激光被硅吸收，芯片就会被加热。加热升温速度取决于激光波长、功率和照射时间，也取决于芯片厚度及周围的热阻。对于厚的硅，激光可能会被完全吸收；对于薄的硅，激光则可能会在被部分吸收后离开硅层并进入芯片的 BEOL。一旦激光照射到芯片 BEOL 内部的金属线，部分激光将被反射回硅的内部。因此，芯片内部可能会发生多次反射 / 吸收。当芯片温度达到阈值，即会发生助焊剂活化、氧化物去除、焊料熔化和润湿等现象。当前最先进的 LAB 工艺使用 IR 相机来监控芯片温度。但由于辐射系数受表面粗糙度的影响，因此需要使用实际芯片以及芯片与基板之间的热电偶来校准此 IR 相机的温度读数。对于一个好的 LAB 工艺，IR 相机测量的温度曲线应该有一个平台区域，这个平台区对应了焊料熔化的相变过程。在芯片设计过程中，设计人员应注意焊料凸点阵列。如果焊料凸点阵列的不对称性太大，LAB 工艺中可能会出现芯片的倾斜。

7.9 底部填充

将环氧树脂或底部填充胶用于填充芯片与基板之间或芯片与芯片之间的间隙已有数十年的历史。一些环氧树脂在芯片贴片前预先施加，基于挤压流动过程填充间隙，而其他环氧树脂则在芯片贴片后基于毛细作用流动填充间隙。各种环氧树脂的优缺点在过去已被许多团队所讨论，这里不再重复 [101]。

如图 7.29 所示，Schwiebert 等人研究了平行板间的毛细底部填充流动 [102]。环氧树脂流动时间（t）与环氧树脂润湿角（θ）余弦、平板之间的间隙（h）以及环氧树脂的表面

张力（γ）成反比，而与环氧树脂的黏度（μ）、板长或流动距离（L）成正比。该公式适用于实际的芯片/基板或芯片/芯片的组合。一些参数可通过优化材料性能（如环氧树脂中填料的尺寸和密度）来改进，另一些参数可通过优化工艺条件（如提高芯片、基板或点胶喷嘴的温度，基板或芯片表面采用等离子或 UV 预处理）来改进。除上述参数外，芯片的凸点密度、阵列以及环带中凸点的间距也起着一定的作用。

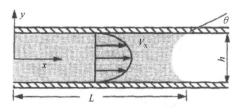

图 7.29　平行板间的毛细流动

$$t = \frac{3\mu L^2}{h\gamma\cos\theta} \tag{7.26}$$

随着封装外形尺寸的缩小，控制环氧树脂的阻止区（KOZ）非常重要。当环氧树脂沿着芯片的某条边缘点胶时，由于毛细流动，一些环氧树脂会进入芯片与基板、芯片与芯片或芯片与晶圆之间的间隙，另一些环氧树脂则会因表面张力和润湿性的原因而沿相反方向（远离芯片）流动，从而使环氧树脂的 KOZ 增大。已有多种不同的方法来减少反向流动以控制环氧树脂的 KOZ。从点胶的角度，可以优化点胶机的针头、阀座、行程长度和温度，以及基板的温度、点胶次数、点胶长度和每次点胶的环氧树脂重量等等；从环氧树脂材料的角度，可以通过工艺和材料设计来调整基板和环氧树脂的表面能；从组装工艺集成的角度，可以先将一些阻挡层（物理性的围坝，或是低表面能的阻挡层）涂覆到基板上，然后接着在阻挡层和芯片边缘之间分配环氧树脂胶。在阻挡层的高度或低表面能因素作用下，环氧树脂被推入芯片与基板、芯片与芯片以及芯片与晶圆之间的间隙之中。下面，Shi[103]介绍了一种环氧树脂反润湿（dewetting）模型，用于低表面能阻挡材料的选择和工艺控制。如图 7.30 所示，采用两步式环氧树脂反润湿模型，说明具有宽度（W）的低表面能阻挡层的效果。在步骤 1 中，环氧树脂先被涂覆在低表面能阻挡层的顶部。点胶后，环氧树脂的形状为圆弓形，其弦为 X、弧长为 l，与基板接触角为 θ，与阻挡层触角为 β。在步骤 2 中，由于低表面能阻挡层的作用，环氧树脂发生了反润湿现象。环氧树脂反润湿之后的弦长为 X_1，弧长为 l_1。表面张力（γ）的下标（L，S，V）分别表示液体、固体和蒸气。表面张力（γ）的上标（E，S，B）分别表示环氧树脂、基板和阻挡层。忽略重力效应，环氧树脂反润湿前后的吉布斯自由能变（ΔG）取决于式（7.27）：

$$\Delta G = \gamma_{LV}^{E}[2l_1 - l] + \gamma_{LS}^{S}[2X_1 - (X-W)] - \gamma_{SV}^{S}[2X_1 - (X-W)] + \gamma_{SV}^{B}W - \gamma_{LS}^{B}W \tag{7.27}$$

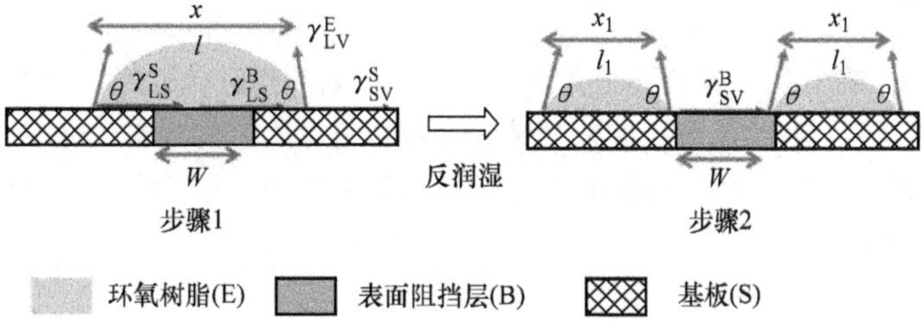

步骤1　　　　反润湿　　　　步骤2

环氧树脂(E)　　表面阻挡层(B)　　基板(S)

图 7.30　二维环氧反润湿模型[103]

考虑如下的几何关系：

$$l = \frac{\theta X}{\sin\theta}; \quad l_1 = \frac{\theta X_1}{\sin\theta} \qquad (7.28)$$

质量平衡：

$$X = \sqrt{2X_1} \qquad (7.29)$$

以及杨氏方程：

$$\cos\theta = \frac{\gamma_{SV}^{S} - \gamma_{LS}^{S}}{\gamma_{LV}^{S}}; \quad \cos\beta = \frac{\gamma_{SV}^{B} - \gamma_{LS}^{B}}{\gamma_{LV}^{E}} \qquad (7.30)$$

吉布斯自由能可简化为

$$\Delta G = \gamma_{LV}^{E}\left\{\left[\frac{\theta}{\sin\theta} - \cos\theta\right][\sqrt{2}-1]X + [\cos\beta - \cos\theta]W\right\} \qquad (7.31)$$

基于能量最小化原理，当满足下面关系式时，反润湿现象发生：

$$\frac{W}{X} \geq \frac{\left[\dfrac{\theta}{\sin\theta} - \cos\theta\right][\sqrt{2}-1]}{\cos\theta - \cos\beta} \qquad (7.32)$$

二维环氧树脂反润湿模型可进一步扩展到三维，需把圆弓形延伸为长度为 L、横卧的圆柱段，并考虑环氧树脂的质量（M）：

$$M = \rho LS = \rho L\left[\frac{\theta}{4\sin^2\theta} - \frac{1}{4\tan\theta}\right]X^2 \qquad (7.33)$$

式中，ρ 为环氧树脂密度。当满足下面的关系式时，反润湿现象发生：

$$\frac{W}{\sqrt{M}} \geq \frac{2[\sqrt{2}-1]\sqrt{[\theta - \cos\theta\sin\theta]}}{\sqrt{\rho L}[\cos\theta - \cos\beta]} \qquad (7.34)$$

为增强反润湿性，减小 KOZ，应加大环氧树脂在阻挡层上的接触角（β）以及阻挡层线宽（W），并同时减小环氧树脂的质量（M）以及环氧树脂在基板上的接触角（θ）。

7.10 小结

本章简述了 TSV 的一般制作工艺流程，然后深入到临时晶圆键合 / 解键合、激光划片、晶圆砂轮划片、芯片拾放、芯片贴装和底部填充等工艺的基本原理与失效。理解临时晶圆键合 / 解键合以及芯片准备的工艺机理和基本原理，是三维封装提供高良率、高可靠工艺的关键。

致谢：本书作者感谢英特尔公司的 Sairam Agraharam 博士和 Jay Cheng 博士极有价

值的讨论。感谢 Angel Shi 和 Charlotte Shi 的校对和排版更正。感谢英特尔公司的 Guotao Wang 对本章的细致审阅。

参考文献

1. F. Niklaus, G. Stemme, J.-Q. Lu, R. Gutmann, Adhesive wafer bonding. J. Appl. Phys. **99**, 031101 (2006)
2. B. Yacobi, S. Martin, K. Davis, A. Hudson, M. Hubert, Adhesive bonding in microelectronics and photonics. J. Appl. Phys. **91**, 6227 (2002)
3. B. Wu, A. Kumar, S. Pamarthy, High aspect ratio silicon etch: a review. J. Appl. Phys. **108**, 051101 (2010)
4. J. Gambino, S. Adderly, J. Knickerbocker, An overview of through-silicon-via technology and manufacturing challenges. Microelectron. Eng. **135**, 73–106 (2015)
5. V. Jansen, M.J. de Boer, S. Unnikrishnan, M.C. Louwerse, M.C. Elwenspoek, Black silicon method X: a review on high speed and selective plasma etching of silicon with profile control: an in-depth comparison between Bosch and cryostat DRIE processes as a roadmap to next generation equipment. J. Micromech. Microeng. **19**, 033001 (2009)
6. D. Henry, F. Jacquet, M. Neyret, X. Bailin, T. Enot, V. Lapras, C. Brunet-Manquat, J. Charbonnier, B. Aventurier, N. Sillon, Through silicon vias technology for CMOS image sensor packaging, in *Electronic Components and Technology Conference*, pp. 556–562 (2008)
7. M. Puech, J.M. Thevenoud, J.M. Gruffat, N. Launay, N. Arnal, P. Godinat, Fabrication of 3D packaging TSV using DRIE, in *Design, Test, Integration and Packaging of MEMS/MOEMS* (2008)
8. D. Bai, X. Zhong, R. Puligadda, J. Burggraf, D. Burgstaller, C. Lypka, J. Verzosa, Edge protection of temporary bonded wafers during backgrinding. ECS Trans. **18**, 757–762 (2009)
9. J. Lu, J. Mcmahon, R. Gutmann, 3D integration using adhesive, metal, and metal/adhesive as wafer bonding interfaces, in *MRS Fall Meeting Symposium E*, pp. 1112–E02–01 (2008)
10. R. Puligadda, S. Pillalamarri, W. Hong, C. Brubaker, M. Wimplinger, S. Pargfrieder, High performance temporary adhesive for wafer bonding applications. Mater. Res. Soc. Proc. **970**, 0970–Y04–09 (2007)
11. M. Shungwu, D. Pang, S. Nathapong, P. Marimuthu, Temporary bonding of wafer to carrier for 3D-wafer level packaging, in *Electronics Packaging Technologies Conference*, pp. 405–411 (2008)
12. J. Charbonnier, S. Cheramy, D. Henry, A. Astier, J. Brun, N. Sillon, Integration of a temporary carrier in a TSV process flow, in *Electronic Components and Technology Conference*, pp. 865–871 (2009)
13. S. Pargfrieder, J. Burggraf, D. Burgstaller, M. Privett, A. Jouve, D. Henry, N. Sillon, 3D integration with TSV: temporary bonding and debonding. Solid State Technol. **3**, 38–43 (2009)
14. J. Gambino, Thin silicon wafer processing and strength characterization, in *20th IEEE International Symposium on the Physical and Failure Analysis of Integrated Circuits*, pp. 199–207 (2013)
15. M. Grief, J. Steele Jr., Warpage and mechanical strength studies of ultra thin 150 mm wafers, in *IEEE/CPMT Int'l Electronics Manufacturing Technology Symposium*, pp. 190–194 (1996)
16. W. Kroninger, F. Mariani, Thinning and singulation of silicon: root causes of the damage in thin chips, in *Electronic Components and Technology Conference*, pp. 1317–1322 (2006)
17. S. Chen, I. Shih, Y. Chen, C. Tsai, J. Lin, E. Wu, How to improve chip strength to avoid die cracking in a package, in *IEEE Inter Society Conference on Thermal Phenomena*, pp. 268–273 (2004)
18. V. Sheng, N. Khan, D. Kripesh, Y. UK, Ultra thinning of wafer for embedded module, in *IEEE Electronics Packaging Technology Conference*, pp. 837–842 (2006)
19. L. Wetz, J. White, B. Keser, Improvement in WL-CSP reliability by wafer thinning, in *Electronic Components and Technology Conference*, pp. 853–856 (2003)
20. S. Farrens, Wafer and die bonding technologies for 3D integration, in *MRS Fall 2008 Proceedings E*

21. L. Marinier, W. Noort, R. Pellens, B. Sutedja, R. Dekker, H. Zeijl, Front- to back-side overlay optimization after wafer bonding for 3D integration. Microelectron. Eng. **83**, 1229–1232 (2006)

22. H. Shi, H. Huang, J. Bao, J. Im, P. Ho, Y. Zhou, J. Pender, M. Armacost, D. Kyser, Plasma altered layer model for plasma damage characterization of porous OSG films, in *IEEE Internationa Interconnect Technology Conference,* pp. 78–80 (2009)

23. H. Shi, H. Huang, J. Im, P. Ho, Y. Zhou, J. Pender, M. Armacost, D. Kyser, Minimization of plasma ashing damage to OSG low-k dielectrics, in *IEEE International Interconnect Technology Conference,* pp. 1–3 (2010)

24. H. Shi, Mechanistic study of plasma damage to porous low-k: process development and dielectric recover, Ph.D. Dissertation, The University of Texas at Austin, 2010

25. C. Cassidy, F. Renz, J. Kraft, F. Schrank, Depth-resolved photoemission microscopy for localization of leakage currents in through Silicon Vias (TSVs), in *16th IEEE International Symposium on the Physical and Failure Analysis of Integrated Circuits,* pp. 35–740 (2009)

26. Y. Mizushima, H. Kitada, K. Koshikawa, S. Suzuki, T. Nakamura, T. Ohba, Novel through silicon vias leakage current evaluation using infrared-optical beam irradiation. Jpn. J. Appl. Phys. **51**(5S) (2012)

27. N. Ranganathan, D. Lee, L. Youhe, G. Lo, K. Prasad, K. Pey, N. Ranganathan, D. Lee, L. Youhe, G. Lo, K. Prasad, K. Pey, Influence of Bosch etch process on electrical isolation of TSV structures. IEEE Trans. Compon. Packag. Manuf. Technol. **1**(10), 1497–1507 (2011)

28. T. Nakamura, H. Kitada, Y. Mizushima, N. Maeda, K. Fujimoto, T. Ohba, Comparative study of side-wall roughness effects on leakage currents in through-silicon via interconnects, in *2011 IEEE International 3D Systems Integration Conference (3DIC),* pp. 1–4, (2012)

29. J. Lin, W. Chiou, K. Yang, H. Chang, Y. Lin, E. Liao, J. Hung, Y. Lin, P. Tsai, Y. Shih, T. Wu, W. Wu, F. Tsai, Y. Huang, T. Wang, C. Yu, C. Chang, M. Chen, S. Hou, C. Tung, S. Jeng, D. Yu, High density 3D integration using CMOS foundry technologies for 28 nm node and beyond, in *IEEE International Electron Devices Meeting (IEDM),* pp. 2.1.1–2.1.4 (2010)

30. T. Bandyopadhyay, R. Chatterjee, D. Chung, M. Swaminathan, R. Tummala, Electrical modeling of through silicon and package vias, in *IEEE International Conference on 3D System Integration,* pp. 1–8 (2009)

31. J. An, K. Moon, S. Lee, D. Lee, K. Yun, B. Park, H. Lee, J. Sue, Y. Park, G. Choi, H. Kang, C. Chung, Annealing process and structural considerations in controlling extrusion-type defects Cu TSV, in *IEEE International Interconnect Technology Conference,* pp. 1–3 (2012)

32. F. Inoue, T. Shimizu, R. Arima, H. Miyake, S. Shingubara, Electroless deposition of barrier and seed layers for via last Cu-TSV metalization, in *IEEE International Meeting for Future of Electron Devices, Kansai (IMFEDK),* pp. 1–3 (2012)

33. B. Dang, P. Andry, C. Tsang, J. Maria, R. Polastre, R. Trzcinski, A. Prabhakar, J. Knickerbocker, CMOS compatible thin wafer processing using temporary mechanical wafer, adhesive and laser release of thin chips/wafers for 3D integration, in *Electronic Components and Technology Conference,* pp. 1393–1398 (2010)

34. A. Phommahaxay, G. Potoms, G. Verbinnen, E. Sleeckx, G. Beyer, E. Beyne, A. Guerrero, D. Bai, X. Liu, K. Yess, K. Arnold, W. Spiess, T. Griesbach, T. Rapps, S. Lutter, Extremely low-force debonding of thinned CMOS substrate by laser release of a temporary bonding material, in *IEEE 66th Electronic Components and Technology Conference,* pp. 1685–1690 (2016)

35. M. Privett, F. Murauer, J. Burggraf, S. Pargfrieder, TSV thinned wafer debonding process optimization, in *IWLPC (Wafer-Level Packaging) Conference Proceedings,* pp. 144–148 (2008)

36. B. Dang, B. Webb, C. Tsang, P. Andry, J. Knickerbocker, Factors in the selection of temporary wafer handlers for 3D/2.5D integration, in *2014 IEEE 64th Electronic Components and Technology Conference (ECTC),* pp. 576–581 (2014)

37. T. Mori, T. Yamaguchi, Y. Maruyama, K. Hasegawa, S. Kusumoto, Material Development for 3D wafer bond and de-bonding process, in *2015 Electronic Components and Technology Conference,* pp. 899–905 (2015)

38. K. Hasegawa, T. Mori, H. Mizuno, H. Ishii, Y. Maruyama, K. Ohkita, Laser releasable temporary bond/de-bond materials for next 3D packages, in *2017 Pan Pacific Microelectronics Symposium (Pan Pacific),* pp. 1–7 (2017)

39. B. Dang, T. Wassick, Y. Liu, Q. Chen, P. Andry, L. Hung, H. Zhang, J. Gelorme, J. Knicker-bocker, Feasibility study of si handler debonding by laser release, in *2016 IEEE 66th Electronic Components and Technology Conference*, pp. 1671–1677 (2016)

40. M. Tyona, A theoritical study on spin coating technique. Adv. Mater. Res. **2**(4), 195–208 (2013)

41. S. Hellstrom, *Published Course Work for Physics*, vol. 210 (Stanford University, Autumn, 2007)

42. F. Niklaus, P. Enoksson, E. Kalvesten, G. Stemme, Void-free full wafer adhesive bonding, in *Proceedings IEEE Thirteenth Annual International Conference on Micro Electro Mechanical Systems*, pp. 247–252 (2000)

43. N. Sahu, B. Parija, S. Panigrahi, Fundamental understanding and modeling of spin coating process: a review. Indian J. Phys. **83**(4), 493–502 (2009)

44. N. Atthi, O. Nimittrakoolchai, W. Jeamsaksiri, S. Supothina, Study of optimization condition for spin coating of the photoresist film on rectangular substrate by Taguchi design of an experiment. Songklanakarin J. Sci. Technol. **31**(3), 25 (2009)

45. Q. Wang, D. Yu, F. Jiang, H. Liu, X. Jing, The effect of temporary bonding on post processing in TSV. Microsyst. Technol. **21**, 749–755 (2015)

46. P. Montmeat, T. Enot, G. Louro De Oliveira, F. Fournel, Polymer bonding temperature impact on bonded stack morphology and adherence energy. Microsyst. Technol. **24**, 793–799 (2018)

47. H. Ishida, S. Lutter, Permanent wafer bonding and temporary wafer bonding/de-bonding technology using temperature resistant polymers. J. Photopolym. Sci. Technol. **27**(2), 173–176 (2014)

48. M. Vagues, Analysing backside chipping issues of the die at wafer saw. Partial Fulfillment of MatE **234**, 1–23 (2003)

49. H. Mei, R. Huang, J.Y. Chung, C.M. Stafford, H.-H. Yu, Buckling modes of elastic thin films on elastic substrates. Appl. Phys. Lett. **90**, 151902 (2007)

50. R. Huang, Kinetic wrinkling of an elastic film on a viscoelastic substrate. J. Mech. Phys. Solids **53**, 63–89 (2005)

51. K. Tamura, K. Nakada, N. Taneichi, P. Andry, J. Knickerbocker and C. Rosenthal, Novel adhesive development for CMOS-compatible thin wafer handling, in *Proceedings of the 60th Electronic Components and Technology Conference (ECTC)*, pp. 1239–1244 (2010)

52. H. Mei, R. Huang, Concomitant wrinkling and buckle-delamination of elastic thin films on compliant substrates. Mech. Mater. **43**, 627–642 (2011)

53. H. Shi, Fundamentals and Failures in die preparation for 3D packaging, in *3D Microelectronic Packaging: From Fundamentals to Applications* (Springer, 2017), pp. 101–128

54. A. Phommahaxay, A. Jourdain, P. Bex, A. Van den Eede, B. Swinnen, G. Beyer, A. Miller, E. Beyne, Evolution of temporary wafer (de)bonding technology towards low temperature processes for enhanced 3D integration, in *2012 3rd IEEE International Workshop on Low Temperature Bonding for 3D Integration*, pp. 229–233 (2012)

55. W. Bair, Temporary bonding and debonding—an update on materials, in *Handbook of 3D Integration, Volume 3: 3D Process Technology* (EBSCO Publishing, 2014), pp. 147–157

56. K. Abadie, P. Montméat, T. Enot, F. Fournel, M. Wimplinger, Application of temporary adherence to improve the manufacturing of 3D thin silicon wafers. Int. J. Adhes. Adhes. **91**, 123–130 (2019)

57. B.C.A.P. Webb, Simulation of thermal pulse evolution during laser debonding, in *2015 Electronic Components and Technology Conference*, pp. 1423–1429 (2015)

58. N. Bityurin, B.S. Luk'yanchuk, M.H. Hong, T.C. Chong, Models for laser ablation of polymers. Chem. Rev. **103**, 519–552 (2003)

59. L. Torrisi, A. Borrielli, D. Margarone, Study on the ablation threshold induced by pulsed lasers at different wavelengths. Nucl. Instrum. Method. Phy. Res. B **255**, 373–379 (2007)

60. A. Phommahaxay, A. Nakamura, A. Jourdain, G. Verbinnen, Y. Kamochi, I. Koyama, Y. Iwai, M. Sawano, S. Tan, A. Miller, G. Beyer, E. Sleeckx, E. Beyne, Demonstration of a novel low cost single material temporary bond solution for high topography substrates based on a mechanical wafer debonding and innovative adhesive removal, in *Electronic Components & Technology Conference*, pp. 1430–1435 (2015)

61. B.A. Miller-Chou, J.L. Koeni, A review of polymer dissolution. Prog. Polym. Sci. **28**, 1223–1270 (2003)

62. R. Dahiya, G. Gottardi, N. Laidani, PDMS residues-free micro/macrostructures on flexible substrates. Microelectron. Eng. **136**, 57–62 (2015)

63. J. Li, H. Hwang, E.-C. Ahn, Q. Chen, P. Kim, T. Lee, M. Chung, T. Chung, Laser dicing and subsequent die strength enhancement technologies for ultra-thin wafer, in *Electronics Components and Technology Conference*, pp. 761–766 (2007)

64. C.M. Dunsky, Laser material processing in microelectronics manufacturing: status and near term-term opportunities, in *Proceedings of SPIE 5713, Photon Processing in Microelectronics and Photonics IV*, pp. 200–214 (2005)

65. S.Y. Luo, Z.W. Wang, Studies of chipping mechanisms for dicing silicon wafers. Int. J. Adv. Manuf. **35**, 1206–1218 (2008)

66. K.W. Shi, K.Y. Yow, "The characteristics and factors of a wafer dicing blade and its optimized interactions required for singulation high metal stack LowK wafers, in *IEEE 15th Electronics Packaging Technology Conference (EPTC)*, pp. 208–212 (2013)

67. E. Fogarassy, S. Lazare, *Laser Ablation of Electronic Materials* (North-Holland, 1992)

68. J.C. Miller, *Laser Ablation* (Springer, 1994)

69. R.E. Russo, X.L. Mao, O.V. Borisvo, Laser Ablation Sampling. Trac-Trends Anal. Chem. **17**(8–9), 461–469 (1988)

70. S.S. Mao, *Experimental and Theoretical Studies of Picosecond Laser Interactions with Electronic Materials-Laser Ablation* (University of California, Berkeley, 2000)

71. J.R. Ho, C.P. Grigoropoulos, J.A.C. Humphrey, Computational study of heat transfer and gas dynamics in the pulsed laser evaporation of metals. J. Appl. Phys. **78**, 4606–4709 (1995)

72. G. Callies, P. Berger, H. Hugel, Time-resolved observation of gas-dynamic discontinuities arising during excimer laser ablation and their interpretation. J. Phy. D, 794–806 (1995)

73. Y. Zhang, D.Y. Tzou, J.K. Chen, Micro- and nanoscale heat transfer in femtosecond laser processing of metals. Comput. Phy. 1–45 (2015)

74. A. Okano, K. Takayanagi, Laser-induced fluorescence from collisionally excited si atoms in laser ablation plume. J. Appl. Phys. **86**, 3964–3972 (1999)

75. X. Zeng, X. Mao, R. Greif, R.E. Russo, Ultraviolet femtosecond and nanosecond laser ablation of silicon: ablation efficiency and laser-induced plasma expansion. High-Power Laser Ablation V **5448**, 1–9 (2004)

76. C. Pasquini, J. Cortez, L.M.C. Silva, F.B. Gonzaga, Laser induced breakdown spectroscopy. J. Braz. Chem. Soc. **18**(3), 463–512 (2007)

77. L.J. Radziemski, D.A. Cremers, *Handbook of Laser Induced Breakdown Spectroscopy* (Wiley, New York)

78. G.M. Weyl, Physics of laser-induced breakdown: an update, in *Laser-Induced Plasmas and Applications* (Marcel Dekker, New York, 1989)

79. C.A. Sacchi, Laser-induced electric breakdown in water. J. Opt. Soc. Josa B **8**(2), 337–345 (1991)

80. M.S. Amer, M.A. El-Ashry, L.R. Dosser, K.E. Hix, J.F. Maguire, I. Bryan, Femtosecond versus nanosecond laser machining: comparison of induced stresses and structural changes in silicon wafers. Appl. Surf. Sci. **242**, 162–167 (2005)

81. A.T. Cheung, Dicing advanced materials for microelectronics, in *International Symposium on Advanced Packaging Materials: Processes, Properties, and Interfaces*, pp. 149–152 (2005)

82. K.W. Shi, Y.B. Kar, H. Misran, Y.K. Yun, L.W. Yew, T.C. Hui, Optimization of wafer singulation process on copper/low-k materials for semiconductor device assembly. Aust. J. Basic Appl. Sci. **8**(22), 6–11 (2014)

83. S. Abdullah, S.M. Yusof, A. Jalar, M.F. Abdullah, Z.A. Aziz, R. Daud, Step cut for dicing laminated wafer in a QFN package. Solid State Sci. Technol. **16**(2), 198–206 (2008)

84. The Cutting Edge: Technical Newsletter, No. 5, Disco Corporation (2002)

85. I. Weisshaus, D. Shi, U. Efrat, Wafer dicing, in *Solid State Technology: Insight for Electronics Manufacturing*

86. Z.Y. Zhang, F.W. Huo, Y. Wu, H. Huang, Grinding of silicon wafers using an ultrafine diamond wheel of a hybrid bond material. Int. J. Mach. Tools Manuf **51**(1), 18–24 (2011)

87. Z. Zhang, Y. Wu, D. Guo, H. Huang, Phase Transformation of single crystal silicon induced by grinding with ultrafine diamond grits. Scripta Mater. **64**(2), 177–180 (2011)

88. S. Malkin, C.S. Guo, *Grinding Technology: Theory and Applications of Machining with Abrasives*, 2nd edn. (Industrial Press, New York, 2008)

89. H. Zhou, S. Qiu, Y. Huo, N. Zhang, High-speed dicing of silicon wafers conducted using ultrathin blades. Int. J. Adv. Manuf. Technol. **66**, 947–953 (2013)

90. P.J. Kim, Y.D. Ha, H.H. Park, J.H. Park, Development of die-bonder with multi and matrix picker and placer to increase production capacity. Proc. World Cong. Eng. Comput. Sci. **1**, 978–988 (2012)

91. Z. Liu, Reliable peeling of ultrathin die with multineedle ejector. IEEE Trans. Compon. Packag. Manuf. Technol. **4**(9), 2156–3950 (2014)

92. T.H. Cheng, C.C. Du, C.H. Tseng, Study in IC chip failure during pick-up process by using experimental and finite element methods. J. Mater. Process. Technol. **172**, 407–416 (2006)

93. N. Saiki, K. Inaba, K. Kishimoto, H. Seno, K. Ebe, Study on peeling behavior in pick-up process of IC chip with adhesive tape. J. Solid Mech. Mater. Eng. **4**(7), 1051–1060 (2010)

94. A. Eitan, K.-Y. Hung, Thermo-compression bonding for fine-pitch copper-pillar flip-chip interconnect—tool features as enablers of unique technology, in *Electronic Components and Technology Conference,* pp. 460–464 (2015)

95. D. Hiner, D.W. Kim, S.G. Ahn, K.S. Kim, H.K. Kim, M.J. Lee, D.B. Kang, M. Kelly, R. Huemoeller, R. Radojcjc, S. Gu, Multi-die chip on wafer thermo-compression bonding using non-conductive film, in *Electronic Components and Technology Conference,* pp. 17–21 (2015)

96. H. Pristauz, A. Attard, A. Mayr, Core capabilities of thermo compression bonding. Chip Scale Rev. **21**(6), 29 (2017)

97. J.H. Lau, L. Ming, N. Fan, R. Tse, Thermocompression bonding for flip-chip technology. Chip Scale Rev. **19**(5), 30–36 (2015)

98. Y. Jung, D. Ryu, M. Gim, C. Kim, Y. Song, J. Kim, J. Yoon and C. Lee, Development of next generation flip chip interconnection technology using homogenized laser-assisted bonding, in *Electronic Components and Technology Conference,* pp. 88–94, (2016)

99. C. Kim, Y. Jung, M. Kim, T. Yoon, Y. Song, S. Na, D. Park, B. Cho, D. Kang, K. Lim and J. Khim, Development of extremely thin profile flip chip CSP using laser assisted bonding technology, in *2017 IEEE CPMT Symposium Japan,* pp. 45–49 (2017)

100. W.A. Braganca Jr., Y.-S. Eom, K.-S. Jang, S.H. Moon, H.-C. Bae, K.-S. Choi, Collective laser-assisted bonding process for 3D TSV integration with NCP. ETRI J. 396–407 (2019)

101. Z. Zhang, C.P. Wong, Recent advances in flip-chip underfill: materials, process, and reliability. IEEE Trans. Adv. Packag. **27**(3), 515–524 (2004)

102. M.K. Schwiebert, W.H. Leong, Underfill flow as viscous flow between parallel plates driven by capillary action. IEEE Trans. Compon. Packag. Manuf. Technol. C **19**(2), 133–137 (1996)

103. H. Shi, *Epoxy Dewetting Model,* Private Communication

第 8 章

铜 - 铜（Cu-Cu）直接键合及
其他的三维封装键合技术

Tadatomo Suga, Ran He, George Vakanas, Antonio La Manna

8.1 导言

电子和半导体制造工业领域对高可靠、高产量、低成本的低温键合工艺一直需求旺盛。多种（键合）技术和制程已经在不同的领域得到了应用，本章将讨论它们的优缺点。根据未来电子器件等比例缩小和应用驱动发展路线图的趋势，三维（3D）集成架构因为带宽、功率、性能和小型化的优势而优于平面、并排式的电子封装架构。为了实现三维集成，需要高密度互连（互连节距小于 $40\mu m$）、高产量和可靠的堆叠 / 键合工艺。由于 Cu 工艺是半导体后道（BEOL）工艺和硅通孔（TSV）互连制程中研究最为透彻、理解最为深刻的工艺，因此 Cu-Cu 键合是一种很有潜力的三维互连方法。与铝、过渡金属和贵金属材料相比，Cu 材料在机械、电子和热等方面具有优势。与焊接温度范围在 $250 \sim 275℃$、基于焊料回流和热压键合（TCB）的凸块 / 凸点工艺相比，Cu-Cu 键合过程应以较低的焊接温度为目标（从室温到 $250℃$）。⊖

IBM 于 20 世纪 90 年代末发明了用于集成电路的 Cu 互连工艺，之后不久，大约在 2000 年左右，世界各地的大学开始研究 Cu-Cu 键合互连方法 [1, 2]。自 2006 年以来，英特尔的 Morrow 等人（$5\mu m \times 5\mu m$ 铜焊盘）和东京大学 Suga 小组（直径约为 $3\mu m$ 铜焊盘）分别实现了高密度互连（High-Density Interconnects，HDI）中的 Cu-Cu 键合。2006 年由 IMEC[5] 的 Swinnen 等人实现了 TSV 互连节距只有 $10\mu m$ 超薄芯片的三维堆叠键合技术。英特尔 [3] 和 Tezzaron[6] 已经演示了用于如内存、传感器、处理器和内存 / 处理器堆叠等三维原型的 Cu-Cu 键合。Zipltronix ⊖ 的 Cu/SiO_2 混合键合也已经在 Fermilab[7, 8]、Sony[9]

⊖ 制程的时间目标取决于堆叠工艺，如芯片对芯片（CoC）、芯片对晶圆（CoW）或晶圆对晶圆（WoW）工艺，设备配置和制造环境，以及产量和记录模型（Model of Record，MoR）。在大批量生产（HVM）中采用 Cu-Cu 键合工艺，与现有的（折旧后的）焊接工艺相比，需要更高的产量和更低的成本。

⊖ 被 Tessera 收购，2019 年底被整合到 Xperi 和 TiVo 公司的合并中。

和 Tezzaron/Novati 的三维堆叠结构中得到证实。

总之，本章介绍了 Cu-Cu 键合和堆叠 / 键合方案在不同应用中的优缺点，综述了各种 Cu-Cu 键合方法：①热压键合（扩散键合的一个例子）；②带钝化覆盖层的 Cu-Cu 键合；③表面活化键合（Surface Activated Bonding，SAB）；④其他键合方法（例如 Cu/ 介质混合键合和 Cu-Cu 插入键合）。本章还讨论了表面活化、表面微观结构、表面特征和表面钝化对 Cu-Cu 键合的影响，以了解键合行为与 Cu 表面清洁度、扩散、温度、压力和键合气氛之间的关系。最后总结了目前的研究现状，并对未来的发展方向提出了建议。

8.2　基于焊料键合与无焊料键合：优点与缺点

基于焊料的键合工艺在三维互连中很普遍，通常采用单侧焊料微凸点的方案（例如 Cu/x/ 焊料，其中 x 是像 Ni 一样的扩散阻挡层（或根本没有阻挡层），"焊料"是将 SnAg、SnCu 或其他二元焊料（一般由电镀工艺制备）连接在金属焊盘上（例如带钝化层的铜或其他覆盖层，或者通过预先清洗 / 预处理以防止 / 去除氧化）。基于焊料键合方案的关键优势是工艺的鲁棒性，因为焊料工艺在凸点高度均匀性和共面性方面具有更大的工艺容差。然而，由于通过附加的新材料进行堆叠（通常涉及光刻胶、光刻曝光和显影、电镀、刻蚀和清洗 / 去胶过程），基于焊料的工艺过程耗时且更昂贵。此外，在拿持 / 摩擦 / 运输的情况下，基于焊料的工艺更容易造成焊料凸点的机械损伤（例如由于硬度较低而造成的划伤）。此外，基于焊料的工艺温度是由焊料的熔点决定的（例如 100% Sn 的熔点为 232℃，共晶 SnAg 的熔点约 221℃）。基于焊料的连接形成金属间化合物（IMC），并形成 IMC/ 焊料 /IMC 结构，如图 8.1a 所示。通过控制焊料厚度，可以通过 Cu 与焊料之间的固液互扩散（Solid-Liquid Interdiffusion，SLID）键合或固相互扩散（Solid-State Interdiffusion，SSID）键合反应实现键合，在键合界面上消耗全部焊料，形成 IMC，如图 8.1b 所示。与传统的焊料回流焊和 SLID 键合相比，SSID 键合可在较低的温度（低于焊料熔点）、但在较高的键合压力下进行（约 50～150MPa）。

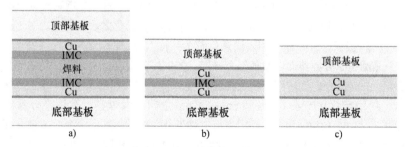

图 8.1　使用不同键合方法的键合结构示意图

a）焊料　b）SLID/SSID 键合　c）Cu-Cu 键合

基于焊料的键合限制了电导率、可靠性（因为裂纹容易发生在焊料 -IMC 界面或 IMC 内部）和互连的最小节距。如图 8.1c 所示，为了解决这些问题，已经开发了不使用焊料，不在键合界面形成 IMC 的直接 Cu-Cu 键合方法。与 Al-Al 键合等其他直接金属键合相比，Cu-Cu 键合互连线具有更高的导电性、更低的功耗、更低的电阻 - 电容（RC）延迟和更高抗电迁移能力。此外，铜互连还提供了良好的散热和热机械可靠性，满足了许多关键应用的要求，如工作温度高达 250℃ [10] 时的电力电子应用。

因此，相比采用焊料的键合技术，无焊料 Cu-Cu 键合技术具有简化工艺、降低成本、提高可靠性和性能的技术前景。Cu-Cu 键合的一个主要挑战是，Cu 表面暴露于空气中很容易被 O_2 和 H_2O 氧化，生成的厚（ > 10nm ）Cu 氧化物（CuO 和 Cu_2O），在 300℃ 以下阻止键合形成。与 Al 氧化物不同，Cu 氧化物的生长不具自限性，因此比传统的 Al 氧化物生长更厚，并需要清洁处理，以产适合键合的原始 Cu 表面。根据键合环境（真空、惰性、还原或环境气氛）、表面处理和钝化以及翘曲和平整度的处理，Cu-Cu 键合过程的温度要低于通常的无铅焊料熔化温度，键合温度可低至 100 ~ 150℃，甚至有些工艺可以降低至室温。Cu-Cu 键合工艺的变体包括：热压键合（扩散键合的一种）、表面活化键合（SAB）、辅助工艺的 Cu-Cu 键合（表面清洁、处理以及贵金属和非贵金属覆盖层钝化），以及混合键合和插入键合。本章的后续内容将更详细地讨论这些工艺条件。

8.3 堆叠和键合方案、技术与应用

本节基于键合结构尺寸、有源电子器件和封装的几何拓扑结构以及应用目标，对堆叠和键合方案和技术进行了分类。根据键合结构尺寸，工艺可分为芯片对芯片（CoC）、芯片对晶圆（CoW）或晶圆对晶圆（WoW）。CoC 和 CoW 键合方案的好处包括使用已知良好芯片（Known-Good-Dies, KGD） ⊖ 来获得高成品率，并以高灵活性集成不同尺寸的芯片。然而，该方案的缺点是低产量（特别是 CoC）和低对准精度。WoW 能够实现高产量和高对准精度，但由于缺乏 KGD 和不同尺寸堆叠的灵活性，它的成品率较低。业内为了解决这些缺点，开发了多种 CoW 键合技术，用于将临时组装在载体晶圆上的多个芯片（如通过液相辅助自组装 [11]）键合到晶圆上。

键合方案也可以根据有源层表面（含有源器件）如何接触来区分，例如面对面（F2F）、背对面（B2F）或面对背（F2B）和背对背（B2B）。"面"是指制备有源器件的晶圆正面；"背"是指正面的另一面，通常在减薄和绝缘 / 金属化之后得到的。对于没有有源器件的无源硅转接板，首先加工的表面通常称为"面"，反面称为"背"。F2F 键合方案，通过将两个晶圆正面有源器件以及顶部金属层上的铜焊盘键合，实现两张晶圆的互连，如图 8.2a 所示。F2F 键合广泛应用于两层三维堆叠。英特尔公司的 Morrow 等人 [3] 采用 F2F 键合技术，利用尺寸在 $5\mu m \times 5\mu m$ 和 $6\mu m \times 40\mu m$ 之间的铜焊盘，对具有有源器件（如 65nm MOSFET 和 4MB SRAM）的晶圆进行三维堆叠。随后，其中一个 F2F 键合晶圆被减薄，并从背面进行绝缘 / 金属化处理，后续通过 B2F 或 B2B 键合方案进行键合。B2F 键合为两个晶圆的背面和正面进行堆叠，如图 8.2b 所示。B2B 键合为两个晶圆背对背互连。在进行 B2F 或 B2B 键合之前，还可以借助临时键合载片对晶圆进行减薄和背面加工，如图 8.2c 所示。B2F 和 B2B 键合通常与 F2F 键合联合使用，用于两层以上的三维堆叠。

⊖ 预先测试和分类的芯片，因此得名 "Known Good Dies"。

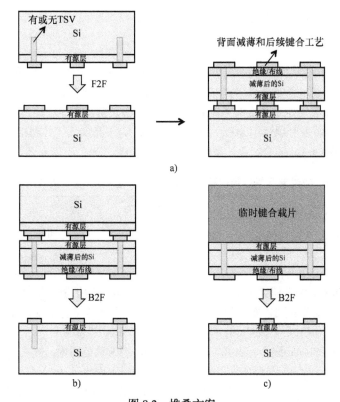

图 8.2 堆叠方案

a）晶圆背面工艺制程前 F2F b）第三层键合 B2F c）临时键合 B2F

8.4 热压键合（一种典型的扩散焊）：材料基础及微观结构效应

Cu-Cu 热压键合（TCB）的基础是在高温和外部压力下的相互扩散和自扩散，这取决于配对的铜表面的清洁度和潜在的附加钝化或覆盖层。压力主要取决于表面形貌和粗糙度，对于电镀的 Cu 膜 / 柱，压力可达 100～150MPa，而对于光滑薄 Cu 膜或 CMP（化学机械抛光）Cu 膜，压力只需要 < 2.5MPa。通常，Cu-Cu 的 TCB 在 300～400℃的真空或保护 / 还原气体环境下进行（或使用等离子体清洗前处理），然后在 300～400℃下进行键合后退火以提高键合强度[12]。然而，这样高的工艺温度和高的加热 / 冷却速率可能会导致大的热膨胀和应力，从而引起对热和应力敏感的材料和器件的退化或损坏。此外，当键合温度高于 300℃[13]时，观察到键合界面空洞形成。

为了降低键合温度，研究和应用了湿化学清洗和气体 / 汽相热处理等表面处理方法。例如，为了实现 200℃以下的 Cu-Cu 键合，研究了混合气体（H_2+Ar 或 N_2）处理。在 175℃处理 30min 后，在 175℃进行热压 30min，然后 200℃退火 1h[14, 15]。东京大学的 W.Yang 等[16, 17]研究了用甲酸（HCOOH）蒸气处理、结合铂（Pt）催化脱氢原位生成氢自由基 / 分子的 Cu-Cu 键合工艺。在这个组合工艺中，H 自由基 / 分子是通过加热 Pt 箔并暴露于 HCOOH 蒸气，通过以下反应产生的：

$$HCOOH \xrightarrow{Pt} CO_2 + 2H \tag{8.1}$$

采用气相色谱法[16]证实了 HCOOH 蒸气中 H 自由基的生成。所检测到的 H_2 峰面积与 0.1% 标准 H_2 谱几乎完全相同。与混合气体相比，由于存在高反应活性的 H 自由基，含 H 的 HCOOH 蒸气似乎能更有效地还原 Cu 氧化物，使得在 200℃下 Cu-Cu 具有更强的键合强度（剪切强度超过 10MPa）。由表 8.1 总结，与混合气体处理相比，HCOOH 蒸气处理可以实现 Cu-Cu 键合，且处理时间和键合时间非常短，不需要键合后退火。

表 8.1　通过混合气体和甲酸蒸气表面处理工艺的 Cu-Cu 键合的热预算

工艺 / 参考文献	Cu 处理（温度，时间）	键合和退火（温度，时间）
混合气体（H_2+Ar 或 N_2）/[14，15]	175℃，30min	175℃，30min + 200℃，1h 退火
甲酸蒸气 /[16，17]	200℃，1~10min	200℃，5min 不退火

现有的 Cu-Cu TCB 研究大多基于随机取向 Cu 薄膜间的扩散。从材料的基本原理可知，扩散不仅与温度有关，而且与微观结构有关。为了降低键合温度，还研究了利用具有特殊微观结构的 Cu 层 [如 Cu 纳米棒阵列[18]、Cu 颗粒[19] 和高（111）取向的纳米孪晶 Cu 膜[20]] 进行的 Cu-Cu 键合。表 8.2 总结了在 150 ~ 300℃范围内，铜在 3 个晶面上的表面扩散系数 $D_{表面}$（m^2/s）与温度的函数[20]。由于（111）面比（100）面和（110）面具有更大的表面扩散率，采用（111）晶面取向的 Cu 面可以降低 Cu-Cu 键合温度。Liu 等人[20]研究了高（111）晶面取向的纳米孪晶 Cu 薄膜，该薄膜在 150 ~ 250℃范围内 TCB10 ~ 60min 可以得到良好的键合。图 8.3a 所示为键合温度为 200℃、键合时间为 30min 的 Cu-Cu 界面的断面 TEM 图片，键合界面无空洞。图 8.3b 所示为键合界面的电子背散射衍射（Electron Backscattered Diffraction，EBSD）取向图，显示键合界面附近的 Cu 晶粒均沿着 <111> 方向。即使在室温下，如果表面没有氧化物，表面扩散也会发生。Shimatsu 等人[21]在 UHV（Ultra High Vacuum，超高真空）中实现了在溅射沉积的洁净纳米晶 Cu 薄膜之间的 Cu-Cu 键合。TEM 结果显示，键合界面变得不可见，如图 8.4 所示，这是 Cu 在室温下快速自扩散的结果。在低至 100℃[22] 的温度下，铜纳米晶薄膜也成功地在空气气氛下键合。

表 8.2　铜在 3 个晶面上的表面扩散系数随温度的变化[20]

温度 /℃	Cu 表面扩散系数 $D_{表面}$ / （m^2/s）		
	（111）	（100）	（110）
150	6.85×10^{-10}	2.15×10^{-14}	6.61×10^{-16}
200	9.42×10^{-10}	1.19×10^{-13}	5.98×10^{-15}
250	1.22×10^{-9}	4.74×10^{-13}	3.56×10^{-14}
300	1.51×10^{-9}	1.48×10^{-12}	1.55×10^{-13}

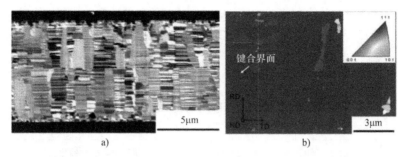

图 8.3　在 200℃下，在 30min 内，两个（111）晶面取向电镀 Cu 薄膜之间的键合
　　　　a）TEM 横截面图像　b）电子背散射衍射（EBSD）取向图像[20]（彩图见插页）

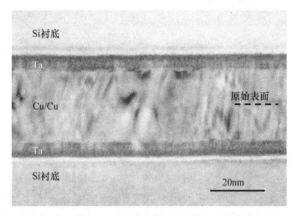

图 8.4　溅射沉积的纳米晶 Cu 薄膜在室温和超高真空条件下键合后，立即在透射电镜下观察
　　　　截面图像。由于 Cu 的自扩散，原始界面不可见，证实了无缝键合[21]

8.5　覆盖层钝化：自组装单分子膜（SAM）和金属

　　由于 Cu 暴露在空气中容易被 O_2 和 H_2O 氧化，所以研究 Cu 表面钝化的覆盖层，以保护 Cu 表面免受氧化和提高 Cu-Cu 键合质量。典型的表面处理，如化学沉镍 / 浸金（ENIG），沉银（ImAg），沉锡（ImSn）和有机保焊膜（Organic Solderability Preserative，OSP），主要用于基于焊料的键合。研究人员还开发了用于无焊料的芯片 - 基板组装用 ENIG 覆盖层，采用 2.5 维封装，在 < 200℃和约 300MPa 下进行 TCB[23]。本节将重点介绍新兴的覆盖层技术，包括有机自组装单分子层（Self-Assembled Monolayer，SAM）和金属，如溅射 Ti 或 Pd 和化学沉 Ni 或 Co 基合金，见表 8.3。

　　SAM 已被用作铜膜表面钝化的临时覆盖层。Tan 和同事进行了烷烃 - 硫醇基的 SAM 在 250～300℃下用于 Cu-Cu 键合的研究[24-27]。将沉积了 Cu 薄膜的晶圆浸在 1- 己硫醇 [CH_3-$(CH_2)_4$-CH_2-SH，C 链长度为 6C] 溶液中。硫基（–SH）头基与 Cu 表面结合，形成致密的 SAM 帽；甲基（–CH_3）尾部基团使 Cu 表面疏水[27]。在储存 3～5 天后，在真空或 N_2 环境下对该 SAM 进行 250℃退火 10min 解吸附，从而暴露 Cu 表面进行键合。铜表面保持疏水和清洁，具有较强的可键合性，剪切强度约为 60MPa，而不使用 SAM 时约为 10MPa。

表 8.3　用于铜表面钝化的各种覆盖层和键合温度

覆盖层	键合温度 /℃	特征
SAM	250~300	SAM 解吸需要预键合退火 [24-28]
Ti	160~180	Ti 从界面扩散出去 [29] Ti 的厚度对钝化层、表面粗糙度和 TiO_x 含量（最佳 3nm）都很重要 [30]
Pd	150	Pd 从界面扩散出去，接触电阻比钛钝化层低 [31]
Au	250	键合强度差，形成 IMC

　　IMEC 的研究人员将巯基 SAM 应用于三维互连中的电镀铜焊盘 / 凸块 / 凸点的钝化。在 50μm 凸点节距的硅测试载具上研究了不同碳链（长度为 3 碳、10 碳和 18 碳）的 SAM 对平面和三维图形 / 微凸点样品的影响 [28]。采用循环伏安法对每个独立样品的抗氧化性进行定性比较。在芯片对芯片（CoC）堆叠后，用电探针测量全菊花链和子链的连续性和电阻。与 C10-SAM 相比，C18-SAM（通过将电镀 Cu 层在液体中浸泡 ≤ 24h 而得到）具有更好的膜层稳定性和更低的氧化性，而 C10-SAM 又优于 C3-SAM。无论浸泡时间如何，C18-SAM 钝化层在室温环境下降解很快（基于 1 天与 1 周的循环伏安法测试结果比较）。因此，在生产制造过程中，SAM 材料的"等待时间"应该以"天"为单位；否则，材料需要储存在真空 / 惰性气氛中，并需要建立和控制"临期再处理周期（time critical loop）"。在菊花链连通方面，与 C10-SAM 相比，C18-SAM 样品的电性能高约 20%（如图 8.5 所示）。基于双芯片堆叠的电探针测试，C18-SAM 钝化导致的电阻更低，约为 500Ω；相比之下，C10-SAM 堆叠样品的电阻高了 3 倍，而方差变化幅度有数量级的差异（如图 8.6 所示）。在基于平面样品的伏安法测试和双芯片堆叠的电阻和菊花链连续性测试中，还发现了在 SAM 沉积前的微波等离子体清洗比柠檬酸清洗更有效。

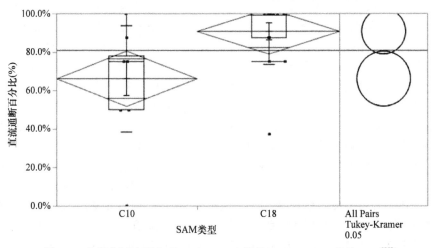

图 8.5　在菊花链连通方面，C18-SAM 样品比 C10-SAM 高约 20%[28]

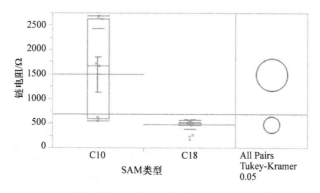

图 8.6　C18-SAM 的全链电阻分布要窄得多，明显不同于 C10-SAM[28]

　　SAM 在成键过程中被解吸附（鉴于它们只有原子层厚度），金属覆盖层与 SAM 不同，它们一直存在并参与界面反应成键。Huang 等 [29, 31] 研究了 Cu-Cu 键合中的 Ti 和 Pd 溅射覆盖层。由于 Cu 在表面的活化能较低，因此 Cu 倾向于向键合界面扩散。相反地，Ti（TiO$_x$）向 Si 衬底扩散 [29]。这种扩散行为导致了 Ti（TiO$_x$）/ Cu-Cu /Ti（TiO$_x$）键合结构。使用 Pd 覆盖层也发现了类似的行为。图 8.7a 给出了键合结构的 TEM 图像和 EDX 成分分布图，显示了键合界面主要含有 Cu，使用 Pd 覆盖层的键合结构中氧的含量比 Ti 覆盖层的小。电性能测量也显示了 Pd 覆盖层的接触电阻比 Ti 低，如图 8.7b 所示。Panigrahi 等人 [30] 研究了 Ti 覆盖层厚度对钝化的影响和键合的结果。他们证明了 3nm Ti 覆盖层表面粗糙度小，TiO$_x$ 含量低，对铜表面的钝化是有效的。Au 覆盖层由于键合强度差，不适合进行 Cu-Cu 键合，这可能是由于在没有阻挡层的情况下在 Cu 和 Au 层之间形成了 IMC 的缘故。

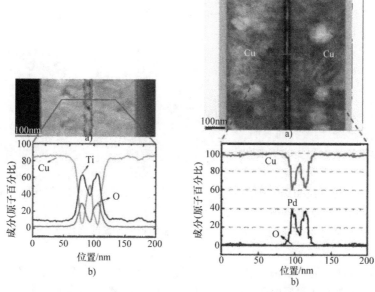

图 8.7　Cu-Cu 键合中使用 Ti（左）和 Pd（右）覆盖层的结果
a）TEM 图像　b）EDX 成分分布 [29, 31]（彩图见插页）

IMEC 的工作已经证明了一种使用非贵金属覆盖层的方法（例如化镀 NiB 和 CoB）钝化铜表面，获得更好的键合 [32]。非贵金属覆盖层中的硼（B）与镍或钴晶格中的空间相吻合，并作为间隙元素，从而防止覆盖层中 Ni 或 Co 的氧化。因此，当 B 的原子浓度百分比从 10% 升到 50% 时，NiB 或 CoB 合金表现为类似贵金属的钝化效果，而且成本更低，如图 8.8 所示。

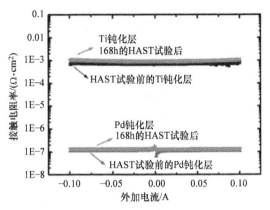

图 8.8 无偏压高加速应力测试（HAST）下 Pd 和 Ti 钝化的铜互连线电特性比较 [31]

8.6 表面活化键合（SAB）工艺

SAB 工艺是一种在超高真空（UHV）条件下采用预键合表面活化的室温键合方法。SAB 的起源可以追溯到 20 世纪 70 年代美国国家航天局（NASA）在超高真空（UHV）中进行的键合试验。Suga 教授在东京大学的团队在 20 世纪 80 年代在超高压键合方面取得了相当大的进展，该技术被扩展到金属、Si/ Ⅲ - Ⅴ族半导体、玻璃和聚合物之间的同质 / 异质键合。

除了在高温下的扩散和反应，在干净的配对表面上，原子之间也总是有化学相互作用。这些相互作用的来源是固体的内聚能和粘附能，即使没有高温反应，也能使固体结合。SAB 方法利用超高真空氩气原子束轰击预键合表面活化方法来去除表面氧化物和污染物，防止在键合前表面的快速再氧化和再污染。因此，SAB 原则上可以在室温下实现各种材料（金属对金属、金属对陶瓷、金属对半导体、半导体对半导体）的键合，即无需加热或键合后退火 [2, 33, 34]。图 8.9 所示为室温下通过 SAB 制备 Cu-Cu 键合界面的 TEM 图像。可见的键合界面表明，在键合界面没有发生明显的扩散和 Cu 晶粒的生长。结果表明，SAB 对 Cu 扩散和 Cu 晶粒组织的依赖性较小。SAB 避免了热相关问题，如热应力、热膨胀和膨胀引起的键合错位。

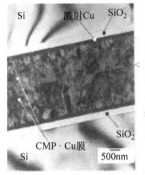

图 8.9 室温下铜薄膜间键合界面的 TEM 图像 [34]

Suga 在 2000 年基于 SAB 方法提出了无凸点互连的概念 [35, 36]，其定义为在一个平面上带有金属互连和绝缘层的两层结构直接进行键合，如图 8.10 所示。多层结构代表了 LSI 芯片和基板的组合，或者两种不同的器件（射频、数字、模拟、逻辑、存储器等），或布线层和器件层的组合。

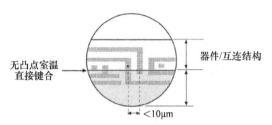

图 8.10　平面、无凸点直接键合结构示意图 [35]

特别是，该结构将有望适用于：

1）全局互连布线层与片上器件层的键合。

2）通过分割布线层提高成品率。

3）通过传输线结构提高信号传输速率，缩短器件之间的距离。

4）连接两个不同的器件层，如分离模拟和数字器件。

5）光学器件与硅衬底的键合，以及半导体异质结的键合 [35]。

无凸点互连是一个广义概念，现已发展为"Cu/ 介质混合键合"。

SAB 方法演示了在 3μm 特征尺寸和 6μm 节距下，1 000 000 个电极的芯片级无凸点 Cu-Cu 键合互连，如图 8.11 所示 [4, 37]。到目前为止，SAB 还实现了金属层压板和 MEMS 封装的大批量工业应用。

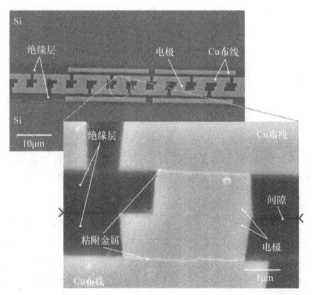

图 8.11　间距为 6 μm 的无凸点 Cu-Cu 键合结构的 SEM 截面图像 [37]

为了在 150℃空气环境中实现 Cu-Cu 键合，还对 SAB 进行了改进（即改性扩散键合 [38] 和气相辅助 SAB[39]）。图 8.12 所示为 Ar 离子束辐照后，暴露在干 O_2 和湿 N_2 环境下，两种方法分别获得的 Cu-Cu 键合界面的 TEM 图像 [40, 41]。两种方法均能实现与厚度为 15nm 的含氧层之间的无空洞键合。与图 8.13 所示相比，在超高真空条件下，键合互连电阻较低，仅略高于使用传统 SAB 所获得的电阻。

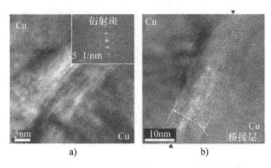

图 8.12　150℃下改性 SAB 工艺制备 Cu-Cu 键合界面的 TEM 图像
a）采用干 O_2 的改性扩散键合　b）采用湿 N_2 气体的气相辅助 SAB [40, 41]

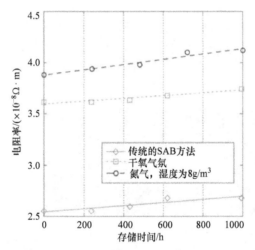

图 8.13　在 150°C 高温储存测试后，采用常规 SAB 和改性 SAB 在干燥的氧气氛（改性扩散键合 [38]）和潮湿的 N_2 气氛（气相辅助 SAB[39]）下进行 Cu-Cu 键合互连的电阻率

SAB 也有缺点，主要是它难以将一些离子材料相互键合，比如玻璃和二氧化硅（SiO_2）。产生这一现象的原因尚不清楚，但可以假定离子材料的表面在成键前通过离子束轰击自发地产生不同程度的水平极化。为了克服传统 SAB 的挑战，提出了一种改进的方法。在这种方法中，待键合的表面用 Ar 离子束溅射清洗，同时沉积 Fe 层，然后沉积 Si 层。金属薄层可以屏蔽离子材料的表面极性，使 SiO_2、玻璃及各种单晶晶圆和聚合物薄膜在室温下具有较高的键合强度。由于没有其他合适的方法实现良好的密封、防止大气中的水和氧气的渗透到这些器件中，在工业应用中，通过这种改进的 SAB 方法实现玻璃和聚合物器件的密封，比如有机电致发光显示（Organic Electro-Luminescent Display，OELD）或发光器件。

8.7　Cu/ 介质混合键合

无凸点互连技术可以在三维堆叠芯片或晶圆之间以非常短的长度实现高密度的直接垂直电气互连[35, 36]。同时对介质钝化区（如氧化物 / 氮化物、聚合物粘合剂等）进行键合，形成无缝隙键合界面以增强键合强度、散热和铜腐蚀防护。尽管对诸如 Au/ 黏合剂、Au/SiO$_2$ 和 Cu-Sn/ 黏合剂组合等金属和介质材料的混合键合已经进行了研究，但 Cu/SiO$_2$ 和 Cu/ 黏合剂混合键合是最有希望实现高电性能的选择。

由于 SiO$_2$-SiO$_2$ 键合和聚合物黏合剂键合机理不同，Cu/SiO$_2$ 和 Cu/ 黏合剂混合键合的方法也不同。SiO$_2$-SiO$_2$ 键合通常基于亲水键合机制，这需要亲水表面修饰后才能键合；胶粘剂的键合通常采用苯并环丁烯（BCB）、聚酰亚胺（PI）、聚苯并恶唑（PBO）等热固性聚合物黏合剂，键合以 TCB 为基础。

8.7.1　Cu/SiO$_2$ 混合键合

Cu/SiO$_2$ 混合键合可以通过对芯片或晶圆进行亲水性表面修饰，然后进行键合和键合后退火来实现。由于 Cu 表面可能发生 CMP 导致的 "碟形化"，芯片或硅片只能在室温下通过 SiO$_2$-SiO$_2$ 键合进行初始键合，如图 8.14a 的①所示。需要键合后退火（通常在 200～400℃）增强 SiO$_2$-SiO$_2$ 键合，并引发 Cu 的热膨胀，以实现 Cu-Cu 键合，如图 8.14a 的②所示。SiO$_2$-SiO$_2$ 键合时的强度必须足够高，以承受 Cu 热膨胀引起的应力。Cu/SiO$_2$ 混合键合也可以通过 TCB 进行，在键合过程中对 Cu-Cu 和 SiO$_2$-SiO$_2$ 界面施加外部压力（见图 8.14b 的①），然后进行键合后退火以进一步增强键合（见图 8.14b 的②）。

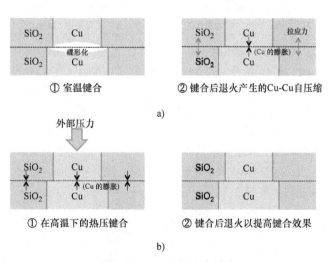

图 8.14　Cu/SiO$_2$ 混合键合
a）没有外部压力　b）有外部压力

表 8.4 比较了 Cu/SiO$_2$ 混合键合的一些方法。等离子体活化尽管已被证明对亲水性 Si-SiO$_2$ 键合非常有效，对 SiO$_2$-SiO$_2$ 和 Cu-Cu 键合的有效性仍有疑问。通过等离子体活

化，SiO_2-SiO_2 对的键合强度明显低于 Si-SiO_2 对[42, 43]。在金属键合方面，研究了低温等离子体活化法用于焊料[44]、Au 薄膜[45] 和 Au 颗粒[46] 的键合。然而，对 300℃以下的 Cu-Cu 键合其优势仍不明晰。由于等离子体腔内残留的 H_2O 和 O_2，其压力通常在 0.1 ~ 100Pa 范围内，即使使用 Ar 或 N_2 等离子体活化 Cu 表面也能被氧化。M.Park 等人报道了用氩等离子体对 Cu 进行表面处理后，Cu_2O 的形成和方阻的增加[47]。在 300℃氩气等离子体活化后，它们的键合效果也很差，有明显的大空隙[47]。此外，等离子体处理对 Cu 表面的其他影响，如 N_2 等离子体处理引起的鼓包和分层[14]，还有待进一步研究。

表 8.4　Cu/SiO_2 混合键合方法比较

方法	SiO_2-SiO_2	Cu-Cu
等离子体活化键合	1）在键合温度 < 300℃时，键合强度明显低于 Si-SiO_2 和 Si-Si 键合 2）界面水汽难以去除	1）Cu 氧化物[47] 和氮化物[14, 48] 的形成 2）表面粗化[47] 3）方阻上升[47] 4）活化后储存会降低键合强度[48]
直接键合互连（DBI®）[49, 50]	1）在 200℃时，键合强度高 2）少量界面水汽[51, 52]	低电阻是在低温下获得的——在专有工艺上很少公开的技术细节
Leti-CEA 的特殊 CMP 处理[53-55]	1）300℃时键合强度低 2）界面水难以去除 3）低温下的键合强度取决于膜的沉积工艺[56]	1）超光滑表面必不可少 2）室温下的键合强度取决于 Cu 膜沉积方法[57] 3）活化后存储（如超过 2h）会降低 Cu-Cu 键合强度[58]
气相辅助 SAB[39, 59]	细节没有报道	键合强度高，在 150℃下电阻低
组合 SAB[60, 61]	1）真空键合，减少界面水汽 2）在 200℃时，键合强度高	1）在 200℃时，键合强度高 2）超薄界面 CuO_x，低电阻

直接键合互连（Direct Bond Interconnect, DBI®）是由 Ziptronix 公司（2015 年被 Tessera 技术公司收购）的研究人员开发的一种的 Cu/SiO_2（或 SiN_x）混合键合技术[49, 50]，行业声誉良好。在这种技术中，通过表面等离子体活化和键合面基团的化学处理（如 Si-OH 和 Si-NH_2 基团），晶圆可在室温环境下键合而不需外部压力（通过界面 Si-O-Si 和 Si-N-N-Si 键，产生相当高的 SiO_2-SiO_2 强度）[51, 52, 62]，随后在高温（125 ~ 400℃[63]）下进行键合后退火，Cu-Cu 键合是由 Cu 热膨胀引起的内部压力促成的[49]。由于氟化氧化物提高了界面对水汽的吸附能力，从而进一步提高了氧化物的强度。近年来，Fermilab 和 Sony 分别将此制程应用于三维堆叠图像传感器[7-9]。Tezzaron 半导体和 Novati 技术公司在 2015 年 IEEE 3DIC 会议上展示了一种由 DBI® 技术构建的 8 层晶圆堆叠，包含 8 层晶体管和 80 层互连。混合键合结构的例子如图 8.15 所示。

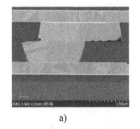
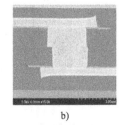

a)　　　　　　　　　　b)

图 8.15　不同节距和温度下 DBI 键合界面的显微图像
a）Cu/SiO_2，25μm 节距，125℃　b）Cu/SiN，10μm 节距，300℃

　　CEA-Leti[⊖] 的研究人员开发了一种 Cu/SiO₂ 混合键合的直接键合方法，利用优化的 CMP 使 Cu 和 SiO₂ 表面超光滑和亲水[53-55]。键合是在室温的空气中进行的，没有外部压力。图 8.16 所示为 CEA-Leti 研究人员报道的 Cu/SiO₂ 混合键合结构界面。通过使用平坦的 Cu-Cu 和 SiO₂-SiO₂ 薄膜进行键合实验，对其键合行为进行了详细研究。对于 Cu-Cu 键合，低温下的键合强化行为与 Cu 膜的沉积方法有关[57]。在 Si 晶圆上电沉积 Cu 膜，Cu-Cu 的键合能在键合时约为 $0.8 J/m^2$，存储 60 天后，Cu-Cu 键合能提高到 $2.8\ J/m^2$ 左右；采用物理气相沉积 Cu 薄膜时，Cu-Cu 键合能约为 $0.5 J/m^2$，并在存储 120 天后略有提高到 $0.7 J/m^2$[57, 64]。室温下 SiO₂-SiO₂ 键合能约为 $0.2 J/m^2$。通常，200 ~ 400℃ 的键后退火用于提高键合能和消除 CMP "碟形化 Cu" 表面之间的间隙[54]，这与 DBI 的概念相同。200℃ 退火后，

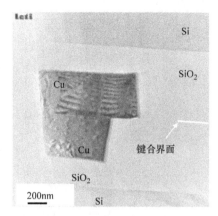

图 8.16　CMP 处理后 Cu-Cu 键合界面的 TEM 图像[53]

SiO₂-SiO₂ 键合能与等离子体活化键合能相当，但仍低于 Si 整体断裂能[65]。文献表明，SiO₂-SiO₂ 键合质量可能受到过量界面水分子存在的限制。有报道称，键合孔隙是由于 SiO₂-SiO₂ 键合界面上过量的水分子而产生的[56, 66]。此外，Fournel 等[67] 报道 SiO₂-SiO₂ 的键合强度会因界面水分子引起的水应力腐蚀效应而降低，而界面水分子在 400℃ 以下很难去除。在 400℃ 退火条件下，Cu/SiO₂ 混合键合晶圆的强度显著提高[54]，但 Cu-Cu 键合界面和 Cu 膜中会产生空洞[68, 69]。这种技术已经在逻辑芯片的三维堆叠图像传感器中得到了验证[70]。

　　采用气相辅助 SAB 和组合 SAB 方法实现混合键合也是可行的。尽管传统的 SAB 方法在室温下对 Cu-Cu 键合有效，但它对 SiO₂-SiO₂ 键合无效[71]。气相辅助 SAB 法不仅适用于环境气氛中的低温 Cu-Cu 键合，也适用于 Cu、SiO₂ 和聚酰亚胺材料组合的混合键合[38, 39, 59]。然而，由于水的应力腐蚀效应，该方法也面临着低 SiO₂-SiO₂ 键合质量的问题。最近提出的组合 SAB 方法是为了提高 Cu/SiO₂ 混合键合的 SiO₂-SiO₂ 键合质量，其基础是在真空中键合，以去除吸附在晶圆上的多余水分子，并防止气体捕获[60, 61]。组合 SAB 包括使用含硅氩离子束进行的表面辐照和在真空中键合之前的预键合吸附 - 脱附过程。在氩离子束中加入 Si 原子可以增加 SiO₂ 表面活性 Si 位点的数量，而预键合吸附 - 脱附过程可以增强 OH 的吸附性，并在真空键合前去除多余的水汽。通过组合工艺，Cu-Cu、SiO₂-SiO₂ 和 SiO_2-SiN_x 在 $10^{-2} Pa$ 的真空中键合，在 200℃ 温度、2.5MPa 压力下保持 30min，然后在 200℃ 室温退火 2h，实现了高 Cu-Cu、SiO₂-SiO₂ 和 SiO₂-SiNₓ 键合强度[61]。外部压力是为了在即使存在较大的表面粗糙度、Cu 碟形化、晶圆扭转或弯曲时，仍然可以确保硅片紧密接触。图 8.17a 显示了各种键合界面对的键合强度，其强度接近硅的整体断裂强度 $2.5 J/m^2$。图 8.17b 所示为 Cu-Cu 键合界面的微观结构，包含低氧界面、超薄 CuOₓ 夹层和几个小空洞。

　　⊖　http://www.leti-cea.com/cea-tech/leti/english/Pages/Welcome.aspx.

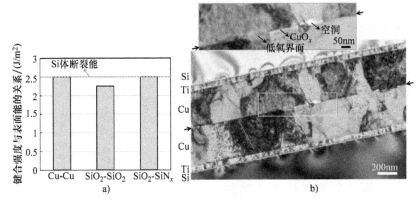

图 8.17　组合 SAB 方法

a）200℃下各种覆盖层的键合强度和　b）Cu-Cu 键合界面的 TEM 图像 [60]

　　研究还表明，在室温下键合，然后在 200°C 无热压退火下可以获得高 SiO_2-SiO_2 键合强度 [61]，因此优化组合 SAB 用于 Cu/SiO_2 无压混合结合是非常有趣的研究。根据 Suga 的团队经验，结合 Ar 等离子体活化（在约 60Pa 的低真空）和预键合吸附 - 脱附工艺，也可以在 200°C 下实现强 Cu-Cu 键合。由于等离子体活化已被广泛研究用于 SiO_2-SiO_2 键合，这种组合方法有望在不使用高真空的情况下发展出 Cu/SiO_2 混合键合。

　　综上所述，Cu/SiO_2 混合键合比 Cu-Cu 键合更复杂，因为需要同时活化 Cu 和 SiO_2 的表面、更复杂的键合条件和降低 Cu 碟形化的风险。需要进一步的研究以提高在低于 250°C 时获得的键合强度，以及更好地理解和控制 Cu 碟形化（由于晶圆翘曲和平坦化过程产生），以确保低电阻键合互连的高成品率。

8.7.2　Cu/ 黏合剂混合键合

　　除了 Cu/SiO_2 混合键合外，还研究了用聚合物黏合剂代替 SiO_2 的 Cu/ 黏合剂混合键合。图 8.18 所示为使用聚酰亚胺（PI）、苯并环丁烯（BCB）和聚苯并恶唑（PBO）黏合剂的 Cu/ 黏合剂复合结构的显微图。IBM 的研究人员利用锁钥结构开发了 Cu/ 黏合剂（PI）的混合键合 [72]。RPI（美国）[73] 和 ASET（日本）[74] 的研究人员分别使用 CMP 制备了基于 BCB 和 PBO 黏合剂的 Cu/ 黏合剂结构，实现了混合键合。

　　Cu/ 黏合剂混合键合通常是通过一个 "先黏合剂（adhesive-first）" 的键合方法，如图 8.19 所示，先进行黏合剂的 TCB、在较低温度下固化（固化温度与材料相关，如 BCB 为 250℃固化 1h），然后 Cu-Cu 在较高温度下的（350 ~ 400℃）TCB [75, 76]。之所以采用这种两步键合顺序，是因为黏合剂如果没有完全固化，Cu-Cu 键合温度过高可能会破坏黏合剂。由于黏合剂材料的选择有限（在高温 Cu-Cu 键合过程中具有高热稳定性）、低产量（TCB 时间长）和高 Cu-Cu 键合温度造成的高热应力，"先黏合剂" 混合键合方法的应用具有挑战性。此外，在黏合剂键合 / 固化过程中，上下基体之间的相对滑移可能会导致最终键合结构的错位 [77]。为了解决这些问题，迫切需要开发一种 "先铜（Cu-first）" 的混合键合方法。该方法中，Cu-Cu 键在低温下进行（低于黏合剂键合 / 固化温度（200℃<T<250℃）），且在较长时间的黏合剂固化步骤之前，持续时间较短（例如≤10min），如图8.19b所示。

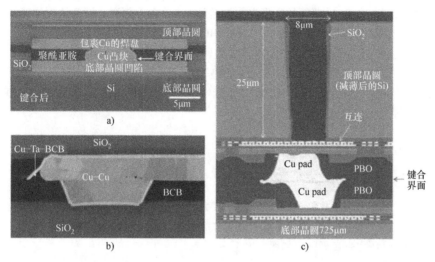

图 8.18 a）IBM[72] b）RPI[73] c）ASET[74] 的 Cu/黏合剂混合键合结构[74]

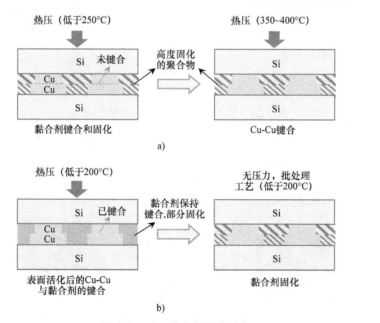

图 8.19 Cu/黏合剂混合键合
a）"先黏合剂"混合键合工艺 b）"先铜"混合键合工艺

尽管如上一节所述，已经研究了各种用于 Cu-Cu 键合的物理和化学表面活化方法，但关于低温（<250℃）Cu/黏合剂混合键合的有效表面活化方法的研究仍然很少。Cu/黏合剂混合键合中，由于黏合剂的存在，要求表面活化工艺与黏合剂兼容。即选择的表面活化工艺仅仅在黏合剂材料中引入可接受的化学/热损伤和 Cu 污染物。例如，Ar 原子

束和 Ar 等离子体辐照被认为不利于 Cu/ 黏合剂表面的活化，主要是因为物理溅射的 Cu 原子吸附在黏合剂表面，导致黏合剂上出现 Cu 杂质[78]。

采用含 H 的 HCOOH 蒸气处理可以有效地降低 Cu/ 黏合剂混合键合的热预算，并避免在黏合剂上溅射引起的 Cu 杂质。含 H 的 HCOOH 蒸气处理能在 200℃下实现 Cu-Cu 键合（剪切强度为 >10MPa），且预键合时间（≤ 10 min）和热压时间（约 5min）相当短[16]。由于几种黏合剂均能承受在 200℃加热一定时间，因此通过控制 Cu/ 黏合剂表面处理的温度和时间，优化含 H 的 HCOOH 蒸气处理，应该可以实现"先铜"的混合粘接。在这方面还需要更多的实验来证明。

8.8 另一种 Cu-Cu 键合技术：插入键合

Cu-Cu 插入是一种低温键合工艺方法，已应用于 Cu-TSV 键合方案中。该方法依赖于施加高剪切应力，使 Cu-Cu 键合表面产生较大的局部塑性形变[79]。高剪应力是通过设计一个具有倾斜侧壁的对接焊盘（而不是通常的平焊盘）和对插入到倾斜焊盘上的 TSV 钉头施加推力 / 压力来实现的，如图 8.20 所示。

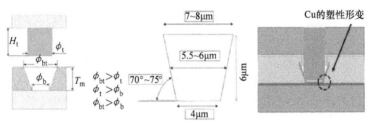

图 8.20　Cu-Cu 插入键合（Cu-TSV 方案）

为了实现插入过程，需要在对接焊盘的倾斜侧壁上电镀铜。这可以通过修改后道（BEOL）制程钝化工艺或通过附加的钝化步骤来实现。后一种方法通过额外的光刻和刻蚀步骤，提供更大的工艺灵活性。图 8.21 所示为经过光刻、刻蚀和最终 Cu CMP 等关键处理步骤后的对接焊盘照片。

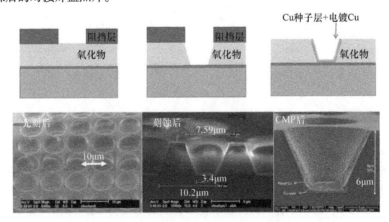

图 8.21　Cu-Cu 插入键合：对接焊盘制作工艺步骤

顶部芯片的制程基于临时键合系统，将晶圆键合在临时载体上，再将 TSV 从背面暴露出来。晶圆背面用标准的 SiN 层钝化，这样做的必要性在于，可有效避免暴露的 TSV 中任何可能的铜扩散。在堆叠过程中，为了露出 TSV，并作为上下芯片之间的填充层，涂覆并显影制作一层聚合物层，如图 8.22 所示。

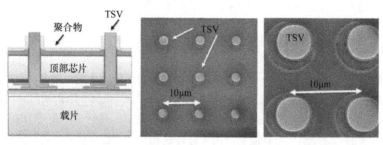

图 8.22　Cu-Cu 插入键合：原理图（左）和堆叠前的顶部芯片（右）

在比利时 IMEC 演示了一个键合温度为 100℃的工艺过程，键合界面无缝隙[79]，但在室温下键合界面是可见的。图 8.23 显示了一些基于 Cu-Cu 插入键合的堆叠图像，其中两个芯片都有 TSV。

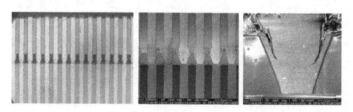

图 8.23　Cu-Cu 插入键合：两个含有 TSV 芯片堆叠后的截面

潜在的工艺改进包括清洗剂存在下的 Cu-Cu 插入键合工艺变体、侧壁角度的优化和微观结构因素。该方法可用于不同的堆叠方案（芯片对晶圆、芯片对芯片），也可扩展到多芯片堆叠。

8.9　Cu-Cu 键合设备概览及现状

在大批量生产（HVM）方面，300mm 尺寸的 WoW 键合设备有限，而随着 CoW 的发展，供应链将进一步增长，CoC 热压键合（TCB）设备的供应链肯定也会进一步增长。300mm 晶圆级 Cu-Cu 键合设备的关键设备供应商有：EVG（奥地利）和 Suss Microtech（德国）。三菱重工集团（日本）开发了标准的 SAB 设备，Bondtech（日本）开发并集成了带有等离子清洗 / 活化、对准和预键合、键合和加热室的 SAB 设备，均用于 300mm 晶圆键合。对于 CoC 或 CoW，许多倒装芯片键合设备供应商已经采用了以前的工具集或设计了新的 TCB 工具，以适应更短的升温时间，改进的对准和处理多种来料（晶圆、金属托盘或载具中的基板 / 子板 / 板条）。主要 TCB 焊机供应商 / 工具集有：Toray（日本），ASM（新加坡），BeSi/Datacon（奥地利）和 K&S（美国），但这并不是一个全面的清单。在应用和商业化方面，表面活化键合（SAB）已应用于金属层压板、MEMS 封装和 OLED 器件的批量生产，以实现气密封装，防止水汽和氧气从大气渗透到这些器件。Cu/SiO$_2$ 混合键合（DBI®）已被索尼应用于三维堆叠背光图像传感器（IMX260 用于三星 Galaxy S7 Edge）[9]，根据新的应用报道 [80-82]，美国费米实验室的 X 射线三维堆叠像素探测器也采用了混合键合工艺。

8.10　小结及后续研究建议

本章回顾了各种 Cu-Cu 键合方法以及基本材料和表面特性方面的键合机制。讨论了铜的表面活化、扩散、微观结构和表面钝化（金属、钝化和 SAM）的影响。表面活化对于在 250℃以下甚至室温下获得 Cu-Cu 无缝隙键合非常重要。还讨论了使用 DBI®、CMP 和 SAB 组合方法的 Cu/ 介质层混合键合。插入键合是利用"铜钉头插入腔内"的形状和结构产生铜塑性形变和无缝隙键合，将 Cu-TSV 压紧。简要介绍了用于大批量生产的 Cu-Cu 键合设备。要想完成具有大翘曲和高密度互连的大面积芯片、晶圆或面板的键合仍然是一个挑战，尤其是还要保证较低的压力、较短的加工时间和较低的工艺温度。在短期内，为了提高 Cu-Cu 键合的利用率，需要付出更多的努力，以降低工艺时间、无缝隙键合质量和可靠性，以满足各种互连领域（如传感器、逻辑内存和更高 IO 密度的逻辑器件堆叠）和应用（汽车、移动、客户端、服务器）的要求。采用新技术不仅是一项技术挑战，也是一项业务挑战，涉及新设备的投资和及时引入，以确保足够的设备数量用于 HVM。消除焊料和焊料 IMC 似乎很有前景，然而只含铜的互连线也容易产生电迁移。从 SAB 方法衍生出的铜合金化和掺杂可以解决上述问题。以钴为例，研究了新的保护层和新工艺 [83, 84]，并应用于特定的情况 [85]。从长远来看，先进材料（如二维材料 / 纳米材料）可能会被引入作为 Cu-Cu 的辅助材料，甚至是具有完全替代 Cu 潜力的关键互连材料 [86]。正如费曼教授所说："There is plenty of room at the bottom（底部还有很大空间）。"

致谢：本书作者感谢英特尔公司的 Hualiang Shi 和 Debendra Mallik 对本章的认真审阅。

参考文献

1. A. Fan, A. Rahman, R. Reif, Copper wafer bonding. Electrochem. Solid-State Lett. **2**, 534–536 (1999). https://doi.org/10.1149/1.1390894
2. A. Shigetou, N. Hosoda, T. Itoh, T. Suga, Room-temperature direct bonding of CMP-Cu film for bumpless interconnection, in *2001 51st Electron Electronic Components and Technology Conference* (Orlando, FL, 2001), pp 755–760
3. P.R. Morrow, C.-M. Park, S. Ramanathan, M.J. Kobrinsky, M. Harmes, Three-dimensional wafer stacking via Cu–Cu bonding integrated with 65-nm strained-Si/low-k CMOS technology. IEEE Electron Device Lett. **27**, 335–337 (2006). https://doi.org/10.1109/LED.2006.873424
4. A. Shigetou, T. Itoh, M. Matsuo, N. Hayasaka, K. Okumura, T. Suga, Bumpless interconnect through ultrafine Cu electrodes by means of surface-activated bonding (SAB) method. IEEE Trans. Adv. Packag. **29**, 218–226 (2006). https://doi.org/10.1109/TADVP.2006.873138

5. B. Swinnen, W. Ruythooren, P. De Moor, L. Bogaerts, L. Carbonell, K. De Munck, B. Eyckens, S. Stoukatch, D.S. Tezcan, Z. Tokei, J. Vaes, 3D integration by Cu–Cu thermo-compression bonding of extremely thinned bulk-Si die containing 10 μm pitch through-Si vias, in *2006 International Electron Devices Meeting* (IEEE, 2006), pp. 1–4

6. Tezzaron Company History. http://www.tezzaron.com/about-us/company-history. Accessed 18 Jun 2016

7. G.W. Deptuch, M. Demarteau, J.R. Hoff, R. Lipton, A. Shenai, M. Trimpl, R. Yarema, T. Zimmerman, Vertically integrated circuits at Fermilab. IEEE Trans. Nucl. Sci. **57**, 2178–2186 (2010). https://doi.org/10.1109/TNS.2010.2049659

8. R. Yarema, G. Deptuch, J. Hoff, F. Khalid, R. Lipton, A. Shenai, M. Trimpl, T. Zimmerman, Vertically integrated circuit development at Fermilab for detectors. J. Instrum. **8**, C01052 (2013). https://doi.org/10.1088/1748-0221/8/01/C01052

9. Chipworks, Samsung Galaxy S7 Edge Teardown Report, 2016

10. M. Higashiwaki, K. Sasaki, T. Kamimura, M.H. Wong, D. Krishnamurthy, A. Kuramata, T. Masui, S. Yamakoshi, Depletion-mode Ga2O3 metal-oxide-semiconductor field-effect transistors on β-Ga2O3 (010) substrates and temperature dependence of their device characteristics. Appl. Phys. Lett. **103**, 123511 (2013). https://doi.org/10.1063/1.4821858

11. T. Fukushima, Y. Yamada, H. Kikuchi, M. Koyanagi, New three-dimensional integration technology using self-assembly technique, in *IEEE International Electron Devices Meeting, 2005. IEDM Technical Digest.* (IEEE, 2005), pp. 348–351

12. Y.-S. Tang, Y.-J. Chang, K.-N. Chen, Wafer-level Cu–Cu bonding technology. Microelectron. Reliab. **52**, 312–320 (2012). https://doi.org/10.1016/j.microrel.2011.04.016

13. C.S. Tan, R. Reif, N.D. Theodore, S. Pozder, Observation of interfacial void formation in bonded copper layers. Appl. Phys. Lett. **87**, 201909 (2005). https://doi.org/10.1063/1.2130534

14. B. Rebhan, T. Plach, S. Tollabimazraehno, V. Dragoi, M. Kawano, Cu–Cu wafer bonding: An enabling technology for three-dimensional integration. In: *2014 International Conference on Electronics Packaging (ICEP)* (IEEE, 2014). pp 475–479

15. B. Rebhan, S. Tollabimazraehno, G. Hesser, V. Dragoi, Analytical methods used for low temperature Cu–Cu wafer bonding process evaluation. Microsyst. Technol. **21**, 1003–1013 (2015). https://doi.org/10.1007/s00542-015-2446-2

16. W. Yang, M. Akaike, M. Fujino, T. Suga, A combined process of formic acid pretreatment for low-temperature bonding of copper electrodes. ECS J. Solid State Sci. Technol. **2**, P271–P274 (2013). https://doi.org/10.1149/2.010306jss

17. W. Yang, M. Akaike, T. Suga, Effect of formic acid vapor in situ treatment process on Cu low-temperature bonding. IEEE Trans. Compon. Packag. Manuf. Technol. **4**, 951–956 (2014). https://doi.org/10.1109/TCPMT.2014.2315761

18. P.-I. Wang, S.H. Lee, T.C. Parker, M.D. Frey, T. Karabacak, J.-Q. Lu, T.-M. Lu, Low temperature wafer bonding by Copper Nanorod Array. Electrochem. Solid-State Lett. **12**, H138–H141 (2009). https://doi.org/10.1149/1.3075900

19. T. Ishizaki, R. Watanabe, A new one-pot method for the synthesis of Cu nanoparticles for low temperature bonding. J. Mater. Chem. **22**, 25198–25206 (2012). https://doi.org/10.1039/C2JM34954J

20. C.-M. Liu, H.-W. Lin, Y.-S. Huang, Y.-C. Chu, C. Chen, D.-R. Lyu, K.-N. Chen, K.-N. Tu, Low-temperature direct copper-to-copper bonding enabled by creep on (111) surfaces of nanotwinned Cu. Sci. Rep. **5**, 9734 (2015). https://doi.org/10.1038/srep09734

21. T. Shimatsu, M. Uomoto, Atomic diffusion bonding of wafers with thin nanocrystalline metal films. J. Vac. Sci. Technol., B **28**, 706–714 (2010). https://doi.org/10.1116/1.3437515

22. T. Shimatsu, M. Uomoto, Room temperature bonding of wafers with thin nanocrystalline metal films. ECS Trans. **33**, 61–72 (2010). https://doi.org/10.1149/1.3483494

23. V. Smet, M. Kobayashi, T. Wang, P.M. Raj, R. Tummala, A new era in manufacturable, low-temperature and ultra-fine pitch Cu interconnections and assembly without solders, in *2014 IEEE 64th Electronic Components and Technology Conference (ECTC)* (IEEE, 2014), pp. 484–489

24. C.S. Tan, D.F. Lim, S.G. Singh, S.K. Goulet, M. Bergkvist, Cu–Cu diffusion bonding enhancement at low temperature by surface passivation using self-assembled monolayer of alkane-thiol. Appl. Phys. Lett. **95**, 192108 (2009). https://doi.org/10.1063/1.3263154

25. D.F. Lim, J. Wei, K.C. Leong, C.S. Tan, Surface passivation of Cu for low temperature 3D wafer bonding. ECS Solid State Lett. **1**, P11–P14 (2012)

26. D.F. Lim, J. Wei, K.C. Leong, C.S. Tan, Cu passivation for enhanced low temperature (⩽300 °C) bonding in 3D integration. Microelectron. Eng. **106**, 144–148 (2013). https://doi.org/10.1016/j.mee.2013.01.032

27. L. Peng, L. Zhang, J. Fan, H.Y. Li, D.F. Lim, C.S. Tan, Ultrafine pitch (6 μm) of recessed and bonded Cu–Cu interconnects by three-dimensional wafer stacking. IEEE Electron. Device Lett. **33**, 1747–1749 (2012). https://doi.org/10.1109/LED.2012.2218273

28. S. Armini, Y. Vandelaer, A. Lesniewska, V. Cherman, I. De Preter, F. Inoue, J. Derakhshandeh, G. Vakanas, E. Beyne, Thiol-based self-assembled monolayers (SAMs) as an alternative surface finish for 3D Cu microbumps, in *TMS 2015 Proceedings Supplements*, (Wiley, London, 2015), pp. 1355–1360

29. Y.-P. Huang, Y.-S. Chien, R.-N. Tzeng, M.-S. Shy, T.-H. Lin, K.-H. Chen, C.-T. Chiu, J.-C. Chiou, C.-T. Chuang, W. Hwang, H.-M. Tong, K.-N. Chen, Novel Cu-to-Cu bonding With Ti passivation at 180 °C in 3-D integration. IEEE Electron. Device Lett. **34**, 1551–1553 (2013). https://doi.org/10.1109/LED.2013.2285702

30. A.K. Panigrahi, S. Bonam, T. Ghosh, S.G. Singh, S.R.K. Vanjari, Ultra-thin Ti passivation mediated breakthrough in high quality Cu–Cu bonding at low temperature and pressure. Mater. Lett. **169**, 269–272 (2016). https://doi.org/10.1016/j.matlet.2016.01.126

31. Y.-P. Huang, Y.-S. Chien, R.-N. Tzeng, K.-N. Chen, Demonstration and electrical performance of Cu–Cu bonding at 150 °C with pd passivation. IEEE Trans. Electron Devices **62**, 2587–2592 (2015). https://doi.org/10.1109/TED.2015.2446507

32. E. Beyne, V.J. De, J. Derakhshandeh, L. England, G. Vakanas, Thin Nib or Cob capping layer for non-noble metallic bonding landing pads (2015)

33. T.H. Kim, M.M.R. Howlader, T. Itoh, T. Suga, Room temperature Cu–Cu direct bonding using surface activated bonding method. J. Vac. Sci. Technol., A **21**, 449–453 (2003). https://doi.org/10.1116/1.1537716

34. A. Shigetou, T. Itoh, T. Suga, Direct bonding of CMP-Cu films by surface activated bonding (SAB) method. J. Mater. Sci. **40**, 3149–3154 (2005). https://doi.org/10.1007/s10853-005-2677-1

35. T. Suga, Feasibility of surface activated bonding for ultra-fine pitch interconnection-a new concept of bump-less direct bonding for system level packaging, in *2000 Proceedings. 50th Electronic Components and Technology Conference (Cat. No. 00CH37070)* (IEEE, 2000), pp. 702–705

36. T. Suga, K. Otsuka, Bump-less interconnect for next generation system packaging. in *2001 Proceedings. 51st Electronic Components and Technology Conference (Cat. No. 01CH37220)*, (IEEE, 2001), pp. 1003–1008

37. A. Shigetou, T. Itoh, K. Sawada, T. Suga, Bumpless Interconnect of 6-μm-Pitch Cu Electrodes at Room Temperature. IEEE Trans. Adv. Packag. **31**, 473–478 (2008). https://doi.org/10.1109/TADVP.2008.920644

38. A. Shigetou, T. Suga, Modified diffusion bonding of chemical mechanical polishing Cu at 150 °C at ambient pressure. Appl. Phys. Express **2**, 056501 (2009). https://doi.org/10.1143/APEX.2.056501

39. A. Shigetou, T. Suga, Vapor-assisted surface activation method for homo- and heterogeneous bonding of Cu, SiO₂, and polyimide at 150 °C and atmospheric pressure. J. Electron. Mater. **41**, 2274–2280 (2012). https://doi.org/10.1007/s11664-012-2091-9

40. Shigetou, A. and Suga, T., Modified diffusion bond process for chemical mechanical polishing (CMP)-Cu at 150 °C in ambient air, in *2009 59th Electronic Components and Technology Conference* (IEEE, San Diego, CA, 2009) pp. 365–369

41. A. Shigetou, T. Suga, Homo/heterogeneous bonding of Cu, SiO₂, and polyimide by low temperature vapor-assisted surface activation method, in *2011 IEEE 61st Electronic Components and Technology Conference (ECTC)* (IEEE, Lake Buena Vista, 2011), pp. 32–36

42. T. Plach, K. Hingerl, S. Tollabimazraehno, G. Hesser, V. Dragoi, M. Wimplinger, Mechanisms for room temperature direct wafer bonding. J. Appl. Phys. **113**, 094905 (2013). https://doi.org/10.1063/1.4794319

43. T. Suni, K. Henttinen, I. Suni, J. Mäkinen, Effects of plasma activation on hydrophilic bonding of Si and SiO_2. J. Electrochem. Soc. **149**, G348–G351 (2002). https://doi.org/10.1149/1.1477209

44. Y.-H. Wang, K. Nishida, M. Hutter, T. Kimura, T. Suga, Low-temperature process of fine-pitch Au–Sn bump bonding in ambient air. Jpn. J. Appl. Phys. **46**, 1961 (2007). https://doi.org/10.1143/JJAP.46.1961

45. K. Okumura, E. Higurashi, T. Suga, K. Hagiwara, Influence of air exposure time on bonding strength in Au-Au surface activated wafer bonding, in *2015 International Conference on Electronics Packaging and iMAPS All Asia Conference (ICEP-IAAC)* (IEEE, 2015), pp. 448–451

46. H. Ishida, T. Ogashiwa, Y. Kanehira, S. Ito, T. Yazaki, J. Mizuno, Low-temperature, surface-compliant wafer bonding using sub-micron gold particles for wafer-level MEMS packaging, in *2012 IEEE 62nd Electronic Components and Technology Conference* (IEEE, 2012), pp. 1140–1145

47. M. Park, S. Baek, S. Kim, S.E. Kim, Argon plasma treatment on Cu surface for Cu bonding in 3D integration and their characteristics. Appl. Surf. Sci. **324**, 168–173 (2015). https://doi.org/10.1016/j.apsusc.2014.10.098

48. S.L. Chua, G.Y. Chong, Y.H. Lee, C.S. Tan, Direct copper-copper wafer bonding with Ar/N_2 plasma activation, in *2015 IEEE International Conference on Electron Devices and Solid-State Circuits (EDSSC)* (IEEE, 2015), pp. 134–137

49. P. Enquist, G. Fountain, C. Petteway, A. Hollingsworth, H. Grady, Low cost of ownership scalable copper direct bond interconnect 3D IC technology for three dimensional integrated circuit applications, in *2009 IEEE International Conference on 3D System Integration* (IEEE, 2009), pp. 1–6

50. P. Enquist, Metal/silicon oxide hybrid bonding, in P. Ramm, J.J.-Q.Lu, M.M.V. Taklo, Handb. *Wafer Bond* eds by (Wiley, Weinheim, Germany, 2012), pp. 261–278

51. Y.-L. Chao, Q.-Y. Tong, T.-H. Lee, M. Reiche, R. Scholz, J.C.S. Woo, U. Gösele, Ammonium hydroxide effect on low-temperature wafer bonding energy enhancement. Electrochem. Solid-State Lett. **8**, G74–G77 (2005). https://doi.org/10.1149/1.1857671

52. Q.-Y. Tong, G. Fountain, P. Enquist, Room temperature SiO_2/SiO_2 covalent bonding. Appl. Phys. Lett. **89**, 042110 (2006). https://doi.org/10.1063/1.2240232

53. L. Di Cioccio, S. Moreau, L. Sanchez, F. Baudin, P. Gueguen, S. Mermoz, Y. Beilliard, R. Taibi, Cu/SiO2 Hybrid Bonding, in P. Garrou, M. Koyanagi, P. Ramm, eds by Handb. *3D Integr* (Wiley, KGaA, 2014), pp 295–312

54. L.D. Cioccio, P. Gueguen, R. Taibi, D. Landru, G. Gaudin, C. Chappaz, F. Rieutord, F. de Crecy, I. Radu, L.L. Chapelon, L. Clavelier, An overview of patterned metal/dielectric surface bonding: mechanism, alignment and characterization. J. Electrochem. Soc. **158**, P81–P86 (2011). https://doi.org/10.1149/1.3577596

55. I. Radu, D. Landru, G. Gaudin, G. Riou, C. Tempesta, F. Letertre, L. Di Cioccio, P. Gueguen, T. Signamarcheix, C. Euvrard, J. Dechamp, Recent Developments of Cu-Cu non-thermo compression bonding for wafer-to-wafer 3D stacking, in *2010 IEEE International 3D Systems Integration Conference (3DIC)* (IEEE, Munich, 2010), pp. 1–6

56. C. Sabbione, L.D. Cioccio, L. Vandroux, J.-P. Nieto, F. Rieutord, Low temperature direct bonding mechanisms of tetraethyl orthosilicate based silicon oxide films deposited by plasma enhanced chemical vapor deposition. J. Appl. Phys. **112**, 063501 (2012). https://doi.org/10.1063/1.4752258

57. P. Gondcharton, B. Imbert, L. Benaissa, V. Carron, M. Verdier, Kinetics of low temperature direct copper–copper bonding. Microsyst. Technol. **21**, 995–1001 (2015). https://doi.org/10.1007/s00542-015-2436-4

58. P. Gueguen, L. Di Cioccio, P. Gergaud, M. Rivoire, D. Scevola, M. Zussy, A.M. Charvet, L. Bally, D. Lafond, L. Clavelier, Copper direct-bonding characterization and its interests for 3D integration. J. Electrochem. Soc. **156**, H772 (2009). https://doi.org/10.1149/1.3187271

59. A. Shigetou, T. Suga, Modified diffusion bonding for both Cu and SiO 2 at 150 °C in ambient air, in *2010 Proceedings 60th Electronic Components and Technology Conference (ECTC)* (IEEE, Las Vegas, NV, USA, 2010), pp. 872–877

60. R. He, M. Fujino, A. Yamauchi, Y. Wang, T. Suga, Combined surface activated bonding technique for low-temperature cu/dielectric hybrid bonding. ECS J. Solid State Sci. Technol. **5**, P419–P424 (2016). https://doi.org/10.1149/2.0201607jss

61. R. He, M. Fujino, A. Yamauchi, T. Suga, Combined surface-activated bonding technique for low-temperature hydrophilic direct wafer bonding. Jpn J Appl Phys 55:04EC02 (2016). https://doi.org/10.7567/jjap.55.04ec02

62. Q.-Y. Tong, J.G.G. Fountain, P.M. Enquist, Method for low temperature bonding and bonded structure. US Patent 6,902,987, 2005

63. C. Sanders, Continued adoption of low temperature direct bond technology for high volume 3D commercial applications. *3D Architectures for Semiconductor Integration and Packaging (3D ASIP)* (2012)

64. L.D. Cioccio, F. Baudin, P. Gergaud, V. Delaye, P.-H. Jouneau, F. Rieutord, T. Signamarcheix, Modeling and integration phenomena of metal-metal direct bonding technology. ECS Trans. **64**, 339–355 (2014). https://doi.org/10.1149/06405.0339ecst

65. C. Rauer, H. Moriceau, F. Fournel, A.M. Charvet, C. Morales, N. Rochat, L. Vandroux, F. Rieutord, T. McCormick, I. Radu, Treatments of deposited SiOx surfaces enabling low temperature direct bonding. ECS J. Solid State Sci. Technol. **2**, Q147–Q150 (2013). https://doi.org/10.1149/2.004309jss

66. C. Ventosa, C. Morales, L. Libralesso, F. Fournel, A.M. Papon, D. Lafond, H. Moriceau, J.D. Penot, F. Rieutord, Mechanism of thermal silicon oxide direct wafer bonding. Electrochem. Solid-State Lett. **12**, H373–H375 (2009). https://doi.org/10.1149/1.3193533

67. F. Fournel, C. Martin-Cocher, D. Radisson, V. Larrey, E. Beche, C. Morales, P.A. Delean, F. Rieutord, H. Moriceau, Water stress corrosion in bonded structures. ECS J. Solid State Sci. Technol. **4**, P124–P130 (2015). https://doi.org/10.1149/2.0031505jss

68. P. Gondcharton, B. Imbert, L. Benaissa, M. Verdier, Voiding phenomena in copper-copper bonded structures: role of creep. ECS J. Solid State Sci. Technol. **4**, P77–P82 (2015). https://doi.org/10.1149/2.0081503jss

69. P. Gondcharton, B. Imbert, L. Benaissa, F. Fournel, M. Verdier, Effect of copper-copper direct bonding on voiding in metal thin films. J. Electron. Mater. **44**, 4128–4133 (2015). https://doi.org/10.1007/s11664-015-3992-1

70. S. Lhostis, A. Farcy, E. Deloffre, F. Lorut, S. Mermoz, Y. Henrion, L. Berthier, F. Bailly, D. Scevola, F. Guyader, F. Gigon, C. Besset, S. Pellissier, L. Gay, N. Hotellier, M. Arnoux, A.-L. Le Berrigo, S. Moreau, V. Balan, F. Fournel, A. Jouve, S. Chéramy, B. Rebhan, G.A. Maier, L. Chitu, Reliable 300 mm wafer level hybrid bonding for 3D stacked CMOS image sensors. In *2016 IEEE 66th Electronic Components and Technology Conference (ECTC)* (IEEE, 2016), pp. 869–876

71. H. Takagi, J. Utsumi, M. Takahashi, R. Maeda, Room-temperature bonding of oxide wafers by Ar-beam surface activation. ECS Trans. **16**, 531–537 (2008). https://doi.org/10.1149/1.2982908

72. F. Liu, R.R. Yu, A.M. Young, J.P. Doyle, X. Wang, L. Shi, K.N. Chen, X. Li, D.A. Dipaola, D. Brown, C.T. Ryan, A 300-mm wafer-level three-dimensional integration scheme using tungsten through-silicon via and hybrid Cu-adhesive bonding, in *2008 IEEE International Electron Devices Meeting* (IEEE, 2008), pp. 1–4

73. J.J. McMahon, E. Chan, S.H. Lee, R.J. Gutmann, J.Q. Lu, Bonding interfaces in wafer-level metal/adhesive bonded 3D integration, in *2008 58th Electronic Components and Technology Conference* (IEEE, 2008), pp. 871–878

74. Hozawa K, Aoki M, Furuta F, Takeda K, Yanagisawa A, Kikuchi H, Mitsuhashi T, Kobayashi H (2013) 3D Integration Technology using Hybrid Wafer Bonding and its Electrical Characteristics. In: 13th Int. Symp. Electron. Packag. ICEP2013. Osaka, Japan, pp 118–122

75. J.J. McMahon, J.Q. Lu, R.J. Gutmann, Wafer bonding of damascene-patterned metal/adhesive redistribution layers for via-first three-dimensional (3D) interconnect, in 55th *Proceedings Electronic Components and Technology, 2005. ECTC'05.* (IEEE, 2005), pp. 331–336

76. Z.-C. Hsiao, C.-T. Ko, H.-H. Chang, H.-C. Fu, C.-W. Chiang, C.-K. Hsu, W.-W. Shen, W.-C. Lo, *Cu/BCB Hybrid Bonding With TSV for 3D Integration by Using Fly-Cutting Technology* (IEEE, Kyoto, Japan, 2015), pp. 834–837

77. T. Sakai, N. Imaizumi, S. Sakuyama, Hybrid bonding technology with Cu–Cu/adhesives for high density 2.5D/3D integration. (IEEE, Big Island, HI, 2016), pp 1–6

78. R. He, T. Suga, Effects of Ar plasma and Ar fast atom bombardment (FAB) treatments on Cu/polymer hybrid surface for wafer bonding, in *2014 International Conference on Electronics Packaging (ICEP)* (IEEE, 2014), pp. 78–81

79. C. Okoro, R. Agarwal, P. Limaye, B. Vandevelde, D. Vandepitte, E. Beyne, Insertion bonding: a novel Cu-Cu bonding approach for 3D integration, in *2010 Proceedings 60th Electronic Components and Technology Conference (ECTC)* (IEEE, 2010), pp. 1370–1375

80. G.W. Deptuch, G. Carini, P. Grybos, P. Kmon, P. Maj, M. Trimpl, D.P. Siddons, R. Szczygiel, R. Yarema, Design and tests of the vertically integrated photon imaging chip. IEEE Trans. Nucl. Sci. **61**, 663–674 (2014). https://doi.org/10.1109/TNS.2013.2294673

81. G.W. Deptuch, G. Carini, T. Collier, P. Gryboś, P. Kmon, R. Lipton, P. Maj, D.P. Siddons, R. Szczygieł, R. Yarema, Results of tests of three-dimensionally integrated chips bonded to sensors. IEEE Trans. Nucl. Sci. **62**, 349–358 (2015). https://doi.org/10.1109/TNS.2014.237 8784

82. G.W. Deptuch, G. Carini, P. Enquist, P. Gryboś, S. Holm, R. Lipton, P. Maj, R. Patti, D.P. Siddons, R. Szczygieł, R. Yarema, Fully 3-D integrated pixel detectors for X-Rays. IEEE Trans. Electron Devices **63**, 205–214 (2016). https://doi.org/10.1109/TED.2015.2448671

83. F. Inoue, J. Bertheau, S. Suhard, A. Phommahaxay, T. Ohashi, T. Kinoshita, Y. Kinoshita, E. Beyne, Protective layer for collective die to wafer hybrid bonding, in *2019 International 3D Systems Integration Conference (3DIC)* (IEEE, 2019), pp. 1–4

84. G. Vakanas, O. Minho, B. Dimcic, K. Vanstreels, B. Vandecasteele, I. De Preter, J. Derakhshandeh, K. Rebibis, M. Kajihara, I. De Wolf, E. Beyne, Formation, processing and characterization of Co–Sn intermetallic compounds for potential integration in 3D interconnects. Microelectron. Eng. **1**(140), 72–80 (2015)

85. SiP/Heterogeneous Integration Roadmap (HIR), Materials and Emerging Research (Chapter 15), 2019 edn. http://eps.ieee.org/hir

86. K. Banerjee et al., (UCSB), CMOS-compatible graphene, (IEEE IEDM (International Electron Devices Meeting), 2018)

第9章

微米-纳米铜颗粒在三维互连中的应用

Yuanyuan Dai, Chuan Seng Tan

9.1 导言

　　常见的晶圆级键合技术有直接晶圆键合、共晶键合、阳极键合和直接金属键合技术[1]。对于金属键合而言，选择合适的键合金属材料至关重要，需要相应的金属材料具有较高的电导率。为便于进行对比，表 9.1 列出了一些较有优势的材料及其特性。银（Ag）因其具有优异的电导特性，被广泛应用于金属键合层[2-4]。作为其他适合的键合材料[5-9]，还有铝（Al）、铜（Cu）和金（Au）及其合金。表 9.2 中列出了一些常用合金的共晶温度。

表 9.1　Ag、Cu、Au 和 Al 性能对比 [10-12]

特性	Ag	Cu	Au	Al
20℃电导率 /（S/m）	6.30×10^7	5.96×10^7	4.10×10^7	3.50×10^7
熔点 /℃	961	1084	1064	660
热导率 /（W/m·K）	407	368.7	315	214.6
成本	高	低	高	低
可靠性	高	中等	高	低

表 9.2　部分金属合金的共晶温度 [13]

共晶合金	共晶温度 /℃
Cu-Sn	231
Au-Sn	280
Au-In	156
Au-Si	363

对于功率电子器件而言，键合材料本身的电导率最受关注，因此，银在该领域中是应用最为广泛的互连材料。但银的成本较高，在大规模工业产品中的应用相对受限。铜在具有远低于银和金的成本基础上，还具有比铝更好的导电能力，故而成为了技术研究和应用的"宠儿"[14-16]。但同时需要注意的是，因为铜相对较高的熔点，其烧结工艺面临着不小的挑战。

9.1.1　金属纳米颗粒键合综述

金属微米/纳米颗粒由于具有较低的烧结温度，因此是键合技术中的一个较好的选择。这主要是因为随着微纳颗粒尺寸的减小，其表面积-体积比增加，在纳米尺度效应作用下，拥有巨大表面积的纳米材料活性更高，从而可以在键合过程中吸收更多的能量[17]。纳米颗粒易熔合的特性确保了其与三维集成电路工艺良好的兼容性。受益于此，金属纳米颗粒可以在更低的温度和压力条件下完成键合。以银为例，由于上述纳米尺度效应的影响，纳米银颗粒可以在低至150℃的温度下实现键合（平均粒子直径约20nm）[18]。近年来，多种纳米银烧结浆料已经被开发出来，用于满足电子器件的需求，例如IGBT（Insulated Gate Bipolar Transistor，绝缘栅双极型晶体管）[19, 20]。然而，受限于纳米银较高的成本，不太适合用于大规模量产的产品。与此同时，铜被广泛认为是银良好的替代材料[21, 22]，具有更好性能的铜可以带来不少的优势。大量的研究已经证明Cu或者Cu/CuO的片状颗粒混合物可以有效的提升电导率[23, 24]。

9.1.2　混合铜颗粒键合的应用动因

限制铜纳米颗粒应用的主要原因是由于其极高的比表面积，铜纳米颗粒在空气环境下会被快速氧化，这些表面氧化层会使得铜纳米颗粒的键合特性快速退化。为确保铜纳米颗粒相比与铜块材的性能优势得以保持，需要对其做一些特殊处理，例如应用新开发的树脂助焊剂、热氧化和还原等技术手段[24-26]。这些技术手段可以使300℃、60min条件下键合的平均剪切强度从低于5MPa提升至20MPa以上。基于甲酸气氛对铜表面的改性作用将铜表面的氧化层去除，试验证明还可以进一步的提升烧结强度[27]。

一些表面修饰技术也被开发出来用于降低纳米颗粒表面的氧化程度，例如利用环保胺处理的银纳米颗粒沉淀技术[28]。其他一些无表面活性剂的技术，如合成优化技术也能帮助提升电导率[29]。

另一个被许多研究证实的问题是铜基纳米浆料存在大量的孔隙与裂纹[30]。造成此问题的一个可能原因是非受控纳米颗粒团聚导致了这种不均匀性的产生；分散溶剂不同的蒸发速率往往会导致纳米颗粒的塌缩，塌缩引入的残余应力会使得纳米浆料呈现开裂的倾向[31]。因此，控制缺陷的产生对于提升铜纳米浆料的烧结致密度很有必要。此外，开发合适、低成本且环保的工艺流程，也是十分有价值的。

基于上述考虑，本章主要介绍使用铜纳米-微米混合颗粒来减少缺陷和空洞，确定最佳的混合质量比。由于低温烧结的广泛需求，找到一种大规模制备技术同样十分重要。本章按照如下的顺序对铜纳米-微米混合互连技术进行介绍。

1）建立模型以计算铜微米 - 纳米颗粒最佳混合比，进而实现最大烧结致密度。

2）开发用于低温烧结的铜微米 / 纳米浆料。

3）对铜微米 - 纳米混合浆料的热学、电学、力学等特性进行对比。

9.2　烧结致密度建模

9.2.1　算法设计与假设

针对烧结致密度进行建模的目的在于确定铜微米 - 纳米颗粒的最佳质量 / 体积混合比例。在接下来建立的模型中，将针对确定粒径的微米颗粒尺寸进行建模，进而确定最佳的纳米铜颗粒粒径，以实现最大烧结致密度。本模型主要通过蒙特卡洛方法（Monte-CarloMethod）在粒子间隙中随机填充纳米颗粒来建立。建模中做了如下一些假设以简化计算。

1）所有粒子均为粒径 1μm 的理想圆球，同时纳米铜颗粒具有一致的尺寸。

2）微米铜颗粒按照面心立方晶体结构（FCC）的方式进行排列。

3）纳米颗粒在微米颗粒之间的间隙中进行填充，直至达到亚稳态（jammed state）。

首先假设微米颗粒以最紧凑的方式进行排列，图 9.1a 所示为最紧凑的二维排列方式，图 9.1b 所示为最紧凑的三维排列方式。二维排列中，每一排粒子都排列在相临两排粒子的中间，构成正三角形结构。三维排列中每一排粒子分布在二维排列的原子层下一层相临两排原子的中间，形成正四面体结构。在上述排列结构确定后，颗粒间的缝隙形状也就确定了。

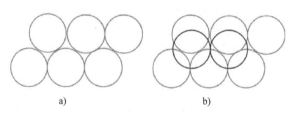

a)　　　　　　　　　　　　　　　b)

图 9.1　球体的紧凑排列

a）二维　b）三维

算法被分为四个模块，分别是球体颗粒的生成，粒径的增加，颗粒的移动和亚稳态评估。仿真的初始条件设定为使用固定数量的纳米粒子，而后通过算法计算这些固定数量的纳米颗粒在达到最大烧结致密度条件下的最大粒径。运算初始状态，纳米颗粒的粒径特别小，因此可以在微米粒子的间隙之间随机排布，而后不断增加纳米粒子的粒径，直到达到可实现的最大直径。粒径增加的同时，所有的粒子都将重新排列，在重新排列后，通过算法确定相应的排列状态是否为亚稳态。如果颗粒排列达到亚稳态，那么此时的粒径就被定义为对应确定数量颗粒条件下的最佳粒径。以上内容即为本章所述算法的基础框架。

9.2.2　三维仿真结果

首先，使用 10 个直径 100nm 的纳米颗粒分布在微米颗粒间隙中，图 9.2 所示为 10 个纳米颗粒在间隙中随机分布位置。

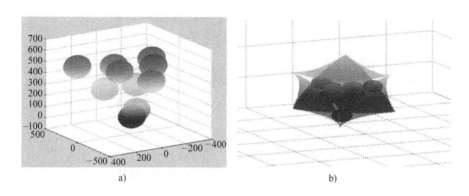

图 9.2　随机生成的 10 个纳米颗粒

a）随机生成排列　b）在间隙中的排列（彩图见插页）

而后，这些粒子被移动到微米颗粒间隙中，图 9.3 展示了粒子移动的路径。当粒子不再具备任何的移动自由度时，粒子移动算法将自动中止。在此时，基于上述的动态平衡计算出堆积密度。

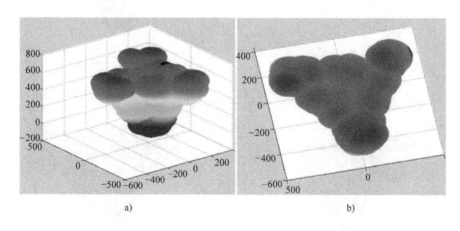

图 9.3　初始条件下 10 个微粒的移动轨迹（彩图见插页）

图 9.4 展示了经过一轮仿真后粒子紧密排列的状态。粒径从初始值提升至了 110nm。图 9.5 展示了更大的颗粒数量条件下的最大粒径。

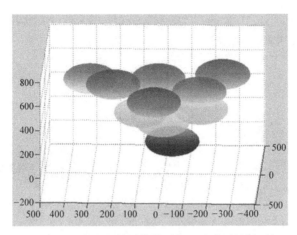

图 9.4　10 个微粒的最终排列位置（彩图见插页）

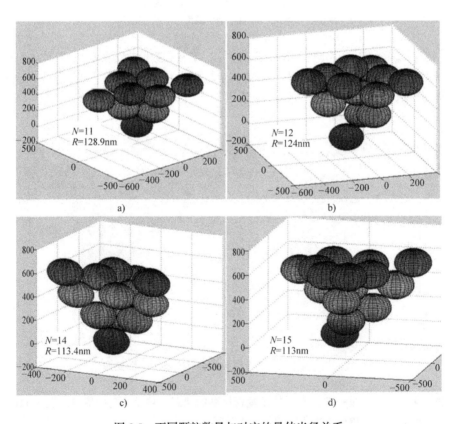

图 9.5　不同颗粒数量与对应的最佳半径关系
a）11 颗初始球数量　b）12 颗初始球数量　c）13 颗初始球数量　d）14 颗初始球数量（彩图见插页）

　　可以看出，仿真得到的最佳颗粒半径比实验中使用的纳米颗粒尺寸大。实验中使用的纳米颗粒半径在 40 ~ 80nm 之间。因此为确定实际上的最佳半径，有必要增加初始状态微末颗粒间隙中的粒子数量。在尝试不断增加间隙中的初始纳米颗粒数量后，在图 9.6 中展示了初始颗粒数量分别为 30、60、90 下对应的最佳颗粒半径。仿真结果表明，当颗粒数量从 60 提升至 90，对应的最佳半径仅仅降低了 10nm。通过分析随着粒径的减小与堆积密度的关系，可以发现临界粒径大约为 52nm。这就意味着实现最大堆积密度的粒径范围在 x 至 52nm 之间，其中 x 是最佳值。从仿真结果看，如果粒径分布在 52 ~ 100nm 之间，53.59nm 将会是最佳粒径。由于我们的试验中使用的颗粒平均约为 40nm，因此实际上我们选择了可能实现最佳堆积密度的最小颗粒尺寸。

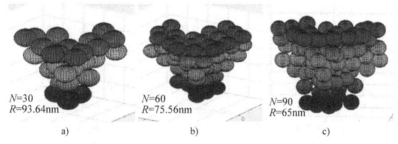

图 9.6　不同颗粒数量与对应的最佳半径关系
a）30 颗初始球数量　b）60 颗初始球数量　c）90 颗初始球数量（彩图见插页）

9.2.3　小结

　　本节介绍了基于蒙特卡洛方法的建模算法和三维仿真，并找到了最佳的微米 / 纳米颗粒混合体积比。仿真结果表明，当纳米颗粒尺寸小于 52nm 时，更小的颗粒尺寸导致更大的堆积密度。此外，还需要逆向计算来确定微米 / 纳米颗粒的质量混合比例。本节所述的仿真建立在几个假设和边界之上。仿真假设纳米颗粒分布在微米颗粒间隙中，而后不断调整其排布从而达到最大堆积密度。同时，大的微米颗粒则有着确定的位置和尺寸。尽管如此，仿真给出了微米 - 纳米颗粒混合比例的大体框架，从而可以在后续试验中给出有益的方向指引。

9.3　铜浆配方及表征

　　铜浆的配方直接影响其在键合过程中的特性。对于金属键合而言，低烧结温度和高电导率是最受关注的两个点。因此，铜浆中使用的溶剂和添加剂应当具有较低的沸点。一些使用了常用溶剂的纳米铜浆，例如 α - 松油醇[32]，乙醇[33] 和水合肼 - 柠檬酸[34] 等作为溶剂，其烧结温度在 300℃ 左右，对于后道三维 IC 而言，这个温度偏高。在本章后续内容中，将介绍铜浆的制备手段并研究如何提升纳米 - 微米铜颗粒混合浆料烧结后的热学及电学性能。性能表征使用了在线温度检测、电阻测量、剪切力测试及 SEM 图像分析等手段。我们制备并测试了不同配比下的铜浆性能，以期找到最佳配比。

9.3.1 铜浆配方和烧结曲线

烧结曲线对于烧结后的性能影响至关重要。烧结温度和时间对于键合强度有着较大的影响，剪切力分布区间可达 0.5 ~ 40MPa[35]。烧结气氛同样对烧结特性有较大的影响。通常而言，当铜浆在 H_2 气氛中烧结时，薄膜表面的氧化物可以被氢气还原去除[36]。进而烧结温度只受到合成工艺中使用的溶剂的影响。由于工业上要使用氢气很复杂并且成本高昂，研究者们也在寻找适合在真空或者氮气环境下烧结使用的溶剂。GaoYue 等研究者发现使用聚乙二醇（PEG）作为还原剂，铜浆在氮气环境、0.4MPa 烧结压力和 350℃的温度下进行烧结，剪切力强度可以达到 40MPa，比在真空条件下进行烧结得到的剪切力强度要高[37]。之后的研究又发现，使用抗坏血酸（维生素 C）可以提升在氮气和更低温度条件下烧结后的性能[38]。

为找到更好的烧结气氛，在试验中尝试了真空、氮气和氢气等烧结气氛。根据 SEM（Scanning Elctron Microscope，扫描电子显微镜）和显微镜图像，铜浆在氢气中烧结后通常比在另外两种气氛中烧结后具有更均匀的表面。为了进一步满足可靠性和成本需求，又研究了合成铜浆的溶剂以确保其可以在较低的温度下和氮气环境中充分挥发。

试验中使用的粒子为：①从 AmericanElements 购入的商业化铜微米颗粒（1 ~ 2μm 直径，99% 纯度）；②由洛克希德·马丁先进技术中心（Lockheed Martin Advanced Technology Center）提供的 CuantumFuse™ 纳米铜焊料（直径 40 ~ 80nm，用有机胺薄膜层钝化）[39]。在试验之前，通过透射电镜（TEM）确定了颗粒的粒径。将测得的平均粒径 69nm 代入仿真模型，计算可以得到微米 - 纳米颗粒的最佳质量混合比例约为 6 : 1。

先将纳米颗粒洗涤、离心，然后加入必要的添加剂以制成浆料。微米颗粒也被分散在和纳米铜浆相同的溶剂和添加剂中。在烧结前，通过刮刀将这些浆料涂敷在玻璃基板上。混合铜浆首先以 6 : 1 的重量比配制（质量百分比，微米颗粒：纳米颗粒，此处及后文中提到的比例均以此顺序）。

首先在广角显微镜下观察三种状态了铜颗粒，图 9.7a~ 图 9.7c 分别所示为微米、纳米和混合状态的铜浆照片。微米颗粒铜浆表面有着更多的有机物，而纳米铜浆的表面则有着明显的开裂。纳米铜浆的开裂主要是由于导言中介绍的纳米颗粒团聚效应所导致。这几张图片也证实了之前的评估过程中所预计可能存在的问题。而混合颗粒的显微照片中则相反，并未发现开裂，而是具有均匀和清晰的界面。

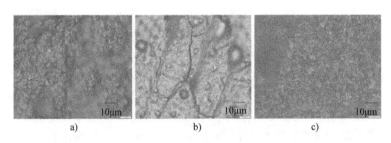

图 9.7 广角显微镜照片

a）微米颗粒浆料 b）纳米颗粒浆料 c）混合颗粒浆料

制备了比例分别为 1:1、6:1 和 15:1 的铜浆来进行试验对比。较大的比例差异确保了较大的结果差异以方便试验观察。这些混合颗粒的制备方法和烧结条件都完全一致。烧结温度为 230℃，升温速率为 23℃ /min。烧结过程中在 230℃保温至少 10min，之后再降温至室温。后文所述的试验均采用这一烧结参数。

接下来使用了 SEM 来分析烧结产物的表面形貌。图 9.8 所示为三种混合铜浆的 SEM 照片。从 SEM 照片可以看出，6:1 比例的混合铜浆有着更好的粒子熔合程度，原因在于形成了烧结颈以及更少的间隙。同时我们也注意到，铜在空气中并不稳定，容易快速发生氧化。因此如果铜颗粒需要长期应用，需要通过一些特殊手段予以处理，这些手段通常成本较高。因此，在进一步的使用时，需要先对微米铜颗粒进行清洗。

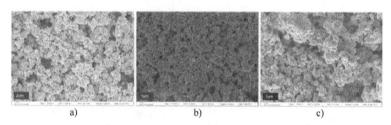

图 9.8　不同比例铜浆的烧结后电子显微照片（俯视视角）

a）1:1 铜浆　b）6:1 铜浆　c）15:1 铜浆

9.3.2　热学和电学特性

1. 实时温度监测和电阻测量

实时测量首先被用于监测铜浆的转变温度和电导率。这一步骤可以实时测量烧结过程中的环境温度和铜浆的电阻值。因此根据电阻值随温度的变化，可以确定烧结过程的转变温度。

通过对比烧结过程中和烧结后的电阻值，就可以对比不同种类铜浆的导电性能。

电阻和温度的实时测量装置如图 9.9 所示。该装置包含一个连接了电流源的烧结炉（图示为管式炉），在烧结炉中，热板上连接了一个热电偶以实时监控烧结炉的温度。铜浆则印刷在玻璃基板表面，而后放入烧结炉内的热板上进行烧结。选择一处 1mm×1mm

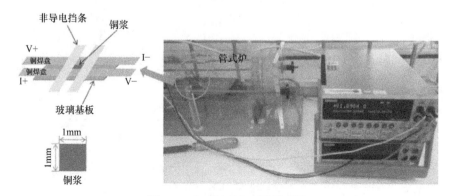

图 9.9　实时温度和电阻测系统

的区域进行测量。较小的烧结区域能够在一定程度上减少烧结过程中开裂风险。对应的印刷区域在横向上和纵向上分别被铜焊盘和非导电挡条所限定。铜焊盘上连接有四个金属探针用以测试电阻。图9.9左侧为结构示意图。

图9.10所示为6∶1混合铜浆的电阻值与温度之间的关系。升温过程中，在170℃时电阻值会有一个明显的降低。这说明大部分溶剂在这个温度下被蒸发。然而此时电阻值仍高达100Ω。当温度达到230℃时，电阻值进一步显著降低，并在230℃下烧结6min后最终稳定在2.79Ω。

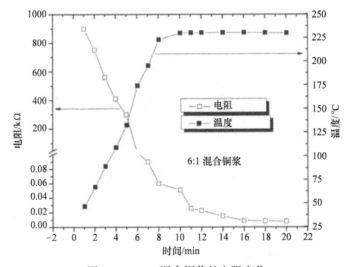

图9.10　6∶1混合铜浆的电阻变化

微米和纳米铜浆的电阻值随烧结温度的变化关系如图9.11所示。由于在电阻值降低到10Ω之后，同一温度下不会再有明显的电阻值变化，因此我们将电阻值下降到10Ω的温度定义为铜浆的转变温度。按照上述定义，微米铜浆的转变温度约为150℃，纳米铜浆的转变温度为220℃。

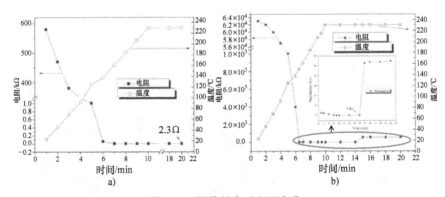

图9.11　铜浆的实时电阻变化
a）微米铜浆　b）纳米铜浆

微米铜浆的烧结后电阻约为 2.3Ω，纳米铜浆则展现出了有趣的特征：首先下降到 1.8Ω，而后又突变至 50kΩ。图 9.11b 的插入的放大图展示了这一阻值变化过程，推测这一阻值变化来源于烧结后的焊点开裂，而这一过程又是不可逆的。

6:1 铜浆似乎在烧结后相对微米铜浆的电阻值没有明显的变化，不过测得的电阻值与印刷铜浆的厚度强相关。随后制作了 3:1 铜浆并进行了性能测试。图 9.12 所示为 3:1 铜浆的电阻值变化特性。其电阻值在大约 100℃ 时发生了一个明显的降低，最后稳定在 1Ω 的低阻值。同时烧结后电阻值没有明显的增大。烧结转变温度约为 140℃。

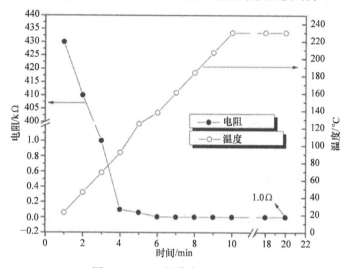

图 9.12 3:1 铜浆实时电阻变化

图 9.13 比较了微米、纳米和混合铜浆的电阻值变化特性。混合铜浆的电阻值比微米和纳米铜浆的电阻值下降得更快。微米铜浆和混合铜浆都没有出现电阻值突然增加的情况。图 9.13b 展示了第 6 ~ 14min 烧结过程电阻值变化放大图，从图中可见混合铜浆有着最低的烧结后电阻值，约为 1Ω。表 9.3 列出了三种类型铜浆的特性用于对比。

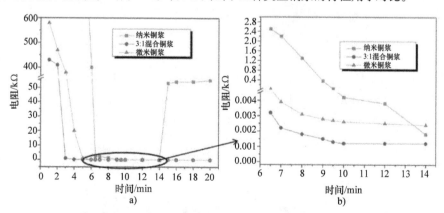

图 9.13 a）微米、纳米、混合铜浆的实时电阻变化 b）烧结 6 ~ 14min 之间的电阻变化，首先在 10min 内从室温加热至 230℃，而后在 230℃ 保温烧结 10min

表 9.3　实时电阻和转变温度结果比较

铜浆	转变温度 /℃	电阻 /Ω	裂纹
微米铜浆	150	2.3	无
纳米铜浆	220	1.8	有
3∶1 混合铜浆	140	1.0	无

微米铜浆相比纳米铜浆具有更低转变温度，其原因主要是微米颗粒在制备印刷浆料前进行了去除表面氧化物的清洗步骤。微米 - 纳米颗粒在混合铜浆中得到非常均匀的混合，因此空洞率更低，可以在热聚集效应的作用下实现更低温度下的烧结。同时由于纳米铜颗粒将微米铜颗粒的空隙填充得比较充分，混合铜浆内的铜颗粒之间形成的连接也更为完善。以上原因应该就是导致烧结后混合铜浆具有最低电阻值的原因。根据观察到的纳米铜浆电阻值突变的情况，推测在烧结的第 5min 纳米铜浆发生了开裂。由于不同溶剂在烧结过程中挥发速率不同，很容易在铜浆中造成烧结后残余应力。而纳米铜浆团聚效应的强度又不足以克服残余应力的影响，因此导致了烧结后开裂现象的发生。这一过程在后续的 SEM 图像分析和方阻分析中进行了更深入的研究。

2. 方阻

由于方阻不随铜浆厚度的变化而变化，因而是一种更好的测量铜浆电导率的方式。作者使用方阻测试系统（CMT-SR2000N）对每种铜浆测试了 7 个制备的样品。测试结果如图 9.14 所示，方框内的线条为每种铜浆测得的平均值。从图中可以看到，纳米铜浆的方阻值超出了正常范围，高达 5kΩ/□。微米和混合铜浆的测试值则在插入的放大图中进行了详细展示。测得的微米铜浆平均电阻为 3.1Ω/□，而 3∶1 混合铜浆则为 0.25Ω/□。

方阻测量证明了混合铜浆相比微米和纳米铜浆实实在在地提升了电导率。所得到的结论与实时电阻值测试的结论一致。纳米铜浆烧结后较高的电阻值主要是由于其表面存在大量的开裂缺陷，如图 9.14 插入小图所示（铜浆表面图像）。

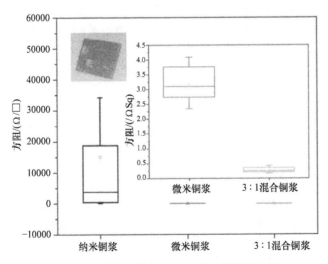

图 9.14　纳米、微米和 3∶1 混合铜浆的方阻

铜浆表面的显微照片如图 9.15 所示。图 9.15a 为纳米铜浆的照片，可以看到其表面已经有大量的微小开裂，而微米铜浆和混合铜浆则有着更均匀的表面。混合铜浆的高电导率也表明烧结致密度的提升。为了进一步确认三种不同铜浆烧结致密度的差异，作者利用扫描电镜和图像处理技术做进一步的研究。

图 9.15　烧结后的铜浆表面形貌
a）纳米铜浆，表面可见明显的裂纹　b）微米铜浆　c）混合铜浆

3. 烧结致密度

我们使用了图像分析软件 ImageJ 来分析铜浆的空洞率。该软件通过图像的灰度来判定空洞率。图 9.16 所示为微米、纳米和混合铜浆的 SEM 照片，对应的空洞率标注在标尺为 1μm 的图片右下角。

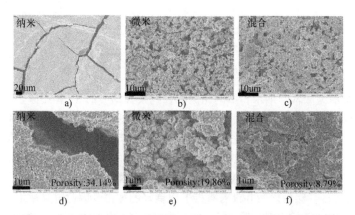

图 9.16　不同放大倍率下的纳米、微米和混合铜浆电子显微照片

从图 9.16 可以看到，纳米铜浆表面非常明显的开裂，而微米和混合铜浆则没有出现同样尺度的开裂。尽管纳米铜浆有着更小的空洞率，但其产生的宏观裂纹使其不适合作为中间（intermediate）层。相比于微米铜浆，由于纳米铜粉的填隙作用，混合铜浆烧结后有着更稳定的低空洞率特性。

烧结致密度测试得到的结论与之前的试验结论一致，同时证实了纳米铜浆烧结后开裂的存在。混合铜浆烧结致密度可以通过混合微米 / 纳米颗粒的方式得到提升。为找到最佳混合比例，我们制备了不同比例的混合铜浆进行了方阻测试和 SEM 图像分析。

4. 最佳混合比例分析

作者按 1∶3、1∶1、3∶1、6∶1 和 9∶1 比例（微米∶纳米）的配方制备混合铜浆并进行了测试。图 9.17 展示了这些铜浆的方阻。试验结果表明，混合比例 1∶3 的混合铜浆电阻值结果仍然异常，类似于纳米铜浆的特性。这很大可能是因为微米铜粉颗粒不足以将纳米铜浆中产生的开裂缝隙填满导致。其他所有比例的混合铜浆均有着比微米铜浆 3.1Ω/□ 更低的方阻。9∶1 比例的混合铜浆测得平均方阻 0.75Ω/□，是几种混合铜浆中方阻最高的。在所有的混合铜浆中，3∶1 比例的混合铜浆测得最低的方阻，仅有 0.25Ω/□。之后使用了 SEM 图像分析了混合物的空洞率。

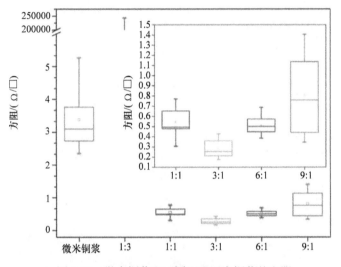

图 9.17　微米铜浆和不同配比混合铜浆的方阻

图 9.18 所示为微米、纳米和不同比例混合铜浆烧结后的 SEM 图像。正如我们所预期的那样，1∶3 比例的混合铜浆表面有小的裂痕，而在 1∶1、3∶1、6∶1 和 9∶1 比例的铜浆中则没有发现。然而，9∶1 比例的铜浆有着类似于微米铜浆较多的空洞。3∶1 比例的铜浆是最为致密的，空洞率仅为 13.6%。空洞率测试的结论也与方阻测试的结论一致。

9∶1 比例铜浆中的纳米颗粒基本上很难完全填充微米铜粉间隙，从而导致了高空洞率和低烧结致密度。颗粒之间并没有直接形成良好的连接，因此电导率不如其他比例的纳米铜浆。从 SEM 图像表征来看，可以推断微米和纳米铜粉之间的比例需要维持在一个适当的区间，才能既确保不发生纳米铜浆那样的开裂，又能使纳米颗粒能充分填满间隙。

9.3.3　仿真与试验结果的探讨

试验结果表明，3∶1 比例的混合铜浆实现了相比其他比例更为优异的性能，尽管与仿真结果并不一致（仿真预测比例为 6∶1），可能造成这个偏差的一些原因如下。

1）微米颗粒的排列：仿真中我们假设微米颗粒按照 FCC 的方式进行排列。而实际上微米颗粒在制备、混合和烧结的过程中都可以随机移动。因此，实际的间隙可能与仿真中的假设不一致。

2）颗粒直径：仿真中我们假设微米颗粒尺寸固定为 1μm，而获得的商品铜微米颗粒的粒径分布在 1～2μm 之间，纳米颗粒的尺寸也是分布于 20～80nm 之间。

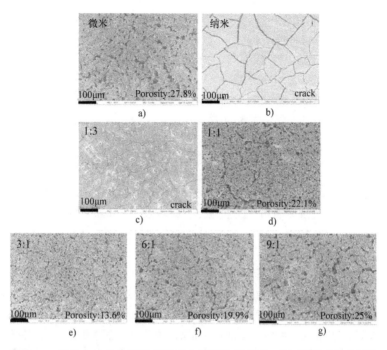

图 9.18　微米、纳米和不同比例混合铜浆烧结后的 SEM 图像（俯视图）

3）粒子聚合：仿真中我们假设粒子是球形，而实际上粒子在经过清洗去除氧化物过程之后并不是严格的球形。

4）温度变化：微米颗粒和纳米颗粒在烧结过程中的变化都受制于热力学基础，而这一效应在仿真中并未予以考虑。

这些原因都是可能导致仿真与实际偏差的原因。从图 9.19 所示的 SEM 图片来看，纳米颗粒填充在微米颗粒团簇的间隙中。这与假设是有较大的偏差的。微米颗粒更倾向于在彼此之间聚合，而纳米颗粒也同样如此。由于纳米颗粒有着更小的尺寸，当微米颗粒在烧结过程中自我聚合形成了较多的空洞时，纳米颗粒可以填充在这些空洞中将微米颗粒团簇之间连接起来。这可能是观察到性能提升的主要原因。

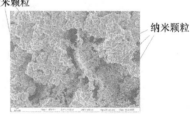

图 9.19　铜微米颗粒和纳米颗粒在 SEM 下观察到的排列情况

9.3.4　小结

作者制备并测试了微米、纳米和混合铜浆。首先使用了实时电阻测试来确定转变温度和电导率。混合铜浆有着最低的转变温度和电阻。在微米铜浆和混合铜浆中没有发生的电阻值异常增大在纳米铜浆中却出现了。之后我们用了方阻测试来消除厚度导致的差异。混合铜浆有着比微米和纳米铜浆更好的电导率。同时，纳米铜浆中观测到的宏观开裂证实了它是实时测试中电阻值异常增大的原因。

在 SEM 图像分析中我们又进一步证实了这一结论。空洞率分析的结果证明了混合铜浆烧结后具有比微米铜浆更高的致密度。

为找到最佳混合配比，制备了 1:3、1:1、3:1、6:1 和 9:1 比例（微米:纳米）的混合铜浆并进行了测试。结果表明 1:3 比例的混合铜浆出现了微小的裂纹，而 9:1 比例的铜浆相比其他比例有着更高的空洞率。所有这些试验结果都表明了混合铜浆有着比微米和纳米铜浆更好的性能，而 3:1 是最佳混合比例。

9.4 芯片到晶圆键合验证

本节使用了微米、纳米和混合铜浆作为键合中间层进行了芯片 - 晶圆键合试验以研究其互连的机械性能。在键合后，我们进行了剪切力测试和断裂界面观察以分析键合失效模式。

9.4.1 实验内容

整个实验过程如图 9.20 所示。晶圆和芯片尺寸分别为 150mm 和 5mm×5mm。晶圆和键合芯片表面先沉积 50nm 的 Ti 层，再沉积 500nm 的 Cu 层。沉积完成之后立即将铜浆同时印刷在晶圆和芯片表面。而后手工将芯片面朝下放置于晶圆表面，不施加任何压力。室温下预键合的芯片之后被转移至晶圆键合机上进行烧结/退火处理。键合条件设置为 N$_2$ 气氛下 200℃、10min，升温速率 17℃/min。键合后，让样品经过 1h 降温至室温。

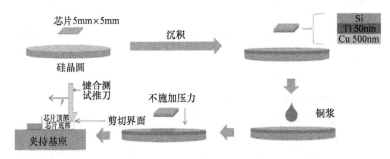

图 9.20　芯片 - 晶圆键合实验过程

之后针对不同铜浆的键合强度进行了剪切力测试。每种浆料 7 个样品，总计测试了 21 件样品。由于铜浆厚度难以精确控制，因此每件样品使用的浆料量控制为 1 滴（从 5ml 胶管中挤出，体积约 0.1ml），点涂在晶圆和芯片的表面。

9.4.2 键合剪切强度

图 9.21 所示为微米、纳米和 3:1 混合铜浆的剪切强度测试结果。从图中可以看到，混合铜浆有着比微米和纳米铜浆更高的键合强度。混合铜浆的剪切力强度均值为 0.7MPa，而微米铜浆的平均剪切力强度则为 0.5MPa，纳米铜浆平均剪切力强度为 0.1MPa。为分析键合失效模式，对晶圆和芯片的键合面均进行了观察。

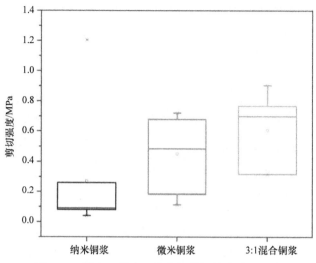

图 9.21　纳米、微米和混合铜浆的键合剪切强度

通常而言，键合失效模式有三种：内聚失效（cohesionfailure），粘附失效（adhesion-failure）和混合失效（mixedfailure）[40]。内聚失效是指失效发生在键合材料本体上，两个基板上的焊盘上均残留有键合材料。粘附失效是指失效发生在基材和键合材料的结合界面，因此只有一个基材上残留有键合材料。混合失效模式是指同时包含上述两种失效的模式。

内聚失效主要是因为材料本身性能较差所致，而粘附性失效则主要是由于基材与键合材料之间较差的键合强度导致。

1. 微米铜浆和混合铜浆分析

使用微米铜浆和混合铜浆键合的芯片-晶圆失效界面如图 9.22 和图 9.23 所示。铜浆同时残留在芯片和晶圆表面。因此，键合界面的失效是由于铜颗粒之间较差的连接强度所致，故所有的混合铜浆和微米铜浆失效模式相同。导致键合强度较差的可能原因如下。

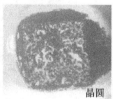

图 9.22　因接触面积不足所致的微米颗粒浆料断裂界面　　　图 9.23　因颗粒层不均匀所致的混合浆料断裂界面

1）接触不充分：如图 9.22 右上角所示，键合界面上总是存在这"空白区域"，这些未接触区域可能导致弱粘附，从而降低了键合强度。

2）薄颗粒层：由于铜浆厚度的不均匀性，在后续烧结过程中铜颗粒不能完全覆盖晶圆和芯片接触区域。

3）低黏度：铜浆中使用了一定量的溶剂和添加剂，它们在烧结过程中将会蒸发。与空气中的开放式烧结过程不同，蒸发过程中倾向于在颗粒之间产生夹带气体。因此，低的黏度和浓度很可能会导致铜浆疏松多孔，导致键合强度降低。

2. 纳米铜浆分析

纳米铜浆的失效模式与微米铜浆和混合铜浆不同。图 9.24 展示了剪切力测试后的芯片 - 晶圆键合界面。芯片表面非常的干净，没有任何键合材料残留。这表明其失效发生在芯片和铜浆的界面之上，而不是中间的铜颗粒本体。这主要是由于铜浆中存在的宏观裂纹导致了界面上的脆性断裂。

图 9.24　纳米铜浆料的断裂界面，芯片表面无键合材料残留

注意到，其中有一个纳米铜浆键合样品测得了较高的键合强度，约为 1.2MPa。这一样品表面观测结果如图 9.25 所示。在晶圆表面有一处非常均匀的表面残留，如图 9.25 中圈出的部分所示。进一步在宽场显微镜下观察了这一均匀残留，其图像如图 9.26 所示。

图 9.26 展示了这一均匀残留界面的表面形貌，可以看到这一区域非常的致密且没有任何裂纹。从这一结果可以推断，纳米铜浆中的裂纹产生可能与铜浆厚度有关系。键合强度会随着键合区厚度的增加而增加，但同时裂纹数量也会随之增加。故而纳米铜浆必须要通过非常精细的厚度控制以实现较高

图 9.25　具有最高剪切强度的纳米铜浆样品表面形貌

的键合强度。另一个可能导致高键合强度的原因是铜浆刮刀整平（doctor blading technique）过程中施加的压力导致。纳米铜浆在烧结前溶剂残留较少，因此需要通过施加额外的压力确保其在刮涂到芯片和晶圆表面之后的均匀性。

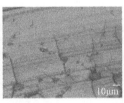

图 9.26　具有最高剪切强度的纳米铜浆样品广角显微照片

9.4.3　小结

本节进行了芯片 - 晶圆键合以验证铜浆的机械性能和可靠性。键合过程中未施加任何压力，键合条件为 10min 的升温时间，N_2 中烧结 10min。最后进行了剪切强度测试以测试键合强度。

测试结果表明混合铜浆有着最高的平均键合强度。测试之后，我们观察了芯片 - 晶圆的断裂界面以分析其失效模式。混合铜浆和微米铜浆都在两面焊盘上有着残留，而纳米铜浆只在芯片一面上存在残留。由于混合铜浆的主要成分还是微米铜颗粒，可以合理推测其失效机理与微米铜浆一致。

混合铜浆和微米铜浆的失效主要是铜颗粒层之间的分离引发，而纳米铜浆的失效主要是由键合界面较差的粘附强度导致。至于纳米铜浆出现的最高剪切强度，光学显微照片表明在键合界面的某处有着非常均匀、没有裂纹的区域。我们推测纳米铜浆的可靠性与铜浆厚度相关，且键合强度符合高斯分布。当浆料厚度达到最优值时，可以实现最高的键合强度。

其他一些诸如铜浆黏度、厚度均匀性和接触区域等影响因素，在本节的芯片 - 晶圆键合实验中尚未重点关注。因此，尽管剪切力测试结果表明混合铜浆有着较强的剪切强度，其长期可靠性等问题还需要进行仔细和深入的研究。

9.5　总结与展望

9.5.1　总结

本章介绍了由铜微米和铜纳米颗粒混合而成的混合铜浆在三维互连中的应用。该混合铜浆有望解决微米铜浆的低致密度和纳米铜浆的宏观裂纹问题。微米颗粒可以防止纳米铜浆中出现宏观开裂，而纳米颗粒又可以有效填充微米铜颗粒中的间隙。为开发出一种具有最佳烧结致密度的铜浆，首先基于蒙特卡洛方法建立了仿真模型以确定最佳微米 - 纳米颗粒的混合比。仿真结果显示最佳质量混合比为 6.3∶1（微米∶纳米）。

本章使用了较低沸点的溶剂和添加剂以降低烧结温度。使用光学显微镜和扫描电子显微镜对铜浆的表面形貌进行了分析。利用实时电阻值测试确定了转变温度并且监测了烧结过程中的实时电阻变化情况。采用了方阻测试来测量电导率。联合应用了 SEM 图像和 ImageJ 软件来分析铜浆的堆积致密度。实验中得出的主要结果如下。

1）实时电阻值测量表明混合铜浆有着最低的转变温度和最低的烧结后电阻。同时未发现混合铜浆发生电阻值异常增大。

2）混合铜浆有着最低的方阻。

3）SEM 图像表明混合铜浆有着最低的空洞率，而纳米铜浆实际上在烧结后出现大量的裂纹。3∶1 比例的混合铜浆在实验样品中最大程度提升了热学和电学性能。

4）芯片 - 晶圆键合测试表明混合铜浆有着最高的剪切强度，均值为 0.7MPa。

综上，试验结果对于未来铜颗粒在三维互连和键合中的应用研究有着较强的指导意义。铜微米和纳米颗粒混合而成的铜浆相比微米铜浆和纳米铜浆有着非常明显的性能提升。表 9.4 给出了各种特性的详细对比。

这类混合铜浆生产成本明显降低，因此对规模化应用也有一定好处。此处报道的最佳混合比例铜浆相比纳米铜浆，估计可以实现至少 4 倍的成本降低。特别需要指出的是，混合铜浆可以应用于 LED 芯片键合、晶圆堆叠、功率电子器件焊接和其他低温三维集成互连应用。

表 9.4　微米、纳米及混合浆料（3∶1）的各种特性对比

特性	微米铜浆	纳米铜浆	3∶1混合铜浆
转变温度 /℃	150	220	140
实时电阻 /Ω	2.3	1.8～50k	1.0
方阻 /（Ω/□）	3.0	4k	0.3
孔隙率（%）	27.8	破裂	13.6
剪切力强度 /MPa	0.5	0.1	0.7

9.5.2　展望

尽管铜浆配比和混合手段已经得到优化，混合铜浆的一些其他方面因素仍然在未来可以进一步研究。下面提出了混合铜浆的未来研究及潜力。

1）纳米铜浆的裂纹对于纳米尺度的应用十分关键。为解决该问题，需要使用更合适的溶剂、添加剂以充分分散纳米颗粒，另外，还需要开发恰当的烧结曲线；

2）由于界面覆盖不充分和低的粘度，混合铜浆的键合强度需进一步加强。高浓度的铜颗粒可以得到更高的键合强度；

3）厚度控制：由于纳米铜浆需要非常精确的厚度控制以实现高可靠性，因此有必要开发更精确的铜浆印刷方法以满足厚度的要求。

致谢：本章作者要感谢南洋理工大学 - 诺克希德·马丁联合实验室和新加坡制造技术研究院（SIMTech）对实验工作的支持。本工作由南洋理工大学的淡马锡（Temasek）实验室种子基金提供支持。编者要感谢英特尔公司的 XinYan 对本章的审阅。

参考文献

1. J.H. Lau, in *Reliability of ROHS-compliant 2D and 3D IC Interconnects*. (McGraw-Hill, New York, 2011)
2. C. Göbl, Faltenbacher, J., Low temperature sinter technology die attachment for power electronic applications. in *2010 6th International Conference on Integrated Power Electronics Systems*. (IEEE, 2010)
3. S. Chua, K.S. Siow, Microstructural studies and bonding strength of pressureless sintered nano-silver joints on silver, direct bond copper (DBC) and copper substrates aged at 300 C. J. Alloy. Compd. **687**, 486–498 (2016)
4. Y. Xie et al., Rapid sintering of nano-Ag paste at low current to bond large area (>100 mm2) power chips for electronics packaging. J. Mater. Process. Technol. **255**, 644–649 (2018)
5. C. Luk, Y. Chan, K. Hung, Development of gold to gold interconnection flip chip bonding for chip on suspension assemblies. Microelectron. Reliab. **42**(3), 381–389 (2002)
6. T.C. Wei, A.R. Daud, Mechanical and electrical properties of Au-Al and Cu-Al intermetallics layer at wire bonding interface. J. Electron. Packag. **125**(4), 617–620 (2003)
7. J. Kim, C.C. Lee, Fluxless Sn–Ag bonding in vacuum using electroplated layers. Mater. Sci. Eng., A **448**(1–2), 345–350 (2007)

8. C. Yun, et al., Al to Al wafer bonding for MEMS encapsulation and 3-D interconnect. in *2008 IEEE 21st International Conference on Micro Electro Mechanical Systems.* (IEEE, 2008)
9. L. Zhang et al., Materials, processing and reliability of low temperature bonding in 3D chip stacking. J. Alloy. Compd. **750**, 980–995 (2018)
10. P. Naik, in *Principles of Physics.* (PHI Learning Pvt. Ltd., 2012)
11. D.C. Giancoli, D.C. Giancoli, *Physics for Scientists and Engineers with Modern Physics*, vol. 130215171 (Prentice Hall, Upper Saddle River, NJ, 2000)
12. A.M. James, M.P. Lord, in *Macmillan's chemical and physical data.* (Macmillan, 1992)
13. A. Damian, *Low Temperature Wafer Bonding Based on Copper Nanoparticle Sintering for 3D Interconnect Fabrication* (2013)
14. P. Gueguen et al., Copper direct-bonding characterization and its interests for 3D integration. J. Electrochem. Soc. **156**(10), H772–H776 (2009)
15. C.M. Hong, S. Wagner, Inkjet printed copper source/drain metallization for amorphous silicon thin-film transistors. IEEE Electron Device Lett. **21**(8), 384–386 (2000)
16. H.S. Chin, K.Y. Cheong, A.B. Ismail, A review on die attach materials for SiC-based high-temperature power devices. Metallur. Mater. Trans. B **41**(4), 824–832 (2010)
17. C.D. Zou, et al., Nanoparticles of the lead-free solder alloy Sn-3.0 Ag-0.5 Cu with large melting temperature depression. J. Electron. Mater. **38**(2), 351–355 (2009)
18. K.-S. Moon et al., Thermal behavior of silver nanoparticles for low-temperature interconnect applications. J. Electron. Mater. **34**(2), 168–175 (2005)
19. R. Zhang et al., Preparation of highly conductive polymer nanocomposites by low temperature sintering of silver nanoparticles. J. Mater. Chem. **20**(10), 2018–2023 (2010)
20. D. Wakuda, K.-S. Kim, K. Suganuma, Ag nanoparticle paste synthesis for room temperature bonding. IEEE Trans. Compon. Packag. Technol. **33**(2), 437–442 (2009)
21. Y. Mou et al., Cu–Cu bonding enhancement at low temperature by using carboxylic acid surface-modified Cu nanoparticles. Mater. Lett. **227**, 179–183 (2018)
22. J. Li et al., Low-temperature and low-pressure Cu–Cu bonding by highly sinterable Cu nanoparticle paste. Nanoscale Res. Lett. **12**(1), 255 (2017)
23. S. Park, et al., Low-pressure sintering bonding with Cu and CuO flake paste for power devices. in *2014 IEEE 64th Electronic Components and Technology Conference (ECTC).* (IEEE, 2014)
24. Y.S. Eom et al., Characterization of a hybrid Cu paste as an isotropic conductive adhesive. ETRI J. **33**(6), 864–870 (2011)
25. Y.S. Eom et al., Electrical interconnection with a smart ACA composed of fluxing polymer and solder powder. ETRI J. **32**(3), 414–421 (2010)
26. Y.-S. Eom et al., Electrical and mechanical characterization of an anisotropic conductive adhesive with a low melting point solder. Microelectron. Eng. **85**(11), 2202–2206 (2008)
27. X. Liu, H. Nishikawa, Improved joint strength with sintering bonding using microscale Cu particles by an oxidation-reduction process. in *2016 IEEE 66th Electronic Components and Technology Conference (ECTC).* (IEEE, 2016)
28. S. Park et al., Surface modification of Cu flakes through Ag precipitation for low-temperature pressureless sintering bonding. Mater. Lett. **151**, 68–71 (2015)
29. L.-N. Ho, H. Nishikawa, Surfactant-free synthesis of copper particles for electrically conductive adhesive applications. J. Electron. Mater. **41**(9), 2527–2532 (2012)
30. T. Ishizaki et al., Reliability of Cu nanoparticle joint for high temperature power electronics. Microelectron. Reliab. **54**(9–10), 1867–1871 (2014)
31. G.V. Franks, F.F. Lange, Plastic-to-brittle transition of saturated, alumina powder compacts. J. Am. Ceram. Soc. **79**(12), 3161–3168 (1996)
32. A. Yabuki, N. Arriffin, Electrical conductivity of copper nanoparticle thin films annealed at low temperature. Thin Solid Films **518**(23), 7033–7037 (2010)
33. J. Kahler et al., Sintering of copper particles for die attach. IEEE Trans. Compon. Packag. Manuf. Technol. **2**(10), 1587–1591 (2012)
34. T. Ishizaki et al., Thermal characterizations of Cu nanoparticle joints for power semiconductor devices. Microelectron. Reliab. **53**(9–11), 1543–1547 (2013)
35. J.-W. Yoon, J.-H. Back, Effect of sintering conditions on the mechanical strength of Cu-sintered joints for high-power applications. Materials **11**(11), 2105 (2018)

36. S. Jeong et al., Air-stable, surface-oxide free Cu nanoparticles for highly conductive Cu ink and their application to printed graphene transistors. J. Mater. Chem. C **1**(15), 2704–2710 (2013)

37. Y. Gao et al., Die bonding performance using bimodal Cu particle paste under different sintering atmospheres. J. Electron. Mater. **46**(7), 4575–4581 (2017)

38. Y. Gao et al., Novel copper particle paste with self-reduction and self-protection characteristics for die attachment of power semiconductor under a nitrogen atmosphere. Mater. Des. **160**, 1265–1272 (2018)

39. A.A. Zinn, in *Lead Solder-Free Electronics*. (Google Patents, 2012)

40. M.J. Davis, A. McGregor, Assessing adhesive bond failures: mixed-mode bond failures explained. in *ISASI Australian Safety Seminar, Canberra* (2010)

第 **10** 章

2.5维/三维封装键合技术与工艺材料基础

Sangil Lee

10.1 导言

随着更高性能、更小体积的异构系统集成需求持续增加，三维封装成为电子封装产业的研究前沿。因此，最新的消费类电子器件多采用三维封装结构，例如系统级封装（SiP），堆叠封装（PoP）以及多芯片模组。

在之前提到的三维封装中，引线键合和硅通孔（TSV）是最常用的互连技术。引线键合技术受限于点到点的顺序键合工艺过程，其产能以及 I/O 密度不高。相应的，TSV 互连技术通过将集成了 TSV 和微凸点的薄芯片依次堆叠形成三维封装，理论上具有更高的产能以及更小的互连节距。SK Hynix 已推出高性能的 3D 堆叠动态随机存储器（DRAM），即高带宽存储器（HBM），并应用于 AMD Fiji 图形处理器（GPU）中，虽然与倒装芯片技术在装配技术与可靠性方面相似，TSV 技术仍需要开展大量研究以提升其技术成熟度。器件制造商在实现基于 TSV 的三维堆叠时，采用了新的键合技术，即热压焊（TCB）技术，通过控制施加给三维封装的压力与热量实现键合。这种原位键合方法能够在数秒之内完成焊接，加热时间比传统回流焊接工艺显著缩短。但是瞬间变化的加热条件将关键材料例如助焊剂和底部填充料的应用推至极限，为了适应这一快速的工艺过程，需要对助焊剂以及底部填充料等直接影响装配良率与可靠性的材料配方进行重大改进。

TCB 工艺的具体过程为：首先将助焊剂分配在基板焊盘或芯片的互连凸点上，然后设备的键合头将芯片压在基板的焊接位置上，同时将键合头的温度升至焊料熔点以上，最后键合头快速降温至焊料的熔点以下，当温度降低到设定值时，键合头离开封装，键合过程完成。值得注意的是，TCB 过程的升温速率通常约 100℃/s，而普通回流焊接工艺的升温速率为 2℃/s。因此，为了实现 3D 封装，即使只考虑 TCB 工艺的升温速率要求，对装配工艺、材料以及设备的挑战也是显而易见的。

因此，本章将根据有限的文献资源总结 TCB 技术，包括工艺容差、工艺材料原理以及装配方法。此外，本章还将向读者提供如何设计产品有关的工艺流程要素。详细地讨论包括如何选择与工艺性能、可靠性以及产量相适应的工艺材料。换而言之，本章节将探讨 3D 电子封装使能技术所需的工程科学与基础知识[1-10]。

10.2 背景介绍

目前，在半导体产业中，三维封装就意味着使用硅通孔（TSV）技术。TSV 技术通过垂直方向短距离互连，取代二维封装中平面上长的电路引线，从而提升电学性能、缩短时延。TSV 思想的首次提出是在 1962 年，而电子产业中第一个应用 TSV 技术的产品出现在 2014 年。即使到目前为止，封装产业仍然面临着各种技术挑战，比如由于工艺材料等关键要素不成熟所造成的低产能问题，以及由于散热问题导致的电学性能下降等。而在 TSV 产业中，由于其复杂的供应链影响，将放大所有这些技术挑战。

目前在研的 2.5 维 / 三维封装均采用 TCB 技术来满足细节距芯片在集成了 TSV 与微凸点的薄芯片上倒装堆叠的需求。薄芯片（<100μm）在室温状态下就可能存在严重的翘曲，而其翘曲量将超过传统回流焊接工艺所能容忍的极限。由于翘曲问题，2014 年英特尔为了量产 130μm 节距、22nm 节点倒装芯片架构的所有产品而引入了 TCB 技术[11]。

这一节将首先介绍现有 2.5 维 / 三维商用产品。然后将讨论 TCB 技术与传统倒装芯片用的批量回流技术（mass reflow）。对比两种装配工艺以及工程相关的基本概念，并且讨论与封装设计和工艺设备相关的工艺边界。之后将具体介绍工艺材料的基本原理，帮助读者理解材料选择过程中的关键参数，从而能够对比每种材料的优缺点。因此，背景章节将介绍开发 2.5 维 / 三维封装键合技术所必不可少的基础科学和工程原理，包括对于其工艺组成要素的理解；工艺组成要素与封装架构的关系以及与封装结构相关的工艺材料选择。

10.2.1 三维封装结构概述

典型的三维封装结构如图 10.1 所示，这是 Apple 公司的 A7 处理器，使用了堆叠封装技术（PoP），通过焊球阵列实现两层封装间的互连，其中，LPDDR3 存储器芯片堆叠

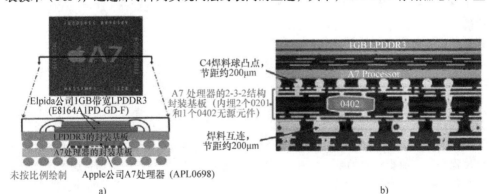

图 10.1　Apple A7 PoP 堆叠封装处理器

a）A7 处理器俯视图以及 A7 PoP 堆叠结构截面示意图　b）A7 PoP 堆叠结构截面显微照片[12]（彩图见插页）

在微处理器上面。该产品使用最传统的三维电子封装技术，采用引线键合和芯片倒装互连方法。现在，"三维封装技术"的概念已经拓展到包含 TSV 互连技术。

　　图 10.3 所示为 AMD 公司生产的 Fiji GPU，其中集成了 SK Hynix 生产的 HBM。韩国存储器制造商 SK Hynix 最早在 2014 年发布了 HBM，并且宣称它是世界上第一个采用 2GB 带宽、20nm 节点工艺的 DDR4 SDRAM 进行堆叠而形成的 8GB 带宽模组。在将近一年之后，HBM 模组就进入了市场供应链。图 10.2 对比了 HBM 与 DDR3 和 DDR4 的尺寸，可见 1GB 带宽的 HBM 比 DDR3 小了 44 倍，甚至比一片阿司匹林还小。

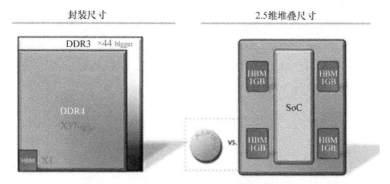

图 10.2　HBM 尺寸对比示意图，来源为 SK Hynix（彩图见插页）

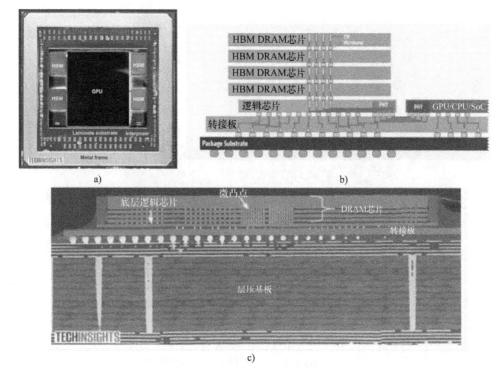

图 10.3　AMD 公司的 Fiji GPU，包含 4 个 SK Hynix 公司的 HBM

a）俯视图　b）截面示意图　c）AMD GPU 的扫描电子显微镜照片 [13]

　　HBM 模组中使用 TSV 实现 DRAM 芯片组与底层逻辑芯片的互连。对于 DRAM 而言，这是一种新的堆叠方式，使用底层逻辑器件作为四层堆叠的 DRAM 芯片与转接板的互连界面，转接板上同时集成了 HBM 模组和 AMD GPU。HBM 模组是一种三维封装，同时转接板上平面分布的 GPU 与 HBM 模组又形成了一种 2.5 维封装构型。

　　Xilinx 同样发布了一种使用 TSV 互连技术的 2.5 维 FPGA 封装，即堆叠硅片互连（Stacked Silicon Interconnect，SSI）技术。SSI 技术支持 Xilinx 实现了新一代的 FPGA 产品，在为客户提供具有最大尺寸、最大带宽的 FPGA 产品同时，还具备大批量生产能力。通过 TSV 技术，Xilinx SSI 集成了四颗 FPGA 芯粒，硅转接板、以及封装基板（如图 10.4a 所示）。转接板提供了数以万计的芯片间互连，从而实现超高引脚数量的连接。2.5 维 Xilinx FPGA 的扫描电子显微镜（SEM）照片（如图 10.4b 所示）展示了 SSI 技术的细节。通过 TCB 技术将集成了微凸点的 FPGA 芯片焊接到 TSV 转接板上，然后将集成了四颗 FPGA 的转接板通过可控塌陷（C4）焊接技术焊接到有机基板上。

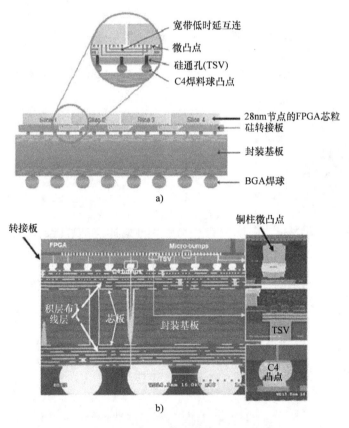

图 10.4　2.5 维堆叠的 Xilinx 公司 FPGA

a）示意图　b）FPGA 截面扫描电子显微镜照片[14]

10.2.2　热压焊（TCB）技术的基本原理

本节的目的是帮助读者深入理解用于 TSV 芯片堆叠的 TCB 技术。首先，将 TCB 技术与传统批量回流焊接技术就工艺局限性与技术挑战方面展开对比。然后，详细介绍了 TCB 工艺原理，并着重分析 TCB 键合头的功能与结构。最后，讨论了如何通过控制关键工艺参数，例如位移、压力与温度，开发 TCB 装配工艺。

10.2.2.1　批量回流焊与 TCB 相比的挑战

传统倒装工艺过程如图 10.5a 所示，首先在芯片焊点蘸取助焊剂或者将助焊剂分配到基板上（视产品而定）。然后，将芯片对位放置在基板焊盘上，通过回流焊接实现二者的互连。之后，清洗残留的助焊剂并在芯片与基板之间的间隙内填充底部填充胶。最后，将底部填充胶固化，完成倒装工艺过程。总的来说，出于由设备价格及产能所决定的装配成本方面的考虑，存储器制造商偏向于使用蘸取助焊剂的方式，而逻辑器件制造商多采用点胶分配的方式。本节中并不关注传统助焊剂的施加方式，实际上，完成一个倒装芯片封装至少需要六步工序，这里的关注重点在于通过回流焊接曲线（如图 10.5b 所示）实现焊接互连的批量回流工艺过程。

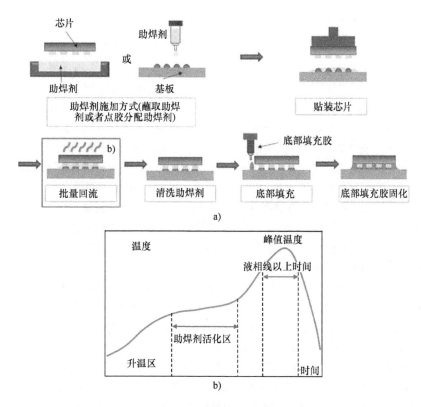

图 10.5　传统倒装芯片装配工艺

a）装配工艺流程示意图　b）回流焊接曲线

批量回流焊接工艺需要几分钟的时间。回流曲线中每个温区的温度范围与所需时间都需根据焊料合金组成与工艺材料的要求进行多次优化迭代，以实现高良率、稳定的产品生产。关于传统倒装芯片封装装配工艺的更多细节可以参考文献 [2，3，6]。

与之相应的，TCB 工艺仅需两到三步工序就能完成装配（如图 10.6 所示）。该工艺使用的环氧助焊剂也被称为非导电胶（Non-conductive Paste，NCP）或者非流动底部填充胶，在焊接过程中，底部填充胶固化与焊料冶金互连是同时完成的。与传统芯片倒装装配工艺相比，TCB 技术具有更简洁的工艺流程，但是对于工艺、材料配方以及设备提出了更复杂的要求。而通过简化或者合并工序，TCB 技术能够克服与翘曲相关的技术挑战，从而成为一种具有竞争优势的工艺方法。图 10.7 为翘曲问题产生过程的示意图，解释了为什么 2014 年英特尔率先将 TCB 技术引入倒装芯片产品的量产，使其应用领域从三维封装互连拓宽到二维领域 [15]。

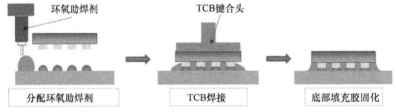

图 10.6　使用环氧助焊剂的 TCB 工艺流程示意图

随着电子封装向着轻薄化方向发展，为了满足消费类电子产品的厚度要求，芯片的厚度更薄，一级互连的节距更小，回流焊接过程中硅芯片与基板的动态翘曲成为不可忽视的问题。假设芯片的翘曲量是芯片对角线长度与厚度的函数，那么对于大芯片意味着芯片厚度将显著影响装配良率。由于翘曲问题导致良率降低的典型失效现象为开路，失效原因为焊料回流过程中，动态翘曲量大于焊料的塌陷量。为了避免由翘曲导致的开路，TCB 技术通过键合头与基台控制焊料冶金互连过程的施加给芯片和基板的压力与温度，同时芯片和基板是通过真空吸附固定在键合头和基台上的，从而大幅降低了硅芯片与基板的翘曲变形。

TCB 技术要求更高的贴装精度，在大规模量产中贴装精度通常要优于 +/-2μm。与芯片倒装工艺相似，可以通过焊盘开口直径简单估算贴装精度要求（如图 10.8 所示）。假设焊料的自对准作用能够弥补的芯片贴装误差为微凸点中心偏出焊盘开口的一半，那么对于 60μm 焊盘的倒装芯片贴装所允许的最大对位偏差为 30μm。以焊盘开口一半的中心为基准换算为一个范围，那么倒装芯片贴装精度应优于 ±15μm。以相同的逻辑，三维封装中现有 TSV 产品的焊盘直径约 20μm，那么 TCB 工艺的贴装精度应优于 ±5μm。多数设备供应商的 TCB 工具能够实现贴装精度在 3σ 的时候优于 ±2μm。

由于高精度贴片的需求以及原位加热冷却的工作机制，TCB 工艺的产能明显降低。最快的倒装贴片机能够在 0.5s 内完成一个产品，产能即为每小时 7200 件。而 TCB 工艺即使使用理想的设备与材料也需花费更长的时间。图 10.9 所示为装配产能与单件产品加工时间之间的关系，英特尔和 ASM 报道的最快的 TCB 工艺需要 5s 完成一个产品，换算为产能即为每小时 720 件 [16]。因此，为了能够在成本与工艺稳定性方面与传统的倒装工艺相竞争，TCB 技术有许多方面需要学术界与工业界投入资源来进行优化。

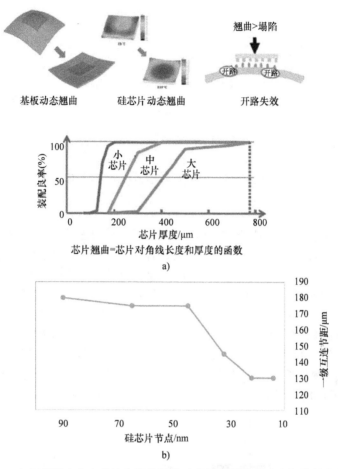

a)

b)

图 10.7　a）细节距小凸点芯片在传统焊接过程焊球塌陷与动态翘曲行为示意图
　　　　 b）英特尔的芯片一级互连节距与硅芯片技术节点发展关系路线图[15]

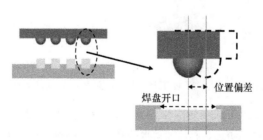

图 10.8　贴装精度与设计和自对准效应关系示意图

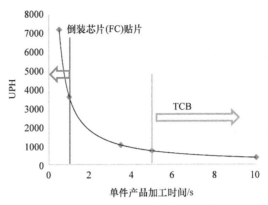

图 10.9　产能曲线图：每小时产能与单件产品加工时间的关系

10.2.2.2　TCB 工具

TCB 技术最早是为金属扩散键合开发的，通过同时施加压力和温度使两种紧贴在一起的金属发生原子间扩散从而实现键合。这种键合技术针对 TSV 芯片堆叠和下一代倒装芯片封装的应用进行了再次开发。图 10.10 所示为近期封装界所用的 TCB 工具示意图。键合头通常只能在 z 方向运动，以保证压头与键合基台的共面度，这一共面度是保证装配良率的关键因素。英特尔和 ASM 用于量产的 TCB 工具采用倾斜式传动装置（见图 10.10b）保证每个键合位置即使在高温状态下也具有良好的共面度。键合头由吸嘴、加热器以及隔热块构成。这三部分都需要具有严格的尺寸公差，从而能够在焊接温度循环过程中保证键合头具有固定的热膨胀变化量。英特尔和 ASM 的 TCB 设备能够实现焊接过程中氧含量低于 30ppm[16]。放置基板、晶圆或者载片的基台在焊接过程中同样可以加热。

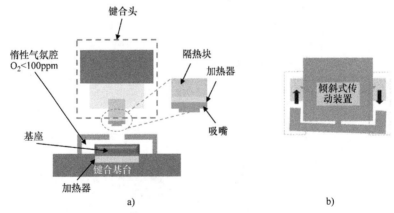

图 10.10　a）TCB 工具　b）共面度矫正装置示意图

设备的硬件结构取决于设备供应商。但是所有的设备供应商都专注于五个主要方面：贴装精度、共面度测量与矫正、芯片和基板的真空吸附控制、键合头快速升降温能力，以及为了实现低成本、高良率所必须的热管理功能。键合头贴装精度的鲁棒性由键合头、键

合基台的布局设计，以及隔离环境和快速运动部件振动的机构所决定。所有的移动轴都具
有高分辨的编码器以及高性能轴承来减少运
动误差，并且集成了高分辨摄像头以及控温
器来保证对位精度。键合头的 z 轴定位精度在
宽温范围内都具有较高要求。图 10.11 展示了
键合头 z 轴位置精度为 ±1μm（350℃）的设
备所实现的不同焊接效果。这一功能非常重
要，因为必须补偿焊点高度以及键合头热膨
胀所带来的偏差，从而在原位回流过程中实
现所需要的焊接高度。

图 10.11　微凸点互连显微照片表明键合头
在 z 轴具有高的位置精度[16]

　　先进的热管理功能与贴装精度同样重要。图 10.12 所示的键合头设置为 400℃，键合
基台表面温度维持在 200℃时，键合头的纵向温度梯度分布。由图 10.12 可见，隔热块能
够有效的阻止键合头和基台中加热器产生的热量向外传导。

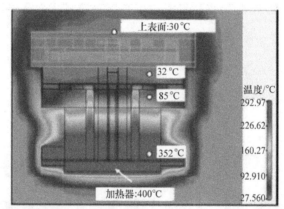

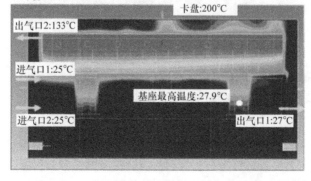

图 10.12　键合头和基台的温度梯度分布[16]（彩图见插页）

　　升降温速率是决定 TCB 工艺键合时间的关键参数。英特尔和 ASM 展示了一种能够
对最大 33mm×22mm 芯片快速升降温的加热头，其表面温度的均匀性在 ±5℃之内，工

序能力指数 C_{pk} 为 1.33。根据现有报道，键合头在空气中没有负载的情况下，最大升温速率超过 125℃/s，带上了吸嘴和芯片的满负载工作状态升温速率超过 100℃/s。空气中没有负载的降温速率高于 –50℃/s，全负载状态降温速率约为 –50℃/s。恒定的真空度与实时监控系统能够保证芯片和基板在 TCB 焊接过程中保持平行且固定牢固。监控系统能够发现焊接过程的异常问题，原理是当异物沾在键合基台上或发生其他问题时，将导致真空漏气。

10.2.2.3 TCB 工艺

图 10.13 所示为焊接过程中键合头温度、压力与位移的典型工艺曲线。这三个要素是影响装配良率最重要的输入参数，相应的，压力和位移也是装配过程的响应参数。

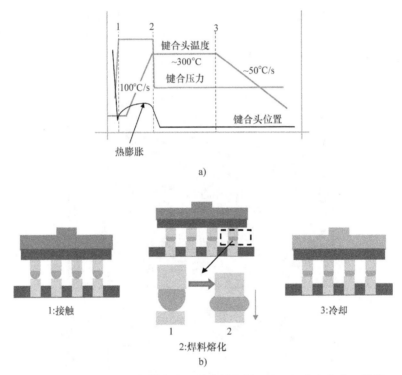

图 10.13　a）典型的 TCB 键合头工艺曲线包括温度，压力和位移：接触、焊料熔化以及冷却　b）重要过程示意图，包括触发键合头升温，启动位置控制模式（熔化侦测）以及焊接完成后释放键合头

在图 10.13 中，红色、蓝色和黑色的曲线分别代表键合头的温度、压力和位移。表 10.1 中对每个工艺参数的细节进行了解释。基台与键合头接触温度由其工艺方法和工艺材料决定。理想情况下这一温度越高焊接过程耗时越短。

当键合头侦测到接触压力时（见图 10.13 中状态 1），键合头的温度将升至焊料熔点以上的峰值温度。SAC 305 合金（96.5% Sn、3% Ag、0.5% Cu）的典型峰值温度推荐为 300℃，这是由于当键合头和基台的设置温度分别为 300℃和 160℃时，封装的截面方向将产生巨大的温度梯度（如图 10.14 所示），这时，即使芯片与键合头的接触面温度将近300℃，由于温度梯度的存在，大芯片封装的最外圈焊点也很难熔化。因此，键合头温度必须设置的远高于焊料熔点，以保证焊料凸点得以熔化。

表 10.1　工艺参数

工艺参数	配方参数	备注
压力（输入值和响应值）	接触压力	当达到接触压力时，则表示微凸点与焊盘已接触上
	键合压力	最大压力值
温度（输入值）	键合头预热温度	由工艺材料决定
	键合头峰值温度	最高温度
	键合头释放温度	由焊料合金组成决定
	基台温度	由工艺材料决定
	键合头升温速率	>100 ℃/s
	键合头冷却速率	< -50 ℃/s
时间（可选输入值）	键合头峰值温度停留时间	
位移（输入值和响应值）	熔化侦测设定值	约 5μm
	z-高度补偿（可选）	由产品决定

工艺时间的估算方法为：假设键合头接触芯片时的温度为 200℃，接触后，将以 100℃/s 的速度升至 300℃。在峰值温度的保持时间小于 1s，然后键合头将以 -50℃/s 的速度冷却至 200℃。因此正如英特尔和 ASM 报道的那样，不考虑上下料的时间，理论工艺时间小于 4s。

如图 10.13 中蓝线所示，键合头在焊料熔化之前将保持固定的压力，当焊料达到熔点时，键合头所受的合力将突然

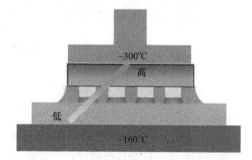

图 10.14　TCB 键合头与基台之间封装的温度差

下降。熔化通常用键合头发生 5μm 的位移来定义（见表 10.1）。之后，TCB 设备由压力控制模式转为位置控制模式，并且保持键合头位置固定。值得注意的是，倒装芯片微凸点工艺中，微凸点高度变化量约为 5μm，因此可在工艺配方（recipe）中将熔化侦测设定值定为常数。同时，为了避免开路失效，键合头可能需要向下移动更大的距离。最后，键合头快速降温至焊料固化温度之下，然后脱离封装。焊接过程中，氧气含量推荐保持在 100ppm以下，以确保焊料浸润性并减少助焊剂残留[17]。如图 10.13 中红线所示，当键合头检测到某一反作用力时，即接触压力（由封装结构和工艺材料决定），键合温度将以设备能够实现的最快速度达到峰值温度。如蓝线所示，反作用力将随着焊料达到熔点开始塌陷而突然下降。通过压力控制模式还能够补偿设备自身以及封装中各层材料的热膨胀。

了解了上述 TCB 设备和工艺的基本原理后，将进一步讨论其工艺特征细节。图 10.15 所示的 SEM 照片对比了 TCB 工艺和批量回流焊接工艺的结果—方框中的放大图是金属间化合物（IMC）的生长情况，全图是焊料互连质量。尽管 TCB 工艺整个加热过程时间远小于批量回流焊接工艺，液相线以上时间（Time Above Liquidus，TAL）仅为几秒钟，而批量回流焊接的 TAL 大于 60s，使用 TCB 工艺焊接的产品界面上仍然生长了一层连续均匀的 IMC 层。

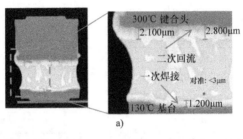

a）

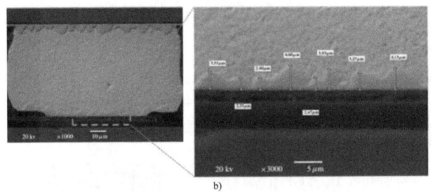

b）

图 10.15　金属间化合物厚度测量的扫描电子显微镜照片

a）使用 TCB 工艺焊接的微凸点[18]　b）使用批量回流工艺焊接的 C4 凸点[17]

图 10.16 进一步在焊后间隙高度方面对比了 TCB 工艺与回流焊接工艺。使用 TCB 工艺和回流焊接工艺将同样的转接板安装到 BGA 基板上。TCB 工艺的间隙高度高于回流焊接工艺，这是由于 TCB 键合头能够精确的控制高度。

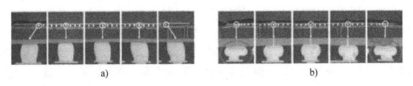

图 10.16　转接板与有机基板焊接的微凸点互连显微照片对比

间隙高度的测量值绘于图 10.17，进一步证明 TCB 工艺通过真空吸附固定作用降低芯片与基板的翘曲，从而精确的控制二者之间的间隙，实现恒定的间隙高度。TCB 过程中，键合头与基台之间的温度梯度限制了工艺窗口，但另一方面，这一温度梯度能够有效的弥补芯片（CTE 约 3ppm）与基板（CTE 约 20ppm）之间的热膨胀系数失配。这是由于，高 CTE 的基板放置在基台上，基台设定温度比键合头低得多，因此降低了热失配形变量。相反，批量回流焊接的器件由于封装内各元器件之间的热失配问题产生了大约 10μm 翘曲。

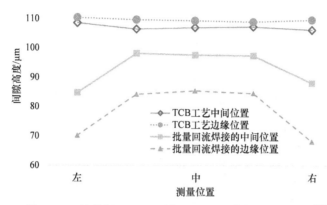

图 10.17　转接板和 BGA 基板之间的间隙高度测试结果[19]

10.2.3　工艺材料基础

10.2.3.1　简介

　　TCB 技术是实现三维 TSV 芯片堆叠的使能技术，能够克服细节距贴装，以及薄芯片与基板之间热失配翘曲等问题所带来的技术挑战。二维倒装芯片装配工艺就已经存在翘曲问题，随着封装技术的发展，这一问题变得越来越严峻并且超出了回流焊接工艺所能控制的极限。因此，2014 年英特尔最早提出在其 22nm 节点 130μm 节距的倒装芯片器件量产时采用 TCB 技术[11]。由于 TCB 技术需要完全不同的材料体系，本节中将从技术基础和工程实践的角度对助焊剂及底部填充等工艺材料进行讨论。总的来说，可供选择的工艺材料包括：水溶性助焊剂、免清洗助焊剂、非导电膜（Non Conductive Film，NCF）、非导电胶（Non Conductive Paste，NCP）（助焊剂与底部填充胶的混合物，即环氧助焊剂）。助焊作用是 TCB 工艺要素中最重要的功能。另一个关键点在于 TCB 焊接后助焊剂的残余量以及其对后续工艺材料的兼容性。对于环氧基材料而言，空洞的形成问题需要综合性的研究，而不是仅仅基于分析化学计量学。

　　本节回顾了分析化学计量学中广泛应用于检验影响材料配方热行为的材料特性。这里系统性地讨论了使用简单的测试样件结构，在尽可能接近实际装配工艺热热条件，同时又隔离了设备与工艺意外因素的环境中，分析材料与空洞和浸润性相关特性的方法[1-10]。本节中介绍的技术方法主要用于帮助读者评价工艺材料性能，从而为设计更有效的初始工艺条件打下基础。

10.2.3.2　基本性能及测量

　　热分析是表征材料配方的必要手段，传统的分析技术包括热重分析（Thermogravimetric Analysis, TGA）、差示扫描量热法（Differential Scanning Calorimetry, DSC）、动态力学分析（Dynamic Mechanical Analysis, DMA）和热机械分析（Thermomechanical Analysis, TMA），见表 10.2[20-25]。

表 10.2　热分析标准方法　来源：PerkinElmer

问题	材料特性	分析方法	标准
分层	CTE	TMA	IPC TM-650 2.4.24.1
	分解温度	TGA	ASTM D3850
	玻璃化转变温度	DSC	IPC TM-650 2.4.25C
		TMA	IPC TM-650 2.4.24C
		DMA	IPC TM-650 2.4.24.2
通孔可靠性	CTE（z 轴）	TMA	IPC TM-650 2.4.24.1
热不稳定性	玻璃化转变温度	DSC/DMA	IPC TM-650 2.4.25C
	水分含量	TGA	IPC TM-650 2.4.24C
	分解温度	TGA	IPC TM-650 2.4.24.2
	模量	DMA	IPC TM-650 2.4.24.4
尺寸稳定性	CTE（xy 轴）	TMA	IPC TM-650 2.4.24C

　　TGA 方法将材料重量的变化量和变化率作为恒定加热速率下温升的函数，或者恒定温度下时间的函数进行测量。这种测试技术主要用于确定材料的组成并预测其热稳定性，通过由于分解、氧化、水合或脱水而表现出重量损失或增加表征材料，提供与重量变化率相关的潜在物理化学现象信息。图 10.18 绘制了助焊剂温升与重量损失的关系曲线，其中的五种助焊剂的活化剂不同，但采用了相同的溶剂。回顾一下，活化剂是与氧化物反应以减少氧化物的化学物质。典型的活化剂为羧酸。在图 10.18 中，Act1 为干燥化合物，在 150℃时质量损失仅为 1.7%。另一方面 Act3 ~ Act5 的初始 TGA 曲线斜率是相似的。Act3 与 Act4 在图中表现出不同的重量损失，在 150 ~ 350℃之间，它们的分解速度要慢得多。Act1、Act2 和 Act5 的 TGA 曲线代表免清洗助焊剂，Act3 和 Act4 的 TGA 曲线与传统水溶性助焊剂相似。

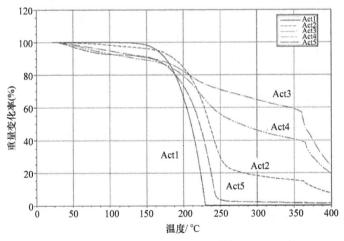

图 10.18　热重分析[26]

质量损失率受到酸组分、溶剂以及其他添加剂影响，这些成分主要用于优化助焊剂浸润性能。回流焊接工艺可以直接使用 TGA 数据确定初始工艺参数，但这种测量质量损失率的方法却不适用于 TCB 工艺。这是由于 TCB 工艺中焊料回流的时间在几秒钟之内，没有计量方法能够测试材料在几秒钟之内的热行为。因此，为了了解材料在类似 TCB 工艺加热条件下的性能，有必要开展后续浸润性或空洞问题研究。

DSC 是测量输入到试验样品与参比样品的热流差随温度（时间）变化关系的一种技术。图 10.19 所示为 DSC 测试结果图，其中图 10.19a 为不同加热速率下的热流，图 10.19b 为不同温度下的热流。根据这种测试技术的基本原理，可以识别样品在经历如相变等物理转变时，是吸热还是放热过程（见图 10.19c）。底部填充固化过程产生热量，因此是放热反应。而焊料熔化过程吸收环境热量，因此是吸热过程。DSC 分析可以研究助焊剂的一致性，有助于了解环氧基材料的热行为，例如环氧助焊剂、NCP、NCF，以及非流动性底部填充胶，是一种通过不同升温速率以及恒温条件对材料配方进行表征的分析方法。

TMA 是测量样品尺寸随温度，时间和负载变化关系的一种测试技术，测试外形尺寸的方法与标准机械测试方法类似，包括①用于压缩和 CTE 研究的膨胀量测试；②弹性或者三点弯曲测试；③拉力以及张力测试；④穿透测试；⑤膨胀法或体积法测试 [28]。这种分析方法可以用于确定玻璃化转变温度 T_g，即无定型材料从刚性向柔性或液体相变时的温度。如图 10.20 所示，T_g 为曲线过渡段中的上方和下方曲线的切线交点所对应温度。图 10.20 还展示了不同样品形变过程中 T_g 的一般趋势。

DMA 是广泛应用于表征材料特性随着温度、时间、频率、压力、气氛或者综合因素变化关系的一种测试技术。DMA 同样被应用于测试电子封装产业中常用的高分子基材料的 T_g。图 10.21 中展示了 DMA 是如何测定 T_g 的，T_g 被视为储能模量大幅下降（10 倍或者更多）所对应的温度，同时损耗角（振动吸收因数）曲线中的峰值对应温度也被认为是 T_g。因此，T_g 的值根据测定方法会有所不同，取决于选择 E' 曲线的下降点，损耗角曲线的顶点还是 E' 曲线的顶点。

玻璃化转变温度 T_g 是一个范围，虽然每个特定标准都会采用一个温度点来表征该指标。不同的行业采用同一套数据中不同的点作为 T_g，偏差可能达到 15℃。DSC、TMA 和 DMA 分析不同的变化过程，因此数据会略有差异。不同的仪器敏感特性不同，其测试数据都被用来预测材料在不同温度条件下的变化响应，例如，DMA 数据被用来分析模量信息，而 TMA 用于测试热膨胀系数 CTE，都是用来测试转变过程，但是 DMA 更敏感。

10.2.3.3　浸润性测试

TCB 工艺中，浸润性是工艺材料首先需要进行研究的特性。现有分析方法包括 TGA、DSC、TMA 和 DMA 都无法分析发生在不到几秒之内的热过程，因此浸润性研究方案的设计应该能够模拟 TCB 快速升温过程中材料的实际润湿行为。另外，该实验应该消除设备与测试工装对于浸润性能的影响，从而将研究聚焦到材料本身对焊料润湿的影响上。为了满足这一目标，图 10.22 所示为一种测试件（Test Vehicle，TV），包括工艺材料、焊料，以及含金属镀层的样件。TV 的制备包括两步：首先将工艺材料（例如助焊剂或环氧助焊剂）喷涂到含金属镀层的样件上；然后将焊料放置在样件表面。镀层推荐选择化镀镍金层（Electroless Nickel Immersion Gold，ENIG），因为金层浸润性好同时能够有效防止下方可焊接的镍层氧化 [1-5]。

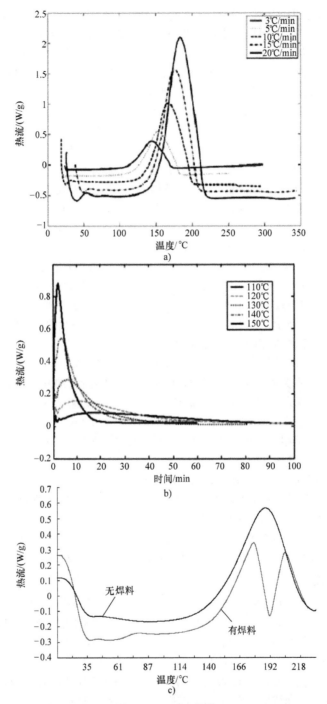

图 10.19　DSP 曲线

a）不同加热速率下测试的环氧助焊剂热流　b）不同温度下的热流
c）环氧助焊剂中有无焊料润湿过程的对比 [1, 27]

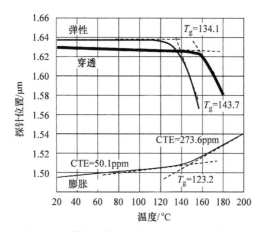

图 10.20　通过 CTE、弹性、穿透测试的 T_g 对比（来自 PerkinElmer）

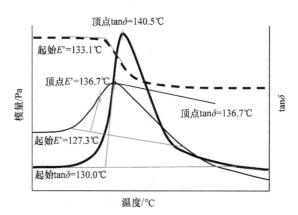

图 10.21　DMA：通过储能模量和损耗角（$\tan\delta$）计算玻璃化转变温度（T_g）
（来自 PerkinElmer）

将图 10.22 所示的测试结构 TV 放置在热板上，热板温度设置在焊料熔点以上，并置于空气或氮气气氛中。将 TV 直接放置在高温热板上的瞬间过程模拟了快速升温的 TCB

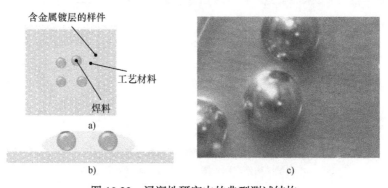

图 10.22　浸润性研究中的典型测试结构

a）测试结构俯视示意图　　b）测试结构侧视示意图　　c）ENIG 基板上涂敷环氧助焊剂的共晶焊料显微照片

工艺中焊料润湿行为。几秒钟之后将 TV 从热板上取下，并量化研究候选材料的浸润性。图 10.23 给出了两种浸润性度量方法：图 10.23a 的测试表征焊料浸润性的接触角，图 10.23b 表征焊料润湿区域比，即焊料润湿区域直径（1）除以实验开始前焊料球直径（2）。

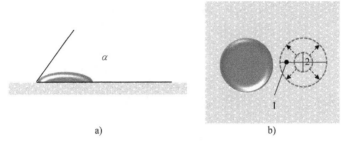

图 10.23　焊料润湿度的度量
a）接触角　b）润湿区域

　　浸润性研究所获得的数据能够给出初始工艺参数并提供性能最好的材料选择。这些优选材料将用于量产试生产，以匹配组装设备和封装结构进行工艺参数的优化。

10.2.3.4　空洞形成研究

　　SK Hynix 和三星两大存储器供应商发布了其 TSV 产品，HBM 和三维 TSV DDR4 DRAM，使用的是基于非导电膜（Non-Conductive Film，NCF）的 TCB 工艺。NCF 在基本材料配方上与其他环氧基材料，比如环氧助焊剂、非流动底部填充以及非导电胶（Non-Conductive Paste，NCP）相似，主要成分包括环氧树脂、助焊剂、固化剂以及填料，因此很难从成分上区分这些环氧基材料，材料选择中需要考虑的一个重要方面是环氧材料的空洞形成特性。空洞可能产生于焊料润湿与环氧固化过程的化学反应，或者是在装配过程中加热超过了某些化学组分沸点而造成的快速挥发 [1-10]。空洞形成研究方法通过一种测试结构（如图 10.24 所示）评估空洞随时间和温度的变化情况，从而实现材料的预筛选 [2-6]。这种方法将测试结构置于热板上进行回流，热板温度接近键合头的峰值温度。另外，需将测试结构放置于基台温度下一段时间，以确定在焊料熔点之上和之下，材料的等温稳定性与空洞形成特性。这项研究应在每个温度下停留不同的时间。

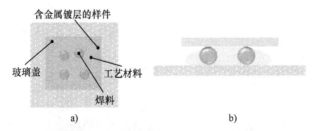

图 10.24　空洞形成研究中的典型测试结构
a）测试结构俯视示意图　b）测试结构侧视示意图

　　无论是使用水溶性助焊剂还是免清洗助焊剂，助焊剂的残留物都是底部填充过程产生空洞的主要原因，类似的测试结构可以用于分析助焊剂残余物的特性。首先，进行浸润性研究以产生助焊剂残留物。然后，在测试结构上焊料回流后的区域分配底部填充材料，再安装玻璃盖。对于水溶性助焊剂，在喷涂底部填充材料之前，需先使用去离子水去除助焊剂残余物。最后将覆盖了底部填充料和玻璃盖的测试结构进行固化，并进行目视检查以分析空洞的形成。

10.3　材料配方原理

在面向三维堆叠的 TCB 工艺中，助焊剂性能是所有装配工艺要素和材料中最重要的因素。助焊剂工作机理要求在适当的加热周期中发生正确的化学反应以减少表面氧化物。化学反应与工艺过程之间的协同结合可以形成浸润性好的清洁金属表面，这是实现良好冶金连接的先决条件。当然，在传统批量回流焊接工艺中，良好的助焊剂性能同样重要。也就是说，助焊剂性能是传统批量回流焊接和 TCB 工艺的共同指标。在这两种工艺中，助焊剂在 140～160℃ 的温度范围内反应，从而减少了焊球与铜焊盘表面的氧化物。图 10.25 解释了在羧酸作为助焊剂或活化剂的情况下，这些金属表面的氧化物是如何反应被去除，从而形成了良好的润湿条件 [1, 9]。

$$SnO + 2RCOOH \rightarrow Sn(RCOO)_2 + H_2O \qquad CuO + 2RCOOH \rightarrow Cu(RCOO)_2 + H_2O$$

$$PbO + 2RCOOH \rightarrow Sn(RCOO)_2 + H_2O \qquad Cu_2O + 2RCOOH \rightarrow Cu(RCOO)_2 + Cu + H_2O$$

a) 　　　　　　　　　　　　　　 b)

图 10.25　a）Sn/Pb 氧化物　b）Cu 氧化物还原过程

TCB 工艺不需要在助焊剂配方中实现与批量回流焊工艺相同水平的粘性（tackiness）。对于用于批量回流焊接的助焊剂而言，黏性是一个基本特性，它需要能够将芯片固定在基板上一个允许范围内，从而保证通过熔融的焊料实现自对准。然而，TCB 工艺中并不允许熔融焊料发生自对准；因此，焊接设备必须在全部三个轴向均具有非常高的贴装精度。除了黏性，由于 TCB 工艺苛刻的温度条件（如图 10.26a 所示），要求材料在助焊性能和机械性能方面具有更高的热稳定性。图 10.26b 中展示了 TCB 要求材料适应芯片上凸点高度偏差，并且能够在焊接过程辅助传热的需求。

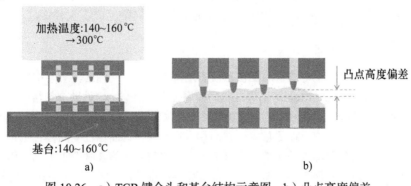

图 10.26　a）TCB 键合头和基台结构示意图　b）凸点高度偏差

TCB 工艺中的环氧基材料需要仔细斟酌填料的尺寸和浓度，因为填料的特性将影响可靠性与装配良率。在将芯片放置在焊接位置上之前，即芯片转移和识别对准过程中，键合头和基台处于预热温度，此时，工艺材料应处于最低黏度状态，其温度预计在 T_g 附近。这一黏度值也被称为等温黏度，是与填料包裹问题相关的一个重要因素，而填料包裹是环氧基材料在 TCB 工艺中造成开路失效的一个根本原因。

本节回顾了与 TCB 技术兼容的主要工艺材料，重点介绍了配方、技术挑战和优势，为优化工艺设计提供指导。有了这些基本的理解，读者应选择与封装结构和设备兼容的工艺材料，并了解如何评估材料配方以优化装配工艺。

10.3.1 水溶性助焊剂

水溶性助焊剂基于有机酸对氧化物的去除作用。这些助焊剂在回流焊接后会产生腐蚀性残余物，因此必须采用加压水洗工艺进行清除。由于水溶性助焊剂已被应用于基于批量回流焊工艺的传统倒装芯片组装，因此可用于 2.5 维产品中转接板与基板的焊接。这类助焊剂也可应用于 TCB 工艺，且不需要对配方进行重大改变[11]。传统的水溶性助焊剂由载体、活化剂、表面活性剂、增稠剂和溶剂组成。载体使用液体或固体形式的耐高温化学品。但是，助焊剂在目标焊料熔点温度为液体。载体材料溶解活化剂和氧化物反应的副产物，并在润湿和铺展过程中将化学成分带离表面。活化剂的作用是减少金属表面的氧化物，使焊料和基材之间形成冶金连接。典型的活化剂为羧酸（见表 10.3）；但也有其他有机酸被用于助焊剂中的活化剂，见图 10.25。

表 10.3　作为助焊剂的典型羧酸

乙酸	二乙酸	丙二酸	戊酸

除了帮助去除氧化物外，助焊剂载体还充当传热介质。载体是一种固体材料，通常采用天然改性松香或天然合成树脂。表面活性剂有助于液体助焊剂的铺展，并降低熔融焊料的表面张力。溶剂控制有机酸助焊剂的黏度，使其具有适当的分配性能。

10.3.2 免清洗助焊剂

免清洗助焊剂并不意味着焊料回流后没有助焊剂残留，它通常具有与中等活性松香（Rosin Mildly Activated，RMA）助焊剂相同的腐蚀性，但与水溶性助焊剂相比，留下的腐蚀残留物要少得多。这种特性是通过两种机制实现的：①降低助焊剂的固体含量；②使残留物发生聚合反应，以尽量减少它们在水汽存在下的腐蚀性。固体含量是指助焊剂中固体成分与溶剂稀释剂的比率。典型免清洗助焊剂中固体含量低于 15%，而在需清洗的助焊剂中，该比例是 30% ~ 50%。与传统焊料回流过程不同，用于三维封装的 TCB 技术可以实现小于 ±2.0μm 的贴装精度，因此不需要助焊剂的黏性来确保芯片在基板上的位置保持在允许的偏移范围内。此外，对黏性没有要求，使得免清洗助焊剂可以选择更简单的配方，专注于低残留特性，从而真正免除清洗。为了消除清洗步骤，应达到两个目标：第一，分配最少量的助焊剂，刚好能够覆盖基板上的焊盘或凸点区域即可；第二，在 TCB 焊接过程中将氧气含量控制在远低于 100ppm 的水平。在此基础上，TCB 工艺将使腐蚀性残留发生的可能性降至最低。

TGA 展示了两种不同类型的助焊剂质量损失随温度变化的关系曲线如图 10.27 所示，其中曲线 a 展示了水溶性助焊剂的典型质量损失；曲线 b 展示了适用于 TCB 工艺的免清洗助焊剂的理想质量损失趋势。为实现曲线 b 中的质量损失，同时不降低浸润性能，免清洗助焊剂要使溶剂含量最大化，并将酸性活化剂的成分降至最低。这样，助焊剂一旦被分配，部分溶剂即会挥发，并在焊

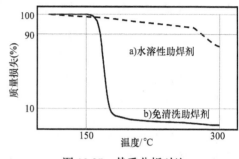

图 10.27　热重分析对比

料凸点和焊盘表面留下酸性物质的薄层，从而在氧气含量低于 100ppm 的环境中促进润湿，实现冶金连接。另一个建议是使用无腐蚀性的溶剂来配置活化剂。通过尽量减少不可避免的腐蚀性助焊剂残留实现基于免清洗助焊剂的 TCB 工艺。

10.3.3　毛细底部填充

在 2.5 维／三维工艺中，毛细底部填充料（Capillary Underfill，CUF）仍然是使用水溶性或免清洗助焊剂回流焊接方法的重要工艺材料，可用于 2.5 维转接板与基板之间的互连间隙。如图 10.28 所示，通过优化黏度和填料尺寸特性，CUF 可以在 3μm 的极薄间隙中流动。从理论上讲，只要间隙大于填料颗粒的尺寸，CUF 就没有填充间隙的限制。实际上，由于助焊剂残留物的清洗需求，CUF 仅限于 120μm 或更大节距的倒装芯片应用。当节距小于 120μm，在批量生产过程中，清洗工艺无法确保清除所有的残留物。助焊剂残留物会阻碍 CUF 流动，造成底部填充料中的空洞和／或分层。这些缺陷将对互连可靠性产生负面影响。因此，为了解决这一问题，工业界一直在开发先进的清洗工艺和免清洗助焊剂 [29]。

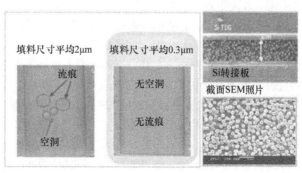

图 10.28　毛细底部填充的评估 [29]

随着芯片间距变得更小，芯片厚度（约 50μm）更薄，底部填充过程的阻止区（Keep Out Zoon, KOZ）要求持续缩小，这是 CUF 的另一个技术挑战，因此，引入了模塑底部填充（Molded Underfill, MUF）作为倒装芯片应用的替代封装技术。相反，TCB 技术采用预涂环氧材料或环氧助焊剂进行三维堆叠，通过一次热处理完成微凸点回流焊和封装。

10.3.4 环氧助焊剂（非流动底部填充胶或非导电胶）

环氧助焊剂也被称为非流动底部填充（no-flow underfill）胶或非导电胶（non-conductive paste）。这类材料在 TCB 工艺中同时起到助焊剂和环氧基底部填充的作用，因此被称为环氧助焊剂。使用环氧助焊剂的 TCB 工艺可以在一个工步中完成微凸点回流和封装，同时跳过助焊剂清洗过程。总的来说，环氧助焊剂通过简化工艺，最大限度的提升装配产能，成为 TCB 工艺理想的工艺材料。另一方面，考虑到填料浓度与封装结构对可靠性和装配良率的影响，材料配方限制了其应用。增加填料浓度通常会提高焊点可靠性，然而，过高的填料浓度可能造成填料包裹在凸点与焊盘之间（如图 10.29 所示），从而导致温度循环过程中电气开路失效。

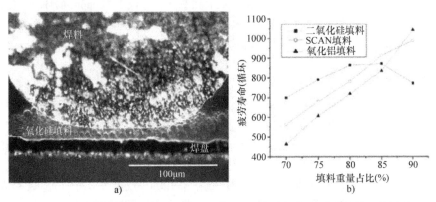

图 10.29　a）由于填料包裹在凸点和焊盘之间造成的典型开路失效显微照片
b）疲劳寿命与填料重量百分比关系图（彩图见插页）

除了对焊点可靠性的影响外，填料浓度还应考虑到保护脆弱的低介电常数（Low-k）介质层的需求。这一需求取决于封装结构，包括芯片与芯片（硅与硅）之间的间隔，芯片到基板或模组到基板之间的间隙。芯片倒装集成的技术挑战主要针对大尺寸芯片倒装应用[30]，这是由于封装与芯片之间的热失配问题更加明显。总的来说，为确保焊点可靠性，需要坚硬的底部填充，而从保护 Low-k 介质层的角度考虑则需要更柔软的底部填充性能。确定一种候选材料需要综合考虑热膨胀系数（CTE）、模量、泊松比、韧性以及玻璃化转变温度（T_g）等参数，以及这些参数之间的相互影响。在玻璃化转变温度之下，底部填充的热膨胀系数与模量的相关性不大；但是，这两个参数都可以通过改变填料和添加剂进行调整（如图 10.30 所示）。在工作温度范围内，高 T_g 的材料通常具有高模量与低的 CTE。机械性能也会影响其他特性，如工艺性能、可靠性和元器件共面性。倒装芯片底部填充材料的工艺性能主要取决于黏度和树脂类型，而可靠性和共面性则受到所有机械性能的影响。

　　Aw 等人实现了铜焊盘有机基板上 30μm 节距铜柱微凸点芯片的 TCB 焊接，使用的是 NCP 材料[31]。他们在研究中还指出由填料包裹问题所带来的技术挑战。图 10.31 所示为由于填料包裹在微凸点与焊盘之间所造成的失效。

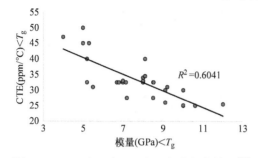

图 10.30　CTE($<T_g$) 和 $E($$<T_g$$)$ 之间的关系[30]

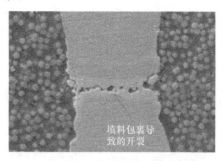

图 10.31　由于填料陷落问题导致的典型开路失效 SEM 照片[31]

　　Jin Ye 等人研究了工艺条件和测试结构的设计对 TCB 组装过程中类似 NCP 填料包裹问题的影响（如图 10.32 所示）[32]。为了尽量减少这种缺陷，他们研究了键合力与微凸点设计之间的相互作用。

　　乍看之下，环氧助焊剂工艺的开发似乎很简单。然而，当原型工艺扩展到大规模生产时将面临重大挑战。要在实际装配过程中引入环氧助焊剂，必须对聚合物材料性能和 TCB 工艺技术有深入的了解。否则，即使实现了高良率的工艺，在某些封装结构中较差的可靠性也会妨碍其应用。

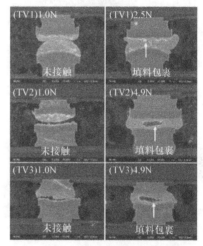

图 10.32　TCB 工艺由于填料包裹问题导致的开路失效 SEM 照片[32]

10.3.5　预涂环氧基材料（非导电膜及 B 阶材料）

　　使用非导电膜（Non-conductive Film，NCF，也译作绝缘膜）和 B 阶（B-stage）材料也可以省去助焊剂清洗工艺，这是由于，这类材料是预置在晶圆上的。另外，这类预置型材料中包含助焊剂，不需要像环氧助焊剂那样单独施加，因此，晶圆级预置型材料降低了组装成本。

　　图 10.33 展示了封装行业中使用的不同类型的预涂环氧材料。图 10.33a~ 图 10.33c 是为了避免在 TCB 工艺中发生填料包裹造成失效的几种结构。TSV HBM 和带寄存器的双线内存模块（RDIMM）使用的是图 10.33d 中的 NCF 结构。NCF 通过真空贴膜工艺贴在晶圆表面。真空贴膜工艺会因为工艺参数或材料配方不当而造成 NCF 空洞（见

图 10.34a）。在 TCB 过程中，这些预先存在的空洞可能会扩大并形成宏观尺寸的空洞。就像其他环氧基材料那样，不当的工艺参数很容易导致 TCB 键合过程中 NCF 空洞的产生。图 10.34b 和图 10.34c 展示了 TCB 批量生产中出现的典型故障模式。图 10.34b 为 NCF 工艺所独有的问题，即过量溢出造成污染。

含填料环氧　　无填料环氧

a)　　　　　　　　　　b)

c)　　　　　　　　　　d)

图 10.33　NCF 和预涂环氧基材料结构示意图

a）含填料和无填料的复合环氧结构　b）通过腔槽结构露出凸点　c）凸点外露结构　d）典型的 NCF

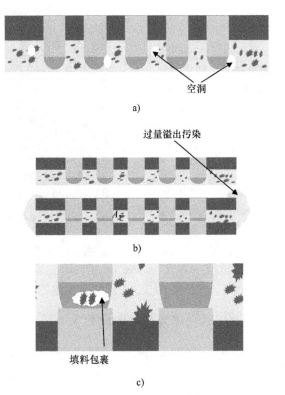

空洞

a)

过量溢出污染

$A_{\text{填}}$

b)

填料包裹

c)

图 10.34　NCF 失效示意图

a）贴膜工艺中 NCF 产生空洞　b）TCB 过程中 NCF 过量溢出污染　c）填料包裹在互连界面

　　如果选择环氧助焊剂作为存储器封装或应用处理器（Application Processor, AP）产品的工艺材料，组装过程要求材料在键合基台上保持长时间高温，原因是一种器件将在条形基板或晶圆上一个接一个地焊接到多个位置。正好在每个位置焊接之前才分配环氧助焊剂，这种方法对于 TCB 工艺而言是可行的。然而，还没有存储器制造商在大规模量产中引入环氧助焊剂的报道。

10.4 组装工艺设计

10.4.1 简介

图 10.35 所示为 2.5 维 / 三维倒装芯片封装的典型示意图，由垂直堆叠的 HBM 和一个水平安装 HBM 的转接板组成。该转接板采用传统的倒装芯片组装工艺，通过回流焊与 GPU 形成有效互连。

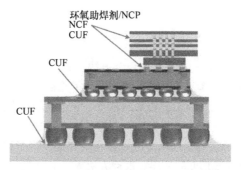

图 10.35　2.5 维 / 三维倒装芯片封装的典型示意图

该 HBM 采用 TCB 技术通过堆叠一个内含 TSV 的微凸点倒装芯片实现，间隙处采用 NCF 进行填充。堆叠工艺中也可采用免清洗助焊剂或环氧助焊剂进行间隙填充。这些封装材料可以通过晶圆级封装工艺或将环氧助焊剂预置在基板上的方法来涂覆。上述两种预涂覆的方法可以实现 100μm 以下互连节距的封装。表 10.4 从应用、组装工艺和互连节距三个方面介绍了几种封装方式的差异。

表 10.4　主要的封装要素和互连尺寸限制

工艺步骤	预涂覆		贴片后
材料	绝缘膜（NCF）/ 半固化环氧树脂	环氧助焊剂	毛细底部填充胶
应用方法	层压 / 旋转涂覆至晶圆表面	涂覆在基板上	涂覆在基板上
组装工艺	热压焊	热压焊	回流焊或热压焊
互连节距限制	> 10μm	> 10μm	> 100μm

本节将探讨与 TCB 技术兼容的主要组装方法，并回顾商用三维 TSV 产品的组装工艺和材料。通过重点介绍工艺材料的键合技术，本节将提供工艺开发程序，分享如何为给定的封装配置设计组装要素，并优化所选工艺材料的工艺参数。

10.4.2 TCB 组装工艺要素

图 10.36 展示了 TCB 技术中水溶性助焊剂的组装方法。该过程主要分为四个步骤：助焊剂分配、热压键合、助焊剂清洗、底部填充和固化。这种方法通过很小的改进即可实现大规模生产。尽管水溶性助焊剂可用于 TSV 堆叠中微凸点互连所使用的 TCB 回流工艺，但是由于小的互连节距限制了助焊剂清洗和底部填充工艺的效率，因此这种方法并不会用于微凸点互连。

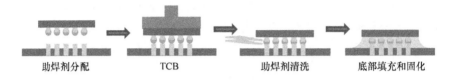

图 10.36　基于水溶性助焊剂的 TCB 组装方法示意图

图 10.37 展示了使用免清洗助焊剂的组装方法。为了能和 TCB 技术更好地兼容，该方法还需要做更多的开发工作。免清洗助焊剂去除了底部填充前的助焊剂清洗过程，但是如何应用免清洗助焊剂是这项工艺技术的难点。为了克服这个困难，在工艺开发工作中应该实现两个目标：一是产生最少的助焊剂残留，二是选择与助焊剂残留物相兼容的底部填充胶。第二个目标需要底部填充胶可以在其交联反应过程中溶解助焊剂残留物，避免助焊剂残留物引起底部填充胶分层。这种方法理论上与 TSV 技术兼容。但是封装行业内尚未有免清洗助焊剂成功应用于三维 TSV 堆叠技术的相关数据。

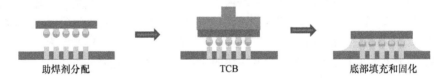

图 10.37　基于免清洗助焊剂的 TCB 组装方法示意图

图 10.38 展示了使用环氧树脂助焊剂的组装方法。就工艺步骤来说，基于环氧助焊剂的工艺比基于助焊剂的工艺要简单。组装流程可以简化为环氧助焊剂点涂和 TCB 回流两个步骤。但是环氧树脂助焊剂工艺窗口较窄，不适用于高稳定和高良率要求的大规模生产。

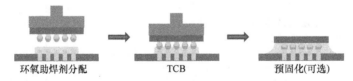

图 10.38　基于环氧树脂助焊剂的 TCB 组装方法

环氧树脂助焊剂一旦受热即会开始固化（如图 10.39 所示）。然而在环氧固化过程被激活后，材料必须在热压键合之前保持较低的黏度。这个时间要求称之为静置时间（sittime）。静置时间越长越能够实现更宽的工艺窗口。单元的焊接周期时间和材料的静置时间长短决定了可以将多少个单元一起放置在基台上进行焊接，或者说在焊接过程中应该何时分配环氧树脂助焊剂。这种工艺方法理论上与 TSV 互连技术兼容，但是由于开发一个可接受的工艺窗口的复杂性，存储器制造商尚未报告其在三维 TSV 堆叠技术中的应用。

图 10.40 展示了使用 NCF 的组装方法。该方法是两家内存制造商用于其产品发布的工艺计划记录（Plan of Record，POR）。通过真空层压工艺将 NCF 附着在晶圆上。用热压键合头从晶圆上拾取一个单独的单元，将预涂覆 NCF 的芯片面键合到另一个芯片或基板的表面。由于 NCF 的高黏度，键合周期可能会比其他组装方法要长。

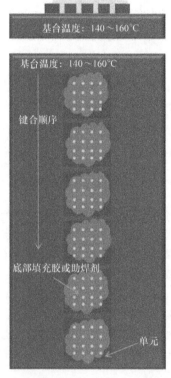

图 10.39　涂有环氧树脂助焊剂的基板在 TCB 键合台上的示意图

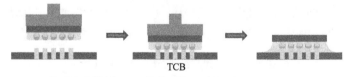

图 10.40　基于 NCF 的 TCB 组装方法示意图

10.4.3　TCB 组装工艺要素的设计和开发

图 10.41 所示的流程图展示了包含材料特性和基础研究的 2.5 维／三维封装的工艺开发过程。

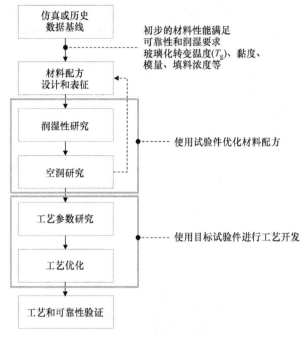

图 10.41　材料配方表征流程图

首先，仿真和历史数据将定义如 T_g、黏度、模量、填料浓度等基本材料属性。需要注意的是，材料的属性是相互关联的，针对封装结构进行优化的过程中需要对部分材料属性作出妥协。根据初步结果，设计材料配方以满足初始的可靠性和工艺要求。其次，使用测量技术来表征材料在模拟实际过程的热条件下的行为。通过设计基础性的研究，对润湿性和空洞进行检测，并获得用于 TCB 量产（HVM）的初始工艺参数。对初始工艺参数进行优化以满足在焊接空洞和制程良率方面的要求，这需要使用大量的测试样件进行验证，且测试样件数应大于等于统计显著的样本量。随后进行可靠性测试以确认其长期可靠性。上述系统性的研究为开发量产、稳定的组装工艺提供了一套最有效的方法，同时还减少了实现目标的迭代次数。

10.4.3.1　TSV 存储器堆叠

HBM 是第一个使用 TCB 技术的商用产品。表 10.5 中的数据展示了其规格尺寸。NCF 和 TCB 技术被两家顶级内存制造商三星和 Sk Hynix 所使用，用于量产三维 TSV DRAM。

表 10.5　三星三维 TSV 内存规格尺寸

芯片尺寸	$< 6.0 \times 6.25mm$	微凸点节距	约 60μm
芯片厚度	约 50μm	间隙高度	约 15μm

细间距 I/O 和低间隙高度使得传统底部填充工艺在三维 TSV DRAM 封装技术中受到

了限制（如图 10.42 所示）。封装行业已知的助焊剂清洗工艺极限需要间隙大于 100μm，过小的间隙高度无法有效清除间隙中的助焊剂残留。因此，综合底部填充工艺与助焊剂清洗工艺的极限，在为 TCB 组装工艺设计的四种主要助焊剂材料中，水溶性助焊剂和免清洗助焊剂两种材料的选择受到限制。

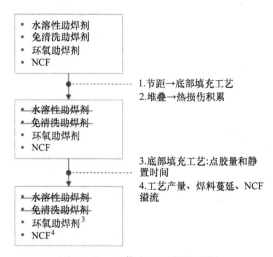

图 10.42　组装方法选择流程图

此外，堆叠芯片会将互连结构暴露在多次回流焊过程中。如果在第二个芯片的 TCB 过程中将力和温度施加到第一个没有进行包封的芯片上，则第一个键合的芯片会被过度地压缩到底部基板上（如图 10.43 所示）。也就是说，在 TCB 工艺堆叠过程中不作包封，将会导致焊料互连桥接短路。

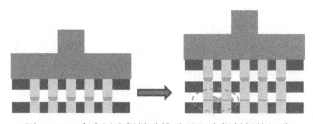

图 10.43　多次回流焊导致堆叠过程中焊料桥接短路

如图 10.42 所示，TCB 可以利用环氧树脂助焊剂或 NCF 对具有微凸点和 TSV 的细间距芯片进行堆叠组装。引入环氧树脂助焊剂技术的挑战主要集中在底部填充工艺中：①需要精确分配质量小于 2mg 的环氧树脂助焊剂；②需要优化工艺顺序，考虑材料的静置时间和产品吞吐量；③需要寻找一种满足 TCB 工艺中长静置时间要求的环氧助焊剂材料。假设环氧树脂的密度为 $1.6cm/g^3$，填充芯片和键合点之间的间隙高度所需用量约为 1.7mg（见表 10.5）[10]。与典型倒装芯片封装的传统底部填充工艺相比，需要以高的重复性和再现性分配如此少量的环氧树脂助焊剂，并且不使胶溢流到薄芯片之上，这是一项极其困难的事情。过量的助焊剂也会损坏 TCB 设备中最重要的部件——焊头。除了必须优化助焊剂的分配过程外，还需要进行的基础研究是了解候选材料的润湿和空洞形成规律，并且验证互连结构的长期可靠性。材料属性用来确定初始的工艺参数。首先，评估材料的玻璃化转变温度（如图 10.44a 所示），用以设定基台（stage）的基线温度范围，该范围通常 ≥ 120℃。其次，材料静置时间对黏度的影响（如图 10.44b 所示）可以用来确定基台温度。假设一个键合周期需要 5s，一次性需要完成 10 次键合，那么不考虑基台加热到 160℃ 所需的额外时间，该过程总共需要 50s 的静置时间。由于设备结构的交互效应（interactive machine configuration effects），应重新评估每个 TCB 设备的基台温度并优化工艺参数。也可以用同样的方法来确定 NCF 的基台的温度。

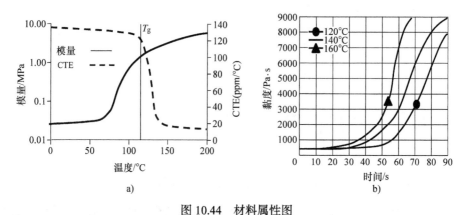

图 10.44　材料属性图

a）模量与 CTE 与温度的函数关系　b）流变仪测得的环氧树脂助焊剂黏度随时间的变化情况 [21]

表 10.6 根据图 10.44 中的环氧树脂助焊剂材料参数给出了 TCB 工艺的基线参数。这些参数通过实验设计（Design of Experiment，DOE）对其进行了优化。DOE 应该进行统计设计，用来消除热对键合力和 z 轴高度补偿的影响。换句话说，所有机械事件应该顺序发生，以隔离热参数和力学参数之间的相互作用。例如，当键合头温度上升至峰值温度时，键合头会由于 CTE 失配而发生膨胀位移，这时就不应该设置 z 轴高度补偿量（一种键合头向下运动的补偿量）。建议在恒定温度下进行 z 轴高度补偿设置。DOE 仍然依赖于典型的工艺指标：电气连接性、空洞、焊点完整性。

上述方法同样可用于 NCF 工艺开发。图 10.45 展示了使用基于 NCF 的 TCB 工艺组装的三星 RDIMM 显微图。三星是两家领先的 DRAM 制造商之一，已经开发了 TSV 产品的量产工艺。图 10.45a 展示了一个扁平的底部填充倒角，这在传统的倒装芯片封装中并不常见。这种倒角形状是基于 NCF 的 TCB 工艺的独特标志，可以有效避免 NCF 污染 50μm 厚度芯片的上表面。当 TCB 键合头对它们施加一定的热量和压力时，高黏性 NCF 将从封装结构中被挤出。通过使用安装在 TCB 键合头上的大尺寸的吸嘴压缩 NCF 的挤出部分，可以有效防止溢出。在图 10.45b 上可以观察到焊料蔓延过程，这也证实了 NCF 流体非常黏稠，以至于将熔化的焊料与 NCF 流体一起推动。由于 NCF 的高黏度，可以预料，在 TCB 过程中会对封装施加较高的键合力，以确保穿透 NCF 时微凸点和焊盘之间的良好接触，同时避免填料的包裹（filler entrapment）导致开路失效。因此，工艺流程周期时间比其他工艺方法更长。

表 10.6　推荐的工艺参数基线

工艺参数	配方参数	设置值
力	接触压力	推荐 3N
	键合压力	DOE
温度	键合头预热温度	< 160℃
	键合头峰值温度	300℃
	键合头释放温度	DOE/ ≥接触温度
	基台温度	< 160℃
时间	键合头峰值温度停留时间	DOE
位移	熔化侦测设置	推荐 5μm
	z 轴高度补偿（可选）	DOE

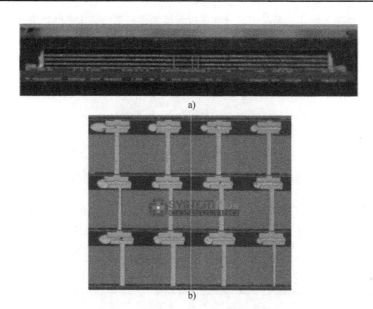

图 10.45　三星 TSV RDIMM 侧视剖面显微图
a）TSV 模块　b）微凸点互连 [11]（彩图见插页）

10.4.3.2　存储器模组与逻辑或硅转接板的连接

下面介绍另一种工艺方法，即基于免清洗助焊剂的 TCB 工艺，它是将微凸点芯片连接到硅转接板上的方法。Woychik 等人 [18] 展示了使用这种免清洗助焊剂工艺将 60μm 节距微凸点芯片外围（periphery）阵列连接到了转接板上。有关研究中使用的测试样件的详细信息，见表 10.7。

表 10.7　测试样件配置

芯片	尺寸 /mm	10 × 12 × 0.2
	微凸点节距 /μm	60/120
	微凸点数	7744
	微凸点高度 /μm	35
转接板	尺寸 /mm	27.05 × 19.25 × 0.1
	微凸点节距 /μm	180
	TSV 尺寸 /μm	10 × 100

图 10.46 展示了一张 60μm 节距阵列焊料桥接短路的 X 射线图像，它是微凸点芯片组装到硅转接板上之后所拍摄。在使用免清洗助焊剂开发的三维堆叠工艺中，Woychik 等人遇到了焊料桥接短路的情况。焊料桥接短路的形成通常是由于在 TCB 工艺中未能将热和机械工艺参数解耦造成的。为了达到最终可接受的工艺窗口，他们执行了两种不同的 DOE 方案。DOE1 确定了重要的热和机械工艺参数，这些参数控制微凸点芯片的焊料桥接短路，从而设计出高良率、稳定的装配工艺，并通过大量的装配来验证工艺的稳定性。

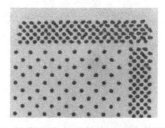

图 10.46　组装到硅转接板上的微凸点芯片外围阵列中焊料桥接短路的 X 射线图像[18]

DOE1 用于评估三个变量：基台温度、峰值温度时间和冷却温度（见表 10.8），其他参数为焊接图 10.46 中短路元器件的基线工艺参数，比如，峰值温度为 305℃，熔化侦测设置为 5μm。

表 10.8　DOE1：热工艺参数

序号	基台温度 /℃	305℃峰值温度时间 /s	冷却温度 /℃	良率
1	100	5	80	1 个芯片有 1 个开路点
2	130	5	80	2 个芯片均有 1 个开路点
3a	130	1	80	1 个芯片有 2 个开路点
3b	130	1	130	1 个芯片有 2 个开路点

这项实验的结果将故障模式转变为焊接开路。也就是说，设计该 DOE 的目的是将热参数和机械参数解耦，通过找到不导致焊料桥接的热相关的工艺上限来实现其目标。基

于这些发现，DOE2 研究了主要机械参数，即通过键合头的 z 轴移动来避免开路失效。对于 DOE1 的四组实验都存在焊接开路，见表 10.8。这意味着热相关的工艺窗口足够稳定，不会导致短路故障，并且由于在更高的温度和更长的峰值温度下没有观察到短路情况，因此机械工艺参数窗口和热工艺参数无关。制作了此样件微凸点焊料互连的横截面，发现芯片存在轻微的翘曲，如图 10.47 所示。图中显示芯片边缘焊点的高度为 40μm，而中心焊点的高度为 42μm。通常认为这种翘曲是微凸点芯片上的温度梯度导致间隙高度的不均匀造成的。

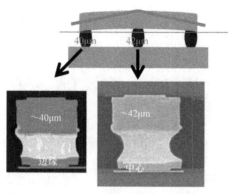

图 10.47　使用 DOE1 键合条件下边缘和中心微凸点互连高度对比 [18]

DOE2 选择了 DOE1 中确定的热相关的工艺窗口的上限，既不会导致短路故障，又可以保证稳定的焊接互连。为消除焊接开路需进行焊料熔化检测，表 10.9 展示了所需的机械工艺参数条件。为了防止熔化的焊料完全坍塌或坍塌不充分，TCB 设备上有一个 z 轴位移设置来控制键合头的 z 轴位移量。回想一下，焊料回流后的这种 z 轴受控移动被称为"熔化侦测"。这是一个对成品率敏感的设备参数，该参数主要取决于设备的特性。这里的主要变量是将熔化侦测高度控制在 6μm 到 10μm。在这项实验中，经电气测试后确认将熔化侦测高度设置在 10μm 时不存在焊接开路和短路的情况。

表 10.9　DOE2：机械工艺参数

序号	基台温度 /℃	预热温度 /℃	305℃峰值温度时间 /s	键合头冷却温度 /℃	键合力 /N	熔化侦测距离 /μm	良率 / （%）
1	130	130	5	130	2.8	6	> 80
2	130	130	5	130	2.8	8	> 80
3	130	130	5	130	2.8	10	100

只有熔化检测高度设置为 10μm 时形成了 32μm 的互连焊点高度，且没有任何焊接开路或桥接现象。图 10.48 展示了使用 6μm 和 10μm 熔化检测高度设置时微凸点芯片的互连高度对比情况。当熔化检测高度为 6μm 时，互连焊点高度为 42.6μm，当熔化检测高度为 10μm 时，互连焊点高度为 31.8μm。

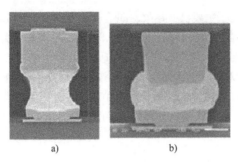

图 10.48　采用 DOE2 的微凸点焊接高度对比

a）熔化侦测高度 6μm　b）熔化侦测高度 10μm

10.5　专题：综合比较分析传统回流焊与 TCB 的 Sn-Ag-Cu（SAC）焊点微观结构

10.5.1　简介

　　随着对高性能消费电子设备的需求不断增加，三维 HBM 模块的应用将不断增长[33]。因此，这些器件需要更细节距的模块，这种需求将技术关注点移至支持铜柱互连的 TCB 工艺技术。目前，TCB 工艺主要用作微凸点键合技术来制造三维电子封装器件[34]。两种键合技术的主要区别在于它们的工艺曲线，传统回流工艺（如图 10.49a 所示）通过原位热处理（等温环境）实现键合，而 TCB 工艺（如图 10.49b 所示）通过预热键合头施加的力实现热键合和机械键合，并且键合头还可以实现定向冷却。此外，回流工艺的典型升温和冷却速率分别为 2.0℃ /s 和 −2.0℃ /s，而 TCB 工艺的升温和冷却速率要快得多，分别为 100℃ /s 和 −50℃ /s[34]。TCB 工艺过程至少快一个数量级，因为它在几秒钟内即可完成工艺循环[35, 36]。因此，TCB 工艺的这一特性凸显了其在细节距微凸点模块高吞吐量组装方面的潜力[37, 38]。更重要的是，两种工艺之间热工况的巨大差异会影响基于 TCB 工艺的产品质量和可靠性[34]。

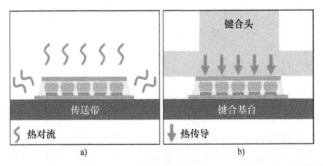

图 10.49　倒装芯片键合工艺与其热剖面（Thermal Profiles）的关系

a）传统回流焊，多个封装被放置在通过对流等温加热的传送带炉内

b）TCB 工艺，封装被放置在基台上，通过 TCB 键合头传导热量实现定向加热

目前大多数采用 TCB 工艺的封装还需要与其他封装一起用传统回流工艺集成到主基板上。尽管先通过 TCB 工艺实现了键合，但整个模块又通过回流工艺再次承受另一次键合过程。因此，TCB 工艺制造的焊点无论如何都要再次经历回流过程，这意味着在回流过程中再次发生焊料熔化和凝固过程。因此，可以认为这些焊点与只通过单次回流工艺制备的焊点相似。基于这种情况，很少有专门针对 TCB 工艺制备的微焊点的研究。然而，对于某些封装的情况，其互连通过一步 TCB 工艺形成，而没有额外的回流过程，因此，了解仅由 TCB 工艺形成的微焊点特性就变得非常重要。简而言之，目前缺少对传统回流（多向焊料回流和冷却）和 TCB（定向回流和冷却）工艺形成的焊点微观结构的比较研究，因此必须研究回流焊和 TCB 工艺下焊点的微观结构，用以了解其机械、电气和热可靠性[33, 36, 39-42]。表 10.10 剖析了两个过程之间的主要差异。

表 10.10　回流焊和 TCB 工艺概括性对比

	回流焊	TCB
加热模式	等温加热	从上到下
热传递方式	热对流和热辐射	热传导
升温速率	慢（1×）	快（约 50×）
冷却速率	慢（1×）	快（约 50×）

在早期，观察到了分别由 TCB 和回流焊制成的焊点在电迁移（EM）可靠性方面的关键差异。EM 引起的封装失效主要是由于：①阴极侧空洞的形成和扩展，如图 10.50 所示[43]；②IMC（Intermetallic Compound，金属间化合物）的生长导致焊点界面开裂，比如脆性 IMC 界面区域[44]。需要注意的是，表面镀层、Cu 焊盘和凸点下金属化层（Under Bump Metallurgy，UBM）中原子的消耗和扩散会形成空洞[45, 46]。这种现象最终导致开路失效[43]。不管怎样，EM 引起的失效在很大程度上取决于焊点成分及其微观结构，它们在 Cu 和 Ni 原子的扩散行为方面发挥重要作用，这些行为会导致这些区域中上述原子消耗从而引起 EM 失效。

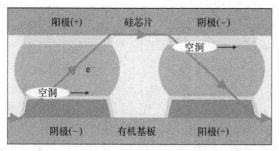

图 10.50　倒装芯片封装电迁移老化试验原理图：阴极两侧的空洞形成区域用白色椭圆表示，其扩展方向用黑色箭头表示。电流方向（电子流）用灰色箭头表示

了解无铅焊料的微观结构曾经是一个挑战 [47]。由于铅的毒性和与其相关的环境问题，2006 年禁止在倒装芯片技术和消费电子产品中使用铅 [48]。此后，随着向无铅焊料合金的过渡，许多研究集中在无铅焊料合金再结晶引起的晶粒结构性质及晶界特征上 [49-52]。在这些研究中，Wang 等人通过对经过单次或多次回流工艺的 Sn 基无铅焊点 EM 效应的研究，得出的结论是：焊点中沿着 c 轴的大尺寸 β-Sn 晶粒与电流方向一致可能会导致过早的 EM 失效。多晶粒结构的 β-Sn，即较小的晶粒提供高角度孪晶边界，能增加 EM 的失效时间 [51]。除了焊点结构之外，IMC 的形成和生长，即 IMC 形成的动力学是导致 Sn 基焊点中 EM 诱导失效的另一个因素 [53]。Bashir 等人认为均匀的 IMC 层可以通过缓解 Cu 原子扩散到 SAC-305 钎料基体中从而来延迟 EM 引起的失效 [54]。

此外，还进行了更广泛的研究，主要集中在 Sn 基无铅焊点的 β-Sn 晶粒取向的影响上。其中热机械疲劳响应和 EM 行为明显依赖于焊点的 β-Sn 晶粒取向 [46, 55-57]。同时还研究了冷却速率对焊料合金显微组织和力学性能的影响 [58-60]。

Sn 基焊料主要由 β-Sn 晶体组成，因其晶体结构的各向异性而广为人知。β-Sn 为体心四方（BCT）结构，尺寸为 $a=b=5.83Å$、$c=3.18Å$。由于 β-Sn 的固有结构，在众多的 Sn 基网络（network）结构中观察到了机械、热和电性能的各向异性。如前文所述，Sn 晶格常数的差异导致 Cu 和 Ni 沿 c 轴的间隙扩散速度比 a 轴和 b 轴快得多 [61, 62]。此外，Lu 等人研究了 β-Sn 晶粒取向对 Sn 基焊料中 EM 失效机制的影响，得出的结论是：焊点失效是由于 Cu 和 Ni 沿 β-Sn 基体 c 轴的高度各向异性扩散行为导致，这种行为会消耗 IMC 和凸点下金属化层（Under Bump Metallurgy，UBM）[46]。他们还指出，与 Sn-Cu（SC）焊料相比，SAC 焊料具有更好的 EM 性能，其原因是存在孪晶结构和稳定的 Ag$_3$Sn IMC 网络（network）结构 [46]。

由于 Sn 基焊料基体中 c 轴取向是倒装芯片封装可靠性的关键决定因素，所以焊球的结晶取向非常重要。基于前文所讨论的众多研究工作，本文通过 EM 老化试验，探讨了通过两种不同工艺（回流焊和 TCB）获得的 β-Sn 和 IMC 结构中不同晶体织构和微观结构对其可靠性问题的影响。回流和 TCB 工艺的一个显著区别和引起其微观结构差异的因素在于它们的热剖面，如 TCB 的冷却速率和定向冷却特性。从我们的 FEA 仿真中，可观察到回流焊焊料内的均匀温度分布，以及 TCB 工艺焊料内的各向异性温度分布情况，如图 10.51 所示。

因此，假设 TCB 处理的倒装芯片封装承受的更快和定向冷却过程将导致：①焊点更小和更多取向的微观结构；②高纵横比的 IMC 形貌；③β-Sn 晶体高度取向。以上每个因素都会导致它们过早的失效。

在这项研究中，我们对通过回流焊和 TCB 工艺制造的 SAC-305 焊点的微观结构进行了比较研究。SAC-305 被广泛用作 Sn 基无铅焊料。通常在传统 TCB 工艺中，铜柱锡帽结构用于与印制电路板（Printed Circuit Board，PCB）基板上的 Cu 焊盘结合作为测试样件 [33, 36, 40]。为了进行直接的比较，本研究利用没有任何铜柱的传统倒装芯片架构（仅包括植到芯片 UBM 层上的一个尺寸相对较大的 SAC-305 焊料）来有效探索两种工艺之间的差异。我们还研究了 β-Sn 晶体的各向异性和异质原子的各向异性扩散过程。采用 SEM 对焊点的微观结构进行了研究和表征。通过对 SEM 图像的分析，确定了脆性

Cu₆Sn₅ IMC 的形貌，这是 EM 老化试验中过早失效的原因之一。β-Sn 晶粒尺寸分布及其晶体取向可使用电子背散射衍射（Electron Back-Scatter Diffracation，EBSD）进行表征，并讨论了通过主成分分析（Principle Component Aanlysis，PCA）建立的工艺 - 结构和结构 - 性能之间的联系。最后，利用光学显微镜对 EM 失效的倒装芯片样品进行表征，以验证我们在前文中提出的假设。本研究有利于帮助阐明 TCB 工艺对 β-Sn 微结构的影响以及 β-Sn 微结构对 SAC-305 焊点可靠性的影响。此外，PCA 等统计分析可以帮助理解回流焊和 TCB 工艺之间的差异，并且这些数据可以用来建模和优化用于大规模生产中的焊接参数和工艺。

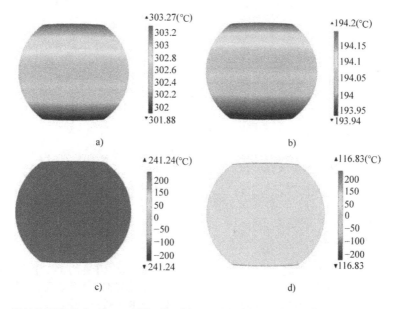

图 10.51 焊料的温度分布（TCB 焊接过程中 3.5s 时相当于阶段 2 结束时，5.6s 时相当于阶段 3 冷却过程结束时；回流焊过程中 170s 时相当于阶段 3 回流过程结束，220s 时相当于阶段 4 冷却过程结束）（彩图见插页）
a）TCB 焊接过程中 3.5s 时 b）TCB 焊接过程中 5.6s 时
c）回流焊过程中 170s 时 d）回流焊过程中 220s 时

10.5.2 实验部分

10.5.2.1 测试样件和工艺材料

该倒装芯片由 Engent 公司提供，尺寸为 5.03mm × 5.07mm，厚度为 625μm，SAC-305 焊球节距为 8mil。其 UBM 由 Al、NiV、Cu 的溅射层组成，凸点直径为 130μm，高度为 107μm。基板为 Engent 公司提供的耐高温 FR4 材料的 PCB，厚度为 782μm 且 T_g 大于 170℃。PCB 基板焊盘尺寸为 85μm × 85μm，通过标准的化学镍金（Elet- roless Nickel Immersion Gold，ENIG）工艺对厚度 12~20μm 的铜焊盘进行表面处理。在倒装芯片与基板键合过程中，使用了 Indium NC510 助焊剂，并在键合后去除助焊剂残留，通过 H.B.Fuller FH8310 底部填充材料进行填充。环氧胶 EpoxiCure 2 及其固化剂、导电填料（镍粉）、MetaDi 1μm 金刚石悬浮液、MasterMet 0.05μm 硅胶悬浮液均购自美国 Buehler 公司。

10.5.2.2 传统回流焊工艺

在回流过程中监控温度曲线情况，并从温区 1~9 分别测量每个温区上传送带的温度。回流过程根据温度变化情况主要分为四个阶段，如图 10.52a 所示。在第二和第三阶段中，在焊料刚好回流前可观察到排气过程，然后在回流焊期间焊球坍塌熔化并形成互连。最后，需要清洗助焊剂，因为助焊剂残留会对封装结构造成腐蚀。回流后的冷却速率通常设置为约 2.5℃ /s。

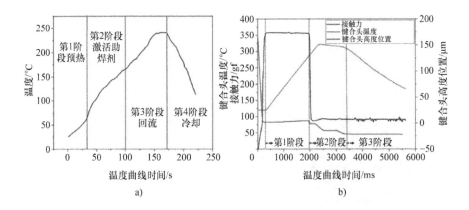

图 10.52 a）回流焊接倒装芯片的温度曲线：其中第 1 阶段用于在约 55℃下预热和均热（soaking）以防止热冲击，第 2 阶段用于在约 110℃下激活助焊剂以去除表面氧化物，第 3 阶段表示在约 240℃下回流焊接，第 4 阶段冷却凝固 b）TCB 焊接过程中热、位移和力的分布曲线：其中第 1 阶段是键合头与基板接触时，第 2 阶段是在焊料合金熔化期间，第 3 阶段为冷却阶段（彩图见插页）

10.5.2.3 TCB 工艺

在 TCB 工艺开始前，需要将键合头和基台预热至 120℃。达到预热温度后，键合头施加约 0.35kg 的接触力并以约 100℃ /s 的升温速率升至 320℃的峰值温度。在达到峰值温度之前，可以从位移曲线图中检测到由键合头接触力引起的塌陷。随着焊料的完全润湿进入到键合阶段，该阶段时间设置为 1.4s。然后键合头以约 60℃ /s 的速率急冷至 180℃。总的 TCB 工艺过程时间为 5.6s。此键合曲线如图 10.52b 所示。

10.5.2.4 SEM 和 EBSD 制样

回流焊和 TCB 工艺制备的倒装芯片样件均分别完成，在 FR4 PCB 基板上有 11 个可用的倒装芯片封装样件。通过 AutoCAD 绘图文件和 QC 7000 PCB 铣床将 FR4 PCB 基板按单个倒装芯片封装切割开，以便于后续镶嵌。每个倒装芯片封装单独采用双组份环氧树脂和固化剂进行镶嵌。环氧树脂和固化剂配比为 1∶0.23（质量比），环氧混合物与镍粉配比为 1∶1（质量比）。镶嵌好的样品使用一系列不同的 SiC 砂纸研磨至 4000 粒度，并使用 1μm 金刚石悬浮液在 PoliCloth（Buehler，USA）抛光机上进行抛光，然后使用0.05μm 硅胶悬浮液在 Buehler BiborMet2 上进行抛光。在每个步骤之间需要用丙酮彻底清洗样件并用异丙醇（IPA）冲洗以去除丙酮残留物和污渍。抛光后的样件如图 10.53 所示。

图 10.53　数码显微镜下的倒装芯片横截面图像：上部为回流工艺的封装样件，下部为 TCB工艺的封装样件（彩图见插页）

10.5.2.5　传统回流焊和 TCB 工艺的 SEM 图像

用 SEM 对抛光后的回流焊和 TCB 工艺样件进行 IMC 形貌分析。利用背散射电子（Back-Scattered Electron，BSE）探测器，在加速电压 10kV，光束强度 20.00keV 下采用 Tescan Mira FE-SEM 设备获得了扫描电镜图像。所有图像均在约 10.00mm 的工作距离采集。

10.5.2.6　取向成像显微分析

将带有 EDAX Hikari EBSD 探测器的 Tesscan Mira XMH 场发射扫描电子显微镜用于取向成像。通过 TSL OIM 分析对生成的衍射图进行指标化。在垂直和水平方向上均使用 1μm 栅格分辨率进行扫描。在开源 Matlab 工具箱 MTEX 中对结果进行进一步处理[63]。

使用定量法和统计法进行织构和取向分析。使用广义球谐函数（Generalized Spherical Harmonics，GSH）对晶体结构作定量描述[64]。在最近的研究[65-68]中可以找到对金属体系的类似处理方法。GSH 使用取向分布函数（Orientation Distribution Function，ODF）的基展开式 f 来描述织构，如式（10.1）所示，g 是包含三个欧拉角的矢量，F_i 是 GSH 系数，$T_i(g)$ 是 GSH 的基函数。

$$f(g) = \sum_i F_i T_i(g) \tag{10.1}$$

GSH 基函数因保留了晶体的对称性，特别适用于晶体织构的量化。在本项研究中基被截断至 10 项，该方法适用于立方晶体体系[66, 69]。

GSH 以系数 F_i 简化了对采用回流焊和 TCB 工艺得到的芯片样件的晶体结构的描述，类似信号的傅里叶表示。但是它有 10 个系数且全是复数。因此，EBSD 需要测得 20 个标量值来描述观察到的微观结构 ODF。为了简化分析并实现数据可视化，利用 PCA 方法进行降维。PCA 首先从观测的数据中以数字方式识别有效基。通过简单地保留一些重要的基权重，便可简洁的描述每个观测结果。发现降低至二维空间时，原始数据中 70% 的方差均可被捕获到，如图 10.54 所示。

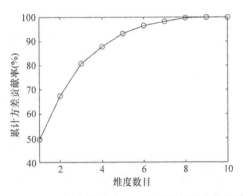

图 10.54　GSH 组织结构中 PC 基表示的累积解释方差

除了考虑平均数值（平均 c 轴向、平均晶体织构）之外，重要的是要关注平均数值的散布或离散度，以确保观察结果不是偶然（例如统计显著性）。需要考虑到成像的试样中存在显著的样本微观结构差异，如图 10.55 和图 10.56 所示。

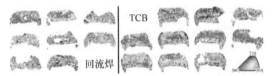

图 10.55　回流和 TCB 样品的自举平均取向差密度（左）和取向差密度（右），通过自举法获得的角度概率密度和平均 c 轴方向的分布（彩图见插页）

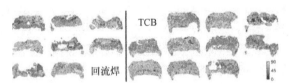

图 10.56　倒装芯片封装经历 EM 之后的数码显微镜横截面图像：（上）采用回流焊工艺的焊点，焊点基体内无明显缺陷，（下）采用 TCB 工艺的焊点存在缺陷；从左侧看起，缺少焊盘和 ENIG 表面涂覆、气孔和全部缺失（彩图见插页）

由于微观结构的定量描述相当复杂（PCA 处理后的 GSH 系数），利用统计自举方法（statistical bootstrapping method）来获得平均离散度的度量 [70]。流程如下：①对于特定的倒装芯片封装类别（回流或 TCB），通过随机重置抽样观察 / 获得凸点；②对每个抽样微凸点的 EBSD 像素，用重置抽样法重新抽样；③从重新采样的集合中计算出 GSH PCA 系数（对 ODF 进行编码），这表示单个自举样本；④这个过程重复 N_b 次。构成自举样品的 N_b 值量化了与微观结构织构相关的不确定性。不确定性来自步骤①，它捕获了样本间的变化。而步骤②则捕获每个凸点内的不确定性。为了可视化，使用条件最大值（conditional Maximin，cMm）设计标准从自举样本中选择有限数量的适当分布的点 [71]。在这些点生成的反极图（Inverse Pole Figures，IPF）来对织构的平均离散度作目视判读。使用了类似的程序来计算图 10.57 中所示的平均 c 轴取向差密度。

　　图 10.57 所示为回流和 TCB 样品的（左）自举平均取向差密度和（右）取向差密度。包括使用自举获得的角概率密度和平均 c 轴方向的分布。

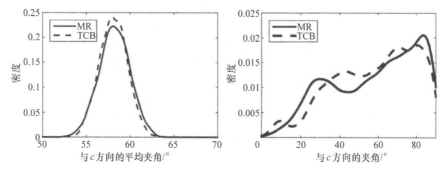

图 10.57　回流和 TCB 样品的（左）自举平均取向差密度和（右）取向差密度，包括使用自举获得的角概率密度和平均 c 轴方向的分布

10.5.2.7　电迁移老化试验

　　在设置为 120℃的热板上对回流焊和 TCB 焊点进行 EM 测试，其中约 $3 \times 10^4 A/cm^2$ 的电流密度施加到倒装芯片封装中的一对焊球上，见图 10.50，电子从阴极（-）流向阳极（+）。本次测试持续了 14min，这是一个 TCB 焊点失效的时间，可以理解为接触电阻过载。这些封装结构使用上一节中描述的相同抛光方法进行抛光，并使用 Leica 数码显微镜进行表征。

10.5.3　结果和讨论

1. EM 老化试验

　　EM 老化试验后的焊点如图 10.56 所示。从图中可以明显看出，TCB 工艺得到的焊点是具有各种类型缺陷的焊点。虽然在 EM 老化试验之前，两个焊点都看不到任何缺陷和分层迹象（图 10.53）。但对于 TCB 工艺得到的焊点，在 120℃，$3 \times 10^4 A/cm^2$ 电流密度的老化试验后，观察到了微凸点上 Cu 焊盘的缺失，气孔和 SAC-305 焊料的完全缺失。这些 TCB 焊点缺陷是 EM 老化试验后开路的主要原因。同时，在回流焊处理的焊点中，除了观察到一些脆性针状 Cu_6Sn_5 IMC 生长外，焊点中没有明显缺陷，界面处也无分层现象。此外，在相同电磁测试环境下，回流焊得到的所有 22 个焊点均保持完整。因此，现在可以证明 TCB 焊点相比于回流焊焊点更加不稳定、可靠性较低。

　　由于对小尺寸封装和超细节距焊点的强烈需求，在高电流密度下细节距互连的电迁移性能变得越来越重要。TCB 工艺被认为是下一代细节距焊点优异的键合技术，因此评估 TCB 工艺的 EM 性能尤其重要。

　　本研究中使用的两种封装采用不同的处理方式，一种采用多向回流焊（常规回流），另一种采用定向（TCB）回流焊和冷却；但是从 EM 老化试验的结果证实，通过 TCB 工艺制造的焊点老化严重且缺陷过多（如图 10.58 所示）。冷却速度直接影响金属的凝固过程，它可以控制 SAC 焊料的晶粒尺寸[55, 59, 72]、IMC 形成[73-75]和晶体取向[55, 72]。这里我们根据回流焊接和 TCB 两种工艺的不同热剖面，讨论导致这种现象的多个因素。

图 10.58　倒装芯片封装的数码显微镜横截面图像显示：（上）采用回流焊工艺的焊点，焊点基体内无明显缺陷，（下）采用 TCB 工艺的焊点存在缺陷；从左起：缺少焊盘和 ENIG 表面涂覆、气孔和全部缺失（彩图见插页）

　　β-Sn 晶粒尺寸对 EM 退化的影响。图 10.60 显示了 TCB 和回流焊焊点的晶粒尺寸分布，该图表明二者之间 β-Sn 晶粒尺寸的差异可忽略不计。这些分布数据是通过图 10.59 的高分辨率 EBSD 扫描（栅格尺寸 200nm）生成的。

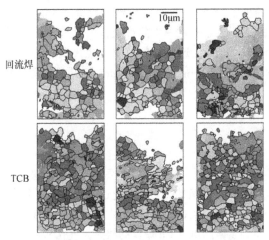

图 10.59　回流焊和 TCB 焊点的高分辨率 EBSD 扫描图：IMC 较多的区域表现出电荷积累，因此已扫描到的衍射图形有的区域质量较差。这些区域是没有进行指标化，显示为白色。此外，尺寸统计中没有计入与图像边界相交的晶粒边界（见图 10.60）（彩图见插页）

　　表 10.11 研究了 EM 老化试验对回流焊和 TCB 工艺得到的焊点电阻值的影响。表 10.11 中的规律与前面讨论的回流和 TCB 工艺的倒装芯片封装显示的温度剖面相关。需要说明的是，此 EM 老化试验的温度从 120℃（见图 10.64 中的初始 EM 老化试验）增加到 135℃，以加速老化试验条件。从表 10.11 中可以看出，TCB 工艺的倒装芯片封装失效时间较长，为 28min，而初始 EM 老化试验较短，为 14min。与第一次 120℃下的 EM 老化试验不同，两个封装的焊点以串联方式连接并同时测量，135℃下的第二次 EM 老化试验是在不同时间对每个封装的单个焊点进行的。因此，即使在 120℃的较低温度下，第

二次 EM 老化试验焊点的较低起始电阻将导致封装失效的时间也比第一次 EM 老化试验中封装失效的时间更长。

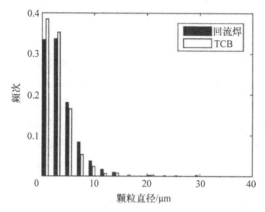

图 10.60　回流焊和 TCB 焊点微观结构的 β-Sn 晶粒直径直方图

表 10.11　在 $3 \times 10^4 A/cm^2$ 的外加电流和 135℃下进行 EM 老化试验时，回流和 TCB 工艺的倒装芯片封装的阻值变化情况

时间 /min	阻值 /Ω	
	MR	TCB
0	0.600	0.667
1	0.600	0.687
25	0.610	0.717
27	0.613	0.780
28	0.617	失效
50	0.623	
51	失效	

在两种键合工艺中，焊点中的平均晶粒尺寸约为 5μm。但是，从图 10.60 中可以看出，当焊点的晶粒尺寸小于约 5μm 时，TCB 焊点的晶粒尺寸（直径）占主导，当焊点的晶粒尺寸大于约 5μm 时，回流焊焊点的晶粒尺寸（直径）占主导。简而言之，倒装芯片封装采用 TCB 工艺时，焊点中的晶粒尺寸更小。然而，当将两种键合工艺的冷却速率放在一起对比时，这种差异可以忽略不计：约 2.5℃ /s（回流）与约 60℃ /s（TCB）。

之前假设 TCB 制备的焊点中较小的晶粒尺寸也会导致 Cu 和 Ni 原子通过 SAC-305 焊料扩散得更快，这是 EM 早期失效的原因。这一假设是建立在实验研究基础之上，即

SAC-305 钎料的晶粒尺寸随着冷却速度的增加而减小 [59]。此外，在相同钎料体积下，晶粒尺寸越小，晶粒数量越多，Cu 和 Ni 原子的晶界及其扩散路径的占比就越大。我们还知道，低晶界密度的多晶结构更不容易发生 EM 失效 [76]。尽管两种键合工艺的冷却速率有明显的差异（相差约 30 倍），但从图 10.60 和图 10.59 中可以看出，晶粒的平均尺寸和晶粒形貌都很相似，这与之前的假设不相符。Mueller 等人的发现可以解释这一结果，即冷却速率对钎料微观组织（即晶粒尺寸和形貌）的影响随着钎料直径从 1100μm 减小到 270μm 而减弱，当钎料直径达到 130μm 时，其影响可以忽略 [59]。事实上，SAC-305 焊料直径约为 130μm，也就是说两种工艺之间的冷却速率差异不会导致焊料晶粒尺寸存在显著差异。因此，两个样品之间的晶界密度相似。两种平均晶粒尺寸之间没有差异的原因是过冷程度，即较小的焊锡球（直径为约 130μm 的焊锡球）过冷程度大于较大的焊锡球 [55, 59, 77, 78]。因此，Cu 和 Ni 原子的晶界扩散动力学是相似的。晶粒尺寸不是 TCB 焊点中观察到的 EM 早期失效的决定因素。相反，可能需要其他的机理来解释这种现象，例如 IMC 和 β-Sn 晶体取向对 EM 失效敏感性的影响。

2. IMC 对 EM 失效的影响

EM 老化试验前具有代表性的焊点微观结构如图 10.61 所示。焊点结构从上到下依次为硅芯片、UBM、IMC、SAC-305、ENIG 镀层、Cu 焊盘、PCB 基板。需要注意的是，在焊接之前，在凸点制备过程中已经在芯片侧的焊点内产生了 IMC。在芯片侧，两个样品的 IMC 厚度相似，但是回流焊点中 Cu_6Sn_5 IMC 锯齿层纵横比更低。这种差异源于两种键合工艺的差异，尽管 IMC 结构在焊盘界面处更为明显。当比较基板侧 IMC 的形态时，回流焊点显示结构均匀且完全覆盖 ENIG 镀层表面（见图 10.61a），而 TCB 焊点显示出明显不同的界面，其中仅部分区域可辨识出棒状 Cu_6Sn_5 IMC（见图 10.61b）。IMC 的厚度及其形态差异会影响 Cu 和 Ni 原子通过 SAC-305 焊料基体的扩散动力学。从 Bashir 的研究 [54] 中可以看出，如果 IMC 没有完全覆盖这些区域，或者 IMC 结构具有高纵横比，则 Cu 和 Ni 原子在焊盘和 ENIG 镀层中扩散得更快。为了更好地形象化这些现象，读者可以借助示意图 10.62 来理解。就这些样品的 EM 效应而言，由于 Cu 和 Ni 原子在 TCB 焊点中扩散速度更快，TCB 焊点很可能会过早失效。最终，原子的消耗将导致空洞的形成和传播，从而使界面分层，继而互连断路。

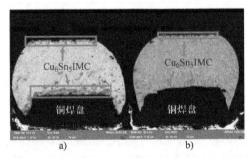

图 10.61　通过（a）回流焊接和（b）TCB 制备的单个焊点的 SEM 图像：两幅图像的视场均为 150μm。在两幅图像中用箭头表示的为 Cu_6Sn_5 IMC

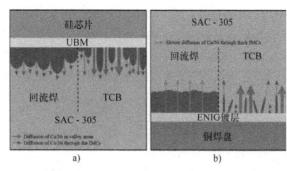

图 10.62 铜和镍原子穿过锯齿状的 IMC 层扩散到 SAC 305 焊料基体中的示意图：Cu 和 Ni 原子从（a）芯片侧和（b）基板侧扩散；请注意，较粗的红色箭头表示通过 Sn 基体扩散的 Cu 和 Ni 原子的数量较多，而较短的蓝色箭头表示 Cu 和 Ni 原子的扩散速度较快（彩图见插页）

从结果来看，IMC 形态在两种不同工艺回流的焊点之间具有相当大的差异（见图 10.61）。IMC 形态的差异可能归因于两种键合工艺之间的冷却速率。由于回流焊接的焊点承受的冷却速度要慢得多，因此熔融焊料在达到其凝固温度之前有更多时间润湿和形成／生长 IMC[59]，其中 IMC 层最终沉积在焊点的基板侧界面。IMC 层在 "焊料 -Cu 焊盘" 焊点界面上的生长过程对于理解 Cu 和 Ni 原子的扩散以及焦耳热（最终导致 EM 老化试验中的过早失效）非常重要。

如前文所述，Cu 和 Ni 原子的扩散机理如图 10.62 所示，其中 IMC 层作为扩散阻挡层[54]，可以用图 10.62a 中较长的蓝色箭头和较细的红色箭头以及图 10.62b 中的绿色箭头来表示。因此，在 EM 老化试验期间，在 TCB 焊点失效时，回流焊的焊点（见图 10.58）并没有观察到由 EM 引起的失效，这是由于 Cu 和 Ni 原子的扩散受到厚 IMC 层极大的阻挡，使得焊点的两个界面保持完好，并与 SAC-305 焊料基体形成了一个整体。经证实，Sn-Cu 化合物比共晶 SAC 焊料具有更好的耐电迁移能力[79]。

空洞增长、电流密度、焦耳热和温度增加的共同作用将导致 EM 损伤，这可以用图 10.63 所示的正反馈回路来解释[76]。初始的高电流密度导致空洞增长和横截面减小，这就增加了局部电流密度，从而导致局部的焦耳加热并引起温度升高。这种局部焦耳热用欧姆定律表示为功率 P，见式（10.2）。当电流 I 通过焊点产生热量时，即发生局部焦耳加热。热量将加速扩散，这进一步促进了空隙的生长。

$$P = I^2 * R \qquad (10.2)$$

图 10.64 展示了回流焊和 TCB 工艺得到的倒装芯片封装中硅芯片顶层温度。除去预热板 120℃的温度，两个硅芯片的温度都随着时间的推移而升高，但 TCB 焊点的温度高于回流焊点。因此，TCB 焊点在 TM 老化试验中观察到了开路现象发生失效，而回流焊点温度达到稳定后即保持不变。从类似的 EM 老化试验中还观察到，TCB 焊点的初始电阻值高于回流焊点（见表 10.11）。此外，从数据中也可以发现电阻曲线与图 10.64 的温度曲线一致。TCB 焊点的温度升高比回流焊接头的温度升高更大，表明在 EM 测试过程中 TCB 焊点内空洞的增长更严重，这是由正反馈所引起的，即局部电流密度增加，导致焦耳加热和温度升高，从而又导致空洞再次生长（见图 10.63）。此外，金属（焊点）的

正电阻温度系数 [80] 能进一步增加焦耳热，尽管这种影响并不是温度升高的主要原因。

因此，这种较高的功率会在 TCB 工艺的焊点上产生局部加热，称为焦耳热效应，从而增加了焊点的温度。这种自热现象可以在 EM 老化试验中从 TCB 倒装芯片样件上观察到（见图 10.64）。两种工艺的倒装芯片的自加热现象中，TCB 倒装芯片封装是回流焊的两倍。

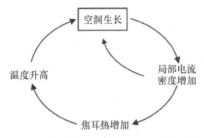

图 10.63 正反馈回路显示了空洞增长的加速，其中空洞增长增加了局部电流密度，然后因焦耳热升高了倒装芯片封装的温度，封装温度的升高进一步加速了孔洞的生长

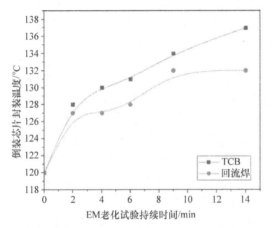

图 10.64 在 12℃ 和 $3 \times 10^4 A/cm^2$ 施加电流下进行 EM 老化试验时，回流焊和 TCB 工艺的倒装芯片封装的温度曲线，倒装芯片封装的温度用红外温度计在两个芯片面测得

这种焦耳热效应还会产生温度梯度，从而加剧 T_m。温度升高会导致原子运动的平均速度增加。由于温度相关的激活作用，较热区域的原子比较冷区域的原子有更大的移位概率。这导致更多的原子从热区域扩散到冷区域。其结果是导致与温度梯度相反方向上的净扩散（质量输运）。与通过回流焊接工艺的富含 IMC 的焊点相比，TCB 工艺的焊点在其界面处缺乏 IMC，并且局部焦耳热更难控制。因此，焦耳加热和 T_m 可以大大加快 Cu 和 Ni 原子的原位扩散，最终产生空洞、Cu 焊盘耗尽以及缺陷（见图 10.58），导致 TCB 制造的倒装芯片过早失效。

然而，由于焊点内部存在大量的 β-Sn，且 Cu_6Sn_5 IMC 主要分布在界面处，因此 IMC 的形貌不太可能是 EM 失效的直接原因。更准确的说，应考虑 β-Sn 的晶体取向，以便对 TCB 工艺焊点的早期失效作全面的分析。了解各向异性 β-Sn 的晶体取向对于研究 Cu 和 Ni 原子在 Sn 晶体的体扩散具有重要意义。由于其各向异性，在 25℃时，Cu 原子沿 c 轴的扩散速度比沿其他两个正交方向（a 和 b 轴）快 500 倍[61]。在 120℃时，Ni 原子沿 c 轴的扩散速度比沿其他两个正交方向的扩散速度快约 $7×10^4$ 倍[62]。需要注意的是 EM 老化试验期间两种工艺的倒装芯片封装温度高于两个文献中的温度（25℃和 120℃），因此实际扩散速率会高得多，尤其是对于 Cu 原子。

3. β-Sn 的晶体取向对 EM 退化的影响

所有回流焊和 TCB 焊点的反极图（Inverse Pole Figure，IPF）如图 10.65 所示。这些 IPF 图中每个像素对应的晶体取向是对应于垂直方向（电子流方向）的取向。例如，像素中 [001] 方向与 c 轴垂直方向一致。因此，在该 [001] 方向中，垂直方向和 c 轴之间的方向偏差为 0°。通过与图 10.56 中呈现的错误方向图进行视觉比较可以确认这一说法。取向接近 [001] 构型的晶体相应地具有低取向差角值。两种焊点之间的取向差值（c 轴的空间分布）的差异很重要，因为当取向差值为 90° 时，Cu 和 Ni 原子的扩散速度更快。然而，从图 10.60 中很难区分出回流焊和 TCB 焊点。c 轴取向的定量测量如图 10.61 所示。虽然角度概率密度存在一些局部差异，但似乎没有显著性的差异。此外，两种工艺条件的平均值统计数据几乎相同。从这些结果可以得出结论，两种键合工艺在有关 c 轴取向方面的焊点微观结构是类似的。

c 轴取向只是晶体取向的一种度量。在图 10.65 所示的 IPF 图中表示的织构信息还包括关于第二晶体取向（secondary crystal orientations）的附加信息。

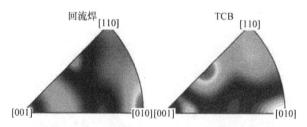

图 10.65　回流和 TCB 相对于样品垂直方向的平均 IPF 取向（电子流方向）（彩图见插页）

因此，就平均情况而言，两种工艺得到的倒装芯片结构之间没有 c 轴方向的取向差，但是二者的晶体织构上存在差异。为了确保织构差异具有统计学意义，而不是简单的偶然观察，对平均 GSH PCA 系数采用了自举策略，如图 10.66 所示。

该图包含回流（红色）和 TCB（蓝色）的平均织构表达的 1000 个随机自举样本。织构在二维空间中使用降维 GSH 进行了数字的表示，并用 Orientation Imaging Microscopy and Analysis（译注：一款基于 EBSD 花样自动采集和分析的软件）进行描述。结果表明，平均织构描述子（texture descriptors）之间存在明显的分离，表明通过两种工艺获得的晶体织构存在统计学差异。为了更直观地解释离散度，图 10.66 的右侧显示了每个芯片结构中 8 个点对应的 IPF。使用了自举样本池中的 cMm 设计，使八个点在空间中均匀分布。这些 IPF 数字说明了过程变异和测量不确定性，因此代表了由两种工艺过程生成的平均织构的置信区间。

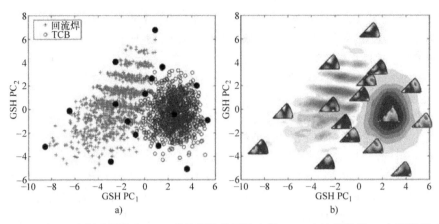

图 10.66　a）PC 空间中回流和 TCB 晶体织构的平均自举 GSH 表达的案例　b）平滑的内核密度图和对应于所选 cMm 设计点（•）的 IPF 图（彩图见插页）

这种细微的差异可能会对与该工艺过程相关的物理学产生相当大的影响。在这项研究中，发现晶体 c 轴与样品几何形状之间的相对取向无法区分。然而，包括有关晶体取向的附加信息的晶体织构在回流焊和 TCB 焊点上是不同的。这一观察结果的含义如图 10.67 所示。

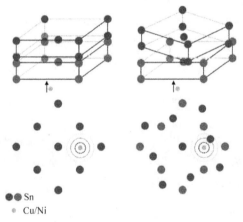

图 10.67　当晶格结构中引入明显的倾斜边界时，Cu 和 Ni 原子（用带黑色箭头的灰点表示）在 β-Sn 晶格中的间隙扩散示意图（彩图见插页）

在图 10.67 中，两个单位的立方体显示为具有相同的相对方向（左），另外以倾斜边界的形式引入平面缺陷，但 c 轴对齐仍然存在（右）。由于边界处存在不匹配的晶格结构，倾斜边界限制了间隙扩散。换句话说，在 TCB 焊点上观察到更高的晶格相干性，这允许 Cu 和 Ni 原子更快地穿过 Sn 晶格，这导致 TCB 焊点更快地在 EM 测试中出现失效故障。因此，在此示意图中，很明显仅 c 轴方向不足以完全理解和描述背后的物理现象。此外，我们的分析忽略了晶界扩散，因为不仅晶界密度的差异彼此相似，而且 Cu 和 Ni 原子在 β-Sn 钎料基体中的扩散主要以高温下的体扩散为主[81, 82]，而 EM 老化试验是在 $0.8T_m$ 的同系温度下进行的。

10.5.4　结论

TCB 工艺得到的倒装芯片封装在 EM 测试中可靠性较低，这似乎限制了它们被认为是高可靠键合技术的潜力。尽管 TCB 工艺需要为 HBM 模块和消费电子产品制造具有细间距微焊点的封装，但从本研究中可以看出还需要做很多工作来改进其键合技术。

本文研究了 TCB 工艺和回流焊工艺得到的焊点的 EM 特性及其与焊点微观结构的相关性。对晶粒形貌、尺寸、取向及 IMC 进行了系统表征。这项工作加强了我们对上述对几个因素的理解，阐明了在 EM 老化试验下的早期失效原因。SEM 结果表明 TCB 焊点 IMC 形成不足。EBSD 及其统计处理结果表明，在 c 轴取向上，取向差无显著性差异。同时还观察到了相对均匀的 β-Sn 晶体织构。因此，这些因素可能会加速 EM 老化试验的 TCB 封装互连的失效。还需要进一步的工艺优化，例如修改 TCB 中的工艺参数，以产生具有更高可靠性的 TCB 工艺三维封装。

通过 Comsol Multiphysics 进行的 FEA 对 TCB 和回流焊接对焊料温度分布的影响进行了预估。与传统的回流工艺不同，TCB 工艺设计中有热量和压力两个主要变量，这导致了复杂且不可预测的耦合工程分析。因此，基于仿真能够理解温度分布的大致趋势是可取的。如图 10.68 所示，封装系统包括 1 颗芯片、3 层的 UBM 结构（Al、NiV 和 Cu）、SAC-305 微凸点、ENIG 镀层的 Cu 焊盘和基板。

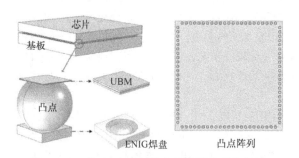

图 10.68　基于 TCB 封装主要部件的几何结构

在这个仿真中，为降低计算开销，使用了沿 x 轴和 y 轴的中心对称边界条件，以及焊点处更加精细的网格。作为边界条件，在 TCB 和回流焊工艺中基板底面均为固定。TCB 工艺采用 3.43N 的压力并将热量施加到芯片表面，而回流焊工艺则仅由作为热源的回流炉控制。TCB 工艺和回流焊工艺的每个温度曲线均来自图 10.52 所示的热剖面。正如简介中所述，对冷却阶段（即冷却阶段的开始和结束）焊点的温度变化进行估计，特别是在 TCB 工艺中的 3.5~5.6s 以及回流焊工艺中的 170~220s。如图 10.51a、b 所示，TCB 工艺在 3.5s 时的温差为 1.39℃，5.6s 时为 0.26℃；然而，回流工艺保持了均匀的温度变化，如图 10.51c、d 所示。这种差异可能是影响焊料微观结构的一个因素，因此 TCB 工艺得到的封装结构的 EM 可靠性较差。因此，基于这些仿真结果，说明应进一步的研分析 TCB 工艺对焊料温度变化的影响[83]。

10.6　小结与讨论

本章通过评估相关的工艺步骤、设备和材料，回顾了专为三维 TSV 堆叠设计的 TCB 技术。尽管三星和 Sk Hynix 两家 DRAM 领先制造商已将 TSV 产品应用到消费电子市场，但对 TCB 互连的基本特性和工程科学的了解仍然不足。因此，为了突出三维堆叠的工艺特点和技术挑战，本研究将 TCB 工艺和常规回流工艺从工艺的独有特性方面进行了比较，而该特性仅存在于只使用了 TCB 工艺组装的单元上。

构建工程科学知识库所需的技术细节十分有限，因为只有少数制造商拥有基于 TCB 的 TSV 工艺的基础设施，因此研发工作仍然太少。为了最大限度地缩小其他制造商与领先制造商之间的技术差距，本章探讨了四个主要的方法：水溶性助焊剂、免清洗助焊剂、环氧树脂助焊剂和 NCF。本章中对每种工艺材料类别的优点和缺点都进行了说明。认识和理解了主要的工艺方法，将从产量和成本方面提高组装工艺水平，使 TCB 工艺更接近成功，就如成熟的传统倒装芯片回流工艺一样。此外，对于如何开发 TCB 组装工艺的认识，那就是工艺设计应最大程度的与封装结构相兼容。事实上，NCF 是两家领先的 DRAM 制造商为 TSV 三维堆叠技术选择的工艺方法。基于 NCF 的 TCB 工艺方法的主要缺点是产量低，因为 NCF 材料特性导致了键合周期时间较长。此外，需要数百万美元的投资才能使产量达到可接受的范围，这增加了 TCB 技术的总成本。具体来说，为了让芯片上的微凸点穿透高黏性 NCF 并接触基板或转接板焊盘，需要对优选高的键合力，从而确保良好的润湿性以及无填料包裹。一种提高 TCB 工艺产量的替代方法是使用基于环氧树脂助焊剂的 TCB 三维堆叠工艺，该方法可以被视为一种很好的替代工艺。本章还回顾了使用基于免清洗助焊剂 TCB 工艺的 2.5 维 / 三维封装研究，以指导如何通过系统的 DOE 开发组装工艺。

图 10.69 说明了使用高精度 TCB 工具在一秒时间内芯片贴装的混合工艺概念。这种方法通过使用 TCB 大键合头（block head）对多个预先对准的芯片进行回流，在保证高贴装精度的同时节省工艺时间。混合组装工艺能解决产量问题并获得 NCF 的优势[84]。该 TCB 组装理念将有助于推动行业的先进组装工艺朝着具有成本竞争力的方向发展。

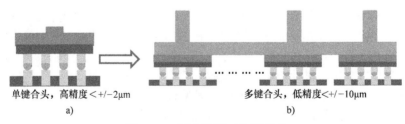

单键合头，高精度＜+/-2μm　　　　　　　　　多键合头，低精度＜+/-10μm
　　　　　a)　　　　　　　　　　　　　　　　　　　　b)

图 10.69　混合装配工艺原理图
a）预对准放置　b）后置 TCB

此外，本章重点介绍了工艺、材料和设备之间的交互作用。一些推动了三维封装材料和设备发展的领军企业正在对材料、工艺和设备之间的协同效应进行研发（R/D），以改进包括 TCB 在内的三维 TSV 技术。建议学术界对所有三个领域的基本原理开展研究，以应对因 TCB 的固有特性（例如非常快的加热和冷却速率）带来的技术挑战。比如说，学术界可以就 TCB 键合期间降低封装内温度梯度的方法向工业提供建议，从而降低峰值温度，缩短键合周期时间。在本章的专题讨论中，综合研究了单向热流（从键合头到基台）回流条件下焊料晶粒的取向和尺寸。本章描述了 TCB 技术在材料和工艺方面的基本原理，以实现高产量、低成本的三维组装工艺，并作为从传统二维技术到三维技术的跳板。

致谢： 本书作者要感谢美国桑迪亚国家实验室（Sandia National Laboratory）的 Yonghao Xiu 和 Yuying Wei 对本章的审阅。

参考文献

1. S. Lee, Fundamental study of underfill void formation in flip chip assembly (2009)
2. S. Lee, R. Master, D.F. Baldwin, *Assembly Yields Characterization of High I/O Density, Fine Pitch Flip Chip in Package using No-Flow Underfill* (Electronic Components and Technology Conference, 2007), p. 35
3. S. Lee, R. Master, D.F. Baldwin, Assembly yields characterization and failure analysis of flip chip in package using no-flow underfill. Int. Wafer Level Packag. Cong. 169–175 (2007)
4. S. Lee, R. Master, D.F. Baldwin, *Void Formation Study of High I/O Density, Fine Pitch Flip Chip in Package Using No-Flow Underfill* (Surface Mount Technology Association International, 2007), pp. 525–530
5. S. Lee et al., Void formation study of flip chip in package using no-flow underfill. IEEE Trans. Electron. Packag. Manuf. **31**(4), 297–305 (2008)
6. S. Lee, et al., *Assembly Yield Characterization and Void Formation Study on High I/O Density and Fine Pitch Flip Chip in Package Using No-Flow Underfill* (Surface Mount Technology Association International, 2008), p. 673
7. S. Lee, M.J. Yim, D. Baldwin, Void formation mechanism of flip chip in package using no-flow underfill. J. Electron. Packag. **131**, 0310141–0310145 (2009)
8. S. Lee et al., Near void-free assembly development of flip chip using no-flow underfill. IEEE Trans. Electron. Packag. Manuf. **32**(2), 106–114 (2009)
9. S. Lee, D. Baldwin, Heterogeneous void nucleation study in flip chip assembly process using no-flow underfill. ASME J. Electron. Packag. (In publishing) (2010)
10. S. Lee, H.-M. Zhou, D. Baldwin, A numerical study of void nucleation and growth in flip chip assembly process. Model. Simul. Mater. Sci. Eng. **18**(6), 065005–065025 (2010)
11. A. Eitan, K.Y. Hung, Thermo-Compression Bonding for fine-pitch copper-pillar flip-chip interconnect—tool features as enablers of unique technology. in *2015 IEEE 65th Electronic Components and Technology Conference (ECTC)* (2015)
12. J.H. Lau, The future of interposer for semiconductor IC packaging. Chip Scale Rev. **18**(1), 32–36 (2014)
13. *Package Analysis of the SK-Hynix High Bandwidth Memory (HBM)* (2015)
14. W.-S. Kwon, et al., Enabling a manufacturable 3D technologies and ecosystem using 28 nm FPGA with stack silicon interconnect technology. in *International Symposium on Microelectronics* (International Microelectronics Assembly and Packaging Society, 2013)
15. K. Ichikawa, *Key Technology Challenges in Computing Package and Assembly* (Assembly Technology Development Japan, Intel Corporation, 2014)
16. S. Lau, Thermo-compression bonding for fine-pitch copper pillar flip chip interconnect, in *SEMICON Advanced Packaging Symposium* (ASMPT, 2014)
17. Z. Li, et al. Sensitivity analysis of Pb free reflow profile parameters toward flip chip on silicon assembly yield, reliability and intermetallic compound characteristics. in *2010 Proceedings 60th Electronic Components and Technology Conference (ECTC)* (IEEE, 2010)

18. C.G. Woychik, et al., New approaches to develop a scalable 3D IC assembly method. J. Microel. Electron. Packag. (2015)
19. D.S. Patterson, 2.5 D/3D Packaging enablement through copper pillar technology. Chip Scale Rev. **16**(3), 20–26 (2012)
20. C. Wong, S.H. Shi, G. Jefferson, High performance no-flow underfills for low-cost flip-chip applications: material characterization. Compon. Packag. Manuf. Technol. Part A IEEE Trans. **21**(3), 450–458 (1998)
21. C.P. Wong, et al., Characterization of a no-flow underfill encapsulant during the solder reflow process. in *Electronic Components and Technology Conference, 1998. 48th IEEE* (1998)
22. C.P. Wong, S.H. Shi, G. Jefferson, High performance no-flow underfills for low-cost flip-chip applications: materials characterization. IEEE Trans. Componen. Hybrids Manuf. Technol. **21**, 450–458 (1998)
23. S. Shi, D. Lu, C.P. Wong, Study on the relationship between the surface composition of copper pads and no-flow underfill fluxing capability. IEEE Trans. Electron. Packag. Manuf. **22**(4), 268–273 (1999)
24. C.P. Wong, S.H. Shi, No-flow underfill of epoxy resin, anhydride, fluxing agent and surfactant G.T.R. Corporation, Editor. U.S (2001)
25. H. Li, et al., Syntheses and characterizations of thermally degradable epoxy resins. III. J. Polym. Sci. Part A Polym. Chem. **40**(11), 1796–1807 (2002)
26. Y. Shi, X. Wei, B. Tolla, Smart chemistry towards highly efficient soldering material formulation, in *Proceedings of SMTA International*, p. 436–443
27. Z. Zhang, E. Beatty, C. Wong, Study on the curing process and the gelation of epoxy/anhydride system for no-flow underfill for flip-chip applications. Macromol. Mater. Eng. **288**(4), 365–371 (2003)
28. H. O'Neal et al., Comparison of Tg values for a graphite epoxy composite by differential scanning calorimetry (DSC), thermomechanical analysis (TMA), and dynamic mechanical analysis (DMA). J. Adv. Mater. **26**(3), 49–54 (1995)
29. B. Schmaltz, Packaging materials for 2.5/3D technology. Int. Symp. Microelectron. **2013**(1), 000276–000284 (2013)
30. A. Lucero, G. Xu, D. Huitink, Low-κ-package integration challenges and options for reliability qualification. in *Reliability Physics Symposium (IRPS), 2012 IEEE International* (IEEE, 2012)
31. J.L. Aw, et al. Thermal compression bonding with non-conductive adhesive of 30 um pitch Cu pillar micro bumps on organic substrate with bare Cu bondpads, in *2014 IEEE 16th Electronics Packaging Technology Conference (EPTC)* (2014)
32. J. Jing-Ye, et al., The development of high through-put micro-bump-bonded process with non-conductive paste (NCP), in *Microsystems, Packaging, Assembly and Circuits Technology Conference (IMPACT), 2012 7th International* (2012)
33. S.W. Yoon, et al., Fabrication and packaging of microbump interconnections for 3D TSV, in *2009 IEEE International Conference on 3D System Integration* (2009)
34. S. Lee, Fundamentals of thermal compression bonding technology and process materials for 2.5/3D packages. **57**, 157–203 (2017)
35. S.W. Lau, Thermo-compression bonding (TCB) for fine-pitch copper pillar flip chip interconnect, in *Advanced Packaging Symposium* (2014)
36. A. Eitan, K. Hung, Thermo-compression bonding for fine-pitch copper-pillar flip-chip interconnect—tool features as enablers of unique technology. in *2015 IEEE 65th Electronic Components and Technology Conference (ECTC)* (2015)
37. Y. Tomita, et al., Advanced packaging technologies on 3D stacked LSI utilizing the micro interconnections and the layered microthin encapsulation. in *2001 Proceedings. 51st Electronic Components and Technology Conference (Cat. No.01CH37220)* (2001)
38. J. Jing-Ye, et al., The development of high through-put micro-bump-bonded process with non-conductive paste (NCP). in *2012 7th International Microsystems, Packaging, Assembly and Circuits Technology Conference (IMPACT)* (2012)
39. D. Duffy, et al., 3D and 2.5D packaging assembly with highly silica filled One Step Chip Attach Materials for both thermal compression bonding and mass reflow processes, in *2014 IEEE 64th Electronic Components and Technology Conference (ECTC)* (2014)
40. C.-L. Liang, K.-L. Lin, J.-W. Peng, Microstructural evolution of intermetallic compounds in TCNCP Cu pillar solder joints. **45** (2015)

41. K. Murayama, M. Aizawa, T. Kurihara. Low stress bonding for large size die application, in *2015 IEEE 65th Electronic Components and Technology Conference (ECTC)* (2015)

42. K. Murayama, M. Aizawa, T. Kurihara, Study of crystal orientation and microstructure in Sn-Bi and Sn-Ag-Cu solder with thermal compression bonding and mass reflow. in *2016 IEEE 66th Electronic Components and Technology Conference (ECTC)* (2016)

43. C. Chen, H.M. Tong, K.N. Tu, Electromigration and thermomigration in Pb-free flip-chip solder joints. Annu. Rev. Mater. Res. **40**(1), 531–555 (2010)

44. B. Ebersberger, R. Bauer, L. Alexa, Reliability of lead-free SnAg solder bumps: influence of electromigration and temperature, in *Proceedings Electronic Components and Technology, 2005. ECTC '05* (2005)

45. S. Härter, et al., Reliability study of lead-free flip-chips with solder bumps down to 30 μm diameter (2012)

46. M. Lu, et al., Effect of Sn grain orientation on electromigration degradation mechanism in high Sn-based Pb-free solders. **92**, 211909–211909 (2008)

47. K.N. Tu, A. Gusak, M. Li, Physics and materials challenges for lead-free solders. **93**, 1335–1353 (2003)

48. J. Cannis, Green IC packaging. Adv. Packag. **8**, 33 (2001)

49. A.U. Telang, et al., Grain-boundary character and grain growth in bulk tin and bulk lead-free solder alloys. **33**, 1412–1423 (2004)

50. S. Terashima, et al., Recrystallization of Sn grains due to thermal strain in Sn1.2Ag0.5Cu0.05Ni solder. **45**, 1383–1390 (2004)

51. Y. Wang, et al., Effects of Sn grain structure on the electromigration of Sn-Ag solder joints. **27**, 1131 (2012)

52. B. Zhou, et al., Characterization of recrystallization and microstructure evolution in lead-free solder joints using EBSD and 3D-XRD. **42** (2012)

53. B. Chao et al., Electromigration enhanced intermetallic growth and void formation in Pb-free solder joints. J. Appl. Phys. **100**(8), 084909 (2006)

54. M.N. Bashir, A.S. Haseeb, Improving mechanical and electrical properties of Cu/SAC305/Cu solder joints under electromigration by using Ni nanoparticles doped flux (2017)

55. T.R. Bieler, et al., Influence of Sn grain size and orientation on the thermomechanical response and reliability of Pb-free solder joints. in *56th Electronic Components and Technology Conference 2006* (2006)

56. K. Murayama, et al., Electro-migration behavior in low temperature flip chip bonding, in *2012 IEEE 62nd Electronic Components and Technology Conference* (2012)

57. N. Zhao, Y. Zhong, W. Dong, M.L. Huang, H.T. Ma, C.P. Wong, Formation of highly preferred orientation of β-Sn grains in solidified Cu/SnAgCu/Cu micro interconnects under temperature gradient effect. Appl. Phy. Lett. **110**(9), 093504 (2017)

58. F. Ochoa, X. Deng, N. Chawla, Effects of cooling rate on creep behavior. J. Electron. Mater. **33**(12), 1596–1607 (2004)

59. M. Mueller, et al., Effect of composition and cooling rate on the microstructure of SnAgCu-solder joints, in *2007 Proceedings 57th Electronic Components and Technology Conference* (2007)

60. H.T. Lee, K.C. Huang, Effects of cooling rate on the microstructure and morphology of Sn-3.0Ag-0.5Cu solder. J. Electron. Mater. **45**(1), 182–190 (2015)

61. B.F. Dyson, T.R. Anthony, D. Turnbull, Interstitial diffusion of copper in tin. J. Appl. Phys. **38**(8), 3408 (1967)

62. D.C. Yeh, H.B. Huntington, Extreme fast-diffusion system: nickel in single-crystal tin. Phys. Rev. Lett. **53**(15), 1469–1472 (1984)

63. F. Bachmann, R. Hielscher, H. Schaeben, in *Texture Analysis with MTEX–Free and Open Source Software Toolbox*, vol. 160 (2010)

64. H.J. Bunge, *Texture Analysis in Materials Science: Mathematical Methods* (Elsevier, Amsterdam, 2013)

65. Y.C. Yabansu, D.K. Patel, S.R. Kalidindi, Calibrated localization relationships for elastic response of polycrystalline aggregates. Acta Mater. **1**(81), 151–160 (2014)

66. Y.C. Yabansu, S.R. Kalidindi, Representation and calibration of elastic localization kernels for a broad class of cubic polycrystals. Acta Mater. **1**(94), 26–35 (2015)

67. N.H. Paulson et al., Reduced-order structure-property linkages for polycrystalline microstructures based on 2-point statistics. Acta Mater. **1**(129), 428–438 (2017)

68. M.W. Priddy et al., Strategies for rapid parametric assessment of microstructure-sensitive fatigue for HCP polycrystals. Int. J. Fatigue **104**, 231–242 (2017)

69. R. Liu et al., Machine learning approaches for elastic localization linkages in high-contrast composite materials. Integrating Mater. Manuf. Innovation **4**(1), 13 (2015)

70. B. Efron, Bootstrap methods: another look at the Jackknife. Annal. Stat. **7**(1), 1–26 (1979)

71. M.E. Johnson, L.M. Moore, D. Ylvisaker, Minimax and maximin distance designs. J. Stat. Plann. Infer. **26**(2), 131–148 (1990)

72. P. Darbandi et al., The effect of cooling rate on grain orientation and misorientation microstructure of SAC105 solder joints before and after impact drop tests. J. Electron. Mater. **43**(7), 2521–2529 (2014)

73. D.W. Henderson et al., Ag3Sn plate formation in the solidification of near ternary eutectic Sn–Ag–Cu alloys. J. Mater. Res. **17**(11), 2775–2778 (2002)

74. S.K. Kang, et al., Formation of AgSn plates in Sn-Ag-Cu alloys and optimization of their alloy composition, in *Proceedings of 53rd Electronic Components and Technology Conference, 2003.* (2003)

75. S.K. Kang et al., Interfacial reactions of Sn-Ag-Cu solders modified by minor Zn alloying addition. J. Electron. Mater. **35**(3), 479–485 (2006)

76. J. Lienig, M. Thiele, *Fundamentals of Electromigration-Aware Integrated Circuit Design*, 1st edn. (Springer, Berlin, 2018)

77. R. Kinyanjui et al., Effect of sample size on the solidification temperature and microstructure of SnAgCu near eutectic alloys. J. Mater. Res. **20**(11), 2914–2918 (2005)

78. L.P. Lehman, et al., Microstructure and damage evolution in Sn-Ag-Cu solder joints, in *Proceedings Electronic Components and Technology, 2005. ECTC '05* (2005)

79. C.C. Wei et al., Electromigration in Sn–Cu intermetallic compounds. J. Appl. Phy. **105**(2), 023715 (2009)

80. S.O. Kasap, Electrical and thermal conduction in solids, *Principles of Electronic Materials and Devices* (McGraw-Hill Education, London, 2006), p. 126

81. J. Haimovich, A. Incorporated, *Cu-Sn Intermetallic Compound Growth in Hot-Air-Leveled Tin at and below 100 °C.* vol. 3 (1993)

82. R. Labie, W. Ruythooren, J. Van Humbeeck, Solid state diffusion in Cu–Sn and Ni–Sn diffusion couples with flip-chip scale dimensions. Intermetallics **15**(3), 396–403 (2007)

83. J. Hah et al., Comprehensive comparative analysis of microstructure of Sn-Ag-Cu (SAC) solder joints by traditional reflow and thermo-compression bonding (TCB) processes. Materialia **6**, 100327 (2019)

84. D. Hiner, et al., Multi-die chip on wafer thermo-compression bonding using non-conductive film. in *2015 IEEE 65th Electronic Components and Technology Conference (ECTC)* (2015)

第11章

三维封装焊料合金基础

Kwang-Lung Lin

11.1　微凸点工艺

在组装和使用过程中，微凸点材料可能会发生反应。回流焊是微凸点组装常用工艺，在回流焊过程中涉及液态焊料/固态金属的相互作用。在微凸点制备与后续组装过程中，每一个微凸点都会经历多次回流焊过程。微凸点的性能，即产品的功能，将会受到热循环和长期热老化的考验。另外，在产品使用过程中，微凸点必然会受到电流应力。本书关于电迁移已有专门的章节进行讲述，因而在这一章之中将不再探讨电流应力作用下的材料反应。关于电迁移的相关内容读者可以参考第7章。

芯片倒装焊接技术是芯片级封装的主要互连技术之一，另外两种互连技术是引线键合与 TAB（Tape Automated Bonding，载带自动键合）。在三种互连技术中，倒装技术为面阵互连结构，与引线键合和 TAB 这两种周边互连结构相比，可以提供更大的节距，因而能够实现最多的 I/O 数量。这三种芯片级封装技术采用不同的键合材料。引线键合工艺中一般使用直径在 20μm 左右的金（Au）丝、带镀层的铜（Cu）丝以及合金银（Ag）丝作为互连材料。至于采用何种引线键合材料的讨论超出了本章的范围。TAB 键合工艺采用置于芯片 I/O 端口上的 Au 凸点。引线键合与 TAB 键合均采用热压键合工艺。然而，芯片倒装焊接是通过回流焊工艺实现的，回流焊工艺通过熔化焊料凸点，进行液/固相的相互作用形成焊接。因此，焊料凸点的制备是实现芯片倒装焊接的前提。鉴于其具有最高的 I/O 端口互连能力，芯片倒装焊接技术成为了三维封装技术唯一且必然的选择。微凸点是对传统芯片倒装凸点结构的改进。

传统的倒装焊凸点（或者 C4 凸点，遵循最初 IBM 的"可控塌陷芯片连接"设计）面临着进入凸点的电流集聚问题挑战。电流集聚可能导致微孔洞的形成，这些微孔洞会聚集在焊料凸点与 UBM（Under Bump Metal，凸点下金属）层之间的界面上并且扩展形成裂纹。虽然沿用 C4 焊料凸点的设计思路，通过降低凸点高度与 UBM 面积是实现微凸点最简单的方法。但是三维微焊点的小型化面临着由于接触面积缩小而电流密度增大的挑战。由于微凸点电流密度增大、体积减小，使用寿命将大大缩短。目前被采用的一种可行结构是通过增大 UBM 层的厚度来消除电流集聚的影响。在三维微凸点中，传统 C4 焊料凸点的 Cu UBM 层正在被铜柱所取代。铜柱的厚度在 10~30μm 范围，直径收缩到约 25μm。与传统的 C4 焊料凸点相比，铜柱及其匹配的 UBM（例如钛薄膜）的直径要小得多。然而，Cu 的高导电性和铜柱的大体积使得电流能够快速通过，从而避免了 UBM/ 焊料界面处的电流集聚。

图 11.1 给出了一个微凸点制造过程[1] 的示例。该工艺从在芯片上制备 RDL（Redistribution Line，再布线层）开始。采用电镀工艺在粘附于种子层 Ti/Cu 上制备导电的 RDL。在完成必要的氧化物钝化层制备后，再次溅射 Ti/Cu 层作为焊料电镀的种子层。此后，铜柱和焊料（在此例为 Sn）采用电镀制备。在铜柱和焊料之间也可以增加适当的 UBM，以减少铜的耗损。焊料将在电镀后通过回流形成焊料帽，用于键合高度控制。图 11.2 呈现了排成列的微凸点以及单个微凸点的放大图片，其中微凸点尺寸（包含铜柱）小于 10μm。

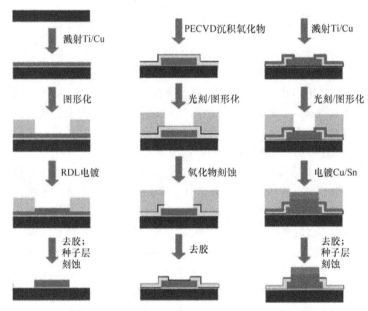

图 11.1　制备 Sn 微凸点的过程示例[1]（彩图见插页）

在三维封装工艺中，芯片上的微凸点被键合到基板上的焊盘或导线上。基板金属化有多种结构可供选择。无论设计如何，基板上的金属化层大多遵循传统 C4 基板或者甚至是 BGA（Ball Grid Array，球栅阵列）基板的结构。这些结构包括 OSP（Organic Solder Preservative，有机保焊膜）Cu、具有如 Ni/Pd /Au（ENEPIG，即化学镀镍钯金）阻挡层的 Cu，等等。这些结构的顶层，无论是 Cu 还是 Au，都不可能与铜柱直接键合。Cu 到 Cu 的直接键合技术正在研究之中，已经提出了一些方案，并正在朝着更大规模的试产方向发展。在 Cu 到 Cu 直接键合的产业化工艺实现之前，铜柱仍然是通过焊料与基板焊盘相连接的。为了实现小型化，焊料层的厚度被尽可能地控制在 10 ~ 30μm 之间。为了便于与铜柱制造工艺整合，并考虑到生产率和技术的可行性，焊料层采用电镀工艺制备。电镀后的焊料经回流形成亚半球形，多呈弧形，称为焊料帽。因此，芯片上制备的整个微凸点由 Al 导线之上的粘附 / 导电层（厚度尺寸为几百纳米）、铜柱和焊料帽组成。

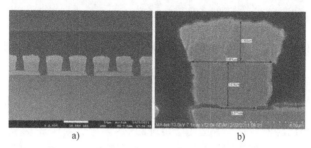

图 11.2　按照图 11.1[1] 的工艺制备的 Cu/Sn 微凸点的 SEM 图像

a）排成列的微凸点　b）微凸点的放大图片

微凸点可以制备在 TSV 的铜、基板铜焊盘或基板的铜导线上。凸点导线直连（bump on trace）工艺采用热压焊（Thermal Compression Bonding，TCB）技术将微凸点焊接到铜导线上。这里的铜电路可采用 OSP-Cu，OSP 可通过等离子处理或非导电胶（Non-conductive Paste，NCP）中的助焊剂来去除。图 11.3a 显示的是基板上的铜导线。聚焦离子束显微镜（FIB-SEM）图像（图 11.3b）显示了 OSP 层的厚度为 300~450nm[2]。

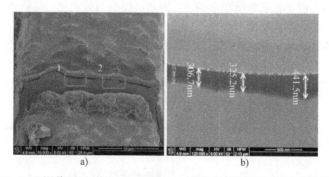

图 11.3　a）FIB-SEM 图像展示了基板上覆盖 OSP 的铜导线，穿过切开导线的细黑线区域是 OSP；OSP 上的厚镀层是用于 FIB 分析所沉积的 Pt　b）图 a 中区域 1 的放大图像，所呈现的是 OSP 层的厚度 [2]

图 11.4 显示了顶部为铜柱，底部为基板上铜导线 [2] 的结构。热压焊工艺使焊料熔化，焊料与铜柱及铜导线之间都形成了金属间化合物（IMC）。图 11.4 展示了 IMC 的组成，结果表明，焊接完成后，微互连界面上形成了 Cu_3Sn 和 Cu_6Sn_5。在 Cu_6Sn_5 和 Cu（铜柱或导线）之间形成了较薄的 Cu_3Sn。TCNCP（使用 NCP 的热压焊）工艺的非导电胶引入了填料包裹问题。

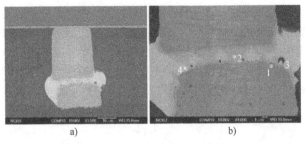

图 11.4　TCNCP 工艺将铜柱 / 焊料微凸点焊接到基板的铜导线上 [2]

11.2　微凸点的焊料合金

各种焊料合金已经商业化，并应用于传统的 C4 焊料凸点和 BGA 焊料球。通过调整熔融合金的成分，焊球已形成了系列产品。合金化技术对于生产任何所需成分的焊料都是适用的。因此，许多焊球成分已经商业化，尤其是在 Sn-Ag-Cu（锡银铜）焊料的专利失效之后。目前，C4 焊料凸点主要通过 WLP（Wafer Level Packaging，晶圆级封装）技术生产。WLP 可采用锡膏钢网印刷或电镀。钢网印刷工艺中的焊料是粉末状态，通过熔融合金化技术加工，因此可以有各种各样的成分组成。然而，电镀 C4 焊料凸点和三维微凸点焊帽的成分受元素氧化还原电位的限制，在电镀合金时该问题尤为严重。因此，所报道的焊料帽的成分是有限的。表 11.1 列出了已报道用于微凸点的焊料合金。显而易见的，微凸点的成分是十分受限的。微凸点最常用的焊料是纯锡或锡银合金（Sn-xAg）。锡和锡银合金的电镀工艺在镀液和电镀条件方面已经成熟商业化。纯锡凸点很少用于 C4 凸点，而银含量相对较低、延展性好的锡银合金已经为电子行业所熟悉。

Sn-Ag 为伴有 IMC 的共晶体系。共晶成分为 Sn3.5Ag。在高 Ag 含量区间，即当 Ag 含量大于 3.5% 时，会形成金属间化合物 Ag_3Sn。焊料中高比例的化合物会降低焊点的延展性。因此，所采用的 Sn-Ag 焊料一般处于低银含量范围内，例如 Sn2.5Ag 或更少 Ag 含量的锡银合金。有些研究甚至应用纯 Sn。Sn-Ag-Cu 三元焊料在三维集成电路中的应用远不如传统的 C4 凸点焊料。Cu 的含量可能使 IMC 的形成复杂化。Sn–Bi 焊料仅在回流焊或热压焊的焊接温度非常低时使用。铋（Bi）的加入可能提升焊料脆化的风险。

表 11.1　微凸点焊料合金与结构

微凸点结构	键合技术	参考文献
5.4μmCu/3.6μm Sn/9.5μmCu	TCB 240，260℃	[3]
Cu/Sn/Cu	TCB	[4]
20μmCu/SnAg/3μmNi	回流焊	[5]
Cu/Ni/Sn2.5Ag/Ni/Cu	TCB	[6]
Cu/Ni/SnAg/Ni/Cu	回流焊	[7]
300ÅCr/500ÅCu/35μmCu/35μmSAC-405	（暂无）	[8]

微凸点结构	键合技术	参考文献
Ti/Cu（种子）/Cu（引线）/3.0μmCu/3.5μmSnAg	TCB，于 280℃	[9]
Cu/Ni/Sn	TCB，小于 250℃	[10]
Cu/Ni/SnAg	TCB	[11]
30μmCu/3μmNi/25μmSnAg	回流焊	[12]
33μmCu/25μmSnAg	回流焊	[12]
50μmCu/20μm SAC-305	TCB	[13]
42μmCu/3μmNi/35μm 焊料	TCB	[14]
28μmCu/2μm Ni/15μm SnAg	TCB	[15]
Cu/Ni/Sn 2.5Ag	TCB	[16]
5μmCu/2μmNi/8μmSn57Bi	回流焊，于 180℃	[17]
5μmCu/2μmNi/8μm SAC-305	回流焊	[17]
Cu/Ni/Sn	（暂无）	[18]
100nmTi/200nmCu/12 或 8μmCu/10 或 25μmSAC-305	回流焊	[19]
100nmTi/200nmCu/12μmCu/2μmNi/10μmSAC-305	回流焊	[19]
NiFe/ 无铅焊料（未定义）	回流焊	[20]
NiFe/Cu/ 无铅焊料（未定义）	回流焊	[20]
8μmCu/SnAg	回流焊	[21]
8μmCu/Ni/SnAg	回流焊	[21]
5μmCu/3μmNi/5μm Sn 2.5Ag	TCB	[22]
2μmCu/5μm Sn（在基板上）	TCB	[23]
Cu/Sn/Ni/Cu（TSV）	TCB	[24]
Cu/Ni/Sn/Ni/Cu（TSV）	TCB	[24]
Cu/Sn/Cu（TSV）	TCB	[25]
Cu/Sn/Au/Ni/Cu（TSV）	TCB	[25]
Cu/Ni/Sn/Au/Ni/Cu（TSV）	TCB	[25]
50nmTi/120nmCu/3μmCu/3μm Sn	TCB，于 260℃	[26]
10μmCu/10μmSnAg	TCB，于 250℃	[27]
Cu/Sn/Cu（TSV）	回流焊	[28]
Cu/Sn/Ni/Cu（TSV）	回流焊	[28]
Cu/Ni/Sn/Ni/Cu（TSV）	回流焊	[28]
10μmCu/10μm SnAg	回流焊	[29]
5μmCu/3μmNi/5μm Sn2.5Ag	TCB，于 300℃	[30]

（续）

微凸点结构	键合技术	参考文献
16μmCu/10μm SnAg/Cu	回流焊，于 240℃	[31]
2μmNi/1μmCu/4μm Sn	回流焊，于 245℃	[32]
2μmCu/5μm Sn	TCB，于 300℃、350℃	[33]
25μm Cu/15μm Sn58Bi	TCB，于 170℃	[34]
20μm Cu/12μm Sn	TCB	[35]

11.3 微凸点焊接中金属间化合物的形成

与传统焊点相比，微凸点的焊料成分相对简单，正如表 11.1 所示。然而，芯片焊盘和基板的金属化可能仍然与过去采用的方法类似。除了已报道的 C4 和 BGA 材料体系以外，实际上没有多少新的金属化组合用于微凸点应用。一方面，微凸点焊点中形成的反应产物或多或少是可预测的。另一方面，焊点体积的小型化可能会影响化合物的相对比例以及焊点的微观结构。

微凸点的互连通常采用传统回流焊工艺或 TCB，参见表 11.1。这两种工艺都涉及固态（基板上的铜柱和镀层金属）/ 液态（焊料）相互作用。一些报道称之为固液互扩散（Solid Liquid Interdiffusion，SLID）[3]。总的来说，微凸点系统中的相互作用与 BGA 和 C4 凸点所观察到的属于相同的反应。然而，微凸点的焊料体积却大大减小了。例如，80μm 的 C4 凸点体积是直径 25μm、高度 10μm 的微凸点焊料体积的 55 倍[3]。在相同的反应条件、时间和温度下，微凸点中 IMC 的体积比例远大于 C4 凸点和 BGA 焊点。Cu/9.5μm Sn 帽 /3.6μm 的微凸点焊接在铜基板上，当焊接时间为 10 s 时，将在 Cu 表面形成薄层 Cu_3Sn，在 Cu_3Sn 和锡之间形成大量的 Cu_6Sn_5，并在中心残余未反应的锡，如图 11.5a 所示。在 240℃下进行 1min 的焊接操作后，中心的 Sn 几乎完全转化为 Cu_6Sn_5，如图 11.5b[3] 所示。IMC 区域内可能存在少量的锡，但长时间的反应之后将导致空洞的形成，如图 11.5c、d 所示。

在 Cu/Sn/Cu 焊点中，随着反应时间的延长，将在 Sn/Cu 界面上形成 Cu_3Sn 金属间化合物，同时 Cu_6Sn_5 变得多孔。焊接温度越高，孔的体积越大。这一反应具体为：焊接一开始在 Sn 焊料中形成 Cu_6Sn_5，并在焊料 /Cu 界面处形成 Cu_3Sn。随着焊接时间的延长，Cu_6Sn_5 将转变为 Cu_3Sn，并在原来的 Cu_6Sn_5 区域内留下空洞。对于在较短的反应时间或较低的反应温度下形成的焊点，其中的两种 IMC 将在高温储存期间将进一步表现出从 Cu_6Sn_5 到 Cu_3Sn 的转变，如图 11.5c 所示。当顶部和底部的转变反应相遇时，将在界面的中心区域形成空洞，如图 11.5d 所示。形成的空洞体积与从 Cu_6Sn_5 到 Cu_3Sn 转变的体积收缩（理论上为 40.9%）相一致[3]。

Ni 层是一种常见的扩散阻挡层，用于减少回流焊和后续操作过程中 Cu 与焊料之间的相互作用。SnAg 微凸点焊接结构两侧 Cu 端面上的镍镀层经 TCB 后会形成 Ni_3Sn_4[7] 金属间化合物。通过 TCB 工艺生长的 Ni_3Sn_4 活化能为 127.8kJ/mol。在 250~300℃的温度范围内，Ni_3Sn_4 的厚度随焊接时间呈指数增长。所形成的 Ni_3Sn_4 的机械性能具有弹性各向异性。该 IMC 在 a-c 平面上表现出的弹性各向异性比其他化合物小得多。它的杨氏模量和线性热膨胀系数高度依赖于温度，而不是泊松比[7]。

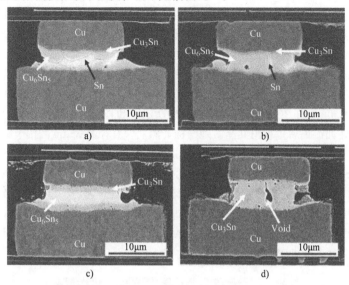

图 11.5　240℃热压焊条件下 Cu/Sn/Cu 微凸点在不同加热时间后 IMC 的形成

a）加热时间为 10s　b）加热时间为 1min　c）焊接后保温 10min　d）焊接后保温 3h[3]

Ni 具有面心立方结构，与铜具有相似原子尺寸和连续的固溶性[36]。与 Ni 或 Cu 金属化层焊接的焊点通常形成（Cu, Ni）$_6$Sn$_5$ 或（Ni, Cu）$_3$Sn$_4$ 金属间化合物。例如，与 Ni 金属化层接触的 SnAgCu 焊料可在界面处形成（Ni, Cu）$_3$Sn$_4$。在焊盘金属化分别为 Ni 和 Cu 的芯片倒装焊接结构中，回流焊后 Sn-Ag 焊点在 Ni/ 焊料界面处会形成（Cu, Ni）$_6$Sn$_5$，在 Cu/ 焊料界面形成 Cu$_6$Sn$_5$[5, 12]，如图 11.6 所示。在 Ni 金属化侧的（Cu, Ni）$_6$Sn$_5$ 中夹杂的 Cu 是从没有 Ni 阻挡层的导线或基底上扩散过去的。微凸点内较短的扩散距离使 Cu 在焊接过程中迁移到 Ni 层表面，从而形成三元金属间化合物，如图 11.6a 所示，仅在没有 Ni 层时才形成 Cu$_3$Sn[12]。微凸点回流焊工艺中也形成 Ag$_3$Sn 颗粒[19]。在微凸点的 Cu（5μm）和 Sn2.5Ag（3μm）之间增加 Ni 阻挡层，回流焊后在界面形成了 Ni$_3$Sn$_4$。微凸点的焊点中心仍然为残余焊料所组成[30]，Ni 层的阻挡效果令人满意。

图 11.6　微凸点焊点焊接在导线上后凸点内 IMC 的构成

a）铜柱上无 Ni 阻挡层　b）在铜柱上有 Ni 阻挡层，铜导线上无 Ni 阻挡层[12]

虽然 Ni 被广泛认为是良好的扩散阻挡层，但人们一直致力于对凸点下金属（UBM）或限球金属（Ball Limiting Metal，BLM）进行改进，以进一步抑制 IMC 的生长。例如在微凸点研究中引入 NiFe[20]。采用 2μm Ni/2μm NiFe 复合材料作为 BLM，可以有效地抑制 Cu-Ni-Sn 金属间化合物的形成。在钎料与 BLM 的界面形成了一层厚度小于 0.2μm 的 FeSn₂ 薄膜，起到了阻挡反应的作用。

低温共晶的 Sn57Bi 焊点可以在 180℃ 回流，形成细节距的焊点。凸点的尺寸对回流焊点的微观结构有影响。微凸点由硅芯片上的铜柱 /Ni 和硅基板上的铜焊盘 /Ni/Au 组成 [17] 直径为 250μm 的 BGA 焊球（如图 11.7a 所示）和直径为 100μm 的铜柱焊点（如图 11.7b 所示）在回流焊后呈现出共晶微观结构。然而，直径为 25μm 的细节距微凸点通过消耗 Sn57Bi 焊料中的所有 Sn 原子形成 Cu₃Sn 和 Cu₆Sn₅，如图 11.7c 所示 [17]，Bi 的金相析出在 Cu₆Sn₅ 区域 [17]。Bi 和 Cu 的互溶度几乎为零 [36]。Bi 和 Sn 形成共晶的 Sn57Bi 相，但其互溶度非常有限 [36]。微凸点的小焊料体积允许 Sn 的快速消耗以形成 IMC。Bi 在 Cu 和 Sn 中的溶解度几乎为零，因此在大的 Cu₆Sn₅ 相中析出，如图 11.6c 所示。Sn58Bi 微凸点在铜柱侧形成 Cu₆Sn₅，在 Ni（5μm）/Au（0.3μm）金属化层上形成 Ni₃Sn₄。同时，富余的 Bi 相分散在焊点中 [34]。

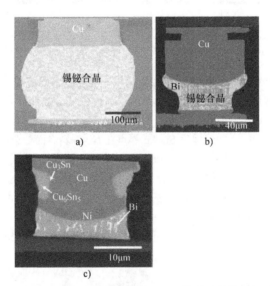

图 11.7　焊点尺寸对回流 Sn57Bi 焊点微观结构的影响
a）250μm BGA 焊球　b）100μm 直径铜柱焊点　c）25μm 直径铜柱微凸点 [17]

化学镀 Au 层已被用作传统的 C4 凸点或 BGA 焊点的润湿层。薄的 Au 层能提供快速的润湿作用，以协助焊点的快速形成。然而，在微凸点中，Au 层的体积却成为了决定焊点微观结构的重要因素 [22]。用 TCB 工艺将微凸点结构为 Cu（5μm）/Ni（3μm）/Sn2.5Ag（5μm）的芯片焊接在硅基板上，硅基板键合区金属化层为 Cu（5μm）/Ni（3μm）/Au（0.5μm）或 Ni（2~3μm）/Pd（0.05~0.1μm）/Au（0.02μm）。Cu/Ni/Au 金属化层的焊点中会生成（Ni，Au）$_x$Sn$_y$ 合金。从基板上的 Cu/Ni/Au 焊盘到芯片上的 Cu/Ni 层，合金中 Au 的含量逐渐减少。微凸点的快速反应和小体积使焊料在焊接后完全转变为三元化合物。微焊点在焊接后成为以 IMC 为主的焊点 [22]，Ni/Pd/Au 镀层具有更薄的 Au 层，相应地，它采用了一个稍厚的 Pd 层，Au 层和 Pd 层在焊接后全部被消耗，Pd 层阻碍了基板侧 Ni_3Sn_4 层的生长，同时在焊点中形成了较大的（Pd，Ni）Sn_4 IMC[22]。

11.4　热力学环境下微凸点的微观结构演变

本节提及的热力学环境条件包括焊点的高温储存和热循环处理。由于焊料体积小，热老化引起的相变对微凸点最终的微观结构有较大的影响。在回流焊后，Cu/Sn/Cu 微凸点会形成 $Cu/Cu_3Sn/Cu_6Sn_5/Sn/Cu_6Sn_5/Cu_3Sn/Cu$ 的结构 [3]。Sn 的残余量极少，在某些焊点中还可能不存在。焊点在 240℃的热老化处理会使 Cu_6Sn_5 逐渐转变为 Cu_3Sn，热老化长时间储存 3h，会使微凸点变成为仅含 Cu_3Sn 的焊点，参见图 11.5b[3]。采用 Sn4Ag0.5Cu 焊料帽的铜柱凸点将在微凸点中形成扇形的 Cu_6Sn_5 IMC，微凸点在 180℃老化处理后，Cu_6Sn_5 IMC 将由扇形结构转变为平面结构。在 Cu_6Sn_5 和铜柱之间将形成不连续的 Cu_3Sn IMC，Cu_3Sn 和铜柱之间将形成孔隙，剪切试验将在此处发生断裂 [8]。

微凸点中 IMC 的高体积分数表明，IMC 可能对焊点性能起决定性影响。通过热循环试验评估的微凸点焊点的热疲劳寿命，已发现它受 IMC 的微观结构和类型的影响。仿真分析表明，热疲劳寿命与 IMC 的杨氏模量不成比例 [7]。然而，杨氏模量和热膨胀系数（CTE）共同决定了焊点的疲劳寿命。IMC 含量高的微凸点所表现出的疲劳寿命顺序为 Ni_3Sn_4（136GPa，13.7ppm）>Cu_6Sn_5（124GPa，19.0ppm）>Cu_3Sn（143GPa，18.2ppm），括号中的值分别为（杨氏模量，CTE）[7]。IMC 的体积分数影响着微焊点的疲劳寿命，随着 IMC 厚度或体积比的增加，微焊点的热疲劳寿命会增加。当 Ni_3Sn_4 IMC 体积分数为 42.8% 时，热疲劳寿命达到最小值 [7]。

微凸点中 IMC 的生长受元素本征扩散系数的控制。元素在稀溶液中的扩散系数可用示踪法测定，但类似方法很难测定 IMC 在固体中的扩散系数。为了估算 IMC 的扩散系数，提出了一种模拟退火过程的数值方法。表 11.2 列出了常见 IMC 和纯金属中组成元素的本征扩散系数。结果表明，Cu 在 Cu_3Sn 中的扩散速度略快于 Sn，而在 Cu_6Sn_5 中的扩散速度二者相近。Ni 在 Ni_3Sn_4 中的扩散速度比 Sn 快。在 Cu/Sn/Ni/Cu 微凸点的高温退火过程中，回流后首先形成的 Cu_6Sn_5 通过消耗 Cu 变为 Cu_3Sn。Cu_6Sn_5 的减少和 Cu_3Sn 的生长遵循扩散控制动力学 [24]。同时，在 Cu_3Sn 层中发现了 Kirkendall（柯肯达尔）空洞。Kirkendall 空洞的形成是由于 Cu 和 Sn 在 Cu_3Sn 中的扩散速率 D_{Cu, Cu_3Sn}、D_{Sn, Cu_3Sn} 不同所致。Cu_3Sn 中的空位扩散通量 J_{v, Cu_3Sn} 由参考文献 [24] 给出。

表 11.2　元素在不同金相中的本征扩散系数

金相	元素	$D/(m^2/s)$, 170℃	参考文献
Cu	Cu	1.07×10^{-29}, 3.46×10^{-29}	[38]
	Sn	3.98×10^{-26}	[39]
Sn	Cu	$1.06 \times 10^{-9}(//c)$, $3.04 \times 10^{-11}(℃)$	[40]

（续）

金相	元素	$D/(\mathrm{m^2/s})$, 170℃	参考文献
	Sn	1.81×10^{-16} ($//c$), 4.43×10^{-16} (⊥c)	[38]
Ni	Ni	8.95×10^{-38}, 1.61×10^{-37}	[38]
Sn	Ni	1.47×10^{-8} ($//c$), 7.73×10^{-11} (⊥c)	[41]
$\mathrm{Cu_3Sn}$	Cu	5.12×10^{-16}	[24]
	Sn	1.46×10^{-16}	[24]
$\mathrm{Cu_6Sn_5}$	Cu	9.42×10^{-16}	[24]
	Sn	9.44×10^{-16}	[24]
$\mathrm{Ni_3Sn_4}$	Ni	1.36×10^{-17}	[24]
	Sn	6.81×10^{-18}	[24]

（$//c$：平行于 c 轴；⊥c：垂直于 c 轴）

$$J_{\mathrm{v,Cu_3Sn}} = -\left(J_{\mathrm{Cu,Cu_3Sn}} + J_{\mathrm{Sn,Cu_3Sn}}\right) = \left(D_{\mathrm{Cu,Cu_3Sn}} - D_{\mathrm{Sn,Cu_3Sn}}\right)\frac{\partial c_{\mathrm{Cu,Cu_3Sn}}}{\partial x} \qquad (11.1)$$

根据式（11.1），从富 Sn 侧到富 Cu 侧存在净空位扩散通量。Ni/Sn/Ni 微凸点的退火处理也发现了类似的空位扩散行为，但由于 $\mathrm{Ni_3Sn_4}$ 化合物中元素扩散系数较小，空位扩散通量要小得多。在长时间退火后，微凸点的中间区域出现空洞，说明空洞可能是顶部与底部的 IMC 碰撞反应的结果。除扩散速率差异影响外，从纯金属形成 IMC（见表 11.3）导致的原子体积的减小也会引起空洞甚至裂纹的产生。

在热老化过程中 IMC 生长速率通常由以下公式描述：

$$d = kt^n \qquad (11.2)$$

式中，d 为厚度；t 为反应时间；n 在扩散控制动力学过程中为 0.5，n 在反应控制过程中为 1；k 为反应常数。

无论凸点尺寸如何，此常规表达式都有效。在 180℃退火过程中，$\mathrm{Ni_3Sn_4}$ 在 Ni/SnAg/Ni 微凸点中的生长速率常数为 $8.0 \times 10^{-14} \mathrm{cm^2/s}$，$n=0.5$[37]。镍层的消耗也是扩散控制的，速率常数为 $-2.7 \times 10^{-14} \mathrm{cm^2/s}$。

表 11.3 金属和金属间化合物的原子 / 分子体积 [24]

金相	原子 / 分子体积（$10^{-29}\mathrm{m^3}$）
Cu	1.18
Sn	2.70
$\mathrm{Cu_3Sn}$	1.44
$\mathrm{Cu_6Sn_5}$	1.77
Ni	1.09
$\mathrm{Ni_3Sn_4}$	1.78

11.5　微凸点的微观结构与失效机理

与传统的 C4 凸点相比，微凸点的体积大大减小[22, 28]。微凸点焊料一般是铜柱上回流后形成的一个焊料帽。微凸点的体积至少比 C4 凸点的体积小一个数量级。回流焊后的处理，如热老化、电流应力将几乎整个焊料转化为 IMC，即使有 Ni 阻挡层，所形成的 IMC 也将完全占据焊点，形成类金属间化合物连接。当焊料厚度小于 20μm 时，Cu/ 焊点在回流焊后完全转变为 IMC[42]。微拉伸试验研究表明，当焊点厚度小于等于 70μm 时，回流焊焊点表现出脆性。受金属间化合物电流应力[42] 影响的 15μm 厚焊点，其力学性能显示出潜在的脆性破坏行为。各种 IMC 和焊料的杨氏模量分别为 133.3GPa（Ni_3Sn_4）、108.3GPa（Cu_3Sn）、85.56GPa（Cu_6Sn_5）和 52.73GPa（Sn3.5Ag）[25]，这些数值表明类金属间化合物微焊点具有潜在的高脆性。微凸点在电流应力作用下的失效机制在很大程度上取决于初始的金属化材料，这些金属化材料影响着在凸点内发生的后续反应。组装后的"铜柱 /SnAg 焊料帽 / 铜导线"结构将变成"Cu/Cu_3Sn/Cu_6Sn_5/ 焊料 /Cu_6Sn_5/Cu_3Sn/Cu"。经受电流应力后，结构转变为 Cu/Cu_3Sn/Cu_6Sn_5/Cu_3Sn/Cu。在电流应力作用下，焊料两端在消耗 Cu_6Sn_5 和 Cu 时，Cu_3Sn 层在持续生长。Cu_3Sn 的持续增长将产生大量 Kirkendall 空洞，空洞扩展形成裂纹从而导致失效的发生[12]。另一方面，在铜柱与焊料之间引入 Ni 阻挡层时，Ni 阻挡层延缓了电流应力作用下铜柱的消耗，其部分原因是 Ni 层反应速度慢，焊料完全转变为 Cu_6Sn_5 和（Cu，Ni）$_6Sn_5$ 的混合层。同时，Cu_3Sn 层在大量消耗铜导线层时迅速增长，并产生了 Kirkendall 空洞。长时间电流应力下的失效主要是由于消耗了大部分的铜导线[12]。

Kirkendall 空洞是互扩散元素间的扩散系数不同时在界面上形成的一种典型缺陷。Cu 和 Sn 在 Cu_3Sn 中的扩散率不同，而在 Cu_6Sn_5 中的扩散率相似，见表 11.2。Cu_6Sn_5 的形成速率大于 Cu_3Sn，因此，在连续形成 Cu_6Sn_5 和 Cu_3Sn 的微凸点的情况下，更可能在 Cu_3Sn 层中或在 Cu_3Sn 和 Cu 之间的界面处形成 Kirkendall 空洞。在 Cu_6Sn_5 中通常未观察到空洞。消除扩散介质 Cu_3Sn 中的空洞是避免 Kirkendall 空洞形成的可能方法之一。通过电镀制备纳米孪晶结构的铜柱能够消除上述铜柱 /Sn/ 铜柱结构中金属间转化反应中形成的空洞[43]。在长时间热处理条件下，Cu_6Sn_5 向 Cu_3Sn 的转变过程中没有观察到空洞。通过适当控制电镀条件来制备纳米孪晶结构的铜柱[44]。

Pd 和 Au 在合金化时都与 Sn 形成 IMC，$PdSn_4$ 比 $AuSn_4$ 生长快。在 Cu/Ni/Pd/Au/Sn/Ni/Cu 微凸点结构中可能形成大柱状的（Pd，Ni）Sn_4，如图 11.8a 所示[45]。该焊点的热循环试验或电迁移试验最终将（Pd，Ni）Sn_4 转化为 Ni_3Sn_4。IMC 之间的摩尔体积差将在 IMC 转化的界面处引起空洞或裂纹[22]，如图 11.8b~e[45] 所示（有关电迁移的详细讨论，请参阅第 7 章），$PdSn_4$ 的摩尔体积为 71.13cm³/mol，$NiSn_4$ 的摩尔体积为 75.25cm³/mol。化合物的转化实际上包含（Pd，Ni）Sn_4 和（Ni，Cu）$_3Sn_4$。因此，预计有 9.65%~22.3% 的体积差异，它将导致转化体积收缩[45]。体积收缩将导致在 IMC 之间的界面处形成空洞或裂纹[45]。

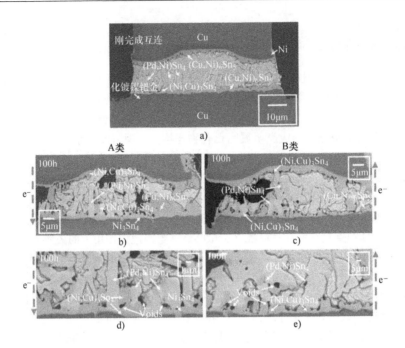

图 11.8　a）刚完成互连的焊点的横截面 BSE 图片　b）是在 100℃下用 1.8×10^4 A/cm^2 应力 100 h 后电流从铜柱 /Ni 层到 ENEPIG 层　c）电流从 ENEPIG 层到铜柱 /Ni　d）图 b 所示的显微照片放大图　c）图 c 所示的显微照片放大图 [45]

11.6　小结和未来的挑战

在产业界，微凸点及其焊接工艺已经成熟，具有广阔的应用前景，由于微凸点尺寸较传统倒装焊凸点大幅度收缩，使得焊料成分尽量简单。Sn 或 Sn-Ag 是微凸点的主要焊料成分。出于铜柱微凸点小尺寸、高生产效率方面的考虑，主要采用电镀工艺沉积焊料凸点。焊点体积的减小导致回流焊以及长期热老化后，IMC 的体积分数增加。可靠性方面的挑战之一是控制由于形成 IMC 而产生的空洞。焊料与 IMC 在凸点制备与使用过程中形成的摩尔体积差会导致在 UBM/ 焊料、基板金属层 / 焊料，以及 TSV/ 焊料界面处产生空洞、空位和裂纹，适当地采用金属层和 UBM 有助于减少不希望出现的缺陷。电子产品的体积不断缩小和三维集成电路的理念持续推动微凸点向着更细的节距和更小的焊点体积方向发展。微凸点技术正面临着进一步缩小体积、简化结构的挑战。

致谢：本书作者要感谢英特尔公司的 Pilin Liu 对本章的细致审阅。

参考文献

1. C.K. Lee, C.J. Zhan, J.H. Lau, et al., Wafer bumping, assembly, and reliability assessment of μbumps with 5 μm pads on 10 μm pitch for 3D IC integration, in 62nd Electronic Components and Technology Conference IEEE (CPMT, San Diego, 2012), p. 636
2. J.W. Peng, Y.S. Chen, Y. Chen, et al., Removed organic solderability preservative (OSPs) by Ar/O₂ microwave plasma to improve solder joint in thermal compression flip chip bonding, in 64th Electronic Components and Technology Conference IEEE (CPMT, Lake Buena Vista, Florida, 2014), p. 1584
3. L. Panchenko, K. Croes, Wolf I. De et al., Degradation of Cu₆Sn₅ intermetallic compound by pore formation in solid-liquid interdiffusion Cu/Sn microbump interconnects. Microelect. Eng. **117**, 26–34 (2014)
4. C. Li, X. Wang, S. Song et al., 21-Layer 3-D chip stacking based on Cu–Sn bump bonding. IEEE Trans. Comp. Pack Manu. Tech. 5(5), 627–633 (2013)
5. K.N. Tu, H.Y. Hsiao, C. Chen, Transition from flip chip solder joint to 3D IC microbump: its effect on microstructure anisotropy. Microelect. Rel. **53**, 2–6 (2013)
6. S.Y. Huang, T.C. Chang, R.S. Cheng, et al., Failure mechanism of 20 μm pitch microjoint within a chip stacking architecture, in 61st Electronic Components and Technology Conference, IEEE (CPMT, Lake Buena Vista, Florida, 2011), p. 886
7. W.H. Chen, C.F. Yu, H.C. Cheng et al., IMC growth reaction and its effects on solder joint thermal cycling reliability of 3D chip stacking packaging. Microelec. Rel. **53**, 30–40 (2013)
8. Y.J. Chen, C.K. Chung, C.R. Yang et al., Single-joint shear strength of micro Cu pillar solder bumps with different amounts of intermetallics. Microelec. Rel. **53**, 47–52 (2013)
9. T. Suzuki, K. Asami, Y. Kitamura, T. Fukushima, et al., Challenges of high-robustness self-assembly with Cu/Sn–Ag microbump bonding for die-to-wafer 3D integration, in 65th Electronic Components and Technology Conference, IEEE (CPMT, San Diego, 2015), p. 312
10. P. Soussan, B. Majeed, P.L. Boterf, et al., Evaluation of Sn-based microbumping technology for hybrid IR detectors. 10 μm pitch to 5 μm pitch, in 65th Electronic Components and Technology Conference, IEEE (CPMT, San Diego, 2015), p. 597
11. H.Y. Chen, C.H. Tung, Y.L. Hsiao, et al., Electromigration immortality of purely intermetallic micro-bump for 3D integration, in 65th Electronic Components and Technology Conference, IEEE CPMT, San Diego, p 620
12. K.H. Kuo, C. Mao, K. Wang, et al., The impact and performance of electromigration on fine pitch Cu pillar with different bump structure for flip chip packaging, in 65th Electronic Components and Technology Conference, IEEE (CPMT, San Diego, 2015), p. 626
13. J.W. Shin, Y.S. Kim, H.G. Lee, et al., Effects of thermos-compression bonding parameters on joint formation of micro-bumps in non-conductive film, in 65th Electronic Components and Technology Conference, IEEE (CPMT, San Diego, 2015), p. 910
14. N. Islam, G. Kim, K.O. Kim, Electromigration for advanced Cu interconnect and the challenges with reduced pitch bumps, in 64th Electronic Components and Technology Conference, IEEE (CPMT, Lake Buena Vista, Florida, 2014), p. 50
15. K.H. Kuo, J. Lee, F.L. Chien, et al., Electromigration performance of Cu pillar bump for flip chip packaging with bump on trace by using thermal compression bonding, in 64th Electronic Components and Technology Conference, IEEE (CPMT, Lake Buena Vista, Florida, 2014), p. 56
16. Y. Liu, M. Li, D.W. Kim, et al., Filler trap and solder extrusion in 3D IC thermo-compression bonded microbumps, in 64th Electronic Components and Technology Conference, IEEE (CPMT, Lake Buena Vista, Florida, 2014), p. 609
17. K. Murayama, M. Aizawa, M. Higashi, Study of electro-migration resistivity of microbump using SnBi solder, in 64th Electronic Components and Technology Conference, IEEE (CPMT, Lake Buena Vista, Florida, 2014), p. 1166
18. J. De Vos, L. Bogaerts, T. Buisson, et al., Microstructural and morphological characterization of SnAgCu micro-bumps for integration in 3D interconnects, in 63rd Electronic Components and Technology Conference, IEEE (CPMT, Las Vegas, Nevada, 2013), p. 1122

19. J. Bertheau, P. Bleuet, R. Pantel, et al., Microstructural and morphological characterization of SnAgCu micro-bumps for integration in 3D interconnects, in 63rd Electronic Components and Technology Conference, IEEE (CPMT, Lake Buena Vista, Florida, 2013), p. 1127

20. B. Dang, S. Wright, J. Maria, et al., NiFe-based ball-limiting-metallurge (BLM) for microbumps at 50 μm pitch in 3D chip stacks, in 63rd Electronic Components and Technology Conference, IEEE (CPMT, Lake Buena Vista, Florida, 2013), p. 1595

21. H.Y. Son, S.K. Noh, H.H. Jung, et al., Reliability studies on micro-bump for 3-D TSV integration, in 63rd Electronic Components and Technology Conference, IEEE (CPMT, Lake Buena Vista, Florida, 2013), p. 29

22. J.Y. Juang, S.Y. Huang, C.J. Zhan, et al., Effect of metal finishing fabricated by electro and electro-less plating process on reliability performance of 30 μm-pitch solder microbump interconnection, in 63rd Electronic Components and Technology Conference, IEEE (CPMT, Lake Buena Vista, Florida, 2013), p. 653

23. Y. Ito, T. Fukushima, K.W. Lee, et al., Flux-assisted self-assembly with microbump bonding for 3D heterogeneous integration, in 63rd Electronic Components and Technology Conference, IEEE (CPMT, Lake Buena Vista, Florida, 2013), p. 891

24. Y. Wang, S.H. Chae, J. Im, et al., Kinetic study of intermetallic growth and its reliability implications in Pb-free Sn-based microbumps in 3D integration, in 63rd Electronic Components and Technology Conference, IEEE (CPMT, Lake Buena Vista, Florida, 2013), p. 1953

25. Y. Wang, S.Y. Chae, R. Dunne, et al., Effect of intermetallic formation on electromigration reliability of TSV-microbump joints in 3D interconnect, in 62nd Electronic Components and Technology Conference, IEEE (CPMT, San Diego, California, 2012), p. 319

26. C.K. Lee, C.J. Zhan, J.H. Lau, et al., Wafer bumping, assembly, and reliability assessment of μbumps with 5 μm pads on 10 μm pitch for 3D IC integration, in 62nd Electronic Components and Technology Conference, IEEE (CPMT, San Diego, California, 2012), p. 636

27. Y.S. Park, J.W. Shin, Y.W. Choi, et al., A study on the intermetallic growth of fine-pitch Cu pillar/SnAg solder bump for 3D-TSV interconnection, in 62nd Electronic Components and Technology Conference, IEEE (CPMT, San Diego, California, 2012), p. 2053

28. R. Dunne, Y. Takahashi, Mawatari et al., Development of a stacked WCSP package platform using TSV (through silicon via) technology, in 62nd Electronic Components and Technology Conference, IEEE (CPMT, San Diego, California, 2012), p. 1062

29. Y. Choi, J. Shin, K.W. Paik., 3D-TSV vertical interconnection method using Cu/SnAg double bumps and B-stage non-conductive adhesives (NCAs), in 62nd Electronic Components and Technology Conference, IEEE (CPMT, San Diego, California, 2012), p. 1077

30. Y.M. Lin, C.J. Zhan, J.Y. Juang, J.H. Lau, et al., Electromigration in Ni/Sn intermetallic microbump joint for 3D IC chip stacking, in 61st Electronic Components and Technology Conference, IEEE (CPMT, Lake Buena Vista, Florida, 2011), p. 332

31. A. Syed, K. Dhandapani, R. Moody, et al., Cu pillar and μ-bump electromigration reliability and comparison with high Pb, SnPb, and SnAg bumps, in 61st Electronic Components and Technology Conference, IEEE (CPMT, Lake Buena Vista, Florida, 2011), p. 332

32. W. Zhang, B. Dimcic, P. Limaye, et al., Ni/Cu/Sn bumping scheme for fine-pitch micro-bump connections, in 61st Electronic Components and Technology Conference, IEEE (CPMT, Lake Buena Vista, Florida, 2011), p. 109

33. Y. Ito, T. Fukushima, K.W. Lee, et al., Reductant-assisted self-assembly with Cu/Sn microbump for three-dimensional heerogeneous integration. Jap. J. Appl. Phys. **52**, 04CB09-1–04CB09-6 (2013)

34. Y.H. Ko, M.S. Kim, J. Bang et al., Properties and reliability of solder microbump joints between Si chips and a flexible substrate. J. Elect. Mat. **44**(7), 2458–2466 (2015)

35. H.Y. Hsiao, A.D. Trigg, T.C. Chai, Failure mechanism for fine pitch microbump in Cu/Sn/Cu system during current stressing. IEEE Trans. Comp. Pack. Manuf. Tech. **5**(3), 314–319 (2015)

36. M. Hansen, K. Anderko, *Constitution of Binary Alloys*, 2nd edn. (McGraw-Hill, New York, 1985)

37. H.Y. You, Y.S. Lee, S.K. Lee, et al., Reliability of 20 μm microbump interconnects, in 61st Electronic Components and Technology Conference, IEEE (CPMT, Lake Buena Vista, Florida, 2011), p. 608

38. E.A. Brandes (ed.), *Smithells Metals Reference Book* (Butterworths, London, 1983)
39. K. Hoshino, Y. Iijima, K. Hirano, Interdiffusion and Kirkendall effect in Cu–Sn alloys. Trans. Jpn. Inst. Met. **21**(10), 674–682 (1980)
40. B.F. Dyson, T.R. Anthony, D. Turnbull, Interstitial diffusion of copper in tin. J. Appl. Phys. **38**, 3408 (1967)
41. D.C. Yeh, H.B. Huntington, Extreme fast-diffusion system: nickel in single-crystal tin. Phys. Rev. Lett. **53**, 1469–1472 (1984)
42. Y. Wang, I.M. De Rosa, K.N. Tu, Size effect on ductile-to-brittle transition in Cu-solder-Cu micro-joints, in 61st Electronic Components and Technology Conference, IEEE (CPMT, Lake Buena Vista, Florida, 2015), p. 632
43. W.L. Chiu, C.M. Liu, Y.S. Haung et al., Formation of nearly void-free Cu_3Sn intermetallic joints using nanotwinned Cu metallization. Appl. Phys. Lett. **104**, 171902 (2014)
44. H.Y. Hsiao, C.M. Liu, H.W. Lin et al., Unidirectional growth of microbumps on (111)-oriented and nanotwinned copper. Science **336**, 1007–1010 (2012)
45. Y.H. Hsiao, K.L. Lin, The formation and conversion of intermetallic compounds in the Cu pillar Sn–Ag micro-bump with ENEPIG Cu substrate under current stressing. J. Mat. Sci. Mat. Electr. http://doi.org/10.1007/s10854-015-4011-2

第 12 章

三维封装互连的电迁移原理

Pilin Liu

12.1 导言

当前，为实现更高的封装密度、更好的性能、更小的封装尺寸，微电子产业正从传统的倒装芯片技术向三维（或 2.5 维）集成技术方向转变。在三维集成电路中，多颗 Si 芯片通过微凸点和 Si 通孔（TSV）实现连接。在 TSV 芯片中，使用再布线层（RDL）将 TSV 与微凸点连接[1, 2]。微凸点的直径约为 10~20μm，比倒装芯片的第一级互连（First Level Interconnect, FLI）小一个数量级。当 Si 芯片堆叠在一起时，对于同样的供电需求，通过微凸点的电流密度将显著提升，其产生的焦耳热也会更高。在三维集成电路中，微凸点、TSV 和 RDL 的电迁移是一个值得重点关注的可靠性问题。高的焦耳热也会带来巨大的温度梯度及局部高温，导致热迁移失效或电路烧毁[1-5]。

三维封装中的微凸点是带有 Ni 或 Cu 金属化的无铅焊点[3-5]。适用于更大焊点的电迁移机理，也适用于微凸点焊点。同时，Cu TSV 及连接 TSV 的金属布线都是电镀 Cu，其电迁移机理与 Si 芯片中基于大马士革工艺的 Cu 互连的电迁移机理相同。

本章中，12.2 节简要总结了微凸点焊点电迁移的一般影响因素；12.3 节介绍了微凸点独有的电迁移行为以及热迁移导致的失效模式；12.4 节讨论了 Cu TSV 及其互连金属层的电迁移现象，并简要总结了大马士革 Cu 互连电迁移的关键影响因素。

12.2 焊点电迁移的关键影响因素

由于 Sn 的自扩散引起的通量散度将导致 IMC/ 焊锡界面上发生电迁移，从而造成焊点失效，这是一种非常常见的电迁移失效模式，已有文献进行详细讨论[6-8]。另一方面，电子风也会加速凸点下金属化层（Under Bump Metallization, UBM）在阴极侧的溶解，使 UMB 层损耗并导致失效[9, 10]。有报道称金属化层的溶解与 Sn 晶粒取向密切相关[9, 10]。

12.2.1 锡扩散引起的典型电迁移失效

一般来说，电迁移导致失效的机理是空洞的产生及扩展。电子风与金属离子之间的动量交换，导致部分粒子扩散并远离电子入口处，形成空洞。电子迁移的基本动力方程见式（12.1）[11]。

$$F_{EM} = Z^* eE = \left(Z_{el}^* + Z_{wd}^* \right) e\rho j \qquad (12.1)$$

式中，F_{EM} 是电子迁移的驱动力；Z^* 是有效电荷数，表征电子向原子传递的动量；e 是电子电荷；ρ 是电阻率；j 是电流密度；Z_{el}^* 是扩散离子静电力的名义价态；Z_{wd}^* 是电子风力的有效价态。

在 Sn 基无铅焊料中，发生扩散的主要是锡原子，电子迁移失效发生在位于阴极的 IMC 层与焊料之间。图 12.1 所示为发生在基板上某无铅焊点的典型电迁移失效现象，该失效是由从基板向 Cu 凸点方向移动的电子流所致。电迁移时，Sn 的扩散发生在基板表面附近 Sn 层和 IMC 层之间的界面上，导致该界面上空洞的产生及扩展。

焊料体系是相当复杂的冶金体系。在回流焊过程中，基板表面及 Cu 凸点中包含的 Cu、Ni、Pd、Au 会溶解、扩散至焊料中，使焊料合金成为非常复杂的多组分热力学系统。溶解于焊料中的溶质元素实质上是填隙原子，因此在焊料基体中的扩散速度相当快。此外，焊料是多相合金，在界面处会发生多种金属间反应。这使得焊点的电迁移比电子封装中 Al 或 Cu 导线的迁移更为复杂。

图 12.1 由阴极 IMC 层和 Sn 焊料之间 Sn 扩散导致的典型焊点电迁移失效[7]

Si 扩散引起的电迁移失效受多种因素影响，包括焊料的合金化、IMC 层的形成、电流的聚集、金属化层的溶解以及焊点的高度等。所有这些因素也适用于三维封装中的微凸点。

1. IMC 反应和焊料合金化的影响

焊点电迁移的一个独有特征是在电子风和高温作用下，电迁移异常活跃。阴极和阳极的金属化层会不断溶解到焊料合金中，并与 Sn 反应形成 IMC 层。这将粗化焊料基体中已有的 IMC 层颗粒，或者增加阳极侧 IMC 的厚度。金属层（通常是 Cu 或 Ni）与 Sn 之间的 IMC 反应会导致体积缩小，在反应过程中会产生 Sn 空位。这就增加了阴极 IMC 层和焊料界面处焊料空洞产生和增长的可能性，在此界面中，也产生了锡原子通量散度。从这个角度来看，IMC 反应和焊料系统的不稳定性降低了抗电迁移能力。这种 IMC 反应对电迁移失效的影响，在较小的三维封装微凸点中会更加显著，其原因是 Sn 的体积非常有限，很容易被耗尽。

焊料合金化也会影响焊料系统的稳定性。Seo 等人[12]比较了 Sn-1.8Ag 和 Sn-0.5Cu 采用不同的焊接方法对焊料体系中 Ni 和 Cu 溶解的影响。他们发现 Sn-1.8Ag 具有更稳定的晶粒结构和更稳定的 Ag$_3$Sn 颗粒，可减缓 Cu 在焊料中的溶解。稳定的微组织结构有利于抑制锡扩散和金属层溶解的失效模式。Lu 等人[13]研究了 Zn 掺杂对 SnAg 钎料微观结构和电迁移稳定性的影响。发现 Zn 与 Cu、Ag、Ni 等合金元素反应强烈。掺 Zn 焊料提高了界面和整体微观组织的稳定性。掺 Sn 焊料稳定的微观组织结构，可以有效抑制由锡原子通量散度导致的电迁移失效。

综上所述，能够使 IMC 反应或金属化层溶解速度降低的因素，可以提升焊点的稳定性并改善电迁移现象。

2. 焊点高度的影响

基于 Al 的电迁移试验，Blech[14] 发现在某个阈值电流密度之下将不会发生电迁移损伤。该阈值与导电带的长度成反比。这种现象称为 Blech 效应，在包含焊点在内的不同系统中进行了充分研究 [15-17]。这是由于阳极原子的聚集和阴极额外的空位引起的背应力梯度，平衡了电子风的力的结果。由于电流密度阈值与受应力导体的长度成反比，Blech 效应表明存在临界 Blech 乘积（$j \times L$）。（电流密度乘以导体长度），低于该临界值的导体将不会出现电迁移失效。这一临界乘积表明，在给定的电流密度下，当导体长度足够短时可以避免电迁移损伤。通过边界位移法或失效时间（Time to Fail，TTF）与 Blech 乘积的关系图，测量出了焊点的 Blech 乘积临界值，结果见表 12.1。

表 12.1 不同温度下无铅焊料的临界乘积值

焊料	温度 /℃	长度 /μm	临界乘积值 /（A/cm）	参考文献
SnAg1.8	145	50–150	30	[15]
SnAg1.8	145	75	26	[15]
SnAg3.8Cu0.7	80	350	1505	[16]
	100		1120	
	120		490	
SnAg3.0Cu0.5	140	100, 200, 500	253	[17]

一般来说，乘积临界值随温度急剧下降。这就给基于 Black 定律 [18] 的可靠性模型带来新的挑战。在此模型中，电流密度因子（n）和活化能（Q）是关键可靠性预测参数。Black 方程不包括 $(jL)_c$ 项，并假设不存在临界电流密度。只要有电流，电迁移损伤就会发生。这将会低估焊点的抗电迁移能力，使得可靠性风险评估过于保守。考虑到长度及临界乘积值对电迁移寿命的影响，将 Black 方程修正为

$$\frac{1}{\text{MTTF}} = A \left(j - \frac{(jL)_c}{L} \right)^n \exp \left(-\frac{Q}{RT} \right)$$

式中，MTTF 为平均失效时间；j 为电流密度；L 为焊点高度；n 为电流密度指数；Q 为活化能。

这个修正了的 Black 方程考虑了焊点高度的影响，这对三维封装非常重要，因为在一个组件中焊点高度可以从几百微米到几微米不等。建立考虑到焊点几何形状变化的可靠性模型非常有必要。临界乘积值随温度变化的事实说明，在较高的温度下，焊点高度相同时，临界电流密度要比低温时小得多。这导致很难使用高温加速试验方法来预估电迁移的可靠性寿命。这就需要从根本上理解温度对 $(jL)_c$ 的影响，以针对三维封装中的

焊点，建立一个更准确的可靠性模型。

12.2.2　金属化层溶解导致的电迁移失效

电迁移能够加速阴极金属化层的溶解，促进阳极形成更厚的 IMC 层。当阴极金属化层足够厚时，焊点会最终变为全 IMC 焊点，或锡高度很小的焊点，此时焊点具有较强的抗电迁移能力。但是，当阴极金属化层较薄时，电迁移能将金属化层全部溶解，导致焊点开裂[9, 10]。这与 12.2.1 节讨论的 Sn 扩散引起的 IMC/ 焊料分离是不同的失效模式。有趣的是，这种失效模式对锡的晶粒取向非常敏感[9, 10, 19-21]。研究表明，在给定的温度和电流密度下，2μm 厚度 Ni UBM 的溶解时间从 100h（Sn c 轴平行于电子流方向）到 1800h（c 轴垂直于电子流方向）不等。在焊点阴极的化镀 Ni-P 表面上，Ni 溶解导致的电迁移失效现象如 12.2a[21] 所示。通过 EBSD 分析，清楚地看到锡焊料的 c 轴与焊点电子流的方向一致。图 12.2b 是另一个焊点，该焊点与图 12.2a 中焊点所处的电流与温度条件完全相同。图中，在阴极侧没有发现电迁移损伤现象，Sn 焊料的 c 轴与焊点电子流的方向垂直。可以看出，Sn 晶粒的取向决定了电迁移时 UBM 层的溶解速度。研究表明，焊料的冷却速度、Cu 在焊料中的溶解等关键装配工艺参数对 Sn 晶粒的取向分布具有调控作用。

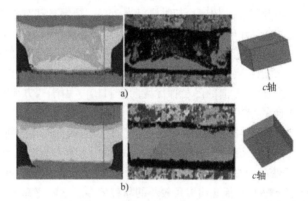

图 12.2　SEM 和 EBSD 分析结果表明 Sn c 轴与阴极端 Ni-P 电迁移损伤存在强相关性，当 c 轴与电子流方向一致时，Ni 的溶解速度快；当 c 轴垂直于电子流方向时，Ni 的溶解速度慢[21]（彩图见插页）

1. 装配冷却速率的影响

文献 [21] 对冷却速率为 1℃ /s 和 50℃ /s 左右的焊点进行了研究。电迁移试验表明，冷却速度快的焊点，其 MTTF 约是冷却速度慢的焊点的 1/3。从电迁移损伤处的截面来看，Ni 的溶解是导致失效的主要原因。这一数据清楚地表明，冷却速度越快，发生电迁移的焊点中 Ni 溶解的概率越高。为了解冷却速度对晶粒取向分布的影响，对不同冷却速度的焊点进行了 EBSD 分析。计算得出 c 轴与基板法线的夹角，并进行统计分析，如图 12.3 所示。可以看出，冷却速度越快的焊点，在基板法线或电子流方向上形成 c 轴取向 Sn 晶粒的概率越大，将造成更为严重的电迁移现象。

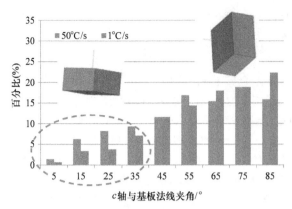

图 12.3　电迁移前的焊点 EBSD 统计结果，表明快速冷却增加了焊料 c 轴与
基板法线方向一致的比例 [21]

这些 EBSD 分析数据对焊点冷却速度越快、Ni 越容易溶解这一结果作出了解释。进一步的研究表明，存在一个 Sn 晶粒 c 轴与基板法向夹角的临界值（约为 40°）：当夹角在 0°~ 40° 之间时，金属溶解速度较快，会导致电迁移失效。基于此，测定出由于镍的快速溶解导致电迁移失效的概率，即快速冷却时概率为 25%，缓慢冷却概率为 15%。

冷却速度导致 Sn 取向分布差异的原因，与焊料取向不是随机分布有关。两种冷却速度下夹角在 0°~ 40° 之间的占比都比较低。反极图结果表明 [110] 取向更倾向于与基板法线方向一致。文献 [22] 报道，考虑到焊点凝固过程中，热剖面与基板或硅芯片垂直，可以得出在凝固过程中遵循热流方向的晶粒择优取向是 [110]。由于四方相 Sn 的 c 轴始终垂直于其沿基板法线方向的 [110] 方向，所以晶粒的 c 轴始终垂直于法线方向。在快速和缓慢冷却速率下，焊料 c 轴晶粒方向更倾向于垂直于基板法线方向，这解释了为何 c 轴与基板法向夹角在 0°~ 40° 之间的概率较低。在凝固过程中，可以假设较慢的冷却速率将允许系统有足够的时间使晶粒沿着择优取向生长。另一方面，冷却速度过快会使晶粒取向更加随机，这意味着 c 轴与基板法线夹角较小的晶粒更多。这就解释了冷却速率对 Sn 晶粒取向分布的影响。

2. 合金的影响

焊料凝固速率是影响 Sn 晶粒取向的关键参数，而焊料合金化是影响 Sn 晶粒尺寸和取向分布的另一个因素。Sylvestre 等 [23] 研究了 SAC 焊料中银含量对轮式双晶（cyclic twin）形成的影响，结果表明 SAC 焊料中 2.2%（wt）的银能显著增加形成轮式双晶的概率，这通常发生在 SnAg、SnCu、SnAgCu 合金的凝固过程中 [24, 25]。这是一种非常独特的孪生类型，很少在其他金属体系中观察到。无铅焊料中轮式双晶的形成可能会影响 c 轴沿基板法线方向的分布。轮式双晶共 [100] 或 [010] 方向，但不会共 [001] 方向。如果三个轮式双晶中，恰好有一个的 c 轴与电子流方向一致，由于其他两个晶粒的共同轴不是 [001] 方向，所以其他两个晶粒的 c 轴无法与电子流方向一致。换言之，对于轮式双晶结构，三个方向捆绑在一起，无法同时使 c 轴与电子流方向一致。Sn 晶体结构的这种情况将减少 c 轴与基板法线方向一致的概率。因此，在 SnCu 体系中加入 Ag 可以改善金属化层溶解导致的电子迁移，详见文献 [12，15] 中的实验。

另一方面，液体焊料中的 Cu 原子会起到与 Ag 相同的作用。研究表明，轮式双晶结构的形成，始于在熔融钎料中以 Cu 或 Ag 原子为中心的六方锡原子团簇[25]。在组装过程中，Cu 从 Cu 柱中快速溶解到焊料体系中，降低了 Sn 晶粒 c 轴与基板法线方向一致的概率，从而延缓了电迁移过程中的金属化溶解[21]。

3. 焊点高度的影响

除了 Sn 晶粒方向和焊料合金的影响外，焊点高度也会影响电迁移过程中的金属化层溶解。但是，焊点高度对电子迁移时金属化层溶解的影响鲜有报道。Lu 等人[19]观察到，SnAg 焊点在电迁移时电阻随时间变化并达到一个稳定值。他们认为这可以证明 SnAg 焊点的 Blech 效应是由 Sn 扩散失效机理所决定。他们进一步得出结论，焊点高度不影响金属化溶解，因为在 SnCu 焊点中没有观察到这个稳定值，而 SnCu 焊点主要以 Ni 溶解失效模式为主。但是，在他们的研究中，没有对长焊点和短焊点进行直接比较。

Zhang 等人研究了相同体积下不同高度的 Cu/SAC305/Cu 焊点中，焊点高度对铜溶解的影响[26]。他们发现铜的溶解速率随焊点高度的增加而增加，如图 12.4 所示。

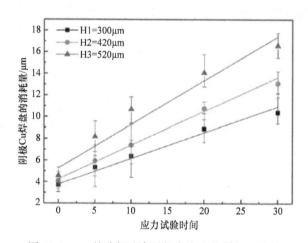

图 12.4　Cu 的溶解速率随焊点高度的增加而增加

Cu/Sn0.7Cu/Ni 钎料[21]中 Ni 的溶解也出现了同样的现象。在试验设计中，固定焊点体积，通过在回流过程中拉伸焊点，最终形成两种焊点结构，焊点高度差大约 20μm。电迁移试验表明，高度较低焊点的平均无故障时间约为较高焊点的 3 倍。电迁移失效模式主要是由 Ni 的溶解引起的。

在 12.2.1 节中讨论了焊点高度对以 Sn 通量散度为主的电迁移失效的影响。但是，Sn 扩散的背应力理论不能用于解释所观察到的现象，该现象中较高焊点电迁移过程中铜或镍的溶解显著加速，这是因为铜和镍是通过间隙扩散[27]，此时背应力的影响低于 Sn 的自扩散。此外，在间隙扩散过程中不会产生空位，所以很难形成背应力。焊点高度对金属溶解的影响，可以从扩散的角度来讨论，而不是从背应力的角度。

为了促进金属的快速溶解，需要将溶解的 Ni 原子从界面上快速带走。Ni 溶解过程如图 12.5 所示 [21]。

高的 Ni 溶解通量（$J_{溶解}$）需要快速与有效的 J_{Ni}（从阴极界面快速带走 Ni 的 Ni 扩散通量）。如果焊点高度较低，电子风将 Ni 原子吹离阴极界面，之后将迅速到达焊点的阳极侧，并形成反向扩散。换句话说，阳极侧起到了阻挡 Ni 原子扩散的屏障作用。在这种情况下，Ni 原子不能有效地从界面上移除，而且阴极界面的金属化层缺陷很难建立也就无法形成快速的 $J_{溶解}$，这是由于 $J_{反向扩散}$（扩散回阴极的 Ni 原子流）扩散可以到达这个界面。另一方面，如果焊点较高，反向扩散原子将很难返回来增加阴极侧界面的 Ni 浓度。在界面处很容易形成镍的缺失。

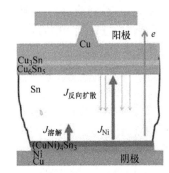

图 12.5 焊点电迁移过程中镍的扩散通量示意

12.3 三维封装中焊点的电迁移

12.3.1 微凸点中锡扩散导致的电迁移损伤

与 C4 倒装芯片和 BGA 封装相比，因为三维封装中的微凸点尺寸较小，将产生独特的电迁移行为。如图 12.1 中所示，焊点与 IMC 层之间的失效很难在微凸点中发现。这可以简单地归因于 Blech 效应，即矮的微凸点的背应力高到足以显著延迟或消除 Sn 扩散造成的电迁移损伤。

以 Sn1.8Ag 焊料为例，其临界乘积（jL）。在 145℃时约为 30A/cm，参见表 12.1。基于此，在 $5 \times 10^4 A/cm^2$ 处的临界长度为 6μm，与微凸点的典型焊点高度相当。这说明焊点高度为 6μm 的 Sn1.8Ag 微凸点在 $5 \times 10^4 A/cm^2$、145℃应力条件下不会出现 Sn 扩散导致的电迁移损伤。

值得注意的是，一些研究报道了微凸点的局部失效，焊点几乎完全转变为 IMC，如图 12.6 所示 [28]。文献作者认为，这种局部损伤靠近阴极侧，可能是 Sn 扩散的结果。但是由于在局部裂纹附近残留的 Sn 非常少，从背应力的角度来看，由 Sn 通量散度引起的可能性较小。电迁移 Sn 扩散背应力与残留 Sn 的高度密切相关。当形成几乎完全的 IMC 焊点时，电迁移 Sn 扩散背应力将大幅提升，并且可以很容易地平衡电子风力。图 12.6 所示的这种阴极侧局部开裂失效的原因解释如后。

在电迁移过程中，电子风会加速阴极侧的金属化层溶解。溶解的金属化层（在这个例子中是 Ni）被电子风迅速地从阴极移走并扩散到阳极。电子风可以加快属化层溶解，使阳极侧形成较厚的 IMC 层。阳极侧形成的厚金属间化合物层，降低了 Sn 基焊点的有效高度，可延缓或消除 Sn 扩散引起的电迁移损伤。但是，IMC 反应是体积收缩过程。在电迁移过程中，较厚的阳极侧 IMC 层和较薄的阴极侧 IMC 层将随着 Sn 的消耗，最终融合在一起。当更多 Sn 被消耗时，由于阳极侧 IMC 层较厚，在阴极侧附近形成了间隙。

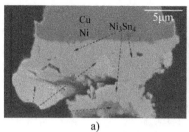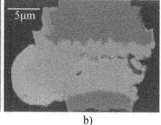

图 12.6 0.12A、150℃下 350h 后，微凸点的截面扫描电镜图像
a）电子流向朝上 b）电子流向朝下 [28]

在长时间回流后的微凸点中也观察到了类似的现象[29]。图 12.7 所示为 260℃ 回流 20min 后的凸点，Sn 被 IMC 反应完全耗尽，上下侧 IMC 层之间形成间隙。因上下两侧 IMC 层厚度相等，所以间隙处于中间位置。

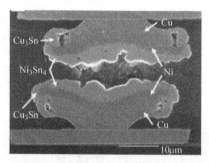

图 12.7 260℃ 回流 20min 后，Sn 被 IMC 反应完全耗尽，微凸点中间形成的巨大间隙

12.3.2 电迁移中全金属间化合物焊点的形成

与较大的焊点相比，微凸点的电迁移具有另一种独特的行为：微凸点通常具有较小的焊料与金属化层体积比，这可以在金属化层完全消耗之前形成一个完整的 IMC 凸点。这就是为什么在 12.2.2 节中讨论的金属化溶解不是微凸点的主要失效模式的原因。

根据 IMC 反应方程，很容易计算出形成完全的 IMC 焊点时金属化层和焊料的体积比阈值。以 Cu/Sn 反应为例，在电迁移情况下，Cu 的溶解会先形成 Cu_6Sn_5 IMC。根据计算，当 Cu/Sn 体积比大于 0.52 时，将形成一个完全由 Cu_6Sn_5 IMC 构成的凸点。换句话说，只要 Cu 高度超过焊料高度的一半，在因 Cu 的溶解而导致失效之前，将形成完全 IMC 的焊点。

在典型的电迁移试验条件下，完全 IMC 的微凸点焊点几乎是不会失效的[30, 31]。Chen 等人[30] 报道了在 $1.4 \times 10^5 A/cm^2$ 和 170℃ 下施加应力 5000h 后，完全 IMC 微凸点的电阻值没有增加，如图 12.8 所示。图中所示后期电阻值的增加与铝线的损伤有关，而与电迁移损伤无关。他们进一步估计所测微凸点中的 IMC 临界电流密度约为 $3 \times 10^5 A/cm^2$。这意味着试验电流密度低于阈值，无论试验多长时间焊点都不会产生电迁移损伤。

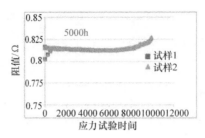

图 12.8　电阻值随应力试验时间的变化情况，表明在 $1.4 \times 10^5 A/cm^2$ 和 170°C 下施加应力 5000h 后，完全 IMC 的微凸点未发生电迁移损伤（彩图见插页）

Wei 等人[32] 用边缘位移法研究了 Sn-Cu IMC 的电磁行为。他们发现 Cu_6Sn_5 比 Cu_3Sn 更容易受到电迁移的影响，这与 Cu_6Sn_5 较低的固相线温度和较高的电阻率有关。他们还观察到不同长度 IMC 的导带中的 Blech 效应。在 225°C 下，Cu_6Sn_5IMC 的临界乘积为 2.5~5A/cm。就像典型的电迁移失效一样，在原子通量散度存在的阴极侧界面处也会形成空洞。但是，在他们的报告中无法确定占主导地位的扩散类型，因为经电迁移试验后，SEM/EDS 检查中没有发现富 Cu 或富 Sn 的区域。由于温度差异较大，Cu_6Sn_5 IMC 的临界乘积不能直接与表 12.1 中的值相比较。预计在相同温度下，IMC 比无铅焊料具有更高的临界乘积值，因为所有研究表明，一旦形成完整的 IMC 焊点，焊点电迁移现象会显著改善[30, 31]，如图 12.9 所示。

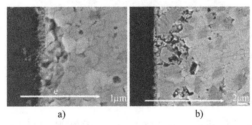

图 12.9　在阴极侧界面存在通量散度时，Cu_6Sn_5 的电迁移损伤 SEM 图像[32]

虽然完全 IMC 凸点抵抗电迁移的能力很强，但在某些情况下也可能在 Cu_3Sn/Cu 界面发生失效，如 Cu/SnAg/Cu 微凸点所报道的[33]。图 12.10 所示为电迁移试验下 Cu_3Sn 与 Cu 之间焊点失效情况。无论电迁移的极性如何，焊点分离只发生在焊点的一侧。在此研究中，在烘烤后的焊点中也观察到同样的失效现象。

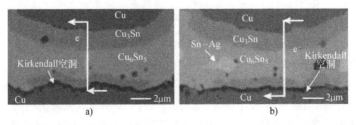

图 12.10　在 IMC 焊点的一侧可以观察到 Cu/Cu_3Sn 的分离，与电迁移的电子流方向无关[33]

结果表明，这种失效并非仅由电迁移造成，相反与烘烤的关系更大。事实上，Cu/Cu$_3$Sn 分离的主要原因是镀 Cu 过程中引入的杂质（如 S）[34, 35]。Cu$_3$Sn 的形成具有两个反应前沿（reaction front）：Cu 扩散，穿过 IMC 层并与 Sn 发生反应，同时 Sn 也扩散并穿过 IMC 层与 Cu 发生反应。在 Cu$_3$Sn 中 Cu 的扩散速度比 Sn 快数倍[36]，所以在反应中，Cu 的方向会产生空位。当界面上存在杂质时，Cu 方向的空位会凝聚形成空洞，并导致 Cu$_3$Sn/Cu 分离。通常，界面可以视为位错网络，也是一种良好的空位陷阱。空位凝聚遵循经典的凝聚理论，即需要成核和生长。如果界面能够很好地捕获空位，则很难积累足够的空位来形成空洞。然而，当界面处存在杂质时，它们会钉扎住界面处的位错，使界面不易移动。在这种情况下，界面不再是有效的空位陷阱，此时空位凝聚形成空洞。只要界面处存在单层杂质就能触发这种机制[37]。实际上，更直观的理解方式为：当反应界面能够很好地跟随反应前沿平滑地移动，则不会产生界面空洞。然而，如果杂质钉扎住界面，使其难以移动，界面不能很好地跟随反应前沿就会产生空洞。无论电迁移方向如何，完全 IMC 的焊点只在下侧失效，这可能是由于上下 Cu 凸点之间的 Cu 杂质存在差异造成的。

总而言之，由于形成了完全 IMC 的焊点使微凸点更加稳定，更不容易发生电迁移现象。但是，为了防止焊点发生 Cu/Cu$_3$Sn 界面失效，应尽量避免镀 Cu 杂质。虽然这主要是一种与衬底有关的现象，但电迁移由于加速了阴极侧 Cu 的溶解，无疑会使失效率增加。

12.3.3 伴随电迁移的热迁移

上文中讨论到，当电流施加到电子封装中的焊点时，电子风会引起电迁移损伤。同时，由于电流密度大而产生的焦耳热会形成热梯度，并引起焊点的热迁移[38-40]。热梯度与电子封装的几何构型密切相关。通常，焊点基板一侧的焦耳热要比芯片一侧少得多，因为晶体管和更细的互连会产生更多的热量。据报道，在直径 100μm 的焊点上，10℃的温差（1000℃/cm）足以引起热迁移和元素的再分布[38]。由于三维封装微凸点的直径比传统焊点小一个数量级以上，且 Si 堆叠后因散热不良会产生更多的热量，因此热梯度增大的情况会更为严重。

与电迁移力相似，焊点在热梯度力作用下也会对扩散物质产生两种影响：一种是 Sn 原子的迁移；另一种是金属化层（Cu，Ni）的溶解。

Ouyang 等人[39]研究了三维封装中微凸点的热迁移行为，并与倒装芯片的焊点进行了比较。他们观察到在倒装芯片焊点合金中的 Sn 向热侧迁移，但在三维封装的微凸点中没有观察到 Sn 的热迁移，如图 12.11 和图 12.12 所示。他们将此归因于由焊点高度引起的背应力梯度差异。正如 Blech 效应中提到的，焊点高度越低，产生的背应力梯度越大，从而抵消了热梯度对锡原子产生的热迁移力。通过微凸点的仿真（条件：微凸点温度梯度 5345℃/cm，工作温度约为 134℃），他们进一步计算了所测三维封装的背应力（F_{BS}）和热梯度的驱动力（F_{TM}）。结论是 F_{BS} 比 F_{TM} 大 3~4 倍，这解释了为什么在他们的试验中所测微凸中没有锡的热迁移发生。换句话说，为了使 Sn 在微凸点中发生热迁移，温度梯度需要大约 20000℃/cm 以上。相比于 1000℃/cm 的热梯度便会导致倒装焊点[38]的热迁移，由于背应力效应，微凸点对 Sn 的热迁移具有更强的抵抗能力。可以看出，对于微凸点，Sn 通量散度引起的热迁移和电迁移风险都很低。

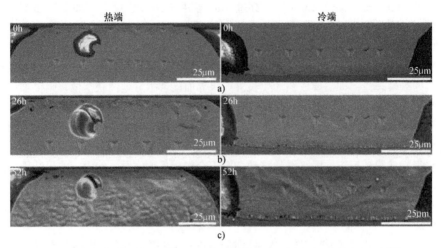

图 12.11　倒装焊点在热梯度下观测到热端 Sn 的突起及冷端的空洞[39]

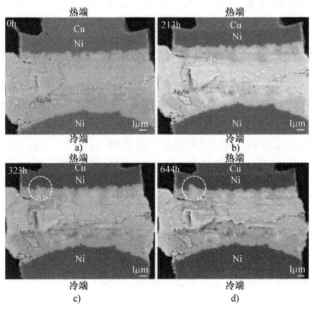

图 12.12　在热梯度下，未观测到微凸点的锡迁移。可观测到 Ni 和 Ag 从热端到冷端的迁移

由于背应力效应，Sn 扩散造成的热迁移损伤在微凸点中可能是最小的，而热梯度引起的金属化溶解可能是另一个需要解决的问题。Chen 等人[38] 对焊点中 Ni、Cu、Ag 和 Ti 的热迁移进行了总结。在热梯度作用下，它们都向 Sn 原子的相反方向迁移。Sn 从冷端向热端迁移，Ni、Cu、Ag 和 Ti 从热端向冷端迁移。这与传输热 Q^* 的正负有关，Q^*

是由每摩尔运动原子携带的热量与每摩尔热端原子的热量之差定义的。当 $Q*$ 为负时，扩散金属从冷向热移动（即 Sn），当 $Q*$ 为正时，原子从热向冷移动（即 Ni，Cu，Ag，Ti）。Cu 在焊点中的热迁移比 Ni 容易得多。可能与 Ni 在钎料合金中的溶解度低有关。据报道，在 250℃无铅钎料中，Ni 的溶解度仅为 0.28%（wt），而 Cu 的溶解度在 260℃为 1.54%（wt）[41]。倒装焊点在 1000℃/cm 的热梯度下可观察到铜迁移现象[42]，但在 1429℃/cm[43] 的热梯度下却未观察到 Ni 迁移。当热梯度为 5345℃/cm 时，在微凸点处观察到 Ni 的热迁移，如图 12.12 所示[39]。在最近的一项研究中，Ouyang 等人[44] 报道了 Ag₃Sn IMC 可以抑制 Cu 的热迁移。它们能抑制 Cu 在热端的溶解和 IMCs 在冷端的异常积聚。Ag₃Sn 抵抗 Cu 热迁移的能力可能与 Ag 原子对温度梯度的敏感性较低有关。

热迁移会导致金属化层快速溶解，引起可靠性问题。然而，与电迁移情况下的讨论相似，当金属化层与锡的体积比达到最优，金属化溶解最终将使焊点转变为完全 IMC 焊点。在此情况下，微凸点的温度迁移和电迁移问题应该是最小的。

12.4　三维封装中 TSV 的电迁移

在三维封装中，前文讨论的微凸点是 Si 芯片之间的互连。在 Si 芯片的内部，TSV、RDL 及与 TSV 相连的金属化层也是三维封装中重要的互连方式，并且由于这些互连尺寸小，也存在电迁移可靠性问题。与典型 Si 芯片中的 Cu 互连相似，TSV 相关的互连也使用大马士革工艺。电镀 Cu TSV 及其连接的金属层也采用了钝化层和阻挡层。从 Si 芯片铜大马士革互连中总结的电迁移机理，也适用于 TSV 相关互连。

12.4.1　大马士革铜互连的电迁移

硅芯片的 Cu 大马士革互连电迁移已经有很好的报道[45-47]。与 Al 基互连线以晶界为主的失效不同，Cu 基金属线的电迁移损伤以界面为主。在孔侧壁或金属导线与阻挡层/钝化层之间的界面是快速扩散路径，因此也是失效位置。从 Cu 大马士革互连中总结出的几个关键电迁移因素，也适用于 TSV 相关互连。

1）电流聚集：由于互连尺寸的不均匀性和布线的复杂性，沿互连线的电流密度不均匀。研究发现，弯曲导体的内角处有更高的电流密度，电迁移失效将从此处开始发生[48]。电流聚集还会引起局部热增加，产生热梯度和热机械应力梯度；两者都是 Cu 扩散的主要驱动力，因此也会影响电迁移失效。

2）钝化层的影响：由于 Cu 的电迁移以界面扩散为主，钝化层对 Cu 的电迁移损伤起着非常重要的作用。改善 Cu/钝化界面的附着力并减缓 Cu 在界面上的扩散将有助于提高电迁移寿命。据报道，使用 SiNₓ 钝化层的 Cu 互连线的电迁移 MTTF 比使用 SiC 的 Cu 互连线长约 12 倍[46]。这与 Cu/SiC 的脱粘能远小于 Cu/SiN 的实验结果相吻合[49]。

3）蓄水池效应：金属线延伸到通孔连接旁边（也称为冗余区或"蓄水池"）可以延迟 Si 芯片中互连线的电迁移失效，因为延伸部分充当了空洞生长的"蓄水池"[50]。延伸区域中较低的应力水平和空位浓度被认为有助于形成更好的电迁移性能。Gan 等人[47] 计算了双大马士革 Cu 互连导线中不同 M2 延伸长度的电流密度分布。他们在阴极上方的

M2 延伸区域转角处观察到一个低电流密度区，它阻碍了空洞向延伸区的迁移。基于此，提出存在一个临界延伸长度，超过这个长度，增加延伸长度将不会带来更长的电迁移寿命。

4）热机械应力冲击：如 Blech 效应所述，应力梯度成为原子流运动的驱动力[51]。Blech 效应中的应力梯度是由电子风力引起阴极和阳极之间的空位密度差形成的。此外，由于 Cu 互连线的设计结构、制造工艺和介质材料的复杂性，会在高温电迁移试验中因热失配而带来热机械应力梯度。研究表明，钝化层厚度[52] 和互连层加工温度[53] 可以显著影响金属线的热应力梯度，从而改变金属线的电迁移性能。

12.4.2　TSV 的电迁移失效

在最近的一项研究中，Oba 等人[54] 报道了对典型 TSV 结构的电迁移试验。图 12.13 所示为试验结构示意图。该 TSV 连接了顶层芯片的后道工艺布线层（BEOL）以及底部芯片的 RDL。底层 RDL 与底层芯片的 BEOL 通过微凸点键合。如图 12.13 所示，试验了两种模式。类型 1 为 TSV + 凸点连接，类型 2 为 TSV + RDL 连接。

这些试验结构的电迁移失效模式如图 12.14 所示。对于上游电子流，类型 1（见图 12.14b）和类型 2（见图 12.14d）试验模式中，故障都位于 TSV 的底部。在图 12.14b 中，虽然有电流通过微凸点，但微凸点没有电迁移损伤，说明本次测试中的微凸点比 TSV 更抗电迁移损伤。报告中提到，TSV 底部通过 PVD Ta 和 PVD TiW 阻挡层与 RDL 阻隔开。在向上的电子流的电迁移作用下，Cu 通量散度产生在 TSV 底部与阻挡层的界面上，该界面上会产生电迁移空洞，从而导致失效。在向下的电流试验中，未观察到 TSV 的电迁移损伤（图 12.14a 和 c）。在这种情况下，在 TSV 底部应该无通量散度，但在靠近 TSV 的 RDL 上应该存在通量散度。然而，图 12.14c 中没有出现 RDL 电迁移损伤，这认为与蓄水池效应有关，因为图 12.14c 中 TSV 的左侧 RDL 部分可以看作是延伸的 Cu，正如 12.4.1 节中所讨论的情况。值得注意的是，上层芯片的 BEOL 做了足够的冗余设计，使上层芯片的 TSV/BEOL 更为坚固，不会发生电迁移损伤。

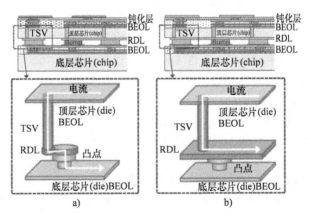

图 12.13　电迁移测试的截面图

a）TSV+ 凸点连接（类型 1）　b）TSV+RDL 互连（类型 2）

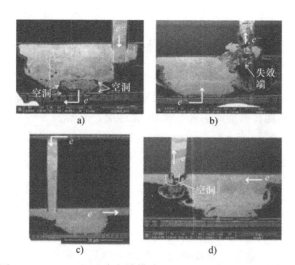

图 12.14　TSV 电迁移失效模式：TSV+ 凸点互连（种类 1）

a）电子流向朝下　b）电子流向朝上，TSV+RLD互连（种类2）　c）电子流向朝下　d）电子流向朝上[54]

　　虽然本研究表明，电迁移损伤主要发生在 TSV 内出现通量散度的位置，但其他研究人员发现，电迁移损伤也可以发生在与 TSV 相连的金属层内[55-57]。图 12.15 所示为 Frank 等人 [57] 报告的 TSV 结构测试及其失效模式。空洞在 Cu/SiN 界面发生，是 Cu 大马士革互连的典型界面失效 [46]。他们进一步研究了具有较厚金属导线的相同 TSV 结构，发现破坏主要发生在 TSV 旁边的金属导线 /TiN 界面。在厚金属线上也观察到 Cu/SiN 空洞，但不是占主导作用的空洞。其他研究也观察到金属导线的电迁移损伤 [55, 56]。

　　目前对 TSV 电迁移失效模式的研究还很有限。TSV 或与 TSV 相连的金属层均可发生失效。失效模式改变的原因还未明晰，需要作更系统的研究。金属导线和 TSV 的尺寸肯定起到了作用。除此之外，12.4.1 节中讨论的所有因素也会影响到 TSV 的失效模式。

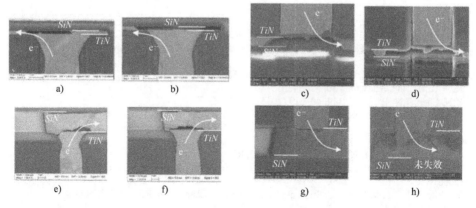

图 12.15　失效模式显示：Cu/SiN 处不同厚度金属导线的空洞（图 a 和图 b 薄线条），向上流动；图 c 和图 d 薄线条，向下流动；图 e 和图 f 厚线条，向上流动；图 g 和图 h 厚线条，向下流动[57]

12.5 小结

在三维封装中，涉及电迁移可靠性问题的互连包括微凸点、TSV 及其连接的金属层（例如 RDL 和 BEOL）。微凸点的焊点小，但具有与 FLI 大的焊点基本相同电迁移原理。另一方面，TSV 及其连接的金属层是电镀 Cu 互连层，遵循 Si 芯片中大马士革铜互连层相同的机理。

对于三维封装中的焊料微凸点，其独有的特性使其更能抵抗因锡扩散和金属化溶解引起的电迁移失效。

1）微凸点焊点高度小，在电迁移过程中产生较大的背应力，平衡了 Sn 原子流上的电子风力。这在很大程度上降低了在 IMC/ 焊料界面由于锡扩散而导致的电迁移失效风险。

2）通常，微凸点的焊料与金属化层体积比大到足以先形成完整的 IMC 互连结构，避免了金属化层完全消耗导致的失效。这避免了通常导致较大 FLI 焊点早期电迁移失效的金属化溶解失效模式。完全 IMC 的焊点比常规焊点具有更强的抗电迁移能力。总的来说，虽然三维封装微凸点的电流密度和焦耳热更高，但如果它们没有质量问题，并且金属化层厚度不是很薄，那么它们的电迁移风险应该很低。

对于 TSV 及其连接的金属层，电迁移的实验研究有限。失效可能发生在靠近连接界面的 TSV 内部（铜通量散度出现的位置），也可能发生在靠近 TSV 的金属层中。当金属化层失效时，其电迁移行为与铜大马士革互连相同，即在 Cu 层与钝化层之间的界面处产生空洞。根据有限的报告，影响 TSV 失效模式的关键因素还不是很清晰，仍需进一步研究。研究认为，影响 Cu 大马士革互连电迁移的关键因素包括：电流聚集、Cu/ 钝化界面、Cu "蓄水池"。另外，热机械应力梯度也是 TSV 相关电迁移失效的重要影响因素。

致谢：本书作者要感谢来自成功大学的 Kwang-Lung Lin 对本章的细致审阅。

参考文献

1. S.Q. Gu, MRS Bull. **40**, 233 (2015)
2. X. Zhang, J.K. Lin, S. Wickramanayaka, S. Zhang, R. Weerasekera, R. Dutta, K.F. Chang, K.J. Chui, H.Y. Li, D.S.W. Ho, L. Ding, G. Katti, S. Bhattacharya, D.L. Kwong, Appl. Phys. Rev. **2**, 021308 (2005)
3. K.N. Tu, H.Y. Hsiao, C. Chen, Microelectr. Reliab. **53**, 2 (2013)
4. K.N. Tu, T. Tian, Sci. China **56**, 1740 (2013)
5. K.N. Chen, T.N. Tu, MRS Bull. **40**, 219 (2015)
6. L. Xu, J.K. Han, J.J. Liang, K.N. Tu, Y.S. Lai, Appl. Phys. Lett. **92**, 262104 (2006)
7. P.L. Liu, F.Y. Ouyang, S. Ou, Z. Fu, G. Deepak, *ASME InterPACK Conference*, vol. 1, p. 703 (2009)
8. C. Chen, H.M. Tong, K.N. Tu, Annu. Rev. Mater. Res. **40**, 531 (2010)
9. M.H. Lu, D.Y. Shih, P. Lauro, C. Goldsmith, D.W. Henderson, Appl. Phys. Lett. **92**, 211909 (2008)
10. Y. Wang, K.H. Lu, V. Gupta, L. Stiborek, D. Shirley, S.H. Chae, J. Im, P.S. Ho, J. Mater. Res. **27**, 1131 (2012)
11. K.N. Tu, J. Appl. Phys. **94**, 5451 (2003)
12. S.K. Seo, S.K. Kang, D.Y. Shih, H.M. Lee, J. Metals **61**, 22 (2010)

13. M. Lu, D.Y. Shih, S.K. Kang, C. Goldsmith, P. Flaitz, J. Appl. Phys. **106**, 053509 (2009)
14. I.A. Blech, J. Appl. Phys. **47**, 1203 (1976)
15. M.H. Lu, D.Y. Shih, P. Lauro, C. Goldsmith, Appl. Phys. Lett. **94**, 011912 (2009)
16. Y.C. Hsu, C.K. Chou, P.C. Liu, C. Chen, D.J. Yao, T. Chou, K.N. Tu, J. Appl. Phys. **98**, 033523 (2005)
17. M.S. Yoon, M.K. Ko, B.N. Kim, B.J. Kim, Y.B. Park, Y.C. Joo, J. Appl. Phys. **103**, 073701 (2008)
18. J.R. Black, in *Processing 6th Annual International Reliability* Physics Symposium, p. 148 (1967)
19. T.C. Huang, T.L. Yang, J.H. Ke, C.H. Hsueh, C.R. Kao, Scripta Mater. **80**, 37 (2014)
20. Y. Wang, P.S. Ho, Appl. Phys. Lett. **103**, 121909 (2013)
21. P.L. Liu, O. Alan, D. Goyal, in *Electronic Components and Technology Conference (ECTC)*, p. 95 (2015)
22. A.U. Telang, T.R. Bieler, Scripta Matter. **52**, 1027 (2005)
23. J. Sylvestre, A. Blander, J. Electron. Mater. **37**, 1618 (2008)
24. L.P. Lehman, Y. Xing, T.R. Bieler, E.J. Cotts, Acta Metaer. **58**, 3546 (2010)
25. B. Arfaei, N. Kim, E.J. Cotts, J. Electron. Mater. **41**, 362 (2012)
26. H. Zhang, F. Sun, X. Li, Y. Liu, T. Xin, in *16th International Conference on Electronic Packaging Technology*, p. 1125 (2015)
27. D.C. Yeh, H.B. Huntington, Phys. Rev. Lett. **53**, 1469 (1984)
28. Y.W. Chang, C. Chen, T.C. Chang, C.J. Zhan, J.Y. Juang, A.T. Huang, Mater. Lett. **137**, 136 (2014)
29. C. Chen, D. Yu, K.N. Chen, MRS Bull. **40**, 257 (2015)
30. H.Y. Chen, C.H. Tung, Y.L. Hsiao, JL. Wu, T.C. Yeh, L.L.C. Lin, C. Chen, D.C.H. Yu, in *Electronic Components and Technology Conference (ECTC)*, p. 620 (2015)
31. H.Y. Chen, D.Y. Shih, C.C. Wei, C.H. Tung, Y.L. Hsiao, D.C.H. Yu, Y.C. Liang, C. Chen, in *Electronic Components and Technology Conference (ECTC)*, p. 49 (2015)
32. C.C. Wei, C.F. Chen, P.C. Liu, C. Chen, J. Appl. Phys. **105**, 023715 (2009)
33. Y.B. Park, S.H. Kim, J.J. Park, J.B. Kim, H.Y. Son, K.W. Han, J.S. Oh, NS. Kim, S. Yoo, in *Electronic Components and Technology Conference (ECTC)*, p. 1988 (2013)
34. J.Y. Kim, J. Yu, Appl. Phys. Lett. **92**, 092109 (2008)
35. S. Kumar, J. Smetana, D. Love, J. Watkowski, R. Parker, C.A. Handwerker, J. Electron. Mater. **40**, 2415 (2011)
36. Y. Wang, S.H. Chae, J. Im, P.S. Ho, in *Electronic Components and Technology Conference (ECTC)*, p. 1953 (2013)
37. P.L. Liu, J.K. Shang, Scripta Mater. **53**, 631 (2005)
38. C. Chen, H.Y. Hsiao, Y.W. Chang, F.Y. Ouyang, K.N. Tu, Mater. Sci. Eng. R **73**, 85 (2012)
39. F.Y. Ouyang, W.C. Jhu, J. Appl. Phys. **113**, 043711 (2013)
40. H. Hsu, T.Y. Lin, F.Y. Ouyang, J. Electron. Mater. **43**, 236 (2013)
41. K. Zeng, K.N. Tu, Mater. Sci. Eng. R **38**, 55 (2002)
42. H.Y. Chen, C. Chen, K.N. Tu, Appl. Phys. Lett. **93**, 122103 (2008)
43. H.-Y. Chen, C. Chen, J. Mater. Res. **26**, 983 (2011)
44. W.N. Hsu, F.Y. Ouyang, Mater. Chem. Phys. **165**, 66 (2015)
45. C.M. Tan, A. Roy, Mater. Sci. Eng. R **58**, 1 (2007)
46. C.K. Hu, L. Gignac, E. Liniger, B. Herbst, D.L. Rath, S.T. Chen, S. Kaldor, A. Simon, W.T. Tseng, Appl. Phys. Lett. **83**, 869 (2003)
47. Z.H. Gan, W. Shao, S.G. Mhaisalkar, Z. Chen, H. Li, K.N. Tu, A.M. Gusak, J. Mater. Res. **21**, 2241 (2006)
48. C.M. Tan, A. Roy, A.V. Vairagar, A. Krishnamoorthy, S.G. Mhaisalkar, IEEE Trans. Dev. Mater. Reliab. **5**, 198 (2005)
49. M.W. Lane, E.G. Liniger, J.R. Lloyd, J. Appl. Phys. **93**, 1417 (2003)
50. K.N. Tu, C.C. Yeh, C.Y. Liu, C. Chen, Appl. Phys. Lett. **76**, 988 (2000)
51. J.R. Lloyd, Microelectr. Eng. **49**, 51 (1999)
52. J.R. Lloyd, P.M. Smith, J. Vac. Sci. Technol. **A1**, 455 (1983)
53. L. Kisselgof, S.P. Baranowski, M.C. Broomfield, T. Spooner, L. Elliott, L. Brooke, J.R. Lloyd, SPIE Submicrometer Metall. **1805**, 154 (1992)

54. Y. Oba, J.D. Messemaeker, A.M. Tyrovouzi, Y. Miyamori, J.D. Vos, T. Wang., G. Beyer, E. Beyne, I.D. Wolf, K. Croes, Jap. J. Appl. Phys. **54**, 05EE01 (2015)

55. H.J. Choi, S.M. Choi, M.S. Yeo, S.D. Cho, D.C. Baek, J. Park, in *Interconnect Technology Conference (IITC), IEEE International*, p. 1 (2012)

56. S. Moreau, D. Bouchu, *Reliability Physics Symposium (IRPS), IEEE International*, CP. 1.1 (2013)

57. T. Frank, S. Moreau, C. Chappaz, L. Arnaud, P. Leduc, A. Thuaire, L. Anghel, in *Electronic Components and Technology Conference (ECTC)* p. 326 (2012)

第 13 章

三维集成电路封装的散热与热设计基础

Satish G. Kandlikar, Amlan Ganguly

13.1 导言

三维集成电路堆叠的示意图如图 13.1 所示。它由采用冷却层隔开的单个芯片或芯片堆叠组成。通常,这种三维集成适用于需要在不同层中集成诸如数字和模拟、硅和非硅、电子和非电子等不同技术的场景。由于这些技术所需的制造设备和设计边界可能不同,因此最有效方式通常是以不同的技术制造单独的芯片,然后将它们集成在三维集成电路中。由于这些优势,三维集成电路是此类场景中的一种选择方法。然而,这些三维集成电路中散热的主要缺点是需要采用新型和主动的冷却技术来解决,比如在三维集成电路层中加入主动冷却层。冷却层由微流道或翅片通道组成,它们可以提供更大表面积并且加强从芯片堆叠表面到在冷却层中流动的冷却剂之间传热。冷却层的设计受到连接相邻芯片堆叠的硅通孔(TSV)位置的限制。电气和热学问题需要高度的协同设计,以获得三维集成电路高效的电气和热学性能。

使用散热片和空气冷却翅片堆叠是二维芯片冷却中最普遍和最具成本效益的选择,尤其是在服务器和数据中心等高性能计算环境中,甚至在对外形限制不是非常严格的移动设备中也是如此。在芯片上方的第三维空间的限制稍微宽松一些,使得放置具有气流通道的散热器变得容易实现。这种方法对于双芯片堆叠通常是可行的,但是对于具有三个或更多颗芯片的堆叠却引入了严格的散热限制。随着二维芯片的热流密度变大,空气冷却已经不再满足要求,在文献中出现了各种液体冷却方案,比如嵌入式微流道[2]、喷雾冷却[3, 4]、射流冲击[5]和蒸汽室[6]。其中,20 世纪 80 年代初由 Tuckerman 和 Pease 提出的嵌入式微流道因其结构紧凑、容纳液体的能力、较高的散热率、较低的压降和较高的传热系数等优异的热性能而备受关注。Colgan 等人给出了 IBM 硅基冷却器的一个工程实例[7],能够满足 >1kW/cm² 的冷却需求。它们的芯片冷却器使用偏置条形翅片而不是直通微流道来提供更低的热阻(确定为约 $1 \times 10^{-6} m^2 \cdot ℃ /W$)[8]。Kandlikar 等人[9] 讨论了各种可用用于二维和三维集成电路的冷却方法。

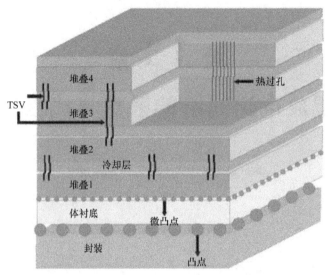

图 13.1　具有外部散热器的三层三维集成电路结构示意图 [1]

在三维集成电路封装中，由于芯片堆叠在一起，其散热器只能放置在三维集成电路堆叠的最外层之上。这种通常被称为传导冷却的方法，为位于第二层内部的芯片引入了额外的热阻，并且其冷却能力远不如芯片直接冷却方式。因此，需要仔细评估发热器件的位置，以避免这种发热器件堆叠效应造成的局部热点。传导冷却可以将与基于紧凑型热交换器的主动式空气冷却设计与气相相变冷却腔或液冷微流道相结合，如图 13.2 所示 [9]。

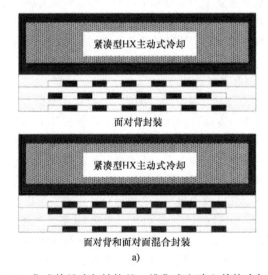

图 13.2　集成传导冷却结构的三维集成电路和其他冷却系统
a）基于紧凑型 HX 的主动式空气冷却

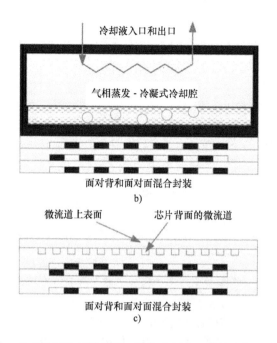

面对背和面对面混合封装

b)

面对背和面对面混合封装

c)

图 13.2　集成传导冷却结构的三维集成电路和其他冷却系统（续）
b）气相蒸发 - 冷凝式冷却腔　c）微流道冷却 [9]

13.2　三维集成电路的热性能参数

为了解决器件放置在不同层上的影响，在将三维集成电路中的热流密度级别转换为散热器设计的相应级别时，引入了以下两个因素 [9]。

热强化系数（Thermal Intensification Factor，TIF）考虑了热传导路径上来自不同层发热器件的重叠，见式（13.1）。

$$TIF = \frac{q''_{3D-H}}{q''_{3D-U}} \tag{13.1}$$

式中，q''_{3D-U} 是基于主动冷却区域耗散的总功率的均匀热流密度；q''_{3D-H} 是任何给定位置散热器处的局部热流密度值。因此，可以在散热器级别生成 TIF 映射，以估计邻近散热器的芯片表面上的局部冷却需求。需要详细的三维传导分析来估算多个芯片层和分布式设备的 TIF 的实际值。这种映射将能够生成三维堆叠到其相应平面芯片轮廓的热流密度分布图，该热流密度分布图可用于设计或分析冷却性能。

热减额系数（Thermal Derating Factor，TDF）考虑了三维堆叠中芯片上的发热器件与靠近散热器的芯片之间的界面引入的附加热阻。当相邻芯片以机械方式粘接在一起时，这一点变得尤为重要。额外的热阻是通过在芯片上增加散热器级别的热流密度来解决的。该热流密度用于估算器件的温度分布图，而实际热流密度用于冷却剂热平衡计算。

$$\text{TDF} = \frac{q''_{3D-U}}{q''_{1D-U}} \tag{13.2}$$

替代公式：

$$q''_{1D-U} = \frac{q''_{3D-U}}{\text{TDF}} \tag{13.3}$$

式中，q''_{1D-U} 是等效的一维热流密度，它将产生与 q''_{3D-U} 的均匀热流密度相对应的器件级温度分布。结合式（13.1）和式（13.3），最大热流密度当量由式（13.4）给出：

$$q''_{1D-H} = \frac{q''_{3D-U}}{\text{TDF}} = q''_{3D-U} \frac{\text{TIF}}{\text{TDF}} \tag{13.4}$$

13.3　三维集成电路的空气冷却

在传导冷却配置下，堆叠两个或多个集成电路芯片允许在三维集成电路芯片堆叠的表面使用传统的散热器。由于热流密度水平高于单个芯片，因此可能需要选用先进的空气冷却方式。还需要考虑热流路径中增加的热阻，可以通过散热器中较低的热阻来补偿。

先进的空气冷却方式利用强制空气冷却，使用风扇将空气输送到翅片散热器上。随着热流密度（每个散热器单位面积的散热能力）增加，可能需要更高的空气流动速度。使用导管进风口和出风口可降低噪声水平以及散热器进出口的压力损失。在散热器矩阵中采用紧凑的换热器表面（最初为汽车散热器开发）能实现更高的散热效率，因为二级散热片会显著增加传热表面积。与自然对流冷却的散热器相比，虽然压降和风扇功率有所增加，但散热率明显提高。

Kays 和 London 全面介绍了紧凑型热交换器的设计和性能 [10]。

13.4　射流冲击和喷雾冷却

利用喷嘴冲击目标表面的高速射流提供了一种有效的散热技术。单个射流在射流冲击区域附近提供冷却，而成组射流可用于覆盖更大的区域。空气或液体均可用作冷却介质，而液体最适用于较高的热流密度耗散等级。

虽然射流提供了很高的传热性能，但一般来说，它们需要 50~500kPa 范围内的高压降。除了制造难题和泄漏问题外，高速射流可能会导致传热表面的振动和腐蚀。射流冲击技术不能很好地应用于传导冷却的三维集成电路。从制造的角度来看，在夹层中放置射流会导致非常复杂的流体分配系统设计。由于在输送高速射流时采用了高压，泄漏仍然是该技术应用面临的一个关键问题。

喷雾冷却涉及从喷嘴将液滴喷射到目标表面上，并在那里蒸发。该技术采用蒸发而不是基于单相传热或在某些情况下强制对流沸腾的射流冲击冷却。目标表面可以涂有多孔涂层或微结构以提高蒸发率。喷雾分布模式、回流蒸汽对液滴速度的影响以及控制流速以避免溢流，这些都是设计时需要仔细考虑的问题。尽管产生喷雾所需的压力远低于冲击冷却中使用的射流，但由于三维集成电路需要复杂的液体分配网络，制造难题仍然存在。此外，产生的蒸汽需要被输送回冷凝器，由于回流管线中的冷凝而导致的两相流可能会引起一些不稳定问题。最近对喷雾冷却技术的综述提供了关于不同喷雾冷却技术及其性能比较深入详尽的信息 [11]。

这些系统需要更高的压力（100～300kPa）和需要定期维护的喷嘴板。这就排除了它们在电子系统冷却中的适用性，因为在电子系统冷却中，冷却系统配置的高度可靠性和简单性是非常重要的。三维集成电路中的小流道尺寸也给喷雾冷却系统带来了挑战。

13.5   微流道冷却

微流道通常被归类为最小尺寸在 10~200μm 范围内的流道 [12]。微流道要么直接蚀刻到硅芯片衬底中，要么被蚀刻或加工在单独的硅片或铜片中，在传导冷却的情况下，该硅片或铜片被粘接在集成电路芯片的背面。这些流道也可以蚀刻在三维集成电路的中间层之间。

图 13.3 所示为 Koo 等人的微流道冷却三层三维集成电路结构示意图 [13]。此示意图显示了如何在相邻芯片层之间的冷却层中配置流道和 TSV（电气过孔）。

微流道冷却为三维集成电路提供了最有前途的冷却方法。然而，需要仔细考虑 TSV 的布局，并控制压降和温度不均匀性。最重要的考虑因素之一是冷却层的高度，从电气设计的角度来看，它受到 TSV 长度的严重限制。这些问题将在本章的以下各节中讨论。

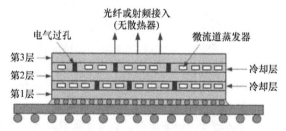

图 13.3   微流道冷却三层三维集成电路结构的示意图，
微流道可用于单相和两相（蒸发）模式 [13]

13.6   三维集成电路架构中的热设计注意事项

三维集成电路已成为克服二维平面的集成电路性能限制的一种可行解决方案 [14]。然而，利用第三维来提供额外的器件层会带来散热方面的挑战，因为堆叠垂直层会显著增加功率耗散密度和单位面积的发热区域 [15]。实施三维集成电路的主要问题之一是堆叠多个微处理器所产生了过多的热通量，从而导致每单位表面积产生的功率以及峰值温度增加 [16, 17]。虽然三维多核片上系统（3D Multicore SOC）减少了一些功率和性能瓶颈，但由于占用空间减少而增加的功率密度会导致严重的散热问题。这些问题将导致更高的温度，需要复杂的冷却技术。三维集成电路中的功率密度值很容易超过 $50W/cm^2$，这是强

制风冷的极限 [18]。图 13.4 所示为各类三维集成电路的电流功率密度趋势，该数据来自 2012 年国际半导体技术路线图（ITRS）。据报道，在不久的将来功率耗散密度将超过 100W/cm^2 至 500W/cm^2 或更高 [1]。如此高的功耗密度会导致芯片温度快速升高并导致热紧急情况。因此，三维集成电路中的散热需要新型且主动的冷却技术。

动态热管理（Dynamic Thermal Management，DTM）[19-23]，是一种广泛采用的用于避免热紧急情况的技术。平面多核芯片中最常用的 DTM 技术之一是动态温度感知任务迁移重新分配（dynamic temperature-aware task migration reallocation）[24]。在过去几年中提出了几种启发式方法，以便从芯片的最佳可能热分布的角度来实现最佳任务迁移。消除热点和保持较低的芯片平均温度是这些启发式方法的主要目标之一。所有任务迁移启发式的基本原则是将功耗最高的进程从热核心移动到相对较冷的核心。然而，当核心利用率稀少且存在任务迁移空间时，像任务迁移这样的 DTM 技术能最好地避免热点。此外，多

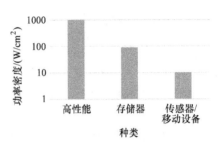

图 13.4　各类三维集成电路的电流功率密度趋势

核芯片中所有或大部分内核的持续高利用率导致散热过高，因此任务迁移的空间很小。

由于集成电路的占用空间更小，三维多核环境中的任务迁移面临着一系列新的挑战。鉴于三维集成电路的布局有限，找到更冷的内核来迁移高功耗工艺变得更具挑战性。动态电压频率缩放（Dynamic Voltage Frequency Scaling，DVFS）是二维和整体三维平台中多核处理器采用的另一种替代技术，可降低芯片的功耗和温度。在 DVFS 中，多核芯片内核的工作电压和频率是动态调整的，可以在不影响整体性能的情况下提供最小的功耗。它利用了这样一个事实，即如果某些进程线程不会拖延系统运行程序或关键路径中的其他线程，则这些线程的执行速度可以比最大速度慢，而不会延迟整个任务。最近用于三维集成电路的 DVFS 的工作包括使用散热的 R-C 建模来指导 DVFS 决策的技术 [25] 以及减少对温度的影响的热自适应缓存内存使用 [26]。参考文献 [16，27] 中开发了综合热管理技术，其中利用 DVFS 组合方法，提出了温度感知任务分配和液体冷却。但它们也存在任务迁移、上下文切换和同步问题的开销，这些问题可能会对性能产生负面影响。这些为二维平面集成电路设计的传统动态热管理机制通常不适合三维环境，也不适用于单片三维集成电路（monolithic 3D IC）的新约束。因此，我们认为基于任务迁移的动态热管理机制并不是最适合三维多核集成电路的机制。

13.6.1　TSV 布局的散热注意事项

另一种解决三维集成电路中遇到的高热流密度的技术是部署称为热通孔（thermal vias）的硅通孔技术（TSV）。一些文献 [28，29] 中为三维多芯片模块（Multichip Modules，MCM）设想了热通孔的概念。在参考文献 [29] 中指出，虽然热通孔能有效地从单片三维集成电路中提取热量，但需要对热通孔区域的大小和布线区域的大小进行权衡。这限制了热通孔区域的数量和布局方式，每个热通孔区域由多个通孔组成。因此，支持热通孔

部署的布局和优化技术、制造和封装方法以及计算机辅助设计（Computer Aided Design，CAD）工具对于在单片三维集成电路中成功插入热通孔以提供散热路径非常重要。最近有较多的研究来优化携带信号并同时具有温度感知和减轻热挑战的 TSV 的位置和布局。这些研究中使用了启发式遗传算法[30]、机器学习[31]或缺陷感知聚类[32、33]等方法。

使用微流体冷却层为三维集成电路提供散热路径的同时，可以减轻传统动态热管理机制技术的开销以及热通孔布局和布线的挑战[2, 34]。文献中主要讨论使用两个相邻的三维集成电路层之间的微流道来冷却三维集成电路。单相冷却利用水或介质流体传输热量，而不发生相变。

13.6.2　用于三维集成电路的热分析工具

对于三维集成电路的热分析，可以采用基于仿真的环境或真实的实验台。目前已有一些基于有限元方法的热估算模拟器。常用的是 HotSpot3D[35] 和 3D-ICE[36]。这些模拟器需要芯片层的功耗分布，然后使用热流方程进行网格划分，以模拟热量芯片的热量传播。

13.6.3　性能注意事项

三维集成技术的开拓，减轻了用于片上系统和多核架构的二维芯片的限制。在参考文献 [14] 中，作者讨论了设计和制造三维集成电路的优势和挑战。结果表明，三维集成电路可以改善功率、噪声、逻辑跨度、密度和性能。它甚至可以在单个芯片中实现异质技术的集成。具有非常宽的基于 TSV 的垂直总线的处理器 - 存储器堆叠，其中存储器直接垂直堆叠在各个处理器内核之上，详见参考文献 [37]。

短垂直距离加上超宽的基于 TSV 的总线将存储器访问延迟改善了数倍，从而开创了计算机设计的新范式。在参考文献 [38] 中，提出了三维集成电路技术和多核架构的耦合。然而，由于三维集成电路中遇到的热问题，实际堆叠的垂直层数仍然很低，只有大约 2~4 层。此外，架构创新也仅限于垂直处理器 - 内存堆叠，以减少同一位置的功耗，否则会导致热点。

传统的 DTM 技术存在额外的开销，而热通孔需要复杂的布局和布线优化以及 CAD 工具支持。微流体夹层冷却器为三维集成电路中的热问题提供了解决方案，而不会影响芯片的性能，因为它们不需要干扰芯片的功能或有源层的设计。

13.6.4　用于带液体冷却的三维集成电路的新兴无线互连

在具有冷却液微流道的三维集成电路中主动冷却层的存在对 TSV 和微流道可以共存的位置和数量施加了重大限制。由于存在与蚀刻、侧壁钝化以及过孔的形成、绝缘和填充相关的挑战，长宽比（AR = 高度 / 直径）大于 10 的 TSV 很难以高成品率制造[14]。微流道和电气设计的相互依赖使该过程变得更加复杂。更宽的微流道占据了三维集成电路很大一部分面积，这严重限制了三维多核集成电路中 TSV 链路的布局和布线自由度。此外，增加微流道高度最终会增加芯片厚度，从而增加 TSV 的高度，这反过来会增加 TSV

的直径以保持固定的长宽比。所有这些因素都限制了 TSV 在冷却层上布线的面积，并使 TSV 和微流道的共存和协同设计极具挑战性，尤其是在需要数千个 TSV 进行互连的芯片面积大于 100mm² 的大型芯片中 [14]。

另一方面，近年来毫米波频段的片上无线互连被证明比传统的有线互连结构更节能 [38-40]。此外，无线互连不需要链路的物理布局，并通过无线片上网络（Network-on-Chip，NoC）为分布在芯片上的收发器提供直接的单跳链路。NoC 作为一种片上网络，具有在一颗芯片的多个部件之间提供可扩展的通信结构 [40]。无线 NoC（Wireless NoC，WiNoC）支持多核芯片中的部件或块之间的低能耗和低延迟通信。基于这些最近的研究，我们评估并讨论了通过片上无线互连实现跨冷却层数据通信的垂直互连的优势。因为跨冷却层的数据传输只能通过无线链路实现，这将减少跨微通流层的基于 TSV 的链路数量。还将消除跨冷却层放置和信号布线的 TSV 需求，并显著降低基于 TSV 的互连和基于微流道的层间冷却的协同设计的复杂性。图 13.5a 所示为三维 WiNoC 的侧视图，图 13.5b 所示为三维集成电路有源层的顶视图。

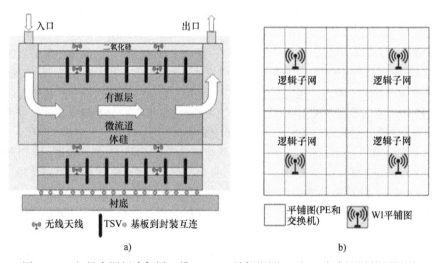

图 13.5　a）具有层间冷却层三维 WiNoC 的侧视图　b）一个有源层的顶视图

13.6.4.1　三维 WiNoC 架构

三维多核系统中的内核将通过交换机和链路使用 NoC 结构互连。在我们提出的架构中，每个内核都连接到一个 NoC 交换机。单层内的交换机与传统的基于铜线的 NoC 链路以网状拓扑连接。为了实现未被冷却层分隔的层之间的层间通信，所有交换机都配备了基于 TSV 的链路，以连接到其垂直上方或下方的交换机（见图 13.5）。

跨越冷却层的通信通道是通过无线链路实现的。为此，每一层在逻辑上被划分为子网，使得每个子网中的特定交换机配备有无线接口（Wireless Interface，WI）。WI 部署在子网中心的交换机中，以避免来自其子网中所有核心的长多跳路径，假设任何核心都可以在系统运行期间的某个时刻传输子网间数据。在参考文献 [41] 中，这种 WI 部署策略已被证明可以提供芯片内 NoC 中所有交换机之间的最小平均距离（Minimum Average Distance，MAD）。所有需要通过冷却层发送数据的核心都通过其子网中的 WI 访问无线通道。WI 使用共享无线频段以多对多方式连接，数据被传输到目标核心子网中的 WI，从那里它被路由到最终目标。为了提高性能，同一层内或没有被冷却层分隔的相邻层中的数据传输也可以使用 WIs，这取决于所采用的路由策略。这样，就形成了一种基于无线、有线和 TSV 的混合分层三维 NoC 体系结构（3D-HiWiNoC）。图 13.5b 显示了一个活动层的顶视图（垂直 TSV 未显示）。

13.6.4.2　三维 WiNoC 的物理层

存在几种用于实现片上和片外无线互连的替代技术 [30, 31, 37, 42]。我们设想可以使用在芯片内制造的片上嵌入式微型天线，以在内部开关之间建立直接通信通道。所选的片上天线必须为最小的面积提供最佳的功率增益。已经研究了毫米波段中的几种片上天线设计 [43-45]。线性偶极子占据与载波频率的波长成正比的大面积区域。贴片天线是定向的，主要是垂直于其平面辐射。对数周期天线可以具有更高的功率增益，但具有很强的定向性。我们希望选择的天线既紧凑又不定向。这是因为我们在不同的天线间进行通信，这些天线可能位于三维集成电路的不同层，也可能彼此之间的轴向具有不同的角度。

如图 13.6 所示的金属毫米波锯齿形天线已被证明具有这些特性，与线性偶极子相比，由于臂的锯齿形折叠，它们更紧凑。此外，这种使用顶层金属制造的毫米波天线与 CMOS 工艺兼容 [44]。因此，为了实现这样的无线信道，我们选择片上金属锯齿形天线，这些天线已被证明在建立片上通信方面是有效的 [44]。这种天线对接收信号强度的旋转（发射天线和接收天线之间的相对角度）的影响也可以忽略不计，因此最适合片上无线互连，因为每个天线必须在多个方向与其他 WI 通信。这种毫米波 60GHz 天线被报道在用于片上通信链路时具有 16GHz 的带宽 [44]。天线放置在每个子网的中心，接收每一层中其各自子网的 WI 的信号。

因此，需要调整天线以在该三维系统中提供最佳辐射特性，该三维系统具有基于冷却层分隔有源层的微流道。天线的设计同时考虑了近场和远场效应，工作在毫米波频段，载波频率为 60GHz。所设计天线的具体细节、尺寸和辐射特性取决于冷却层的尺寸。

13.6.4.3　无线通信协议与路由

在毫米波互连中，无线带宽受到最先进的收发器设计和片上天线技术的限制。为了提高连接性和性能，多个无线收发器需要访问 60GHz 无线

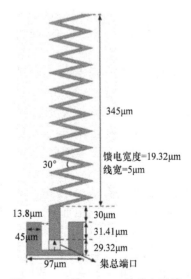

图 13.6　三维 WiNoC 的片上天线

信道，以便通过高能效的无线互连进行通信。因此，多个收发器共享单个无线频率信道。因此，需要一种高效且无冲突的介质访问控制（Medium Access Control，MAC）机制。在无线 NoC 的背景下已经研究了几个 MAC 协议。要启用使用毫米波段的频分多址（Frequency Division Multiple Access，FDMA），需要设计调谐到多个载波频率的收发器。这种收发器的节能设计是一个不小的挑战。

参考文献 [38] 评估了基于码分多址（Code Division Multiple Access，CDMA）的片上和片外无线互连体系结构的系统级性能。在基于 CDMA 的媒体接入机制中，使用沃尔什（Walsh）码来创建用于多址的正交码信道。由于码信道之间的这种正交性，一个码信道中的比特不受其他信道的影响。首先使用码字对发送的比特进行编码，并且在接收 WI 处，将接收的比特与码字进行异或运算，以提取发送的数据。然而，这样的 CDMA 方案需要收发机之间的精确同步，以通过保持码信道的正交性来避免信道间干扰。在分布在多层上的收发信机中很难实现这样的同步。

类似地，由于同样的原因，同步时分多址（Time Division Multiple Access，TDMA）也很难采用。因此，提出了基于令牌传递 [30] 的异步 TDMA（Asynchronous TDMA，A-TDMA）或载波侦听多路访问 / 冲突检测（Carrier Sense Multiple Access/ Collision Detection，CSMA/CD）。然而，由于指数退避，基于 CSMA 的 A-TDMA 在存在高业务密度的情况下不能很好地执行。所以，为了在避免冲突的同时以分布式方式访问无线信道，而不需要精确同步或集中仲裁，参考文献 [30] 提出了一种用于 WiNoC 的基于令牌的介质访问机制。在基于令牌的介质访问机制中，通过拥有令牌来授予对无线介质的访问。只有拥有令牌的 WI 才能通过无线介质进行传输。没有单独的请求机制或优先级被视为一部分以避免需要中央授权或仲裁单元。然而，在这样的 MAC 中，只有整个分组被发送到其他 WIs，以维护虫洞交换的完整性 [29]。这增加了缓冲器要求，并因此增加了 WI 中的静电功耗。因此，我们提出了一种 MAC 机制，该机制允许来自 WI 的部分分组传输，同时保持虫洞交换的完整性。

在所提出的 MAC 中，每个 WI 在其传输开始时播送控制分组，而不是在每次传输结束时循环令牌。控制分组由用于识别和区分数据分组的报头组成。此外，为了实现部分数据包传输和正确路由，控制数据包对于它将传输的每个部分数据包都有 3 元组：（DestWI、PktID、NumFlits）。每个 3 元组包含要从 WI 发送到特定目的地（DestWI）的微片数量（NumFlit）的信息以及微片所属分组的分组 ID（PktID）。PktID 使得目的地 WI 能够识别目的地 WI 处的虚拟通道（Virtual Channel，VC）号以放置微片，从而维持虫洞切换。在目的地 WI 不存在 PktID 的情况下，WI 保留未占用的 VC。发送 WI 的输出 VC 的数量限制了控制分组中的 3 元组的数量。控制分组被播送到所有 WI。因此，顺序中的下一 WI 根据控制分组中的信息计算当前发送的持续时间，并在当前发送完成时发送其控制分组。为此，WI 按顺序编号以避免 WI 之间在接入信道时的争用。

我们选择了非相干开关键控（On-Off Keying，OOK）调制，因为它允许相对简单和低功耗的电路实现。WI 收发器电路必须提供非常宽的带宽以及低功耗。OOK 收发器设计取自参考文献 [30]，其中在体系结构级别考虑了低功耗设计。虽然该收发器是为平面 NoC 设计的，但由于类似的无线路径损耗，它也适用于三维 NoC。

我们在三维 WiNoC 中对有线链路采用虫洞交换，其中数据分组被分解成流控制单元或微片 [26]。在无线互连中，如下一小节所讨论的那样修改虫洞切换以实现无线通信。在 3D-THiWiNoC 体系结构中，利用远程无线通信的优势采用最短路径路由，而不使用在三维 NoC 中通常使用的 XYZ 路由。我们在 Dijkstra 算法确定的预计算最短路径上使用基于转发表的路由。Dijkstra 的算法提取最小生成树，它提供图中任意节点对之间的最短路径。

13.6.4.4　三维 WiNoC 的性能分析

在这一部分中，我们评估了基于令牌的三维分层 WiNoC（token-based 3D hierar-chical WiNoC，3D-THiWiNoC）体系结构对于系统大小为 64 核的均匀随机流量模式的性能，并与分别针对 32bit 和 256bit 两种不同微片大小的三维有线网状体系结构进行了比较。每比特位能量成本是指在网络饱和时将 1bit 完全从源传输到目的地所消耗的能量。峰值带宽是 NoC 可实现的最大数据速率。带宽是以每秒每个内核成功到达的平均位数来测量的。具体而言，我们考虑以下配置。

1) 采用参考文献 [39] 中采用的带传统风冷散热器的带 TSV 的三维网状 NoC（3D-MTSV）。对于此架构，每台交换机都连接到其主要邻居以及其自身上下的垂直邻居。该体系结构采用维序 XYZ 路由。

2) 这里提出的基于令牌的层间冷却三维分层 WiNoC（3D-THiWiNoC）。

评估温度时会考虑内核、NoC 交换机和互连的功耗以及冷却基础装置和无线收发器的影响。最高芯片温度的可能是核心、链路或交换机的温度。值得注意的是，我们没有在本实验中采用任何动态热管理技术，因为我们的目标是研究两种冷却方法（传统强制风冷和层间液体冷却）的有效性。表 13.1 显示了这里研究的每种架构在两种不同微片大小下的最高芯片温度。对于层间冷却器，我们使用 0.4K/W 的热阻。从表 13.1 中可以看出，对于 32bit 的微片尺寸，采用基于强制风冷的传统散热器，3D-MTSV 的最高稳态温度达到 102.17℃。而在层间冷却的情况下，3D-THiWiNoC 结构的功耗降低了 35.5%。

表 13.1　两种结构的芯片峰值温度

	微片尺寸（32bits）			微片尺寸（256bits）	
	3D-MTSV	3D-THiWiNoC	3D-MTSV-cooling	3D-MTSV	3D-THiWiNoC
热阻 /（K/W）	1 [①]	0.4	0.4		0.4
芯片峰值温度 /℃	102.7	65.12	65.83	158.1	67.81

① 仅传统冷却。

我们还考虑了一种带有液体冷却层的 3D-MTSV 体系结构（3D-MTSV-Cooling）。在此架构中，基于 TSV 的垂直链路仅保留在交换机的交替行中。这是因为微流道布线在芯线或开关的交替行下方。此外，这仅显示了 32bit 微片尺寸，因为对于 256bit 微片尺寸，这些基于 TSV 的链路所需的面积很高，并且与冷却层中的微流道共存是不切实际的。3D-MTSV-Cooling 架构实现了与 3D-THiWiNoC 非常相似但略高的温度，因为它们具有相同的基于微流道的冷却层。

另一方面，增加微片大小最终会增加互连（链路和交换机）的功耗。微片是在一个系统时钟周期内可以通过 NOC 链路发送的最大位数。因此，对于 256bit 的微片尺寸，使用传统的强制风冷散热器，3D-MTSV 的最高稳态温度达到 158.1℃。而对于相同的微片尺寸，3D-THiWiNoC 结构的最高稳态温度保持在 68℃ 以下。同样，在这些情况下没有考虑额外的 DTM/DPM 机制。层间微流控冷却流道在从活性层的叠层之间排出热量方面更有效。传统的对流换热冷却热量只从三维集成电路的顶面排出，将热量截留在内层，使得温度因相似的功耗分布而急剧升高。

从图 13.7 可以看出，与我们考虑的所有其他体系结构相比，3D-MTSV 体系结构产生了最大带宽。虽然 3D-MTSV 和 3D-MTSV-Cooling 具有相似的 NoC 架构，但在 3D-MTSV-Cooling 配置中，由于部分移除了冷却层上基于 TSV 的垂直连接，因此与 3D-MTSV 架构相比，性能会降低。另一方面，与 3D-MTSV 相比，对于这两种微片大小，采用液体冷却的无线架构存在带宽下降的问题。这是因为无线架构中的活动链路数量少于 3D-MTSV，因为此架构消除了用于跨冷却层进行数据通信的基于 TSV 的互连。在 64 核系统中，分为 4 层，每层 16 核，每隔 2 层就有冷却层。这意味着在 WiNoC 中，消除了通过冷却层连接垂直相邻交换机的 16 条基于 TSV 的链路。对于 32bit 的微片尺寸（16 条链路，每条链路 32 位 @2.5GHz），这会导致 1.2bit/s 的聚合物理带宽损失。16Gbit/s 的额外无线带宽有助于跨冷却层互连这两个网段。跨冷却芯片移除基于层间 TSV 的连接会导致带宽降级，降级的量与移除的基于 TSV 的链路的二等分带宽损失量大致相同。另一方面，对于 256bit 的微片尺寸，3D-MTSV 结构比 32bit 的微片尺寸提高了近 7.6 倍，而在 3D-THiWiNoC 结构中，这大约是 6.2 倍。这是因为，加宽物理信道宽度以容纳更大的微片增加了有线链路和 TSV 的数据速率。然而，无线链路的数据速率由收发器的速度和天线的带宽控制，这不随微片尺寸而改变。因此，虽然有线通信随着微片尺寸的增加而变得更快，但无线通信速度保持不变，导致与完全有线的 NoC 相比，随着微片尺寸的增加，带宽的相对改善较低。然而，更宽的基于 TSV 的垂直链路对路由它们所需的区域有重大影响，因此增加了放置和路由这些通信信道跨越冷却层的挑战。层间无线链接大大缓解了这一问题。

另一方面，对于两种微片尺寸，与基于有线 TSV 的三维 NoC 相比，WiNoC 可以降低每 bit 的能量损耗。参考文献 [30] 表明，在 65 nm CMOS 工艺中，与距离大于 7 mm 的中继器插入的平面全局线相比，无线链路的能效更高。但是，该实验没有考虑任何 NoC 交换机或缓冲能量损耗，这可能显著降低阈值距离，特别是在流量拥堵率较高的情况下。因此，考虑到平面维度上的 NoC 业务拥塞、交换机 / 缓冲器能量和长距离无线链路的总体影响，3D-THiWiNoC 架构的每 bit 能量损耗低于有线 3D 网格架构 [41]。使用无线链路，可以在使用无线链路的单跳中完成在交换机之间的三维 NOC 的不同层之间的远程数据传输，这些交换机在平面维度上相隔几毫米。相反，在三维网格体系结构中，即使在很短的垂直距离上的数据传输也发生在多个交换机上的多跳路径上，从而与两种微片大小的 3D-THiWiNoc 相比，导致更高的能量消耗。此外，由于增加了冷却能力，层间冷却芯片降低了温度。因此，虽然 WiNoC 的带宽小于三维网格的带宽，但是每比特的能量和峰值温度显著降低。

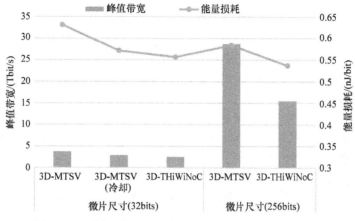

图 13.7　不同三维 NoC 结构的峰值带宽和每位能量损耗

　　基于以上讨论，可以推断，与具有 TSV 和传统冷却的三维网状 NoC 相比，具有冷却层微流道的无线三维 NoC 能够显著改善三维集成电路的热特性，同时还降低了每 bit 的能量成本。这是由于三维 WiNoC 中平面和垂直方向的多跳通信减少。但是，由于整个冷却层删除了基于 TSV 的高带宽链路，此 WiNoC 的带宽低于三维网状网。因此，该体系结构适用于对系统的能耗和温度有严格限制并且不需要极高带宽的应用和环境。

　　这种降低三维多核集成电路的能量和温度的方法是正交的，并且可以与 DVFS 等其他动态热和 / 或电源管理机制共存，这些机制将在芯片的功率 - 性能 - 温度谱中提供进一步增强的控制和折中方案。此外，微泵还可以实现对微流道冷却能力的动态控制，可以动态改变流道内的流量。这种机制与 DVFS 一起设计，可以在未来对三维多核芯片进行更全面的动态热控制。

13.7　集成微流道的液冷散热

　　微流道可以作为冷却中间层嵌入到三维集成电路芯片堆栈中。这些层可以放置在每个集成电路芯片之间，或者放置在每两个或更多个芯片之后。微流道冷却面临的挑战是它与 TSV 的集成。TSV 仅能放置在流道壁处，因此需要大量紧密间隔的微流道。结合短 TSV 距离的要求，理想的流道尺寸往往是短而窄的微流道。由于水力直径较小，这样的流道将提供高传热性能，但是通过这些流道的冷却剂流动压降变得过大，令人望而却步。Brunschwiler 等人 [41] 对不同几何形状的平面和针状翅片填充的微通道中以水为冷却剂的层间冷却进行了详尽的研究。结果表明，当流道水力直径小于 200μm 时，由于温度升高，该技术的应用受到严重挑战。有效地，要求较高的冷却液流量需求会导致过大的压降。水力直径为 200μm 的层间微流道冷却器在冷却剂体积流量为 0.8L/min 时的热流密度为 150W/cm²。引入连接 TSV 的针翅片会导致明显更高的压降。作者提供了 1~4cm² 芯片面积的广泛曲线图，描绘了不同微流道和管脚翅片配置下的热阻和压降性能。

Zhang 等人 [42] 将外部风冷散热器与微流控层间流道结合使用。Alfieri 等人 [43] 研究了具有圆柱形针翅片的微通道夹层。Chen 等人 [44] 介绍了可用于优化衬底的温度梯度和冷却液中的压降的可配置微流道。结果表明，在实验条件下，与直流道相比，温度梯度降低了 84.0%，泵浦功率降低了 37.65%。这清楚地显示了将芯片的散热模式与流体性能联合设计的优势。Ding 等人 [45] 对芯片多核冷却区域的翅片结构设计进行了数值模拟。他们在核心区域采用簇状微针翅片，在周围区域采用挡板，获得了微流道散热器核心区的最高温度和散热片区域的纵向压降。结果表明，核心区沿线错开的微针翅片和周围区域的单层挡板是平衡泵浦功率和换热性能的最佳结构。

Mandalapu 等人 [46] 开发了一种带有嵌入式加热器和硅柱微流道的试验台。他们表明，金刚石层的加入降低了热点温度，并被视为降低三维集成电路堆栈热阻的关键。

13.7.1 变密度翅片对微流道热性能的改善

在冷却夹层设计中，TSV 的高度是一个非常重要的考虑因素。当采用较短的高度来改善 TSV 性能时，由于产生较小的水力直径，流动阻力增大。虽然管径越小，换热系数越高，但在给定的压降极限下，流量会降低，由此产生的散热比也会降低。这使得以最有效的方式利用可用压降变得至关重要。Rubio-Jimenez 等人 [47] 提出了变密度翅片概念来实现该目标，如下所述。

当冷却剂穿过层间流道时，假设热流恒定，换热系数均匀（入口效应导致入口处的值较高除外），其温度呈线性上升。图 13.8 所示为冷却剂和基板的温度分布。冷却剂和衬底在出口部分达到各自的最高温度。但是，整个芯片表面仍远低于该最大值，该最大值决定了冷却剂的流速。

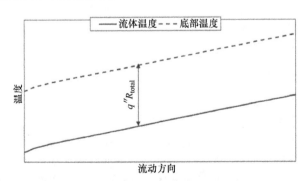

图 13.8　恒定热流密度边界条件下冷却剂和基体的温度分布 [47]

图 13.9 展示了一种结构，在该结构中，向出口 [47] 逐渐增加了传热系数，或降低了热阻。这一变化的调整为整个过程提供了均匀的衬底温度，而流体温度由于热增

益而沿流动方向增加。

这种方法要求热阻沿流动方向减小。由于中间层中微流道的高度是均匀的，Rubio-Jimenez 等人 [47] 建议沿流动长度改变针翅密度。图 13.10 显示了翅片密度沿流动长度在不同区域中变化的设计。他们数值分析了几种这样的构型，并给出了沿流动长度的衬底温度。从图 13.10 中可以看到表面温度不均匀性得到了降低，压降也得到了显著降低。由 Brunschwiler 等人提出了不同鳍形状的影响 [41] 并对其进行了研究。结果表明，椭圆截面翅片的压降最小，而矩形偏置条形翅片提供了较好的结构具有较高的热性能和相当的压降。

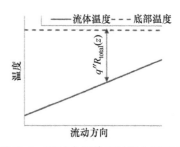

图 13.9　通过在流体和衬底之间引入可变的总热阻获得均匀的衬底温度 [47]

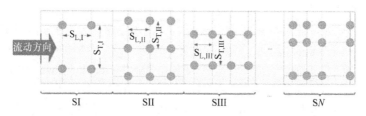

图 13.10　沿流动长度增加几个离散区域中的翅片密度 [47]

如图 13.11 和 13.12 所示，对于可变密度翅片，在降低压降的同时，衬底的温度变化显著减小。正如 Kandlikar 等人 [9] 总结的那样，三维集成电路中的温度不均匀性通过以下几个方面影响三维集成电路的可靠性：①扩散效应；②介质击穿；③离子运动；④电迁移；⑤热循环；⑥性能漂移。该领域的几个后续工作进一步详细说明了间距、翅片几何形状和夹层高度对温度不均匀性和相关压降的影响。

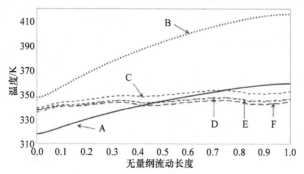

图 13.11　沿流动方向的各种衬底温度变化：A 表示微流道散热器；B 表示平面间隙（无翅片，仅供比较，不是实用设计，因为 TSV 直通 TSV 不能布线）；C、D、E、F 分别表示不同的管脚翅片间距和配置（芯片面积为 1cm²，热流密度为 100W/cm²，从夹层的每个顶面和底面流出，冷却剂流速为 1mL/s，入口温度为 293K [47]）

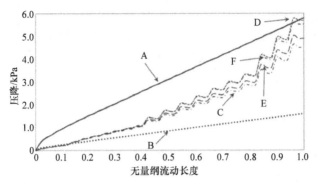

图 13.12　对于图 13.11 所示的层间结构，压降沿流动长度的变化 [47]

分析了不同的翅片设计、层间高度和其他强化技术（如短针翅片）对其传热和压降性能的影响 [9, 48, 49]。虽然可变翅片密度技术降低了温度不均匀性，但在与 TSV 贴装到一起实施时可能会带来挑战。由于 TSV 构建在翅片内，因此翅片密度及其放置不仅仅是一个热问题。然而，这种方法可以在层间设计中提供一条额外的路径。

TSV 和层间冷却的集成需要与电气和热工程师共同设计。Zhang 等人 [50] 讨论了与散热要求相关的设计问题，以及将影响延迟、带宽密度和功耗的 TSV 寄生降至最低的需求。Alfieri 等人 [43] 采用考虑共轭传导和对流热传递的多孔介质方法，研究了圆柱形针翅片微流道夹层。这使得他们也可以分析热点。他们发现，有必要考虑物性变化和局部热不平衡以及旋转热传导的影响。

13.7.2　两相冷却

两相冷却方案很有吸引力，因为与单相冷却相比，两相冷却的流速较低，相对温度均匀，并且能够排出大量热量。对于较高的热流密度，传统的两相流微流道设计由于其不稳定性问题和较低的性能而不能令人满意 [51]。然而，最近的发展表明，使用新的设计，如锥形微流道或嵌入针翅片的微流道，可以在高流速下运行，从而散热能力有可能大于 $1kW/cm^2$ [52-54]。锥形间隙微流道的封头复杂性和微针翅片的高压降仍然是悬而未决的问题。最近 Green 等人对三维集成电路的两相冷却技术进行了综述 [55]，考虑了几种方案的高热流散热和热点冷却潜力，包括热点上的局部微间隙以耗散热点区域内 $2kW/cm^2$ 的热流。尽管进行了这些研究工作，但有必要全面展示三维集成电路堆栈，它集成了电和热，TSV 的放置、夹层和冷却剂选择，以改善电气和热工水力性能。热管技术代表了使用封闭式热管的两相冷却技术的应用，该热管提供了一条高导热路径，用于从热点区域散热。最近，这项技术已经有效地应用于智能手机和移动设备。Chiou 等人 [56] 开发了一种三维集成电路堆栈中放置弯曲热管的布线算法。他们声称，与 ANSYS FLUENT 等传统商业软件包相比，该算法提供了一种更有效的设计工具。Yue 等人 [6] 在小型化装置中采用了具有毛细输送功能的蒸汽室，将液体从冷凝器输送到蒸发器区域。这些工作清楚地展示了将先进的两相冷却技术应用于移动和微型化设备的潜力。

13.8　未来方向

单片三维集成电路技术通过在较短的垂直距离内集成多个有源层来解决全局互连问题。该处理和存储块沿垂直维度在几十微米内，从而实现了超低延迟互连。由密集的 TSV 束互连的垂直处理器内存堆栈提供超高带宽的内存互连，创造了计算机设计的新前沿，消除了对内存带宽的传统限制。然而，尽管有这些优点，三维集成电路技术的主要挑战之一是如前所述的功率密度的增加。同一垂直轴上的多个块导致了特定位置的功耗。这一事实使得从远离散热器的各层进行有效的热提取变得非常困难，而硅的低热导率加剧了这一事实。只有最靠近传导冷却器的层，如散热器和风扇组件，才能迅速散热。这些因素导致产生的热量被困在三维集成电路的各层内，随着层数的增加，问题变得更加严重。这种滞留的热量会导致温度急剧上升，并影响三维集成电路的性能、可靠性和耐用性。总之，由于三维集成电路的热问题比传统的平面芯片更为严重，可集成的层数实际上是有限的。此外，还施加了体系结构限制，使得最实用的三维集成电路仅限于单层处理器和多层内存堆栈。

为了缓解散热问题，特别是三维集成电路的内层散热问题，研究人员建议使用微流体通道构建的层间冷却基础装置。通过硅衬底的微流道可以循环冷却液，以有效地从与传统散热器分离的三维集成电路层中提取热量。然而，在对三维集成电路性能和微流体层间冷却器取热能力的考虑上存在着内在的矛盾。为获得最佳的水力和热性能，微流道的高度需要达到数百微米量级。这导致 TSV 长度显著增加，对三维互连的性能产生负面影响，这是使用三维集成电路技术的主要目的。因此，为了在不影响性能的前提下获得最佳的热特性，必须仔细设计层间冷却基础装置，同时保持目标三维集成电路的性能约束。使用插入层而不是三维的 2.5 维集成只能部分解决性能问题，因为它会导致更长的平面导线长度来互连系统中的芯片，从而降低整体系统性能并增加功耗[57]。此外，许多插入层间金属布线资源仍未得到充分利用，使得设计处于次优状态[58]。尽管有意识地进行了设计工作，芯片接口上有限的管脚数量不允许充分利用广泛的金属布线资源。因此，虽然 2.5 维技术是三维集成挑战的短期解决方案，但最终它们将无法提供高性能处理器所需的性能。

近年来，用于冷却三维集成电路的微流道的设计备受关注。除了简单分析流道尺寸和冷却剂特性对冷却性能的影响外，研究人员还引入了翅片、可变翅片密度和局部冷却等复杂而先进的功能，以帮助缓解三维集成电路中的高热流散热和热点问题。我们预计，在不久的将来，使用无线、电感或电容耦合方法的非 TSV 类型三维互连技术可以帮助我们克服三维集成电路技术中的电气和热挑战。

致谢：本书作者要感谢 Invensas 公司的 Sangil Lee、美敦力公司的 Songhua Shi 和英特尔公司的 Ravi Mahajan 对本章的细致审阅。

参考文献

1. S.G. Kandlikar, Review and projections of integrated cooling systems for 3D ICs. J. Electr. Packag. **136**(2), 024001, 11. http://doi.org/10:1115/1.4027175

2. D.B. Tuckerman, R.F. Pease, High performance heat sinking for VLSI. IEEE Electron Dev. Lett. **2**(5), 126–129 (1981)

3. S.G. Kandlikar, A.V. Bapat, Evaluation of Jet impingement, spray, and microchannel chip cooling options for high heat flux removal. Heat Transfer Eng. **28**(11), 911–923 (2007)

4. A.C. Cotler, E.R. Brown, V. Dhir, M.C. Shaw, Chip-Level spray cooling of an LD-MOSFET RF Power amplifier. IEEE Trans. Comp. Packag. Technol. **27**(2), 411–416 (2004)

5. C.J. Chang, H.T. Chen, C. Gau, Flow and heat transfer of a microjet impinging on a heated chip: Part I—micro free and impinging jet. Nanoscale Microscale Thermophys. Eng. **17**(1), 50–68 (2013)

6. M. Yue, S. Mahmoud, S. Quentin, C. Perceval, C. Jean-Phulippe, S. Abdelkader, F. Luc, G. Christian, Study of miniaturizaption of a silicon vapor chamber for compact 3D microelectronics, via a hybrid analytical and finite element method. Trans. Netw. Commun. **7**(6). https://doi.org/10.14738/tnc.76.7569

7. E.G. Colgan, B. Furman, M. Gaynes, N. LaBianca, J.H. Magerlein, R. Polastre, R. Bezama, K. Marston, R. Schmidt, High performance and subambient silicon microchannel cooling. ASME J. Heat Transfer **129**(8), 1046–1051 (2007)

8. M.E. Steinke, S.G. Kandlikar, Single-phase liquid heat transfer in plain and enhanced microchannels, in *ASME 4th International Conference on Nanochannels, Microchannels and Minichannels* (Limerick, Ireland, June 19–21), ASME Paper No. ICNMM2006-96227

9. S.G. Kandlikar, D. Kudithipudi, C.A. Rubio-Jimenez, Cooling mechanisms in 3D ICs: thermo-mechanical perspective, in *IEEE International Green Computing Conference and Workshops (IGCC)* (Orlando, FL, 2011), July, pp. 25–28

10. W.M. Kays, London, Compact Heat Exchangers. McGraw Hills, New York, NY (1984)

11. W.-L. Cheng, W.-W. Zhang, H. Chen, L. Hu, Spray cooling and flash evaporation cooling: The current development and application. Renew. Sustain. Energy Rev. **55**, 614–628 (2016)

12. S.G. Kandlikar, W.J. Grande, Evolution of microchannel flow passages-thermohydraulic performance and fabrication technology **24**(1), 3–17 (2003)

13. J.-M. Koo, S. Im, L. Jiang, K.E. Goodson, Integrated microchannel cooling for three-dimensional electronic circuit architecture. ASME J. Heat Transfer **127**(1), 49–58 (2005)

14. A.W. Topol, D.C. La Tulipe, L. Shi, D.J. Frank, Three-dimensional integrated circuit. IBM J. Res. Develop. **50**(4.5), 491–506 (2006). https://doi.org/10.1147/rd.504.0491

15. H. Mizunuma, L.Y. Chang, Y. Chia-Lin, Thermal modeling and analysis for 3-D ICs with integrated microchannel cooling. IEEE Trans. Comput. Aided Des. Integr. Circuits Syst. **30**(9), 1293–1306 (2011). https://doi.org/10.1109/TCAD.2011.2144596

16. J.H. Lau, T.G. Yue, Thermal management of 3D IC integration with TSV (through silicon via), in *59th Electronic Components and Technology Conference*, pp. 635–640 (2009)

17. K. Puttaswamy, G.H. Loh, Thermal analysis of a 3D die-stacked high-performance micro-processor, in *Proceedings of the 16th ACM Great Lakes symposium on VLSI*, pp. 19–24 (2006)

18. H. Wei, M.R. Stan, S. Gurumurthi, R.J.K. Skadron, Interaction of scaling trends in processor architecture and cooling, in *26th Annual IEEE SEMI-THERM*, pp. 198–204 (2010)

19. P. Chaparro, J. González, G. Magklis, C. Qiong, A. González, Understanding the thermal implications of multi-core architectures. IEEE Trans. Parallel Distrib. Syst. **18**(8), 1055–1065 (2007)

20. I. Yeo, C.C. Liu, E.J. Kim, Predictive dynamic thermal management for multicore systems. Proc. of DAC **2008**, 734–739 (2008)

21. H.F. Sheikh, H. Tan, I. Ahmad, S. Ranka, B. Phanisekhar, Energy-and performance-aware scheduling of tasks on parallel and distributed systems. ACM J. Emerg. Technol. Comput. Syst. (JETC) **8**(4), 32 (2012)

22. D. Cuesta, J. Ayala, J. Hidalgo, D. Atienza, A. Acquaviva, E. Macii, Adaptive Task Migration Policies for Thermal Control in MPSOCS, *VLSI 2010 Annual Symposium* (Springer, Netherlands, 2011), pp. 83–115

23. T. Ge, P. Malani, Q. Qiu, Distributed task migration for thermal management in many-core systems. Proc. of DAC **2010**, 579–584 (2010)

24. J. Cui, D. Maskell, A fast high-level event-driven thermal estimator for dynamic thermal aware scheduling. IEEE Trans. Comput.-Aided Des. Integr. Circuits Syst. **31**(6), 904–917 (2012)

25. K. Chen, E. Chang, H. Li, A. Wu, RC-based temperature prediction scheme for proactive dynamic thermal management in throttle-based 3D NoCs. IEEE Trans. Parallel Distrib. Syst. **26**(1), 206–218 (January 1, 2015)

26. H. Xiao, W. Yueh, S. Mukhopadhyay, S. Yalamanchili, Thermally adaptive cache access mechanisms for 3D many-core architectures. IEEE Comput. Archite. Lett. **15**(2), 129–132 (July–December 1, 2016)

27. D. Yinon, T.D. Dudderar, B.J. Han, A.M. Lyons, Thin Packaging of Multi-Chip Modules with Enhanced Thermal/Power Management. U.S. Patent No. 5,646,828. 8 (July, 1997)

28. M. Qing, H. Fujimoto, Silicon Interposer and Multi-Chip-Module (MCM) with Through Substrate Vias. U.S. Patent No. 6,229,216 (2001)

29. G. Brent, S.S. Sapatnekar, Placement of thermal vias in 3-D ICs using various thermal objectives. IEEE Trans. Comput. Aided Des. Integr. Circuits Syst. **25**(4), 692–709 (2006)

30. D. Saha, S. Sur-Kolay, Guided GA-based multiobjective optimization of placement and assignment of TSVs in 3-D ICs. IEEE Trans. Very Large Scale Integr. (VLSI) Syst. **27**(8), 1742–1750 (August, 2019)

31. S. Das, J.R. Doppa, P.P. Pande, K. Chakrabarty, Monolithic 3D-enabled high performance and energy efficient network-on-chip, in *2017 IEEE International Conference on Computer Design (ICCD)* (Boston, MA, 2017), pp. 233–240

32. S. Wang, K. Chakrabarty, M.B. Tahoori, Defect clustering-aware spare-TSV allocation in 3-D ICs for YIELD enhancement. IEEE Trans. Comput. Aided Des. Integr. Circuits Syst. **38**(10), 1928–1941 (2019)

33. Q. Xu, S. Chen, X. Xu, B. Yu, Clustered fault tolerance TSV planning for 3-D integrated circuits, in *I34EEE Transactions on Computer-Aided Design of Integrated Circuits and Systems*, vol. 36, no. 8, pp. 1287–1300 (August, 2017)

34. B. Dang, M.S. Bakir, D.C. Sekar, C.R. King Jr., J.D. Meindl, Integrated microfluidic cooling and interconnects for 2D and 3D chips. IEEE Trans. Adv. Packag. **33**(1), 79–87 (2010)

35. HotSpot. http://lava.cs.virginia.edu/HotSpot/links.htm

36. D-ICE. http://esl.epfl.ch/3d-ice.html

37. P. Jacob, O. Erdogan, A. Zia, P.M. Belemjian, R.P. Kraft, J.F. McDonald, Predicting the performance of a 3D processor-memory chip stack. Des. Test Comput. IEEE **22**(6), 540–547 (2005)

38. L. Feihui, C. Nicopoulos, T. Richardson, Y. Xie, V. Narayanan, M. Kandemir, Design and management of 3D chip multiprocessors using network-in-memory. ACM SIGARCH Comput. Archit. News, IEEE Comput. Soc. **34**(2), 130–141 (2006)

39. L. Benini, G. De Micheli, Networks on chips: a new SoC paradigm. Computer **35**(1), 70–78 (2002)

40. M.S. Shamim, R.S. Narde, J.-L. Gonzalez-Hernandez, A. Ganguly, J. Venkatarman, S.G. Kandlikar, Evaluation of wireless network-on-chip architectures with microchannel-based cooling in 3D multicore chips. Sustain. Comput.: Inf. Syst. **21**, 165–178 (2019)

41. T. Brunschwiler, B. Michel, H. Rothuizen, U. Kloter, B. Wunderle, H. Oppermann, H. Reichl, Interlayer cooling potential in vertically integrated packages. Miscrosyst. Technol. **15**, 57–74 (2008). https://doi.org/10.1007/s00542-008-0690-4

42. Y. Zhang, A. Dembla, Y. Joshi M.S. Bakir, 3D stacked microfluidic cooling for high-performance 3D ICs, in *2012 IEEE 62nd Electronic Components and Technology Conference* (San Diego, CA, 2012), pp. 1644–1650. http://doi.org/10.1109/ECTC.2012.6249058

43. F. Alfieri, M.K. Tiwari, I. Zinovik, D. Poulikakos, T. Brunschwiler, B. Michel, 3D integrated water cooling of a composite multilayer stack of chips, in *Proceedings of the 14th International Heat Transfer Conference, IHTC14*, p. 9 (August 8–13, 2014)

44. G. Chen, J. Kuang, Z. Zeng, H. Zhang, E.F.Y. Young, B. Yu, Minimizing thermal gradient and pumping power in 3D IC liquid cooling network design, in *DAC'17: Proceedings of the 54th Annual Design Automation Conference*, vol. **70**, pp. 1–6 (June, 2017). https://doi.org/10.1145/3061639.3062285

45. B. Ding, Z.-H. Zhang, L. Gong, M.-H. Xu, Z.-Q. Huang, A novel thermal management scheme for 3D-IC chips with multi-cores and high power density. Appl. Therm. Eng. **168**, 114832 (2020). https://doi.org/10.1016/j.applthermaleng.2019.114832

46. C. Mandalapu, I. Abdel-Motaleb, S. Hong, R. Patti, Design, fabrication, and testing of a liquid cooling platform for high power 3D-ICs, in *2019 8th International Symposium on Next Generation Electronics (ISNE)* (2019). http://doi.org/10.1109/ISNE.2019.8896611

47. C.A. Rubio-Jimenez, S. Kandlikar, A. Hernandez-Guerrero, Numerical analysis of novel micro pin fin heat sink with variable fin density. IEEE Trans. Compon. Packag. Manuf. Technol. **2**(5), 825–833 (May, 2012). https://doi.org/10.1109/tcpmt.2012.2189925

48. D. Lorenzini-Gutierrez, S.G. Kandlikar, Variable fin density flow channels for effective cooling and mitigation of temperature nonuniformity in three-dimensional integrated circuits. J. Electr. Packag. **136**, 021007–0210011 (2014)

49. J.-L. Hernandez-Gonzalez, S.G. Kandlikar, Performance assessment comparison of variable fin density microchannels with offset configurations. Heat Transfer Eng. (2016). https://doi.org/10.1080/01457632.2015.1136146

50. Y. Zhang, C.R. King, J. Zaveri, Y.J. Kim, V. Sahu, Y. Joshi, M.S. Bakir, Coupled electrical and thermal 3D IC centric microfluidic heat sink design and technology, in *61st Electronic Components and Technology Conference (ECTC), IEEE*, pp. 2037–2044 (2011). https://doi.org/10.1109/ectc.2011.5898797

51. S.G. Kandlikar, Fundamental issues related to flow boiling in minichannels and microchannels. Exp. Therm. Fluid Sci. **26**(2–4), 389–407 (2002)

52. S.G. Kandlikar, T. Widger, A. Kalani, V. Mejia, Enhanced flow boiling over open microchannels with uniform and tapered gap manifolds. J. Heat Transfer **135**(6), 061401, 9. https://doi.org/10.1115/1.4023574

53. A. Kalani, S.G. Kandlikar, Combining liquid inertia with pressure recovery from bubble expansion for enhanced flow boiling. Appl. Phys. Lett. **107**, 181601 (2015). https://doi.org/10.1063/1.4935211

54. Y. Zhu, D.S. Antao, K.H. Chu, T.J. Hendricks, E.N. Wang, Enhanced flow boiling heat transfer in microchannels with structures surfaces, in *15th International Heat Transfer Conference* (Kyoto, Japan, 2014), pp. 10–15

55. C. Green, P. Kottke, X. Han, C. Woodrum, T. Sarvey, P. Asrar, X. Zhang, Y. Joshi, A. Fedorov, S. Sitaraman, M. Bakir, A review of two-phase forced cooling in three-dimensional stacked electronics: technology integration. ASME J. Electr. Packag. **137**(040802), 9 (2015)

56. H.W. Chiou, Y.M. Lee, H.H. Hsiao, L.C. Cheng, Thermal modeling and design on smartphones with heat pipe cooling technique, in *2017 IEEE/ACM International Conference on Computer-Aided Design (ICCAD)*. https://doi-org.ezproxy.rit.edu/10.1109/ICCAD.2017.8203816

57. N.E. Jerger, A. Kannan, Z. Li, G.H. Loh, NoC architectures for silicon interposer systems: why pay for more wires when you can get them (from your interposer) for free? *IEEE Micro*, Cambridge, pp. 458–470 (2014)

58. M.M. Ahmed, M.S. Shamim, N. Mansoor, S.A. Mamun, A. Ganguly, Increasing interposer utilization: a scalable, energy efficient and high bandwidth multicore-multichip integration, in *2017 Eighth International Green and Sustainable Computing Conference (IGSC)*, vol. 1, pp. 1–6 (2017). https://doi.ieeecomputersociety.org/10.1109/IGCC.2017.8323583

第 14 章

有机基板技术中的先进材料与工艺基础

Songhua Shi, Peter Tortorici, Sai Vadlamani, Prithwish Chatterjee

14.1 导言

在过去的几十年里，摩尔定律成功地预言了 IC 技术的发展。然而，IC 技术开始触及技术和成本的壁垒。传统芯片尺寸的降低和先进的深亚微米半导体技术，已不能满足将来市场所期望的性价比。三维封装引起了广泛关注，有望通过将多个 IC 芯片垂直集成到同一封装中，来帮助延续摩尔定律 [1]。尽管并非所有三维封装中使用的基板都需要具有比非三维封装更高的布线密度或更小的特征尺寸，但三维封装确实加速了基板材料和制造技术的进步，满足了更小、更快和价格更低基板的需求。从材料创新和制造技术进步的角度来看，三维封装和二维 /2.5 维封装技术几乎没有什么区别。先进基板技术面临诸多挑战，基板翘曲控制、实现更小特征尺寸的单元工艺，则是其中最突出的两个。根据我们对行业的了解，在三维封装和非三维封装的实现方案上，有机基板所遇到的挑战并没有重大差异。以下段落讨论的内容，适用于所有的有机基板，包括三维和非三维封装的应用。

本章将对基板技术在过去几十年中的发展进行概述。对基板所使用的材料进行回顾，并将重点放在有机基板上。讨论将涵盖材料选择和应用时需要考虑的一些关键问题，同时对基板制造技术进行综述。接着将会对基板制造工艺所涉及的各方面内容进行重点介绍，包括芯板、积层介质层、金属层和走线、PTH（Plated Through Holes，金属化过孔）和过孔、接触盘、阻焊层，以及表面镀覆。除了传统含芯板结构基板的工艺流程，我们还将介绍一种称为无芯封装技术的衍生技术。我们将介绍无芯基板的驱动因素、通常使用的材料，并重点介绍在处理 / 制造无芯基板时会遇到的一些挑战，同时还包括关于应用特定适当技术的一般性建议。本章的目的，是向读者提供一份有关基板封装关键要素的指南。章末提供的文献，可供深入阅读时参考。

14.2 基板技术的发展概述

20 世纪 50 年代，晶体管被商业化应用。半个世纪以来，半导体技术的发展，一直推动着基板技术的进步。基板设计的初衷，仅仅是为了提供一种简单的尺寸转换结构，将硅（Si）芯片 FLI（Fist Level Interconnect，第一级互连）的较小节距，转换为 PCB 上较大的节距。随着时间的推移，基板已经演变为实现高性能计算能力的关键组成部分。尽管基板仍必须传输电能和信号，但越来越重要的是，基板必须维持在越来越小的形状尺寸内，同时提供相同甚至更好的电气性能。基板中使用的 L/S（Line/Space，线宽 / 间距）宽度（以 μm 为单位），已从 1955 年的 250/250 L/S 发展到 20 世纪 60—80 年代的 200/200 L/S，再到 1990—2000 年的 100/100 L/S。再经过近年来的研究和开发，目前已普遍实现了小于 10/10 商业化的产品。在某些情况下，甚至可以达到 3/3 L/S 的水平[2]。除了将电气元件和光学元件集成到基板中，在 PWB（Printed Wire Board，印制线路板）中埋置元器件，也是新兴的技术发展领域。在可预见的未来，有机 PWB 和封装基板，将在更快、更薄、更小的便携式电子产品的实现上，发挥关键作用。

最近，无芯基板技术已经发展到能够在 z 方向高度限制非常严苛的情况下，实现基板的制造。从封装发展的角度看，整个封装体的重量更轻，体积也更小。此外，得益于更短的电气路径和更多的引脚数，无芯基板具有比有芯基板在整个频率范围内更低的阻抗和更好的功率传输性能[22, 23]。同时，由于没有使用传统芯结构基板中的通孔结构，信号传输速度也将更快。实现下一代封装的主要挑战，在于无芯封装基板的翘曲控制、以及更精细的线条和间距（的工艺实现）。虽然有许多方法可以使线条和间距变得更小，甚至小到 1/1 的水平，但需要注意的是，与上一代封装相比，精细的线条和窄间距，并不一定会具有可制造性和量产能力。这使得封装材料的选择变得至关重要。通过设计高次结构的分子、纳米粒子，有望实现高 T_g 和低热膨胀系数（CTE）的新材料。同时，超精细光敏技术、光电技术等，未来也有望成为主要的解决方案[2]。

14.3 有机基板材料

14.3.1 有机基板生产中使用的材料

任何用于微电子封装的基板，其性能主要取决于两个因素：块体材料性能和界面性能。界面性能通常是由块体材料（包括添加剂）的化学性质和界面形成过程所决定的。在过去的半个世纪中，有机 PWB 和基板制造中使用的材料，取得了重大进步，在材料品种和材料的性能上，可满足多种不同的应用需求。然而，PWB 和基板的基本结构，却几乎没怎么改变。通常情况下，基板和 PWB 由三个部分组成：增强材料（即机械增强结构）、有机树脂体系和导体。对于无芯基板，则（可以）不使用增强材料。

增强材料用于实现基板所需的机械和物理性能，如基板的机械刚度和强度，用于保持尺寸稳定性，以及实现 CTE 的匹配。最常用的增强材料是编织玻璃纤维。其他增强材料包括毛玻璃、线性连续玻璃纤维丝、纸、芳纶纤维、特氟龙，以及金属材料如铜 - 殷瓦 - 铜、铝，以及填料等[3]。

树脂体系（包括其添加剂）是用来构建层并将所有层粘合在一起。市场上常用的树脂体系有环氧树脂、环氧混合物、双马来酰亚胺三嗪（Bismaleimide Triazine，BT）/ 环氧混合物、氰酸酯、聚酰亚胺、聚酯、PTFE（Polytetrafluoroethylene，聚四氟乙烯）和 APPE（Alkylated Polyphenylene Ether，烷基化聚苯醚）。为达到所需的性能，大多数树脂体系都含有添加剂。添加剂包括固化剂和催化剂、黏附促进剂、阻燃剂、UV（Ultraviolet，紫外线）抑制剂、荧光剂、着色剂和光敏剂。无机填料有时也会被添加到树脂体系中，用于 CTE 的调整以及积层板的刚度控制[3]。

导体用于建立电子运动路径，以实现电气设计目标。导体位于介质层之间、以及 PTH（Pin-through Holes，插针通孔）的孔壁上。铜是基板和 PWB 最主要的导体材料，兼具导电性、延展性、加工性和经济性的最佳组合。其他导体，例如金、镍、钯、钒、银、锡和导电胶，也可用于基板和 PWB 的某些区域，如暴露的焊盘之上、以及填充过孔内部[3]。

上述材料成分的选择，在很大程度上取决于应用和成本目标。尽管可以从材料供应商处轻松获得材料的数据表，但为高密度互连应用设计和制造出成功的基板和 PWB，仍是一项艰巨的工作。原材料首先会基于应用要求、现有设备和成本目标等来进行初步筛选，然后通过可加工性测试，材料表征，以及基板和 PWB 性能和可靠性测试，从筛选的候选材料中进行进一步选择。这些测试过程，通常也可以利用建模和仿真手段来辅助进行。

为了方便详细讨论应用于三维基板的材料，将这些材料划分为基板 /PWB 芯板、介质材料、PTH 和过孔填充材料、阻焊以及表面镀覆。通过将这些材料进行适当集成，可以产生各种厚芯、薄芯和无芯基板，以及刚性、挠性和刚挠结合型 PWB。

14.3.2　材料概述

基板材料的选择主要取决于性能和成本因素。基板成本包含基板的材料成本和基板可制造性成本（基板制造涉及的所有工艺步骤的加工成本）。基板的可制造性不仅受基板本身的复杂程度、制造工序数量、成品率的影响，还取决于现有设备的能力情况。提升新的制造能力，通常会导致重大的资本投入，使基板制造商的成本增加。材料成本和基板可制造性的详细讨论超出了本章的范围。读者可以参考微电子封装手册和印制电路手册，以获取所需的信息。

基板性能与基材特性以及在制造过程中产生的各种界面相关。虽然界面性质通常会受到工艺的影响，但它明显与其基材本身的表面性质密切相关。对于特定的应用，必须考虑基材的热、物理、机械和电气性能。在很多情况下，一些性能之间还是相互关联的。基板制造商必须综合研究和理解所有这些特性，以及它们之间的相互作用。应用于微电子封装基板和印制线路板的块体材料，最常见的材料特性包括：玻璃化转变温度（T_g）、热膨胀系数（CTE）、模量、韧性、抗弯强度、密度、热分解温度（T_d）、阻燃性、吸湿性、耐化学性、介电常数或电容率、损耗因子或损耗角正切、体电阻率、绝缘强度和介质击穿。基材的表面特性通常有：表面粗糙度、表面能或表面张力、表面电阻率和耐电弧性。这些特性的测量超出了本章的范围。如有需要，读者可以参考 IPC-TM-650、ASTM 和 JEDEC 标准，了解大多数上述特性的测试程序。

玻璃化转变温度（T_g）用于描述固态非晶材料的整体分子结构运动对温度变化的响应。对用于微电子基板的聚合物材料而言，玻璃化转变是指材料从刚性玻璃态向柔性橡胶态的转变。T_g 是一个温度值，高于这个温度，自由体积变大，足以使大分子链段移动并改变其构象。在 T_g 值以下，链段（因）没有足够的自由体积，由此被锁定在一定的位置。尽管 T_g 可以用多种方法测量，并且通常用一个温度点来表示，但玻璃化的转变，实际则是发生在一个温度的区间范围。T_g 是高分子材料一个非常关键的性能，因为上述的大部分材料性能指标，在玻璃化转变区都会发生显著的变化。这其中，玻璃化转变区热膨胀系数（CTE）和模量的变化，是微电子基板材料选择中最为关注的两点。

热膨胀系数（CTE）是材料固有的物理性质。与大多数材料一样，基板中使用的基材在加热时膨胀，在冷却时收缩。CTE 可通过公式 $\Delta l/(l \cdot \Delta T)$ 进行计算。其中 Δl 是给定方向上的线性尺寸变化，l 是该方向上的原始尺寸，ΔT 是温度的变化。初始长度相同，热膨胀系数越大的材料，在相同的温度变化范围内膨胀或收缩都越大。CTE 是基体材料选择关键的物理参数之一，因为基体材料之间的热膨胀系数（如果）差异较大，会产生较大的内应力，由此导致界面层的分层和基板的翘曲。

模量是固体材料的一种力学性能，用来表征材料抵抗外力变形的能力。模量通常用杨氏模量和动态模量来表示。杨氏模量也称为拉伸模量或弹性模量。它是材料弹性变形区内，应力-应变曲线的斜率。杨氏模量通常用于玻璃、陶瓷和金属等弹性材料。动态模量是振动条件下的应力应变之比。它更常用于聚合物材料等黏弹性材料。动态模量由两部分组成：储能模量和损耗模量。储能模量测量的是储能，代表在给定循环加载频率和应变水平下的弹性部分。损耗模量，测量的是作为代表黏性部分（即塑性变形部分）热耗散的能量。由于基板中所使用的各种材料的 CTE 都不尽相同，材料的模量是确定 PWB 或基板内应力水平的关键参数之一。高内应力水平会给基板的质量和可靠性带来不利影响，并经常导致基板翘曲、分层和开裂。

韧性，是指材料在不发生断裂的情况下，通过变形吸收能量的能力。它是一个用于测量材料在给定应变率下破裂之前变形能力大小的参数。由于材料断裂是微电子封装的主要失效模式之一，韧性是材料选择中需要考虑的一个重要的材料力学性能，尤其是对于在后续组装过程或实际使用中，基板需承受较大的弯曲或循环变形的场合。例如，为柔性基板选择合适的阻焊材料，就是一个很好的例子。由于材料的韧性很大程度上取决于特定的应用，对于材料韧性的测量，通常在各公司内部进行。

抗弯强度，表示材料在断裂前能够承受的最大应力。通常采用所谓的三点弯曲法进行测量，即材料样品在两端支撑，在（样品）中心施加载荷。抗弯强度决定了材料在整个产品寿命期间所能承受的最大总应力水平（内应力加外部应力）的极限。在实际应用中，基板或 PWB 中任何材料的最大设计应力水平，都远低于其抗弯强度。材料的抗弯强度可从基板或印制电路材料手册中获得。IPC-4101 标准中规定了各种基板材料的最小抗弯强度。

当基板重量成为一个考虑因素（例如在航空航天应用）时，便会考虑材料密度这个参数。对于含芯层结构的有机基板，芯层占据了大部分的重量。因此，芯层材料的选择是实现重量目标的主要途径。

分解温度（T_d）是材料固有的化学性质。对于有机基板来说，分解温度是指在预定的加热速率条件下有机树脂体系开始分解的温度。表征材料分解温度有多种方法。TGA（Thermo Gravimetric Analysis，热重分析）是其中最为常用的技术。通过该技术可以在恒定温度下测量一段时间内，或在恒定加热速率下测量一个温度范围内的材料重量的损失。分解温度是基材的一个非常重要的化学性质，因为它决定了所制造基板的最高工艺温度或使用温度。在分解温度以上，有机材料开始失去其强度、韧性和附着力。在 RoHS 要求生效之前，该特性并没有引起太多的关注，因为大多数有机基板都能承受锡/铅共晶焊料的回流温度。如今，由于无铅焊料的回流温度对某些有机基板材料的基板可靠性会产生不利影响，在材料选择过程中对该特性给予了极大的关注。

阻燃性是基材的另一个化学性质。当基板或 PWB 需要满足高功率密度应用需求时，这种特性非常重要。美国安全监测实验室公司（UL）将阻燃性分类为 94 V-0、94 V-1、94 V-2。94 V-0 表示材料的最低阻燃性等级。这些分类的定义可以在 UL 网站上找到。

吸湿性主要来源于固化的有机树脂所固有的化学性质。大多数的 PWB 或基板的增强材料和导体材料都不会明显吸收水分。对于基材中的常用树脂系统，其吸湿性能力范围，从 FR-4 环氧树脂的 0.1%，到 BT/ 环氧共混物和氰酸酯的 0.5%[3]。吸湿性是基材的一个重要性能，尤其是高温无铅基材的应用场景。在封装体组装工艺中，基材吸湿对基板可靠性的影响有两个方面：一是吸湿过程通过化学键的水解或水分子的塑化效应降低分子间的吸引力，削弱了树脂与增强材料或导体之间的界面粘结强度；另一方面是在焊料回流中引发所谓"爆米花"效应。因为吸收的水分子会积聚在固化树脂或界面上非常微小的孔隙中，在焊料回流过程中，水分蒸发并产生很高的蒸汽压。此两种效应都可能导致材料的开裂和界面的分层。

耐化学性是指材料在基材制造过程和后续的微电子组装过程中，当材料与溶剂和化学品接触时，保持其免受溶剂侵蚀或化学反应的影响而保持其原始性能的能力。这些化学品和溶剂包括电镀液和蚀刻液、液体电介质材料和助焊剂清洗剂。二氯甲烷吸附试验，是一种用于评估层压板的耐化学性最常用的方法 [3]。

介电常数或电容率是绝缘材料（介质）的特性，其数值大小为充满给定材料电容器的电容与真空下不含电介质材料的相同电容器的电容之比。介电常数用来测量材料储存电荷的能力。当电场作用在介质材料上时，会发生介质极化现象：正电荷从平衡位置移向负电场侧，负电荷移向正电场侧。这一过程产生了电势能并储存在材料中。介质极化作用越强，介电常数越高。介质极化与材料的分子极性密切相关。在相同的电场下，分子极性越高，介质极化越高。具有对称结构的聚合物如 PTFE 和 PE（Polyethylene，聚乙烯）具有较低的分子极性。介电常数会随频率、湿度和温度的变化而变化，对其测量的过程中需仔细对这些条件进行控制。由于介电常数会导致电信号失真或电压降，它是选择基材时一个关键的材料参数，特别是对于需要高频应用的场合（例如通信和航空电子）。

损耗因子或损耗角正切，是绝缘材料的另一项重要材料特性。它定义为在给定频率条件下，电容器中绝缘介质层的总功率损耗，与电容器中施加的电压电流乘积的比值。

损耗因子可以衡量材料与电信号相互作用的效率。当材料置于振荡电场中时，材料内部的分子也会产生振荡。这种介电极化振荡伴随着部分带电原子的运动，从而导致了能量的损失。由于高损耗因子意味着较高的能量损耗，并导致较大的信号或电压衰减、产生不需要的热量，因此，对于基板应用来说，需要材料具有较低的损耗因子。原子和分子运动受电场诱导影响较小的材料，通常具有较低的损耗因子。

体电阻率是单位长度材料、单位横截面积上的电位降与流过的电流之比。它是一种本征属性，定量描述了一种给定的物质对电流流动的抵抗力。有机基材的体电阻率通常都高于 $10^7 \Omega.cm$[3]。即使是对电流非常敏感的医疗设备应用（包括起搏器和除颤器），泄漏电流也不是什么问题。然而，体电阻率测量却通常是检测过程或可靠性问题的一个好方法。

绝缘强度，是指介电材料能够承受的最大电场，而不会在垂直于材料平面的方向上击穿。它是块体材料的固有特性。当介电材料置于足够高的电场中时，环境辐射产生的自由电子可能被加速到与中性粒子或分子碰撞时释放材料中束缚电子（相当）的速度，这一过程称为雪崩击穿，并可能突然发生。一旦发生雪崩击穿，就会形成导电通路，材料由此失去绝缘性能。由于普通玻璃纤维增强材料在环境条件下的电气强度通常在 1200V/mil 以上，因此在大多数应用场景中电气强度不是主要问题[3]。然而，一些医疗设备，如除颤器，其电压被泵升至 1000V 以上，选择其材料的绝缘强度变得很重要。实验测得的绝缘强度往往会受到含水量和预处理条件的影响。

介质击穿与绝缘强度类似，但击穿方向发生在与材料平面平行的方向上。其测量值也受到含水量和预处理条件的影响。随着基板布线密度的增加，同一层中相邻两道导体的间距减小。对于高压应用和实施 ESD（Electrical Static Discharge，静电放电）控制时，需要考虑介质击穿。

材料的表面性质主要影响基材中多个界面的界面性质，并且界面性质会影响基材的质量和可靠性。以下介绍了表面粗糙度、表面自由能、表面电阻率和耐电弧性能等四个表面特性。

表面粗糙度是指真实表面在法向量方向上与其假想的理想表面（即完全平坦和光滑）的偏差，是描述真实表面的表面纹理的参数。表面粗糙度通常由偏差幅度和空间频率来表示。偏差越大，表面越粗糙。表面粗糙度是一个重要的参数，因为它影响到基板中多个积层之间的附着力。

对于薄基板应用的场合，在基板制造、测试或现场使用过程中，高的表面粗糙度可能导致短路或电气击穿故障。对于高频和射频应用，高的表面粗糙度会产生较长的信号传输距离，各个位置的电容会发生变化，这会最终导致信号的失真和衰减。

表面能量或表面张力，量化表征了为创造一个新的表面而破坏分子间和原子间键所需的能量。与块体材料内部的分子或原子相比，位于表面的分子或原子通常处于更高的能量状态，并且相对不太稳定。表面能是影响液体在固体表面润湿，并最终影响两种材料粘结强度的关键参数。固体材料的表面能越高，润湿性越好。对于一个长期暴露在空气中的表面来说，该表面往往会从环境中吸收了许多分子，从而导致表面能明显降低。采用不同的清洗方法，可使新鲜的表面再生，从而增加表面能，提高粘结强度。一些较常用的清洗方法包括溶剂清洗、等离子清洗、蚀刻、喷砂等。

表面电阻率由单位长度的直流电压降与单位宽度的表面电流之比来确定。它是一种固有的材料特性，描述了绝缘材料在多大程度上阻挡了材料表面的电流。材料表面电阻率的测量，受测试环境条件的影响非常大，如湿度、温度、导体的结构以及和表面的接触状态情况。因此，需要对测量过程进行很好的控制。具体可遵循 ASTM D 257-99 或 ESD STM 11.11-2001 标准执行。当基板表面需要窄间距裸露的导线走线时，常常会考虑到此参数。

根据 ASTM D495 塑性试验标准，耐电弧性是通过在承受高电压、低电流特性的间歇性电弧时，材料抵抗在其表面形成导电路径的时间（秒数）来测量的。材料为 3mm 厚度时的结果，通常被认为足够代表了该材料在任何厚度下的性能。PLC（Performance Level Categories，性能等级分类）由 UL 引入，以避免过多的隐性精度和偏差。

带芯基板是微电子封装中最常用的基板。典型的带芯基板结构如图 14.1 所示。基板由芯板、积层（单层或多层）、过孔、金属化通孔、表面金属焊盘、阻焊层和表面镀覆等组成。

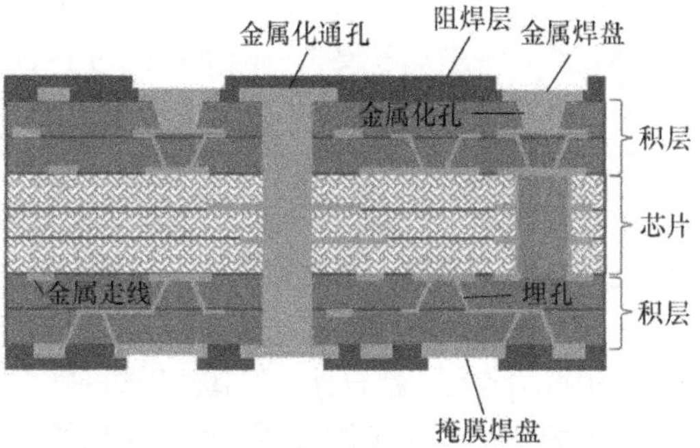

图 14.1 典型带芯基板结构（彩图见插页）

14.3.3 基板和 PWB 芯板

芯板材料的选择，在很大程度上影响了整体的刚度、厚度、布线密度和电气性能。人们通常根据芯板的厚度大小，将芯板分为厚芯和薄芯，但这两者之间其实并没有明确的界限，它们的定义也随着时间的推移在变化。某些人会认为，核芯层厚度在 0.05~0.80mm 之间的是薄芯；在另一些人看来，核芯层厚度在 0.05~0.20mm 之间的才算是薄芯。

基板的芯板结构可以简单也可以复杂，这取决于具体的应用和成本目标。不管复杂程度如何，基板的芯板层至少由三部分组成：增强材料、树脂体系和导体。一个复杂的芯板结构，可以包含多种不同的树脂体系、不同的增强材料，甚至是不同的导体，用以实现非常独特的应用需求。

14.3.3.1 增强材料

商用的增强材料包括玻璃纤维布、无纺玻璃纤维、芳纶纤维、膨体聚四氟乙烯和其他约束材料。基板和印制板应用中最主要的增强材料是玻璃纤维织物。玻璃纤维织物通常由一种玻璃材料制成或不同玻璃材料的组合而制成。如 Coombs 等人在印制电路手册中所述，至少有五种玻璃材料可用于基板和印制板的应用，它们是：E- 玻璃、NE- 玻璃、S- 玻璃、D- 玻璃和石英[3]。每种玻璃的详细组成可以在印制电路手册找到。在这些材料中，E- 玻璃是基板和 PWB 应用中最常用的玻璃纤维，因为它具有较低的成本，同时还具有良好的电气、机械和化学综合性能。

NE- 玻璃应用在一些有针对性的小众场合，在这些应用中，低 CTE、低介电常数和低损耗因数是首要考虑的因素。S-玻璃具有较高的机械强度，但在制作金属化通孔或过孔时会更快更多地消耗钻头。D-玻璃和石英在基板和PWB应用中目前并未引起太多关注。玻璃编织布制作时，首先将玻璃纤维长丝捻成纱，然后将玻璃纤维纱编织成不同的布料样式。纤维丝的直径通常在3.8~13.0μm之间。玻纤织物的重量范围为0.019~0.234kg/m2[3]。因为玻璃纤维成分、玻纤直径、纱线类型和不同编织图案的差异，可以制造为种类繁多的玻璃纤维布组合。其中，平纹编织玻璃布最为常用，因为这种编织图案在核芯层制作的层压过程中，能有效防止纱线滑动和织物的变形。偶联剂如环氧硅烷和氨基硅烷通常应用于玻璃纤维的表面，以提高玻璃纤维和树脂体系之间的附着力。在玻璃纱的生产中，其他类型的表面处理也可应用于玻璃纤维的表面，以防止磨损和静电，并帮助将玻璃纤维长丝固定在一起[⊖]。

根据玻璃纤维取向的随机性，无纺布玻璃纤维可分为两类：毛玻璃丝和线性连续长丝玻璃纤维。毛玻璃丝要么由随机取向的1~2in长的短玻璃纤维丝均匀分布并粘接在一起，要么由随机螺旋取向的连续玻璃纤维丝所组成。由于玻璃纤维的受力、取向的随机性以及纤维丝之间缺乏互相约束，使得其抗滑移性能较差，局部性能变化较大。因此，毛玻璃丝仅适用于CEM-3和G-10芯层等相对简单产品的应用。线性连续玻璃纤维丝由三层结构组成：底部、中间和顶部。底层和顶层的玻璃纤维长丝平行，且都垂直于中间层的长丝，中间层的线状长丝数量是顶层和底层的数量之和。这种类型的纤维丝布局提高了层压板芯的尺寸稳定性，但其使用却非常有限[3]。

芳纶的全称是芳族聚酰胺，通常用于防弹背心的制造。芳纶材料的一种典型分子结构如图14.2所示。它包含酰胺官能团和刚性亚苯基环。极性酰胺基在分子链之间形成氢键并进而形成晶体，亚苯基环则限制了分子链的折叠。这两种效应使得芳纶纤维具有高强度、高耐热性、高尺寸稳定性、耐化学性和重量轻的特性（与玻璃纤维相比）[4]。这些特性都源于分子链拉伸过程中，刚性聚合物链通过氢键与许多其他链紧密相连。当材料被加热时，每个链段的自由体积增加，链段卷曲，因此芳纶纤维在沿轴向方向上具有负的CTE。这种负的CTE特性，经常被用来控制基材核芯层CTE。由于芳纶分子中含有大量的碳原子，在燃烧过程中表面会形成一层碳层，从而阻止了继续燃烧。因此，芳纶材料具有自阻燃的特性。芳纶很容易被激光烧蚀，从而便于利用激光加工（微孔）来实现高密度互连的应用。

这种材料已经扩展了其在军事方面的用途，例如在MIL-S-13949/15-AF/AFN/AFG电路板中[3]。这种材料可以在不同供应商生产的基材中找到。比如i3电子公司生产的CoreEZ®型HDI基板，就是其中的一例[5]。

纸是一种纤维素材料（也称为多糖），由数百到数千个线性连接D-葡萄糖单元的β（1→4）组成。多糖链含有许多羟基，因此纤维素具有亲水性。葡萄糖结构上的羟基形成分子内和分子间的氢键，使多糖链牢固地结合在一起，形成非晶相的晶畴。因此，纤维素纤维的强度较高，并且不溶于水。由于纤维素纤维随机排列在纸中，并且具有较低的刚性，纸常被用来加固基板芯，并同时使用其他板芯增强材料如E-玻璃或其他允许冲压成孔

⊖ 有静电时纤维会散开，译者注。

的材料。这降低了低端消费级电子产品应用的成本，如 R-1、FR-2、FR-4 和 CEM-1 的芯板材料[3]。此外，随着环保要求的提高，也考虑将纸张用于可生物降解的基材中。

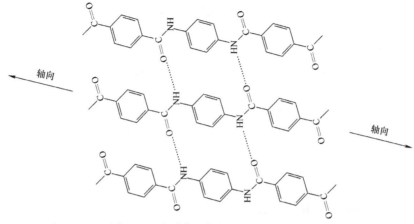

图 14.2　一种芳纶材料的典型分子结构

特氟隆是杜邦公司的一个品牌名，是 PTFE 材料的另一种简称。由于其聚合物分子链中重复单元具有高度对称的结构和氟原子的高电负性，该材料具有超低的介电常数 2.1、极小的损耗因子 0.0005、和极低的吸湿性能。它是一种半结晶聚合物，熔点约为 327℃[3]。PTFE 具有很低的表面张力和摩擦系数。对于基板应用，特氟隆通常以"膨体"的形式存在，类似于微观尺度上的海绵结构。由于基板的一般使用温度会高于其 T_g 点，特氟隆很容易发生蠕变，很少被认为是基板芯板真正的增强相材料。其主要用于改善高频应用时的电气性能。PTFE 是对辐射敏感的材料，在无氧环境中、高于熔点温度时，它可以在其表面发生交联反应。因此，PTFE 不是抗辐射的材料，不适合高辐射或频繁辐射的应用场景。

约束材料有时用作基板的芯板，以达到所需的热、热膨胀系数和刚度的要求。含有约束材料的基板通常被称为金属芯基板。商用的约束材料包括 CIC（Copper-Invar-Copper，铜 - 殷瓦 - 铜）、CMC（Copper-Molybdenum-Copper，铜 - 钼 - 铜）、Cu（铜）、Al（铝）、CCC（Carbon Copper Core，碳铜芯）和 Ti（钛）。CIC 是一种三明治结构，将殷瓦（一种含镍的铁合金）键合在两层铜材之间。这些芯板的有关典型性能指标见表 14.1。对于 CCC 材料，由于性能随成分的不同而有所变化，故表中未予列出[6]。

表 14.1　约束材料的机械性能和热力学性能

机械性能	单位	铜 - 殷瓦 - 铜	铜 - 钼 - 铜	铜	铝	钛
密度	g/cm³	8.33	9.93	8.9	2.71	4.5
杨氏模量	GPa	119	263	130	70	116
热力学性能	单位	铜 - 殷瓦 - 铜	铜 - 钼 - 铜	铜	铝	钛
CTE（x–y 方向）	ppm/K	5.36	6.35	17	23.2	8.9
热导率	W/m·K	112	204	394	237	17
热容	J/kg·K	479	286	385	900	528

14.3.3.2 树脂系统

用于芯板应用的商用树脂体系有环氧树脂、环氧共混物、BT（Bismaleimide Triazine，双马来酰亚胺三嗪）/环氧树脂、氰酸酯、聚酰亚胺和 APPE（Allylated Polyphenylene Ether，烯丙基聚苯醚）。树脂体系中常添加填料，以获得所需的性能。

在上述树脂体系中，最常用的树脂体系是环氧树脂体系及其共混物。环氧树脂体系因具有良好的化学、物理、机械和电气等综合性能，在各种应用场合得到了广泛使用。典型的环氧树脂体系通常由环氧树脂和固化剂组成，此外还包括催化剂、偶联剂和增韧剂、阻燃剂和填料等添加剂。在过去的半个多世纪中，已经开发出多种环氧树脂，来满足各种应用的选择需求。这也是环氧树脂体系主导有机芯板层应用的最主要原因之一。环氧树脂或环氧化合物通常定义为含有一个或多个 1，2-环氧基的任何分子。微电子封装基板核芯层应用中最常用的环氧树脂，是双官能环氧化物或多官能环氧化物。它们可分为两大类：缩水甘油醚型环氧树脂和环脂环族型环氧树脂。

缩水甘油醚型环氧树脂含羟基化合物和 1-氯 -2，3 环氧丙烷（环氧氯丙烷）的树脂固化反应和产物，如图 14.3a 所示。环脂肪族环氧树脂主要是烯烃的环氧化产物，合成反应如图 14.3b 所示。

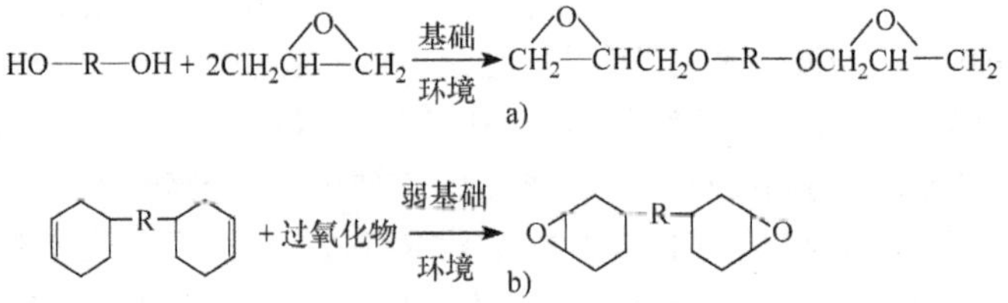

图 14.3 缩水甘油醚型环氧树脂和环脂肪族环氧树脂

根据含羟基化合物和烯烃的种类，这两类环氧树脂可进一步分为亚组，如图 14.4 所示。许多最近开发的环氧树脂是多官能团环氧树脂，具有较低的吸湿性和较高的耐热性。环氧树脂的固化剂有多种选择。最常用的固化剂包括酚醛树脂、胺、酸酐和 DICY（Dicyandiamide，双氰胺）。通过适当混合不同的环氧树脂和固化剂，可以制成大量的配方，以满足特定的应用需求。多官能团环氧树脂可用于耐热的应用需求 [7]。

环氧共混物是环氧树脂与其他类型树脂的混合物。市售的环氧共混物包括：环氧 -PPO（Polyphenylene Oxide，聚苯醚）、环氧 -氰酸酯和环氧 -异氰尿酸酯。共混的主要目是提高环氧树脂的 T_g、T_d 和电学性能。然而，环氧共混物通常也更昂贵，并且可能需要对现有基板的制造工艺进行一些调整。

BT/环氧树脂体系是双马来酰亚胺、氰酸酯和环氧树脂的混合物。它们之间的反应相对比较复杂。双马来酰亚胺和氰酸酯各自均可以发生自聚合反应；双马来酰亚胺也可以与氰酸酯反应；氰酸酯也可以与环氧树脂反应。因此，该树脂体系固化后可以形成刚性的复合的热固性树脂。与环氧树脂相比，BT 树脂的主要优点在于 T_g 更高，范围在 180~220℃之间、以及更优的热学、化学和电学等综合性能 [3]。该树脂系统广泛应用于 BGA（Ball Grid Array，球栅阵列）和需要 HDI（High Density Interconnection，高密度互连）的芯片级封装。然而，BT 树脂通常更贵。由于 BT 树脂的主链中含有更多的氧原子和氮原子，它会吸收更多的水分，而且由于其刚性的交联网络，材料本身也更脆。

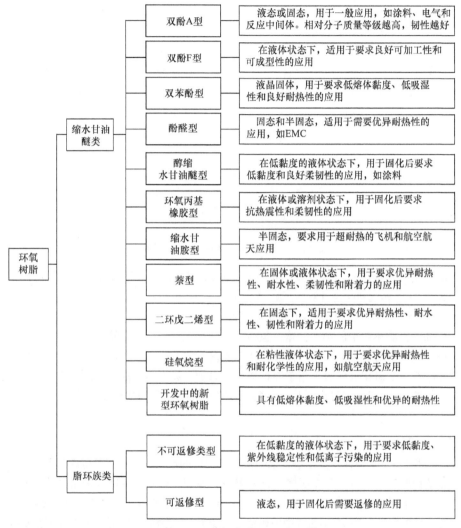

图 14.4　环氧树脂体系分类图[7]

　　氰酸酯树脂体系在固化过程中，通过环形成环三聚反应发生交联。如图 14.5 所示，由于反应在整个聚合物基体中产生非常高浓度的三嗪环，固化的氰酸酯具有较高的 T_g，约 250℃[3]。由于低的交联密度和高的醚键浓度，固化后的氰酸酯树脂通常具有较高的韧性。在氰酸酯中，氧原子和氮原子在碳原子周围的对称排列，不存在强偶极子，因此导致较低的介电常数和介电损耗。然而，氰酸酯也是相对昂贵的，且需要特殊的工艺，这限制了它的使用，仅限于一些需要高温和高速的小众应用。

　　聚酰亚胺是由双官能团羧酸酐和伯二胺衍生的缩聚物。选择合适的二酐和二胺组分作为起始原料，芳香族聚酰亚胺可以获得优异的机械强度和柔韧性、热稳定性和抗氧化性、高的 T_g（高达 260℃）和低的 CTE。然而，聚酰亚胺是一种相对昂贵的材料，仅限于某些特定应用的芯板 [3, 8]。

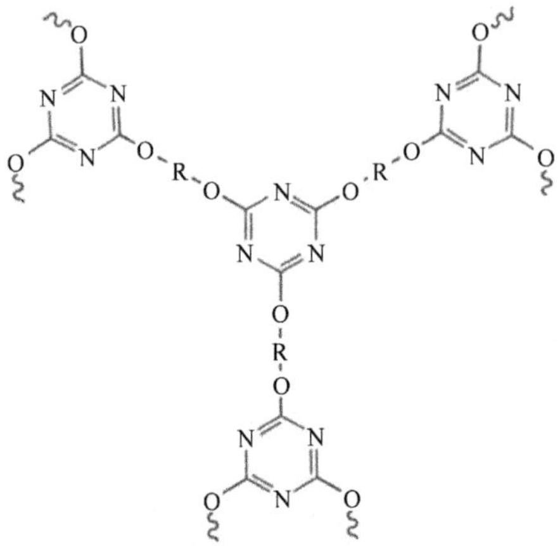

图 14.5　固化的氰酸酯网络分子结构

由于具有极低的介电常数和优异的热性能，APPE 是一种适合高频高性能应用的材料，例如 RF、无线和高速计算应用。早期开发的 APPE 材料曾经难以加工，但最近配方的改进，使该材料与传统的基板制造工艺相兼容。

添加到树脂系统中的小颗粒填料包括滑石粉、二氧化硅、高岭土粉、微小的中空玻璃球和其他无机材料。滑石是一种由水合硅酸镁组成的矿物，通常是一种有助于材料处理的润滑剂。二氧化硅颗粒可用于降低热膨胀系数，特别是 z 轴热膨胀系数。镀钯的高岭土粉体被用作化学镀铜催化剂。有时会添加微小的空心玻璃球，以降低介电常数和损耗因子 [3]。

14.3.3.3　导体

基板和 PWB 的导体主要是铜，以铜箔和电镀铜的形式存在。铜箔有许多等级可供选择，在选择时有很多方面需要考虑，具体包括：厚度、表面粗糙度、表面处理、机械性能、纯度、电阻率，以及和其他金属合金的结合。每种铜箔等级的规格，在 IPC-4562 标准中有相应的说明。在 IPC-4562 中明确规定的铜箔，按制造方法可分为电解铜箔和压延铜箔两种。

铜箔的厚度通常以盎司（oz）[⊖] 表示，指的是假定厚度均匀条件下，每平方英尺（ft）[⊖] 铜箔的重量。基板中使用的铜箔，其典型厚度有 0.5oz、1oz、2oz 和 3oz，分别对应的厚度约为 18μm，36μm，70μm 和 140μm。目前厚度为 0.25oz 和 0.375oz 的薄铜箔使用也越来越广泛 [3]。由于铜箔厚度会直接影响电流密度、基板总厚度、基板翘曲以及蚀刻效率，它通常是基板制造时需首要考虑的一个参数。

⊖　1oz = 28.35g。

⊖　1ft² = 0.0929m²。

铜箔的表面粗糙度会影响铜箔和树脂体系的附着力、电学性能以及布线宽度的加工能力。较高表面粗糙度的铜箔会产生更大的表面积和更多的机械结合部位，通常粘附强度也会更高。同时，因为较高频率的电信号会在导体表面附近传播，电信号在更粗糙的表面上的传播路径也会相对更远，从而也导致了更多的信号衰减。在两个铜箔之间夹有非常薄的介质层的情况下，铜箔的表面粗糙度会导致不同位置的电容和电阻变化，这也会使信号失真。铜箔表面粗糙度也会影响铜的蚀刻时间。为了确保蚀刻的完整性，蚀刻时间必须设置得足够长，以确保蚀刻掉线路最厚位置的铜。这将造成更严重的梯形电路走线，降低了在基板中制作细线电路的能力。

对铜箔进行表面处理，是为了满足特定的需要。偶联剂处理用于增加铜箔和树脂之间的附着力，并有助于防止铜表面氧化和污染。粘结处理或球化是通过在铜箔表面镀铜或氧化铜的小凸起，增加铜箔表面积，以实现对高性能树脂系统（如 BT、氰酸酯和聚酰亚胺树脂体系）的良好粘结。热障处理是通过在铜箔结节上覆盖几百埃厚的锌、镍或黄铜层来进行的，其目的是防止或延缓在层压、基板制造、微电子封装过程中，铜箔和树脂系统之间粘结力的退化。钝化和抗氧化涂层是位于铜箔两侧的非常薄的铬基或有机涂层，可以防止在储存和层压过程中发生氧化。通常在基板和 PWB 制造之前，去除该涂层 [3]。

不同等级的铜箔，其力学性能（抗拉强度、延伸率）也有所区别，这两种性能主要由制造过程中的晶粒尺寸、取向和结构所决定的。读者可参考 IPC-4562 规范或从供应商处获得详细的技术数据。相比于压延铜箔，电沉积铜箔通常会具有更高的抗拉强度、更低的延伸率。

铜箔的纯度和电阻率在 IPC-4562 中也有规定。未经处理的电沉积铜箔的最低纯度为99.8%，含银部分记为铜含量。压延铜箔的最低纯度为 99.9%。将其他金属合金集成到铜箔上的主要目的是为了埋入式电阻的制造。首先在基底铜箔上镀覆电阻金属合金，然后将复合金属箔和树脂层制成层压板。通过对集成金属箔进行图形制作，并按照设计的图形进行蚀刻，从而获得所需的电路图形和电阻元件 [9]。

14.3.4　介质材料

介质材料，有时也称积层材料，主要用于传递电力和信号，并使封装满足应用尺寸的要求。理想的介质材料，必须具有与芯板相兼容的化学性质，与芯板和铜的良好粘附性，良好的介电性能以满足电气性能要求，适用无铅焊料工艺的良好热稳定性，良好的微孔可制造性、以及良好的可靠性。

理论上，所有的芯板都可以用作介质材料。然而，由于机械钻孔的通孔尺寸和布线密度限制，玻璃布增强层压板不适用于高密度基板应用的积层材料。除了很薄的玻璃布外，玻璃布增强层压板与实际生产的激光打孔、等离子刻蚀和光成像等其他制造微孔的方法并不兼容。高密度基板应用（如三维封装）的常用积层材料有：环氧树脂和环氧 /BT 树脂、聚酰亚胺、芳纶增强环氧层压板、APPE 和 LCP（Liguid Crystal Polymers，液晶聚合物）[3, 8-12]。

　　环氧树脂和环氧/BT 树脂是高密度基板的主要介质材料之一。环氧树脂和环氧/BT 树脂的一般化学结构和性能在前面已进行了讨论。当这些树脂用于介质的积层时，关键考虑因素之一就是通孔的制造能力及质量。一般来说，环氧树脂和环氧/BT 树脂介电材料通孔的制作有三种方式：激光打孔、紫外光刻、以及刻蚀。激光钻孔和蚀刻（包括等离子干法蚀刻和化学湿法蚀刻）支持更多树脂体系的选择。光固化环氧树脂有两种类型[8]。第一种光固化环氧树脂是将基础环氧树脂与光敏剂混合制成。第二类本质上即为光固化的环氧树脂。第一种光固化环氧树脂比第二种有更多的选择性。这些树脂可以以液态或 B- 阶段⊖ 干膜的形式使用。液体环氧树脂/BT 树脂采用丝网印刷、幕涂和旋涂方式应用，B- 阶段薄膜则常采用真空层压方式的使用。有时会将填料添加到树脂系统中，以获得所需的性能，如较低的热膨胀系数、更容易镀铜等。由于大多数用于介质层的环氧树脂含有具有芳香主链结构的多官能团环氧基，固化后的材料的硬度和脆性都较高。

　　聚酰亚胺是用于基板积层的另一种主要材料。这有赖于具有突出的综合性能，以及有多种不同的配方可用。有三种类型的聚酰亚胺用于介电堆积层：非光敏聚酰亚胺、负光敏聚酰亚胺和正光敏聚酰亚胺。由于聚酰亚胺通常以液态或薄膜的形式使用，在制造聚酰亚胺介电材料时，必须充分考虑其固化收缩率。可以使用多种方法在非光敏聚酰亚胺层中生成微孔。激光打孔是在完全固化的聚酰亚胺介质层中制备微孔的常用技术。打孔直径受激光束光斑尺寸的限制。准分子激光钻孔可以产生直径约 10μm 的孔。利用光刻胶进行干法和湿法蚀刻，也是在聚酰亚胺介电层中形成微孔的常用方法。然而，由于蚀刻过程需要许多步骤，并且由于蚀刻各向同性的问题，所获得的通孔直径取决于介质厚度。通过蚀刻方法制备的通孔，直径通常在 75μm 到几百微米的范围内。光敏聚酰亚胺因其工艺简单、分辨率高而受到广泛关注。与正光敏聚酰亚胺相比，负光敏聚酰亚胺可选材料更多。负性光敏聚酰亚胺主要由聚酰胺酸前驱体衍生而来，该聚酰胺酸前驱体具有与主链聚合物链相连的共价键合的酯基或离子键合的光敏基团。正性光敏聚酰亚胺既可以通过将光敏基团引入基础聚酰胺酸侧链的主链中，也可以通过将光敏化合物与聚酰胺酸前驱体共混而得。关于不同类型的光敏聚酰亚胺的特性和应用过程的详细讨论，见 Rao Tummala 等人编著的《微电子封装手册（Microelectronics Packaging Hand Book）》[8]。聚酰亚胺介质积层可用于各种基板和 PWB，例如厚芯、薄芯和无芯基板，以及刚性、柔性和刚 - 柔结合 PWB 的制造。

　　LCP 是一种热塑性聚合物，其分子链具有一维或二维空间顺序。LCP 由于具有许多优异的性能，在基板应用中得到了广泛的关注。LCP 是"近乎"气密的材料，吸湿率低至 0.02%~0.04%，热膨胀系数可以在 3~30 ppm/℃范围定制调节，以匹配铜 17 ppm/℃的热膨胀系数。LCP 是无卤素的材料，具有与 PTFE 相似的介电常数和损耗因子，据称能够实现 110GHz 的频率应用[11]。其密度为 1.4g/cm^3，比硅轻 40%，比氧化铝轻 65%，比 FR4 轻近 30%，符合航空航天应用中柔韧和质轻的需求。LCP 是埋置基板应用的理想候选材料，因为它可以按照需要提供薄至 25μm 的厚度。它具有良好的抗辐射性和生物相容性，适合医疗应用。并且为热塑性材料，易于加工，成本较低。无芯多层基板可以仅

　　⊖　指半固化的状态——译者注。

由 LCP 介质材料和铜制成。激光钻孔可用于制造直径为 50μm 的通孔和埋孔。一些基板基材供应商已经将 LCP 介质材料商业化，例如 Rogers 公司的 Ultralam 3850 和 3908，以及 Nippon Steel 公司的 Espanex L 等材料型号。

不过值得一提的是，LCP 材料也具有一些局限性。该材料相对较新，缺乏工业应用数据库。在温度稍高的情况下可被碱性溶液溶解，导热性差。原始状态下的 LCP，表面粗糙度高达微米级。因此 LCP 需要抛光以降低其表面粗糙度 [12]。建议在将这种材料用于基板应用时，进行完整的测试。

14.3.5　金属化过孔和过孔填充材料

填充金属化通孔和过孔有多种用途。对于高密度封装应用，过孔填充可以实现堆叠孔（stacked via）和孔上焊盘（via-in-pad）结构的设计，这大大减少了布线的浪费面积，有时还可减少所需的堆积层数量。过孔填充可以消除电镀酸的残留问题，从而避免通孔的镀铜层被酸腐蚀。填充过孔的其他优点还有：在封装装配过程中避免助焊剂或焊膏喷出；在丝网印刷过程中防止阻焊油墨流到通孔中，保持焊盘设计中焊膏用量，提高阻焊层的平整度；对于金属化通孔或过孔，填充可以防止在随后基板积层的制作过程中，因操作不当而导致的真空损失缺陷；以及在随后装配过程中助焊剂或底部填充材料流入过孔导致的不足。高功率 HDI 基板的应用，通常也需要填充过孔和金属化通孔。

金属化通孔 / 过孔的填充材料可以是树脂基或者纯铜。树脂基材料包括半固化片和 RCC（Resin Coated Copper，涂树脂铜箔）、非导电树脂、银和铜填充树脂、光成像电介质和阻焊油墨等。这些树脂大多是环氧树脂、环氧 /BT 树脂、氰酸酯树脂和环氧丙烯酸树脂。半固化树脂层压填孔，是指通过在孔上叠层介质层并进行压合，在高温高压下液体的树脂流入通孔实现填充。虽然绝缘位移成孔技术在某些场合得到了应用，其他类型的填充树脂工艺主要采用丝网印刷方式，因为它们通常是液体或浆料形态，更易于印刷和流平。所有的填充材料必须与通孔和金属化过孔内的镀铜层具有良好的附着力。由于阻焊油墨中含有溶剂，溶剂的蒸发和阻焊层的收缩会影响到工艺的稳定性。如果通孔直径较小，由于表面张力原因，很可能导致溶剂残留在通孔周围。固化后的阻焊油墨和铜的附着力，通常比不上其他类型的填充材料。

铜填充过孔可以用不同的方法实现。一种方法称为铜柱技术，类似于绝缘位移成孔工艺技术，只不过其中的树脂凸点由铜柱代替。在施加介质层后，通常需要进行整平。另一种方法是 NCAB 集团的开发的所谓 ELIC（Every Layer Inter Connection，各层互连）或 ALIVH（Any Layer Inner Via Hole，任意层过孔）工艺技术。由激光加工的盲孔通过电镀铜填实，然后将铜减薄至所需的厚度 [13]。再进行下一介质的积层制作，并重复该过程。采用铜填充过孔具有高可靠性、高密度和更高的散热性等特性。此工艺过程相对昂贵，通常用于智能手机等高性能要求的应用场景。

14.3.6　阻焊材料

随着阻焊材料和光刻工艺技术的进步，阻焊的应用已不仅仅局限于防止焊料桥接和短路。首先，阻焊用作保护层，可以防止下面的铜布线层发生氧化。此外，它也可防止介质材料在表面镀覆过程中遭受化学侵蚀，以及防止组装和应用过程中发生过孔劣化。

阻焊材料由两部分化学组成：通常可以分为环氧树脂和丙烯酸酯类。除此之外，阻焊配方还含有某些添加剂，如铜粘附促进剂、颜料、固化催化剂和填料等。热固化环氧树脂需要相当大的能量，在 120~150℃条件下固化时间通常为 30~60min。而紫外线（UV）固化只消耗极低的能量，并且仅持续几秒钟 [9]。由于 UV 固化对表面污染很敏感，因此表面清洁度对于 UV 固化丙烯酸酯阻焊剂而言非常重要。阻焊的应用多年来不断发展，主要取决于 PWB 的设计和铜布线层的特性。比较昂贵的应用方式有丝网印刷、喷涂、辊涂等方法。然而，由于板面翘曲以及高密度布线封装中的厚度控制等问题，将类似印刷技术应用于超薄封装基板（例如无芯封装）是一项挑战。为了克服这些问题，目前正开发含有额外添加剂的干膜，如表面整平剂、助粘剂，使用先进的真空层压设备将干膜施用于大尺寸的 PWB 表面，并提供优异的厚度控制能力。

类似地，用于阻焊的图形对位技术也经过了多代的发展。表 14.2 讨论了各种相关的光刻技术。虽然技术的能力通常更高（如这里所列），但今天实际生产中的特征尺寸却要大得多。这受限于材料的能力以及终端客户的要求。起初，由于丝网印刷技术的分辨率低，整体精确对准很困难，因此通常不能满足高密度基板应用的特征尺寸要求。更高分辨率的感光成像阻焊材料的开发，为实现更细间距的图形特征提供了有力途径 [14, 15]。

感光阻焊可以是纯环氧树脂体系，也可以是环氧丙烯酸酯混合物。这两种可光成像的阻焊材料都可以液态或干膜形式供应。有许多技术可适用 LPSM（Liguid Photoimage-able Solder Mask，液态光成像阻焊）材料，包括丝网印刷、喷涂和辊涂。对于 DFSM（Dry Film Solder Mask，干膜阻焊）材料，采用真空层压于基板或 PWB 表面是其主要的应用方法。

表 14.2　用于半导体封装行业的主要曝光系统

工艺类型	最小特征尺寸① （线宽 / 间距）	特性
接触式光刻	10μm/10μm	**优点** • 更高的产能 **不足** • 外来颗粒增多风险——低良率 • 边缘效应增加
非接触工艺（1）一步进扫描光刻	2μm/2μm	**优点** • 更高的分辨率 • 外来粒子污染少 **不足** • 较低的产能 • 有限的涨缩对位选项功能

（续）

工艺类型	最小特征尺寸① （线宽/间距）	特性
非接触工艺（1）—激光直接成像	5μm/5μm	**优点** • 更便宜（无需实物玻璃掩模）——基于投影的系统 • 更快的吞吐量 • 多重对位选项系统（整版、子板或单元级对位选项） **不足** • 分辨率低于其他技术

① 最小特征尺寸取决于光刻技术和光刻胶类型。[29, 30]

14.3.7　表面镀覆

最常用的表面镀覆有 ENIG、ENEPIG（Electroless Nickel Electroless Palladium and Immersion Gold，化学镀镍 - 钯 - 金）、OSP（Organic Solderability Preserve，有机可焊性保护膜）。通常，铜 OSP 和 ENIG 表面镀覆用于 CSP（Chip Scale Packaging，芯片级封装）行业，该行业非常重视产品的货架类型和工艺流程。ENIG 表面镀覆在 ENEPIG 之前已被广泛使用。然而，ENIG 表面镀覆因所谓的"黑焊盘"综合症败坏了名声，在这种综合症中，焊盘会氧化金上的镍，从而导致焊接问题——互连失效。这是促使 ENEPIG 表面镀覆技术发展的重要原因之一。表面镀覆有多方面的目的：一是在回流焊过程中提供良好的焊料润湿性，包括基板的焊料或者芯片侧的焊料；二是防止下层的铜层在热应力和电应力下形成 IMC，通常称为电迁移。简单地说，电迁移现象是（金属）原子沿着电流梯度从阴极向阳极（$-V_e$ 极性）不断迁移，最终耗尽基体上的铜，从而导致开路。关于电迁移和原理的更多细节，可以在本书的另一章中找到。通常情况下，ENEPIG 表面镀覆的抗电迁移能力表现良好。历史上使用的铅基焊料，因为铅的 $-V_e z$ 因子，也具有天然优越的抗电迁移性能（详细信息见描述电迁移机理的章节）。然而，出于健康和环境的考虑，转向无铅焊料的趋势，引发了大量针对可焊性和互连可靠性的表面镀层的研究和开发。研究者做了大量的工作，试图了解在无铅焊料情况下，表面镀覆对焊接效果的影响、金属间化合物形成的动力学、对电应力和热应力条件下磷含量对焊点行为的影响等。更多细节见参考文献 [24-28]；这些参考文献可作为一个指南，指导读者进行更多的研究，这些研究主要是为了理解 ENEPIG 合金的行为。需要记住的一点是，虽然 ENEPIG 技术已经有 40 多年的历史了，其表面处理工艺无疑是成熟的。然而，随着当前需求的增加，互连点的相互作用和互连可靠性问题也在不断发展。因此，随着电子封装表面处理技术的进步，不断进行自我更新是非常重要的。

关于各种表面镀覆的详细讨论，可在许多印制电路手册中找到，例如由 Clyde Coombs 主编的手册就是其中的一本。相同类型的表面镀覆，在不同的供应商之间可能有些差异。表 14.3 给出了 DYCONEX 公司各种表面镀覆的参数指标，这仅是市场上常见的一个例子。一些垂直整合型的公司有时会开发供其专用的表面镀覆技术。

表 14.3　典型表面镀覆的规格参数表

工艺缩写	ENIG	E-NI/E-Au	Ni / Reductive Au	OSP	Imm. Ag	Imm. Sn	E-Ni/Pd/I-Au ENEPIG	HASL SnPb	ASIG
全称	化镍浸金	电镀镍金	化学镀镍-金	有机物阻焊膜	浸银	浸锡	化学镍-钯-金	热风锡铅整平	自催化银浸金
镀层厚度 /μm	Ni：3~5 Au：0.01~1	Ni：3~8 Au：1~2	Ni：3~6 Au：0.2~1.0	0.2~0.5	0.2~0.5	0.8~1.2	Ni：4~7 Pd：0.05~0.2 Au：0.03~0.08	10	Ag：0.13~0.25 Au：0.02~0.06
成分	Ni：~90%Ni+7~10%P Au：99.99% Au	Ni：纯 Ni Au：Au+0% 或 0.2%Co	Ni：纯 Ni Au：99.99%	苯并咪唑类	Ag	Sn	Ni，Pd，Au	63% Sn 37% Pb	Ag，Au
最高工艺温度 /℃	90	90	90	40	50	70	70	250	61
回流次数	4	4	4	4+	5	5	5	5	5
保存期/月	12	12	12	6	12	12	12	12	12
共面性	很好	很好	很好	很好	很好	很好	很好	差	很好
最小间距/线宽 /μm	40/40	20/20	40/40	20/20	40/40	40/40	40/40	100/100	40/40
成本	高	非常高	非常高	低	中等	中等	非常高	非常高	中等
超声引线键合（铝线）	是	否	否	否	是	否	是	否	是
热超声引线键合/载带焊（金线）	否	是	是	否	否	否	是	否	是

14.3.8　小结

本节讨论了当前用于有机基板和 PWB 的各种基础材料。讨论主要集中在两个方面，一是基板制造中所用材料性能的重要性，二是关于所用化学材料的基础知识入门。本讨论的目的是帮助读者了解基板制造过程中使用的材料类型、其演变的驱动因素、对下一代材料的期望、以及为其应用选择合适材料提供一些指导。基板材料的进步使整个基板和 PWB 技术朝着更小、更快、价格更低的方向发展。这种趋势适用整个封装行业，无论是二维、2.5 维还是三维封装。三维封装的需求一定程度上促进了基板材料的发展。为了实现更小的封装，包括从芯板、介质积层，阻焊层、到光刻胶的所有材料，都必须是高精度的。为了使信号快速有效地传输，低介电常数、低损耗因子材料以及较短的电气路径（如堆叠过孔）均是促成因素。这些材料必须易于制造，并且出于成本考虑，能够实现工艺简单且量产高的基板制造。RoHS 要求在新材料开发方面又增加了一层挑战。高耐热性和高 T_g 材料，如新型多功能环氧树脂，是适合于当前应用的材料。另一点值得注意的是，这些材料组还应与下游工艺（如表面镀覆、电镀工艺、废液处理工艺等）中使用的化学品性质相兼容。

14.4　有机基板制造工艺概述

有机 PWB 基板已逐渐发展成为电子组装的平台，应用在医疗、航空航天到消费应用的许多重要产业中。有机 PWB 的制造是一个需要许多不同工程和科学学科技能的行业。为了跟上微型化的步伐，硅基 IC 制造的几何尺寸已稳步进入了纳米特征范围。然而，人们对利用传统封装技术成功制造精细高密度互连基板所需的努力，在认识上还存在不足。这引发了一场技术革命，基板 / 封装技术不仅仅是一个空间转换器，更是整个封装功能的关键组成部分。

有机基板生产过程中的许多细节，无法在本节有限的文字中展开讨论。有鉴于此，这里仅对传统有机基板制造过程进行简要的概述。读者可以通过电子行业的专业协会，获得有关有机 PWB 制造的各种主题、子主题的丰富知识和信息，这些知识很多已经成为了 PWB 行业的标准，而不仅局限于材料和工艺技术的最新进展 [3, 10, 16-19]。

本节将突出基板制造过程中最重要的信息，希望能让最终用户和设计工程师掌握一些关于有机基板制造的精要概述。基板制造的一般流程如图 14.6 所示。

14.4.1　基板原料的选择与制备

为获得最终所需要的叠层厚度，印制电路板（PCB）的制造从选择合适的材料开始。这些材料包括内层芯板材料，以及和预期厚度的顺序层压用半固化片材料。芯板材料和半固化片材料，均由编织玻璃 / 环氧树脂介质组成，其中将一层薄薄的铜箔层压到绝缘电介材料上。在芯板材料中，铜被层压到完全固化介质的两侧，而预浸半固化材料，仅将铜层压合到 B- 阶（B-stage）环氧树脂 / 玻璃介电材料的一侧。芯板示意图如图 14.7 所示。根据应用的不同（例如 RoHS、高速、高可靠性、高功率 / 高电压），有多种不同的原材料制造商和原材料类型可供选择 [10]。由于新材料和新应用都在迅速发生变化，建议读者查阅有关资源，以获得相关原材料选择的指导。

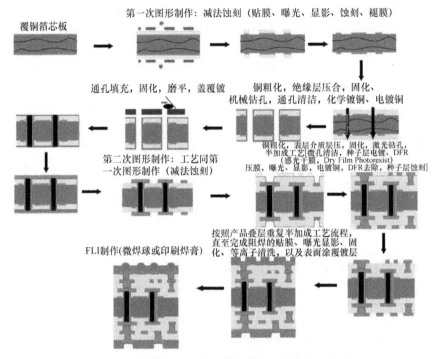

图 14.6　有机基板制造常用工艺流程（彩图见插页）

图 14.7　有机基板芯板截面示意图

　　作为许多 PCB 制造商进料 / 收料程序的一部分，通常需要对这些材料进行质量测试。通常去除铜箔，对嵌入介质层的颗粒物进行检查，因为这可能会损害材料的电气性能。此外，通常还会对生产批次的芯板材料样品进行介质击穿强度测试，以了解是否存在原材料缺陷。为了获得可接受的结合强度，铜箔表面通常会具有"锯齿"，这有助于提高其与基底介质材料的结合力。然而，这也可能会导致对电场敏感的增强，从而降低芯材料的介电强度。最近，更高的 I/O 密度，驱动了低轮廓铜箔技术的研发。

　　芯板和预浸料上的铜，其厚度通常用术语 oz 来表示，如 1/2oz，1oz，正如在 14.3.3.3 节所介绍过的，这是每平方英尺面积上铜箔的重量。按照惯例，1/2oz 铜箔的厚度等于 18μm，1 盎司铜箔的厚度等于 36μm。通常，初始 Cu 厚度越薄，最终完成的多层有机基板设计上线条和间距特征就可以越细。用于整个制造过程的基板原材料，尺寸通常可分为 16in $^{\ominus}$ ×20in，24in×36in 或者 400mm×500 mm 几种规格。虽然较小的研发批次可能只有 5 块板，但一个典型的贯通整个流程的制造批次，通常会由 20~30 块板组成。

14.4.2　内层图形成像

选择原材料后，对芯板进行预清洁，并将其移入洁净室，以便在芯板上进行图形成像。图 14.8 给出了内层芯板成像制作的过程。将光敏抗蚀剂层压在芯板上，含有线条图形的底片被用作掩模。内层图形通过紫外线曝光，使曝光的抗蚀材料发生交联反应。未曝光的抗蚀剂，则会在水平输送式显影机中被冲洗掉。在蚀刻溶液的作用下，暴露部分的铜信号层将被蚀刻掉，其余被抗蚀剂覆盖的铜信号区域则会受到保护，不受蚀刻液的影响，仍保持未被腐蚀的状态。形成所需的信号图形后，再褪除剩余的抗蚀剂。在内层芯板图形制造完成后，通过光学和激光 AOI（Automated Optical Inspection，自动光学检查）系统，扫描蚀刻形成的电路图形，并将其与原始设计图形进行比较。根据客户的要求，在此步骤中可能会进行修复或返工。检验程序完成后，铜层线路将在后续的制造工序进行化学处理，以用于积层制造的层压工序。

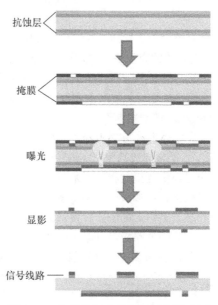

抗蚀层

掩膜

曝光

显影

信号线路

图 14.8　内层芯板成像制作过程示意图

14.4.3　积层工艺

多层有机基板的构建，是通过在芯材的两侧依次添加（成对的）半固化片，并经由液压型高温真空压机的层压而形成。半固化片可以是与芯板相同或不同的介质材料。它们只有一面上有铜箔，因为需要将（另一面）未完全固化的树脂，粘接到已制好图形的

<hr />

$\ominus$　1in=0.0254m。

芯板上。层压过程使半固化片完全固化，并完成粘接，如图14.9所示。

层压完成后，通过层压板上进行机械或激光钻孔来实现一个或多个信号层之间的连接。如果最终层压（互连）结构未完成，则在层压叠层中钻盲孔或微通孔。这些孔可以通过高速机械钻孔（转速超过125 000r/min）、激光烧蚀铜和介质材料的激光钻孔，以及数控钻和激光钻的组合方式来实现。与传统机械钻孔相比，采用激光钻的用于连接信号层的孔，通常被称为微孔，因为其钻孔直径很小。清除钻孔中的钻屑，为信号层的成像做好准备。信号层的成像过程，与芯板层制造过程中的工艺过程相同。唯一的区别在于，铜信号层还需要通过图形电镀或等效的工艺，从基底铜箔电镀得到所需要的铜箔厚度。

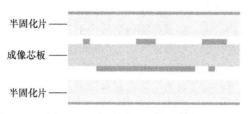

图14.9　多层层压工艺示意图

根据多层板的层数，重复该过程，直到最外层层压和蚀刻完成。这是通过连续的热压循环，依次将成对的包含薄铜箔的介质层，（叠层）压合在芯板层的两侧来实现的。连续层压制作信号层图形的工艺与芯板层图形制作工艺之间的主要区别在于，需要将（钻孔）暴露介质材料的孔壁，用一种钯活化剂溶液进行催化，在孔壁上预先沉积上一层很薄的铜种子层，然后再进行孔壁电镀铜增厚[⊖]。

在下一个叠层开始前，应先通过AOI对成像的图形进行检查。如图14.10所示的多层板制造流程，在每轮层压完成后，对随后的每个积层都重复该过程。当最外层压合制作完成，通过高速机械钻孔在多层板上钻金属化过孔和定位孔。伴随着最外层线路图形的制作，镀通孔孔壁也形成了一层终镀层。完成的电路板组件，下一步将准备进行阻焊层的制造，以及完成最终的表面镀覆。

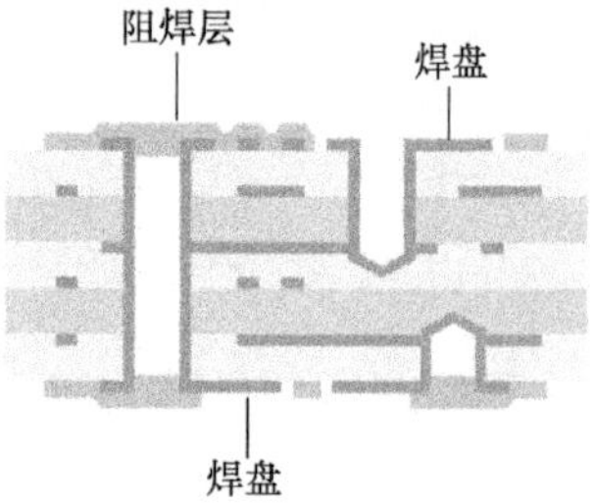

图14.10　在完成的多层组件上涂覆阻焊，其中暴露的焊盘，为最终表面镀覆做准备

14.4.4　阻焊、表面镀覆及一级互连形成

在对外层（线路图形）进行最终表面镀覆和印刷（如果需要）之前，需要先在表面完成阻焊的制作。阻焊材料多年来不断发展。传统的液态防焊油墨在整个行业中仍被广泛使用。它们被漏印或辊涂到板面上，预烘干后进行图形成像制作，仅暴露出表面镀覆所需的信号层，然后最终显影，类似于信号层图形成像的工艺^[14]。最新开发的阻焊材料，为抗蚀型的干膜，将这些干膜贴覆在完成的多层基板表面，并在最终表面镀覆之前

　⊖　积层法制作信号层时，通常都需要伴随金属化孔的制作，而芯板层图形制作时，则可以不需要制作金属化过孔结构——译者注。

进行图形成像。相比于传统液态阻焊，干膜阻焊可以提供更一致的厚度控制，阻焊层的整体厚度更薄，同时减少了碎屑和污染的概率。

在阻焊涂覆、曝光和固化完成后，对暴露的焊盘（和线路）进行表面镀覆。这部分的工艺过程取决于有机基板客户的组装需求。图 14.10 给出了一个完成的多层板的示意图，该多层板含有暴露的焊盘，可用于表面镀覆。有多种表面镀覆方式可供选择，以满足客户的技术需求。表 14.3 列出了目前在有机基板制造可选择使用的一些常见表面镀覆方法 [20, 21]。此外，该表中还列出了表面镀覆一些关键参数指标的对比。

14.4.5 最终成型、测试、检验和出货

在完成的大尺寸电路板上，成型分割单个电路片，并进行电气测试。电气测试可以是非常简单的抓斗式夹具，或是飞针测试系统。测试要求的全面性，可能会显著增加基板的整体制造成本，在与设计人员和制造商进行评审时应予考虑。完成电气测试后，在包装和装运前，还需对基板进行目检前的最终清洗。目检过程通常是手动的，客户的要求可以是简单的 IPC Ⅰ、Ⅱ 或 Ⅲ 级检查要求，也可以是定制的设计质量要求条款，内容可多达上百页。完成检验程序后，将基板包装，然后运往客户，组装成所需的电子模块。

致谢： 本书作者衷心感谢 Invensas 公司的 Sangil Lee 和英特尔公司的 Kyu-oh Lee 对本章的细致审阅。

参考文献

1. Ivan Szendiuch, Development in electronic packaging—moving to 3D system configuration. Radio Eng. **20**(1), 214–220 (2011)
2. Y. Nakamura, S. Katogi, *Technology Trends and Future History of Semiconductor Packaging Substrate Material.* Hitachi Chemical Technical Report No. 55, Published by Hitachi Chemical (2013)
3. C.F. Coombs, Jr., *Printed Circuits Handbook*, 6th Edition. McGraw-Hill (2008)
4. M. Jassal, S. Ghosh, Aramid fibres—an overview. Indian J. Fibre Text. Res. **27**, 290–306 (2002)
5. S. Bagen, D. Alcoe, F.D. Egitto, R.N. Das, G. Thomas, Advanced organic substrate technologies to enable extreme electronics miniaturization, in *Presented on IEEE Components, Packaging and Manufacturing Technology Chapter.* Endicott Interconnect Technologies, Inc., Santa Clara Valley (February 13, 2013)
6. *Design Guidelines 2013 (External).* Published by DYCONEX, an MST Company (2013)
7. S. Shi, *Study on No-Flow Underfill Materials for Low-Cost Flip-Chip Applications,* Ph.D. Thesis. Georgia Institute of Technology (March 28, 2000)
8. R.R. Tummala, E.J. Rymaszewski, A.G. Klopfenstein, *Microelectronics Packaging Handbook, Semiconductor Packaging, Part II, Second Edition.* Published by Kluwer Academic Publishers (1997)
9. M.L. Minges, *Electronic Materials Handbook TM,* 1. Packaging, Published by ASM International (1989)
10. Printed Circuit Board Materials Handbook, M. Jawitz, McGraw-Hill (1997)
11. D.C. Thompson, O. Tantot, H. Jallageas, G.E. Ponchak, M.M. Tentzeris, J. Papapolymerou, Characterization of liquid crystal polymer (LCP) material and transmission lines on LCP substrates from 30 to 110 GHz. IEEE Trans. Microw. Theory Tech. **52**(4), 1343–1352 (2004)
12. N. Kingsley, Liquid crystal polymer: enabling next-generation conformal and multilayer electronics. Microw. J. 188–200 (May, 2008)
13. T. Shiraishi, K. Amami, Y. Bessho, K. Sakamaoto, K. Eda, T. Ishida, Flip chip MPU module using high performance printed circuit board "ALIVH". Int. J. Microcir. Electr. Packag. **21**(2), Second Quarter, 205–211 (1998)

14. IPC-HDBK-840, *Solder Mask Handbook* (August, 2006)
15. T. Nagoshi, S. Tanaka, K. Yoshizako, S. Fukuzumi, K. Kurafuchi, *Photosensitive Solder Resist Film for Semiconductor Package "FZ Series"*. Hitachi Chemical Technical Report No. 54, Published by Hitachi Chemical (2012)
16. R.S. Khandpur, Printed Circuit Boards, Design Fabrication and Assembly and Testing. McGraw-Hill (2006)
17. K. Gileo, *Printed Circuit Board, ET-Trends* (Fl, LLC Port Orange, 2014)
18. Recent Japanese developments in printed wiring boards for SMT. IEEE Electr. Insul. Magaz. **7**(2), 9–16 (1991)
19. Advanced Full Additive Process for High Density Printed Wiring Boards, Japan IEMT Symposium, pp. 141–146 (1989)
20. D. Walsh, G. Milad, D. Gudeczauskas, Know your final finish options. Printed Circuit Des Manuf **23**(2), 38 (2006)
21. The PWB Magazine (February, 2015)
22. M. Manusharow, S. Muthukumar, E. Zheng, A. Sadiq, C. Lee, Coreless substrate technology investigation for ultra-thin CPU BGA packaging, 62nd IEEE ECTC (2012)
23. J. Kim, S. Lee, J. Lee, S. Jung, C. Ryu, Warpage issues and assembly challenges using coreless substrates, IPC APEX EXPO proceedings (2010)
24. K.C. Hung, Y.C. Chan, C.W. Tang, H.C. Ong, Correlation between Ni3Sn4 intermetallics and Ni3P due to solder reaction-assisted crystallization of electroless Ni-P metallization in advanced packages. J. Mater. Res. **15**, 2534–2539 (2000)
25. A. Kumar, M. He, Z. Chen, P.S. Teo, Effect of electromigration on interfacial reactions between electroless Ni-P and Sn-3.5% Ag solder. Thin Solid Films 462–463(SPEC. ISS.), 413–418 (2004). https://doi.org/10.1016/j.tsf.2004.05.042
26. P. Liu, C. Chavali, A. Overson, D. Goyal, Failure mechanism and kinetics studies of electroless Ni-P dissolution in Pb-free solder joints under electromigration, in *Proceedings—Electronic Components and Technology Conference* (pp. 441–447). Institute of Electrical and Electronics Engineers Inc. (2017). https://doi.org/10.1109/ECTC.2017.211
27. Y.C. Sohn, J. Yu, S.K. Kang, D.Y. Shih, W.K. Choi, Effects of phosphorus content on the reaction of electroless Ni-P with Sn and crystallization of Ni-P. J. Electron. Mater. **33**(7), 790–795 (2004). https://doi.org/10.1007/s11664-004-0243-2
28. M.O. Alam, Y.C. Chan, K.C. Hung, Reliability study of the electroless Ni-P layer against solder alloy. Microelectron. Reliab. **42**(7), 1065–1073 (2002). https://doi.org/10.1016/S0026-2714(02)00068-9
29. B. Morgan, X. Hua, T. Iguchi, T. Tomioka, G.S. Oehrlein, R. Ghodssi, Substrate interconnect technologies for 3-D MEMS packaging. Microelectron. Eng. **81**(1), 106–116 (2005)
30. R. Pitwon, M. Immonen, J. Wu, L. Brusberg, H. Itoh, T. Shioda, International and industrial standardization of optical circuit board technologies, in *Optical Interconnects for Data Centers* (pp. 309–342). Woodhead Publishing (2017)

第 **15** 章

三维封装中芯片和封装级热、湿-热应力：建模与特征提取

Liangbiao Chen, Tengfei Jiang, Xuejun Fan

本章符号列表

A	多层结构热应力计算几何因子
$\bar{\varepsilon}_T$	平均热应变
a	通孔半径
σ_θ	圆周应力
ΔT_y	塑性屈服的临界热载荷
C_{sat}	饱和吸湿浓度
α_{Cu}	铜热膨胀系数
α_{Si}	硅热膨胀系数
D	湿气扩散系数
d	通孔直径
E	总体积应变
E	杨氏模量
k_P	静压梯度驱动扩散因子
k_T	温度梯度驱动扩散因子

（续）

$\Delta\omega_3$	纵向拉曼模式频移
G, λ	莱姆弹性常数
η	广义泊松比
h_b	曲轴
h_i	顶面坐标
h_m	中点坐标
H	通孔深度
ε_c	吸湿应变
σ_T	热失配应力
ϕ	归一化浓度 / 活性
p_{amb}	环境水汽分压
p_g	饱和水汽压力
P	Hydrostatic pressure 静压
v	泊松比
φ	孔隙增长率
p	水汽分压
Q	水分扩散活化能
ΔH_r	残余通孔挤出量
S	溶解度
T_{ref}	零应力温度
γ_e	弹性拉伸率
γ_p	塑性拉伸率
D_T	热扩散系数
ε_T	热失配应变

（续）

T_m	热循环中最高温度
T_R	室温
u_i	位移矢量
ε_p	蒸气压应变
W	翘曲
ω	湿度
X_i	体积力矢量
ΔT	热载荷
κ_{app}	外部施加的曲率
κ	曲率
κ_{nat}	自然弯曲导致的曲率
$\pi_{11}, \pi_{12}, \pi_{44}$	压阻系数
ρ_g	饱和水蒸气密度
σ_r	径向应力
σ_{rz}	r-z 平面剪切应力
σ_z	Z 方向法向应力
β	吸湿膨胀系数
ϕ	孔隙率
ρ_a	表观水汽密度

15.1 导言

带有硅通孔（Through-Silicon Vias，TSV）的三维封装是半导体制造中采用的关键技术之一，旨在增加带宽、提高性能、缩小外形尺寸并降低功耗[1-3]。由于引入了 TSV 等新结构以实现短距离垂直互连，三维封装技术存在独特的可靠性要求[4, 5]。与传统的二维封装相比，必须特别注意 TSV 部件和三维芯片堆叠在各种应力条件下的新型失效机

理 [5-8]。

由于不同材料之间热膨胀系数不匹配，温度变化会引起三维封装内部产生热应力。在芯片层级，带有 TSV 结构的芯片遇到较高热应力时会产生一系列可靠性问题，包括 TSV 通孔挤出效应、硅基芯片的开裂，以及 TSV 通孔周围无意的载流子迁移率变化。TSV 芯片所遇到的这些问题最终会影响整个三维系统的可靠性。在封装层级，热应力引起的可靠性问题包括互连焊点或其他互连结构的疲劳开裂、芯片\基板\封装的翘曲以及不同材料之间界面处引发的分层和开裂 [8-12]。此外，三维封装结构中通常会采用大尺寸单芯片或多芯片组，因此封装级的翘曲或非均匀性的影响至关重要 [13]。

除了热应力外，还应该特别注意湿气引起的内应力，典型的三维封装中包含湿气敏感性材料，例如，各类高分子材料，这些高分子材料通常会从周围环境中吸收一定量的水汽。过度吸湿会增加金属部件的腐蚀速度并加剧电化学迁移 [14, 15]。水汽引起的内应力，例如吸湿应力，也会导致 TSV 向芯片体的漏电（leakage to bulk chips）、金属分层、开裂或挤出 [5]，由此带来的吸湿应变不亚于甚至超过热应变 [16-18]。更重要的是，在回流焊或者高加速温度/湿度应力测试（HAST）过程中，可能会发生破坏性的材料破裂或界面分层 [19-27]。

为了分析热应力和湿应力对三维封装的影响，本章提供了相应的理论基础、建模及表征方法。首先，在 15.2 节介绍了 TSV 内部和周围热应力的分析及测试，分析测试结果揭示了热应力的近表面特性和铜微观结构在控制应力中的重要作用。本章还对禁止区（Keep-Out Zone，KOZ）和通孔挤出等应力引起的可靠性问题进行了讨论。15.3 节对封装级热应力引起的翘曲进行了研究，首先阐述了理想化多层结构的分析建模过程，之后介绍了几种基于实验测试和数值建模的翘曲控制方法，最终提出一种新的翘曲控制方法实现无翘曲倒装芯片封装。15.4 节，计算湿气引起的应力并与热应力耦合以形成综合应力模型，并提出了一种基于微观损伤力学和等效应力概念的理论框架来实现应力整合，该框架能够综合考虑多个场变量，如温度、水分浓度、蒸汽压和空洞体积分数。在章节末基于以上理论进行了综合应力分析示例。15.5 节对三维封装中的热 - 机械和湿气引起的应力研究现状进行了总结。

15.2　热应力及其对 TSV 结构的影响

15.2.1　引言

由于 Cu TSV 和 Si 之间的热膨胀系数不匹配（$\alpha_{Cu} = 17\text{ppm}/℃$，$\alpha_{Si} = 2.3\text{ppm}/℃$），TSV 内部和周围存在显著的热应力，从而导致严重的可靠性问题 [28-31]。为了在三维集成中成功应用 TSV，必须分析和了解芯片级热应力的特征，以及它们对 TSV 结构的影响。

周围硅基材的约束导致 TSV 内部和周围复杂的应力状态。而 Cu 的微观结构在控制 TSV 结构的应力方面也起着重要作用。为了捕捉这些独有的特性，本节将首先介绍通过半解析方法和数值分析相结合的应力分析过程，然后使用两种互补的技术进行应力测量。最后，讨论由应力引起的两个可靠性问题，即器件的 KOZ 和通孔挤出。

15.2.2 基于半解析和数值计算的 TSV 应力表征方法

针对经典 Lame 问题的二维平面应变求解方法已用于分析 TSV 的热应力，但二维求解方案本身无法捕捉晶圆表面附近应力场的三维特质 [32]。为了克服这一限制，针对嵌入在硅基体中的单个 TSV 胞体（isolated TSV），采用线性叠加方法推导出了半解析解 [33]，其应力云图分布如图 15.1 所示。根据无牵引边界条件的要求，在晶圆表面（$z = 0$）法向应力 σ_z 为零，而远离表面处的应力是不均匀的（如图 15.1a 所示）。在晶圆表面，剪切应力（σ_{rz}）在通孔 /Si 界面处具有明显的应力集中（如图 15.1b 所示），并且径向应力（σ_r）和周向应力（σ_θ）不为零（如图 15.1c、图 15.1d 所示）。径向应力和切向应力均是导致界面分层的驱动力，由于径向应力（σ_r）在冷却时为拉应力，在加热时为压应力，冷却时界面分层的驱动力约为加热时的两倍。基于半解析解，发现界面分层的稳态能量释放率与通孔直径成线性比例，但与热失配应变（$\varepsilon T = \Delta \alpha \Delta T$）的平方成正比。该结果表明，减小 TSV 孔径和热载荷，或选择与 Si 基体热膨胀失配较小的通孔材料是降低界面分层驱动力的潜在解决方案。

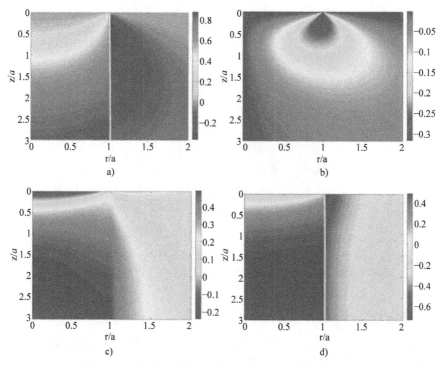

图 15.1 在 ΔT 热载荷下采用半解析方法求解预测的近表面应力分布：应力幅值通过 $\sigma T = -E\varepsilon_T/(1 - \nu)$ 进行归一化处理，径向坐标和深度坐标（r 和 z）通过通孔半径 $a = d/2$ 进行归一化处理

a）平面法向应力（σ_z） b）剪切应力（σ_{rz}） c）径向应力（σ_r） d）周向应力（σ_θ）[33]

采用有限元分析（FEA）验证半解析求解结果，并进一步检查 TSV 中的热应力。为此构建了盲孔结构的三维 FEA 模型。模型中的通孔尺寸为 10μm × 55μm（直径 × 深度），Si 基体厚度为 780μm。在 TSV/Si 界面存在一层 0.4μm 厚的氧化物阻挡层，模型中忽略了较薄的钽（Ta）阻挡层。模型中所使用的材料属性见表 15.1。

表 15.1　有限元分析中的热机械特性参数

材料	热膨胀系数 CTE/（ppm/℃）	杨氏模量 /GPa	泊松比
Cu	17	110	0.35
Si	2.3	130	0.28
氧化物	0.55	72	0.16

在热载荷 ΔT=200℃条件下，等效应力（von-Mises 应力）分布如图 15.2 所示 [34]，除了顶部通孔 /Si 界面附近的小区域外，通孔大多数区域中的 von-Mises 应力远低于 Cu 的屈服强度。由于 von-Mises 应力是驱动塑性变形的有效剪切应力，FEA 分析结果表明，Cu 通孔内部在温度变化过程中主要表现为弹性行为，而塑性行为将集中在通孔 /Si 界面和晶圆表面之间的结点附近。TSV 中的局部塑性行为可归因于 TSV 结构中的三轴应力状态，这与 Cu 薄膜的双轴应力状态截然不同。由于三轴应力状态，导致塑性变形的有效剪切应力在 TSV 结构中相对较低。这对 TSV 可靠性具有重要意义，这将在本节的其余部分进行讨论。

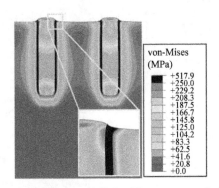

图 15.2　在 ΔT = 200℃热载荷下的 von-Mises 应力分布：
通孔尺寸为 10μm × 55μm（直径 × 深度），Si 基体厚度为 780μm[34]

15.2.3　热应力的测量

已经发展成熟的几种用于测量 TSV 结构力学行为的实验技术包括晶圆曲率法和显微拉曼光谱技术 [34-38]。虽然单个技术有其局限性，但结合微观结构演变和 FEA 后，分析结果可以对 TSV 结构应力特性提供基本的了解。

晶圆曲率法利用光学杠杆装置来测量热循环过程中样品的弯曲曲率。对于如图 15.3 所示的 TSV 结构盲孔，该方法用于获得 TSV 结构的整体热力学行为 [35]。对于经过单次热循环到 100℃、200℃、300℃和 400℃峰值温度的 TSV 样品，其翘曲变化量 $\Delta\kappa$（作为温度

T 的函数）随温度变化的趋势如图 15.4 所示。

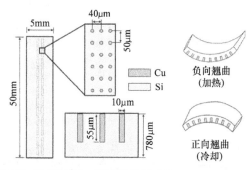

图 15.3　晶圆曲率法测 TSV 样品示例：测试样品尺寸为 5mm × 50mm × 780μm（宽度 × 长度 × 厚度），沿样品中心线方向布置周期性通孔阵列；TSV 通孔尺寸为 10μm × 55μm（直径 × 深度），纵向和横向节距分别为 50μm 和 40μm；Si 表面覆盖有 0.8μm 厚的氧化层，在测量前通过机械抛光去除；通孔 /Si 界面处的氧化物阻挡层厚度约为 0.4μm（改编自参考文献 [35]）

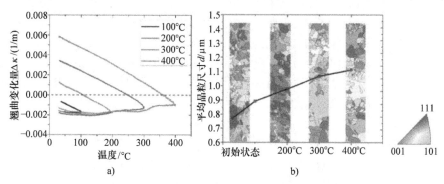

图 15.4　a）分别经历 100℃、200℃、300℃、400℃峰值温度单次热循环的四个 TSV 样品的曲率测试结　b）在经历不同温度的热循环后，通过电子背散射衍射（EBSD）手段获取晶向图及晶粒尺寸（黑色曲线所示）信息来显示 TSV 通孔中的晶粒生长情况（改编自参考文献 [41]）

　　如图 15.4 所示，TSV 结构的曲率 - 温度行为的一些显著特征有：加热过程中的应力松弛、冷却过程中的曲率 - 温度线性关系、无迟滞回线。通过电子背散射衍射（EBSD）测量发现，在每组测试的加热部分均可观察到应力松弛与通孔中的铜晶粒生长相关（见图 15.4b），通过飞行时间二次离子质谱（Time-of-Flight Secondary Ion Mass Spectroscopy，TOFSIMS）分析发现，伴随着晶粒的生长，所含的附加元素（Cl⁻、F⁻、S⁻ 和 CN⁻）在不断减少 [39]。实验中观察到的冷却过程中的线性变化曲率与 FEA 得到的三轴应力状态有直接关系（见图 15.2），这是因为 Cu 通孔除局部区域发生塑性变形外，大多数区域将保持弹性状态。以上情况与具有双轴应力状态并在热循环过程中显示迟滞回线的电镀铜薄膜形成鲜明对比 [40]。冷却曲线的横截距便是 TSV 的通孔中平均应力为零时的参考温度。随着热循环峰值温度的升高，加热过程中应力松弛量增加，这将导致更高的零应力温度，并在每个热循环后累积室温下的残余应力。

　　作为对晶圆曲率测量方法的补充，还可通过显微拉曼光谱技术测量 TSV 邻近区域 Si

的近表面应力。采用如图 15.3 所示的 TSV 样品进行微拉曼光谱测试[35]。两个试样（分别标为试样 A 和 B），经受不同的热处理后，采用晶圆曲率测试方法确定其零应力温度分别为 $T_{ref}^{A} = 100℃$、$T_{ref}^{B} = 300℃$。采用 [001] 晶向背散射装置进行显微拉曼测量，通过在每个试样中沿 [110] 晶向对两个相邻通孔进行激光扫描来收集信号。

以上测试装置可实现纵向拉曼频移 $\Delta\omega_3$ 的测量，而 $\Delta\omega_3$ 与平面内法向应力之和（$\sigma_r + \sigma_\theta$）的关系可通过式（15.1）进行表述：

$$\sigma_r + \sigma_\theta (MPa) = -470\Delta\omega_3 (cm^{-1}) \tag{15.1}$$

由于实际测量只获得 Si 基体中两个单独应力分量的总和，因此采用 FEA 分析来描绘应力分量。结合晶圆曲率测量中的线性冷却曲线的推导结论，FEA 模型考虑了 Si 的各向异性弹性特性，同时将 Cu 视为线性弹性体，采用表 15.1 中的材料属性用于 FEA。两个样品的热载荷分为 $\Delta T_A = -70℃$、$\Delta T_B = -270℃$，与参考温度一致。由于拉曼信号从晶圆表面穿透深度达 0.2μm，因此模型中从晶圆表面下方 0.2μm 处提取应力分量[35]。实验测量和 FEA 分析的应力总和绘制如图 15.5 所示，由图可见，仿真与实测结果合理且有较好的一致性。在远离 Cu/Si 界面区域，应力总和首先急剧增加，然后逐渐减小。由于应力相互作用，两个相邻通孔之间的应力取决于通孔间距。由于试样 B 的低温载荷较大（$|T_B| > |T_A|$），试样 B（如图 15.5b 所示）中 Si 显示出比试样 A 更高的应力水平（见图 15.5a）。以上分析结果建立了拉曼测量和晶圆曲率测量之间的相关性，两者共同揭示了残余应力对 TSV 热历史的依赖性。

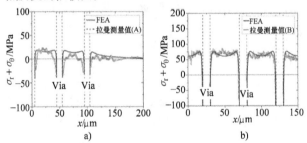

图 15.5　近表面应力分布拉曼测量值与 FEA 分析值比较
a）样品 A（$\Delta T_A = -70℃$）　b）样品 B（$\Delta T_B = -270℃$）

15.2.4　热应力对载流子迁移率和禁止区的影响

Si 基体中的热应力会因压阻效应降低 MOSFET 器件的性能[44]。这将导致在 TSV 通孔周围形成一个禁止区（KOZ），该区域应避免放置有源器件[45-47]。对于电流沿 [100] 晶向方向流动的 [001] 型 Si，n 型和 p 型 Si 的压阻系数见表 15.2[44]。

表 15.2　n 型和 p 型 Si 的压阻系数（单位：$10^{-11}Pa^{-1}$）

	π_{11}	π_{12}	π_{44}
n 型 Si	−102.2	53.7	−13.6
p 型 Si	6.6	−1.1	138.1

　　结合压阻系数，可以根据 FEA 中获得的热应力计算 TSV 通孔周围的载流子迁移率变化。图 15.6 展示了嵌入 Si 基体中的某 TSV 通孔胞体的计算结果[47]。通孔尺寸为 $10\mu m \times 200\mu m$（直径 × 高度），Si 厚度为 $780\mu m$，热载荷 $\Delta T = -250$℃。图中的虚线标记了迁移率变化在 5% 以内的边界，由此定义了 KOZ。由于 Si 的弹性特征和压阻都是各向异性的，因此迁移率变化具有很强的方向性，并且对于 n 型和 p 型 Si 来说差异很大。对于具有 [100] 沟道（channel）的晶体管，在 n 型 Si 中形成了相当大的 KOZ（如图 15.6a 所示），但在 p 型 Si 中则不存在 KOZ。相反，对于 [110] 沟道，p 型 Si 中存在相当大的 KOZ（如图 15.6b 所示），而 n 型 Si 中不存在 KOZ。FEA 分析进一步表明，KOZ 随 TSV 直径单调增加[47]。Cu 的塑性可以缓解通孔 /Si 界面附近的应力同时减小 KOZ 的尺寸，但这种效果是非常有限的。当 TSV 通孔布置得更近时，相邻通孔之间的应力相互作用会增加 Si 中的整体应力，从而增加 KOZ 的尺寸，但当通孔间距与孔直径之比大于 5 时，应力相互作用便可以忽略不计。

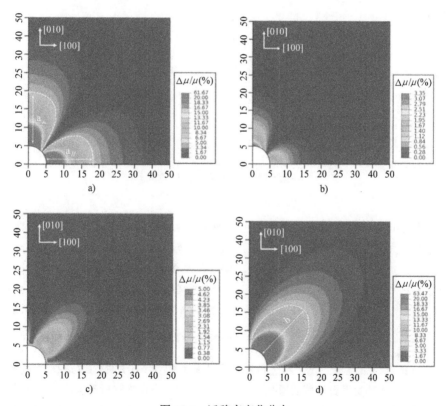

图 15.6　迁移率变化分布

a）电场和电流密度在 [100] 方向的 n 型 MOSFET 迁移率变化　b）具有 [100] 型沟道的 p 型 MOSFET 的迁移率变化　c）电流密度在 [110] 方向的 n 型 MOSFET 的迁移率　d）电场和电流密度在 [110] 方向的 p 型 MOSFET 迁移率变化 [图中虚线部分标记了迁移率变化在 5% 以内的边界
（$d = 10\mu m$，$H = 200\mu m$，$\Delta T = -250$℃）][40]

15.2.5 热应力导致的通孔挤出

通孔挤出是热循环后通孔顶部附近的铜产生了不可恢复的变形。晶粒生长、位错滑动导致的塑性屈服以及沿晶界和（或）通孔/绝缘层界面的扩散蠕变都可能是造成通孔挤出的松弛过程。在 TSV 制造中采用了电镀后的高温退火来稳定晶粒结构，以减少后续热处理过程中的通孔挤出[28, 48, 49]。一般来说，由于霍尔 - 佩奇（Hall-Petch）效应，晶粒增长会降低 Cu 的屈服强度，反过来会导致更多的塑性变形和 Cu 挤出[50]。

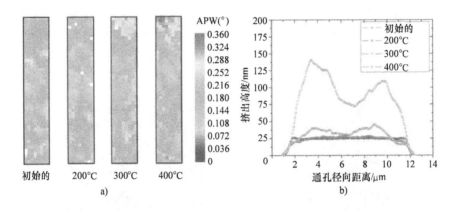

图 15.7　a）原初始的通孔和热循环至 200℃、300℃、400℃后的通孔中 Cu 的平均峰值宽度（Average Peak Width，APW）比较，APW 增加表明铜通孔的塑性变形增加
b）AFM 测量获得的通孔挤出轮廓[51]

通过同步加速器 X 射线微衍射实验观察到 Cu 的局部区域塑性变化，该变化与通孔挤出的大小相关（如图 15.7 所示）[51]。为了阐明 Cu 塑性行为对通孔挤出的影响，下文建立了一个简单的分析模型。当 TSV 经受从室温 T_R 到高温 T 的热循环过程，Cu 通孔和 Si 之间的热膨胀系数不匹配会导致在加热时（$\Delta T=T-T_R$）在 Cu 中产生压应力。假设在理想塑性情况下，Cu 通孔的屈服强度为 σ_y，当加热到某临界温度载荷

$$\Delta T_y = \frac{\sigma_y}{\alpha_{Cu}-\alpha_{Si}}\left(\frac{1-\nu_{Cu}}{E_{Cu}}+\frac{1+\nu_{Si}}{E_{Si}}\right)$$

以上时，对 Cu 的塑性屈服进行了预测，发现此临界温度载荷与 Cu 的屈服强度成正比。超过临界温度载荷（$\Delta T > \Delta T_y$）时，Cu 通孔发生塑性变形，导致在更高温度下更显著的通孔挤出。上述塑性挤出在冷却后不会消失，导致在一个完整的热循环后仍存在残余挤出：$\Delta H_r=H\,(\gamma_p-\gamma_e)\,(\Delta T_m-\Delta T_y)$，其中 H 是通孔高度，$\gamma_e=20.64\text{ppm/}℃$ 和 $\gamma_p=46.4\text{ppm/}℃$ 是根据表 15.1 中的热机械特性计算出的作为温度函数的挤出率，并且 $\Delta T_m=T_m-T_R$，其中 T_m 是热循环过程中的最高温度[51]。这表明残余挤出量的大小取决于热循环过程中的峰值温度和 Cu 通孔的塑性屈服强度。增加 Cu 的屈服强度会增加屈服温度 ΔT_y，从而减少相同热载荷下的残余挤出量[50]。

通过基于 FEA 模型的数值仿真方法，界面特性对通孔挤出的影响已有相应的研究（如图 15.8 所示）[50-52]。FEA 分析结果表明，Cu 通孔和 Si 之间理想的键合界面将使室温下的残余挤出量减少约 3 倍。采用通孔 / 硅界面的内聚模型分析后发现，通孔挤出受到两个限制：分析模型中的无摩擦滑动作为上限，理想键合的界面（无滑动）作为下限。该分析表明，可以通过提高界面粘附力来抑制滑动，从而抑制通孔挤出。

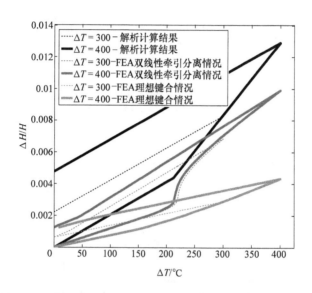

图 15.8　假设界面处理想键合且符合双线性牵引分离关系，分析结果和 FEA 仿真结果的挤出比 $\Delta H/H$ 对比。初始残余应力为零 [51]

对于大量通孔统计分析，发现通孔挤出服从对数正态分布 [53, 54]。对于电镀后经历不同退火温度的 5μm×50μm 和 10μm×100μm 的两种通孔尺寸的 TSV，中位数（50%）下的挤出量平均值，较小尺寸 TSV 约为较大尺寸 TSV 的一半（如图 15.9a 所示），但在对数正态分布的 99.9 百分位上，两组 TSV 的最大挤出量大致相同，这与通孔尺寸和退火条件无关（如图 15.9b 所示）。这些结果凸显了通孔挤出的统计特性，并表明仅通过减小通孔直径不会提高 TSV 通孔的可靠性，更何况三维集成电路中包含有大量的 TSV 通孔。相反，TSV 通孔的可靠性取决于最大的挤出量（即最薄弱的环节），尽管它们的百分比很小（大约 0.1%）。通孔挤出量的统计分布可能与通孔顶部附近的晶粒尺寸和晶向相关，当通孔内部孪晶界占较大比例时，通孔挤出量较小 [54]。因此，重点是要优化电镀化学参数和退火工艺，以实现具有较高比例孪晶界和高屈服强度的晶粒结构，从而最大限度地减少通孔挤出。然而，尚不清楚如何在 TSV 通孔中普遍实现这种晶粒结构，以彻底消除最大挤出量的尾段分布。

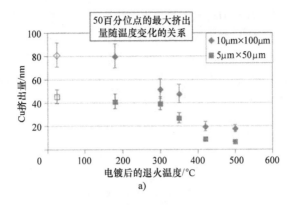

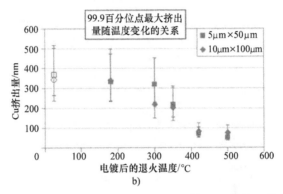

图 15.9　两组尺寸分别为 5μm × 50μm 和 10μm × 100μm 的 TSV 结构：最大平均（50%）残余挤出和最大尾部分布（99.9%）残余挤出随电镀后的退火温度的变化 [53]

15.3　封装级热应力及翘曲控制

15.3.1　引言

　　热应力引起的翘曲是电子封装中最常见但最关键的问题之一 [55-64]，这可能会给三维封装的制造、应用和可靠性测试带来巨大挑战，尤其是对大而薄的堆叠芯片与有机层压板或基板互连的情况 [8-10, 65]。过度的翘曲会给芯片互连和与基板键合增加困难，通常会导致开路。芯片的翘曲还会对熔融的焊球造成压力，从而导致焊点横向膨胀和意外桥接。板级的操作也受到封装级过度翘曲的影响，例如表面贴装过程中的焊球桥接或开路，以及封装级功能测试过程中的封装故障 [60, 61]。

　　为了减少热应力引起的翘曲，采用添加加强环（stiffener ring）或盖子的传统控制方法可能效果不佳。这些方法通常是针对封装基板的控制方法，可能会导致封装本身产生额外的应力。因此，有必要在深入了解翘曲控制机理的基础上开发更有效的控制方法 [66]。

　　为了解决封装级热应力引起的可靠性问题（例如过度翘曲和焊点故障）并提供可能的解决方案，本节将首先介绍了计算多层封装结构在温度载荷下的热应力和翘曲的分析理论，然后论证了封装过程中的翘曲机制，随后在 15.3.3 节中讨论了传统翘曲控制方法的有效性。在 15.3.4 节提出了一种新的控制方法来实现潜在的无翘曲封装，并开展数值模拟以及实验测试以验证新方法。本节研究了不同的案例，并对结果进行了细致讨论。

15.3.2　多层结构中的热应力

由于三维芯片堆叠和其他微电子器件可被视为多层结构，因此可以采用基于现有理论的解析模型进行分析。解析建模的主要优点是可以快速计算几何形状规则的任意多层系统的热应力，尤其是对于那些包含超薄层结构的封装。

有多种解析方法可用于计算电子封装中的层压结构或多层复合材料中的热应力。这里介绍的一种自然弯曲理论 [67]，该理论基于线弹性和小变形的假设，其基本思想如图 15.10 所示，为简化起见，图中采用了两层系统。由于第 1 层和第 2 层的 CTE 不同（$\alpha_2 < \alpha_1$），在从高温（T_H）到室温（T_R）的冷却过程中会产生热失配。该理论首先考虑无应力状态的情况，因此冷却过程中每种材料都会根据其 CTE 发生收缩，导致无应力状态下的热应变失配（$\varepsilon_{T1}^0 = \alpha_1 \Delta T > \varepsilon_{T2}^0 = \alpha_2 \Delta T$）。为了适应这种不匹配，对第 1 层施加约束，然后与第 2 层绑定。在解除约束后，整个堆叠体将会发生弯曲。自然弯曲理论的过程可以用来解释不同材料中是如何因热应力而产生翘曲的，该理论中认为整个受热体温度均匀。

根据自然弯曲理论，多层器件的翘曲可由热载荷和外部施加的曲率引起。复合材料第 i 层中 x 方向的法向应力可以表示为热应变和外部施加曲率的函数，详见参考文献 [67]。

$$\sigma_{xi} = \bar{E}_i \left[\left(\kappa_{nat} + \kappa_{app} \right) \left(y - h_b \right) + \bar{\varepsilon}_T + \nu_i A - \eta_i \varepsilon_i^0 \right] \tag{15.2}$$

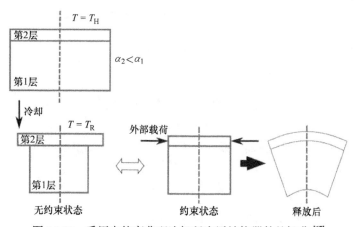

图 15.10　采用自然弯曲理论解释多层结构器件的翘曲 [67]

式（15.2）中，$\bar{E}_i$ 是依赖于几何构型的弹性模量；κ_{nat} 是自然弯曲导致曲率；κ_{app} 是外部施加的曲率；y 是厚度方向的位置；h_b 是；$\bar{\varepsilon}_T$ 是平均热应变；$\bar{\nu}_i$ 是泊松比；A 是几何因子；η_i 是广义泊松比；ε_i^0 是无应力状态下的热应变。h_b、$\bar{\varepsilon}_T$、κ_{nat} 的表达式分别见式（15.3）~式（15.5）。

$$h_{\mathrm{b}} = \sum \bar{E}_i H_i h_{\mathrm{mi}} / \sum \bar{E}_i h_i \qquad (15.3)$$

$$\bar{\varepsilon}_{\mathrm{T}} = \sum \bar{E}_i H_i \varepsilon_i^0 / \sum \bar{E}_i H_i \qquad (15.4)$$

$$\kappa_{\mathrm{nat}} = \frac{\sum \bar{E}_i H_i \left(h_{\mathrm{mi}} - h_{\mathrm{b}} \right) \left(\eta_i \varepsilon_i^0 - \bar{\varepsilon}_{\mathrm{T}} - \nu_i A \right)}{\sum \bar{E}_i D_i \left[h_i^2 + H_i^2 / 3 - h_i H_i + h_{\mathrm{b}} \left(h_{\mathrm{b}} - 2h_{\mathrm{mi}} \right) \right]} \qquad (15.5)$$

式中，h_{mi} 和 h_i 分别是每层中点处和顶面处的坐标；H_i 是每层的厚度。通过选择相应的 $\bar{E}_i$、几何因子 A 和 η_i（见参考文献 [67] 第 48 页），自然弯曲理论中的方程可以用于不同的几何构型，如单轴平面应力模型、单轴平面应变模型和双轴模型。该理论方法可以快速便捷地模拟和监测由于热应力和外部施加的弯曲载荷或曲率造成的多层结构翘曲 [67]。

另一种计算多层结构中热应力和翘曲的分析方法是 Wen 和 Barsaran 提出的梁式板理论 [68]，该理论主要考虑了热载荷引起的层间界面的应力行为。解析模型遵循了 Timoshenko 提出的双恒温梁理论 [69]（后来由 Suhir 改进 [70]）以及 Valisetty 提出的模型 [71]。该模型将 N 层层压结构的每一层视为具有正交各向异性材料特性的梁式板。恒温载荷下的热应力可以在近似梁行为的前提下通过求解经典板理论的微分方程来获得，并且每层的位移可以通过在 Valisetty 模型中引入热应变来求解 [71]。尽管导出的公式有点复杂，但该模型可以快速得出非常准确的结果。

15.3.3 翘曲机理及控制方法

实际上，集成电路封装结构比前文中简化的多层结构复杂得多。在本节中，采用倒装芯片封装来阐释其在不同的组装步骤中翘曲的产生。图 15.11 给出了一种主要由芯片和基板组成的封装结构，可作为用于研究翘曲机制的基本封装形式之一。

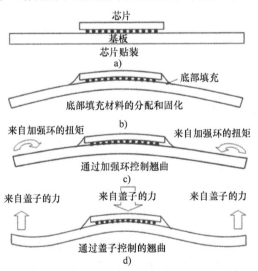

图 15.11　倒装芯片封装的组装过程以及传统翘曲控制方法的机理
a）芯片贴装　b）底部填充材料的分配和固化　c）加强环的固定　d）盖子的固定 [66]

如图 15.11 所示，芯片的有源集成侧具有导电微凸点，通过倒装键合的方式集成在基板的上表面。底部填充材料通常通过毛细管力均匀分散到芯片和基板之间的间隙中，以保护焊点。在整个封装体的组装过程中翘曲的程度会有所不同。图 15.11 显示了组装过程的基本步骤，包括：芯片贴装过程（见图 15.11a）、底部填充胶注入和固化工艺（见图 15.11b）和用于控制翘曲的加强环 / 盖子连接过程（见图 15.11c、d）。芯片贴装步骤后，芯片与基板之间的电连接已经完成，此时的翘曲很小，这是由于焊锡材料的黏塑性导致焊点发生了快速应力松弛。在此阶段，芯片和基板之间的机械互连仍然是薄弱环节。为了增强机械连接并保护焊点，底部填充材料被填充到芯片和基板之间的间隙中。底部填充胶通常在高温下固化（如 165℃）。在底部填充物固化过程中，倒装芯片封装体仍然非常平坦，即由于前述焊料的黏塑性特性，此时的封装翘曲非常小。但是，底部填充胶固化后，芯片和基板之间的连接会非常牢固，冷却至室温或加热至回流焊温度时会产生较大的翘曲。这也可以通过自然弯曲理论看出，翘曲的原因是由于芯片和基板之间的CTE 差异过大。冷却至室温过程中向下翘曲的示意图（也称为共面度问题）见图 15.11b。JEDEC 标准中已将大尺寸倒装芯片封装的翘曲容差限制在 8ml 或 200μm。然而，对于45mm×45mm 的含有裸芯片的更大尺寸倒装芯片封装，可能存在超过 12ml 或 300μm 的翘曲变形。

为了减少翘曲，通常在底部填充材料固化之后的下一个加工步骤中采用加强环或盖子（stiffener ring or a lid）[66, 72]。图 15.11c、d 说明了使用加强环或盖子来减少翘曲的原理，其中加强环或盖子在基板边缘施加反向的力或扭矩，迫使其向上变形。所以，从图可以看出，传统的使用加强环或盖子来减少翘曲的方法是一种使基板重新变形的方法，或者换句话说，它是一种基板控制方法。结果，当加强环或盖子施加的外力使得基板重新变形时，倒装芯片封装中的应力水平升高。例如，对于 45mm×45mm 基板尺寸和23mm×23mm 芯片尺寸的大尺寸封装，封装内部裸芯片、加强环和盖子在室温下的翘曲分别约为 12ml、8ml 和 5ml。尽管采用加盖子方法的封装翘曲最小，但与裸芯片和加强环形式的封装相比，它会在封装中产生最高的应力。

使用加强环或盖子控制翘曲的三个要点可以概括如下：①翘曲是在底部填充胶注入和固化过程之后产生的，这意味着此时封装内部的翘曲已被冻结；②加强环或刚性盖与基板的连接是在底部填充固化之后进行的；③传统的使用加强环或盖子控制翘曲的方法只是重新使基板变形。因此，上述方法都是基板控制方法，会在封装中引入额外的应力。

15.3.4　用于翘曲控制的芯片盖帽方法

本小节介绍了一种芯片盖帽方法，如图 15.12 所示。该方法基于芯片控制原理，与前文的基板控制的方法有着本质。

如图 15.12 所示，通过四个基本步骤来完成盖帽芯片封装的组装（在芯片贴装工艺之后）：①在芯片和基板之间注入底部填充材料；②在芯片顶部或三维堆叠芯片顶部点上黏合剂；③将盖子扣至于芯片上；同时固化底部填充材料和黏合剂材料。有芯片盖帽的倒装芯片封装设计与传统的使用加强环或盖子的倒装芯片封装设计之间有两个关键区别：

第一个区别是芯片盖帽主要用于约束芯片，形成一个有盖帽的芯片封装结构，因此它是一种芯片控制方法；第二个区别是芯片和基板之间的底部填充材料与盖帽和芯片之间的黏合剂材料同时固化。使得有盖帽的芯片和基板之间的 CTE 达到匹配状态。因此，如果选择适当厚度的芯片盖帽，则可以避免出现图 15.11b 所示的底部填充胶注入和固化后在封装中冻结之前所产生的翘曲。采用相同树脂作为基材可以使底部填充物和黏合剂在芯片边缘区域达到良好接合。

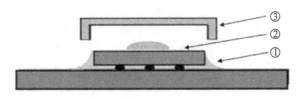

图 15.12　采用芯片盖帽的倒装芯片封装的组装过程 [66]

芯片盖帽的倒装芯片封装的一种潜在失效模式是盖帽边缘的剪切失效，这是由于在温度变化期间芯片盖帽限制了芯片变形，并使得芯片边缘区域产生较高应力所引起的（如图 15.13a 所示）。基于以上考虑，可以使用改进的盖帽结构设计来降低这种失效模式的风险（如图 15.13b 所示）。除此之外，使用与底部填充材料具有相同玻璃转化温度 T_g 的黏合剂材料也可能有所帮助，因为当温度跨过 T_g 时，两种材料都会变得更软或更硬。推荐底部填充材料和黏合剂选用相同的树脂作为基材，但可以采用不同的填料。例如，出于散热考虑，盖帽与芯片结合的黏合剂填料可以使用高导热填料，例如 Ag 颗粒。通常，芯片盖帽方法可用于保护三维堆叠芯片免受较大的翘曲，因为盖帽的存在可以限制大尺寸有机封装基板上堆叠芯片的变形。

图 15.13　a）芯片盖帽的倒装芯片封装的潜在失效模式
b）采用改进的盖帽结构设计进行倒装芯片封装 [66]

15.3.5　翘曲特性的试验测试

采用基于阴影云纹干涉（shadow moiré）技术的实验测试可以表征翘曲变形并评估翘曲控制方法。这里比较两种不同的芯片：一种是裸芯片，另一种是带有盖帽的芯片，如图 15.14 所示。以倒装芯片封装作为测试载体，封装基板尺寸为 45mm×45mm，芯片尺寸为 23mm×23mm，芯片厚度为 0.78mm。倒装芯片封装的基板有 8 层金属层和 0.8 毫米厚的芯板。芯板的 CTE 和杨氏模量分别是 11.3ppm/℃和 32GPa。在测试中，使用相同的底部填充材料作为粘接盖帽和芯片的粘结材料。选择了两种底部填充材料 U6 和 U2，其 T_g 分别为 95℃和 135℃。

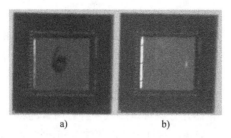

图 15.14　用于验证芯片盖帽方案的测试样件照片
a）裸芯片封装结构　b）芯片盖帽封装结构[66]

测试了两种不同的厚度（0.2mm 和 0.4mm）的盖帽结构，发现使用 0.2mm 厚的盖帽实现的翘曲控制效果仅比使用加强环实现的翘曲控制效果稍好一点，而使用 0.4mm 厚的盖帽可以实现更优的翘曲控制。图 15.15 所示为针对裸芯片和带有 0.4mm 厚的盖帽芯片绘制了翘曲实测值与温度变化的关系。可以看出，当温度变化时，芯片盖帽的封装体未发现向上或向下翘曲，翘曲曲线几乎是平坦的，翘曲值在 65μm 左右。这一特征非常重要，这意味着有芯片盖帽的封装在板级表面贴装及热循环载荷下可以获得较高的板级可靠性。此外，该特征意味着在部件级的热循环载荷下封装内部的应力变化很小，从而保证较高的部件级可靠性。

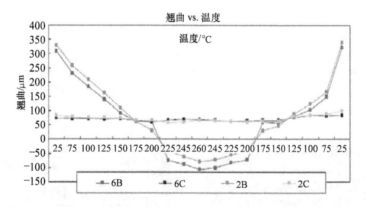

图 15.15　裸芯片封装和芯片盖帽封装结构的阴影云纹测试数据，其中 6B 和 2B 分别代表裸芯片封装结构采用底部填充材料 U6 和 U2，6C 和 2C 分别代表芯片盖帽封装结构采用底部填充材料 U6 和 U2[66]

有芯片盖帽的封装另一个特点是翘曲与底部填充材料的玻璃转化温度 T_g 无关，这与传统倒装芯片封装不同，后者在室温下底部填充材料的 T_g 越高导致的翘曲变形越大。众所周知，传统的倒装芯片封装使用高 T_g 的底部填充材料会有两个问题：一是更高的翘曲变形；二是芯片拐角处更高的应力。通过使用有芯片盖帽的倒装芯片封装可以避免这两个问题。所以，对于有芯片盖帽的倒装芯片封装，玻璃转化温度 T_g 高于 120℃ 的底部填充材料照样适用。高 T_g 的底部填充材料在应用或测试的载荷条件下不会从硬变软，从而提高封装内的凸点以及芯片 low-k 布线层的可靠性。

探究有芯片盖帽的封装的翘曲形变能保持在稳定的较小值（大约 65μm）也比较有趣。实际上，小的翘曲是由倒装芯片封装在 165℃下固化而产生的。如图 15.15 所示，裸芯片封装在该温度附近具有相似的翘曲值。带芯片盖帽的封装的翘曲值并不随温度变化，因为带盖帽芯片和基板的 CTE 已达到匹配。有两个因素可能会导致小翘曲发生：一是焊料凸点的残余应力；二是由于芯板上下金属层不对称导致裸基板的初始翘曲。

根据实测结果，带盖帽芯片方案可以提供一种有前景的封装结构，其优点在于可实现封装级的无翘曲控制，并能满足三维封装在部件级和板级的低应力或高可靠应用需求。为了确定最优的盖帽厚度，可采用参数化的 FEA 分析进行深入研究。在下一小节中，作为带盖帽芯片封装设计的初步探讨，提出了 FEM 仿真的相关案例。

15.3.6　基于数值模拟的翘曲控制设计优化

本小节使用数值模拟来验证前文所述的翘曲控制方法的有效性，并优化盖帽设计。采用有限元软件 ANSYS 进行热机械仿真。探讨了几个案例，结果如下。

1. 不同控制方法的比较

采用前面测试载体中使用的倒装芯片封装作为 FEM 仿真的示例。假设零应力温度为固化温度（165℃），忽略在该温度点下的微量翘曲，对裸芯片、加强环、盖子和带盖帽芯片四种不同的封装结构进行了对比。加强环厚 0.6mm、宽 7mm，盖子厚 1.5mm、底边宽 4mm，芯片盖帽厚 0.4mm。

四种封装在室温下形变的等高线图的仿真结果如图 15.16 所示，其中 W_{25C} 代表室温下的翘曲，将其定义为基板底部中心点和模型最低点之间的形变差异。从图 15.16 中可以看出，带盖帽芯片封装达到了理想的翘曲控制效果。可以注意到图 15.16a 所示的裸芯片封装在室温下的翘曲仿真结果与图 15.15 所示的测试数据一致，验证了 FEM 模型的准确性。

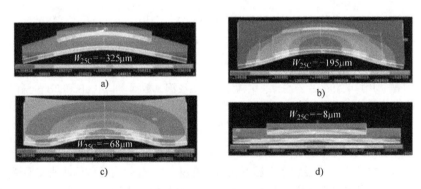

图 15.16　不同封装结构下翘曲的仿真结果对比
a) 裸芯片　b) 芯片带有加强环　c) 芯片带有盖子　d) 芯片带有盖帽[66]

2. 优化盖帽厚度，实现无翘曲封装

设计有盖帽芯片封装时需要考虑几个变量：芯片盖帽的尺寸、芯片边缘和盖帽之间的间隙尺寸以及芯片盖帽的厚度。芯片盖帽的尺寸通常与芯片尺寸相对应，比芯片略大。

芯片边缘与盖帽侧面的间隙尺寸，需要根据每种情况通过实测确定一个合理的值。建议间隙大小应在 100~300μm 范围内。间隙越小，芯片盖帽对芯片的约束就越强，但芯片和盖帽之间发生失效的风险就越高。

芯片盖帽的厚度是第三个主要设计参数，适当的厚度会因倒装芯片封装的尺寸不同而有所不同。作为示例，在 FEA 仿真中考虑了大尺寸、中尺寸和小尺寸的封装。大尺寸的封装模型与前文中测试样件的尺寸相同，即基板尺寸为 45mm×45mm，芯片尺寸和厚度分别为 23mm×23mm 和 0.78mm。封装基板有八层金属层，芯板厚度 0.8mm。芯板的 CTE 和杨氏模量分别是 11.3ppm/° C 和 32GPa。对于中型封装，其基板尺寸为 30mm×30mm，裸芯片尺寸和厚度分别为 17mm×17mm 和 0.3mm。对于小封装，其基板尺寸为 20mm×20mm，芯片尺寸和厚度分别为 10mm×10mm 和 0.1mm。中型封装的基板有六层金属层，芯板厚度 0.4mm。小封装的基板有六层金属层，芯板厚度 0.15mm。不同尺寸的封装芯板材料均相同。

通过多轮模拟试错，确定了三种封装芯片盖帽的合理厚度分别为 0.4mm、0.3mm 和 0.25mm。仿真得到室温和高温下封装变形的等高线图如图 15.17 所示，其中 W_{25C} 和 W_{260C} 分别代表 25℃和 260℃下的翘曲。可以看出，对于不同尺寸的封装，理论上是可以通过适当的芯片盖帽厚度来实现无翘曲封装的。但实际上由于底部填充材料固化时存在初始翘曲，因此很难达到理论计算所得到的微小的翘曲形变。然而，较理想的情况是获得一条翘曲随温度变化的平坦曲线，如图 15.15 中的测试数据所示。

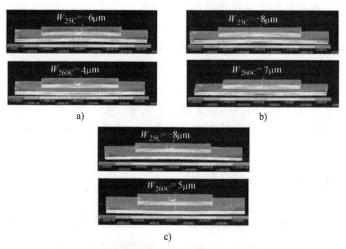

图 15.17　选用最优盖帽厚度，不同尺寸封装在室温（25℃）和
高温（260℃）下的形变等高线图[66]
a）小尺寸封装　b）中等尺寸封装　c）大尺寸封装

3. 过度翘曲控制

前文为了实现无翘曲封装，通过对不同封装尺寸的多轮模拟试错，最终优选确定了芯片盖帽厚度。在这里，我们通过选择更厚的芯片盖帽，展示了芯片盖帽方法中一个有趣的现象，称为过度翘曲控制。仿真示例中采用与前文相同的大尺寸封装，但封装基板

考虑了 0.4mm 厚的更薄的芯板。前文中对于 0.8mm 厚的芯板，0.4mm 厚的芯片盖帽已经实现了理想的翘曲控制。通过将与前文相同的 0.4mm 厚的芯片盖帽用于更薄芯板的封装，可以模拟过度翘曲控制的现象，如图 15.18b 所示。而对于较薄的芯板（0.4mm），若采用

更薄的 0.3mm 厚的芯片盖帽，便可获得理想的翘曲控制，如图 15.18c 所示。值得注意的是，传统的翘曲控制方法中即使使用非常厚的加强环或盖子，也不会出现上述的过度翘曲控制的现象。

4. 无芯基板无翘曲控制

与有芯板的基板相比，无芯基板更适合封装应用，因为它可以缩小基板尺寸并提高倒装芯片封装的性能。然而，由于无芯基板的刚性低，使用无芯基板的倒装芯片封装容易发生过度翘曲。而且对于大尺寸封装，使用加强环或盖子也很难控制较大的翘曲变形。众所周知，当采用加强环或盖子对无芯基板进行翘曲控制时，基板会表现出严重的 W 型形变，从而限制了其应用。

同样，采用 FEM 仿真研究了芯片盖帽方法对无芯基板封装翘曲控制的影响。此处模拟了两种封装尺寸，除了封装基板类型不同外，封装尺寸和基板金属层与前文中的大尺寸、小尺寸封装相同。作为对比，还对裸芯片封装的

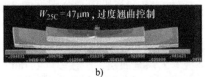

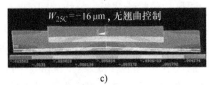

图 15.18　FEM 仿真结果：合理的芯片
盖帽厚度与芯板厚度关系[66]

a）0.4mm 厚的芯片盖帽，0.8mm 的芯板
b）0.4mm 厚的芯片盖帽，0.4mm 的芯板
c）0.3mm 厚的芯片盖帽，0.4mm 的芯板

情况进行了仿真。大尺寸和小尺寸倒装芯片封装的仿真结果如图 15.19 所示。可以看出，0.25mm 厚的芯片盖帽可以有效地控制巨大的室温翘曲。更有趣的是，无论大尺寸还是小尺寸封装，均可采用相同厚度的芯片盖帽实现无翘曲控制。上述封装中，大尺寸封装（45mm×45mm）的基板有 8 层金属层，裸片厚度为 0.78mm，小尺寸封装（10mm×10mm）的基板有 6 层金属层，裸片厚度为 0.1mm。

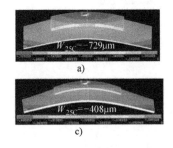

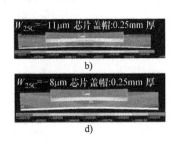

图 15.19　室温下封装翘曲的等高线图

a）裸芯片大尺寸封装采用 8 层金属层的无芯基板　b）芯片盖帽大尺寸封装采用 8 层金属层的无芯基板
c）裸芯片小尺寸封装采用 6 层金属层的无芯基板
d）芯片盖帽小尺寸封装采用 6 层金属层的无芯基板[66]

15.4　湿 - 热联合作用下的综合应力分析

15.4.1　引言

除了由热应力引起的可靠性问题外，湿气诱导的吸湿应力和升温时的蒸气压力也可能导致众多的失效 [14, 15, 25, 73-76]。吸潮以及在升温时随之而来的封装失效问题已成为关系到微电子器件可靠性的重要问题。湿气的不利影响可能包括粘附力降低、吸湿膨胀、界面分层和其他材料退化问题 [16-18, 25, 26, 77]。一种极端情况是回流焊接，其中温度迅速上升至 260℃ 的峰值温度，并且封装材料中封存的水分可能蒸发并产生较高的内部蒸汽压，导致界面分层甚至产生爆米花效应 [14, 27, 77-79]。在高加速温度 / 湿度应力测试（HAST）中，当施加了高温、高湿和高气压条件，湿气引起的应力也变得非常严峻，将会导致封装失效。

由于湿气会造成一系列有害影响，行业内已做出大量努力来研究封装微电子器件中的湿气扩散、解吸湿和随之而来的机械应力 [16, 26, 80-84]。更重要的是，由于湿气引起的应力通常伴随着热应力（例如在回流焊或 HAST 试验条件下），因此必须一并考虑热膨胀、吸湿膨胀和内部蒸气压力形成等影响，进行综合应力分析 [17、63、77、85]。

为了研究热应力和吸湿应力联合作用下的影响，15.4.2 节首先研究了不同温度和相对湿度（RH）条件下的湿气扩散方程。然后在 15.4.3 节中介绍了吸湿应力的理论，并引入了有效应力的概念。15.4.4 节对蒸气压力计算模型进行了描述，模型中引入了孔隙体积分数（void volume fraction）和蒸气压作为两个内部场变量。第 15.4.5 节根据文献 [17]总结了一套完整的控制方程，综合考虑了温度、湿气、位移、孔隙体积分数和蒸气压。15.4.6 节对具有代表性的双材料组合结构（bi-material configuration），采用商业有限元分析软件 ANSYS 对其控制方程进行求解，并给出了湿气扩散、蒸气压和综合应力效应的求解结果。

15.4.2　湿气扩散理论

基于菲克定律（Fick's law）[86] 的瞬态湿气扩散方程在半导体工程应用最为广泛，其表达式为

$$\frac{\partial C}{\partial t} = -\nabla \cdot (-D\nabla C) \qquad (15.6)$$

式中，C 是局部湿气浓度；D 是扩散系数（扩散速率）；t 是时间。然而，由于三维封装中使用了不同的材料，不同材料界面处的水汽浓度 C 是不连续的，计算起来比较困难。因此，引入了归一化浓度或扩散材料的活性（此处表示为 ϕ ）[87]：

$$\phi = C / S(T) \qquad (15.7)$$

式中，S 是多层系统中每种材料在温度 T 下的溶解度。当两种不同材料在界面处结合时，归一化浓度在两种不同材料之间的界面上是连续的。将式（15.7）代入式（15.6），并且按照归一化浓度整理后的瞬态湿气扩散方程变为

$$S\frac{\partial\phi}{\partial t}+\phi\frac{\partial S}{\partial T}\frac{\partial T}{\partial t}=\nabla\cdot\left[D\left(S\nabla\phi+\phi\frac{\partial S}{\partial T}\nabla T\right)\right] \qquad (15.8)$$

为了描述 non-Fickian 行为，湿气扩散本构模型的通用形式为 [88]

$$J=-SD\left(\nabla\phi+k_{\mathrm{T}}\nabla T+k_{\mathrm{p}}\nabla P\right) \qquad (15.9)$$

式中，J 是总水汽通量；k_{T} 和 k_{p} 分别是温度梯度驱动和静压驱动的扩散因子；这里静压 P 定义为 $-\sigma_{ii}/3$。

式（15.8）和式（15.9）相比，得到

$$k_{\mathrm{T}}=\frac{\phi}{S}\frac{\partial S}{\partial T} \qquad (15.10)$$

这表明式（15.8）中的归一化扩散方程实际上是通用湿气扩散方程的特例，它忽略了静压驱动下的扩散行为。

另一个归一化变量为湿度 ω，表达式如下：

$$\omega=C/C_{\mathrm{sat}} \qquad (15.11)$$

式中，C_{sat} 是在给定的相对湿度和温度下，每种吸收材料的饱和吸湿浓度。由于 C_{sat} 依赖于相对湿度，所以它并不完全是一种固定的材料属性。因此，能否在湿度条件变化的情况下扩展应用上述方法还不够确定，比如，在从浸泡到回流焊的过程中，相对湿度就会发生变化，上述表达式就不一定适用。那么，更通用的湿度可用式（15.12）表达：

$$\omega=C/C_{\mathrm{sat}}\left(\mathrm{RH}_0,T\right) \qquad (15.12)$$

式中，RH_0 是参考相对湿度。与式（15.11）相比，式（15.12）中定义的湿度更确切，并且在不同材料的界面处连续。对于相对湿度变化的过程，式（15.12）中的分母总是指特定参考相对湿度 RH_0 和温度 T 下的"参考"饱和吸湿浓度，即使 RH_0 可能与当前的相对湿度条件不同。根据亨利定律（Henry's law）[86]：

$$C_{\mathrm{sat}}\left(\mathrm{RH}_0,T\right)=p_{\mathrm{amb}}\left(\mathrm{RH}_0\right)S\left(T\right)=p_{\mathrm{g}}\mathrm{RH}_0S\left(T\right) \qquad (15.13)$$

式中，p_{amb} 和 p_{g} 是 RH_0 下的环境水汽分压和温度 T 下的饱和水汽分压。

由文献 [14, 80] 可知，只要远离玻璃化转变温度，饱和吸湿浓度与环境相对湿度成线性比例而不依赖于温度。在这种情况下，在感兴趣的温度范围内 $C_{\mathrm{sat}}\left(\mathrm{RH}_0\right)$ 可被视作常数。代入方程。将式（15.13）代入式（15.12）和式（15.6），可得到

$$\frac{\partial\omega}{\partial t}=\nabla\cdot\left(D\nabla\omega\right) \qquad (15.14)$$

这表明，当采用式（15.12）中的湿度 ω 时，湿 - 热类比描述适用于温度相关的湿气

扩散过程。式（15.14）中的狄利克雷（Dirichlet）边界条件变成：

$$\omega|_{bc} = RH_{bc}/RH_0 \qquad (15.15)$$

式中，RH_{bc} 是边界处的相对湿度。

　　其他方法，如直接浓度法（Direct Concentration Approach，DCA）、对流 - 扩散模型[78, 79] 等，也都得到了较好的发展，并且这些方法不需要归一化处理。特别地，对流 - 扩散模型在蒸汽流动很重要的快速加热场景下会很有用。这些模型的细节可以参考文献 [78，79]，本节不做赘述。

15.4.3　湿气诱导的应变和等效应力理论

　　湿气诱导的应力可包括吸湿应力和蒸汽压力 P。为了表征吸湿性膨胀，可以使用湿 - 热类比描述：

$$\varepsilon_c = \beta C \qquad (15.16)$$

式中，β 是吸湿膨胀系数，该材料属性可以通过 TGA 和 TMA 的实验测试来确定[14]。

　　为了考虑蒸汽压力引起的应变，假设聚合物材料作为多孔介质并引入了有效应力概念。随着湿气蒸发，所产生的蒸汽压力作用在多孔材料的固相部分，蒸汽压与基体材料变形之间的耦合现象可以用有效应力概念来描述，如下：

$$\sigma_{ij} = \sigma'_{kk} - p\delta_{ij} \qquad (15.17)$$

式中，σ_{ij} 是总应力张量分量；p 是蒸汽分压；σ'_{ij} 是等效应力。需注意，式（15.17）中的蒸汽分压 p 与压力应力 [在式（15.9）中用大写 P 表示] 具有不同的含义。通常式（15.17）中的蒸汽分压 p 是正值。

　　根据有效应力的定义，多孔基体的变形仅受等效应力的支配。因此，线性、各向同性弹性材料的本构模型可以用等效应力描述如下：

$$\varepsilon_{ij} = \frac{1+\nu}{E}\sigma'_{ij} - \frac{\nu}{E}\sigma'_{kk}\delta_{ij} + (\alpha\Delta T + \beta C)\delta_{ij} \qquad (15.18)$$

式中，E 是杨氏模量；ν 是泊松比；$\Delta T = T - T_0$，其中 T_0 代表参考温度。从公式可以看出，热应变和吸湿应变都包括在内。蒸汽压力的影响可以通过将式（15.17）代入式（15.18）来揭示，导出新的公式：

$$\varepsilon_{ij} = \frac{1+\nu}{E}\sigma_{ij} - \frac{\nu}{E}\sigma_{kk}\delta_{ij} + \left(\alpha\Delta T + \beta C + \frac{1-2\nu}{E}p\right)\delta_{ij} \qquad (15.19)$$

　　式（15.19）表明蒸汽压力作为附加的体积应变项对基体变形有贡献。综上，总体积应变可以写为

$$\varepsilon^{uolu} = \varepsilon_T + \varepsilon_h + \varepsilon_p = \alpha\Delta T + \beta C + \frac{1-2\nu}{E}p \qquad (15.20)$$

　　再结合式（15.20）和式（15.17），可以改写为

$$\sigma_{ij} = 2G\varepsilon_{ij} + \lambda\varepsilon_{kk}\delta_{ij} - \left(\frac{E}{1-2v}(\alpha\Delta T + \beta C) + p\right)\delta_{ij} \tag{15.21}$$

式中，G 和 λ 是 Lame 弹性常数。基于式（15.21）的本构方程，形变平衡方程变成下式[17]：

$$G\nabla^2 u_i + (\lambda+G)e, i - \left[\frac{E}{1-2v}(\alpha\Delta T + \beta C) + p\right], i + X_i = 0 \tag{15.22}$$

式中 u_i 是位移矢量的分量；e 是总体积应变；X_i 是体积力矢量的分量。式（15.21）或式（15.22）意味着所施加的所有载荷：热膨胀、吸湿膨胀和蒸汽压力，都是以体积载荷的形式施加。通过求解上述应变定义和热传导 - 湿气扩散控制方程推导出来的受力平衡方程，可以获得由温度偏移、湿气扩散和蒸发引起的应力 / 变形响应。由于温度场和湿气浓度场实质上与应力状态无关（如果可以忽略应力梯度驱动的扩散机制），可以在应力分析之前事先分别确定，然后将其合并到后续的应力分析中。

15.4.4　蒸汽压力建模

要评估总应变，必须首先确定蒸汽压力。通常，蒸汽压力与局部水汽浓度和自由体积分数相关（根据多孔介质假设）。虽然湿气扩散是在宏观水平上分析的，但蒸汽压力模型应该在微观水平上考虑。基于这一原则，文献 [89] 已经提出了一种基于细观力学的蒸汽压力模型，并在半导体封装行业得到了广泛的接受。其他蒸汽压力模型，例如基于亨利定律的模型 [19, 20, 78, 79]，并没有考虑微观效应。因此，本节重点讲述基于细观力学的蒸汽压力模型。

基于细观力学的模型考虑了表征单元体积（Representative Elementary Volume，REV），如图 15.20 所示。REV 存在于多孔介质中的任何位置，所有吸收的水汽都是以液态水或蒸汽形式存在。水汽聚集在微 / 纳米孔、自由体积、界面和（或）微小 / 宏观空隙中，自由水汽会在回流过程中蒸发。REV 中的总水汽含量是从宏观水平的局部水汽浓度 C 获得的。如果孔隙体积分数 ϕ（或间隙空间分数）是已知的，那么孔隙中的"表观"水汽密度（ρ_a）可以定义为[89]

$$\rho_a = C/\phi \tag{15.23}$$

蒸汽压力的计算是从确定孔隙中的水汽状态开始的。如果孔隙中只含有水蒸气，且水蒸气压力达到饱和点，则饱和水蒸气的密度 ρ_g 可根据理想气体定律表示为

$$\rho_g(T) = \frac{p_g(T)}{RM(H_2O)T} \tag{15.24}$$

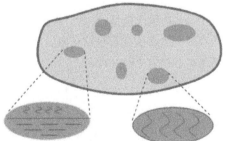

图 15.20　描述聚合物材料孔隙中水汽的两种不同状态的 REV[89]

式中，$\rho_g(T)$ 是给定温度下的饱和蒸汽压；气体常数 $R = 8.314J/(mol \cdot K)$，水分子质量 $M(H_2O) = 18g/mol$。然后通过比较 ρ_a 和 ρ_g 来确定蒸汽压：

$$p(T) = \begin{cases} \dfrac{RT}{M(\mathrm{H_2O})\varphi} \cdot C, & \rho_\mathrm{a} < \rho_\mathrm{g} \\ P_\mathrm{sat}(T), & \rho_\mathrm{a} \leqslant \rho_\mathrm{g} \end{cases} \qquad (15.25)$$

式（15.25）提供了一个计算蒸汽压的模型。它表明蒸汽压与水分扩散（水分浓度为 C）、温度场（T）以及孔隙体积分数 ϕ 相关。孔隙体积分数可以被认为是一个损伤场变量。孔隙的增长必须遵循连续性方程，如下式[17, 90]：

$$\dot{\phi} = (1-\varphi)\dot{u}_{i,j} \qquad (15.26)$$

这与式（15.22）中的连续体变形是相耦合的。

15.4.5　综合应力分析控制方程

从前面几小节的分析来看，综合应力问题所涉及的基本场变量包括：温度 T、归一化水汽浓度 ϕ、位移矢量 u_i、内部蒸汽压力 p 和孔隙体积分数 ϕ。蒸汽压力 p 和孔隙体积分数 ϕ 可以被视为内部场变量。空隙体积分数 ϕ 是描述所关注系统中损坏进展的损伤参数。求解该问题的控制方程总结如下[17]：

$$\frac{\partial T}{\partial t} = D_\mathrm{T} \nabla^2 T \qquad (15.27)$$

$$S\frac{\partial \phi}{\partial t} + \phi\frac{\partial S}{\partial t} = \nabla \cdot [D(S\nabla\phi + \phi\nabla S)] \qquad (15.28)$$

$$G\nabla^2 u_i + (\lambda + G)\varepsilon, i - \left[\frac{E}{1-2\nu}(\alpha\Delta T + \beta C) + p\right], i + X_i = 0 \qquad (15.29)$$

$$\dot{\phi} = (1-\varphi)\dot{u}_{i,j} \qquad (15.30)$$

式中，D_T 是热扩散系数。由于采用了归一化水汽浓度，上述方程可以用来求解多材料系统（例如三维芯片堆叠）。可以看出，回流焊接过程中的综合应力建模需要五种类型的建模，即：①水汽预处理和回流焊接过程中的湿气扩散；②热建模；③湿 - 机械建模；④热 - 机械建模；⑤蒸汽压力建模。

15.4.6　案例分析

为了验证综合应力理论的应用，采用双材料组合结构进行分析，如图 15.21 所示。双材料组合结构可以被视为三维封装器件中最基本的结构。在示例中，材料 1 选择铜，材料 2 选择模塑料。表 15.3 ~ 表 15.5 分别给出了各自材料的几何参数和材料属性。

图 15.21　用于综合应力分析的双材料组合结构示意

表 15.3 双材料组合体的几何参数 [17]

几何参数	Cu	模塑料
厚度 /mm	0.2	0.3
长度 /mm	2	2

表 15.4 模塑料的温度相关性材料参数 [17]

温度 /℃	热膨胀系数 CTE/（ppm/℃）	杨氏模量 E/GPa
85	20	20.0
125	20	20.0
155	40	5.0
195	40	1.0
265	40	1.0

表 15.5 双材料组合体的材料属性参数 [17]

	Cu	模塑料
85℃ /85%RH 饱和吸湿浓度 /（μg/mm³）	N/A	4.0
初始扩散因子 D_0/（mm²/s）	N/A	5.0
扩散激活能 Q/ ev	N/A	0.4
初始孔隙体积分数	N/A	0.05
热膨胀系数 CTE/（ppm/℃）	17	见表 15.4
杨氏模量 /GPa	130	见表 15.4
泊松比	0.34	0.3
吸湿膨胀系数 /（mm³/μg）	N/A	0.5×10^{-3}

模塑料的湿气扩散系数取决于温度，这可以通过 Arrhenius 方程来描述：

$$D = D_0 e^{-\frac{Q}{RT}} \qquad (15.31)$$

式中，D_0 是预设因子（pre-factor）；Q 是激活能（ev）。由于铜材料不吸收水汽，因此扩散系数和饱和吸湿浓度被指定为非常小的值（例如低于 10^{-6} 的某个数值）。D_0 和 Q 的具体数值见表 15.5。

该组合体首先在 85℃ /85%RH 条件下进行 196h 的预处理，然后立即进行回流焊工艺。回流焊过程的时间历程曲线如图 15.23 所示。根据文献，回流焊温度曲线对水汽分布影响很大 [22]（如图 15.22 所示）。

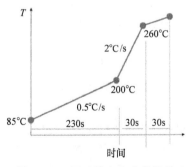

图 15.22 用于综合应力分析的回流焊温度曲线 [17]

根据 15.4.3 节中描述的控制方程，对湿气扩散、蒸汽压力和综合应力分析进行顺序耦合求解。为了求解多场方程，在 ANSYS 中应用了湿 - 热类比模拟并内置了用户可自定义的吸湿膨胀函数。下面对求解结果进行详细讨论。

图 15.23 显示了回流焊接过程中三种不同温度下的绝对水汽浓度等高线图。可以看出，随着回流温度的升高，铜 / 模塑料界面处的最大湿气浓度显著降低。

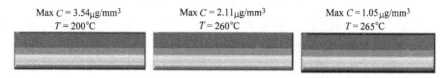

图 15.23　不同温度下的湿气分布等高线图 [17]

图 15.24 给出了与图 15.23 中相对应的温度点下基于细观力学方法求解的蒸汽压力等值线图。可以看出，当温度从 200℃ 升高到 260℃，尽管水汽浓度有所降低，但蒸汽压力还是会随着温度的升高而增加，但是，随着温度持续升高至 265℃ 时，水汽的流失导致蒸汽压力开始下降。这表明随着解吸湿过程的进行，已经没有足够的残余湿气来保持较高的蒸汽压。

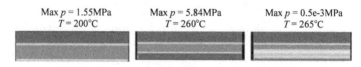

图 15.24　不同温度下的蒸汽压力分布等值线图 [17]

当确定了湿气浓度和蒸汽压力场后，可以通过式（15.22）将它们合并到后续的应力分析中。图 15.25 给出了在 85℃ /85%RH 条件下预处理 1h 和 18h 时的湿气分布、相应的组装体变形后的形状以及模塑料内部最大 von-Mises 应力对比。在预处理开始时，无应力温度范围（160 ~ 85℃）内的热失配导致组装体发生凸形形变。之后，模塑料因吸湿而膨胀，并且组装体从凸形变形为凹形。与此同时，由于吸湿膨胀，模塑料中的应力水平显著增加。

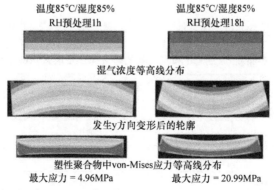

图 15.25　预处理过程不同时段的湿气浓度、形变、应力比较 [17]

综合应力分析考虑了吸湿膨胀和蒸汽压的影响，为了更好地证明其重要性，对比分析了三种情况下所受的应力：①仅受热载荷，在此分析中，回流过程仅考虑热失配。由于这是一个线性分析，应力状态仅取决于最终温度状态；②热和吸湿膨胀共同作用的载荷，在研究过程的不同时段（在预处理或回流阶段），湿气分布均可以作为体积载荷施加，而应力状态取决于温度状态和瞬时湿气分布；③热、吸湿膨胀和蒸汽压力联合作用的载荷，在这种情况下，式（15.22）用于施加包括吸湿膨胀和蒸汽压在内的体积载荷。

上述三种分析的数值计算结果总结见表 15.6 ~ 表 15.8。表 15.6 分别给出了在回流焊过程中三个不同时段（200℃、260℃和 260℃，保持 30s 后）Cu 和模塑料的最大翘曲、最大 von-Mises 应力。在 200℃时，引起应力的吸湿膨胀和蒸汽压力在最终应力状态中起着重要作用（表 15.6），其影响不容忽视。对比表 15.7 和表 15.8，明显发现当在 260℃相同温度下，时间的持续会导致更多水汽丢失，吸湿膨胀和蒸汽压的影响将会减弱。最大应力状态可能发生在给定回流曲线的某特定温度时段，并且最大应力可能不会出现在回流焊接峰值温度，因为水汽在温度升高过程中会持续逸出。

表 15.6 200℃下 Cu 和模塑料的最大翘曲及最大 von-Mises 应力 [17]

	最大翘曲 W/mm	最大 von-Mises 应力 σ_e, MC/MPa	最大 von-Mises 应力 σ_e, Cu/MPa
仅热应力	0.4e-3	2.4	8.7
热应力 + 吸湿应力	0.7e-3	4.9	17.3
热应力 + 吸湿应力 + 蒸汽压力	1.0e-3	6.3	22.9

表 15.7 260℃下 Cu 和模塑料的最大翘曲及最大 von-Mises 应力 [17]

	最大翘曲 W/mm	最大 von-Mises 应力 σ_e, MC/MPa	最大 von-Mises 应力 σ_e, Cu/MPa
仅热应力	1.3e-3	6.0	21.9
热应力 + 吸湿应力	1.5e-3	7.2	27.5
热应力 + 吸湿应力 + 蒸汽压力	2.1e-3	11.2	38.9

表 15.8 260℃保温 6s 后 Cu 和模塑料的最大翘曲及最大 von-Mises 应力 [17]

	最大翘曲 W/mm	最大 von-Mises 应力 σ_e, MC/MPa	最大 von-Mises 应力 σ_e, Cu/MPa
仅热应力	1.3e-3	6.0	21.9
热应力 + 吸湿应力	1.4e-3	6.3	24.7
热应力 + 吸湿应力 + 蒸汽压力	1.4e-3	6.3	24.7

15.5　小结

本章讨论了热 / 湿气引起的应力及其对三维封装的影响。介绍了热 - 机械建模和湿气建模技术，以此描述三维封装在热载荷和湿气载荷下的应力和所关注的问题。基于对这些建模技术的评估有助于增强对三维封装失效机理的理解，为封装设计提供指导，并提高三维封装产品的性能和可靠性。

15.2 节研究了芯片级热应力对 TSV 结构的影响。TSV 中的热应力是由 Cu 通孔和 Si 之间的 CTE 失配引起的，并且由于 Si 衬底的限制而具有三轴应力状态。为了描述 TSV 结构中近表面应力的独特性质，已有研究为嵌入硅晶片中的 TSV 胞体提出了半解析三维解决方案。作为一种数值求解方法，有限元方法已被用于分析三维集成结构中的热应力并评估应力诱导的阻止区（KOZ）。在实验方面，采用晶圆曲率和微拉曼光谱相结合的方法来测量 TSV 内部和周围的热应力。Cu 的微观结构在影响热循环后的应力松弛和残余应力方面起着重要作用。微观结构对通孔挤出的可靠性也有重要影响，因为晶粒生长、塑性变形和扩散蠕变是引起通孔挤出的潜在机理。综上，优化 TSV 制造过程的电镀化学参数和退火等工艺条件非常重要，可以此控制热应力并提高 TSV 结构的可靠性。

15.3 节讨论了三维封装的封装级热应力的影响，重点关注了与翘曲相关的可靠性问题。多层结构中的热应力引起的翘曲可以通过解析模型来计算。本节介绍了两种理论：自然弯曲理论和梁式板理论。为了明确组装过程中的翘曲机制，对倒装芯片封装进行了研究，结果表明翘曲通常发生在底部填充胶固化后的温度突变。传统的翘曲控制方法，例如采用加强环或盖子都是基于基板控制原理，因此可能会给封装带来额外的应力。相反，基于芯片控制原理的芯片盖帽方法被认为更有效，并且能够实现三维封装的无翘曲设计。芯片盖帽方法的关键控制机理是减少芯片和基板之间 CTE 的失配。实验测试和数值建模证实了芯片盖帽方法比传统控制方法更有效。理想情况下，该方法可以在整个温度变化范围内实现无翘曲封装，通过将翘曲控制在较低且稳定的水平，从而有效缓解封装级热应力引起的可靠性问题。

在 15.4 节，综合考虑了湿气引起的应力（包括吸湿应力和蒸汽压力）和热应力，以满足高温和高湿环境下的分析需求（例如，回流焊接工艺或 HAST 试验环境）。为了耦合湿气和热效应，提出了一种基于损伤细观力学的连续介质理论，该理论可实现湿气扩散、热传导、基体材料变形以及孔隙体积分数增长等多个变量耦合。总应变可表达为吸湿膨胀、热膨胀和蒸汽压力诱导应变的组合方程。根据有效应力概念建立新的本构定律，为综合应力分析提供了一套完整的控制方程，可以通过湿 - 热类比模拟和 ANSYS 中内置的用户自定义吸湿膨胀函数来求解。并采用双材料组装体阐明包含湿气扩散、蒸汽压演变和应力计算在内的综合应力分析。结果表明，湿气诱导的应力对回流过程的最终应力状态有着重要影响，因此湿气诱导的变形（包括吸湿膨胀和蒸汽压力引起的应变）可能与热膨胀同等重要。综上可得，在回流焊接或 HAST 试验等湿气诱导的应力不容忽视的条件下，综合应力分析理论可以作为一种有效的工具来分析、理解和提高三维集成电路封装的可靠性。当湿气扩散方程中引入归一化浓度，该理论可以应用于具有众多不同材料的任何三维组装。值得注意的是，目前对于微电子封装中使用的蒸汽压力模型在业界还未达成共识。然而，本章提供的理论框架并不取决于是否采用蒸汽压力模型。

致谢： 本书作者要感谢中山大学黄智恒对本章的细致审阅。

参考文献

1. Z. Wang, J. Microelectromech. Syst. **24**, 1211 (2015)
2. J.U. Knickerbocker et al., IBM J. Res. Dev. **52**, 553 (2008)
3. P. Garrou, C. Bower, P. Ramm, in *Handbook of 3D integration* (Wiley, 2008)
4. M. Jung, J. Mitra, D.Z. Pan, S.K. Lim, Commun. ACM **57**, 107 (2014)
5. JEDEC-JEP158, (JEDEC Solid State Technology Association, 2009)
6. S.W. Yoon, J.H. Ku, F. Carson, *SEMICON Korea 2010* (Seoul, Korean, 2010)
7. K.N. Tu, Microelectron. Reliab. **51**, 517 (2011)
8. C.-H. Liu, J.-L. Tsai, C. Hung-Hsien, C.-L. Lu, S.-C. Chen, in *IEEE 64th Electronic Components and Technology Conference* (2014), p. 1628
9. K. Sakuma et al., in *IEEE 64th Electronic Components and Technology Conference (ECTC)* (2014), p. 647
10. L. Mirkarimi, R. Zhang, A. Agrawal, H. Shaba, B.-S. Lee, R. Katkar, E. Chau, S. Arkalgud (2014)
11. C.-H. Liu, Y.-H. Liao, W.-T. Chen, C.-L. Lu, and S.-C. Chen, in *IEEE 65th Electronic Components and Technology Conference (ECTC)* (2015), p. 1502
12. K. Sakuma et al., in *IEEE 65th Electronic Components and Technology Conference (ECTC)* (2015), p. 318
13. S.Y. Yang, W.-S. Kwon, S.-B. Lee, Microelectron. Reliab. **52**, 718 (2012)
14. X.J. Fan, E. Suhir, *Moisture Sensitivity of Plastic Packages of IC Devices* (Springer, New York, 2010)
15. X.J. Fan, T.B. Lim, in *ASME International Mechanical Engineering Congress and Exposition, IMECE/EPE-14* (1999)
16. J. Zhou, T.Y. Tee, X.J. Fan, in *Moisture Sensitivity of Plastic Packages of IC Devices* (Springer, 2010), p. 153
17. X.J. Fan, J.-H. Zhao, in *12th International Conference on Thermal, Mechanical and Multi-Physics Simulation and Experiments in Microelectronics and Microsystems (EuroSimE)* (2011), p. 1
18. X.Q. Shi, Y.L. Zhang, Z. Wei, X.J. Fan, IEEE Trans. Compon. Packag. Technol. **31**, 94 (2008)
19. A.M.N. Kitano, S. Kawai, in *Proceedings of IRPS* (1988), p. 90
20. C.G. Shirley, IEEE Trans. Device Mater. Reliab. **14**, 426 (2014)
21. B. Xie, X.Q. Shi, X.J. Fan, in *Proceedings of 57th Electronic Components and Technology Conference* (2007), p. 242
22. B. Xie, X.J. Fan, X. Shi, H. Ding, ASME J. Electron. Packag. **131**, 031011 (2009)
23. B. Xie, X.J. Fan, X. Shi, H. Ding, ASME J. Electron. Packag. **131**, 031010 (2009)
24. E.H. Wong, Y.C. Teo, T.B. Lim, in *Proceedings of Electronic Components and Technology Conference* (1998), p. 1372
25. S. Liu, Y. Mei, IEEE Trans. Compon. Packag. Manuf. Technol. Part A: **18**, 634 (1995)
26. X.J. Fan, J. Zhou, A. Chandra, in *58th Electronic Components and Technology Conference* (2008), p. 1054
27. X.J. Fan, G.Q. Zhang, W.D. van Driel, L.J. Ernst, IEEE Trans. Compon. Packag. Technol. **31**, 252 (2008)
28. J.V. Olmen et al., Microelectron. Eng. **88**, 745 (2011)
29. K. Sinwoo et al., in *IEEE International 3D Systems Integration Conference (3DIC)* (2011), p. 1
30. A. Mercha et al., in *IEEE International Electron Devices Meeting (IEDM)* (2010), p. 2.2.1

31. A.P. Karmarkar, X. Xu, V. Moroz, in *IEEE International Reliability Physics Symposium* (2009), p. 682
32. K.H. Lu, X. Zhang, S.-K. Ryu, J. Im, R. Huang, P.S. Ho, in *59th Electronic Components and Technology Conference (ECTC)* (2009), p. 630
33. S.-K. Ryu, K.-H. Lu, X. Zhang, J.-H. Im, P.S. Ho, R. Huang, IEEE Trans. Device Mater. Reliab. **11**, 35 (2011)
34. S.-K. Ryu, T. Jiang, K.H. Lu, J. Im, H.-Y. Son, K.-Y. Byun, R. Huang, P.S. Ho, Appl. Phys. Lett. **100**, 041901 (2012)
35. T. Jiang, S.-K. Ryu, Q. Zhao, J. Im, R. Huang, P.S. Ho, Microelectron. Reliab. **53**, 53 (2013)
36. I. De Wolf, in *AIP Conference Proceedings* (2011), p. 138
37. S.-K. Ryu, Q. Zhao, M. Hecker, H.-Y. Son, K.-Y. Byun, J. Im, P.S. Ho, R. Huang, J. Appl. Phys. **111**, 063513 (2012)
38. W.S. Kwon, D.T. Alastair, K.H. Teo, S. Gao, T. Ueda, T. Ishigaki, K.T. Kang, W.S. Yoo, Appl. Phys. Lett. **98**, 232106 (2011)
39. T. Jiang, S.-K. Ryu, J. Im, H.-Y. Son, N.-S. Kim, R. Huang, P.S. Ho, in *IEEE International Interconnect Technology Conference (IITC)* (2013), p. 1
40. D. Gan, P.S. Ho, R. Huang, J. Leu, J. Maiz, T. Scherban, J. Appl. Phys. **97**, 103531 (2005)
41. T. Jiang, J. Im, R. Huang, P.S. Ho, MRS Bull. **40**, 248 (2015)
42. W. Ingrid De, Semiconductor Science and Technology **11**, 139 (1996)
43. D.J. Gardiner, *Pract. Raman Spectrosc.* (Springer, New York, 1989)
44. Y. Sun, S. Thompson, T. Nishida, *Strain Effect in Semiconductors* (Springer, New York, 2010)
45. A. Mercha et al., in *2010 Symposium on VLSI Technology (VLSIT)*, (2010), p. 109
46. S. Cho et al., in *International Interconnect Technology Conference and 2011 Materials for Advanced Metallization (IITC/MAM)* (2011), p. 1
47. R. Suk-Kyu, L. Kuan-Hsun, J. Tengfei, J.-H. Im, H. Rui, P.S. Ho, IEEE Trans. Device Mater. Reliab. **12**, 255 (2012)
48. J. C. Lin *et al.*, in *International Electron Devices Meeting (IEDM)*, 2010, pp. 2.1.1
49. T.C. Tsai, W.C. Tsao, W. Lin, C.L. Hsu, C.L. Lin, C.M. Hsu, J.F. Lin, C.C. Huang, J.Y. Wu, Microelectron. Eng. **92**, 29 (2012)
50. T. Jiang, C. Wu, J. Im, R. Huang, P.S. Ho, J. Microelectron. Electron. Packag. **12**, 118 (2015)
51. T. Jiang et al., Appl. Phys. Lett. **103**, 211906 (2013)
52. S.-K. Ryu, T. Jiang, J. Im, P.S. Ho, R. Huang, IEEE Trans. Device Mater. Reliab. **14**, 318 (2014)
53. J. De Messemaeker, O.V. Pedreira, B. Vandevelde, H. Philipsen, I. De Wolf, E. Beyne, K. Croes, in *IEEE 63rd Electronic Components and Technology Conference (ECTC)* (2013), p. 586
54. J. De Messemaeker, O.V. Pedreira, H. Philipsen, E. Beyne, I. De Wolf, T. Van der Donck, K. Croes, in *IEEE 64th Electronic Components and Technology Conference (ECTC)* (2014), p. 613
55. D. Campos et al., in *2013 European Microelectronics Packaging Conference (EMPC)* (2013), p. 1
56. R.L. Hubbard, P. Zappella, IEEE Trans. Compon. Packag. Manuf. Technol. **1**, 1957 (2011)
57. K.M. Jansen, B. Öztürk, IEEE Trans. Compon. Packag. Manuf. Technol. **3**, 459 (2013)
58. W. Lin, B. Baloglu, K. Stratton, in *IEEE 64th Electronic Components and Technology Conference (ECTC)* (2014), p. 1401
59. W. Lin, S. Wen, A. Yoshida, J. Shin, in *IEEE 62nd Electronic Components and Technology Conference (ECTC)* (2012), p. 1406
60. A.-H. Liu, D.W. Wang, H.-M. Huang, M. Sun, M.-R. Lin, C. Zhong, S.-J. Hwang, H.-H. Lu, in *IEEE 61st Electronic Components and Technology Conference (ECTC)* (2011), p. 431
61. T.H. Wang, C.-I. Tsai, C.-C. Lee, Y.-S. Lai, Microelectron. Reliab. **53**, 297 (2013)
62. D.G. Yang, K.M.B. Jansen, L.J. Ernst, G.Q. Zhang, W.D. van Driel, H.J.L. Bressers, X.J. Fan, in *Proceedings of 54th Electronic Components and Technology Conference* (2004), p. 98
63. X.J. Fan, J. Zhou, G.Q. Zhang, Microelectron. Reliab. **44**, 1967 (2004)
64. K. Sakuma, E. Blackshear, K. Tunga, C. Lian, S. Li, M. Interrante, O. Mantilla, J.-W. Nah, in *IEEE 63rd Electronic Components and Technology Conference (ECTC)* (2013), p. 667
65. P.S. Huang, M.Y. Tsai, C.Y. Huang, P.C. Lin, L. Huang, M. Chang, S. Shih, J.P. Lin, in *Electronic Materials and Packaging (EMAP), 2012 14th International Conference on*, 2012, p. 1

66. Y. Shen, L. Zhang, X.J. Fan, in *IEEE 65th Electronic Components and Technology Conference (ECTC)* 2015, p. 1546

67. A.N.V.D. Silva, Dissertation, Universidade de Lisboa, 2010

68. Y. Wen, C. Basaran, J. Electron. Packag. **125**, 134 (2003)

69. S. Timoshenko, J. Opt. Soc. Am. **11**, 233 (1925)

70. E. Suhir, ASME J. Appl. Mech. **53**, 657 (1986)

71. R.R. Valisetty, L.W. Rehfield, A theory for stress analysis of composite laminates. Paper presented at 4thAIAA/ASME/ASCE/AHS Structures, Structural Dynamics and Materials Conference, Lake Tahoe, NV, 1983

72. X. Liu, M. Li, D.R. Mullen, J. Cline, S.K. Sitaraman, IEEE Trans. Device Mater. Reliab. **14**, 512 (2014)

73. A.A.O. Tay, T.Y. Lin, in *Inter-Society Conference on Thermal Phenomena in Electronic Systems. I-THERM V* (1996), p. 67

74. A.A.O. Tay, T.Y. Lin, in *The Sixth Intersociety Conference on Thermal and Thermomechanical Phenomena in Electronic Systems* 1998, p. 179

75. J.E. Galloway, B.M. Miles, IEEE Trans. Compon. Packag. Manuf. Technol. **20**, 274 (1997)

76. X.J. Fan, Mechanics of moisture for polymers: fundamental concepts and model study. Paper presented at EuroSimE 2008—International Conference on Thermal, Mechanical and Multi-Physics Simulation and Experiments in Microelectronics and Micro-Systems, 2008

77. T.Y. Tee, Z. Zhong, Microelectron. Reliab. **44**, 105 (2004)

78. L. Chen, J. Adams, H.-W. Chu, X.J. Fan, J Mater Sci. Mater. Electron. **1** (2015)

79. L. Chen, H.-W. Chu, X.J. Fan, J. Polym. Sci., Part B: Polym. Phys. **53**, 1440 (2015)

80. X.J. Fan, S.W.R. Lee, Q. Han, Microelectron. Reliab. **49**, 861 (2009)

81. X.J. Fan, J. Zhou, G.Q. Zhang, A. Chandra, in *Moisture Sensitivity of Plastic Packages of IC Devices*, edited by X.J. Fan, E. Suhir (Springer, 2010), p. 279

82. M.D. Placette, X. Fan, J.-H. Zhao, D. Edwards, Microelectron. Reliab. **52**, 1401 (2012)

83. W.D. van Driel, M. van Gils, X.J. Fan, G.Q. Zhang, L.J. Ernst, IEEE Trans. Compon. Packag. Technol. **31**, 260 (2008)

84. X.J. Fan, G.Q. Zhang, W.D. van Driel, L.J. Ernst, in *Proceedings of Electronic Components and Technology Conference*, p. 733 (2003)

85. F. Le, S.W.R. Lee, K.M. Lau, C.P. Yue, J.K.O. Sin, P.K.T. Mok, K. Wing-Hung, C. Hoi Wai, in *IEEE 64th Electronic Components and Technology Conference (ECTC)*, p. 919 (2014)

86. J. Crank, *The Mathematics of Diffusion* (Oxford University Press, 1956)

87. S.R. DeGroot, P. Mazur, *Non Equilibrium Thermodynamics* (North Holland Publishing Company, North Holland, Amsterdam, 1962)

88. P. Sofronis, R.M. McMeeking, J. Mech. Phys. Solids **37**, 317 (1989)

89. X.J. Fan, J. Zhou, G.Q. Zhang, L.J. Ernst, ASME J. Electron. Packag. **127**, 262 (2005)

90. Y.C. Fung, *Foundations of Solid Mechanics* (Prentice Hall, New Jersey, 1965)

第16章

堆叠封装互连焊接的工艺与可靠性

Paul Vianco，Mike Neilsen

16.1　导言

本章简要介绍了堆叠封装（Stacked Packaging）技术，并重点从材料和组装工艺维度作了讨论。这些技术迅速成熟，已满足了消费类电子产品器件的应用。此外，还特别关注了焊点的长期性能，这对于军事、航天及其他高可靠性电子行业将是非常关键的信息。

读者在本节中可获取到大量涉及堆叠封装的材料、工艺和可靠性等方面的信息。这些资源包括杂志专题文章、会议论文以及同行评议的期刊文章。读者可通过搜索引擎轻松地获取几乎所有这些出版物。因此，为避免所见页面被参考引文填满（这种情况很容易发生），作者在每个主题区域内提供了有限的引文样本。鼓励读者搜索其他资源。

16.1.1　小型化和功能化趋势

由于电子封装的小型化，使得更多的元器件得以组装到印制电路板（PCB）上，包括电容、电阻等无源器件，也包括从二极管到微处理器等各类有源器件。消费类电子产品和高可靠性电子产品（军事、卫星和航天）不仅获益于产品更加小型轻便，而且其功能还得到了极大的丰富。

这一趋势对于如微处理器这类较大尺寸的有源器件来说已被证明尤为有利。这些元器件在 PCB 上往往占据了最大的面积。在过去的四十年里，随着硅（Si）芯片尺寸的减小，配套的封装也随之减小。在尺寸减小的同时，封装的输入 / 输出（I/O）形态也随之改变，以支撑封装尺寸的减小同时保持组装工艺的良率。早期的双列直插式封装的插装引脚结构（pin-in-hole geometry）让位于 J 形引脚与鸥翼形引脚结构。随着封装功能的增加，电源、接地和信号传输需要更多的 I/O。引脚尺寸必须随着封装尺寸一同减小。随着节距减小到 0.4mm 或更小（在 20 世纪 90 年代被称为"细节距"），细薄且脆弱的引脚易在操作时受到损坏，影响生产良率。更详细的讨论请参见著作 *Printed Circuits Handbook-Seventh Edition*（C.Coombs，H.Holden，McGraw-Hill）。

因此，外围引脚的封装结构已被将 I/O 布置在封装底面的面阵列封装所取代。最初的面阵列 I/O 结构为针栅阵列结构，需要插装引脚焊点或插座（socket）进行安装。球栅阵列（BGA）封装消除了通孔互连的需求，完全通过表面贴装实现互连，因此提高了 PCB 的产量。BGA 的焊球互连位于塑料材料的底部。与塑封球栅阵列（PBGA）封装相对应的是陶瓷柱栅阵列（CCGA）封装，CCGA 可以满足芯片的气密环境的封装需求。

消费类电子，尤其是 iPhone™（iPhone 是苹果公司的商标）等手持设备的爆炸性增长，引领了电子组件进一步小型化及多功能化。设计者减小了 PCB 的占用面积以满足面积（x-y）的限制。要实现功能增加，剩下的选项就只能在垂直（z）方向上添加功能，这促进了三维（3D）封装的发展。

需要重要指出，小型化并不是设计者考虑三维封装的唯一动力。同样，产品性能要求封装之间，甚至封装内的芯片之间缩短距离，以减少信号的传输时间。此外，较短的导线长度减少了电路中的寄生效应，从而降低功耗并提升性能。

16.1.2　三维封装的变体

三维封装的方法主要有两种：堆叠芯片或堆叠封装。顾名思义，堆叠芯片是指在单个封装内将各个芯片之间进行堆叠。初期各芯片之间采用引线键合互连，而现在硅通孔（TSV）正在大量取代产品中的引线键合。堆叠封装则指将封装之间进行堆叠。最早的堆叠封装使用了周边引脚元件[1]。它将鸥翼形引脚封装堆叠在一起，实现在一个器件中集成多颗存储器芯片[2]。如今的堆叠封装则是基于面阵列的互连结构。通过采用堆叠封装技术，将芯片与堆叠封装进行堆叠以实现进一步的集成。

面对市场对小型化和产品多功能性的需求，消费电子行业迅速从堆叠封装转向堆叠芯片技术。然而，堆叠封装对于高可靠电子产品仍然更具吸引力。基于已知良好芯片（Known Good Die，KGD）的概念所扩展的"已知良好封装（Known Good Package）"，这成为堆叠封装的一项独特的优势。堆叠封装技术可通过老化、鉴定和验收检测等方案来验证每个独立封装的性能和可靠性。因此，在封装堆叠在一起并组装到 PCB 上之前，它们能被确认为"已知良好封装"。

另一方面，对于堆叠芯片，晶圆老化先于芯片堆叠（组装和引线键合）及随后的模塑封装。已封装的堆叠芯片器件会再次经过老化、鉴定和验收测试。然而，在器件中存在多颗芯片的情况下，当三颗、四颗或任意数量的芯片的良率相乘时，堆叠芯片封装的良率就会降得更低，而在统计上也意味着堆叠芯片器件实际使用的长期可靠性将会降低。本章将重点介绍堆叠封装技术，这是一种高可靠电子产品更具发展前景的方法。

虽然从理论上讲，可以将很多的封装进行相互堆叠，但实际上存在限制。首先，有产品设计方面的考虑。消费类产品应尽可能薄以便于携带；其次，堆叠中封装数量增加，需要额外的信号布线来解决增加的功能复杂性，从而导致更高的 I/O 数量，这将增加组装良率降低的风险；第三，堆叠中封装数量的增加引发了热管理的问题，尤其是需要将微处理器芯片与多颗存储器芯片产生的热同时散掉；第四，可制造性的挑战随着封装的增加而增加，以至于它们可能会与贴片或回流设备发生干涉；最后，较高的堆叠增加了其在拿持和运输过程中损坏的可能性，还会降低使用中经历冲击和振动环境时的可靠性。因此，两种常见的变体是：堆叠封装（Package-on-Package，PoP），将两个封装堆叠在一起，而三层堆叠封装（Package-on-Package-on-Package，PoPoP）则是三个封装的堆叠。任何进一步的小型化需求都会让堆叠封装转向堆叠芯片技术。

图 16.1 给出了 PoP 和 PoPoP 器件的示意图和照片（其中的示意图均未按比例绘制）。两种结构之间最重要的区别在于焊点。如图所示，第一级互连在各个封装之间传递信号，第二级互连则将 PoP 或 PoPoP 连接到 PCB 上。尽管处在相同的温度循环、机械冲击等环境中，但由于材料组合和结构上的不同，第一级互连和第二级互连焊点的响应可能完全不同。

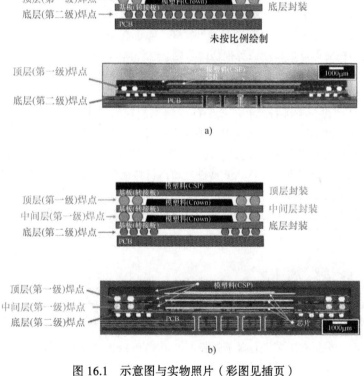

图 16.1　示意图与实物照片（彩图见插页）
a）PoP 器件　b）PoPoP 器件

第一级和第二级互连的焊点通常存在差异。第一级焊点通常围绕封装的周边排列成周边阵列（两行）。底部封装上的第二级焊点为周边阵列（三或四行）或全阵列的形式。由于所有信号、接地和供电都须通过这些互连传递到 PCB，因此需要增加第二级焊点的容量。

16.1.3 应用驱动的 PoP 和 PoPoP 器件要求

对 PoP 和 PoPoP 的性能和可靠性要求是由其用途决定的。从产品体系上将应用分为两类：消费类电子产品和高可靠性电子产品。消费类电子产品包括手持设备（智能手机，笔记本电脑，平板电脑等）、台式计算机、数字存储媒体和娱乐系统。高可靠性领域的产品包括汽车电子、电信、高端服务器、航空电子以及军事、航天和卫星电子产品。就消费类电子产品而言，因较短的产品开发周期和相对良好的使用环境（一般是办公室和家庭），对堆叠封装技术的要求主要由性能和成本驱动。可靠性方面主要考虑手持式设备跌落地面时造成的机械冲击。

高可靠性应用对电子封装及其相关的互连的要求有所不同。冲击条件与个人消费电子产品跌落的情况没有什么不同——除了某些恶劣的环境可能会产生更大强度的冲击外。另外，振动持续时间更长，比如整个发射周期中的振动，或者持续的强制风冷时所经历的振动等。对于 PoP 和 PoPoP 器件来说，振动载荷不会对各单独封装或第一级互连产生多大的损伤。相反，振动引起印制板组件（Printed Wiring Assembly，PWA）弯曲，将使二级焊点暴露于高周疲劳中，从而导致焊点失效。

高可靠性应用中的另一个问题是温度循环。除了在循环的高温时段材料可能发生热降解外，还存在对焊点的低周疲劳损伤的问题。这种损伤由组成封装、焊料和 PCB 的各种材料之间的热膨胀系数（CTE）失配所引起。该情况被称为热机械疲劳（Thermal Mechanical Fatigue，TMF），它可能会导致焊点开裂及电气开路。

由于器件中包含多种材料和结构，TMF 对 PoP 和 PoPoP 来说是一个特别复杂的问题。这些材料和结构除了每个单独封装中的模塑料和基板（转接板）外，还有与器件相连的 PCB（层压板或陶瓷板）。包封材料、底部填充胶和保形涂覆的引入会使整个堆叠封装结构变得更加复杂。PoP 和 PoPoP 器件呈现出材料组合与几何形状的多样性，在这种情况下，通过经验方法获得加速老化数据以预测焊点 TMF 将很受局限。在要求高可靠的应用中，为预测堆叠封装焊点的可靠性，计算机模拟与有限范围的测试验证相结合的方法正展现出更大的应用价值。

16.2 焊接组装工艺

在堆叠封装技术中，导致良率下降的一个重要因素是由翘曲引起的焊点缺陷[3, 4]。文献 [4] 特意研究了在回流过程中顶层封装材料的特性（如 CTE、模量等）与其翘曲程度的关系。然而，很少有工艺工程师通过控制 PoP 或 PoPoP 封装的材料特性来减少组装工艺缺陷。因此，在焊接组装工艺部分将重点介绍翘曲这一主题，因为在装配过程中，翘曲的影响最为明显。基于此，在产品开发过程中优化装配工艺参数是减少翘曲行为的最佳途径。

以下各节对焊接组装过程中的重要因素作了概述，包括焊料合金、助焊剂和焊膏、组装方法、保形涂覆和底部填充胶，以及与堆叠封装技术相关的检测技术。此外，如上所述，讨论将涉及翘曲问题的解决。

16.2.1　焊料合金

16.2.1.1　Sn-Pb 焊料

堆叠封装的出现，无论是结合了外围引脚封装的早期版本还是如今的面阵列结构，都使用了共晶锡铅焊料。该合金的成分为 63Sn-37Pb（wt%），固相线温度 $T_{solidus}$（T_s）和液相线温度 $T_{liquidus}$（T_l）同为 183℃。该焊接工艺已在电子行业中得到广泛的应用，使用了相对较低的回流工艺温度范围（220～235℃）。降低工艺温度始终是减少翘曲相关缺陷的稳妥方法。大多数高可靠性电子产品仍然使用 Sn-Pb 焊料进行组装。

16.2.1.2　无铅焊料——"高银"合金

堆叠封装快速发展的时期，恰逢消费电子行业迅速转向无铅解决方案。用于第一级和第二级互连的共晶 Sn-Pb 焊球被 Sn-Ag-Cu 合金所取代。最初，用于无铅 PoP 和 PoPoP 器件主要的 Sn-Ag-Cu 合金是 96.5Sn-3.0Ag-0.5Cu（SAC305）。该焊料成分接近共晶，其 T_s 和 T_l 几乎都等于 217℃。其熔化温度比 Sn-Pb 焊料高得多。因此，SAC305 的峰值回流工艺温度范围在 235～245℃。更高的工艺温度带来了明显的问题，即每个独立封装所承受的翘曲增加。

还有一些成分略有不同的焊料合金，与 SAC305 焊料一起被归为"高银"焊料：95.5Sn-4.0Ag-0.5Cu（SAC405）、95.5Sn-3.9Ag-0.6Cu（SAC396），和 95.5Sn-3.8Ag-0.7Cu（SAC387）。这些焊料的性能与 SAC305 合金非常相似。它们仅略微偏离三元共晶点，这使得其液相线温度增加了 1～4℃。

16.2.1.3　无铅焊料——"低银"合金

第二组无铅焊料是"低银"合金，最初开发用于提高 BGA 焊点的抗跌落冲击失效的能力。出于同样的理由，这些合金现已用于堆叠封装领域。基本成分为 98.3Sn-1.2Ag-0.5Cu（SAC125）和 98.5Sn-1.0Ag-0.5Cu（SAC105）。其他四元合金以及添加了如 Ni、Mn 等元素的多元合金的迅速发展，使得组装后的器件可满足或超过 JEDEC 抗跌落冲击的要求 [5, 6]。例如，Wang 等人证明了 SAC105 焊球性能比底部填充后的 SAC305 互连更好。所有低银合金的一个特殊缺点是液相线温度较高，在有时达到 228℃。较高的液态温度使装配过程中的回流焊峰值温度升高，这反过来又增加了封装翘曲的风险。

16.2.1.4　混合焊料焊点

混合焊料互连是指两种不同焊料成分组合形成的接头，一种来自焊球，另一种来自于不同成分的（组装）焊膏。这种被称为向后兼容性的场景很可能随着堆叠封装引入高可靠性应用（军事、航天等）而发生。PoP 和 PoPoP 器件来自商业供应链，因此含有无铅焊球。另一方面，高可靠性电子产品仍在使用 Sn-Pb 焊料进行组装（尽管正在减少）。

混合焊料互连的情况需要考虑由回流工艺产生的焊点微观组织。该微观组织可能是均质的，如图 16.2a 所示。如果回流工艺具有较低的峰值温度以适应 Sn-Pb 焊膏，或者处于液相线温度以上的时间较短，则会因为焊球和焊膏之间的混合不足而形成偏析组织。由此得到的非均匀微观组织如图 16.2b 所示。不同的微组织对施加在互连上的冲击、振动和 TMF 载荷会有不同的响应。此外，这些性能的变化可能并不那么直观。图 16.3 是

图 16.2a 中所示的均质混合合金焊点的基于双参数（2P）Weibull 统计的失效图（-55/125℃；保持时间 10min；斜率 6 ~ 8℃/min）。含 100% SAC305 底层焊点的 PoP 器件也显示了类似的数据。混合焊料互连实际上具有更长的 TMF 寿命，特征寿命为 2660 ± 60 个循环，而 100% SAC305 焊点，表现为 2030 ± 90 个循环。

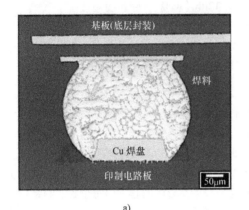
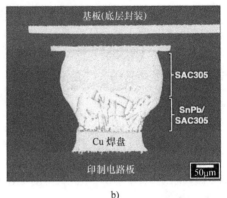

a)   b)

图 16.2 基于 SAC305 焊球和用于构建第二级互连的 Sn-Pb 焊膏的向后兼容性方案，
产生的两种微观组织的光学显微照片
a）均匀的微观组织 b）非均匀的微观组织互连

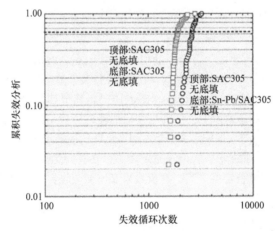

图 16.3 双参数（2P）Weibull 失效图显示了两个 PoP 器件的 TMF 行为：两个器件的顶部焊点都使用 SAC305 合金；一种测试样件的底部接头采用 100% SAC305 焊料，另一种为 SAC305 焊球和 Sn-Pb 焊膏形成的向后兼容互连；热循环参数：温度下限 -55℃，温度上限 125℃，保持时间 10min，斜率 6 ~ 8℃/min

16.2.2 助焊剂与焊膏

由于堆叠封装技术的使用，用于将表面贴装元件连接到 PWA 上的典型助焊剂和焊膏发生了若干变化。虽然 PoP 或 PoPoP 使用主流的助焊剂和焊膏完成与 PCB 的第二级互连，但是封装堆叠的组装仍然需要不同的材料，其原因是在封装顶部无法印刷焊膏以形成第一级互连。然而，由于小尺寸和细间距，这些第一级互连不需要焊球以外的大量额外焊料来形成接头。尽管通过标准点胶阀或喷射头分配助焊剂或焊膏是可行的解决方案，但它们在量产中可能形成瓶颈。

第一级互连可仅通过助焊剂完成，也可通过焊膏完成。这两种材料被称为浸蘸型助焊剂和浸蘸型焊膏[9-11]。正如术语所暗示的，通过将封装上的焊球浸入以上某一材料的贮槽中，实现助焊剂或焊膏施加至焊球上。浸蘸型助焊剂也被称为黏性助焊剂，这意味着它的新增功能是防止两个封装堆叠之后发生的偶然移动。这种移动会导致焊点缺陷。正如引用的参考文献所述，这些材料经过了精确设计，可以控制转移到焊球上的助焊剂（或焊膏）的量和一致性，从而优化组装良率。

图 16.4 所示的示意图说明了浸蘸工艺步骤：

步骤 1：一个具有特定深度的助焊剂贮槽。槽的深度被精确控制，以便向每个焊球提供等量的助焊剂。

步骤 2：将顶层封装的焊球浸入助焊剂。助焊剂润湿焊球，润湿时间受控以进一步确保助焊剂涂层的一致性。

步骤 3：将顶层封装从助焊剂贮槽中取出，并转运到底层封装处。这个步骤同样应精确计时，以防止助焊剂涂层意外发生干燥。

步骤 4：将顶层封装定位于底层封装之上。虽然助焊剂具有很高的黏性，但仍须注意防止顶层封装过度移动从而导致焊点缺陷。

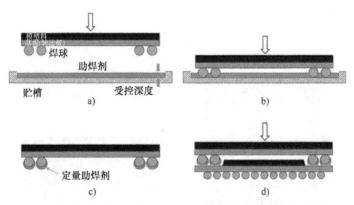

图 16.4　PoP 中用于第一级互连的助焊剂浸蘸工艺示意图

a）一个严格控制深度的助焊剂贮槽，以便向每个焊球提供等量的助焊剂　b）顶层封装浸入助焊剂

c）将封装从助焊剂中提起并转移至底层封装　d）封装放置于底层封装之上

对于 PoPoP 情况，只需将步骤 1～3 再重复一次。

从以下几个因素选择浸蘸型助焊剂或浸蘸型焊膏：当更细间距的第一级互连不需要额外的焊料金属时，使用浸蘸型助焊剂。当翘曲导致两个封装相互靠近时，会因焊料金属过多而导致短路风险增加，此时首选浸蘸助焊剂；浸蘸型焊膏为焊点提供额外的焊料，可应用于翘曲使两个封装发生分离的情况。后一种翘曲现象会导致焊点开路。

16.2.3 组装方法

16.2.3.1 堆叠封装

堆叠封装技术有两种常用的组装工艺。第一种工艺使用多个回流焊步骤将独立封装组装成 PoP 或 PoPoP 器件。这种方法通常被称为 PoP 器件的两步工艺或 PoPoP 器件的三步工艺。回看图 16.4，图 16.4d 中所示的部分接下来会通过回流工艺来形成第一级互连。在组装 PoPoP 器件时，步骤 1~4 包括另一回流焊的步骤，将重复进行。然后，已组装好的 PoP 或 PoPoP 器件将与其他表面贴装元件一起被拾取并贴装到 PCB 上，并通过最终的回流工艺以形成第二级互连。

由于以下原因，两步或三步工艺并不是优选方法：首先，多次处于焊接温度不仅会增加各单独封装内部结构损坏（如芯片连接、钝化层等）的可能性，也增加了导致焊点开裂或短路的翘曲的可能性；其次，堆叠后的封装更容易在托盘中以及取放过程中受到拿持损伤（handling damage）；第三，多次回流的步骤拉长了生产时间。

第二种（也是优选的）工艺如图 16.5 所示。它被称为单步工艺，这里用浸蘸型助焊剂方法作说明。同样的流程也适用于浸蘸型焊膏。步骤 1~4 与图 16.4 中的相同。唯一的不同是底层封装已经放置于带有印刷焊膏的 PCB 上（建立第二级互连）。剩下的步骤描述如下：

步骤 5：将组装的 PoP 放入回流炉中，以同时形成第一级（顶层封装到底层封装）焊点和第二级（底层封装到 PCB）焊点——因此将该方法命名为单步工艺。

步骤 6：图中说明了最终的 PoP 装配体。

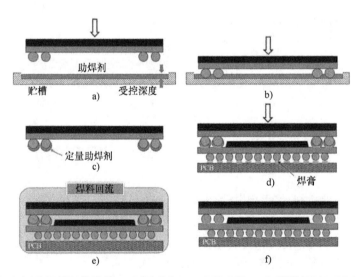

图 16.5　a）~d）助焊剂浸蘸步骤，重复了图 16.3 中的步骤　e）器件放置于回流炉中，包覆有助焊剂的第一级互连焊球、第二级互连焊球及印刷的焊膏一起熔化　f）完成的 PoP 器件，并焊接至 PCB 上

需要承认的是，虽然单步工艺是优选方法，但由于整个 PWA 的特性或设备限制，可

能存在需要两步或三步工艺的情况。Srinivas 等人证明了在通过温度循环加速老化的情况下，两种组装工艺在互连的长期可靠性不存在统计上的显著差异[12]。

封装堆叠的组装几乎完全由自动贴装设备完成。第一级与第二级互连的细间距导致手工放置非常困难。此外，当使用浸蘸型助焊剂时，熔融状态焊料金属较少，难以通过表面张力效应实现自对准，因此无法补偿手工操作的放置误差。

16.2.3.2　焊接组装（第二级互连）

通常不需要对有封装堆叠的 PWA 的回流（二级组装）采取特殊措施。鉴于如今 PWA 的复杂性，很难仅为考虑 PoP 或 PoPoP 器件而"调整"回流工艺——例如，尽量减少翘曲——同时还保持所有其他元件焊点令人满意的良率。如果怀疑 PoP 或 PoPoP 的材料组合与几何结构导致器件易受工艺峰值温度、保持时间和斜率的影响而出现过度翘曲或损坏，则有必要进行"前期"研究以了解这些潜在的退化机制，作为开发 PWA 焊接工艺的一部分。

关于堆叠封装与 PWA 组装工艺，与单步工艺尤其相关的方面必须加以考虑。在此工艺流程中，PWA 工艺还必须首次回流各个封装之间的第一级焊点。目前，第一级互连有多种可供选择的无铅焊料，其成分可能不同于第二级焊球。必须了解这些不同焊料的熔化温度范围，以确保第一级焊球或焊球加（浸蘸）焊膏在第二级组装过程中被回流。在使用传统共晶 Sn-Pb 合金作为第二级互连的高可靠性 PWA 情况下，这一点显得尤为重要。降低的温度曲线可能不足以熔化更高 Sn 含量的第一级焊球。若使用更高的温度来组装 Sn-Pb 第二级互连以减缓这种矛盾，则有可能会对助焊剂和 PWA 上的其他元件造成热损伤。

16.2.3.3　清洗注意事项

消费电子行业使用的焊膏基于免清洗或低残留的黏性助焊剂。这些助焊剂技术用于组装第一级互连，也用于连接到 PCB 的所有的第二级互连（即最终焊接步骤）。因此，在这种制造情形下，清洗工艺并不总是必需的。

另一方面，用于高可靠系统的 PWA 需要通过适当的清洗工艺去除助焊剂残留物。该操作可以避免由电迁移或常规腐蚀机制带来的潜在可靠性问题。此外，还推荐采用清洗工艺获得洁净的表面，使保形涂覆、塑封材料和底部填充材料的流动性和附着力达到最佳。

总的来说，封装堆叠可以适应一系列的清洗"系统"——即清洗剂和清洗设备。可根据助焊剂残留的类型选择相应的清洗剂，清洗剂对 PoP 和 PoPoP 材料的侵蚀和降解作用不会比对传统的塑封材料更大。各单独封装之间的间隙对目前的清洗系统而言并不会代理特别的问题。由于封装堆叠比 BGA、无源器件等具有更高的外形，因此需要谨慎地确认高压射流不会对第一级或第二级互连造成物理损伤。

焊后清洁度的要求可能会影响到单步与两步（PoP）或三步（PoPoP）装配工艺的选择。单步工艺是首选，因为第一级和第二级焊点都是在同一回流步骤中完成。黏性助焊剂或黏性焊膏在回流之前的停留时间很短，因此在回流之后，后续的清洗步骤相对容易去除其中的残留物。相反，多步工艺要求在进行每组第一级互连后的很短时间内，就需要清除单个堆叠部件上的助焊剂残留，否则在第一级互连和第二级互连回流焊接步骤之间的间隔可能会过长。这样会导致助焊剂残留物变得更加顽固，增加后续回流（第二级组装）后清洗步骤的难度。

在封装堆叠层面去除助焊剂残留的第二个挑战是：需要特殊的夹具，以便在多步工艺过程中固定独立的 PoP 或 PoPoP 部件。托盘或其他固定装置必须保护元件以防止在清洗设备中损坏。否则，封装结构，尤其是底层封装的焊球很容易损坏或丢失，从而降低后续的 PWA 层级组装良率。

16.2.3.4　返修

由于 PoP 和 PoPoP 器件手工组装的难度大，所以返工操作仅针对高可靠性产品。McCormick 等人 [13] 研究了封装堆叠器件的返工问题。该项工作的一个重要结论是，无论发现的缺陷位于第一级互连还是第二级互连，原有封装都无法轻易地修复成功。整体上尺寸小，再加上第一级和二级互连间距都很小，各单独封装结构有很大的退化风险，因此，除非是在最为特殊的情况下（例如元件成本非常高），否则不值得返工再利用。

返工导致原有封装报废的情况给高可靠性电子产品的封装堆叠使用带来了巨大的成本负担，因为零件通常具有非常高的价格。高成本源于短期（低量）的制造合同，以及需要进行大量的测试和试验，尤其是对 COTS 器件执行升级筛选（up-screening）试验方案时。因此，处理这种情况的最佳方案是优化工艺，直至首件生产。这种方案确保了工艺工程师在高可靠性组装中获得的可接受的组装良率。

16.2.4　检测技术

PoP 和 PoP 器件在 PWA 上装配后的检查通常与 BGA 器件无异。验收标准同时适用于第一级和第二级的互连。在堆叠封装上可观察到同样的缺陷：模塑料 / 基材（转接板）损伤、焊球缺失、焊点开路，以及导致短路的焊点桥接。

检查方法也与用于面阵列封装的方法相同。可以对周边的焊点进行目检。也可以用内窥镜来检查内部连接。然而，后一种方法应用于 PoP 和 PoPoP 的第一级和二级互连可能受到限制，因为细间距焊点周围的空间不足，难以操纵光源和摄像头。

X 射线检查提供了检查内部互连的方法。然而，多行的焊点增加了图像的复杂度。图 16.6 中的 X 射线照片说明了这点，它显示了 PoP 和 PoPoP 器件的俯视图。PoP 器件射线照片（见图 16.6a）可标识出缺陷，因为两个层级的焊点可通过排数和焊球尺寸相互区分。图 16.6 中两排大焊球构成第一级互连，四排小焊球构成第二级焊点。

然而，图 16.6b 可以清晰地看到，解读 PoPoP 器件的 X 射线图像挑战显著增加。可疑焊点的缺陷可能会被其上方和下方互连点的阴影所掩盖。此外，对于重叠的互连点，哪一个真正存在缺陷也难以确定。

似乎可以通过仔细地倾斜器件来减轻这种阴影效应，从而投影出每一层焊点的单独视图。图 16.7 显示的为相同的 PoP 和 PoPoP 器件，只不过从俯视方向倾斜了 30°。不幸的是，这些 X 射线照片对于识别封装中的焊点缺陷并不容易，尤其是对于 PoPoP 器件——例如在图 16.7b 中用椭圆形圈出的部分难以区分各个互连。

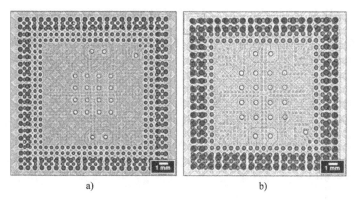

图 16.6　X 射线照片显示了 PoP 和 PoPoP 器件的俯视图，由于多层焊点，
很难区分潜在的焊点缺陷

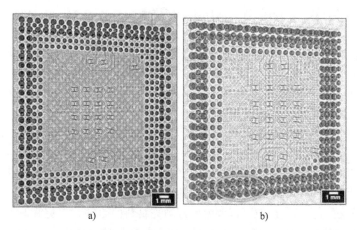

图 16.7　倾斜器件，试图查看 PoP 和 PoPoP 器件的所有焊点行；这项工作收效甚微，
尤其是 PoPoP 器件上用椭圆形圈出的部分

可以通过使用计算机断层扫描（Computer Tomography，CT）技术来消除 X 射线图像的误判风险。此方法通过设备生成图像"切片"，然后通过计算算法将这些切片组合在一起，并构建出包含有所有互连点的三维结构——当然也包括了其中的缺陷。然而，执行扫描和构建图像所需的时间（2 ~ 4h 或更长）让人难以承受，无论是小批量还是大批量的组装工艺都是如此。

很明显，无论需要什么设备和人力资源，对堆叠封装进行目检和 X 射线检查存在的困难，都应属于构建这些器件需要应对的基础问题。因此，从制造性设计（Design for Manufacturing，DfM）方面来看，为确保产品具有所需可靠性，优化 PWA 设计以实现所需的功能性和可靠性以及采用更适合于具有 PoP 和 PoPoP 器件的 PWA 工艺步骤。此方法比在质量保障阶段"检验"的性能和可靠性具有更优的成本效益。

16.2.5 底部填充、保形涂覆和包封材料

16.2.5.1 底部填充

底部填充可以提供额外的保障，使堆叠封装能够承受冲击和振动环境造成的机械载荷。这种缓解措施对于防止手持式消费电子产品的"跌落冲击"失效特别有效[14]。尤其是在加速度力特别高，或者是过高的工艺温度降低了 PoP 和 PoPoP 器件的生产良率，使得所谓的抗冲击（低银）无铅焊料不再可行时，底部填充便是一个替代方案。

底部填充的使用在组装工艺中不仅是插入了一个步骤。量产工艺在加入底部填充步骤后会受到很大的"冲击"。尽管可以在不到几秒钟的时间内完成底部填充胶在堆叠封装中的实际应用，但诸如固化时间、底部填充材料在车间的适用时间（pot life）等附带因素会增加整个工艺流程的时间[15]。此外，在底部填充工艺时必须考虑与点胶和固化设备相关的资金和维护成本。

高可靠性的应用不太重视抗跌落冲击。相反，PWA 和其上的堆叠封装必须能够承受与军事、航天和卫星应用相关的振动和冲击环境。这些情况包括发射过程中的振动和由级间切换产生的冲击载荷。预计这些环境中的 PoP 和 PoP 器件将使用底部填充材料。

然而，温度循环条件作为这些高可靠应用的固有要求，还需考虑底部填充材料对焊点热机械疲劳（TMF）的影响。事实上，决定是否在 PWA 上的堆叠封装应用底部填充材料，温度循环下的可靠性可能是主要的考虑因素。下一小节专门针对焊点可靠性及其底部填充材料的影响提供了更多详细信息。

应用底部填充首先要确定适宜的材料。将底部填充步骤适配到组装工艺，必须确定使用寿命、黏度和固化曲线等细节要求。然后，底部填充材料的物理和机械性能必须满足可靠性要求。不含填料颗粒（如二氧化硅）的底部填充材料通常更适合于抗跌落冲击[15]。另一方面，那些带有填料成分的底部填充物在温度循环条件下对焊点 TMF 具有更好的抵抗力。填料颗粒可以调整底部填充材料的 CTE，以更好地匹配封装（模塑料）、PCB 和焊点的 CTE。还应注意底部填充材料的玻璃转化温度（T_g），以及在温度上升过程中跨越该温度时材料特性的突变。尽管在回流过程中无法避免玻璃化转变点，但最好能在加速老化和 / 或使用状态下避开 T_g，以尽量减少焊点的退化。当今市场上的底部填充材料种类繁多，可让设计和工艺工程师有机会根据性能和可靠性的要求来优化这项技术。

第二步是确定需要底部填充的堆叠封装间隙，以满足可靠的组装要求。两个 PoPoP 器件的照片如图 16.8 所示。图 16.8a 仅在底部封装和 PCB 之间，也就是在第二级互连周围（红色箭头）放置了底部填充材料。图 16.8b 的照片显示了一个在中间（第一级互连）和底部间隙都有底部填充的部件。黄色虚线椭圆突出了底部填充中的空洞。在图 16.8a 中的通孔之上有一个长空洞，而在图 16.8b 中的四个通孔的每一个孔上方都有四个小空洞。这些图像表明，由于表面张力倾向于将液体表面能降至最低，因此底部填充材料的流动覆盖能力对不连续表面具有敏感性。

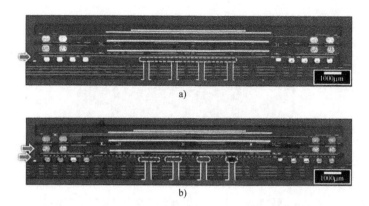

图 16.8　光学显微照片显示了 PoPoP 器件的横截面

a）底部填充仅存在于底部间隙中（红色箭头）　b）底部填充存在于中间和底部间隙中

黄色虚线椭圆突出了底部填充物中的空洞，尤其是它们在间隙中可表现为不同的形态（彩图见插页）

底部填充将在堆叠封装组装到 PCB 上之后进行。当有多个间隙需要填充时，一种方法是从第二级互连的间隙开始，在每个间隙中进行 "L" 型填充。底部填充材料通过毛细作用流过间隙。对第一级焊点间隙重复这一过程。在最底层的封装和 PCB 之间会形成圆角。圆角很重要，因为它们可以减少固化后以及在冲击或温度循环环境下可能在封装边缘产生的残余应力。

另一种方法是通过点胶针头的单边点胶实现一次填充所有间隙。优点是缩短了处理时间。然而，这种技术需要对底部填充材料的流动特性（例如，温度、流速等）进行更好的控制，因为沿堆叠封装的边缘分配了大量的填充材料。不受控制的点胶过程会在间隙中迅速产生空洞、圆角成型不良、以及底部填充胶在 PCB 上的堆积污染。

16.2.5.2　保形涂覆

行业中尚未对堆叠封装上使用保形涂覆进行广泛探索。保形涂覆主要应用于高可靠性电子产品。加之 PoP 和 PoPoP 技术在军事、航天和卫星系统中的引入缓慢，直到最近才产生了对此类研究的有限需求。对保形涂覆的四种基本类型（丙烯酸树脂、氨基甲酸乙酯、硅酮和聚对二甲苯），一些资料作了极好的综述，包括特、缺点、材料性能以及施用方法。[16, 17]

首要问题是保形涂覆在多大程度上填补了第一级和第二级互连之间的空隙。如果涂覆材料完全桥接了两个封装之间或底层封装与 PCB 之间的间隙，可能会使可靠性下降。保形涂覆相对于焊料合金有更高的 CTE 值，加上被填充的间隙为受限空间，将导致在封装和互连中产生明显的残余应力。在高温下，保形涂覆材料的膨胀会产生非常高的张力而推开互连器件。如果保形涂覆材料只是流入缝隙，并没有桥接它，那么焊点就不会受到明显的残余应力影响。

幸运的是，目前 PoP 和 PoPoP 器件中的间隙足够大，以至于保形涂覆不会完全地填充它们。这一点如图 16.9 所示，这是一张 PoP 器件的照片，上面有聚氨酯保形涂覆。箭头显示了第一级焊点的间隙，它没有被涂层材料所填充。

图 16.9　照片显示了 PoP 器件底部（第二级焊点）间隙中有底部填充且被保形涂覆所覆盖：保形涂覆没有桥接第一级互连的间隙（箭头）

从组装的角度来看，保形涂覆材料的选择对 PWA 上是否存在 PoP 或 PoPoP 器件并不特别敏感，除非存在桥接间隙的风险。另外，聚对二甲苯涂层是合适的选择，因为它们的厚度被限制在 125μm 以下，因此即使是最小的间隙也不会发生桥接。若发生桥接，可以通过引入底部填充材料来减少保形涂覆桥接间隙的潜在风险。

施用方法必须考虑到堆叠封装的较高轮廓。例如，不推荐使用浸蘸和手刷的方法，因为这些方法可能导致封装侧面出现堆积。由于 CTE 值的失配，堆积会导致残余应力不对称，并可能损坏第一级或第二级焊点。对 PoP 和 PoPoP 器件来说，优选的施用方法是在 PWA 上喷涂涂层，这样可以在所有表面获得更均匀的涂层。

16.2.5.3　包封材料

与保形涂覆的情况一样，包封材料通常用于高可靠性 PWA，以防止暴露在冲击和振动环境中时的损坏。无论是性能还是可靠性方面，针对堆叠封装的包封组装工艺都没有太多的经验数据。随着高可靠性 PWA 中越来越多地引入 PoP 和 PoPoP 器件，尽管肯定产生成相应的经验数据和信息，但设计、工艺和可靠性工程师将更多地依赖计算建模来指导包封技术。

用于 PWA 的包封工艺不直接取决于是否包含堆叠封装。不过，为减少第一级或第二级互连的长期可靠性风险，需要解决这几个问题以优化包封工艺。首先，PoP 和 PoPoP 器件的轮廓较清晰，更易受封装周围的流体扰动而形成空洞。这些未填充的体积将导致不对称的剪切和拉伸应力力被施加在堆叠封装和 PCB 上，这将加速焊点的 TMF。

其次，为了减轻固化或 CTE 失配引起的残余应力，可能需要在施用包封材料之前在器件上放置一个柔性的"泥"层。多硫化物层通常被用于实现这一作用；然而，作为伪保形涂覆层，必须充分表征进入间隙的流动行为以及对焊点可靠性影响。为最大限度减少焊点过应力或过度的 TMF，最佳方法是开发受控的施用工艺，实现可重复的缓冲层分配。

16.2.6　翘曲效应

实施堆叠封装技术所面临的最大挑战可能是翘曲。翘曲对组装工艺本身，以及温度循环等服役条件下确保焊点可靠性来说都是一个挑战。后一种情况将在下一节中讨论。

相比可靠性，翘曲对组装良率的影响更大。这个论断源于这样一个事实，即焊点在熔融状态下，其承载力为零。因此，凝固时的形状受熔融焊料表面张力和各个单独封装和 PCB 的翘曲几何形状控制。封装翘曲决定了第一级互连的良率，而底层封装和底层 PCB 的翘曲控制了第二级焊点的良率。

图 16.10 所示的示意图说明了封装所经历的两种类型的翘曲和可能的缺陷。最上的图示显示的是正常情况。在它下面是"皱眉"翘曲，它可以将外侧熔化的焊料推到一起，从而形成焊料桥接（短路）。底部图像是"笑脸"翘曲，它将外侧焊点拉开，并可能导致缺口（开路）。

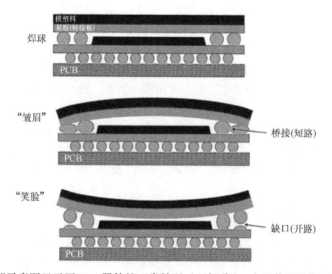

图 16.10　顶部示意图显示了 PoP 器件的正常情况（无翘曲）：在组装回流期间，当焊球为液态时，中间的图片显示了可能导致焊料桥接（短路）的"皱眉"翘曲。底部图像说明了导致缺口（开路）的"笑脸"翘曲

图 16.10 有两点需要注意：首先，图中只有顶层封装变形。当所有封装和 PCB 都出现一定程度的翘曲时，焊点缺陷的形成会变得更加复杂；其次，图示的翘曲仅发生在二维平面上，但翘曲还存在于垂直图像平面的第三个维度，这使焊点缺陷的预测进一步复杂化。

众多文献——事实上，太多以至于无法在此详述——已经研究了影响翘曲的各种因素。例如，Smith 等人认识到，在 PoP 堆叠中，由于第一级互连中的焊料量有限，应优先考虑顶层封装的翘曲管理[18]。此外，他们还认识到翘曲是动态的；当堆叠封装通过回流曲线时，翘曲随温度的变化而变化。焊球的相对位移可达 $100 \sim 150 \mu m$，这足以造成图 16.10 所示的缺陷。Zhao 和同事探讨了基板设计和顶层封装设计两个因素对顶层封装翘曲行为的影响[3]。基板中的 Cu 密度与分布平衡，以及元件和模塑料的相对体积和封装占据面积，是影响封装翘曲的关键因素。Vianco 和他的同事使用计算模型程序证实了类似的趋势[8]。

Yim 等人研究了模塑料和基板材料特性对控制顶层封装翘曲的影响[19]。该工作的一个重要发现是，在设计或工艺开发阶段，将翘曲度归结于 CTE 或模量值，这样的"经验法则"效果不佳。事实上，作者观察到，随着封装的变薄，通过优化模塑料性能来控制翘曲的效果会越来越差，这是目前堆叠封装技术的发展趋势。

目前，经验和建模的结合为预测回流过程中堆叠封装技术的翘曲行为提供了方法。Chiavone 探索了三维剖面工具，作为了解翘曲封装之间分离的方法，因为间隙的变化会影响焊点的几何形状[20]。Lall 及其同事描述了一种用于预测 PoP 翘曲行为的综合建模方法[21]。他们首先将一系列相关的材料特性、几何形状和回流参数汇编成一个有限元模型，该模型提供了翘曲行为的确定性预测。接下来，以翘曲作为输入参数的函数，本章作者开发了一个统计模型来预测翘曲概率分布。该模型的预测得到了实验数据的验证。

从所引用的研究中得出的一个重要结论是，并非总是可以通过直觉或一般的定性规则来控制翘曲。相反，计算建模提供了一种更好的方法来预测翘曲，因为它可以考虑多个变量——材料特性、几何形状和工艺温度曲线。然后，进一步用有限的实证研究来验证模型预测。

最后，正如本文参考文献中有限的引用列表所显示的那样，大多数针对堆叠封装的研究主要考虑的是 PoP 器件。计算建模和验证试验对于 PoPoP 器件的组装工艺开发和可靠性预测是绝对必要的，尤其是当单个封装变得越来越薄，焊料互连尺寸越来越小时。

16.3 焊点可靠性

本节研究了与堆叠封装相关的互连焊接的长期可靠性。这些互连包括堆叠封装之间的第一级互连焊点，以及底部封装与 PCB 焊接的第二级互连焊点。描述了影响 PoP 和 PoPoP 可靠性的环境，然后简要介绍了当前的实验验证结果。本节最后对计算建模和实验验证的可靠性研究进行了总结。这些研究为支撑堆叠封装技术在高可靠性应用中的实施奠定了基础。

本章将重点放在焊点可靠性上，而不是单个封装器件的可靠性。对 PoP 和 PoPoP 技术来说，模塑料、引线键合、裸芯片和基板（转接板）的可靠性是不重要，甚至是无关紧要的。这些结构对不同的特定条件，例如湿气和腐蚀性污染物很敏感，但不一定会对互连焊接造成重大风险。

目前封装厚度越来越薄的趋势意味着封装材料对外部环境的阻隔性降低，这可能会增加芯片贴装或引线键合结构失效的风险。

16.3.1 环境

16.3.1.1 使用条件

堆叠封装可以暴露在相当大范围的使用条件下。接下来的讨论分为两大类别。在目前修订的 IPC-9701 标准《表面贴装焊接连接的性能测试及鉴定要求》中对使用条件进一步细分。第一类是消费类电子产品，包括家用电器、办公设备和个人电子产品，如智能手机、笔记本电脑等。第二类是高可靠性电子产品，包括用于电信设备、商用飞机的航空电子设备、军事武器、卫星硬件和航天系统的产品。这类产品还包括汽车电子产品以及用于勘探矿物燃料储备（油井）或开发可再生能源产业（地热井、太阳能电力元件等）的监测系统。汽车和能源系统的电子产品需要高可靠性，是因为它们会暴露在非常恶劣的环境或构成一个或多个后果严重的故障场景中。

这两大使用类别都可以根据影响堆叠封装焊接互连可靠性的环境细节来描述。三个主要环境是 ①温度变化；②机械振动；③机械冲击。一个保守的近似方法是假设电子器件经历了与外部环境相同的温度循环、机械冲击负荷等。这种假设是保守的，因为在温度循环的情况下，外部环境的温度曲线和封装内部元器件实际的温度曲线会有很大的时间延迟。时间延迟的长短取决于产品内部元器件的排布以及电子器件内外部之间的材料热传导情况。

振动条件的特征参数是频率、功率谱密度（衡量振幅与频率的关系）和载荷方向[22]。载荷方向用笛卡儿坐标描述；振动是随机的，在所有的方向上都会发生的随机振动。

机械冲击是指在很短的时间内经历的载荷，通常为 1 ~ 5ms[23]。机械冲击是通过"跌落冲击"测试来模拟的，即将个人电子产品掉落到坚硬的表面上。冲击条件对高可靠性的军用、航天和卫星硬件都很重要，这些硬件必须经受发射和 / 或撞击环境严苛的考验。

在考虑机械冲击和振动环境时，一个重要的因素是外部条件和堆叠封装安装环境的耦合。内部结构可以减弱外部冲击和振动的幅度。然而，同样可能的是，在无有效工程控制的情况下，当激活 PWA 或其安装结构的特征频率时，冲击和振动载荷将被放大，从而导致器件快速失效。

16.3.1.2　消费类电子产品

通常最大的温差值为 0 ~ 55℃[24]。升降温也相对较慢，因此消费类电子产品很少遇到热冲击的情况（$\Delta T > 20℃/min$）。持续时间相对较长，在数个小时的量级。因此，对消费类电子产品而言，堆叠式封装的焊接互连不太关注温度循环。总的来说，含有堆叠封装的消费产品也不会处于明显的振动条件下。

消费类电子产品遇到的最极限环境是产品掉落到坚硬表面时受到的机械冲击，即所谓的"跌落冲击"。电子器件将经历 400 ~ 4000g 的加速度[24]。由此产生的力在 1 ~ 5ms 的时间范围内达到峰值，然后减弱。例如，在参考文献 [15] 的研究中，使用一个高度为 1.4m 的跌落试验"塔"，尽管跌落高度相对不大，但冲击加速度测量值高达 3700g，持续时间为 0.4ms。冲击的预期破坏程度在很大程度上取决于器件跌落方向。最后，陆路运输（货车或火车）和搬运（装载 / 卸载）也会给消费类电子产品带来冲击，然而，这些冲击载荷量级通常比产品掉落在坚硬的表面更小。

因为跌落测试的结果在很大程度上取决于测试参数，所以制定了 JEDEC JESD 22-B111《手持式电子产品元件的板级跌落测试方法》（JEDEC，Arlington，VA2003）来规范测试程序。将一些堆叠封装焊接在 PCB 测试样件上，多次跌落测试样件，由测试设备记录菊花链回路中的电气开路作为失效判定。故障数据以 2P Weibull 分布格式形成跌落次数与失效样件百分比的函数，把达到 63.2% 的样件失效所对应的跌落次数作为特征寿命，评估焊点可靠性。

使用堆叠封装时，跌落试验对于指导设计决策非常重要。例如，参考文献 [14] 中的研究认为，在 PoP 器件的两个空隙中进行底部填充，与只在底部的空隙中进行底部填充相比，可改善抗跌落冲击性能。M. Drieiza 和他的同事将第一级互连焊点失效与第二级互连焊点失效分开，研究了 PoP 器件的跌落测试的可靠性。这项工作的重要发现是：①焊料合金成分对板级可靠性有显著影响；②封装的弯曲力矩是造成大部分焊点失效的原因 [25]。

与其他大多数表面贴装器件相比，堆叠封装器件在冲击载荷下更容易发生失效。首先，PoP 和 PoPoP 器件具有相对较高的外形，这就在互连中引入了弯矩，而这些弯曲力矩会在焊点处造成剥离载荷，导致焊点特别脆弱；其次，由于多种模塑料、芯片、基板和焊球的存在，堆叠封装的质量相对较大。在冲击和振动条件下，增加的质量会给第二级互连焊点带来更大的应力。

16.3.1.3　高可靠性电子产品

除了应用于汽车发动机罩内和能源行业的电子产品，其他电子产品服役温度条件的最低和最高温度分别为 -40℃ 和 85℃ [24]。由于发动机的热量，汽车发动机盖内的条件更为严峻。其温度范围通常为 -40 ~ 125℃。最恶劣的环境是石油、天然气和地热井监测电子装置所经历的环境，最大的工作温度可以达到 150 ~ 200℃。

高可靠性的电子器件可能会受到广泛的振动条件的影响。汽车发动机盖内的电子产品，特别是直接安装在发动机组或变速箱上的模块，会经历巨大的振动载荷 [26]。汽车应用以及航天飞船在发射时，都会经历显著的振动条件。这一点已被实验室和现场测试所验证。由此获得的准则，加上有限元建模软件，使设计者能够预测振动条件对 PWA 和单个器件的影响。

机械冲击对高可靠性的电子产品构成了一个特别具有挑战性的环境。以下是一些条件和它们所产生的相应的冲击载荷：

1）汽车：道路上的颠簸（$10 \sim 40g$ [27]）；

2）军用武器：发射，穿透性弹头，（$1000 \sim 100000g$ [23]）；

3）航天和卫星飞行器：发射和级间切换（$100 \sim 400g$ [22]）。

已建立了有限元模型，用于预测电子组件在部件层面所承受的冲击载荷。目前的挑战是构建高应变率下的材料本构特性，以便对计算模型预测精度进行优化。

16.3.1.4　加速老化

含有堆叠封装的印制线路组件，采用加速老化试验程序与其他表面贴装（和插装）组件相同。已经制定许多共识标准（例如参考文献 [24，27]），确定适宜的测试参数，测试样件的几何形状，样本大小，和失效评估，以表征焊接互连的可靠性。还有必要计算适当的加速因子，将使用条件下加速老化试验结果与预测行为联系起来。使用条件应包括所有的后续组装、运输和应用环境。

堆叠封装结构复杂，使用了多种材料（包括底部填充），需要仔细研究它们的特性，从而了解它们相对于测试参数的限制。这种预防措施可以防止进行过度测试，因为过度测试会产生与互连结构的实际磨损行为无关的失效模式。造成后果可能是由于很高的早期失效率，使焊点的可靠性低于真实值。

另外，一般来说目前的老化试验方法，无论是温度循环、振动或机械冲击评估，都适用于具有 PoP 和 PoPoP 器件的 PWA。在温度循环和使用菊花链的情况下，监测堆叠的第一级和第二级焊接互连的复杂性就会增加。虽然目前的测试芯片（"dummy" components）供应商提供了多种菊花链模式，但所有的信号最终都必须通过第二级互连。如果后者先失效，就不能获得关于第一级互连的寿命信息。这种情况说明了需要进行仔细的测试后失效分析，以确定电气开路的原因。

16.3.2　底部填充、保形涂覆和包封

当考虑到长期可靠性时，保形涂覆、包封胶和底部填充材料可以起到主动或被动的作用。封装泡沫和底部填充材料通过机械地将各个封装物固定在一起并固定在 PCB 上，从而有效地减轻了剧烈振动和冲击的影响。保形涂覆发挥的作用较小，因为它们只是作为薄层存在，不能完全覆盖各个封装的侧面或填补它们之间的空隙。

参见图 16.9 的照片，其中一个 PoP 器件表面采用喷涂的方式涂覆了一层 125μm 厚的聚氨酯层。涂层位于上层封装的顶面和下层底部填充的圆角上。这两处涂层之间是不连续的。事实上，涂层并未穿过上层和下层封装之间的间隙（箭头处）。因此，在高性能堆叠封装中，保形涂覆提供了最小的额外机械连接功能。

16.3.2.1　材料特性

另一方面，在温度循环条件下，这三种材料都有可能影响焊点的可靠性。决定影响大小的材料特性是：热膨胀系数 CTE，弹性模量，玻璃化转变温度 T_g。

包封胶、保形涂覆或底部填充材料之间的 CTE 失配会在焊点上产生额外的剪切和拉伸载荷，载荷大小取决于它们与堆叠封装和 PCB 板的匹配程度。最好的情况是材料的 CTE 与封装或 PCB 的 CTE 紧密匹配，以减少额外的载荷。填充封装之间空隙的材料应与焊料的 CTE 相匹配。

弹性模量也是一个重要因素。弹性模量较低的材料，可以在施加载荷时通过弹性变形来减少残余应力。不幸的是，弹性模量低的材料通常具有较高的 CTE 值。因此，设计师必须选择一种材料，它的特性可以使焊点 TMF 最小化。在初次筛选适当的包封胶、底部填充材料或保形涂覆时，计算建模是一个有价值的工具。

玻璃化转变温度也是包封胶、保形涂覆和底部填充材料的关键参数，它关系到焊点的可靠性。无论是在使用过程中还是在加速老化过程中所经历的温度波动，都要避免跨越 T_g。当温度偏移超过 T_g 时，材料的物理特性就会发生重大变化。例如，随着正温度的上升，CTE 会增加，弹性模量会下降。这些效应在温度负向变化下是可逆的。在任何一种情况下，其后果都是在焊接互连上的载荷可能发生急剧增加。然而，当在加速老化中跨越了 T_g，但在使用环境中却未被跨越时，可靠性预测会出现较大的差异。实际上，这样的老化测试有可能激发一个不相关的失效模式。

16.3.2.2　几何形状

除了材料特性，几何形状对 PoP 和 PoPoP 器件的焊点可靠性构成了两个影响因素。首先，堆叠封装比其他器件更高，较高的高度在封装时需要有更大的面积来"抓住"封装，并对 PoP 或 PoPoP 施加更多的载荷，这可能会损坏焊接互连。

第二个几何因素是两个封装之间以及底部封装和 PCB 板之间的间隙大小。间隙的高度决定了包封胶或保形涂覆是否会部分或完全从上到下的填充间隙。当任何一种材料桥接了间隙，而不是简单地润湿一个或两个表面时，当膨胀的材料推动两个表面时，封闭的几何形状会导致材料在焊点上产生非常高的拉伸应力。焊点在张力下特别脆弱，常常在 IMC 层发生早期失效。

底部填充材料的目的是填充间隙。因此，它们的 CTE 值与焊料合金的 CTE 值密切匹配，以便在加热 / 冷却温度循环时，两者的膨胀 / 收缩程度相同。为了实现这一目标，底部填充材料将一种填料，通常是氧化铝或二氧化硅颗粒，与有机基体混合在一起，可将 CTE 值降低至与焊料相似。但这会导致底部填充材料弹性模量的增加，这使得底部填充的顺应性降低，因此，缓解残余应力的能力也会降低。

16.3.3　可靠性研究

16.3.3.1　机械冲击与振动

如上所述，堆叠封装早期应用于消费电子行业。PoP 和 PoPoP 器件为手持式产品进一步小型化同时多功能化，提供了一种办法。从 BGA 封装得到的"经验教训"，跌落冲击是产品中堆叠器件的首要可靠性问题。这方面的证据来自于多项调查，其中两项调查在参考文献中被引用 [28, 29]。

堆叠封装的焊接互连在机械冲击和振动环境中，比表面贴装器件更容易受到损害。堆叠封装的质量更大，重心更高，这就给第二级（底部）与 PCB 互连的焊点带来了更多的载荷。包封可能是降低由冲击和振动造成不利影响的必要办法。有趣的是，PoP 和 PoPoP 器件具有相对适中的封装尺寸，因此电路板的弯曲对焊点的影响，比大尺寸面阵列封装的要小。

焊料合金和表面处理是两种要素，其物理和机械性能通常适用于广泛的器件几何形状、连接方法以及冲击和振动环境。它们的影响将在后文讨论。

1. 焊料合金的影响

随着堆叠封装，尤其是 PoP 应用的增加，影响可靠性的支撑技术也在发生变化。替代 SAC305、SAC396 等合金（这些合金替代了共晶锡铅焊料）的新型无铅焊料已被开发，以提升面阵列封装和堆叠封装的跌落冲击性能。这些新的焊料是低银合金，如 SAC105（98.5Sn-1.0Ag-0.5Cu）和 SAC125（98.3Sn-1.2Ag-0.5Cu）以及后来的三元和四元成分。McCormick 和他的同事还比较了高银和低银、Sn-Ag-Cu 合金，在 −40 ~ 125℃温度范围内的 TMF 性能 [30]。虽然抗跌落冲击性能较差，他们的研究结果证实了在温度循环中，高银的 SAC305 和 SAC405 合金比低银的 SAC105 和 SAC125 焊料的 TMF 性能更优越。其他研究使用能验证底部填充材料协同作用的测试样件，验证了低银焊料的跌落冲击行为 [14, 31]。

2. 表面处理的影响

表面处理是与 PoP 和 PoPoP 技术同时发生快速变化的第二项支撑技术。各种各样的表面处理可用于单个封装的基板（转接板）以及 PCB 板。表面处理会影响堆叠封装的跌落冲击可靠性，因为变形的高应变率"迫使"失效路径离开焊料主体，进入焊料 / 焊盘界面。断裂通常发生在 IMC 层，直接由表面处理和焊接合金决定 [18]。

Y.Ejiri 等人使用快速剪切试验来模拟高应变率下（如跌落测试）施加在焊球上的载荷 [32]。他们得出结论：IMC 厚度（取决于焊料成分、表面处理和老化条件），以及焊料"块体"强度综合影响了焊点的整体失效行为。这些实验的结果对解读焊料的微观结构与强度之间的关系至关重要。在相当复杂的堆叠封装构造中，界面物理冶金学可以说明互连的断裂行为。

3. 测试标准的重要性

机械冲击和振动的效应也强烈影响了 PWA 设计、PWA 在下一级组件中的固定方式以及使用环境。这些特性在不同的应用之间有很大的不同，当试图比较相对性能时，会造成很大的挑战。JEDEC 的跌落冲击测试标准提供了一个一致的测试方法，用来比较不同材料组的数据。一些作者已经研究了测试样件上的位置对失效行为的影响 [31, 33]。他们观察到，PWA 上的不同位置存在不同的失效率，这种观察结果是可以预计的，因为在 PWA 中心的电路板比靠近支撑结构的电路板弯曲程度要高。更重要的发现是，失效模式也随着 PWA 上的位置而改变。换句话说，PoP 器件以及 PoPoP 器件的失效模式，对冲击载荷的方向和大小非常敏感。

显然，堆叠封装结构和焊接互连的复杂性，我们很难凭一般的准则或指南就可以根据机械冲击的作用预测焊点的可靠性。计算机建模可以考虑到 PoP 和 PoPoP 材料的构成属性和焊料合金的构成特性，以及 PWA 的几何组成和冲击载荷的特性。当面临复杂的问题时，建模为预测焊点的可靠性提供了最佳方法。

16.3.3.2　温度循环

堆叠封装的特性已经吸引了高可靠性系统业界设计师的注意。在这些电子产品的应用中，存在机械冲击环境的应用，但不一定是大多数。此外，上面讨论过的许多减轻机械冲击影响的方法，例如，包封在军事和卫星有效载荷项目中已经有了很长的应用历史。然而，高可靠性的硬件要经受相当大的温度波动，这就需要强调温度循环对长期可靠性的影响。

1. 温度限制

使用温度的范围是 −40 ~ 85℃ [24]。对于汽车引擎盖内的环境来说，使用条件更为苛刻（上限为 125℃）。参考文献 [24] 中引用的加速老化温度的最低和最高值为

1）0℃，100℃；

2）−25℃，100℃；

3）−40℃，125℃；

4）−55℃，125℃；

5）−55℃，100℃。

对于高可靠性的电子产品，最常用的循环温度是 [0，100]℃和 [-55，125]℃。在极限温度下的保温时间为 10 ~ 30min，并且升降温速率必须小于或等于 20℃/min，以避免热冲击效应。

一般的原则是，ΔT 温度范围越宽，加速因子就越大。因此，更少的循环次数就可产生可靠性分析所需的失效。然而，堆叠封装的复杂结构，需要仔细考虑比较加速老化测试的温度与有机材料 [模塑料、芯片贴装、基板（通常是环氧树脂）、底部填充材料、包封胶和保形涂覆] 的 T_g。如果使用中的温度循环不会导致这些材料温度超过 T_g，那么加速老化实验使用的循环温度就不应超过 T_g。

2. 测试样件的构造

在堆叠封装的热循环中，第二个复杂情况是涉及到监测电气开路情况的菊花链路[24]。这些器件具有第一级互连（一个用于 PoP，两个用于 PoPoP）以及第二级互连（封装底部和 PCB 之间的互连）的组合。所有的信号最终须通过第二级互连，这将"控制"失效的发生。正因重点在于第二级互连，堆叠封装的温度循环也被称为板级可靠性（Board Level Reliability，BLR）评估。在第一级互连的某个焊点比第二级互连更早发生失效的情况下，这一事实只能通过破坏性分析$^{\ominus}$ 的方法来了解。

3. 用于计算建模的材料集

众多的经验性研究已经验证了 PoP 器件在温度循环下的可靠性[28, 30]。在理解并利用这些数据时，面临的挑战是存在多种变量会影响到可靠性。影响 PoP 和 PoPoP 的参数是

1）封装：材料类型和厚度；

2）基板：层压材料和 Cu 特征；

3）焊点：合金成分、节距和球的大小；

4）表面处理：成分，成分可影响焊点疲劳。

还有非 PoP 的特定参数：

1）底部填充材料：材料类型和几何形状（部分或全部间隙）；

2）包封胶和保形涂覆：材料特性和几何形状；

3）PCB：层压板、厚度和残铜量；

4）服役环境：时间 - 温度曲线；

5）测试环境：选定的温度限制、升降温速率和保温时间，这些必须通过适当的加速因子与服务环境相关联。

即使所有随温度变化的 CTE、弹性模量和泊松比参数都是可用的，一个基本的假设是它们不会因为任何固有的老化现象而发生明显的变化。

4. 合金焊料的疲劳特性

无铅焊料的 TMF 特性随着等温老化时间的推移而发生变化。在一些研究中，焊点在相对较高的温度（125℃）经历数月的老化[34, 35]。因此，IMC 层的厚度增加在失效模式中起了作用。Zhao 等人记录了包括 25℃的较低温度时，SAC305 和 SAC105 焊

$\ominus$　基于可靠性的统计学视角，一个封装的失效并不能分辨出开路发生在第一级或第二级互连。

料老化对 BGA 焊点 TMF 的影响[36]。25℃下老化 12 个月时，会导致特征寿命下降约 20%（2P Weibull）。当在 55℃下老化 12 个月时，特征寿命的损失增加到约 40%。

在考虑经历加速老化试验或使用条件的影响时，有两个重要注意事项。首先，在 125℃下老化数月，远远超出了传统的高可靠性系统的鉴定和验收试验的范围。其次，建议的做法是在开始温度循环之前，将 PWA 在 100℃下等温老化 24h，以"稳定"焊料的微观结构[24]。然而，参考文献 [34-36] 发现，即使在室温下或在高的同系温度下，焊料的微观结构肯定会发生变化，包括回复和再结晶，这反过来又非常可能影响机械性能，包括 TMF。

5. 温度循环 - 焊料合金成分的影响

Vianco 和他的同事研究了第二级（底部）焊点组成对 PoP 互连的 TMF 性能的影响[8]。第一级（顶层）互连使用 SAC305。鉴于在高可靠性的电子产品中继续使用 Sn-Pb 焊料，底层焊接是用 100% 的 SAC305 或使用锡铅焊膏和 SAC305 焊球（"Sn-Pb/SAC305"）的混装工艺，这被称为后向兼容。金相剖面图证实了 Sn-Pb 和 SAC305 焊球之间实现了完全混合。2P 的 Weibull 失效图在图 16.11 中显示了未进行底部填充的 PWA。特征寿命 η 和斜率 β 如下：

$$100\% \text{ SAC305}：\eta = 2030 \pm 90 \text{ 次循环}；\beta = 7.1 \pm 1.4$$
$$\text{Sn-Pb/SAC305}：\eta = 2660 \pm 90 \text{ 次循环}；\beta = 8.6 \pm 1.9$$

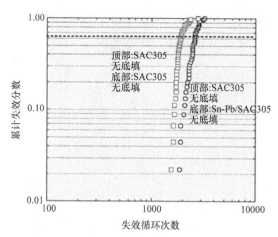

图 16.11　Weibull 失效图重复了先前两个 PoP 器件的情况：这两个器件都使用 SAC305 合金焊料作为顶层焊点，一个测试样件的底部焊点采用 100% SAC305 焊料，另一个是由 SAC305 焊球和 Sn-Pb 焊膏形成的后向兼容的焊接互连，热循环参数如下：低温 -55℃，高温 125℃；保温时间 10min；升降温速率 6 ~ 8℃/min

混装焊点比 100% SAC305 焊点的特征寿命更长，这为系统设计师在后向兼容的情况下使用 PoP 技术铺平了道路。几乎相同的 β 值表明这两种焊点类型有相似的失效模式。金相剖面图证实了这一点：第二层（底部）焊点通过表现出 TMF 裂纹扩展来控制失效行为。图 16.12 所示为 100% SAC305 互连的例子，红色箭头表示 TMF 裂纹。

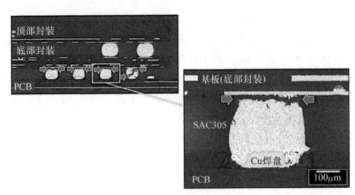

图 16.12 光学显微照片说明了图 16.11 中两组数据的主要失效模式，即第二级焊接互连中的 TMF 开裂，这是 100% SAC305 焊接互连的特定情况
（彩图见插页）

一项研究验证了 PoPoP 焊点的可靠性[37]。测试样件的第二级（底部封装）采用 100% 的 SAC305 合金焊接互连。SAC305 和 SAC105 合金分别用于顶层和中间层的焊点。热循环参数如下：低温 -55℃，高温 125℃，保温时间 10min；升降温速率 6～8℃/min。单独监测这三层所有焊点的失效情况。图 16.13 中显示的 Weibull 失效图表明三级互连之间有非常相似的失效行为。相应的 Weibull 参数如下：

顶部焊点：$\eta = 2400 \pm 200$ 次循环；$\beta = 10.6 \pm 6.0$

中部焊点：$\eta = 2600 \pm 500$ 次循环；$\beta = 5.0 \pm 2.0$

底部焊点：$\eta = 2200 \pm 200$ 次循环；$\beta = 5.2 \pm 2.0$

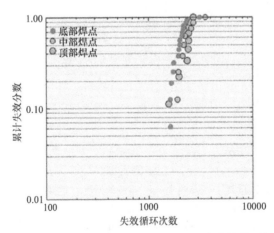

图 16.13 Weibull 失效图显示了 PoPoP 焊点的 TMF 性能：该器件的顶部和中部焊点分别使用 SAC305 和 SAC105 合金，底部焊点使用 100% SAC305 焊料，热循环参数如下：低温 -55℃，高温 125℃，保温时间 10min，升降温速率 6～8℃/min

三层焊点之间的特征寿命非常相似⊖。中部和底部焊点相对较低的 β 值，表明了由

⊖ 顶层和中间层的焊点信号通过最不容易受到 TMF 失效影响的第二级（底部）互连。

异常值引起的失效分布更广泛。然而，与典型情况不同的异常值发生在早期失效，而图 16.13 中的异常值发生在分布的后期。通过将三层焊点的失效数据结合在一起，计算出一个封装级的 Weibull 分布。相应的 Weibull 参数是：$\eta = 2400 \pm 200$ 次循环和 $\beta = 5.0 \pm 1.2$。

PoPoP 测试样件也是在第二级互连焊接处用混装工艺组装的，底层封装使用 SAC305 焊球，组装工艺使用 Sn-Pb 焊膏[37]。其目标是发展出像图 16.2b 那样不均匀的微观结构，以便评估这些互连的失效行为。不幸的是，只有一个测试样件实现了这个目标。所有其他的器件都有完全均匀的微观结构（见图 16.2a）。这是在预料之中的，因为 PoPoPs 是用单程工艺组装的，必须有足够的温度来回流焊第一级互连的无铅焊料。图 16.14 分别显示了三层焊点的 Weibull 失效数据。相应的 2P Weibull 参数如下：

顶部焊点：$\eta = 2600 \pm 200$ 次循环；$\beta = 8.7 \pm 4.0$

中部焊点：$\eta = 2500 \pm 500$ 次循环；$\beta = 6.6 \pm 3.4$

底部焊点：$\eta = 2600 \pm 200$ 次循环；$\beta = 7.6 \pm 3.5$

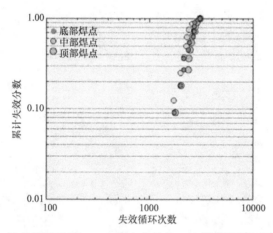

图 16.14　Weibull 失效图显示了 PoPoP 焊点的性能：该器件的顶部和中部焊点分别使用 SAC305 和 SAC105 合金，第二级互连使用了混装的 Sn-Pb/SAC305，热循环参数如下：低温 -55℃，高温 125℃，保温时间 10min，升降温速率 6～8℃/min

Sn-Pb/SAC305（底层）混装的焊点经历了一个统计学上更高的特征寿命，尽管只是勉强如此。混装互连的 β 值也较高，但与 100% SAC305 焊点相比，仍在统计误差之内。在图 16.13 和图 16.14 所示的顶层、中间层、底层互连行为的 2P Weibull 参数在统计学上也没有什么差异。这个观察结果是预料之中的，即 TMF 会在 PoPoP 互连的三层中独立发生（未底部填充）。

无法定量评估非均匀的、混装的 Sn-Pb/SAC305 焊点的影响。因为单程工艺的组装过程造成了除一个测试样件外，所有测试样件的第二级互连都是均匀的。因此，在热循环过程中第 0（制造时）、600、1000、1500、2500、5000 和 7000 次循环时从测试样件选取的单个封装进行金相剖面分析。

显微结构分析的光学显微照片显示在图 16.15 中。图 16.15a 是在 0 次循环（刚制造时）的底层焊点微观结构图像。图 16.15b 中的显微照片证实了在经历 600 次循环时微观结构的稳定性。这是典型的用于确立军用和航天电子产品长期可靠性的加速老化极限。此外，焊点的沙漏型几何形状并未加速 TMF 变形或裂纹的产生。经历 2500 次循环后（见图 16.15c），混装的 Sn-Pb/SAC305 微观结构已增长到 SAC305 焊球中。事实上，后者的微观结构也在不断粗化。图 16.15d 显示了经历 5000 次循环后的终点。因此，无论是微观结构的变化还是焊点几何形状的保持都不会导致非均匀的 Sn-Pb/SAC305 混装焊点引起 TMF 的加速恶化。这些互连适用于高可靠性的应用。

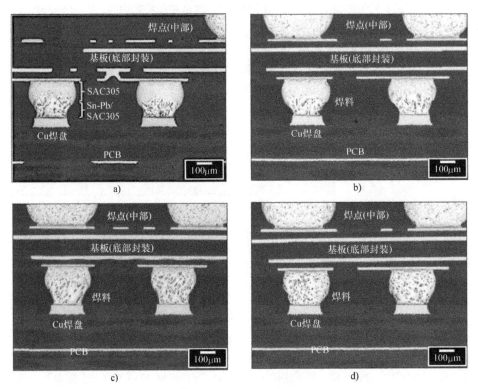

图 16.15　光学显微照片显示了在热循环条件下 PoPoP 封装第二级（底部）非均匀、混装的 Sn-Pb/SAC305 焊点的微观结构变化（−55/125℃，保温时间 10min，升降温速率 6～8℃ /min）

a）刚制造时　b）600 次循环　c）2500 次循环　d）5000 次循环

6. 温度循环—保形涂覆的影响

当器件增加了保形涂覆或底部填充材料时，PoP 和 PoPoP 焊点的 TMF 也得到了评估[38]。保形涂覆被预测认为只具有可忽略的影响，因为金相剖面图像表明，涂覆没有弥合单个封装之间或底层封装与 PoP 或 PoPoP 的 PCB 板之间的空隙。同样的图像表明，保形涂覆在基板（转接板）表面流动，并在焊球周围聚集。从 PoP 器件的加速老化测试中获得的 Weibull 数据证实了"聚集的"保形涂覆并未影响互连的 TMF。图 16.16 显示了 PoP 封装的 Weibull 图，这些封装被保形涂覆覆盖，并且有 100% SAC305 的第二级焊点（空心粉色符号）或 Sn-Pb/SAC305 混装底层焊点（空心蓝色符号），第一级互连都是 SAC305 合金。图上展示了相应的基线数据，它代表了没有保形涂覆的组件：100% SAC305 底层焊点（实心红色符号）和 Sn-Pb/SAC305 混装互连（实心黑色符号）。这些图证实了保形涂覆对 PoP 焊点的特征寿命只有可忽略不计的影响。相应的 Weibull 参数如下：

　　　　100% SAC305：$\eta = 2090 \pm 70$ 次循环；$\beta = 12.0 \pm 3.3$
　　　　有保形涂覆
　　　　100% SAC305：$\eta = 2030 \pm 90$ 次循环；$\beta = 7.1 \pm 1.4$
　　　　无保形涂覆
　　　　Sn-Pb/SAC305：$\eta = 2570 \pm 120$ 次循环；$\beta = 8.5 \pm 2.2$
　　　　有保形涂覆
　　　　Sn-Pb/SAC305：$\eta = 2660 \pm 90$ 次循环；$\beta = 8.6 \pm 1.9$
　　　　无保形涂覆

　　保形涂覆增加了 100% SAC305 焊点的斜率（β），表明减少了失效循环的扩散。涂覆对属于 Sn-Pb/SAC305 混装互连的 β 影响很小。

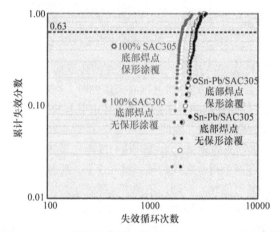

图 16.16　Weibull 图显示了 PoP 器件的热循环结果（-55/125℃，保温时间 10min，升降温速率 6～8℃/min），这些器件已做保形涂覆，且具有 100% SAC305 的第二级焊点（空心粉色符号）或混装 Sn-Pb/SAC305 的底层焊点（空心蓝色符号），第一级互连都是 SAC305 合金，图上展示了没有保形涂覆的器件相应的基线数据：100% SAC305 底层焊点（实心红色符号）和 Sn-Pb/SAC305 混装互连（实心黑色符号）（彩图见插页）

7. 温度循环—底部填充的影响

　　图 16.17 表明了添加底部填充材料对 PoP 器件 TMF 的影响。这里，第一级和第二级都是 SAC305 焊点。相应的 Weibull 参数如下：

　　　　　　100% SAC305：$\eta = 2030 \pm 90$ 次循环；$\beta = 7.1 \pm 1.4$
　　　　　　无底部填充
　　　　　　100% SAC305：$\eta = 2390 \pm 210$ 次循环；$\beta = 4.0 \pm 1.0$
　　　　　　底层间隙底部填充
　　　　　　100% SAC305：$\eta = 1680 \pm 170$ 次循环；$\beta = 3.5 \pm 0.8$
　　　　　　顶层和底层间隙都底部填充

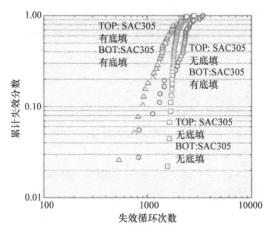

图 16.17　PoP 器件的 Weibull 失效图，该器件的顶部和底部焊点均使用 100% SAC305 合金，并经历了热循环（−55/125℃、保温时间 10min），按是否进行底部填充区分条件：
方块代表完全无底部填充；圆圈代表仅在底部（第二级组装）焊点做填充；
三角形代表在两个间隙中都进行填充

当只在底层间隙进行底部填充时，失效发生在循环早期，因此伴随着 β 的减少具有较高的特征寿命。当顶层和底层间隙都进行底部填充时，β 进一步下降，同时特征寿命值（η）也更小。因此，使用底部填充来减轻机械冲击引起的焊点退化时，最好只应用于底层间隙。当在两个间隙都使用时，会降低 100% SAC 焊点的 TMF 寿命。

β 值的减小也可以表明失效模式的改变。这一规定在破坏性物理分析中得到了证实，破坏性物理分析表明，在两个封装之间的第一级互连中，底部填充引起了更多的 TMF 变形，因此，增加了失效的可能性。否则，正如下面所展示的，对这些 TMF 趋势的详细了解需要计算建模来强调温度循环中翘曲对焊点 TMF 的影响。

通过分析失效周期对失效温度的相关性，可以突出底部填充对 TMF 影响的证据，如图 16.18 所示。该数据来自于 100% SAC305 焊点的 PoP 测试样件。红色的圆圈符号，代表没有底部填充；蓝色的圆圈，代表只在底层间隙中有填充物；黑色的圆圈，代表在顶层和底层两个缝隙都有填充物。当 CTE 失配产生的剪切应变是 TMF 的主要原因时，失效周期在整个温度范围内随机分布，或者由于蠕变应变较小，只对较低的温度有轻微的偏好。然而，蓝色圆圈（仅在底层间隙进行填充）和黑色圆圈（两个间隙都填充）都明显偏向于高温端。高温导致底部填充膨胀，在焊点内产生额外的拉伸应变，增加了在高温下失效的可能性。

有趣的是，当 PoP 器件有第二级（底层）混装的 Sn-Pb/SAC305 合金焊料时，底部填充发挥了更显著的作用（顶层的焊点仍然是 100% SAC305）。Weibull 图如图 16.19 所示；相应的 Weibull 参数如下：

Sn-Pb/SAC305：$\eta = 2660 \pm 90$ 次循环；$\beta = 8.6 \pm 1.9$
无底部填充
Sn-Pb/SAC305：$\eta = 230 \pm 20$ 次循环；$\beta = 4.6 \pm 1.1$

底层间隙底部填充

Sn-Pb/SAC305：$\eta = 160 \pm 10$ 次循环；$\beta = 5.1 \pm 1.2$

顶层和底层间隙都底部填充

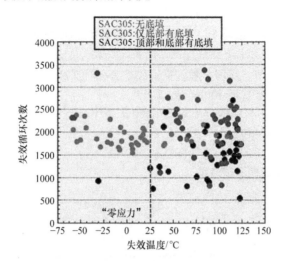

图 16.18　图中显示了三种 PoP 结构的失效循环次数与失效温度的关系（温度循环：−55/125℃，保温时间 10min，升降温速率 6～8℃/min）；第一级和第二级互连都是 100% SAC305 焊料；红色圆圈代表没有底部填充；蓝色圆圈代表仅在底层间隙填充；黑色圆圈代表在两个间隙都进行填充（彩图见插页）

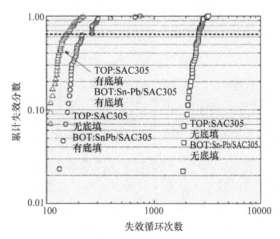

图 16.19　顶部（第一级互连）使用 100% SAC305 合金，底部使用 Sn-Pb/SAC305 混装焊料的 PoP 器件的 Weibull 失效图（−55/125℃；保温时间 10min），按是否进行底部填充区分条件：方块代表完全无底部填充；圆圈代表仅在底层焊点（第二级组装）填充；三角形代表在两个间隙中都进行底部填充

Sn-Pb/SAC305 焊点的特征寿命 η 几乎下降了一个数量级。斜率值 β 在两种底部填充的情况下都下降了一半。回顾一下，在没有底部填充的情况下，Sn-Pb/SAC305 焊点比

100% SAC305 互连的 TMF 性能更好（图 16.11）。一个潜在的解释是，底部填充材料引入了一个拉伸应变，它与剪切应变叠加在一起，导致额外的静力应变（应力），使 Sn-Pb/SAC305 互连进入三维应力状态。然而，W.-Y.Lu 等人的一项研究表明，蠕变行为（包括很大程度的 TMF 应变）在 25 和 100℃下并未受到三维应力状态的显著影响 [39]。在有底部填充的情况下，混装 Sn-Pb/SAC305 焊点对 TMF 的敏感性增加的原因仍未确定。

对添加底部填充的 PoPoP 器件加速老化测试数据进行了分析。图 16.20 显示了两个案例的加速老化失效数据，这两个案例都有 100% SAC305 底层焊点，区别在于底层间隙是否进行了底部填充。相应的 Weibull 参数如下：

100% SAC305：η = 2200 ± 200 次循环；β = 5.2 ± 2.0

无底部填充

100% SAC305：η = 1600 ± 200 次循环；β = 2.7 ± 0.8

底层间隙底部填充

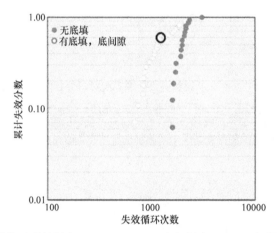

图 16.20　PoPoP 器件（顶部焊点 100% SAC305，中部焊点 SAC105）具有 100% SAC305 的
第二级互连的 Weibull 失效图：温度循环为 −55/125℃，保温时间 10min；
升降温速率 6 ~ 8℃/min；显示了在底部间隙进行底部填充的两个数据集：
有底部填充（空心圆圈）和无底部填充（实心圆圈）

除了特征寿命（η）的减少，引入底部填充导致底层焊点的失效分布扩大，如 β 的减少。PoPoP 器件 TMF 寿命的损失（η）与 PoP 器件不同，当底层间隙中进行填充时，其 TMF 性能得到了改善。这种比较证实了 PoP 和 PoPoP 器件之间的 TMF 行为没有任何相似。

图 16.20 显示，在大约 1300 次循环或 CFF 为 0.6 时（黑圈处）有一个"膝盖"。通过在两个失效状态之间分割 Weibull 分析，研究了双模式的失效行为。这些 Weibull 参数如下：

100% SAC305：η = 1000 ± 100 次循环；β = 6.3 ± 2.5

底部填充；CFF < 0.6

100% SAC305：η = 2100 ± 200 次循环；β = 6.0 ± 2.6

底部填充；CFF > 0.6

不同的 η 值确定了两种失效行为。明显较高的 β 值表明两种失效模式的变化较小。

不同的失效状态与裂纹扩展的变化有关，如图 16.21 所示。"低 η"失效模式是由靠近焊点顶层的 TMF 裂纹扩展控制的（见图 16.21a）。这种形态是典型的面阵列互连中的 TMF。然而，在"高 η"失效模式出现了两条裂纹路径（见图 16.21b），其中焊点顶层的 TMF 裂纹伴随着靠近 PCB Cu 焊盘的第二条裂纹（空心箭头）。两条裂纹同时传播，因此 Cu 焊盘处的裂纹缓解了焊点顶层的应力，从而减缓了 TMF 裂纹的速度，延长 TMF 的寿命。

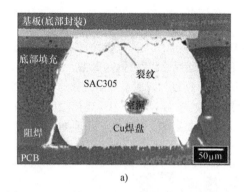 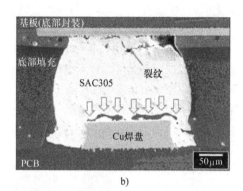

图 16.21　光学显微照片显示了 PoPoP 器件有底部填充，经历热循环时，两种失效情况的不同裂纹形态。（−55/125℃；保温时间 10min）：图中空心箭头指示了紧挨着 PCB Cu 焊盘的第二条裂纹路径
a）低 η　b）高 η

有趣的是，在混装 Sn-Pb/SAC305 底部焊点的 PoPoP 堆叠封装的底层间隙，进行底部填充，与 PoP 器件的填充效果相反（见图 16.19）。底部填充改善了这些焊点的 TMF 性能。在 4500 次循环中只观察到一次失效，该失效发生在第 3500 次循环。此外，底部填充改善了 PoPoP 器件中间和顶层焊点的 TMF 稳健性。表 16.1 中列出了相应的 Weibull 失效参数，描述了所有三组焊点的 TMF 性能。显然，PoPoP 器件在进行底部填充时，对 TMF 的响应方式与 PoP 器件不一样。

表 16.1　PoPoP 器件焊点有底部填充和无底部填充的热循环 Weibull 统计

焊点层级	无底部填充		有底部填充	
	η	β	η	β
顶部焊点	2600 ± 200	8.7 ± 4.0	3100 ± 300	5.5 ± 2.1
中部焊点	2500 ± 300	6.6 ± 3.4	3000 ± 400	5.3 ± 2.1
底部焊点	2600 ± 200	7.6 ± 3.5	3500 （$N=1$）	—

综上所述，底部填充材料可以提供一种手段，以减轻 PoP 和 PoPoP 器件在 PWA 上由于机械冲击和振动而可能出现的失效。然而，这些材料的影响也必须考虑到焊接互连的 TMF 性能。虽然对第二级焊点的影响最强烈，但也会给第一级互连的疲劳寿命带来重大变化。最后，底部填充材料可以凸显意想不到的行为（见图 16.20 和图 16.21），由于 PoP 和 PoPoP 器件的复杂结构，这些行为无法凭直觉预测。这种认识指出了通过计算建模预测焊点性能的关键需求，将在稍后讨论。

8. 温度循环—计算建模

计算建模对于预测 PoP 和 PoPoP 器件焊接互连的长期 TMF 可靠性具有关键作用。建模工具对识别与温度循环引起的翘曲相关的意外现象特别有价值。例如，如图 16.22 所示，翘曲导致在 SAC305 焊点中引入了更高的拉伸应力，增加了界面失效的概率。断裂发生在采用 ENIG 表面处理的 Ni-Sn 金属间化合物与 Ni-P 界面上。建模程序可以在产品设计阶段提前识别高拉伸应力的情况，以便采取适当的缓解措施，例如底部填充技术。

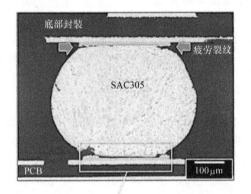

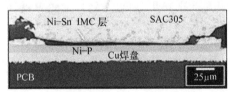

图 16.22　SAC305 焊点沿 Ni-Sn IMC 层 /Ni-P 界面（ENIG 镀层）失效，因为 PoP 器件在热循环条件（−55/125℃；保温时间 10min）下翘曲；箭头指示了 TMF 初始裂纹

预测模型如图 16.23 中的 1/4 对称的实体模型所示，该模型显示了 PoP 器件在经历温度循环时的翘曲方向和相对大小。位移轮廓（50 倍放大）与顶层的温度曲线的极值相关。"Displ_Z"刻度指的是等值线相对于各点零点位置的位移，单位为 mm。整个 PoP 的位移差异为 20 ~ 30μm。由于 PoP 结构的复杂性，最大位移的位置不是直观的。底层的等高线图显示了焊点所经历的变形。

计算建模也有助于了解在间隙中进行底部填充的效果。图 16.24 显示了在相同的 PoP 和加速老化情况下的翘曲预测，两个间缝中都有填充物。与图 16.23 中的预测值相比，翘曲度有所降低。然而，参照图 16.17，引入底部填充后，TMF 的寿命降到更少的失效周期。计算建模被用来解释这种行为：尽管底部填充减少了封装的翘曲和发生如图 16.22 所示的早期失效的可能性，但 PoP 器件被底部填充"僵化"了，导致缺失顺应性。较硬的封装增加了焊点的 TMF 应变，特别是第二级（底层）的互连，从而降低了它们的疲劳寿命。

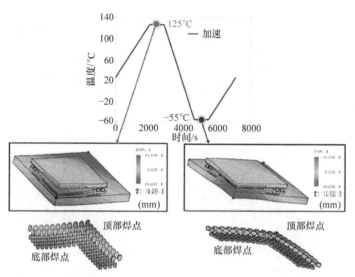

图 16.23　上图是 PoP 器件暴露在加速老化温度循环中的情况；有限元位移（"DISPL_Z"，50 倍放大）图显示了在 125℃和 −55℃的热循环极端温度下，封装和周围印制电路板的翘曲情况；底部的图片显示了在相同的极端温度下，焊点变形（50 倍放大）的模型预测（彩图见插页）

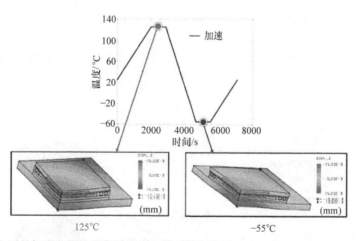

图 16.24　上图是加速老化的温度循环；有限元等高线图显示了在 125℃和 −55℃的热循环极端温度下（保温时间 10min），封装和周围 PCB 的翘曲（"DISPL_Z"，50 倍放大）；在顶层和底层的间隙中，都进行了底部填充（彩图见插页）

对 PoPoP 器件也进行了计算建模，以研究翘曲对焊点 TMF 寿命的影响。图 16.25 显示了建立 1/8 对称的 PoPoP 器件和 PCB 的有限元模型：①第二级（底部）焊点；②增加底层封装和第一级（中部）焊点；③放置中间封装和第一级（顶部）焊点；④增加顶层封装。

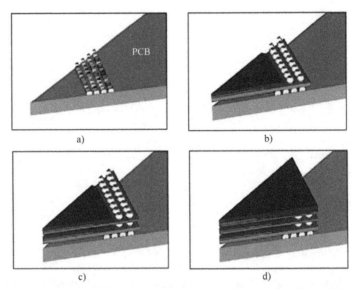

图 16.25　1/8 对称的计算实体模型显示了 PoPoP 器件的组装情况（彩图见插页）

　　图 16.25 的模型是在相同的加速老化温度循环（-55℃ /125℃，保温时间 10min）下进行的，用来研究翘曲行为与材料特性的关系，在这个例子中，材料属性是模塑料的 CTE 极限值。图 16.26 显示了 PoPoP 器件（无底部填充）温度从 25℃提高到 125℃时的侧视剖面图。模塑料的 CTE 可以显著改变每个封装的翘曲程度和方向。但是，更重要的是，这些行为不是直观的，只有模型能将多种因素考虑在内，从而预测翘曲行为。

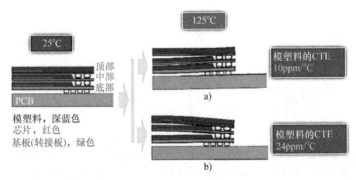

图 16.26　有限元模型说明了当温度从 25℃升至 125℃时，塑封料的 CTE 极限值对 PoPoP 单个封装的翘曲行为的影响（彩图见插页）

最终针对翘曲行为的建模分析，如图 16.27 所示的数据汇编。该图的 y 轴显示了翘曲位移，x 轴显示了无底部填充时出现裂纹（失效）的循环次数。该数据描述了基板（转接板）和模塑料的弹性模量的极限范围。此外，失效数据涵盖了 PoPoP 器件的所有焊点（顶层、中部和底层）。图表显示，在大约 20 ~ 50μm 的范围内，失效周期数据对翘曲敏感。翘曲对小于 20μm 或大于 50μm 的位移的影响可以忽略不计。大于 50μm 的位移是由于单个封装之间已经发生了接触。

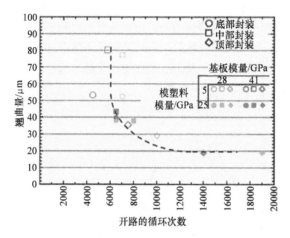

图 16.27　计算建模预测基板和模塑料模量值对翘曲（纵坐标）和开路的循环数（横坐标）的协同影响：在 20 ~ 50μm 的翘曲范围内有明显的相关性

计算建模是一个有价值的工具，它可以通过封装结构的物理和机械性能的函数整理出 PoP 和 PoPoP 焊点对 TMF 的复杂反应。图 16.28 显示了裂纹发生的循环次数（失效标准）与模塑料的弹性模量的函数关系。未进行底部填充，使用了基板（转接板）模量的两个极限值，这代表了由内部和表面电路图形的残铜量范围所产生的不同刚度值。增加

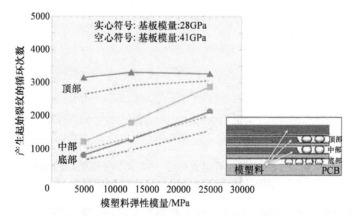

图 16.28　图中显示了计算模型预测的，两种基板（转接板）硬度：28 和 41GPa 情况下，失效（初始裂纹）与基板和模塑料模量值的关系；插图显示了焊点情况

基板刚度会降低整个模塑料模量值的疲劳寿命。对基板模量两个值中的任一值，顶层焊点对模塑料模量的变化最不敏感。中间和底层的焊点对模塑料的性能更加敏感，TMF 寿命随着模塑料的刚度而增加。上述趋势是显著的，但却不是直观的。

9. 温度循环—加速因素

上面的讨论说明了在确定 PoP 和 PoPoP 结构的机械和物理特性对翘曲以及焊接互连的 TMF 的影响时，计算建模具有优势。产品设计师可以使用计算建模的信息而做设计决策，首先是决策使用 PoP 还是 PoPoP 器件，以及权衡是否使用底部填充。

上述说明是基于加速老化的测试条件，也就是图 16.29a 所示的 −55℃ /125℃ 温度循环。然而，重要的是，设计决策要认识到有必要将这些结果"转换"到应用环境中。一个典型的高可靠性应用可能会有如图 16.29b 所示的条件，这比加速老化试验更好。计算建模可以支持这种转换，因为它可以根据具体的温度条件和材料构成（例如焊料、模塑料等）来预测焊点 TMF。该模型不依赖于加速因子来预测试验和实际使用条件之间的 TMF。

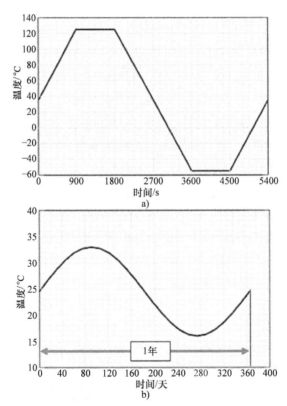

图 16.29　a）加速老化试验循环　b）典型工作循环的例子
（两图的极限温度和时间尺度均不相同）

尽管计算建模预测不依赖于加速因子，但该模型可以计算这些因子，以便将加速测试的结果与在应用环境中的长期性能相关联。在图 16.29 所示的两种环境之间，加速因子可高达 200 ~ 300。因此。TMF 寿命预测相差 500、1000、甚至 2000 个循环，这在加速老化试验中显得很重要，但当后者的预测与几十万年后的失效相关时，可能不会影响服役周期。相反，这些预测可用于选择加速老化试验参数，以进行与终止寿命相关的鉴定或验收评估，或验证"耗尽"的 TMF 寿命是最小化的，从而防止对含有 PoP 或 PoPoP 器件的组件欠试验或过度试验。

16.4　小结及未来发展趋势

16.4.1　小结

堆叠封装技术的发展——材料、组装工艺和可靠性——已使消费电子在小型化和多功能方面取得重大进展。这些进步为在高可靠性的军事、航天和卫星系统中使用 PoP 和 PoPoP 器件提供跳板。经验研究已经清楚地证明了基于无铅焊料的第一级（封装到封装）和第二级（封装到 PCB）焊点，以及基于有铅 / 无铅焊料混装的第二级焊点的互连的稳健性。保形涂覆因没有桥接间隙，所以对焊点 TMF 的影响可以忽略不计。然而，底部填充以一种非直观的方式，大幅改变了 PoP 和 PoPoP 第一级和第二级互连的失效行为。计算建模对于预测第一级和第二级焊点的响应是不可或缺的，特别是在温度循环环境下，这些模型不仅可以考虑到不同的应用条件，而且还可以考虑到 PoP 和 PoPoP 器件的复杂结构。随着这些模型保真度的提高，在使用堆叠封装的 PWA 的设计和工艺开发阶段，只需要更少的加速老化试验。准确地说，这种试验将转变为模型验证中更为次要的部分。

16.4.2　未来发展趋势

从消费电子的角度来看，堆叠封装——PoP 和 PoPoP 器件——被认为是一种相对成熟的技术。进一步小型化的需求，特别是对降低封装高度的需求，将使这些产品系列更加强调芯片堆叠，而不是增加堆叠的封装数量。

PoP 和 PoPoP 器件为军事、航天和卫星系统提供了一个可行的选择。许多由消费电子界开发的堆叠式封装的技术基础可以适用于高可靠性系统中。对 PoP 和 PoPoP 器件提出了额外的要求，包括鉴定和验收测试，以及应用所特有的更严苛的服务环境，都需要设计师和工艺工程师来解决。近期，对可靠性的强调将继续倾向堆叠封装而不是芯片堆叠。然而，在 KGD 筛选方面的进步，将支持从 PoP 和 PoPoP 器件过渡到裸片堆叠封装技术。

致谢： 本书作者希望感谢所有为本章的编写做出贡献的人：Jerry Rejent 和 Mark Grazier 进行了所有的实验工作；Alice Kilgo、Amy Allen、Bonnie McKenzie 和 Richard Grant 负责微观分析；D.Simmons，R.Periasamy 和 Dan Baker 的持续支持。此外，还要感谢 Brian Wroblewski 对稿件的仔细审阅，感谢英特尔公司的 Luhua Xu 和波特兰州立大学的 Tae-Kyu Lee 对本章的细致审阅。

参考文献

1. R. Johnson, M. Strickland, D. Gerke, *3-d Packaging: A Technology Review* (NASA Electronic Parts Program (NEPP) Report. NASA, Huntsville, AL, 2005)
2. R. Priori, A. Burton, Development of a high reliability and large volume manufacturing assembly process for a stacked memory package, in *Proceedings of International Conference on Electronics Computer Technology Conference* (IEEE, New York, NY, 2004), pp. 1142–1147
3. J. Zhao, L. Yuxiang, H. Zhenyu, M. Rong, Effects of package design on top PoP package warpage, in *Proceedings of International Conference* on *Electronics Computer Technology Conference* (IEEE, New York, NY, 2008), pp. 1082–1088
4. M. Yim, R. Strode, A. Ravikumar, Y. Chan, Effects of material properties on PoP top package warpage behaviors, in *Proceedings of International Conference* on *Electronics Computer Technology Conference* (IEEE, New York, NY, 2010), pp. 1071–1076
5. JESD22-B111, Board level drop test method of components for handheld electronic products (originated, July 2003). JEDEC, 3103 N. 10th St, Suite 240-S, Arlington, VA 22201
6. JESD22-B110, Mechanical shock—component and sub-assembly (revision B, July 2013) (JEDEC, 3103 N. 10th St, Suite 240-S, Arlington, VA 22201) (2013)
7. V. Wang, D. Maslyk, Analysis of the reliability of package-on-package devices manufactured using various underfill methods, in *Proceedings of International Conference on Electronic Packaging Technology and High Density Packaging (ICEPT-HDP)* (IEEE, New York, NY, 2008). http://doi.org/10.978-1-4244-2740-6/08
8. P. Vianco, J. Grazier, J. Rejent, A. Kilgo, F. Verdi, C. Meola, Temperature cycling of Pb-free and mixed solder interconnections used on a package-on-package test vehicle, in *Proceedings of the Surface Mount Technology Association International Conference SMTA*, Edina, MN, Sept 2010. CD-ROM
9. A. Yoshida, J. Taniguchi, K. Murata, M. Kada, Y. Yamamoto, Y. Takagi, T. Notomi, A. Fujita, A study on package stacking process for package-on-package (PoP), in *Proceedings of Electronic Components and Technology Conference* (IEEE, New York, NY, 2006). https://doi.org/10.1109/ectc.2006.1645753
10. G. Padnos, PCB assembly system set-up for package-on-package (PoP) assembly, in *Global SMT and Pack*, March 13–17 (2010)
11. J. Sjoberg, D. Geiger, T. Castello, D. Shangguan, Package-on-package (PoP) process development and reliability evaluation. in *Global SMT and Pack* (2007), pp. 34–36
12. V. Srinivas, M. Osterman, R. Farrell, Reliability evaluation of one-pass and two-pass techniques of assembly for package on packages under torsion loading, in *Proceedings of IPC APEX Expo* (IEEE, New York, NY, 2009). CD-ROM
13. H. McCormick, I. Sterian, J. Chow, M. Berry, J. Trudell, R. Cortero, PoP (package on package): an EMS perspective on assembly, rework, and reliability, in *Proceedings of SMTA Pan Pacific Conference* (SMTA, Edina, MN, 2009), pp. 178–183
14. V. Wang, D. Maslyk, Analysis of the reliability of package-on-package devices manufactured using various underfill methods. *Proceedings of International Conference on Electronic Packaging Technology and High Density Packaging* (IEEE, New York, NY, 2008). https://doi.org/10.1109/ecept.2008.4606944
15. E. Ibe, K. Loh, J. Luan, Y. Tee, Effect of unfilled underfill on board level reliability, in *Proceedings of Electronic Components and Technology Conference* (IEEE, New York, NY, 2006). https://doi.org/10.1109/ectc.2006.1645687
16. M. Robins, Conformal coatings: to protect and serve. Electr. Proc. Prod. 16–22 (1999)
17. C. Tautscher, Conformal coatings: selection criteria. SMT 64–68 (1998)
18. L. Smith, M. Dreiza, A. Yoshida, Package on package (PoP) stacking and board level reliability, in *Proceedings of Surface Mount Technology Association International Conference SMTA*, Edina, MN, Sept 2006. CD-ROM
19. M.-J. Yim, R. Strode, R. Adimula, C. Yoo, Effects of material properties on PoP top package warpage behaviors, in *Proceedings of Electronic Components and Technology Conference* (IEEE, New York, NY, 2010). https://doi.org/10.1109/ectc.2010.5490834
20. K. Chiavone, Advanced analysis of package-on-package interconnect gaps during reflow

assembly, in *Proceedings of Surface Mount Technology Association International Conference SMTA*, Edina, MN, Sept 2015, pp. 786–791

21. P. Lall, K. Patel, V. Narayan, Process and material envelop for allowable package-on-package warpage. J. Surface Mount Tech. **28**(3), 32–47 (2015)

22. *Rokot™ User's Guide EHB0003*, Issue 5 (Euroket, Bremen, Germany, 2011), pp. 5-1–5-10

23. M. Berman, Electronic components for high-g hardened packaging, in *ARL-TR-3705* (U.S. Army Research Laboratory, Aberdeen, MD, 2006)

24. Performance test methods and qualification requirements for surface mount solder attachments, in *IPC-9701* (Association Connecting Electronics Industries, Bannockburn, IL)

25. M. Dreiza, A. Yoshida, K. Ishibashi, T. Maeda, High density PoP (package-on-package) and package stacking development, in *Proceedings of Electronic Components and Technology Conference* (IEEE, New York, NY, 2007)

26. *Handbook for Robustness Validation of Automotive Electrical/Electronic Modules. Standard J1211_20121* (SAE, International. Warrendale, PA, 2012)

27. Road vehicles—Environmental conditions and testing for electrical and electronic equipment. ISO 16750-2:2012 (International Standard Organisation, Geneva, Switzerland, 2012)

28. M. Dreiza, L. Smith, G. Dunn, N. Vijayaragavan, J. Werner, Package on package (PoP) stacking and board level reliability, results of joint industry study, in *Proceedings of IMAPS Conference* (IMAPS, Research Triangle Park, NC, 2006)

29. D. Shin, D. Lee, E. Ahn, T. Kim, T. Cho, Development of multi stack package with high drop reliability by experimental and numerical methods, in *Proceedings of Electronic Components and Technology Conference* (IEEE, New York, NY, 2006), pp. 377–382

30. H. McCormick, J. Chow, M. Berry, J. Trudell, R. Brush, J. Qian, R. Cortero, Effect of assembly variations on package on package reliability in thermal cycling, in *Proceedings of Surface Mount Technology Association International Conference SMTA*, Edina, MN, Sept 2009. CD-ROM

31. A. Daya, S. Ramkumar, Influence of alloy combination and pcb location on package on package (PoP) component assembly drop test. in *Proceedings of Surface Mount Technology Association International Conference SMTA*, Edina, MN, Sept 2012. CD-ROM

32. Y. Ejiri, T. Noudou, T. Sakarai, Y. Arayama, Y. Tsubomatsu, K. Hasegawa, Influence of surface finishes and solder alloys on solder ball joint reliability. *Proceedings of Surface Mount Technology Association International Conference SMTA*, Edina, MN, Sept 2015. pp. 957–971

33. B. Roggeman, M. Meilunas, Assembly and reliability investigation of package on package, in *Proceedings of IPC APEX* (2009) CD-ROM

34. Z. Hai, J. Zhang, C. Shen, J. Evans, M. Bozack, Long term aging effects on reliability performance of lead-free solder joints, in *Proceedings of Surface Mount Technology Association International Conference SMTA*, Edina, MN, Sept 2013. www.smta.org

35. J. Zhang, Z. Hai, S. Thirugnanasambandam, J. Evans, M. Bozack, Y. Zhang, J. Suhling, Thermal aging effect on the thermal cycling reliability of lead free fine pitch packages. IEEE Trans. Comp. Pack Manuf. Tech. **3**, 1348–1357 (2013)

36. C. Zhao, C. Shen, H. Zhou, J. Zhang, M. Bozack, J. Evans, Long term aging effects on the reliability of lead free solder joints in ball grid array packages with various pitch sizes and ball alignments, in *Proceedings of Surface Mount Technology Association International Conference SMTA*, Edina, MN, Sept 2015, pp. 199–206

37. P. Vianco, J. Rejent, J. Grazier, A. Kilgo, B. McKenzie, M. Neilsen, Predicting the reliability of package-on-package-on-package (PoPoP) interconnections based on accelerated aging experiments and computational modeling, in *Proceedings of Surface Mount Technology Association International Conference SMTA*, Edina, MN, Sept 2016, pp. 24–45

38. P. Vianco, J. Rejent, J. Grazier, A. Kilgo, B. McKenzie, S. Williams, Unpublished data, Sandia National Laboratories, Albuquerque, NM (2019)

39. W.Y. Lu, J. Lim, B. Boyce, J. Grazier, E. Fang, Small-scale multiaxial deformation experiments on solder for high-fidelity model development. *Sandia Report SAND2002-8592* (Sandia National Laboratories, Livermore, CA, 2002)

第 **17** 章
三维封装的互连质量与可靠性

Yaodong Wang，Yingxia Liu，Menglu Li，K.N.Tu，Luhua Xu

17.1 导言

三维集成电路（3D IC）封装技术的质量和可靠性所面临的挑战包括但又不限于以下几个方面：①新的制造工艺涉及大量的硅通孔技术（TSV）、微凸点技术、芯片堆叠技术和高温回流技术；②新的材料包括新的凸点下金属化（Under Bump Metallurgy，UBM）与新的无铅焊接材料；③焊点的微型化是在尺寸上比 C4 型焊点（C4 solder joints）小 5～10 倍，相当于在体积上缩小了 3 个数量级；④热机械环境发生变化：焦耳加热必须找到散热的新方法，热梯度和热应力集中出现并贯穿三维封装的叠层间；⑤应对新的电迁移和热迁移问题进行研究，包括再布线层失效；⑥随着桌面台式设备、笔记本电脑转向移动设备终端，可靠性需求随之改变[1]。

本章讨论了 2.5 维集成电路和三维集成电路封装技术——微凸点、TSV、UBM 和 Cu 互连的质量和可靠性，并将它们与在现有互连中观察到的质量和可靠性问题进行了比较。我们将涵盖由机械应力、电迁移（EM）和热迁移（TM）驱动的微观结构变化和失效。以这样的方式，我们将看到诸如从 C4 焊点到微凸点的过渡是如何影响失效模式的。在机械应力方面，本章详述了脆性和微孔的形成，特别是微凸点中 Kirkendall 空洞的形成。脆性材料中的成串空洞很容易导致断裂损伤[2]。人们对机械失效的兴趣在于，对于移动设备和可穿戴设备，撞击和坠落到地面非常频繁。关于微凸点的 EM 和 TM，本章详述了由于焦耳热而增加的失效模式。

17.2 三维封装的质量挑战

在三维集成电路器件中互连的尺寸越来越小，从而涉及的堆叠工艺也更加复杂。三维集成电路中使用的材料性能会影响整个电子组件的质量和可靠性。例如 PCB、硅基板、微凸点、铜（Cu）层和底部填充材料都具有非常不同的材料特性。以热力学特性为例，

表 17.1 总结了室温下的弹性模量、热膨胀系数（CTE）和泊松比。随着 z 方向上更多的堆叠，为确保质量和可靠性，使三维封装工艺更加具有挑战性。焊点不断小型化的最明显变化之一是金属间化合物（IMC）体积分数的增加，从而使三维集成电路技术中的微凸点完全转化为 IMC。换句话说，在确定微凸点特性和可靠性方面，是 IMC 而不是焊料本身起主导作用[3]。虽然 IMC 具有导电性，但众所周知它具有机械脆性，见表 17.2，因此，首要考虑的是机械可靠性。除了其本身的脆性外，它对芯片上低介电常数（Low-k）介质层的影响也值得注意。众所周知，Low-k 介质层在热循环过程中容易受到芯片封装相互作用的影响。以 Cu-Sn 的金属间化合物为基础的微凸点在 Low-k 介质层可导致裂纹的形成。这是电子行业依赖使用硅转接板的 2.5 维芯片技术通过来减少芯片封装相互作用的重要原因之一，如图 17.1 所示。硅转接板位于垂直堆叠的硅芯片和封装基板之间，可大大减小硅芯片中的热机械应力。图 17.2 显示了具有硅转接板的垂直堆叠芯片的样件。

表 17.1　在三维封装技术中使用材料的特性

材料	杨氏模量 /GPa	泊松比	热膨胀系统 /（ppm/℃）
PCB（FR4）	x、y：12.2～22，z：1.6～10	0.19～0.39	x、y：13～18，z：60
TSV/ 焊盘（Cu）	120～130	0.3～0.36	16.5～17
焊料（63Sn37Pb）	24.8～31.7	0.32～0.4	23.9～25
焊料（Sn3.8Au0.7PbCu）	44.4～58	0.35～0.4	23.5～26
基板（BT 树脂）	19～26	0.18～0.39	13～14
阻焊层	2.5～4.9	0.3～0.48	30～95
硅	106.9～169	0.22～0.35	2.3～2.7
模塑料	12.5～16	0.25～0.35	20～25
底部填充材料	4.4～6	0.35～0.4	22～45
黏合剂	3.45～7.4	0.27～0.35	45～100

表 17.2　三维集成电路技术中微凸点材料成分特性 [32]

材料参数	Cu_6Sn_5	Cu_3Sn	Ni_3Sn_4	Sn	Cu	Ni
杨氏模量 /GPa	116.89 ± 2.04[33]	133.49 ± 4.44[33]	141.12 ± 3.85[33]	50	120	186[34]
压痕硬度 /GPa	6.3 ± 0.20[33]	6.32 ± 0.15[33]	6.31 ± 0.16[33]	0.11 ± 0.05[83]	1.7 ± 0.2[83]	2.8[84]
屈服强度 /MPa	2009 ± 63[85]	1787 ± 108[85]		35 ± 0.4	180 ± 9	950[84]
压痕断裂韧性 /MPa·$m^{\frac{1}{2}}$	2.73 ± 0.63 [29]	5.72 ± 0.86[29]	3.88 ± 0.53[29]	35～55[86]	100～107[86]	122[87]
泊松比	0.31	0.30	0.33	0.36	0.33	0.31
热膨胀系数 /（ppm/K）	16.3[88]	19.0[88]	13.7[88]	22.5[34]	16.4[88]	12.5[34]
电阻率 /μΩ·cm	17.5	8.8	28.5	11.5	1.71	6.99

（续）

导热率 /（W/cm·K）	0.341	0.704	0.196	0.668	4	0.91
熔点/℃	415	676	795	232	1085	1455
体积收缩（%）	5.0 6Cu+5Sn = Cu6Sn5	4.3 Cu6Sn5+9Cu = 5Cu3Sn[6]	11.3 3Ni+4Sn = Ni3Sn4[6]			
晶体结构	186℃以上为 六方晶系（η）； 186℃以下为 单斜晶系（η′）	斜方晶系 （ε）	单斜晶系	体心立方	面心立方	面心 立方

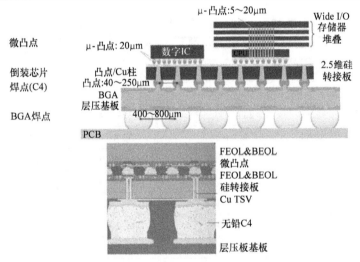

图17.1 使用三维集成电路堆叠与2.5维转接板的典型CoWoS（Chip-on-Wafer-on-Substrate）
架构示意图及光学照片（Yole Development，2013；Sakuma等，2015）

图17.2 三维封装组件的俯视照片

在传统的倒装芯片焊点或可控塌陷芯片连接（C4）焊点中，具有预植球焊料的集成电路芯片被翻转过来，从而使顶部表面芯片面朝下并与具有 UBM 的焊盘键合。UBM 的主要组成之一是一层薄 Cu 层。为了防止焊料迅速的耗尽 Cu 层，从而导致"煎饼式"的电迁移空洞的形成，通常在 Cu 上沉积一层 Ni，以改变 UBM 的冶金学，降低 Cu 消耗速率。因此，只有一小部分体积的焊点被转化为 IMC。

对于三维集成电路技术中使用的微凸点，热压焊（TCB）满足细间距互连和高效率的键合要求，尤其是在晶圆级封装的情况下 [4]。用铜柱凸点代替铜薄膜 UBM 来控制芯片间堆叠之间的细间隙。需要在 TCB 工艺之前将小体积的无铅焊料电镀在铜柱上以形成微凸点。对于小尺寸的微凸点，其厚度小于 $10\mu m$。考虑到微凸点的铜柱（120GPa）和 Sn 帽（50GPa）在厚度和杨氏模量方面的巨大差异，参见表 17.2，与传统的倒装芯片焊点相比，铜柱可能会在接头界面处引起较大的热机械应力。因此，预计微凸点会发生脆性断裂。此外，电子消费产品的小型化趋势导致焊点尺寸缩小，导致微凸点内部不仅 IMC 的体积分数变高，而且晶粒数量有限。在类似的 C4 焊点工艺条件下，即约 240℃和 1min 回流时间，Sn 基微凸点可以完全转化为 Cu-Sn 或 Ni-Sn IMC。因此，微凸点不再是一个焊料连接点，而是基于金属间化合物的焊点。对于基于 IMC 的微凸点，由于缺乏现场数据，其机械可靠性远未得到理解。

对于指甲大小约 $1cm^2$ 的芯片，若微凸点直径为 5 ~ $10\mu m$，则每颗芯片大约有 100 万个微凸点，或 10^6 个焊点 $/cm^2$。因此如何研究单个微凸点非常具有挑战性。此外对于小于 $5\mu m$ 的微凸点直径，微凸点特性很可能受几个晶粒甚至单个晶粒的控制。对于数以万计的基于 IMC 的微凸点互连，微观结构各向异性和织构效应可能变得更加重要 [1]。这反过来又会影响微凸点机械可靠性，例如早期失效。微观结构：晶粒尺寸、形态、织构、相变和相稳定性最终决定了微凸点的性能，尤其是机械可靠性。因此，对微凸点用于大规模生产的特性和可扩展性需要重点评估。

17.3 微凸点的质量与可靠性

我们介绍了业界广泛用于三维集成电路技术的四种微凸点，其中 UBM 具有不同的冶金组合。对于每种类型的微凸点，都有关于质量和可靠性问题的案例研究和讨论。其目的是了解不同的 UBM 或表面处理对微凸点机械可靠性的影响。

微凸点材料通常是基于 Sn 的无铅焊料，例如 SnAgCu、SnAg、SnCu 或 SnAgCu-X，其中 X 代表第四种元素。此处讨论中，我们简化了使用"Sn"表示焊料，并将重点放在 UBM 的影响上。毫无疑问，焊料成分对质量和可靠性也起着至关重要的作用。使用固定的 UBM 层，调节焊料成分和焊接温度曲线会显著影响性能。

17.3.1 类型 1——Cu/Sn/Cu

17.3.1.1 基于 Cu-Sn IMC 的微凸点的微观结构

Cu/Sn/Cu 是用于芯片堆叠连接中最广泛使用的微凸点之一。当焊点高度小于 $10\mu m$ 时，在 240℃温度下焊接时间 1min 的典型组装条件下，所有微凸点都可以完全转化为

Cu-Sn IMC。动力学上有利的 Cu_6Sn_5 优先在 Cu/ 焊料界面成核，并在组装条件下继续生长。在进一步的回流焊或加热条件下，Cu_6Sn_5 可以逐渐转变为 Cu_3Sn 的热力学稳定相。Cu-Sn 微凸点在这两种条件下的典型微观结构演变如图 17.3 所示。

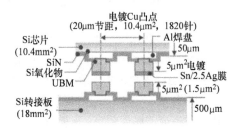

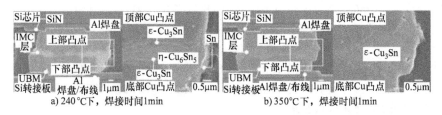

a) 240℃下，焊接时间1min   b) 350℃下，焊接时间1min

图 17.3　Cu/Sn/Cu 微凸点实现芯片间互连的示意图与 Cu-Sn 微凸点
微观结构演变的横截面 SEM 图像 [81]

17.3.1.2　微凸点中 Cu_6Sn_5 的微观结构表征

在不同的回流温度下，Li 等人将厚度为 25μm 的锡箔夹在两个抛光 Cu 表面之间，并施加受控的压缩来制备 Cu/Sn/Cu 微凸点样品 [5]。他们在 Sn 处于熔融状态的连续液态反应期间监测了 Cu_6Sn_5 微观结构的演变，如图 17.4 所示。Cu_6Sn_5 呈扇贝状形态形于 Cu/Sn 界面。Cu_6Sn_5 在两个相对的界面上同时生长和熟化。一旦两个相对的 Cu_6Sn_5 晶粒与另一面相互接触，平行晶界出人意料地消失了。无法识别到横向晶界，只能观察到垂直柱状晶界，如图 17.4c 所示。Chuang[6] 和 Wang[7] 等也报道了类似的发现，如图 17.5 和图 17.6 所示。柱状 Cu_6Sn_5 被 Cu 进一步消耗成更稳定的 Cu_3Sn 相，形成的 Cu_3Sn 具有更细的柱状晶粒结构。当残留的 Cu_6Sn_5 被完全消耗掉时，和 Cu_6Sn_5 晶粒不同的是，两层对向生长的 Cu_3Sn 晶粒同时含有横向晶界和纵向晶界。对向生长的 Cu_6Sn_5 晶粒伴随着横向晶界消失而粗化为单个晶粒的根本原因尚不清楚。关于 Cu_6Sn_5 柱状晶粒的形成仍然是一个非常令人费解的问题。然而，横向晶界的消失无疑有利于微凸点的力学可靠性，因为微凸点的水平晶界通过诱导裂纹的形成和扩展将降低微凸点的断裂强度。

17.3.1.3　Cu_3Sn 中 Kirkendall 空洞和疏松空洞的形成

Cu_3Sn 被认为含有微空洞的相，即 Kirkendall 空洞 [8]。Kirkendall 空洞通常在高温储存试验或电流应力期间的 Cu/Sn 焊点中观察到，其中 Cu 过度消耗导致 Cu_3Sn 层中形成微孔 [8, 9]。Kirkendall 空洞的形成的原因是 Cu 和 Sn 原子通量的不平衡互扩散，其中 Cu 的扩散速度比 Sn 快得多 [8, 10]。然而，在无铅焊料中加入 Co 或 Ni 可以有效减少 Kirkendall 空洞 [11]。此外，通过控制电镀液或以纳米孪晶 Cu 作为 UBM，可以显著减少微孔的成

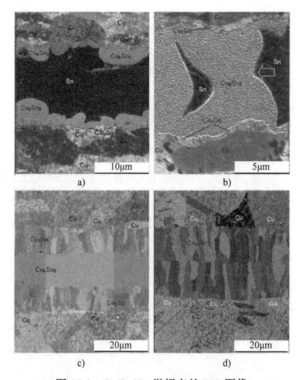

图 17.4 Cu/Sn/Cu 微焊点的 FIB 图像

a）260℃回流焊接 5min b）300℃回流焊接 10min
c）300℃回流焊接 480min d）340℃回流焊接 480min[5]

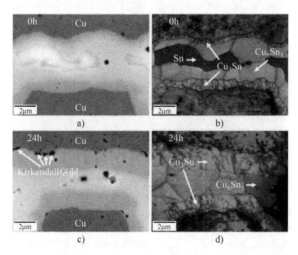

图 17.5 Cu/Sn-Ag/Cu 微凸点的 BSE 和 EBSD 相分布，在 180℃等温退火过程中的
微结构演化特征[7]

a）接收态 b）初始状态 c）24h 退火 d）24h 退火

（彩图见插页）

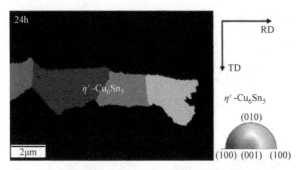

图 17.6 Cu$_6$Sn$_5$ 微凸点采用低温 η'-Cu$_6$Sn$_5$ 相进行指标化，基于柱状 Cu$_6$Sn$_5$ 的微凸点中
未发现侧向晶界[7]（彩图见插页）

核[12-15]。Kirkendall 空洞可能是一个严重的可靠性问题。如果不加以控制，Kirkendall 空
洞会沿着 Cu$_3$Sn/Cu 界面变粗并诱发微裂纹的形成，如图 17.7[15] 所示。毫无疑问，Kirk-
endall 空洞是不受欢迎的并且对微凸点的机械和电气性能有害。

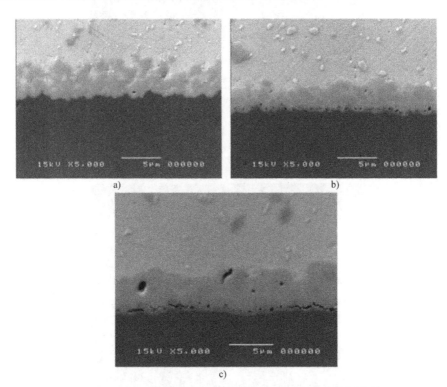

图 17.7 SAC 焊料 /Cu 焊盘横截面界面，采用 Ar$^+$ 溅射蚀刻
a）回流后 b）500 个温度循环，形成的 Kirkendall 空洞约占界面的 10%
c）1000 次温度循环，在界面处可观察到 Kirkendall 空洞生长并形成微裂纹[15]

Wang 教授等人在 170℃下对 Cu-TSV/SnCu 焊料 /Cu 微凸点进行了热退火实验。他
们发现，经过 1000h 的退火后，Kirkendall 空洞的形成会导致在 Si 转接板中 SnCu 焊料和

Cu-TSV 之间的界面处形成裂纹[16]。Kirkendall 空洞优先在 Cu-TSV/ 微凸点之间界面的 TSV 侧形成。这归因于在芯片侧形成 Cu-UBM 和在转接板中形成 Cu-TSV 时使用了不同的电镀技术。在后者中，通过电镀将 Cu 填充在通孔中，其中 S 等有机杂质可能被包裹在内部在 Cu-TSV 的末端分离出来，因异质成核机理，Kirkendall 空洞优先在 Cu/Cu$_3$Sn 界面处成核。这被认为是只在 Cu-TSV 界面而不是在芯片侧观察到 Kirkendall 空洞形成的原因[16]（如图 17.8 所示）。

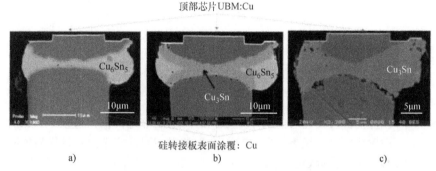

图 17.8　170℃下热老化不同阶段 Cu（芯片）-SnCu-Cu（TSV）微凸点的背散射 SEM 图像
a）初始状态　b）83h　c）1000h[16]

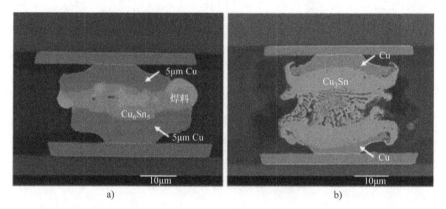

图 17.9　a）8μm 厚 SnAg 焊料制备的 Cu/Cu 微凸点，初始状态　b）260℃回流 12h 后，在微凸点中间两个无空隙的 Cu$_3$Sn 层之间的形成了多孔 Cu$_3$Sn[19]

最近报道 Chen 等人除了发现 Kirkendall 空洞形成，同时在剧烈热退火或电流应力下，Cu/Cu$_3$Sn/Cu 微凸点内部会形成另一种类型的多孔空洞[17-19]。在多孔的微凸点中，Cu$_3$Sn 可以以两种形态存在：在两端的 Cu/Cu$_3$Sn 界面形成 Kirkendall 空洞的非多孔的 Cu$_3$Sn 层，以及夹在中间的多孔 Cu$_3$Sn 层，如图 17.9 所示。Wang 等人发现，通过对 Cu 含量不确定的 Cu 线 /Sn/Cu 线微接头样品在 210℃下进行高强度的高温储存试验，退火 1 周后，Cu 线的机械强度从 162MPa 急剧下降至 60MPa，如图 17.10 所示。

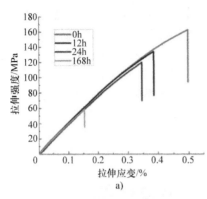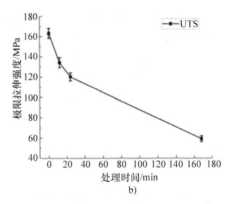

图 17.10　a）210℃破坏性的高温存储 168h 后，Cu/Sn（10μm）/Cu 微连接的拉伸试验曲线
b）附着强度从 162MPa 急剧下降至 60MPa[82]（彩图见插页）

17.3.1.4　微凸点的各向异性

Suh 等人通过纯（100）取向的单晶 Cu 和共晶 SnPb 之间的反应发现，Cu_6Sn_5 和 Cu 之间存在非常强的取向关系。同步辐射 X 射线微衍射确定了六种择优晶体取向关系[20, 21]。图 17.11a 是表示 Cu 的 [101] 方向和 Cu_6Sn_5 的 [$\bar{1}$01] 方向之间夹角的取向图。图 17.11b 是对应于图 17.11a 的取向分布直方图。这表明在 Cu 的 [101] 方向和 Cu_6Sn_5 的 [$\bar{1}$01] 方向之间，大多数 IMC 晶粒的取向存在很强的关联性。类似的晶体取向关系也存在于同一种纯 Cu 和纯 Sn 扩散对中，如图 17.11c、d 所示。Cu[101] 方向与 Cu_6Sn_5 的 [$\bar{1}$01] 方向的择优取向关系归因于低的失配能。Cu 和 Cu_6Sn_5 之间的失配为 0.24%。失配方向位于 Cu 的（001）面上。

$$(010)_{Cu_6Sn_5}//(001)_{Cu}\ [\bar{1}01]_{Cu_6Sn_5}//[101]_{Cu}$$

$$(343)_{Cu_6Sn_5}//(001)_{Cu}\ [\bar{1}01]_{Cu_6Sn_5}//[101]_{Cu}$$

$$(\bar{3}4\bar{3})_{Cu_6Sn_5}//(001)_{Cu}\ [\bar{1}01]_{Cu_6Sn_5}//[101]_{Cu}$$

$$(101)_{Cu_6Sn_5}//(001)_{Cu}\ [\bar{1}01]_{Cu_6Sn_5}//[101]_{Cu}$$

$$(141)_{Cu_6Sn_5}//(001)_{Cu}\ [\bar{1}01]_{Cu_6Sn_5}//[101]_{Cu}$$

$$(\bar{1}4\bar{1})_{Cu_6Sn_5}//(001)_{Cu}\ [\bar{1}01]_{Cu_6Sn_5}//[101]_{Cu}$$

一项 EBSD 的研究表明，屋顶型或棱镜型 Cu_6Sn_5 在 Cu 的（001）面上沿两个垂直的 <110> 方向加长，这也对应于 Cu_6Sn_5 的低失配方向。本研究表明，如果我们能够控制 UBM 的取向，即（001）取向的 Cu，Cu_6Sn_5 的晶体取向也可以控制为优选的织构，与随机取向的扇贝型 Cu_6Sn_5 晶粒不同，形成独特的屋顶型晶粒形态。这种取向关系可能有助于控制基于柱状晶粒的微凸点，而这本质上取决于 Cu_6Sn_5 晶粒的织构（如图 17.12 所示）。

这种独特的屋顶形态被多个研究团队作了进一步研究[22, 23]。Tian 等人报道，屋顶型 Cu_6Sn_5 可以在 300℃ 的高温下形成，而扇贝型 Cu_6Sn_5 存在于 250℃ 的回流条件。扇贝型和屋顶型 Cu_6Sn_5 都有平行于 Cu 表面法线方向的 [0001] 优势方向（如图 17.13 所示）。

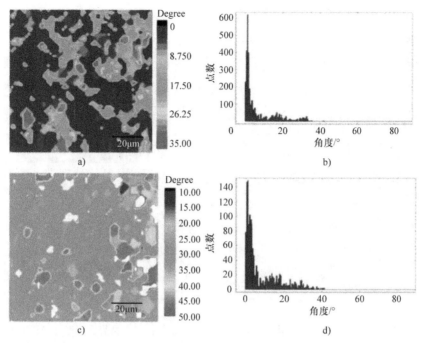

图 17.11　在 250℃下回流 4min 的取向图和直方图（彩图见插页）
a）、b）Cu/SnPb　c）、d）Cu/Sn

图 17.12　200℃下回流 30s 的焊点经深度蚀刻共晶 SnPb 之后，暴露出的 Cu_6Sn_5 晶粒俯视图
a）多晶 Cu 基板上的扇贝型 Cu_6Sn_5 晶粒　b）（001）Cu 上的屋顶型 Cu_6Sn_5 晶粒[20]

　　此外，在典型的 240℃的温度下延长回流时间，也可以得到强织构的 Cu_6Sn_5 晶粒。通过在 240℃下回流，除了单晶 Cu，多晶 Cu 上也可以形成高织构的 Cu_6Sn_5 晶粒，此时形成的 η-Cu_6Sn_5 在 [0001] 方向与多晶 Cu 基板法线方向一致。为了诱导强的优选织构，进行了长时间的回流。如图 17.14 所示，在 240℃下回流 600min 时，Cu_6Sn_5 沿 Cu 基板法向生长具有最强的取向依赖性，并观察到清晰的织构。在此条件下，约 70% 的 Cu_6Sn_5 晶粒的取向差小于 30°。与单晶（100）Cu 上形成的 Cu_6Sn_5 织构不同，多晶 Cu 的织构是界面晶粒熟化的结果。

图 17.13 在不同条件下，多晶铜晶粒的不同界面形态：扇贝型界面形态于 250℃处理
a）0s b）60s c）300s；屋顶型形态于 300℃处理 d）10s e）60s f）300s[22]

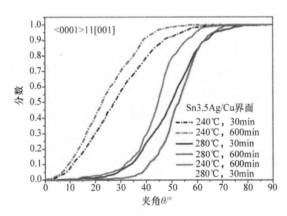

图 17.14 <0001> 取向的 Cu_6Sn_5 对多晶 Cu 基板 [001] 方向的夹角统计图 [24]
（彩图见插页）

从机械性能的角度进一步评估织构化的 Cu_6Sn_5。如图 17.15 所示，Sn3.5Ag 用于两种条件的回流焊接：240℃、1min 和 280℃、1min，用于普通多晶 Cu 基板。作为对比，织构化的 Cu_6Sn_5 基板在 280℃下回流焊接 1min。进行焊球 - 剪切力试验以评估具有优势取向的 IMC 强度。通过 30 次测量取平均值并绘制结果于图 17.15d 中。结果这表明在 280℃下 1min 形成的 [0001] 取向的 Cu_6Sn_5 具有最大的焊点剪切强度 [24]。Cu_6Sn_5 这种独特的定向生长值得进一步的研究，并应用于基于 IMC 的微凸点的可控生长。

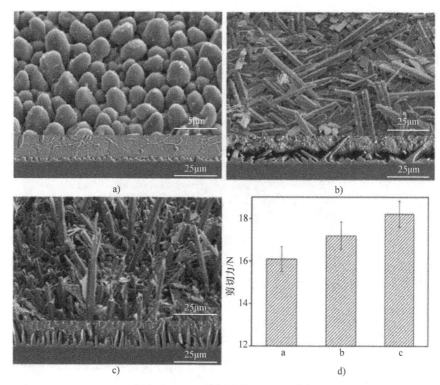

图 17.15　Cu 基板成的 Cu_6Sn_5 形态

a）240℃　b）280℃、1min 形成的随机取向的 Cu_6Sn_5

c）280℃、1min 形成的 [0001] 取向 Cu_6Sn_5，焊点在空气中冷却　d）a-c 条件下的焊点剪切强度[24]

17.3.2　类型 2——Ni/Sn/Ni

对于典型的 Ni/Sn/Ni 微凸点，Ni 用作扩散阻挡层以阻止 IMC 的形成，尤其是在回流或 TCB 时。因此，这样便可留下足够数量未反应的焊料作为机械缓冲层以保留焊料微凸点的延展性。如图 17.16 所示，对于键合后的 Ni/Sn/Ni 微凸点，Ni-Sn 微凸点或多或

顶部芯片UBM：Cu/Ni

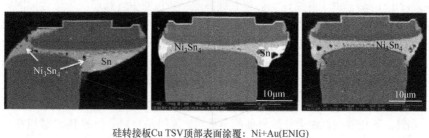

硅转接板Cu TSV顶部表面涂覆：Ni+Au(ENIG)

图 17.16　Ni-Sn-Ni 微凸点在 170℃下等温退火的横截面 BS-SEM 图像

a）初始状态　b）83h　c）1000h[16]

少转化为 Ni_3Sn_4 IMC，但剩余的焊料被挤出到微凸点的周围，顶层和底层的 Ni_3Sn_4 几乎冲撞在一起。经过进一步的热退火，最终 Ni/Sn/Ni 微凸点完全转化为 Ni_3Sn_4 IMC，大量的微孔包裹在冲撞的 Ni_3Sn_4 晶界中，这些晶界易受杂质包裹的影响而引起脆化[16]。从机械可靠性的视角分析，含有大量微孔和杂质的晶界将容易发生晶粒间的断裂。Chuang 等人也给出了详细的 Ni_3Sn_4 晶界杂质迁移[25]（如图 17.17 和图 17.18 所示）。

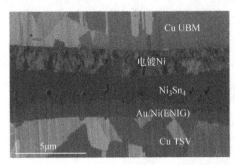

图 17.17　Ni-Sn-Ni 微凸点 /TSV 焊点，在 Ni_3Sn_4 IMC 内捕获了微空洞的 FIB 横截面图片[16]

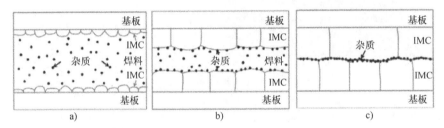

图 17.18　随着残留焊料逐渐转化为 IMC，杂质富集
a）回流后初始状态　b）焊料消耗 2/3　c）所有焊料完全转化为 IMC[6]

除了杂质包裹外，另一种机械性的弱链可归因于 Ni-Sn-Ni 微凸点中的 Ni/Sn 化学反应。Ni 和 Sn 的界面化学反应为

$$3Ni+4Sn \Longrightarrow Ni_3Sn_4$$

基于原子体积计算，理论净体积收缩率为 11.3%，见表 17.2。在所有剩余的焊料完全转化为 Ni_3Sn_4 后，由于其脆性，体积收缩不能再通过减少焊料厚度来适应。因此体积收缩会导致空洞的形成。如图 17.19 所示，在 180℃下退火 240h，基于 Ni_3Sn_4 的微凸点中发现了空洞。图示的横截面通过离子束铣削抛光，避免了机械抛光可能的引起的微裂纹或者抛光粉的涂抹效应。图 17.19 清楚地表明，空洞源自在 Ni/Sn IMC 形成过程中 Sn 的空腔。Chen 的博士论文[26]也指出，对于 Ni-Sn-Ni 微凸点，Sn 比 Ni 扩散得更快。热退火过程中的 IMC 增长也是一个通量驱动的熟化过程，这意味着更大的晶粒生长将消耗较小的晶粒。熟化效应往往会导致界面的不平坦，原因是对向生长的 IMC 碰撞在一起并在热退火中形成锡的空腔。由于 Sn 扩散速度较快，不对称的原子通量会导致空位向 Sn 空腔积聚。当剩余的 Sn 被完全消耗时，空位的过饱和导致空洞形成，并捕获 Sn 空腔的原始位置。毫无疑问，Ni_3Sn_4 微凸点内部的空洞将降低 IMC 的机械可靠性。对 Ni_3Sn_4

微凸点的 UBM 而言，其中 Ni（$E = 186GPa$）本身的机械柔顺性低于 Cu（$E = 120GPa$），见表 17.1。基于上面的讨论，似乎 Ni_3Sn_4 微凸点会比基于 Cu 的微凸点机械可靠性问题更严重：捕获的杂质导致晶界的脆化，以及体积收缩导致空洞或微裂纹的形成。传统上，引入 Ni 减少 IMC 的形成，以解决机械可靠性的问题。然而，对于三维集成电路精细节距的互连应用，该技术要求焊点厚度低至 5μm，形成完全 IMC 的焊点不可避免，因此使用 Ni 作为 UBM 未必能避免完全 IMC 焊点的形成，实际上，反而可能会导致严重的机械可靠性问题。

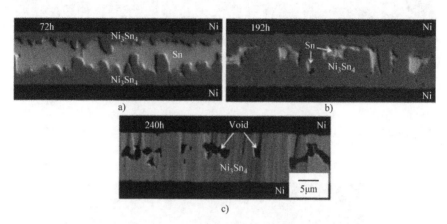

图 17.19 在 180℃下等温退火，Ni/Sn（10μm）/Ni 微连接的微观结构演变的横截面 SEM 图像[6]

a）72h b）192h c）240h

17.3.3 类型 3——Cu/Sn/Ni

微凸点的第三种冶金结构是 Cu/Sn/Ni。如图 17.20 所示，制备了 Cu/Sn/Ni 型微凸点用于研究 IMC 微观结构演变和可靠性[16]。顶部 Si 芯片上的 UBM 由 Cu 凸块组成，而转接板中的 TSV 由 Cu 制成，其表面处理为化学镀 Ni。横截面的 EDX 分析表明，开始，因为 Ni 的溶解量有限，TCB 已将所有焊料消耗为化学计量形式（Cu，Ni）$_6$Sn$_5$ 的 IMC。未发现（Ni，Cu）$_3$Sn$_4$ IMC。优先形成 Cu_6Sn_5 而不是 Ni_3Sn_4 的原因是：由于与无限供应的 Cu 凸块相比，有限数量的焊料之间存在较大的体积差异，从而导致优先形成 Cu_6Sn_5 而不是 Ni_3Sn_4。在连续热退火后，（Ni，Cu）$_3$Sn$_4$ 层变厚而消耗了 Cu_6Sn_5。由于在 Cu-TSV 侧，Ni 被用作扩散阻挡层，Cu_3Sn 明显的重新生长。Cu-Sn-Ni 微凸点的这种不对称设计最终导致了不对称的 IMC 形成，并在堆叠芯片的顶部造成过量的铜 UBM 消耗。

在 Cu/Sn/Ni 型微凸点中观察到裂纹的生成，如图 17.21 所示。其原因是形成的不同 IMC 之间存在 CTE 失配引起的热机械应力，其中 Cu_3Sn 和 Cu_6Sn_5 的 CTE 分别为 19.0ppm/K 和 13.7ppm/K，见表 17.1。Cu/Sn/Ni 型微凸点裂纹形成还有另外的两个原因。一旦 IMC 在 Cu/Sn/Ni 微凸点内部形成，顶部芯片侧的 Cu_6Sn_5 进一步转化为 Cu_3Sn，而底部 TSV 侧的 Sn 扩散速度远快于 Ni 的扩散。不平衡的 Sn 和 Ni 扩散通量导致沿 Ni 表面镀层/微凸点界面的空位过饱和并形成空洞，最终导致裂纹的生成。另一个可能的原因是由于 Cu-Sn 和 Ni-Sn IMC 之间的体积收缩差异。见表 17.1，Cu_6Sn_5、Cu_3Sn 和 Ni_3Sn_4 的体积收缩率分别为 5% 和 4.3%，11.3%。由于 IMCs 脆性，不能通过变形适应体积的收缩。因此，体积收缩的失配也可能导致裂纹形成。

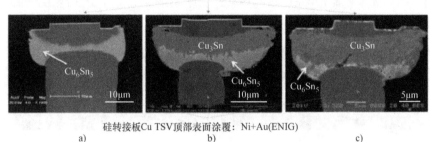

图 17.20　Cu（芯片）/ 微凸点 /Ni 在 170℃下等温退火的横截面 BS-SEM 图像
a）初始状态　b）267h　c）1000h [16]

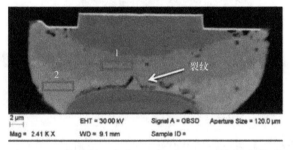

图 17.21　Cu/Sn/Ni 类型微凸点在 Cu_3Sn 和 Ni_3Sn_4 的界面附近的裂纹 [16]

17.3.4　类型 4——Cu/Ni/Sn/Ni/Cu

17.3.4.1　典型的 Cu/Ni/Sn/Ni/Cu 微凸点构成参数

第四类微凸点是 Cu/Ni/Sn/Ni/Cu。TCB 过程中相对的铜柱由 Sn 帽焊接在一起，而两个对称的 Ni 层则作为扩散阻挡层。对于典型对称的 Cu/Ni/Sn/Ni/Cu 微凸点，其尺寸参数如图 17.22 所示。Sn2.5Ag 用作无铅焊料。微凸点节距为 30μm。对于每一面的 UBM，Cu 和 Ni 的厚度分别为 5μm 和 3.5μm。铜柱的钝化层开口为 12μm。在 250℃组装后，两侧的 IMC 厚度约为 1μm，留下部分焊料厚度为 2.5μm。

在标准的 −55 ~ 125℃、1000 次的热循环试验中，Cu/Ni/Sn2.5Ag/Ni/Cu 微凸点故障率为 9.5%。在相同的测试条件下，当热循环次数超过 1000 次时，故障率仅显著增加到 47.3%，这超过了普遍接受的加速测试条件。说明 Cu/Ni/Sn/Ni/Cu 型微凸点实际上满足机械可靠性要求（如图 17.23 所示）。

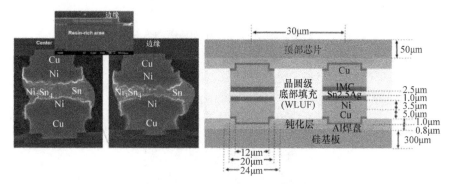

图 17.22 Cu/Ni/Sn/Ni/Cu 微凸点的横截面 SEM 图像及示意图 [27]

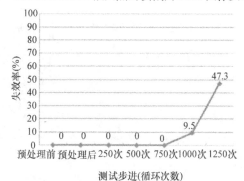

图 17.23 在 −55 ~ 125℃ 的温度循环试验下，Cu/Ni/Sn2.5Ag/Ni/Cu 微凸点的累积失效率

17.3.4.2 IMC/ 焊料界面裂纹的形成

对 Cu/Ni/Sn/Ni/Cu 型微凸点进行了有限元模拟，几何形状如图 17.24b 所示。仿真结果表明，IMC 与剩余焊料界面的角处存在最大塑性应变，说明极有可能形成微裂纹并快速穿透 IMC 层 [27]。这一假设的确与实验发现的裂纹形成并沿着 IMC/ 焊料界面扩展的结果相一致，如图 17.24a 所示。

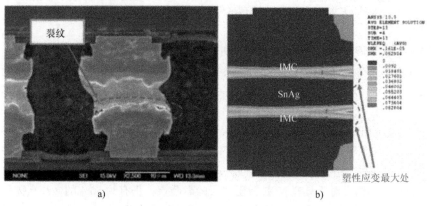

图 17.24 Cu/Ni/Sn2.5Ag/Ni/Cu 微凸点的界面裂纹截面图像
a）SEM 图像中为沿 IMC/ 焊料界面扩展的裂纹 b）有限元分析结果 [27]（彩图见插页）

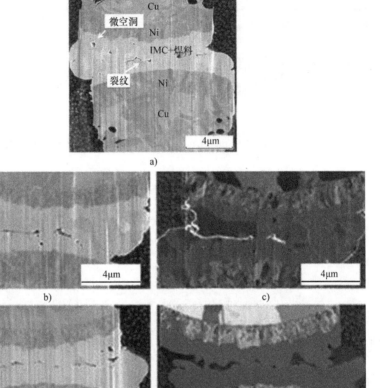

图 17.25　在 150℃下退火的 Cu/Ni/Sn-2.5Ag/Ni/Cu 微凸点样品
a）初始状态　b）退火 25h 的样品的电子束图像　c）退火 25h 的样品的离子束图像
d）退火 250h 的样品的电子束图像　e）退火 250h 的样品的离子束图像[28]

17.3.4.3　Ni 作为有效的扩散阻挡层抑制 Kirkendall 空洞的形成

对于以 Ni 作为扩散阻挡层的 Cu/Ni/Sn/Ni/Cu 微凸点，它限制了 Kirkendall 空洞的形成。如图 17.26 所示，三种类型的样品，一边的 UBM 固定为 Ni 焊盘，另一侧为不同表面处理的 Cu 柱[12]。样品 A 为 10μmCu 和 10μmSnAg；样品 B 为 14μmCu 和 8μmSnAg；样品 C 为 10μmCu，2μmNi 作为扩散阻挡层，其上覆盖 0.5μmCu，10μmSnAg。三种微凸点样品均在 150℃下进行 500h 和 1000h 的高温存储试验。结果表明，通过在 Cu 柱和小体积的 Sn 基焊料之间沉积 Ni 的扩散阻挡层，有效地消除了 Kirkendall 空洞的形成。此外，在同一退火时间内，对于具有 Ni 扩散阻挡层的微凸点，仍有约 50% 的微凸点体积为尚未转化为 IMC 的焊料。这种焊点具有更好的力学性能。因此，为了控制 Kirkendall 的形成，相比在焊料中加入 Ni 或 Co[11]，用纳米孪晶电镀[13]，控制电镀液化学成分[14] 这些方法，在 Cu 和焊料之间加入 Ni 作为扩散阻挡层似乎很有前途。这是因为其他三种方法在操作过程中很难找到切实可行并且经济有效的途径，特别是量产时的电镀液化学成分的控制。

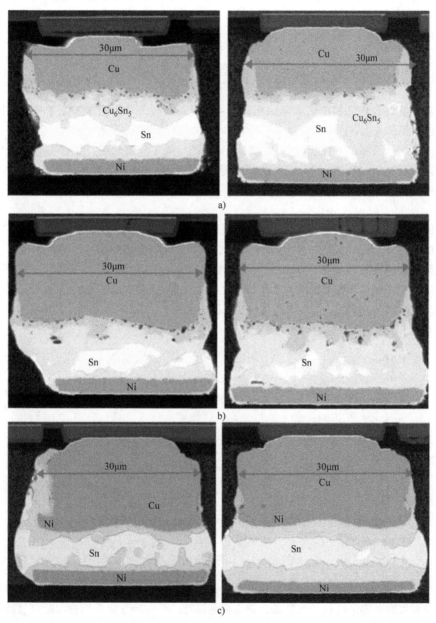

图 17.26　a）样品 A：热退火下的 10μmCu/10μmSnAg：（1）150℃，500h；（2）150℃，1000h　b）样品 B：热退火下的 14μm Cu/8μm SnAg：（1）150℃，500h；（2）150℃，1000h　c）样品 C：10μm Cu/2μm Ni/0.5μm Cu/10μm SnAg：（1）150℃，500h；（2）150℃，1000h[12]

17.3.5　小结

在上述讨论的四种微凸点中，对称 Cu/Ni/Sn/Ni/Cu 是业界 2.5 维 / 三维集成电路技术中理想且广泛接受的冶金结构之一。与 Cu/Sn/Cu、Ni/Sn/Ni 和 Cu/Sn/Ni 这三种冶金结构相比，它具有优越的机械可靠性，原因在于 Kirkendall 空洞、Cu_3Sn 中的多孔空洞、IMC 体积收缩引起裂纹扩展和非对称扩散所致的 IMC 界面裂纹等因素。

17.4　三维封装的现场性能预测

与传统的台式机和笔记本电脑相比，移动设备倾向于采用更多的三维技术以减小设备的体积和重量。同时，由于手持设备的存在，这些设备暴露在更加严酷和动态的环境中。然而，预测现场性能的基本原理是相同的。需要理解的是：①设备在整个使用寿命期间所经历的环境 / 固有应力类型和持续时间；②这种应力可能导致的失效模式；③加速应力（实验室运行）来复现这种故障；④将实验室测试结果诠释为现场性能的加速模型。

以微凸点开路失效为例，其失效原因通常是由于设备电源开 / 关和环境温度变化引起的热循环。循环应力应变会使焊料因不同电子材料的热膨胀系数失配而变形，从而导致热疲劳失效。温度循环（TC）或温度冲击（TS）试验可用于三维封装的加速试验。JEDEC 温度循环标准提供了不同的试验条件，其中条件有 G（−40 ~ 125℃）、J（0 ~ 100℃）、K（0 ~ 125℃）、L（−55 ~ 110℃）和 M（−40 ~ 150℃），如图 17.27 所示，可使用频率为 1 个循环 /h，保温时间为 15min。

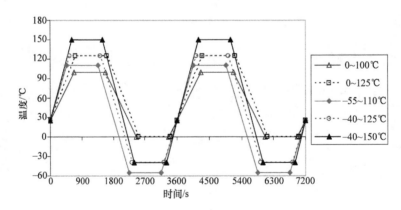

图 17.27　不同的热循环曲线

两种不同的方法可以用来建立微凸点的寿命预测模型。一种方法是利用大块焊料料进行位移控制的等温机械疲劳试验，建立疲劳模型。另一种方法是结合实际可靠性试验数据和有限元仿真结果建立疲劳模型。第一种方法是 Coffin-Manson 应变模型和 Morrow 能量模型：

$$N_f^m \Delta \varepsilon_{in} = C$$

$$N_f^n W_p = A$$

SAC 凸点的疲劳延展系数 C 和 A 以及疲劳指数 m 和 n 可从不同试验条件下的应变 - 寿命和能量 - 寿命曲线中获得，例如在 25℃、75℃ 和 125℃ 下，0.1Hz、0.01Hz 或 0.001Hz，热循环试验温度从 $-40℃$ 到 125℃ 变化，每循环 1h。热循环试验中的最高温度 125℃ 和应变速率（低频率 0.001Hz）对焊点疲劳失效有显著影响。因此，选择温度为 125℃、频率为 0.001Hz 的等温试验条件进行进一步的疲劳分析。Pang 等人[11] 报告的 m、n、C 和 A 分别为 0.853MPa、0.897MPa、9.2 MPa 和 311.7MPa（125℃ 和 0.001Hz 时），如图 17.28 所示。

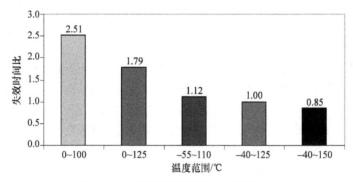

图 17.28 不同温度范围的疲劳寿命比

对于第二种方法，可以根据损伤机理，结合数值结果和实际试验数据确定疲劳模型中的系数和指数。Schubert 等人根据有限元分析结果和不同组件的实际可靠性试验数据（300Ω 作为失效准则），提出了由蠕变应变准则和基于蠕变应变能的方法确定的 SAC 凸点焊料疲劳模型，如在不同的热循环条件下的 FCOB（含或不含底部填充）和 PBGA（含 Ni/Au 镀层）：

$$N_f = 4.5\varepsilon_{cr}^{(-1.295)}$$

$$N_f = 345 W_{cr}^{(-1.02)}$$

采用焊料弹塑性蠕变本构模型进行有限元仿真时，非弹性应变包括塑性应变和蠕变应变两部分。当蠕变部分占主导地位时，可以通过将蠕变应变或蠕变应变能代入上述方程来预测疲劳寿命。当塑性部分占主导地位时，可以用塑性应变或塑性应变作为疲劳损伤参数来预测疲劳寿命。另外，还可以用包括蠕变和塑性部分在内的总非弹性参数作为疲劳损伤参数进行疲劳寿命预测。此外，Pang 等人[16, 29] 提出了焊料蠕变疲劳寿命的组合预测模型，如下所示：

$$\frac{1}{N_f} = \frac{1}{N_p} + \frac{1}{N_c}$$

17.5　三维封装的电迁移可靠性

在超大规模集成电路技术中，为了连接硅芯片上的数亿甚至数十亿个晶体管，使用了由 Al 或 Cu 制成的多层薄膜互连线。在硅基微电子技术中，互连线中的电迁移一直是影响长期可靠性的关键因素之一。Al 或 Cu 互连线通常可以在较小的横截面上承载非常高的电流密度，典型值可达 $10^5 \sim 10^6 A/cm^2$。在如此高的电流密度下，增强了原子扩散和原子重排，导致在阴极形成空洞，从阳极挤出。已经证实，阴极和阳极是原子通量散度（flux divergence）的位置。伴随电迁移产生的背应力分析也引起了广泛地关注。当倒装芯片技术引入 C4 焊点，在电流密度为 $10^4 A/cm^2$ 时，发现了电流集中对电迁移的影响发生在焊点附近[1-4, 30-34]。由于消费类电子产品在大数据时代十分普遍，在基于 2.5 维/三维集成电路的高密度封装体中使用非常小尺寸的微凸点进行封装时需要仔细考虑热管理。虽然电迁移损伤仍受通量散度的影响，背应力、电流集中和焦耳热才是当下新的焦点。

在简单介绍了电迁移的基本概念之后，我们将展示互连和倒装焊焊点中电迁移损伤的试验结果。然后，我们将讨论三维集成电路的电迁移失效，这些三维集成电路使用了垂直堆叠的包含微凸点和 TSV 的硅芯片。基于这些新结构，我们将展示它们的电迁移行为。尤其是，我们展示了系统级电迁移研究正变得越来越重要。在系统中，一个意外是 C4 焊点和微凸点之间的再分布层失效。在系统级电迁移测试中，散热成了一个关键问题。讨论了焦耳热和电迁移的协同效应。

17.5.1　电迁移简介

电迁移是电子流与原子扩散之间的相互作用。作用在扩散原子上的电场力用 Huntington 公式表示如下[35]：

$$F_{em} = Z^* eE = \left(Z_{el}^* + Z_{wd}^* \right) eE$$

式中，e 是电子电荷；E 是电场强度；Z^* 是电迁移的有效电荷数；它包括 Z_{el}^* 和 Z_{wd}^*。在不考虑动态屏蔽效应的情况下，Z_{el}^* 可作为扩散离子在金属中的名义价态。$Z_{el}^* eE$ 被称为直接力（或静态力），作用在反向的电子流。Z_{wd}^* 是一个假定的电荷数，表示电子和扩散离子之间动量交换的影响。$Z_{wd}^* eE$ 被称为电子风力（或动态力），作用方向与电子流相同。在电迁移增强的原子扩散中，原子的运动方向与外加电子流的方向相同。因此，电子风力比直接力大得多。

17.5.1.1　背应力

在所有的 Al 互连线电迁移实验研究中，有几个值得一提。一种是加入 Cu 的 Al 线来延缓电迁移，另一种是使用 I.A.Blech 设计的 Al 短条直接观察电迁移和发现背应力的影响。在后者中，Al 短条沉积在氮化钛（TiN）薄膜上，并在高电流密度下施加应力。由于 Al 的电阻率远低于 TiN 层的电阻率，这种短条纹将携带大部分电流，从而导致 Al 原子从阴极传输到阳极。它导致在阴极处形成空洞，在阳极处形成小丘，这些可以被观察到，并且可以测量，从而能定量分析电迁移的驱动力。此外，我们还发现，在电迁移中，短条越长，阴极侧的损耗越大。这可以用下面的背应力来解释[35, 36]。

铝原子从阴极到阳极的迁移将导致后者的压缩和前者的张力。根据 Nabarro-Herring 蠕变模型，平衡空位浓度受应力势（$\sigma\Omega$）的影响；与无应力区相比，拉伸区空位较多，压缩区空位较少，因此在阴极到阳极之间存在空位梯度。这种梯度会导致 Al 的原子流从阳极流向阴极，这与 Al 的电迁移流相反。空位浓度梯度与铝条的长度有关，Al 条越短，空位浓度梯度越大。在一定短的长度（定义为临界长度）下，梯度足够大以平衡 EM，因此阴极没有损耗，阳极没有挤压。在稳态下，临界长度的表达式为

$$\Delta x = \frac{\Delta\sigma\Omega}{Z^*eE}$$

式中，Δx 是临界长度；$\Delta\sigma\Omega$ 是应力电位差；Z^* 是有效电荷数；e 是电子电荷；E 是电场强度。

17.5.1.2　可靠性研究中的 Weibull 分布函数统计学分析

在工业生产中，为了将早期失效与常规失效区分开来，需要对大量的试验样品进行统计分析。后者之所以可以接受，是因为它遵循了分布，是意料之中的，但前者不是因为它在分布之外，是意料之外的。产品保证除了对失效模式和失效机理进行物理分析外，还需要进行平均失效时间（MTTF）的可靠性试验。了解 MTTF 使设备工程师能够预测设备的寿命。这里我们将简要介绍 Weibull 分布和 Black's MTTF 方程。Weibull 分布函数如下：

$$F(t) = 1 - \exp\left[-\left(\frac{t}{\eta}\right)^{\beta}\right]$$

式中，$F(t)$ 作为时间的函数，是失效样品的百分比或分数；η 是特征寿命；β 是 Weibull 图的形状因子或斜率。在 Black's MTTF 方程中，有三个参数：预因子 A、电流密度功率因子 n 和活化能 E_a：

$$\mathrm{MTTF} = A\left(j^{-n}\right)\exp\left(\frac{E_a}{kT}\right)$$

利用 Black 方程，我们可以通过实验确定这些参数并进行统计分析。我们至少需要在两种温度和两种电流密度下进行电迁移测试，读者可以使用谷歌搜索或教科书查询活化能并测定，我们这里不再重复。

17.5.2　铝、铜互连的电迁移实验研究

在 Al（Cu）互连线中，W 过孔塞用于不同层的 Al 线之间的垂直互连，例如，M2 或 M1 金属化层如图 17.29a 所示。由于 W 原子扩散速度比 Al 慢得多，因此 W 过孔上方的 Al 原子和空位都会产生通量散度，而这种散度会导致小丘和空洞的形成[37-40]。

比较而言，双大马士革 Cu 结构的构造不同[41, 42]。在双大马士革 Cu 互连中，在

镀 Cu 前同时制备 M2 的沟槽和连接 M1 的过孔 V1，如图 17.29b 所示。M1 层也通过导电扩散阻挡层（DB）与 V1 通孔分隔开，该阻挡层也覆盖 V1 的内壁以及 M2 沟槽的侧壁和底壁。因此，双大马士革过程将通量散度置于 V1 底部的 M1/V1 界面上，而不是与 Al（Cu）一样位于 V1 的顶部的 V1/M2 界面上。从可靠性的角度来看，这种通过过孔底部的通量散度可能是有问题的，因为电迁移造成少量的材料损耗就足以造成空洞损伤。

双大马士革互连在另一方面明显不同于以前的 Al（Cu）结构。研究结果表明，在器件工作温度为 100℃时，电迁移在铜互连中是通过表面扩散发生的。在处理双大马士革结构时，电镀后的顶面必须经过化学机械抛光，并在制备下一层之前用氮化物层覆盖[43]。由于氮化物与 Cu 之间的化学键很弱，界面可视为 Cu 扩散的自由表面，允许 Cu 的快速表面扩散，从而导致电迁移可靠性问题，如图 17.29 所示，在钽（Ta）阻挡层和覆盖氮化物层相交的 M2 互连层阴极端存在通量散度。在这个位置会自然形成空洞。

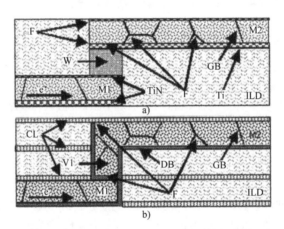

图 17.29　a）两级 Al（Cu）或 PVD Cu 互连示意图
b）两级双大马士革（DD）Cu 互连理想化示意图
（CL：封顶层；DB：Ta 阻挡层；e⁻：电子电荷；F：通量散度区域；
Ti：钛层；TiN：氮化钛层；V1：双大马士革过孔；W：钨塞；
GB：晶界；ILD：层间介质；M1：金属层 1；M2：金属层 2）

17.5.3　倒装芯片焊点的电迁移

在 C4 倒装芯片焊点中，电流聚集通常发生在电子流的入口和出口处。这是因为薄 Al 线的横截面积比倒装焊点小得多。电流拥挤发生在倒装芯片焊点的入口处，并且倾向于向下驱动 Sn 原子，因此空位反向返回，导致空穴形成。空穴形成后，电流将在现有空穴之前移动，再次向下推动 Sn 原子，从而导致沿钎料 /UBM 界面连续形成饼状空穴。如图 17.30 所示，在倒装焊点 5、3 和 1 中可以观察到薄饼状空洞，电子流进入焊点的左角[44-46]。

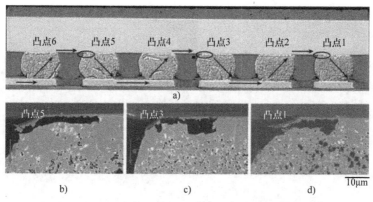

图 17.30　a）显示焊点菊花链电流的光学显微镜图片
b）～d）电迁移后封装空洞的形成 SEM 图片 [44]

17.5.4　三维集成电路封装的系统级电迁移研究

为了满足消费类电子产品的需求，目前封装技术正从二维集成电路技术向三维集成电路技术过渡。相比于二维集成电路中的倒装芯片技术，TSV 和微凸点技术是一种新技术。值得注意的是，三维集成电路中微凸点的尺寸缩小了 10 倍，Cu 填充 TSV 的制造技术和结构也是新技术。基于这两个原因，微凸点和 TSV 电迁移失效的研究近年来备受关注。此外，由于散热成为一个问题，系统级电迁移的研究在三维集成电路中还是一个新的课题。焦耳热与电迁移的协同效应将成为不久的将来影响可靠性主要因素。

17.5.4.1　微凸点中的电迁移

微凸点的尺寸比 C4 焊点缩小了 10 倍。然而，总体积将收缩 1000 倍，这会影响电迁移行为 [16, 47-53]。研究发现，微凸点比传统的倒装焊点具有更好的抗电迁移能力，而且微凸点中没有观察到饼状空洞。图 17.31 显示了其中一个电迁移测试结果 [7]。在样品中，微凸点采用 Ni 作为 UBM。图 17.31a 和图 17.31b 的测试条件是 $4950h@88 \times 10^4 A/cm^2@150℃$，图 17.31c 和图 17.31d 的测试条件是 $2850h@1 \times 10^5 A/cm^2@150℃$。在微凸点中没有观察到电迁移失效。微凸点抗电迁移能力强的部分原因是微凸点中 IMC 的含量很高。此外，在电迁移过程中，有残留焊料的微凸点在电迁移的早期阶段可以转化为全部是金属间化合物的微凸点，如图 17.31 所示，整个凸点在电迁移测试后已经转变为 IMC。由于 IMC 具有更好的抗电迁移能力，因此与 C4 焊点相比，微凸点可以在更高的温度和更高的电流密度下进行电迁移测试。

另一种可能的解释是，微凸点的抗电迁移能力强可能与背应力有关 [35]。如 17.5.1.1 节所述，在恒定电流密度下，当 Al 条长度小于临界长度时，无电迁移损伤。受结构效应的影响，微凸点中焊料层的高度将缩小到 5μm 以下。该高度可能小于测试电流密度条件下的临界长度。然而，它通常是一个正在进行电迁移测试的系统。通常当电流密度增大时，Al 线、Cu 再布线层或 UBM 首先失效。实际上，一些研究甚至报道，在微凸点因焦耳热而失效之前，随着电流密度的增加，微凸点并没有发生失效。目前，虽然已有许多与微凸点相关的电迁移失效的研究报道，但还没有直接观察到电迁移诱导的空穴形成导致微凸点失效。

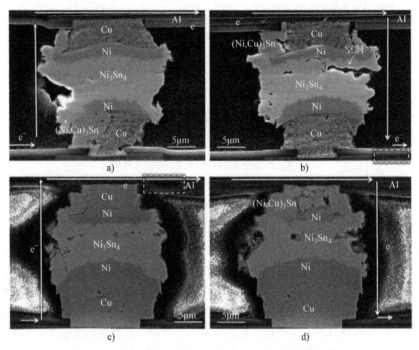

图 17.31 微凸点在电流应力作用下的横截面 SEM 图片

a）、b）测试条件是 4950h@88×10⁴A/cm²@150℃   c）、d）测试条件是 2850h@1×10⁵A/cm²@150℃ [47]

17.5.4.2 TSV 中的电迁移

由于 Cu TSV 和硅芯片之间的热膨胀失配非常大，在过去的十年中，TSV 的早期可靠性研究开始于热机械模拟。一些研究通过有限元模拟评估了 Cu TSV 的疲劳、TSV 界面的分层以及热机械应力引起的硅开裂。这些研究指出，Cu TSV 的存在会影响应力分布和互连可靠性 [54-56]。对于电迁移，大多数研究集中在 TSV 界面的物质通量散度模型上，但对实验结果的重视不够 [57-59]。

Frank 和 Moreau[60-62] 及其团队对直径为 2～4μm、长度为 15μm 的高密度 Cu TSV-last 技术进行了电迁移实验分析。电迁移诱导空洞产生在临近的金属层上，就在 TSV 界面。此外，由于空洞机制的分散性增加，增加线厚度不会产生预期的寿命效益。他们还报道了直径为 10μm、厚度为 80μm 的 Cu TSV-middle 技术的实验可靠性。电迁移揭示了类似的退化机制和 TSV-last 方法中的动力学。图 17.32 显示了 TSV-last 方法中薄和厚工艺中失效的 FIB 横截面图像。

对于薄金属层工艺过程，通过 MTTF 数据提取了 Black 方程的电流密度指数 n 和活化能 E_A。两种结构的值都非常接近。$E_A = 0.9 \pm 0.1eV$ 是 Cu 在大马士革 Cu 表面扩散的预期活化能，由 SiN 的覆盖层所确保。$n = 2 \pm 0.2$ 是可接受的，理论值为 2。然而，当空洞变得比 TSV 截面更大时，它可能受到 TiN 阻挡层中局部焦耳热的影响。由于失效是由空洞增长驱动的，任何老化推断都应采用一致但保守的 $n = 1$。

对于厚金属层工艺过程，下游结构的活化能和电流密度指数分别为（ 0.8 ± 0.2 ）ev 和 2.4 ± 0.3，接近薄金属层工艺的数值，但由于 MTTF 分布的对数正态标准差不同，其精度较低。

在相同的 $E_A = 0.9$ev，保守的 $n = 1$ 的条件下，外推了在相同的电流和温度条件下，薄金属化和厚金属化过程的 MTTF 分布。在 50% 的累积失效率下，厚金属化工艺的收效是薄金属化工艺的 6 倍左右。然而，由于寿命总是在 0.1% 累积失效的情况下外推，因此较厚的工艺在该累积失效时没有显著的益处（仅为较薄工艺的 1.1 倍）。

三星公司[63] 的另一个小组也发现了类似的电迁移结果。在 TSV 底部和背面金属之间的 Cu/SiN 界面上发现了电迁移诱导的空洞，但由于 TSV 的高可靠性，在 TSV 本身没有发现电迁移诱导的空洞。

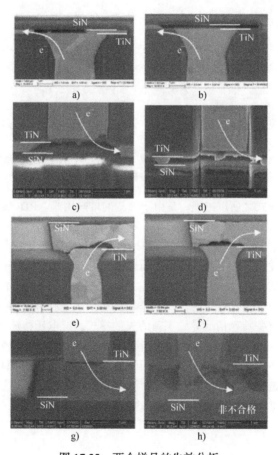

图 17.32　两个样品的失效分析

a）、b）薄工艺上游　c）、d）薄工艺下游　e）、f）厚工艺上游　g）、h）厚工艺下游[60]

17.5.5　2.5 维集成电路中的系统级薄弱环节失效

在 2.5 维集成电路系统级电迁移测试中，发现了焦耳热与电迁移协同作用的新失效模式[24]。在测试电路中，有三个级别的焊点、两个硅芯片（其中一个用作转接板并具有硅通孔）和一个聚合物基板。此外，还有两个再布线层；每两层焊点之间有一层。研究发现，倒装焊焊点与微凸点之间的再布线层（RDL）是电迁移测试中易烧坏的薄弱环节，如图 17.33 所示。图 17.33a 中有六个周期性烧孔。在图 17.33d 中，烧损面积很大，约为 80μm。随着阻力突然增加，故障与时间有关。

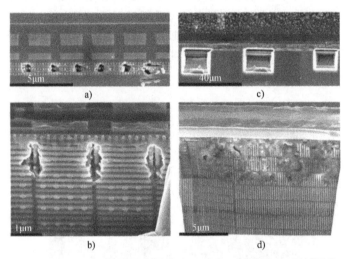

图 17.33　a）、c）故障部位图像　b）、d）对应的 FIB 切割图像

（在图 c 中，失效点很大，约长 80μm；用 FIB 在破坏部位的开始、中间和结束处切取三个孔[64]）

这种新的破坏模式之所以出现，是由于结构的散热困难。RDL 中 Cu 线的网络结构设计，与文献中研究的 Cu 或 Al 结构相比，非常紧凑。除结构紧凑外，硅转接板厚度的减小也会导致散热不良。随着封装尺寸的减小，硅芯片的厚度有减小的趋势。目前，在三维集成电路中，叠层芯片的厚度约为 50μm，远小于典型的 200μm 硅片厚度。硅转接板的热传导大大降低，成为散热不良的原因之一。这些情况与文献中报道的铜和铝线的电迁移研究有很大的不同。焦耳热的产生和耗散是一个关键问题，它会导致热量随时间积累和温度升高。这些特殊情况导致了新的失效模式，即电迁移烧坏试验的时变失效。模拟结果表明，焦耳热对再布线层中的电迁移有正反馈作用，导致热失控失效[64]。

焦耳热与电迁移的协同作用是一种新的可靠性失效模式。焦耳热将是一个关键问题，因为晶体管的密度越来越高，而形状因素在移动设备中变化不大。这种协同效应可能会与未来的机械故障和其他故障耦合。显然，这需要多加关注和更深入的了解。

17.5.6　小结

电迁移和焦耳热是三维集成电路封装的重要问题。在微凸点中，100% IMC 有助于增加高电流密度下的 MTTF。TSV 还具有更高的抗电迁移失效的能力。然而，在设计不当的情况下，电迁移失效可以转移到 RDL 层。在一个复杂的三维集成电路系统中，在设计阶段必须考虑焦耳热，以避免焊点和再布线金属层中的电流拥挤。电迁移失效往往发生在系统最薄弱的环节。通过在制造过程中预先包含电迁移设计规则，可以帮助预测甚至防止系统级故障中最薄弱环节的产生。

17.6　三维集成电路封装中的热迁移

17.6.1　概述

在三维集成电路的热管理中，芯片堆叠间的热生成和散热是最关键的可靠性问题。当硅片垂直堆叠时，电介质底部填充层夹在中间，硅片中晶体管焦耳热产生的热量非常大，而底部填充层材料的导热性较差，导致散热非常差。同时，根据傅里叶定律，热耗散依赖于温度梯度。虽然较大的热梯度有利于散热，但可能导致热迁移（TM），这是本综述中另一个值得关注的可靠性问题 [65]。

根据许多研究报告指出，在倒装芯片焊点中，1000℃ /cm 的温度梯度足以诱发热迁移 [66-68]。热迁移是一个可靠性问题，因为它会导致相的重分布和空洞的形成，从而导致失效。对于 Pb-Sn 共晶焊点，Pb 是热迁移中的主要扩散组分，并从热端向冷端扩散 [69]。对无铅焊点的热迁移也进行了深入的研究，确定 Sn 从冷端向热端迁移时具有正的迁移热 [70]。对于微凸点而言，相同的温度梯度，即直径为 10μm 的微凸点存在 1℃的温差，就会发生热迁移并导致的严重故障。很难保证能控制 1℃的温差。因此，必须研究热迁移过程中微凸点的可靠性问题。首先，我们将讨论热迁移的基本原理。然后，我们将讨论倒装芯片焊点中热迁移的观察结果。最后，我们将提出三维集成电路封装微凸点在热迁移方面所面临的新挑战。

17.6.2　热迁移原理

热迁移是由温度梯度驱动的原子扩散现象。这就是被称为经典的 Soret 效应。从数学上讲，热迁移的驱动力可以表示为

$$F = -\frac{Q^*}{T}\left(\frac{\partial T}{\partial x}\right)$$

式中，Q^*是传输热，由每摩尔移动原子所携带的热量与初始状态（热端或冷端）每摩尔原子的热量之差定义；T是工作温度；$\frac{\partial T}{\partial x}$是温度梯度。由于热迁移的存在，原子通量被表示为

$$J = C\frac{D}{kT}\frac{Q^*}{T}\left(-\frac{\partial T}{\partial x}\right)$$

式中，C是原子浓度；D是工作温度下扩散原子的扩散率 [71]。

17.6.2.1　传统热迁移研究

为了测量 Q^* 并确定焊点中的主要扩散物种，对传统的 C4 倒装焊点进行了 TM 的原

位观察。63Sn37Pb 共晶焊料倒装焊焊点中的热迁移被报道过。通常，当向焊点施加电流时，热迁移伴随着电迁移[72]。为了消除电迁移效应的耦合，采用相邻的仅受热迁移影响无动力焊点来研究热迁移效应。图 17.34 显示了热迁移试验的典型结构布局。在这个示例中，有 11 个焊点，但只有一对焊点（编号 6/7）通电，其余的焊点没有通电。最后一个焊点（编号 12）处于未作处理的初始状态，以供参考。溅射沉积的 UBM 薄膜为 Al（约 0.3μm）/Ni（V）（约 0.3μm）/Cu（约 0.7μm）。基板侧的焊盘金属层为电镀 Ni（5μm）/Au（0.05μm）。UBM 与焊盘之间的焊点高度为 90μm，焊点材料为锡铅共晶焊料[71]。

由于片上的 Al 互连线是焦耳热的来源，而硅是一种良好的热导体，因此在所有的焊点上都产生了温度梯度，并在所有焊点中引起热迁移。在这种情况下，硅芯片侧是热侧，而 FR4 基板侧是冷侧。

图 17.34 显示了在 100℃下施加 0.95A 直流电流 27h 后的 SEM 横截面图像。触点开口处的平均电流密度为 $1.5 \times 10^4 A/cm^2$[70]。图像上标明了电流方向。扫描电镜图像中较浅的颜色代表富 Pb 相，较深的颜色代表富 Sn 相。与接收到的样品相比，我们可以看到在未通电的凸点中，富铅相已经从芯片侧（热侧）移动到基板侧（冷侧）。

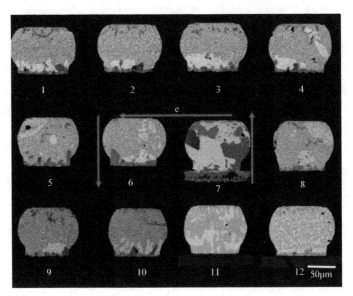

图 17.34　横截面 SEM 图像，只有一对焊点受到电流应力

由于环境问题，无铅焊料被引入以取代锡铅共晶焊料。为了可靠性考虑，还研究了 SAC305 无铅焊料中的热迁移效应[73-76]。对于原位样品制备，通常先将样品打磨至焊点的一半，然后在一个横截面的焊点表面上压痕一组标记，以确定热迁移中原子通量的方向和大小[70]。图 17.35 显示了在交流电流密度为 $1 \times 10^4 A/cm^2$ 和在 100℃下持续 800h 时，热迁移前后无铅焊点横截面的 SEM 图像[73]。假设在交流电中没有电迁移，但焦耳热仍然存在。整个焊料凸点的温度梯度约为 2800℃/cm。我们可以看到，凸起形成发生在热的一侧。同时发现焊料中的银向冷侧迁移。标记向基板侧（冷端）移动，表明热迁移中的优势种类向热端移动。根据通过标记运动测量的原子通量，本研究测得锡的传输热为

1.36kJ/mol。

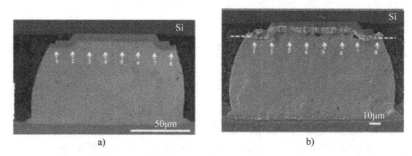

图 17.35　样品的横截面 SEM 图像，热迁移条件是交流电流密度为 $1 \times 10^4 \text{A/cm}^2$、温度为 100℃下持续 800h[73]

a）热迁移前　b）热迁移后

类似于图 17.34 的测试结构也是为无铅焊料凸点设计的，用于研究热迁移，其中两个凸点在电流应力作用下产生焦耳热，而其他凸点在热迁移作用下[70]。图 17.35 显示了 150℃下热迁移后无铅无动力焊点的扫描电镜横截面图像。模拟温度梯度为 250℃/cm 左右。我们可以看到冷端有损耗，而热端有凸起。EDX 数据显示 Sn 向热端扩散，Al 向冷端扩散，这与交流应力下热迁移研究结果一致，如图 17.36 所示。

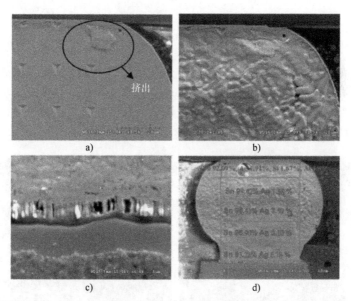

图 17.36　a）26h 热迁移凸点的扫描电镜截面图　b）芯片侧 62h
c）基板侧 62h　d）热迁移 62h 后凸点的 EDX 数据[70]

17.6.3　三维集成电路封装中的热迁移研究

在三维芯片封装中，芯片间的互连是通过 TSV 和微凸点实现的。微凸点的直径通常在 20μm 以下，并逐渐向 1μm 发展。由于在回流焊过程中与 UBM 快速的反应，焊点主要由 IMC 主导。在本节中，我们将讨论微凸点中的热迁移问题。

17.6.3.1 微凸点中的热迁移

热迁移效应对微凸点可靠性的影响的首次报道，是关于回流焊或在有温度梯度下的固态退火过程中不对称 IMC 形成的影响[77]。图 17.37 显示了微凸点在 145℃下温度梯度为 7308℃/cm 之前和之后微观结构的演变[78]。与图 17.35a 所示的刚接收的样品相比，可以看到，图 17.35b 显示在冷端出现了较厚的 IMC，这表明温度梯度增强了从热端到冷端的 Sn 内部的 Ni 间隙扩散，并导致在冷端形成更多的 IMC。有趣的是，微凸点对 Ni 的热迁移效应不如倒装焊点对 Ni 的影响显著[79]，特别是当凸点高度低于 5μm 时。其中一个可能的原因是背应力引起的空位通量与热迁移引起的空位通量方向相反。原则上，当焊点处于温度梯度下时，热迁移诱导大量 Sn 从冷端到热端传输。后者处于压缩状态，前者处于拉伸状态。基于 Nabarro-Herring 平衡空位浓度模型，拉伸区的空位比无应力区多，而压缩区的空位较少，导致应力诱导的空位从热端向冷端流动。热迁移的驱动力被这种化学机械力抵消，这种力称为背应力。因此，热迁移的驱动力可以表示为

$$F = -\frac{Q^*}{T}\left(\frac{\partial T}{\partial x}\right) - F_{BS}$$

其中

$$F_{BS} = \frac{\mathrm{d}\sigma\Omega}{\mathrm{d}x} = \frac{(\sigma_1 - \sigma_2)\Omega}{d}$$

式中，F_{BS} 是背应力；σ_1 和 σ_2 是凸点两端的最大静压力；Ω 是原子体积；x 或 d 是焊料的高度。对于倒装芯片焊点，x 通常在 100μm 左右，而对于微凸点，x 通常在 5μm 左右。凸点高度的收缩会显著影响背应力，进而影响热迁移的净效应。在电迁移研究中，应注意到还有一个背应力与电子风力相反，当金属条在临界长度以下时，它将平衡电迁移效应。

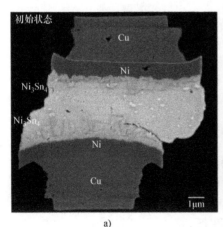 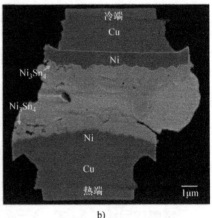

a)　　　　　　　　　　　　　b)

图 17.37　在 145℃、7308℃/cm 下热迁移前后的微凸点截面 SEM 图像
a）热迁移前　b）热迁移后

17.6.3.2　TSV 中的热迁移

硅通孔（TSV）通常由 Cu 制成，Cu 的热迁移不同于焊料，因为后者通常是除纯 Sn 以外的二元合金。直到现在，尚无文献报道关于 TSV 的热迁移问题。然而，热迁移会发生在纯金属中。在文献 [80] 中，研究了热梯度下 Cu 和 Au 的净扩散。研究发现，当温度梯度为 1000℃ /cm[80]，并具有正的热传输时，Cu 可以从热端扩散到冷端。这意味着对于高度为 50μm 的 TSV，TSV 之间的 5℃差异将触发热迁移。然而，纯金属互连线（如 Cu 互连线）的热迁移可靠性问题尚未见报道。原因可能与背应力有关。由于该装置通常在 100℃下工作，该温度太低，因此 Cu 中不会发生蠕变。当热迁移驱动更多的 Cu 原子从热侧进入冷侧时（或相反方向，取决于热传输），应力将在发生原子积聚的端部积聚，然后应力梯度将产生铜原子通量对抗热迁移。

由于 TSV 在两端连接到再布线层，并且电流拥挤将在界面处发生，因此由于电流拥挤而产生的局部焦耳热可能会产生足以使热迁移产生的温度梯度。同时，由于三维芯片的高功率密度和散热性差，TSV 附近的工作温度可能很高，足以在 Cu 中发生蠕变，在这种情况下背应力可能不起作用。

17.6.3.3　热串扰诱导的热迁移

在 2.5 维集成电路封装设计中，在芯片与基板之间使用一层硅转接板，以减轻芯片与基板之间的封装交互作用。然而，这种新的设计也会引起新的可靠性问题，如热串扰诱导的热迁移。图 17.38 显示两个硅芯片水平放置在一个硅转接板上。由于硅是良好的热导体，如果芯片 1 通电，焦耳热可以传输到芯片 2 的底部。然而，芯片 2 的顶部并没有被加热，因为芯片 1 和芯片 2 之间的间隙充满了底部填充材料，这种材料导热性不佳。因此，当芯片 1 通电时且转接板侧为热侧，芯片 2 会发生热迁移。这种现象称为热串扰。如果采用 Si 转接板作为新的基板，热串扰将是一个可靠性问题，值得进一步研究。

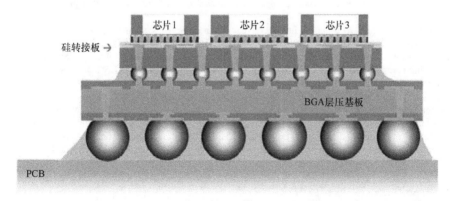

图 17.38　2.5D 多芯片水平排列（改编自 Yole Development）

17.6.4　小结

综述了传统互连线的热迁移效应，包括 Pb-Sn 共晶焊料焊点和倒装芯片无铅焊料焊点。从以往对倒装焊焊点的研究中，我们可以得出结论，1000℃/cm 的温度梯度将导致 Pb 从热端扩散到冷端（$Q^* = -25.3\text{kJ/mol}$），使锡从冷端扩散到热端（$Q^* = +1.36\text{kJ/mol}$）。材料在热梯度作用下会形成空洞，从而导致可靠性问题。三维集成电路中新型互连结构（如微凸点和 TSV）的热迁移研究仍在进行中。目前，微凸点因其较低的凸点高度（较高的背应力）和较强的 IMC 连接而被发现对热迁移有较强的抵抗力。然而，在一定的温度梯度下，微凸点内部会发生非对称的 IMC 生长。对 TSV 中热迁移的研究很少，只能从对纯 Cu 的珍贵研究中得出结论，5℃温差时，长 10μm 的 TSV 中会产生热迁移。最后，由于水平芯片之间的热串扰，硅转接板的使用将引起新的热迁移问题。由于不同芯片异构集成在同一个具有良好热传导性能的转接板上，这成了一个新的可靠性问题。

致谢：本书作者感谢华盛顿州立大学的 IndranathDutta 和波特兰州立大学的 Tae-Kyu Lee 对本章的细致审阅。

参考文献

1. K.N. Tu, Reliability challenges in 3D IC packaging technology. Microelectron. Reliab. **51**(3), 517–523 (2011)
2. Y. Wang, I.M. De Rosa, K.N. Tu, Size effect on ductile-to-brittle transition in Cu-solder-Cu micro-joints, in *2015 Proceedings of 65th Electronic Components* and *Technology Conference* (2015), pp. 632–639
3. S.F. Choudhury, L. Ladani, Grain growth orientation and anisotropy in Cu_6Sn_5 intermetallic: nanoindentation and electron backscatter diffraction analysis. J. Electron. Mater. **43**(4), 996–1004 (2014)
4. K. Sakuma, K. Sueoka, S. Kohara, K. Matsumoto, H. Noma, T. Aoki, Y. Oyama, H. Nishiwaki, P.S. Andry, C.K. Tsang, J.U. Knickerbocker, Y. Orii, IMC bonding for 3D interconnection, in *2010 Proceedings of 60th Electronic Components* and *Technology Conference* (2010), pp. 864–871
5. J.F. Li, P. Agyakwa, C.M. Johnson, Interfacial reaction in Cu/Sn/Cu system during the transient liquid phase soldering process. Acta Mater. 59(3), 1198–1211 (2011)
6. H.Y. Chuang, T.L. Yang, M.S. Kuo, Y.J. Chen, J.J. Yu, C.C. Li, C.R. Kao, Critical concerns in soldering reactions arising from space confinement in 3-D IC packages. IEEE Trans. Device Mater. Reliab. **12**(2), 233–240 (2012)
7. S.J. Wang, L.H. Hsu, N.K. Wang, C.E. Ho, EBSD investigation of Cu–Sn IMC microstructural evolution in Cu/Sn–Ag/Cu microbumps during isothermal annealing. J. Electron. Mater. **43**(1), 219–228 (2014)
8. K. Zeng, R. Stierman, T.C. Chiu, D. Edwards, K. Ano, K.N. Tu, Kirkendall void formation in eutectic SnPb solder joints on bare Cu and its effect on joint reliability. J. Appl. Phys. **97**(2), 24508 (2005)
9. J. Yu, J.Y. Kim, Effects of residual S on Kirkendall void formation at Cu/Sn–3.5Ag solder joints. Acta Mater. **56**(19), 5514–5523 (2008)
10. K.-N. Tu, *Solder Joint Technology* (Springer, US, 2007)
11. K. Nogita, T. Nishimura, Nickel-stabilized hexagonal (Cu, Ni)6Sn5 in Sn–Cu–Ni lead-free solder alloys. Scr. Mater. **59**(2), 191–194 (2008)
12. H. Zhang, E. Perfecto, V.L. Calero-DdelC, F. Pompeo, An effective method for full solder intermetallic compound formation and Kirkendall void control in Sn-base solder micro-joints, in *2015 IEEE 65th Electronic Components* and *Technology Conference* (2015), pp. 1695–1700

13. W.-L. Chiu, C.-M. Liu, Y.-S. Haung, C. Chen, Formation of nearly void-free Cu_3Sn inter-metallic joints using nanotwinned Cu metallization. Appl. Phys. Lett. **104**(17), 171902 (2014)

14. Y. Liu, J. Wang, L. Yin, P. Kondos, C. Parks, P. Borgesen, D.W. Henderson, E.J. Cotts, N. Dimitrov, Influence of plating parameters and solution chemistry on the voiding propensity at electroplated copper-solder interface: plating in acidic copper solution with and without polyethylene glycol. J. Appl. Electrochem. **38**(12), 1695–1705 (2008)

15. J.H.L. Pang, Effect of intermetallic and kirkendall voids growth on board level drop reliability for SnAgCu Lead-Free BGA solder joint, *56th Electronic Components* and *Technology Conference, 2006*, no. 1 (2006), pp. 275–282

16. Y. Wang, S.-H. Chae, R. Dunne, Y. Takahashi, K. Mawatari, P. Steinmann, T. Bonifield, T. Jiang, J. Im, P.S. Ho, Effect of intermetallic formation on electromigration reliability of TSV-microbump joints in 3D interconnect, in *2012 IEEE 62nd Electronic Components* and *Technology Conference* (2012), pp. 319–325

17. I. Panchenko, K. Croes, I. De Wolf, J. De Messemaeker, E. Beyne, K.J. Wolter, Degradation of Cu_6Sn_5 intermetallic compound by pore formation in solid-liquid interdiffusion Cu/Sn microbump interconnects. Microelectron. Eng. **117**, 26–34 (2014)

18. L. Mo, Z. Chen, F. Wu, C. Liu, Microstructural and mechanical analysis on Cu–Sn intermetallic micro-joints under isothermal condition. Intermetallics **66**, 13–21 (2015)

19. C. Chen, D. Yu, K. Chen, Vertical interconnects of microbumps in 3D integration. MRS Bull. **40**(March), 257–263 (2015)

20. J.O. Suh, K.N. Tu, N. Tamura, Dramatic morphological change of scallop-type Cu_6Sn_5 formed on (001) single crystal copper in reaction between molten SnPb solder and Cu. Appl. Phys. Lett. **91**(5), 051907 (2007)

21. J.O. Suh, K.N. Tu, N. Tamura, Preferred orientation relationship between Cu_6Sn_5 scallop-type grains and Cu substrate in reactions between molten Sn-based solders and Cu. J. Appl. Phys. 102(6) (2007)

22. Y. Tian, R. Zhang, C. Hang, L. Niu, C. Wang, Relationship between morphologies and orientations of Cu_6Sn_5 grains in Sn3.0Ag0.5Cu solder joints on different Cu pads. Mater. Charact. **88**(100), 58–68 (2014)

23. H.F. Zou, H.J. Yang, Z.F. Zhang, Morphologies, orientation relationships and evolution of Cu_6Sn_5 grains formed between molten Sn and Cu single crystals. Acta Mater. **56**, 2649–2662 (2008)

24. M. Li, M. Yang, J. Kim, Textured growth of Cu_6Sn_5 grains formed at a Sn3.5Ag/Cu interface. Mater. Lett. **66**(1), 135–137 (2012)

25. G. Hariharan, R. Chaware, I. Singh, J. Lin, L. Yip, K. Ng, S.Y. Pai, A comprehensive reliability study on a CoWoS 3D IC package (2015), pp. 573–577

26. Y. T. Chen, Chemical effect on diffusion in intermetallic compounds. Ph.D. thesis, UCLA, 2016

27. C.C. Lee, T.-F. Yang, C.-S. Wu, K.-S. Kao, R.-C. Cheng, T.-H. Chen, Reliability estimation and failure mode prediction for 3D chip stacking package with the application of wafer-level underfill. Microelectron. Eng. **107**, 107–113 (2013)

28. H.H. Hsu, S.-Y. Huang, T.-C. Chang, A.T. Wu, Nucleation and propagation of voids in microbumps for 3 dimensional integrated circuits. Appl. Phys. Lett. **99**(25), 251913 (2011)

29. G. Ghosh, Elastic properties, hardness, and indentation fracture toughness of intermetallics relevant to electronic packaging. J. Mater. Res. **19**(05), 1439–1454 (2004)

30. K. Sakuma, K. Tunga, B. Webb, An enhanced thermo-compression bonding process to address warpage in 3D integration of large die on organic substrates, in *Proceedings of Electronic Components* and *Technology Conference* (2015), pp. 318–324

31. L. Li, P. Su, J. Xue, M. Brillhart, J. Lau, P.J. Tzeng, C.K. Lee, C.J. Zhan, M.J. Dai, H.C. Chien, S.T. Wu, Addressing bandwidth challenges in next generation high performance network systems with 3D IC integration, in *Proceedings of Electronic Components* and *Technology Conference* (2012), pp. 1040–1046

32. C.C. Lee, P.J. Wang, J.S. Kim, Are intermetallics in solder joints really brittle? *Proceedings of Electronic Components* and *Technology Conference* (2007), pp. 648–652

33. P.F. Yang, Y.S. Lai, S.R. Jian, J. Chen, R.S. Chen, Nanoindentation identifications of mechanical properties of Cu_6Sn_5, Cu_3Sn, and Ni_3Sn_4 intermetallic compounds derived by diffusion couples. Mater. Sci. Eng. A **485**(1–2), 305–310 (2008)

34. L. Jiang, N. Chawla, Mechanical properties of Cu_6Sn_5 intermetallic by micropillar compression testing. Scr. Mater. **63**(5), 480–483 (2010)

35. H.B. Huntington, A.R. Grone, Current-induced marker motion in gold wires. J. Phys. Chem. Solids **20**(1), 76–87 (1961)

36. I.A. Blech, Electromigration in thin aluminum films on titanium nitride. J. Appl. Phys. **47**(4), 1203–1208 (1976)

37. C.K. Hu, K.P. Rodbell, T.D. Sullivan, K.Y. Lee, D.P. Bouldin, Electromigration and stress-induced voiding in fine Al and Al-alloy thin-film lines. IBM J. Res. Dev. **39**(4), 465–497 (1995)

38. C.K. Hu, M.B. Small, P.S. Ho, Electromigration in Al(Cu) two-level structures: Effect of Cu and kinetics of damage formation. J. Appl. Phys. **74**(2), 969–978 (1993)

39. C.K. Hu, P.S. Ho, M.B. Small, Electromigration in two-level interconnect structures with Al alloy lines and W studs. J. Appl. Phys. **72**(1), 291–293 (1992)

40. E.T. Ogawa, K.D. Lee, V.A. Blaschke, P.S. Ho, Electromigration reliability issues in dual-damascene Cu interconnections. IEEE Trans. Reliab. **51**(4), 403–419 (2002)

41. Y. Morand, Copper metallization for advanced IC: requirements and technological solutions. Microelectron. Eng. **50**(1–4), 391–401 (2000)

42. H. Helneder, H. Korner, A. Mitchell, M. Schwerd, U. Seidel, Comparison of copper damascene and aluminum RIE metallization in BICMOS technology, vol. 55 (2001), pp. 257–268

43. C.K. Hu, R. Rosenberg, H. Rathore, D. Nguyen, B. Agarwala, Scaling effect in electromigration of on-chip Cu wiring, in *Interconnect Technology 1999. IEEE International Conference* (1999), pp. 267–269

44. E.C.C. Yeh, W.J. Choi, K.N. Tu, P. Elenius, H. Balkan, Current-crowding-induced electromigration failure in flip chip solder joints. Appl. Phys. Lett. **80**(4), 580–582 (2002)

45. L. Zhang, S. Ou, J. Huang, K.N. Tu, S. Gee, L. Nguyen, Effect of current crowding on void propagation at the interface between intermetallic compound and solder in flip chip solder joints. Appl. Phys. Lett. **88**(1) (2006)

46. K.N. Tu, C.C. Yeh, C.Y. Liu, C. Chen, Effect of current crowding on vacancy diffusion and void formation in electromigration. Appl. Phys. Lett. **76**(8), 988 (2000)

47. F.Y. Ouyang, H. Hsu, Y.P. Su, T.C. Chang, Electromigration induced failure on lead-free micro bumps in three-dimensional integrated circuits packaging. J. Appl. Phys. **112**(2) (2012)

48. R. Labie, P. Limaye, K. Lee, C. Berry, E. Beyne, I. De Wolf, Reliability testing of Cu–Sn intermetallic micro-bump interconnections for 3D-device stacking, in *3rd Electronics System-Integration Technology Conference, ESTC* (2010), pp. 1–5

49. R. Labie, W. Ruythooren, K. Baert, E. Beyne, B. Swinnen, Resistance to electromigration of purely intermetallic micro-bump interconnections for 3D-device stacking, in *2008 IEEE International Interconnect Technology Conference, IITC*, (2008), pp. 19–21

50. Y.M. Lin, C.-J. Zhan, J.-Y. Juang, J.H. Lau, T.-H. Chen, R. Lo, M. Kao, T. Tian, K.-N. Tu, Electromigration in Ni/Sn intermetallic micro bump joint for 3D IC chip stacking, in *2011 IEEE 61st Electronic Components and Technology Conference* (2011), pp. 351–357

51. C.C. Wei, C.H. Yu, C.H. Tung, R.Y. Huang, C.C. Hsieh, C.C. Chiu, H.Y. Hsiao, Y.W. Chang, C.K. Lin, Y.C. Liang, C. Chen, T.C. Yeh, L.C. Lin, D.C.H. Yu, Comparison of the electromigration behaviors between micro-bumps and C4 solder bumps, in *Proceedings of Electronic Components and Technology Conference* (2011), pp. 706–710

52. H. You, Y. Lee, S. Lee, J. Kang, Reliability of 20 μm micro bump interconnects. Technology c, 608–611 (2011)

53. S.Y. Huang, C.J. Zhan, Y.W. Huang, Y.M. Lin, C.W. Fan, S.C. Chung, K.S. Kao, J.Y. Chang, M.L. Wu, T.F. Yang, J.H. Lau, T.H. Chen, Effects of UBM structure/material on the reliability performance of 3D chip stacking with 30 μm-pitch solder micro bump interconnections, in *Proceedings of Electronic Components and Technology Conference* (2012), pp. 1287–1292

54. N. Tanaka, T. Sato, Y. Yamaji, T. Morifuji, M. Umemoto, K. Takahashi, M. Effects, Mechanical effects of copper through-vias in a 3D die-stacked module, in *Proceedings of 52nd Electronic*

Components and *Technology Conference, 2002,* no. 2 (2002), pp. 473–479

55. J. Zhang, M.O. Bloomfield, J.Q. Lu, R.J. Gutmann, T.S. Cale, Modeling thermal stresses in 3-D IC interwafer interconnects. IEEE Trans. Semicond. Manuf. **19**(4), 437–448 (2006)

56. K.H. Lu, S.K. Ryu, Q. Zhao, X. Zhang, J. Im, R. Huang, P.S. Ho, Thermal stress induced delamination of through silicon vias in 3-D interconnects, in *Proceedings of Electronic Components* and *Technology Conference* (2010), pp. 40–45

57. J. Pak, M. Pathak, S.K. Lim, D.Z. Pan, Modeling of electromigration in through-silicon-via based 3D IC, in *Proceedings of Electronic Components* and *Technology Conference*, vol. 0, no. 1, (2011), pp. 1420–1427

58. Z. Chen, Z. Lv, X.F. Wang, Y. Liu, S. Liu, Modeling of electromigration of the through silicon via interconnects, in *Proceedings of 2010 11th International Conference* on *Electronic Packaging Technology* and *High Density Packaging, ICEPT-HDP 2010* (2010), pp. 1221–1225

59. Y.C. Tan, C.M. Tan, X.W. Zhang, T.C. Chai, D.Q. Yu, Electromigration performance of Through Silicon Via (TSV)—A modeling approach. Microelectron. Reliab. **50**(9–11), 1336–1340 (2010)

60. T. Frank, S. Moreau, C. Chappaz, L. Arnaud, P. Leduc, A. Thuaire, L. Anghel, Electromigration behavior of 3D-IC TSV interconnects, in *Proceedings of Electronic Components* and *Technology Conference*, vol. 3, no. 1 (2012), pp. 326–330

61. T. Frank, S. Moreau, C. Chappaz, P. Leduc, L. Arnaud, A. Thuaire, E. Chery, F. Lorut, L. Anghel, G. Poupon, Reliability of TSV interconnects: electromigration, thermal cycling, and impact on above metal level dielectric. Microelectron. Reliab. **53**(1), 17–29 (2013)

62. S. Moreau, D. Bouchu, Reliability of Dual Damascene TSV for high density integration: the electromigration issue. IEEE Int. Reliab. Phys. Symp. Proc. **33**, 1–5 (2013)

63. H.J. Choi, S.M. Choi, M.S. Yeo, S.D. Cho, D.C. Baek, J. Park, An experimental study on the TSV reliability: electromigration (EM) and time dependant dielectric breakdown (TDDB), in *2012 IEEE International Interconnect Technology Conference, IITC 2012* (2012), pp. 4–6

64. Y. Liu, M. Li, D.W. Kim, S. Gu, K.N. Tu, Synergistic effect of electromigration and Joule heating on system level weak-link failure in 2.5D integrated circuits. J. Appl. Phys. **118**(13), 135304 (2015)

65. K. Chen, K. Tu, G. Editors, Materials challenges in three-dimensional integrated circuits, in *MRS Bulletin*, vol. 40, (2015), pp. 219–222

66. A.T. Huang, A.M. Gusak, K.N. Tu, Y.S. Lai, Thermomigration in SnPb composite flip chip solder joints. Appl. Phys. Lett. **88**(14), 1–4 (2006)

67. A.T. Huang, K.N. Tu, Y.S. Lai, Effect of the combination of electromigration and thermomigration on phase migration and partial melting in flip chip composite SnPb solder joints. J. Appl. Phys. **100**(3), 0–4 (2006)

68. D. Yang, Y.C. Chan, B.Y. Wu, M. Pecht, Electromigration and thermomigration behavior of flip chip solder joints in high current density packages. J. Mater. Res. **23**(09), 2333–2339 (2011)

69. F.Y. Ouyang, K.N. Tu, Y.S. Lai, A.M. Gusak, Effect of entropy production on microstructure change in eutectic SnPb flip chip solder joints by thermomigration. Appl. Phys. Lett. **89**(22), 26–29 (2006)

70. F.Y. Ouyang C.L. Kao, In situ observation of thermomigration of Sn atoms to the hot end of 96.5Sn–3Ag–0.5Cu flip chip solder joints. J. Appl. Phys. **110**(12), 0–9 (2011)

71. K. Tu, *Electronic Thin-Film Reliability* (2010)

72. H. Ye, C. Basaran, D. Hopkins, Thermomigration in Pb–Sn solder joints under joule heating during electric current stressing. Appl. Phys. Lett. **82**(7), 1045–1047 (2003)

73. H.Y. Hsiao, C. Chen, Thermomigration in Pb-free SnAg solder joint under alternating current stressing. Appl. Phys. Lett. **94**(9), 2007–2010 (2009)

74. H.Y. Chen C. Chen, In-situ observation of the failure induced by thermomigration of interstitial Cu in Pb-free flip chip solder joints, *Proceedings of Electronic Components* and *Technology Conference*, vol. 122103, no. 2008 (2009), pp. 319–324

75. X. Gu, K.C. Yung, Y.C. Chan, D. Yang, Thermomigration and electromigration in Sn_8Zn_3Bi solder joints. J. Mater. Sci.: Mater. Electron. **22**(3), 217–222 (2011)

76. C. Chen, H.M. Tong, K.N. Tu, Electromigration and thermomigration in pb-free flip-chip solder joints. Annu. Rev. Mater. Res. **40**(1), 531–555 (2010)

77. M.Y. Guo, C.K. Lin, C. Chen, K.N. Tu, Asymmetrical growth of Cu_6Sn_5 intermetallic compounds due to rapid thermomigration of Cu in molten SnAg solder joints. Intermetallics

29, 155–158 (2012)

78. F.Y. Ouyang, W.C. Jhu, T.C. Chang, Thermal-gradient induced abnormal Ni₃Sn₄ interfacial growth at cold side in Sn2.5Ag alloys for three-dimensional integrated circuits. J. Alloys Compd. **580**(580), 114–119 (2013)

79. F.Y. Ouyang, W.C. Jhu, Comparison of thermomigration behaviors between Pb-free flip chip solder joints and microbumps in three dimensional integrated circuits: Bump height effect, J. Appl. Phys. 113(4) (2013)

80. C.J. Meechan, G.W. Lehman, Diffusion of Au and Cu in a temperature gradient. J. Appl. Phys. **33**(2), 634–641 (1962)

81. K. Tanida, M. Umemoto, N. Tanaka, Y. Tomita, K. Takahashi, Micro Cu bump interconnection on 3D chip stacking technology. Jpn. J. Appl. Phys. **43**(4B), 2264–2270 (2004)

82. Y. Wang, Mechanical reliabilities of porous type Cu/Cu₃Sn/Cu micro-joints. Unpublished Manuscript (2016)

83. R.R. Chromik, R.P. Vinci, S.L. Allen, M.R. Notis, Nanoindentation measurements on Cu–Sn and Ag–Sn intermetallics formed in Pb-free solder joints. J. Mater. Res. **18**(09), 2251–2261 (2003)

84. R. Schwaiger, B. Moser, M. Dao, N. Chollacoop, S. Suresh, Some critical experiments on the strain-rate sensitivity of nanocrystalline nickel. Acta Mater. **51**(17), 5159–5172 (2003)

85. X. Deng, N. Chawla, K.K. Chawla, M. Koopman, Deformation behavior of (Cu, Ag)–Sn intermetallics by nanoindentation. Acta Mater. **52**(14), 4291–4303 (2004)

86. L. Xu, J.H.L. Pang, Nano-indentation characterization of Ni–Cu–Sn IMC layer subject to isothermal aging. Thin solid films **504**(1–2), 362–366

87. R.A. Mirshams, C.H. Xiao, S.H. Whang, W.M. Yin, R-Curve characterization of the fracture toughness of nanocrystalline nickel thin sheets. Mater. Sci. Eng. A **315**(1–2), 21–27 (2001)

88. T.-T. Luu, N. Hoivik, K. Wang, K.E. Aasmundtveit, A.-S.B. Vardøy, High-temperature mechanical integrity of Cu–Sn SLID wafer-level bonds. Metall. Mater. Trans. A **46**(11), 5266–5274 (2015)

第18章

三维封装的故障隔离与失效分析

Yan Li，Deepak Goyal

18.1 导言

三维微电子封装的行业趋势是满足不断增长的市场需求，即更高的性能、更低的功耗、更小的尺寸、更低的成本以及实现器件的异构集成。第1章和第2章详细地讨论了各种类型的三维封装，包括芯片到芯片的三维集成，封装到封装的三维集成，或将封装和芯片堆叠两者结合起来的三维异构集成。

图18.1所示为带有堆叠封装（Package on Package，PoP）结构的三维系统级封装（System in Package，SiP）的示意图，其中一个BGA封装形式的FPGA和一个倒装CPU芯片一同安装到封装基板上[1]。FPGA和基板之间的连接称为中间级互连（Mid-level Interconnect，MLI）。而CPU与基板或FPGA芯片与FPGA基板之间的连接称为第一级互连（First Level Interconnects，FLI）。硅芯片和封装结构通过多级焊接互连集成到一个SiP封装中，该封装在进行可靠性试验之后可能发生各种失效，例如在FLI或MLI中焊点不浸润或开裂，在FPGA基板或SiP基板中的基板开裂，CPU芯片或FPGA芯片发生起层等等。在这样复杂的封装结构中，隔离每一处故障位置，并找到故障特征或互连点以便进行物理失效分析是一项巨大的挑战。

图18.1　一种具有封装堆叠结构的SiP封装示意图（改编自参考文献[1]）

图18.2所示为一个具有芯片堆叠和TSV结构的三维封装示意图。其中，多颗芯片逐层堆叠，并通过TSV和焊料微凸点进行彼此间的电气互连[2]。相比于封装堆叠结构

中大的互连焊点（直径 100 ~ 500μm），芯片堆叠结构中的互连焊点要小很多（直径 5 ~ 25μm），因此特征和缺陷的尺度将极其微小，这让故障隔离和失效分析的挑战进一步增加 [3]。

图 18.2　一种具有 TSV 结构的芯片堆叠的三维微电子封装示意图
（改编自参考文献 [3]）

图 18.3 中，通过模塑穿孔互连（TMI，Through Mold Interconnecting）将一个引线键合 DRAM 封装集成到一个塑封的倒装 CPU 上，形成了具有封装堆叠结构的三维封装 [4]。图 18.4 展示了一个结合了芯片堆叠和嵌入式多芯片互连桥接（Embedded Multi-Die Interconnect Bridge，EMIB）的三维异构封装，这在第 1 章和第 2 章中作为一种无需 TSV 的芯片间局域高密度互连方法已进行了讨论。四颗存储芯片和一颗逻辑芯片通过 TSV 和微凸点堆叠组装形成 HBM 芯片，两颗这样的 HBM 堆叠芯片与一颗 CPU 芯片一同安装在内嵌硅互连桥的基板上。这些复杂的封装制造涉及多次回流焊接、底部填充（underfill，UF）固化、塑封以及其它组装步骤，因此各种过程缺陷可能存在于复杂的封装中，并导致可靠性试验中出现多种失效。对失效根本原因作深入分析，并提供具体的组装工艺优化解决路径非常具有挑战性。

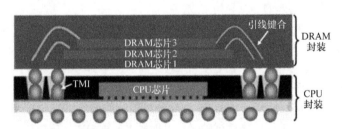

图 18.3　具有封装堆叠结构的三维微电子封装示意图，引线键合的 DRAM 封装
通过 TMI 集成到倒装 CPU 封装上
（改编自参考文献 [4]）

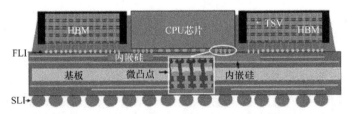

图 18.4　一个结合了芯片堆叠和 EMIB 的三维异构封装示意图
（改编自参考文献 [5]）

18.2　三维先进封装的故障隔离与失效分析的挑战

三维封装包含了多颗芯片、多种基板、多种互连，其尺寸可在 5～500μm 范围内变化，在进行可靠性试验后往往出现多个失效。如何对同一单元中存在的每一个失效都进行完美的失效分析挑战很大。高分辨率的无损技术，包括故障隔离、成像和材料分析技术被寄予厚望。

除了需要对同一封装中存在的多个失效作分析，在一个三维封装中的每一种电气失效还可能来自于不同的芯片、不同的组装层或互连结构，因此，在如此复杂的封装中精确隔离每一种故障更加具有挑战性。例如，图 18.4 所示的三维封装中，一个短路故障可能来自于第二级互连焊点（Second Level Interconnects，SLI）、EMIB 基板布线、嵌入式硅桥、逻辑芯片（HBM 底部的芯片）与 EMIB 基板之间的 FLI 焊点，还可能来自 HBM 中堆叠芯片间的 TSV 或微凸点。开路和短路的故障隔离技术能够提供缺陷的三维信息，这是三维封装失效分析的关键。

一旦缺陷被隔离，就需要应用物理失效分析方法来分析缺陷并确定引起失效的根本原因。对于三维封装中的一些互连，例如 TSV，小直径（2～10μm）和高深度（约 40～200μm），具有大的深径比 1∶20，因此短周期且无伪影（artifact free）的截面分析技术对于表征较大横截面中的小缺陷至关重要。机械和传统的聚焦离子束（Focused Ion Beam，FIB）截面技术不满足要求。这类具有很高铣削速度的同时又能保持准确的截面位置控制的无伪影截面分析技术在三维封装失效分析中更具前景。

复杂的三维封装可能具有细微的缺陷，例如表面镀层中的电镀缺陷、界面上的污染、互连中的杂质、小尺寸互连中晶粒大小的分布异常等。这些细微的缺陷可能会导致失效，例如组装或可靠性试验后的分层、不浸润和互连中的裂纹。创新应用材料分析技术可以获得失效区域材料的元素、化学态、深度剖面和晶体取向，对失效根本原因的分析研究至关重要。

本章将讨论先进故障隔离（Fault Isolation，FI）和失效分析（Failure Analysis，FA）技术，这些技术将用于解决三维封装中 FI-FA 存在的各种挑战，包括高分辨率的无损 FI 和 FA 方法，先进的制样和材料分析技术，高效的 FI 和 FA 流程，并通过 FA 策略和案例研究来说明它们在三维微电子封装失效分析中的应用。

18.3　无损故障隔离和失效分析技术在三维微电子封装中的应用

18.3.1　三维微电子封装电气失效的无损故障隔离技术

要以更短的周期（TPT，Throughput Time）和更高的成功率揭示复杂三维封装中的多个失效，无损故障隔离技术是关键。本节将详细讨论四种重要的三维封装 FI 技术，包括时域反射（Time Domain Reflectometry，TDR）测试，光电太赫兹脉冲反射（Electro Optic Terahertz Pulse Reflectometry，EOTPR）测试，锁相红外热成像（Lock-In Thermography，LIT）和扫描超导量子干涉显微镜（Scanning Superconducting Quantum Interference Device Microscopy，SQUID/SSM）等。表 18.1 总结了每一种技术的分辨率、能力和优缺点。根据封装结构、应用需求、TPT 要求和预算限制，可以选择一种或多种 FI 技术用于三维封装中电气故障隔离。

表 18.1　三维封装的非破坏性 FI 技术的优缺点（改编自参考文献 [1-13，15]）

FI 技术	分辨率 /μm[①]	能力	优点	缺点
TDR	~500	开路和短路	低成本	相对低的分辨率；需要参考单元；对于短路故障的灵敏度较低
EOTPR	~10	开路和短路	一些应用中具有高分辨率	需要参考单元；对一些应用，例如长基板线路和短路故障，分辨率和灵敏度较低
LIT	~5（x,y） ~20（z）	短路和高阻抗开路	相对短的 TPT；热点和缺陷直接成像	对同样的短路故障中的多种缺陷有应用限制；对开路故障无效
SSM	~10（x,y） ~40（z）	短路和开路	提供电流图像	数据收集和分析耗时

① 优化条件下的粗略估计。

18.3.1.1　时域反射测试

对于三维封装中的开路和高阻抗故障，TDR 和 EOTPR 技术是非常有效的分析方法[1]。TDR 是一种常规的低成本无损封装电气故障隔离技术。将一个具有 35 ~ 40ps 上升时间的阶跃电脉冲注入封装的互连中，通过解读采集到的来自封装中的反射信号，即可分析获取阻抗沿电路的变化情况。通过对比来自故障单元、完好的参照单元和裸基板的反射波，可以隔离出在芯片或封装基板上的故障位置[6]。TDR 的分辨率取决于脉冲上升时间、TDR 的系统带宽和封装内的材料特性。TDR 的时域分辨率大约为 TDR 脉冲上升时间的 1/10 ~ 1/5[7]。TDR 的空间分辨率可以通过以下方程估算[8]：

$$\lambda_{分辨率} = \frac{0.35}{BW_{系统}} \cdot \frac{c}{2\sqrt{\varepsilon_{eff}}} \qquad (18.1)$$

式中，$BW_{系统}$ 为系统总带宽；c 为真空中的光速；ε_{eff} 为封装的有效介电常数。结果表明，在常规的倒装芯片封装中，上升时间为 35 ~ 40ps、$BW_{系统}$ 为 18 ~ 20GHz 时，TDR 系统的空间分辨率约为 500μm[6]。

通过添加更多的参考波形来定位三维封装中的多级焊接互连点，TDR 在检测三维封装中的开路故障是非常有效的。如图 18.5a 所示，为了从一个故障的 SiP 封装的 TDR 波形中确定故障位置，需要从带相同 BGA 球的 SiP 裸基板（未安装 FPGA 芯片）和标准参考单元（已安装 FPGA 芯片，且通过测试）上采集参考 TDR 波形。裸基板波形中的阻抗升高处对应了 MLI 连接的位置（电气路径在此处终止），因此可以用来与故障单元的波形进行比较，则可以确定故障位于 MLI 连接点之前还是之后。如图 18.5b 所示，通过比较未安装 FPGA 芯片的蓝色波形与来自标准参考单元的绿色波形以确定 FLI 连接的位置。图 18.6 所示为一组从相同 SLI BGA 球处采集的四个波形,包括故障单元、SiP 裸基板、未安装 FPGA 芯片的 SiP 封装以及标准参考单元等。参考单元的时域反射波形被用来确定 MLI 和 FLI 的位置。未安装 FPGA 芯片的 SiP 封装的蓝色波形与故障单元的红色波形相重叠,这表明 FPGA 封装的故障位置靠近 FLI 连接处。基于 TDR 500μm 的极限分辨率,因此故障可能是紧邻 FLI 连接的布线开裂、FLI 焊点开路,或者是靠近 FLI 连接处的 FPGA 芯片缺陷。

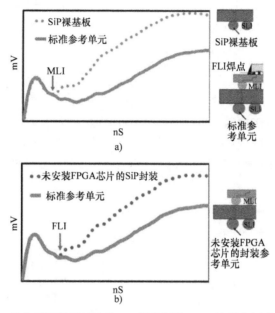

图 18.5 a) MLI 的位置可以通过比较 SiP 裸基板的 TDR 波形和标准参考单元的波形确定,波形从相同的 SLI BGA 球处采集 b) FLI 的位置可以通过比较未安装 FPGA 芯片的 SiP 封装的 TDR 波形和标准参考单元的波形确定
(改编自参考文献 [1])

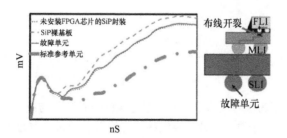

图 18.6 来自故障单元、SiP 裸基板、未安装 FPGA 芯片的 SiP 封装以及标准参考单元的 TDR 波形,显示开路故障靠近 SiP 封装中的 FLI 焊接处
(改编自参考文献 [1])

18.3.1.2 电光学太赫兹脉冲反射测试

EOTPR 是 TDR 的下一代，旨在进一步提高其分辨率。与 TDR 不同，EOTPR 将超快激光脉冲产生的 40GHz ~ 4THz 带有尖峰的电脉冲注入被测封装中[1]。由于快达 5.7ps 的上升时间和太赫兹范围的系统带宽，EOTPR 的分辨率可达 10μm 左右，远远高于 TDR[6]。由于 EOTPR 使用一个带有尖峰的脉冲作为输入信号，因此在 EOTPR 波形中，封装互连开路显示为峰，短路显示为谷。如图 18.7 所示，由 EOTPR 采集了与图 18.6 相同的一组数据。通过与确定封装中 FLI 位置的蓝色波形相比较，将故障定位于 FLI 互连之前的 FPGA 基板内部。通过电磁波的相速将 EOTPR 原始时域数据转换为距离域数据，可以准确估算故障位置，相速 v_p 可以表示为[9]

$$v_p = \frac{c}{\sqrt{\varepsilon_{\mathrm{eff}}}} \tag{18.2}$$

式中，v_p 为相速；c 为真空中的光速；$\varepsilon_{\mathrm{eff}}$ 为封装的有效介电常数，它对于不同的封装是不同的，可以利用 EOTPR 波形中已知封装结构的位置进行估算。如图 18.8 所示，$\varepsilon_{\mathrm{eff}}$ 可以基于 EOTPR 时域谱的 MLI 和 FLI 位置以及它们之间的实际距离（设计文件中测量出大约为 1.6mm）进行估算。利用估算的 $\varepsilon_{\mathrm{eff}}$，计算得到故障位置与 FLI 之间的距离大约为 100μm。

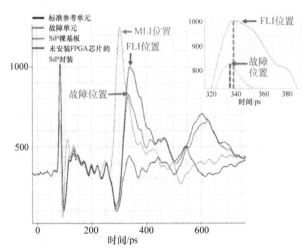

图 18.7 来自故障单元、标准参考单元、SiP 裸基板以及未安装 FPGA 芯片的 SiP 封装的 EOTPR 波形（改编自参考文献 [1]）（彩图见插页）

同样，增加更多的参考波形以定义多级互连的位置，并与故障单元的波形进行较，TDR 和 EOTPR 均可用于含有芯片堆叠结构的三维微电子封装中的开路故障隔离[8]。对于具有大约 6 个存储芯片堆叠的三维封装，为了使 TDR 能够确定堆叠芯片间多级微凸点的位置，需要制作相应的参考单元[8]。结果表明 TDR 可以区分出 6 个堆叠芯片之间的微凸点位置，这说明 TDR 在含有芯片堆叠结构的三维封装中具有良好的应用前景。

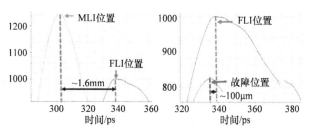

图 18.8　在 EOTPR 波形中，可以使用已知的封装结构位置来估算故障位置

（改编自参考文献 [1]）

18.3.1.3　锁相热成像

精确定位三维微电子封装中的短路和阻性开路故障的关键是获得缺陷的 z 向信息和 x、y 位置数据。LIT 是一项非常有前途的技术，它利用了实时图像锁定方法来定位阻性失效所散逸的热量，该方法可在较大随机噪声中检测出微小的信号 [11]。由于热传播依赖于时间，因此可通过 LIT 检测出缺陷的 z 位置。底层热扩散过程的时延决定了激励信号与热响应之间的相移，而该热响应与激励信号的频率（锁相频率）以及叠层中各层的热特性和厚度有关。封装内热点的 z 位置可以通过它们的锁相频率和相移曲线来识别，而该相移可与不同 z 位置缺陷的参考单元进行比较。如图 18.9 所示 [11, 12]，它证明了 LIT 可以区分三维封装中堆叠芯片中的热点。LIT 提供了漏电失效的直接图像，且具有合理 TPT 时间，见表 18.1。但该方法不能隔离出开路故障，也不能隔离出阻值低于 1Ω 的彻底短路故障。对于具有多个缺陷的故障定位，它也是不准确的。虽然有相应的应用限制，但是基于进一步的发展，LIT 仍然是三维封装中阻性故障的一种非常有前途的无损故障隔离方法 [13]。

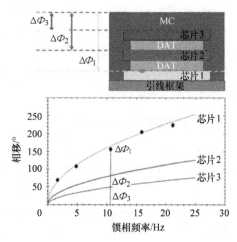

图 18.9　相移 - 锁相频率曲线的测试结果，以及芯片 1、芯片 2 和芯片 3 包含短路故障的三维堆叠封装参照单元，图中对比显示为点、仿真校准模型的线。

（改编自参考文献 [11, 12]）

18.3.1.4　扫描超导量子干涉显微镜

SQUID/SSM 是一种 FI 技术的统称，该技术将电流注入被测器件（Device Under Test，DUT）失效结构，并用 SQUID 传感器来绘制电流所产生的磁场图像[14]。它有时也被称为磁场成像（Magnetic Field Imaging，MFI），或磁电流成像（Magnetic Current Imaging，MCI）[15, 16]。对于短路、高阻抗的开路失效，SQUID 传感器通常在 kHz 频率范围内工作。通过将 SQUID 电子的带宽增加到射频范围，SSM 能够隔离开路失效。SSM 的高频应用也被称为空间域反射法（Space Domain Reflectometry，SDR）[15]。SSM 作为一种无损故障隔离技术已广泛应用于常规的封装电气失效分析[14-16]。采用傅里叶变换反演技术检测并处理失效单元内输入电流产生的磁场，获得试样的电流密度图。通过将失效单元的电流密度图与电路图或标准参考单元进行比较，可以确定故障的 x 和 y 位置。根据单元内直线电流通路附近的最小和最大磁场之间的距离是 SQUID 传感器到电流通路总距离的两倍，可以估算出故障位置的 z 向信息[16]。对于每一次 SSM 扫描，传感器到试样表面的距离是固定的，因此可以估计从试样表面到电流通路的距离。图 18.10 说明了在一个具有堆叠结构的三维封装中短路失效的 x, y 和 z 位置是如何通过 SSM 确定的。如图 18.10a 所示，短路的 x 和 y 位置可以由电流的分析确定，而缺陷的 z 位置估计距离硅表面 560μm，通过从传感器到电流通路距离（953μm），即电流通路周围磁场最小值与最大值距离 1906μm 的一半，减去传感器到试样距离（393μm）得到（如图 18.10b 所示）。通过与设计文件比较，失效被隔离在两颗芯片之间的微凸点区域，如图 18.10c 所示[16]。

通过 SSM 获取失效 z 信息的另一种方法是应用不同算法对磁场信号进行分析，因此可以计算出三维电流通路而不是用传统方法计算出的二维电流通路。实践证明，该方法在带有堆叠芯片结构的三维封装的三维电流通路成像中具有一定的应用前景[17]。

SSM 是与 LIT 具有互补性的技术，因为它提供了电流分布图像，而不是对短路缺陷的散逸热进行定位。例如，缺陷引起的短路失效的阻值极小，可能并不能被 LIT 所捕获。在失效结构中的高阻抗路径，如 TSV，也可能遮蔽短路缺陷散逸的热量。在相同的失效结构中，由 LIT 获得的相邻的多个短路缺陷的相移也可能是不准确的。在这些情况下，SSM 可以作为有效识别缺陷三维位置的替代方法。

18.3.2　三维微电子封装的高分辨率无损成像技术

高分辨率的无损成像技术对于复杂三维封装中缺陷的筛选和识别至关重要。本小节提供四种常用的无损成像技术的基本原理和应用演示，即超声波扫描显微镜（Scanning Acoustic microscopy，SAM）、红外（IR，Infrared）成像、二维 X 射线成像和三维 X 射线计算机断层扫描（Computed Tomography，CT）。表 18.2 总结了这四种技术的分辨率、能力以及优缺点。采用高分辨率、大视场和短 TPT 的无损成像技术可以直接检测失效，而不需要进行故障隔离。它们也被用作缺陷检查的在线监控工具。在故障隔离后，可以采用视场相对较小、较长 TPT 的高分辨率无损成像技术来揭示引起电气失效的缺陷。

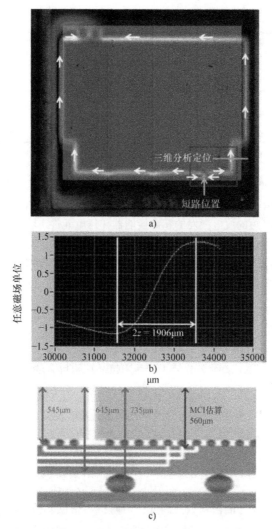

图 18.10　a）具有芯片堆叠结构的三维封装中短路失效的 SSM 分析，短路的 X 和 Y 位置可以通过电流的分析来确定　b），c）电流通路的 z 向位置分析如图 a 所示。沿绿线测量的最小和最大磁场距离为 1906μm。通过将传感器与电流通路距离（953μm，为 1906μm 的一半）减去传感器与试样之间的距离（393μm），估算出试样表面与失效位置之间的距离为 560μm（改编自参考文献 [16]）（彩图见插页）

表 18.2　用于三维封装的高分辨率无损成像技术的优缺点

（改编自参考文献 [3，13，31，32，35，44]）

无损成像技术	分辨率 /μm①	能力	优点	缺点
超声波扫描显微镜（SAM）	~1	空气间隙（分层，空洞）	短 TPT，低成本	对垂直裂纹不敏感
红外成像（IR）	~1	芯片裂纹，缺陷	实时，低成本	对分层不敏感

（续）

无损成像技术	分辨率 /μm①	能力	优点	缺点
二维 X 射线照相	~ 5	互连和布线中的缺陷	实时，低成本	投影成像；不适用于有机封装材料
三维 X 射线计算机断层扫描（CT）	<1	互连和布线中的缺陷	三维成像，高分辨率	长 TPT；高成本；小视场；不适用于有机封装材料

① 优化条件下的粗略估计，实际分辨率取决于不同的设备和设置。

18.3.2.1 超声波扫描显微镜

SAM 已被广泛用于无损检测各种封装材料中的空洞和封装中多个界面的分层 [18-21]。如图 18.11 所示，被极短的放电激发的超声换能器（压电元件）将超声脉冲发射到微电子封装中。水作为耦合介质，将声扰动从换能器传递到封装中。当波束到达任何光滑界面时，声波从介质 1 到介质 2 的反射和透射用反射系数 R 和透射系数 T 来描述，其中：

$$R(90°) = \frac{Z_2 - Z_1}{Z_2 + Z_1} \tag{18.3}$$

$$T(90°) = \frac{2Z_2}{Z_1 + Z_2} \tag{18.4}$$

式中，Z_2 为介质 2 的声阻抗；Z_1 为介质 1 的声阻抗。声阻抗 Z 表示为

$$Z = \rho c \tag{18.5}$$

式中，ρ 为介质的体积质量密度；c 为介质中的声波速度。对于均匀各向同性介质中传播的纵向声波，c 可以表示为

$$c = \sqrt{\frac{E(1-\mu)}{\rho(1+\mu)(1-2\mu)}} \tag{18.6}$$

式中，E 为杨氏模量；μ 为泊松系数。因此，声阻抗由密度、杨氏模量、泊松系数 [22, 23] 来定义，是材料的特性。

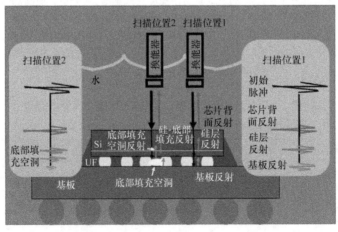

图 18.11　SAM 技术原理图（彩图见插页）

　　由表 18.3[23] 所示的微电子封装中常见材料的声阻抗可知，空气的声阻抗约为 0.389×10^{-3}（$kg/m^2 \cdot s$）$\times 10^6$，与表中列出的其他材料相比非常小。由式（18.3）和式（18.4）可知，当 $Z_2 \approx 0$ 时，任意介质对空气的反射系数 R 和透射系数 T 分别为 -1 和 0，表明接近 100% 反射。因此，SAM 对微电子封装中的空气间隙缺陷，例如分层、气泡、裂纹和空洞等非常敏感。

表 18.3　微电子封装中常用材料的声阻抗（改编自参考文献 [23]）

材料	空气	水	硅	锡	聚酰亚胺（SP-1）	铟	铜	铝	生铁	玻璃
声阻抗	0.389×10^{-3}	1.48	19.65	24.2	3.61	16.21	41.8	17.1	24.2	15.3

　　图 18.11 所示的 SAM 技术也称为脉冲回波法 [24-26]，它提供了与超声波束的强度和飞行时间有关的信息。传递声脉冲的超声换能器也用于接收发生在不同声阻抗值边界处的回波。见图 18.11 的扫描位置 2，底部填充（UF）空洞反射的回声（蓝色）与芯片背面的回声相比有一段特有的渡越时间，因此包含了缺陷的 z 向信息，采用超声波断层显微成像（Tomographic Acoustic Micro Imaging，TAMI）技术的超声波横向截面扫描模式（CSAM，C-Scan SAM）[27, 28] 或纵向截面成像模式（B-scan SAM）均可获得 [29]。CSAM 提供位置的平面视图以及试样的特征尺寸。通过设置一系列数据采集门（gate），可以调整分辨感兴趣的界面，TAMI CSAM 可以同时提供试样中多个深度处的图像。超声波扫描纵向截面成像模式是 CSAM 平面的虚拟截面，可以给出缺陷的截面视图 [29]。如图 18.12 所示，在 TAMI CSAM 图像中，通过使用调节了 12 个门的 CSAM 配置来分析倒装芯片封装中从芯片背面到基板（见图 18.11）的所有界面，UF 空洞区在 7 ~ 9 号门的图像中显示为"白色对比区"。

图 18.12　TAMI CSAM 扫描显示在从 7 号门到 9 号门的 FLI 区域有一个底部填充空洞

　　为了对先进三维微电子封装中的细小缺陷进行成像，CSAM 扫描的横向和纵向分辨率都需要提高。CSAM 扫描的分辨率通常由 CSAM 的换能器决定。如图 18.13 所示，CSAM 换能器的性能特征包括频率、腔体形状、焦距、水中光斑大小和景深。CSAM 图像的横向或 x-y 尺寸分辨率与换能器光束的光斑大小有关，越小越好。而暴露分层间隙深度的轴向或 z 向分辨率与换能器的频率有关，越高越好 [29, 30]。然而高频声波在介质中衰减更大，因此限制了高频换能器的无损成像应用，对厚的硅芯片试样尤其如此。对于特定产品的 CSAM 配置可以通过对比使用不同频率、光斑大小、焦距和景深的换能器对同一单元进行 CSAM 成像的表现进行优化。结果表明，有时纵向分辨率对缺陷检测更为重要。

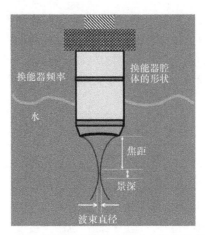

图 18.13　CSAM 换能器的性能特征（改编自参考文献 [30]）

　　如图 18.14a、b 所示，相同的试样通过不同频率换能器的 CSAM 成像[30]。图 18.14a 为使用 110MHz 低频换能器拍摄的图像，未观察到明显缺陷。图 18.14b 所示为采用较高频率 230MHz 换能器获得的图像。3 个尺寸约为 100μm 的薄膜缺陷（用白色箭头突出显示）被识别出来。其中一个缺陷的聚焦离子束（Focus Ion Beam，FIB）截面显示，该缺陷为芯片上的介质薄膜分层，分层间隙的尺寸小于 100nm，如图 18.14c 所示。尽管 110MHz 换能器的横向分辨率约为 20μm，远小于缺陷的 x-y 尺寸（ ～100μm），但是因为纵向分辨率主要由换能器的频率所决定，因此这些大小为 100μm，分层间隙为 100nm 的缺陷将仍不能被 110MHz 的换能器所检测到。

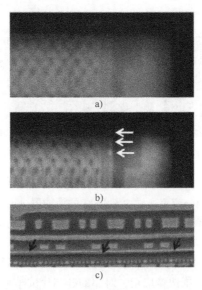

图 18.14　a）由 110MHz 换能器拍摄的 CSAM 图像　b）同一试样由 230MHz 换能器拍摄的 CSAM 图像　c）图 b 中一个缺陷的 FIB 截面，显示出微小的薄膜分层，分层间隙深度小于 100nm（改编自参考文献 [30]）

对于无损 CSAM 分析，CSAM 换能器的焦距需要针对特定的硅片厚度进行优化。由于纵向分辨率或换能器频率是主要关注点，寄希望于针对特定芯片厚度设计的高频率和焦距的换能器实现三维封装的高分辨率无损 CSAM 成像。

为了进一步提高 SAM 的横向和纵向分辨率，进一步发展了 GHz-SAM 技术 [31, 32]。如图 18.15 所示，超声换能器的频率扩展到 GHz 范围，保证了更高的空间分辨率（约 1μm），但穿透深度也更小。不将试样完全浸入水中，而是只需用一滴水覆盖试样表面即可。图 18.16 展示了通过 GHz-SAM 探测 TSV 空洞。与图 18.16a 中使用 200MHz 换能器的 CSAM 图像相比，图 18.16b、c 图中所示的 GHz-SAM 图像清晰地显示出直径约为 1μm，深度约为 10μm 的 TSV 空洞，图 18.16d 所示的 FIB 截面证实了空洞的存在。除了空间分辨率的提高，GHz-SAM 还可以提供额外

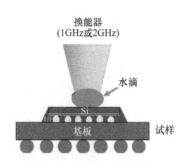

图 18.15　GHz-SAM 技术原理图
（改编自参考文献 [32]）

的信息，如因缺陷在 TSV 周围引起的应力，如图 18.17 所示，这可能是由于 GHz 换能器产生的表面波反射引起的 [32]。

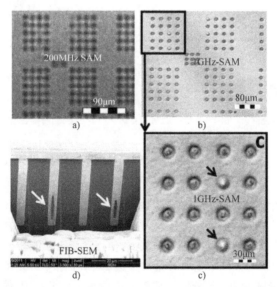

图 18.16　a）200MHz 换能器拍摄的 TSV 的 CSAM　b）和 c）1GHz 换能器拍摄的 TSV 的
CSAM 图像　d）GHz-CSAM 中有空洞的 TSV 的 FIB 截面（改编自参考文献 [32]）

为了无损检测内嵌在堆叠芯片或复杂封装中的缺陷，例如底部填充空洞或有一对存储芯片堆叠在顶部的逻辑芯片中的分层，需要具有更高穿透深度的超声换能器。如图 18.18a、b 所示，由于来自不同界面的多次反射 [33]，堆叠结构中的超声反射信号趋于交叠。这样，来自底部芯片（X3）的信号被埋没在交叠的信号之中，因此无法区分和形成底部芯片的清晰图像。图 18.18c 所示为频域成像（Frequency Domain Imaging，FDI）

技术原理图，该技术可以利用信号的频率内容提取更多的信息 [21]。用特定频率的换能器扫描试样获得的超声信号通常是具有一定频率范围的信号。例如，用一个 50MHz 的换能器收集的数据可能包含了 30MHz ~ 70MHz 的 [21] 信号。在频域内可以提取不同频率的信号，如图 18.18c 所示。通过优化频率范围能突显出底部芯片 X3 的信号，从而得到底部芯片的超声图像 [21, 33]。

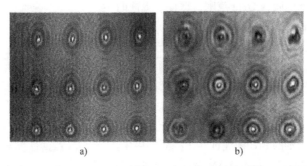

图 18.17　a）无缺陷 TSV 的 GHz CSAM 图像　b）具有大量缺陷的 TSV 的 GHz-CSAM 图像
在 TSV 周围显示出条纹（节改编自参考文献 [32]）

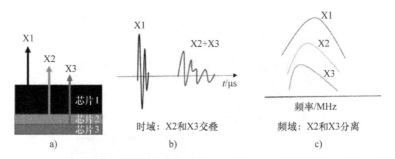

图 18.18　a）堆叠芯片结构中的超声反射示意图　b）时域超声波反射示意图
c）频域超声波反射示意图（改编自参考文献 [33]）

对于三维封装中嵌入较深的缺陷，如有机基板层间的气泡和硅芯片中内嵌的缺陷，通常采用具有最新设计的换能器和改进信噪比的透射超声波扫描（Through Transmission SAM，TSAM）技术。如图 18.19 所示，TSAM 使用了两个换能器，它们在试样的两侧相对排列 [24]。发射器产生脉冲，脉冲传播并穿透试样，而接收换能器则在试样背面感知穿透声波的强度。当脉冲通过试样时，波束能量衰减。在图 18.19 的位置 1 处，超声波穿过一条"干净"的路径，而在位置 2 处，波束的传播被裂纹或空气间隙打断，这显著地减弱了发射的脉冲振幅，因此在 TSAM 图像中有一个"暗反差"。

具有最新设计的 20 ~ 50MHz 频率范围的高功率 TSAM 发射换能器 [34]（无透镜直接聚焦）和 10MHz 聚焦接收换能器可将 TSAM 的空间分辨率提高到 50μm，并已用于含内埋芯片 PCB 的研究。图 18.20 所示为从装有嵌入式芯片的测试板上拍摄的 TSAM 图像，无损 TSAM 技术揭示了内埋芯片四角附近存在缺陷。

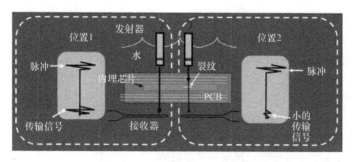

图 18.19　TSAM 技术原理图

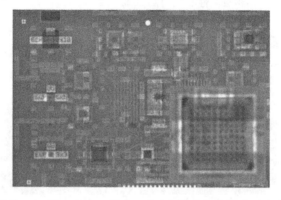

图 18.20　含内埋芯片 PCB 的 TSAM，其中一个内埋芯片存在缺陷（改编自参考文献 [34]）

18.3.2.2　红外成像

硅在超过 1.1μm 的红外波长下是透明的，这提供了从芯片或晶圆背面检查芯片有源面电路的机会[35]。由于带隙偏移和自由载流子的吸收或散射，掺杂硅的透明度远低于未掺杂硅[35]。根据硅掺杂水平的不同，使用近红外成像[36]、更长波长（例如 1300 ~ 1500nm）的短波红外（SWIR，shortwave-infrared）成像[37] 或增强信噪比的红外共焦成像[38] 自芯片背面对芯片进行红外无损成像是可行的。芯片背面红外成像可以实时、无损的检查芯片正面电路，非常有效地检测芯片内部裂纹、芯片有源面裂纹和芯片有源层的电路缺陷，而这些在芯片背面用光学显微镜是无法观察到的。

18.3.2.3　二维 X 射线照相

二维 X 射线照相已广泛应用于半导体工业中检测封装中的焊点缺陷。试样置于点状 X 射线源和探测器之间，如图 18.21 所示[39]。几何放大倍数等于源和探测器之间的距离 D 与源到试样的距离 d 的比值。为了获得高分辨率的二维 X 射线图像，需要非常小的 X 射线光斑，并且试样位置非常靠近光源[39]。图 18.21 还表明，二维 X 射线照相是三维物体的投影，因此需要从多个不同角度观察物体来获取深度和体积信息。

二维 X 射线成像技术用于检测多次回流后的 SiP 封装中的焊点空洞演变已被证明是非常有效[40]。研究发现，在优化的成像条件下，例如试样倾斜和旋转多个角度，二维 X

射线无损成像可用于扫描失效区域并揭示封装中的缺陷，例如焊点桥接、焊点非接触性开路和焊点不润湿等。如图 18.22 和图 18.23 所示，二维 X 射线图像与 FLI 焊点缺陷之间可以通过对同一焊点进行二维 X 射线无损成像后再进行截面光学成像建立相关性。通过与标准参考焊点的图像进行图像对比度和焊点几何形状比对，已经证明有缺陷的焊点，如部分非润湿、完全非润湿、非接触式开路和焊点桥接，可以很容易在非常短的 TPT 下通过实时二维 X 射线成像进行分析[3]。高分辨率、非破坏性和实时的二维 X 射线成像技术可以对在可靠性试验期间发生的封装失效进行实时研究，例如回流，并提供失效发生过程的直接观察，从而揭示引起失效的根本原因[41]。

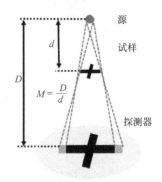

图 18.21　二维 X 射线照相装置示意图
（改编自参考文献 [39]）

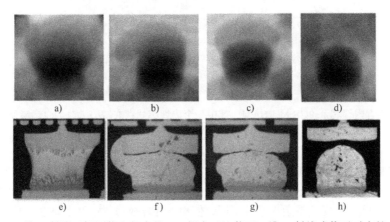

图 18.22　二维 X 射线无损图像和相应的 FLI 焊点互连截面二维 X 射线成像后对应的光学图像
a）、e）正常或无缺陷　b）、f）部分非润湿　c）、g）完全非润湿　d）、h）非接触式开路
（改编自参考文献 [3]）

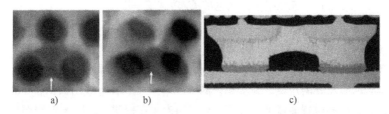

图 18.23　FLI 焊点桥接的二维 X 射线无损检测图像
a）俯视图　b）倾斜视图
c）试样二维 X 射线无损成像后对应的横截面光学图像（改编自参考文献 [3]）

然而对于微米级别的缺陷，如基板线路裂纹、互连焊点之间微小的焊料挤出、铜过孔中的微孔，二维 X 射线无损成像可能不适用，因为在单个二维 X 射线图像中较小的对比度差异被封装中其他层或互连掩盖了 [1]。

18.3.2.4　三维 X 射线计算机断层扫描

CT 已被证明是一种检测微米或亚微米级尺寸缺陷非常成功的技术 [42-44]。见图 18.24，三维 X 射线计算机断层扫描依赖于一个基本工作原理，即使用 X 射线源在不同倾斜角度辐射对象，使用一个旋转平台提供等角度的角位移，探测器收集每个角度的二维 X 射线图像。对所有二维图像进行数学叠加和处理，得到试样的三维图像，如图 18.24b 所示。由于处理后的三维 X 射线 CT 数据包含被测试样的体积信息，分析师可以对其进行操作，以展示三维数据集中任何给定位置的虚拟横截面或切面视图。图 18.25 中的三维 X 射线 CT 图像显示了 EOTPR 定位的 SiP 封装中的基板布线裂纹（见图 18.7 和图 18.8），表明无损 FI 技术结合高分辨率三维 X 射线成像是探测三维封装中互连和布线失效的有效方法 [1]。在这些研究中使用的三维 X 射线 CT 系统的关键组件之一是 X 射线探测器，它具有专门的 X 射线光学元件和光学设计，对于光源到试样距离的放大依赖性较小 [44]。分辨率在亚微米范围内，不需要将试样放置在靠近光源的地方，从而允许三维 X 射线成像所需的试样全程旋转，而不会发生试样与光源的碰撞。这是一个重要的功能，因为它允许扫描完整的试样，无论试样大小。

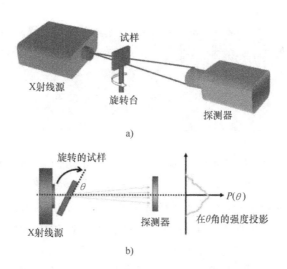

图 18.24　a）由 X 射线源、旋转工作台和探测器组成的三维 X 射线计算机断层扫描装置示意图　b）将每个角度的强度投影叠加，并经数学处理，生成三维图像（改编自参考文献 [1]）

三维 X 射线 CT 技术已经在半导体封装组装过程中得到应用，用于监测三维封装中的微米尺寸缺陷，例如部分不润湿、焊点中的空洞（<5μm）、基板 Cu 通孔中的空洞或裂纹、微凸点完整性和 TSV 中的缺陷 [44]。图 18.26 显示了具有多芯片堆积结构的三维封装中的微凸点和 TSV 的三维 X 射线 CT[45, 46]。三维 X 射线 CT 可以清晰地捕捉到

TSV 内部的空洞，如图 18.26c 所示 [46]。图 18.26a 是一幅三维 X 射线 CT 虚拟横截面图像，显示了一个三维封装中的微凸点和 TSV，该封装中有多个存储芯片堆叠在逻辑芯片或常用芯片之上。通过三维 X 射线 CT 检查发现微凸点缺陷。如图 18.26b 所示，通过对图 18.26a 中白框区域图像进行放大，识别出了微凸点内的焊接空洞 [45]。

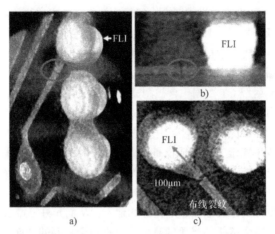

图 18.25　SiP 封装中布线裂纹的三维 X 射线 CT

a）三维视图　b）虚拟横截面视图　c）虚拟平面视图（改编自参考文献 [1]）

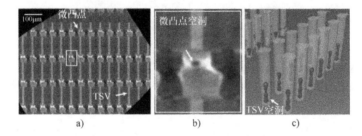

图 18.26　a）b）具有芯片堆叠结构的三维封装中微凸点和 TSV 的三维 X 射线 CT（改编自参考文献 [45]）　c）TSV 的三维 X 射线 CT 显示出明显的空洞（改编自参考文献 [46]）

三维 X 射线 CT 可无损地提供半导体封装的高分辨率信息，这使得如回流、温度循环和高温下恒定电流等可靠性试验过程中，封装的渐进式研究成为可能 [40, 44]。高温下恒定电流，焊点空洞的成核和生长是不同设计和尺寸的半导体封装开发过程中的研究热点之一。渐进式三维 X 射线 CT 研究可以在零点和中间点的电气测试读数时提供空洞的位置和大小信息。如图 18.27 所示，在电气测过程中，由于电子迁移，焊点中的空洞开始在阴极处成核和生长。利用渐进式三维 X 射线 CT 图像可获得空洞生长动力学，并用于有效的可靠性风险评估 [44]。

目前的三维 X 射线 CT 技术可以无损地提供半导体封装内部高分辨率的三维信息，已应用于电子封装的失效分析、过程控制和动力学研究等领域。然而，实验室规模的 X 射线光源的通量和亮度较低，导致相对较长的曝光或图像捕获时间，因此更高分辨率成像需要更长的 TPT。另一方面，为应对高吸收率的铜或焊料组分，能量大于 100kV 的 X 射线光束通常用于半导体封装成像。但光束光斑在更高的能量下将散焦而牺牲分辨率。此外，高能 X 射线成像降低了相位对比度，也使有机封装材料"隐形"。这些因素限制了三维 X 射线 CT 在除高原子序数金属之外的材料失效检测中的应用，例如底部填充、模塑料，阻焊以及电子封装中的其他介质材料中的裂纹、空洞和分层等。纳米级相衬三维 X 射线 CT，通过先进的样品制备技术要求从完整的封装中提取出一个非常小的（～100μm）的可能包含失效的碎片，以揭示硅层布线中的微小缺陷或微凸点中金属间化合物的详细信息[43]。然而，将纳米级三维 X 射线 CT 集成到三维封装的日常故障隔离和失效分析流程中，可能需要非常精确的三维故障隔离和繁琐的样品制备，不利于高容量的失效分析支持。进一步发展实验室规模的三维 X 射线 CT 技术，形成短 TPT、无损的揭示多种类型缺陷的能力，将更有利于三维封装的失效分析。SiP 封装的同步辐射三维 X 射线的研究展示了其微电子领域拓展应用的可能性，也为下一代实验室规模三维 X 射线 CT 系统的开发给出了建议[44, 47]。

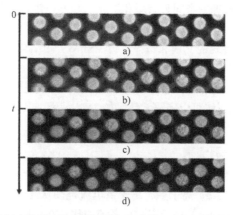

图 18.27　高温恒定电流下相同焊点在零时刻和中间读数时的虚拟平面视图
（改编自参考文献 [44]）

18.4　面向三维微电子封装的样品制备及材料分析技术应用

18.4.1　样品制备技术

产品开发过程中对失效根本原因的理解对于工艺改进和优化至关重要，这通常需要通过如横截面等破坏性的失效分析来揭示缺陷的细节。由于三维封装中的互连直径可以小到几个微米，因此使用传统的机械横截面技术来获得良好对准且无伪影的表面非常具有挑战性。此外，使用常规的聚焦离子束（FIB）技术对长度超过 100μm 的 TSV 进行横截面制备非常耗时[48]。工业界还开发了一些先进的横截面技术，例如等离子体 FIB（Plasma-FIB）、飞秒（fs）和纳秒（ns）激光烧蚀和宽束离子铣削等，以填补技术空白。表 18.4 给出了各种技术的铣削速率、空间分辨率以及优缺点等信息。

表 18.4　三维封装样品制备技术的优缺点（引自参考文献 [48-50]）

截面技术	铣削速率 /（μm³/s）①	空间分辨率 /μm	优点	缺点
激光烧蚀	~ 10⁶	~ 10	高铣削速率；短 TPT	热损伤
等离子 FIB	~ 10³	~ 0.1	高分辨率；较少的铣削伪影；精确的铣削位置和方向控制	高成本
离子铣削	~ 10⁴	~ 1	低成本；少铣削伪影	铣削位置和方向控制困难

① 优化条件下的粗略估计，实际分辨率取决于不同的设备和设置。

18.4.1.1　纳秒和飞秒激光烧蚀

如表 18.4 所示，激光烧蚀技术具有最快的材料去除速率，因此可以提供一个非常短的 TPT。然而，相对较低的空间分辨率和激光引起的微米范围的热损伤限制了其作为一种独立应用的截面技术[49]。需要采用等离子体 FIB 或离子铣削来清理激光制备的样品。将飞秒激光烧蚀与传统的 FIB 和扫描电镜（SEM）相结合是一种可与等离子体 FIB 和 SEM 方法相媲美的先进截面技术[49]。与传统纳秒激光烧蚀技术相比，飞秒激光烧蚀技术结合 SEM 和 FIB 具有更好的位置控制。激光对样品的损伤很小，材料去除速率高达 $10^3 μm^3/s$。实验证明，该系统可以完成无伪影的 TSV 截面，其 TPT 与等离子体 FIB 系统相当[49]。

18.4.1.2　等离子体聚焦离子束

商用等离子体 FIB 系统配备电感耦合等离子体（Inductively Coupled Plasma，ICP）源，提供一个聚焦的氙（Xe）离子束，离子束电流范围从几个 pA 到 $2μA$[48]。与传统的最大束流为约 65nA 的镓（Ga）离子束 FIB 系统相比，在相同的样品完成度下，等离子体 FIB 制样工艺的 TPT 可提高 20 ~ 100 倍。

等离子体 FIB 联合扫描电子显微镜（SEM）技术可以高质量、快速 TPT 的揭示大的横截面内的微小缺陷，例如 TSV、微凸点、堆叠芯片中的分层和裂纹[48]。

18.4.1.3　宽束离子铣削

与先进的等离子体 FIB 和飞秒激光系统不同，宽束离子铣削是一种低成本的三维封装样品制备技术。在进行离子铣削之前，样品可以通过传统的机械或激光铣削至接近感兴趣的区域。它可以在几个小时内产生约 $1mm^2$ 的无伪影横截面。离子铣削法由于具有均匀的离子剂量和不同的入射角，使得 FIB 中存在的"窗帘伪影（Curtaining artifacts）"效应被抑制到最小。离子铣削技术已用于 TSV 横截面加工，能够以很快的 TPT 制得无伪影的样品表面[50]。图 18.28 所示为三维封装中 TSV 离子铣削横截面的 SEM 图像[50]。通过离子铣削，一小时内即可获得三维封装中大面积的无伪影图像。图 18.28 中的白色框图所示的 SEM 图像显示了 TSV 中种子层的细节。

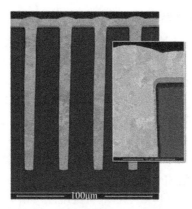

图 18.28　宽束离子铣削 TSV 横截面的 SEM 图像（改编参考文献 [50]）

18.4.2　材料分析技术

在三维封装技术的发展过程中，为了找到解决路径，围绕缺陷进行透彻的材料分析是深入探究根本原因的关键。材料分析技术的联合应用，例如能量色散 X 射线光谱（Energy Dispersive X-ray Spectroscopy，EDX）、傅里叶变换红外光谱（Fourier Transform Infrared Spectroscopy，FTIR）、基于原子力显微镜的红外光谱（Atomic Force Microscopy-based Infrared spectroscopy，AFM-IR）、X 射线光电子能谱（X-ray Photoelectron Spectroscopy，XPS）、飞行时间二次离子质谱（Time-of-Flight Secondary Ion Mass Spectrometry，TOF-SIMS）、电子背散射衍射（Electron Backscatter Diffraction，EBSD）可以提供研究区域材料的元素、光谱指纹、化学成分和化学态、深度剖面和晶体取向等。表 18.5 列出了每种技术的能力、空间分辨率和优缺点。本节为每种材料分析技术提供案例研究，以说明它们在三维封装 FA 中的应用。

表 18.5　三维封装材料分析技术的优缺点（改编自参考文献 [51-53，55，56]）

材料分析技术	提供的信息	空间分辨率[①]	优点	缺点
EDX	元素分析	SEM-EDX：~ 2μm TEM-EDX：~ 1 ~ 10nm	与电子显微镜结合	对小原子序数元素不敏感
FTIR	红外光谱指纹	~ 2μm	适用于有机材料	样品制备困难；不适用于亚微米分析
AFM-IR	红外光谱指纹	nm	适用于有机材料	样品制备困难；缺乏库的支持
XPS	元素和化学态信息；深度剖面	5 ~ 30μm	分析深度小于 2 ~ 5nm；定量结果	不可探测氢和氦
TOF-SIMS	元素和化学态信息；深度剖面	~ 100nm	分析深度小于 2 ~ 5nm；所有结果都是可检测的	半定量
EBSD	晶体取向	10nm	晶相、晶粒尺寸和分布的可视化	样品制备耗时

① 优化条件下的粗略估计，实际分辨率取决于不同的设备和设置。

18.4.2.1　能量色散 X 射线光谱

能量色散 X 射线光谱（EDX）是一种与 SEM、TEM 等电子显微镜联合使用的材料分析技术，分析中生成了 X 射线能量对 X 射线强度的光谱。当样品被电子束轰击时，电子使样品中的原子电离，并产生具有被电离原子特有能量的 X 射线。根据入射电子束的能量和与样品的反应体积，用 SEM-EDX 可以得到样品 1 ~ 3μm 深度处的元素组成[51]。超薄样品中高能电子束的反应体积要小得多，因此 TEM-EDX 比 SEM-EDX 具有更高的空间分辨率。然而，TEM 样品的制备耗时较长，每次只能检测一小块区域。SEM-EDX 具有微米级别的空间分辨率，可作为一种无损材料分析技术，用于样品表面材料的快速表征。

图 18.29 给出了一个使用 SEM-EDX 找出引起芯片裂纹的根本原因的例子。在芯片背面撞击位置观察到一些外来材料（Foreign Materials，FM），如图 18.29a 所示，导致了芯片正面的裂纹。通过对比图 18.29c 中硅的 EDX 光谱和图 18.29b 中 FM 的 EDX 光谱，分析表明 FM 中富含 Al，它是在芯片背面和散热器之间的热界面材料（Thermal Interface Material，TIM）中存在的一种元素。对热沉的 SEM-EDX 研究证实了 TIM 中存在铝。引起芯片裂纹失效的根本原因是芯片背面撞击位置附近加载的应力不均匀，因此该失效可通过改变散热器的安装工艺加以解决。

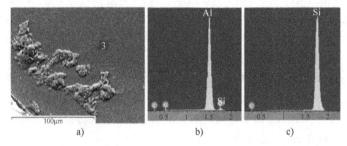

图 18.29　a）在芯片背面撞击点周围观察到的外来材料（FM）的 SEM 图像，这导致了芯片正面的裂纹　b）外来材料的 EDX 光谱　c）无外来材料区域的 EDX 光谱

18.4.2.2　傅里叶变换红外光谱和基于原子力显微镜的红外光谱

FTIR 在半导体工业中得到了广泛的应用。通过测量样品对不同频率红外光的吸收量，绘制红外光谱的吸收峰曲线，FTIR 可提供分子的特征红外光谱指纹[52]。该技术对有机材料的表征非常有用。然而，具有较长波长（2.5 ~ 20μm）红外波的衍射将 FTIR 的空间分辨率限制为几个微米[52]，因此不能用于亚微米级化学表征。

AFM-IR[53] 技术结合了原子力显微镜（Atomic Force Microscopy，AFM）的空间分辨能力和红外光谱（IR）的化学分析能力，对亚微米尺寸的有机污染物的表征非常有用。采用可调谐的红外激光器聚焦在样品 AFM 探针附近的一小块区域上，从而在样品的局部区域发生红外辐射吸收。通过检测样品因红外吸收而产生的热膨胀，AFM 探针的针尖作为 AFM-IR 的红外探测器。

由于 AFM 针尖可以检测到纳米尺度的热膨胀，因此 AFM-IR 技术可以突破传统FTIR 技术的空间分辨率限制。

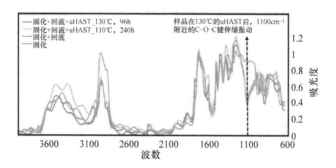

图 18.30　HBM 堆叠间的 NCF 材料的 FTIR 光谱，芯片经过固化、固化 + 回流、固化 + 回流 +uHAST（110℃，240h）、固化 + 回流 +uHAST（130℃，96h）。分析表明只有在 130℃的 uHAST 后形成了 C-O-C 键（改编自参考文献 [54]）（彩图见插页）

图 18.30 说明了如何将 FTIR 应用于三维封装的 FA，以深入分析引起失效的根本原因 [54]。非导电膜（Non Conductive Film，NCF）是 HBM 芯片堆叠组装过程中在存储器芯片之间预先施加的底部填充材料（见图 18.4），该材料在经过 130℃和 85% 相对湿度下的无偏置高加速应力（Unbiased Highly Accelerated Stress Test，uHAST）的可靠性试验后发现了分层现象。显然，在 110℃和 85% 相对湿度的 uHAST 可靠性试验中，相同的失效模式没有出现 [54]。采用 FTIR 对不同组装条件和可靠性试验条件下的 NCF 材料进行了表征。分析表明，只有在 130℃的 uHAST 试验后 NCF 材料才会形成 C-O-C 键，这说明 NCF 的材料性质在 uHAST 试验过程中发生了变化，并导致了分层 [54]。

18.4.2.3　X 射线光电子能谱和飞行时间二次离子质谱

XPS 又称化学分析电子能谱（Electron Spectroscopy for Chemical Analysis，ESCA），一般是通过测量单能 Al kα X 射线激发样品表面发出的光电子能量来完成。可以进行平均分析深度为 5 nm 的定量元素信息和化学态的测定 [55]。

TOF-SIMS 提供样品表面分析深度约为 1nm 的元素、化学态和分子信息。它是通过使用飞行时间分析仪来测量由精细聚焦的离子束激发的样品表面发射的离子和团簇的确切质量来实现的。通过将 TOF-SIMS 测量与溅射相结合，可以得到具有深度分布信息的薄膜特性表征 [56]。

对照典型分析深度为 1～3μm 的 SEM-EDX，XPS 和 TOF-SIMS 典型的分析深度小于 2～5nm，因此是更适合薄层成分分析的表面分析技术。此外，这两种技术都可以用于表征有机材料中的分子信息，这是 SEM-EDX 无法实现的。

表面层或薄膜结构的 XPS 或 TOF-SIMS 表征，对三维封装中与表面和界面的杂质或污染相关的失效根源分析至关重要 [57-59]。如图 18.31 所示，无铅焊料互连在烘烤可靠性试验后 Cu 与 Cu$_3$Sn IMC 之间发生分离失效，采用 TOF-SIMS 的研究揭示了电镀 Cu 的杂质与该失效之间的关系 [59]。如图 18.31a、b 所示，在电镀电流密度为 10mA/cm^2 时，电镀 Cu 层中的 Cl 浓度比在 0.5mA/cm^2 时的浓度高出约 200 倍。对两种不同电镀电流密度的 Cu 层上的焊点在 175℃下进行 168h 烘烤试验。图 18.31c、d 分别为在镀铜电流密度为 10mA·cm⁻² 和 0.5mA·cm⁻² 条件下，两种焊点烘烤后的 SEM 横断面图像。在杂质较多的 Cu 层上组装的焊点中观察到 Cu 与 IMC 严重的分离（图 18.31c），而杂质较少的 Cu 层上形成的焊点没有发生分离。因此，电镀 Cu 层中的杂质水平是无铅焊料烘烤可靠性试验中 Cu 到 Cu₃Sn 金属间化合物分离失效的重要影响因素[59]。

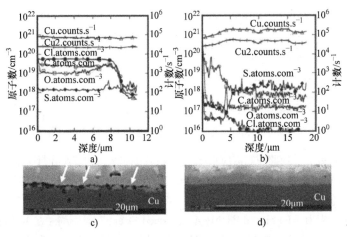

图 18.31　在电镀电流密度为 10mA·cm⁻²（图 a）和 0.5mA·cm⁻²（图 b）时，电镀 Cu 层的 TOF-SIMS 分析。电镀 Cu 层上组装的焊点，经 175℃烘烤 168h 后的 SEM 图像，Cu 层电镀电流密度分别为 10mA·cm⁻²（图 c）和 0.5mA·cm⁻²（图 d）（改编自参考文献 [59]）。

18.4.2.4　电子背散射衍射

EBSD 又称背散射菊池衍射（Backscatter Kikuchi Diffraction，BKD），是一种用于确定材料晶体取向的微结构晶体学技术。EBSD 数据通常从 SEM 中的一个截面单元采集。已经证明，EBSD 对于电迁移（Electro Migration，EM）诱导的互连开路根本原因的认知至关重要[60-62]。由于先进封装的互连尺寸小得多，三维封装互连中的电迁移（EM）成为一个主要的可靠性问题。由于锡通过空洞成核和传播的机制自扩散，电迁移将导致焊点的失效。另一方面，电子风也会加速阴极的凸点下金属层（Under Bump Metallization，UBM）的溶解，导致 UBM 耗尽而失效。金属层溶蚀与 Sn 的晶粒取向密切相关[60]。结果表明，在一定的温度和电流密度下，2μm Ni 的 UBM 的溶蚀时间从 100h（Sn 的 c 轴平行于电子流方向）到 1800h（Sn 的 c 轴垂直于电子流方向）不等[61]。利用 EBSD 分析了锡的晶粒取向分布，探讨了金属晶粒取向与减少开路失效的关系。如图 18.32 所示，与 Sn 晶体 c 轴垂直于电子流方向的焊点相比，Sn 晶体 c 轴平行于电子流方向的焊点的 Ni 的溶蚀速度要快得多，在电迁移可靠性试验中可能导致开路失效[62]。

TSV 挤出被证明与 TSV 的力学性能有关，对含堆叠芯片和 TSV 结构的三维封装而言，它已经成为良率和可靠性的主要关注点[63]。采用 EBSD 对两种具有不同可靠性表现的 TSV 中铜的晶粒分布进行了分析，发现铜晶粒更细小、更均匀的 TSV 具有更高的屈服强度，并更有利于抑制挤出效应[63]。

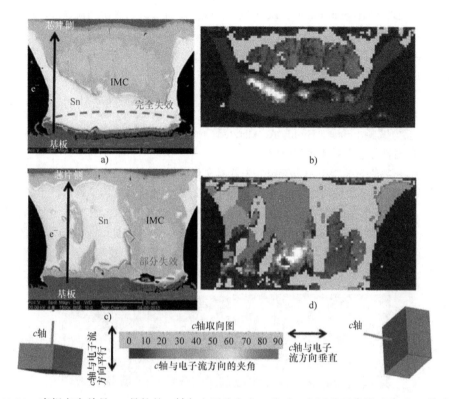

图 18.32   当焊点中单晶 Sn 晶粒的 c 轴与电子流方向一致时，电迁移可靠性试验后 Ni 快速溶蚀，图 a 和图 b 分别为失效焊点的 SEM 图像和对应的 EBSD 图像；当焊料中部分锡晶粒的 c 轴垂直于电子流方向时，电迁移可靠性试验后镍溶蚀缓慢，图 c 和图 d 分别为未失效焊点的 SEM 图像和对应的 EBSD 图像。（改编自参考文献 [3]）（彩图见插页）

18.5   三维封装的失效分析策略

失效分析的最终目标是：找到根本原因并提供解决路径建议。为有效地应用多种 FI-FA 技术以实现目标，良好的失效分析策略至关重要。

18.5.1   理解封装组装过程、可靠性应力和失效率分布

完美的失效分析服务，第一个关键步骤是理解封装组装过程、可靠性应力试验和失效密度分布。三维封装通常要经过复杂的组装过程，例如硅晶圆切割、多级互连的键合过程、底部填充固化和塑封工艺过程，这些工艺过程涉及化学处理，高温，有时甚至是高压。理解每个步骤的细节对于在组装线末端（End of Assembly Line，EOL）进行的失效根本原因分析至关重要。

大多数失效发生在各种可靠性试验之后，这些精心设计的试验以加速的方式模拟封

装的使用条件。标准的封装可靠性试验包括以下内容[64]。

1）预处理（Preconditioning，PC）试验，包括水汽渗透和多次回流循环，以复现运输、存储和将封装组装到 PCB 的过程。

2）温度循环（Temperature Cycling，TC）试验，从极低温到极高温的温度循环，模拟器件的循环"开"和"关"状态。

3）极高温度下的烘烤试验，以模拟器件长时间"开"的状态。

4）无偏置高加速应力试验（unbiased Highly Accelerated Stress Test，uHAST）和偏置高加速应力试验（biased Highly Accelerated Stress Test，bHAST），在高温和高湿下进行，以复制器件在恶劣环境中的应用。

每一种可靠性试验都会触发特定的失效模式和机制。例如，PC 测试可能导致"爆米花"或封装界面之间的分层，这是由于封装中吸附的水气或有机污染物所产生的巨大蒸汽压力，在每次回流循环的高温下不断累积而造成的[65]。图 18.33a、b 所示分别为封装基板起泡的 TSAM 图像和横截面光学图像，该封装在 PC 试验前过度的曝露于湿气环境下。TC 试验后发生的失效通常与热机械应力有关，例如焊点疲劳开裂和基板布线开裂[66, 67]。图 18.33c 显示了延长的 TC 试验后焊点的典型疲劳开裂。烘烤试验会产生 IMC 老化或材

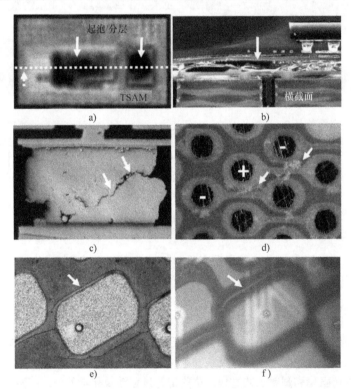

图 18.33　a）b）封装在 PC 试验后，由于"爆米花"效应基板产生大的起泡的 TSAM 和横截面光学图像　c）延长的 TC 试验后，MLI 焊点出现了典型的疲劳开裂　d）延长的 bHAST 试验后，FLI 焊点互连中相邻的不同极性 Cu 焊盘之间的 Cu 枝晶　e）f）延长的烘烤试验后，导致了基板阻焊层和布线的开裂

料退化相关的失效[68]。图 18.33e、f 显示了在延长的烘烤试验后，导致了基板阻焊层和布线的开裂。uHAST 中的失效通常与腐蚀有关[69]，而 bHAST 因为在试验中会对器件施加偏置电压，它引起的失效除与腐蚀有关外，还涉及电化学反应[70]。图 18.33d 为延长的 bHAST 试验后，相邻的不同极性铜焊盘间由于电化学反应诱导了 Cu 枝晶生长。

判断失效是缺陷驱动的、固有的还是老化引起的，有必要了解可靠性试验中的失效率分布[64]。图 18.34 所示为众所周知的浴盆失效率与时间曲线，它显示了可靠性试验中三种不同的失效类型。早期失效是缺陷驱动失效模式，在可靠性试验的早期会记录到很高的失效率。在可靠性试验中，固有失效有恒定的失效率。随着试验时间的延长，损耗失效开始出现，失效率增高。不同的失效有不同的失效机理和根本原因，因此解决路径也各不相同。早期失效通常是由于制造缺陷造成的，可以通过优化组装工艺来减少缺陷，或者采用试验筛选出缺陷部件来解决。固有失效与封装的设计、组件选择和应用相关，是与生俱来的，它的解决路径主要涉及组装工艺的调整。损耗失效通常发生在可靠性试验的延长时段，表明到了器件的寿命终点[60]。

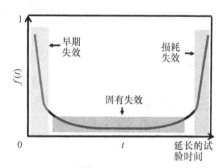

图 18.34　失效率与可靠性试验时间的浴盆曲线示意图（改编自参考文献 [64]）

18.5.2　识别缺陷的高效 FI–FA 流程

高效的 FI-FA 流程对于快速识别复杂三维封装中的缺陷非常重要。一个高效的 FI-FA 流程通常具有以下特征。

1）它是一种系统的方法，包含多种选定的 FI 和 FA 技术，以优化和符合逻辑的方式组织，从而能以接近 100% 的高成功率识别缺陷。

2）它具有最短的 TPT。对于复杂的三维封装组装，特别是在技术开发阶段，较短的 FA 数据周期至关重要。

3）它是无伪影 FI-FA。由于不恰当的 FI-FA 技术应用而产生的伪影具有误导性，应当避免。

4）它是低成本的。在竞争激烈的封装行业中，成本是首要关注的问题。在达到相当或更好结果的情况下，扩展低成本 FI-FA 技术是建立 FI-FA 流程中要考虑的主要因素。

5）可根据不同的可靠性试验、电气失效特点、失效率灵活地进行调整。可调整的 FI-FA 流程通过裁剪特定失效模式下不必要的 FI-FA 步骤，可保证短 TPT、低成本以及高成功率。

图 18.35 显示了 PC 试验后电气失效的高效 FI-FA 流程。这些失效因为发生在质量应力试验之后，因此怀疑是与制造缺陷相关的早期失效。在"故障隔离"和"物理失效分析"之前，将包括超声成像和 X 射线成像在内的无损成像技术添加到 FI-FA 流程中，以捕获可能的爆米花型基板起泡、UF 缺陷、芯片裂纹、非润湿焊点、焊点桥连或其他重大缺陷。使用这种高效的 FI-FA 流程，75% 以上的 PC 失效可以通过非破坏性超声和 X

射线成像所发现，通过跳过不必要的分析步骤，节省了时间和成本。

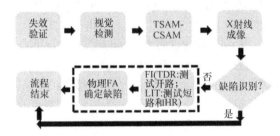

图 18.35　PC 试验后电气失效的高效 FI-FA 流程示意图

图 18.36 给出了按照图 18.35 的 FI-FA 流程所得到的 PC 失效分析结果。图 18.36a 所示的 TAMI CSAM 图像显示了失效区内跨过数个 FLI 互连的 UF 空洞。图 18.36b 所示的二维 X 射线图像揭示了 UF 空洞失效区域的焊料挤出现象。图 18.36c 所示的三维 X 射线 CT 显示，失效是由于 PC 试验的回流循环过程中，液态焊料流入 UF 空洞所致的 FLI 互连开路，这是在微电子封装中众所周知的由于 UF 缺陷导致的一种失效模式[71]。

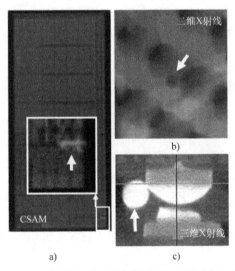

图 18.36　a）TAMI CSAM 图像显示失效区域出现 UF 空洞　b）带有倾斜视角的
二维 X 射线图像发现在 UF 空洞区域存在焊料挤出现象
c）焊料挤出附近的三维 X 射线 CT 显示 FLI 互连开路

18.5.3　深入了解失效机理和根本原因并提供解决路径

失效分析的最终目标是提供解决路径。识别缺陷只是深入的进行失效机理和根本原因分析的第一步。根本原因分析的策略通常包括如下几项。

1）共性检查：对通用器件、材料、供应商、晶圆、组装时间、工具、环境等作检查。与工艺缺陷相关的失效的根本原因有可能通过彻底的共性检查被识别出来。

2）失效率分布分析及可靠性试验：如本章前面所述，失效率分布可以提供失效类型的信息，而可靠性试验分析可以帮助确定失效是否与湿度、热机械应力、腐蚀或电化学反应有关。

3）详细的缺陷物理分析：包括无伪影渐进式截面研究来认识缺陷的三维形状，材料表征来了解缺陷的化学成分，以及"裂纹尖端"的研究来探究缺陷是如何产生和扩展的。

4）通过无损和原位技术直接观察缺陷的产生和扩展：例如带热台的二维 X 射线[41]，或结合无损成像技术的渐进式可靠性试验研究[72]。通过这些研究，在深入了解根本原因并寻求解决途径的同时，还可以建立起相应的动力学模型。

如图 18.37a，b 所示[72]，采用了渐进式的可靠性试验和无损三维 X 射线 CT 来研究一种铜通孔内已有空洞的新迁移机理。这种类型的空洞迁移和累积在电流密度很低（$10^3 \sim 10^4 A/cm^2$）时发生在阳极上，而传统的电迁移空洞在电流密度较高（$10^5 \sim 10^6 A/cm^2$）时发生在阴极上，因此两者的空洞演化明显不同。基于法拉第电解定律的估算表明，电化学反应诱导的空洞迁移机理是合理的。空洞中充满电镀溶液，来自阳极的铜溶解在镀液中，并在沉积在阴极上，因此空洞向阳极移动。

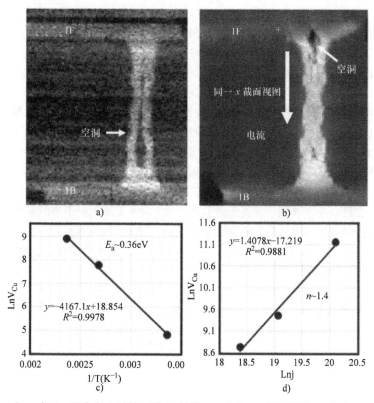

图 18.37　a）一个 Cu 通孔在 0 时的三维 X 射线 CT 虚拟 X- 截面图像　b）在 150℃下，经过 1000h、3A 的电流，该 Cu 通孔同一虚拟 X 截面图像，显示出空洞向阳极迁移　c）d）用 Arrhenius 定律模拟空洞演化，其中 E_a 和 n 估计分别为 0.36eV 和 1.4（改编自参考文献 [72]）

用 Arrhenius 定律模拟了空洞的迁移：

$$R_m \propto j^n \exp(-E_a/kT)$$

式中，R_m 为传质速率；E_a 为激活能；T 为温度；j 为电流密度；k 为玻尔兹曼常数；n 为可变电流密度指数。如图 18.37c，d 所示，根据不同温度和电流密度水平下样品的三维 X 射线 CT 图像计算出铜的输运体积，即可估算出 E_a 和 n 分别为 0.36eV 和 1.4。模拟结果和实验数据均表明，在室温下，在相对较低的电流密度下，空洞也可发生迁移。但在没有空洞的铜通孔中也不会产生新的空洞。因此，对于传输大电流的封装而言需要无空洞的 Cu 通孔 [72]。

18.5.4　小结

本文回顾了用于三维微电子封装的先进故障隔离和失效分析技术，以及 FA 策略和高效的 FI-FA 流程设计，并对它们的应用进行了阐述。对于定位空间分辨率为 500μm 的开路失效，TDR 是一种低成本、有效的故障隔离工具。EOTPR 可以依据数据精确地（约 10μm 分辨率）估计出失效位置。这两种技术都已成功地用于检测三维封装中的开路和高阻抗失效。

LIT 和 SSM 是非常有前途的无损检测技术，它们不仅可以在 x-y 平面提供故障隔离能力，而且可以提供封装中故障的深度信息，这对于隔离三维封装中的短路失效和漏电失效至关重要。根据不同的情况，高分辨率的无损成像技术，例如 SAM、IR、二维 X 射线成像和三维 X 射线 CT，可以在故障隔离之前或之后应用于揭示三维封装中的缺陷。

样品制备技术，例如等离子体 FIB、与传统 FIB 和 SEM 结合的超短脉冲激光铣削和宽束离子铣削，可以非常有效的制作三维封装的无伪影互连横截面。EDX、FTIR、AFM-IR、XPS、TOF SIMIS 和 EBSD 已经被证明是非常有价值的材料分析技术，通过提供关于缺陷的化学成分、界面污染和晶体取向的信息来分析引起失效的根本原因。

了解组装过程的细节，各种可靠性试验以及失效率分布是三维封装失效分析的首要关键步骤。设计一个系统的、无伪影的和高效的 FI-FA 流程可以节省时间和成本，并且对于快速识别导致电气失效的缺陷来说必不可少。深入了解失效机理和根本原因，提供失效解决路径是失效分析的最终目标。用无损和原位技术直接观察缺陷的产生和扩展，已被证明是研究根本原因的有效方法。

致谢：本书作者要感谢来自德国弗劳恩霍夫材料与系统微结构研究所（Fraunhofer IMWS）的 Frank Altmann 和 Sebastian Brand 对本章的细致审阅。

参考文献

1. Y. Li, Y. Cai, M. Pacheco, R.C. Dias, D. Goyal, in *Proceedings from the 38th International Symposium for Testing and Failure Analysis (ISTFA)* (ASM International, 2012), p. 95
2. R. Agarwal, W. Zhang, P. Limaye, R. Labie, B. Dimcic, A. Phommahaxay, P. Soussan, in *Proceedings of Electronic Components and Technology Conference (ECTC)* (2010), p. 858
3. Y. Li, P.K. Muthur Srinath, D. Goyal, J. Electron. Mater. (2015)
4. Z. Ma, D.G. Seiler, in *Metrology and Diagnostic Techniques for Nanoelectronics* (Pan Stanford Publishing Pte. Ltd., 2017)
5. R. Mahajan, R. Sankman, N. Patel, D. Kim, K. Aygun, Z. Qian, Y. Mekonnen, I. Salama, S. Sharan, D. Iyengar, D. Mallik, in *Conference Proceedings from the 66th Electronic Components and Technology Conference (ECTC)* (2016), p. 558
6. Y. Cai, Z. Wang, R.C. Dias, D. Goyal, in *Proceedings from the 36th International Symposium for Testing and Failure Analysis (ISTFA)* (ASM International, 2010), p. 1309
7. D. Smolyansky, *Printed Circuit Design* (2002), p. 20
8. D. Abessolo-Bidzo, P. Poirier, P. Descamps, B. Domenges, in *Proceedings from the 12th International Symposium on the Physical and Failure Analysis of Integrated Circuits (IPFA)* (2005), p. 318
9. S.H. Hall, G.W. Hal, J.A. McCall, *High-Speed Digital System Design: A Handbook of Interconnect Theory and Design Practices* (Wiley, NY, 2000)
10. K. Matsumoto, H. Otsuka, O. Horiuchi, Y.G. Han, W. Choi, H. Tomokage, Trans. Jpn. Inst. Electron. Pack. **6**(1), 57 (2013)
11. R. Schlangen, S. Motegi, T. Nagatomo, C. Schmidt, F. Altmann, H. Murakami, S. Hollingshead, J. West, in *Proceedings from the 37th International Symposium for Testing and Failure Analysis (ISTFA)* (ASM International, 2011), p. 68
12. F. Naumann, F. Altmann, C. Grosse, R. Herold, in *Proceedings from the 40th International Symposium for Testing and Failure Analysis (ISTFA)* (ASM International, 2014), p. 130
13. M. Xie, T. Begala, S. Khalsa, D. Goyal, Y. Li, O. Hatch, in *Proceedings of Electronic Components and Technology Conference* (2016) (to be published)
14. R. Dias, L. Skoglund, Z. Wang, D. Smith, in *Proceedings from the 27th International Symposium for Testing and Failure Analysis (ISTFA)* (ASM International, 2001), p. 77
15. M. Xie, Z. Qian, M. Pacheco, Z. Wang, R. Dias, V. Talanov, *Proceedings from the 38th International Symposium for Testing and Failure Analysis (ISTFA)* (ASM International, 2012), p. 11
16. J. Gaudestad, D. Nuez, P. Tan, in *Proceedings from the 40th International Symposium for Testing and Failure Analysis (ISTFA)* (ASM International, 2014), p. 43
17. A. Orozco, N.E. Gagliolo, C. Rowlett, E. Wong, A. Moghe, J. Gaudestad, V. Talanov, A. Jeffers, K. Torkashvan, F. C. Wellstood, S. Dobritz, M. Boettcher, A.B. Cawthorne, F. Infante, in *Proceedings from the 40th International Symposium for Testing and Failure Analysis (ISTFA)* (ASM International, 2014), p. 33
18. W. Lawton, J. Barrett, Microelectron. Reliab. **36**, 1803 (1996)
19. J.E. Semmens, Microelectron. Reliab. **40**, 1539 (2000)
20. D.A. Hutt, D.P. Webb, K.C. Hung, C.W. Tang, P.P. Conway, D.C. Whalley, Y.C. Chan, in *Proceedings from the 2000 IEEE/CPMT Int'l Electronics Manufacturing Technology Symposium* (2000), p. 191
21. J.E. Semmens, L.W. Kessler, Microelectron. Reliab. **42**, 1735 (2002)
22. B.T. Khuri-Yakub, Ultrasonics **31**(5), 361 (1993)
23. G.A.D. Briggs, O.V. Kolosov, *Acoustic Microscopy*, 2nd edn. (Oxford University, 2009)
24. T.M. Moore, C.D. Hartfield, in *Proceedings from AIP*, vol. 449 (1998), p. 598
25. A.J. Komrowski, L.A. Curiel, Q. Nguyen, D.J.D. Sullivan, L. Logan-Willams, in *Proceedings from the 30th International Symposium for Testing and Failure Analysis* (2004), p. 1
26. L. Angrisani, L. Bechou, D. Dallet, P. Daponte, Y. Ousten, Measurement **31**, 77 (2002)
27. J. Sigmund, M. Kearney, Adv. Pack. (1998)

28. S. Haque, G. Lu, J. Goings, J. Sigmund, Microelectron. Reliab. **40**, 465 (2000)

29. T.S. Leng, J.C.P. McKeon, H.S. Jang, in *Proceedings from the 32th International Symposium for Testing and Failure Analysis* (2006), p. 480

30. Y. Li, L. Hu, G. Li, R. Dias, D. Goyal, *Proceedings from the 39th International Symposium for Testing and Failure Analysis (ISTFA)* (ASM International, 2013), pp. 468–470

31. S. Brand, A. Lapadatu, T. Djuric, P. Czurratis, J. Schischka, M. Petzold, J. Micro/Nanolithogr. MEMS MOEMS **13**(1), 011207 (2014)

32. I. De Wolf, A. Khaled, M. Herms, M. Wagner, T. Djuric, P. Czurratis, S. Brand, in *Proceedings from the 41st International Symposium for Testing and Failure Analysis (ISTFA)* ASM International, 2015), p. 119

33. J. Semmens, in *Proceedings of Pan Pacific Conference*, Kauai, Hawaii (2008)

34. J. Perraud, S. Enouz-Vedrenne, J. Clement, A. Grivon, in *Proceedings from the 38th International Symposium for Testing and Failure Analysis (ISTFA)* (ASM International, 2012), p. 332

35. J. McDonald, Optical microscopy, in *Microelectronics Failure Analysis Desk Reference,* 7th edn. (ASM International, 2019), pp. 42–61

36. S.F. Lin, C.H. Chen, C.Y. Lo, Appl. Opt. **54**(28), E123–8 (2015)

37. M.H. Ettenberg, D. Malchow, Photon. Tech. Briefs (2007)

38. M. Matysiak1, J.P. Parry, F. Albri, J.G. Crowder, N. Jones, K. Jonas, N. Weston, D.P Hand, J.D. Shephard, Measur. Sci. Technol. **22**, 125502 (2011)

39. M. Feser, J. Gelb, H. Chang, H. Cui, F. Duewer, S.H. Lau, A. Tkachuk, W. Yun, Meas. Sci. Technol. **19**, 094001 (2008)

40. Y. Li, J.S. Moore, B. Pathangey, R.C. Dias, D. Goyal, IEEE Trans. Device Mater. Reliab. **12**(2), 494 (2012)

41. Y. Li, R. Panat, B. Li, R. Mulligan, P. K. Muther Srinath, A. Raman, IEEE Trans. Device Mater. Reliab. **11**(1), 141 (2011)

42. M. Pacheco, D. Goyal, in *Proceedings of Electronic Components and Technology Conference* (2011), p. 1263

43. C. Schmidt, C. Hartfield, S.T. Kelly, L. England, S. Kannan, in *Conference Proceedings from the 44th International Symposium for Testing and Failure Analysis (ISTFA)* (ASM International, 2018), p. 424

44. Y. Li, M. Pacheco, D. Goyal, J.W. Elmer, H.D. Barth, D. Parkinson, in *Conference Proceedings from the 64th Electronic Components and Technology Conference (ECTC)* (2014), p. 1457

45. E. Zschech, M. Löffler,, J. Gluch, M.J. Wolf, in *Materials Research Society (MRS) Spring* (2016)

46. W. Yun, M. Feser, J. Gelb, L. Hunter, Frontiers of characterization and metrology for nanoelectronics (2013)

47. J. W. Elmer, Y. Li, H.D. Barth, D.Y. Parkinson, M. Pacheco, D. Goyal, J. Electron. Mater. 4421 (2014)

48. F. Altmann, J. Beyersdorfer, J. Schischka, M. Krause, G. Franz, L. Kwakman, in *Conference Proceedings from the 38th International Symposium for Testing and Failure Analysis (ISTFA)* (ASM International, 2012), p. 39

49. L. Kwakman, M. Straw, G. Coustillier, M. Sentis, J. Beyersdorfer, J. Schischka, F. Naumann, F. Altmann, in *Proceedings from the 39th International Symposium for Testing and Failure Analysis (ISTFA)* (ASM International, 2013), p. 17

50. Meyer, G. Grimm, M. Hecker, M. Weisheit, E. Langer, in *Proceedings from the 38th International Symposium for Testing and Failure Analysis (ISTFA)* (ASM International, 2013), p. 12

51. H. Xu, H. Zhang, M. Xue, in *Conference Proceedings from the 15th Electronic Components and Technology Conference (ECTC)* (2013), p. 403

52. A. Centrone, Annu. Rev. Anal. Chem. **8**, 101 (2015)

53. A. Dazzi, C.B. Prater, Chem. Rev. **117**, 5146 (2017)

54. J.Y. Kim, H. Kim, D.W. Hahn, S.M. Hwang, in *Proceedings from the 43rd International Symposium for Testing and Failure Analysis (ISTFA)* (ASM International, 2017), p. 40

55. P. Van der Heide, *X-ray Photoelectron Spectroscopy: An introduction to Principles and Practices (1)* (Wiley, 2011)
56. P. Van der Heide, *Secondary Ion Mass Spectrometry: An Introduction to Principles and Practices (1)* (2014)
57. F. Yang, S. Yiqiang, L.H. Sheng, F. Chao, in *Conference Proceedings from the 15th Electronic Packaging Technology Conference (EPTC)* (2013), p. 37
58. B. Pathangey, A. Proctor, Z. Wang, Z. Fu, R. Tanikella, IEEE Trans. Device Mater. Reliab. **7**(1), 11 (2007)
59. Y. Liu, J. Wang, L. Yin, P. Kondos, C. Parks, P. Borgesen, D.W. Henderson, E.J. Cotts, N. Dimitrov, J. Appl. Electrochem. **38**, 1695 (2008)
60. M.H. Lu, D.Y. Shih, P. Lauro, C. Goldsmith, D.W. Henderson, Appl. Phys. Lett. **92**, 211909 (2008)
61. Y. Wang, P.S. Ho, Appl. Phys. Lett. **103**, 121909 (2013)
62. P. Liu, A. Overson, D. Goyal, *Conference Proceedings from the 65th Electronic Components and Technology Conference (ECTC)* (2015), p. 99
63. C. Wu, T. Jiang, J. IM, K.M. Liechti, R. Huang, P.S. Ho, in *Proceedings from the 21st International Symposium on the Physical and Failure Analysis of Integrated Circuits (IPFA)* (2014), p. 312
64. R.R. Tummala, *Fundamentals of Microsystems Packaging* (McGraw-Hill, 2001), pp. 878–923
65. S. Atkins, L. Teems, W. Rowe, P. Selby, R. Vaughters, Microelectron. Reliab. **38**, 773 (1998)
66. T. Akutsu, Q. Yu, Y. Nishimura, in *Conference Proceedings from the 12th Electronic Packaging Technology Conference (EPTC)* (2010), p. 550
67. M.M. Basit, M. Motalab, J.C. Suhling, Z. Hai, J. Evans, M.J. Bozack, P. Lall, in *Conference Proceedings from the 65th Electronic Components and Technology Conference (ECTC)* (2015), 106
68. D. Yang, Z. Cui, in *Conference Proceedings from the 2011 International Conference on Electronic Packaging Technology & High Density Packaging* (2011), p. 1030
69. S.H. Kim, J.W. Park, S.J. Hong, J.T. Moon, in *Conference Proceedings from the 12th Electronic Packaging Technology Conference (EPTC)* (2010), p. 545
70. K. Lee, S. Barbeau, F. Racicot, D. Powell, C. Arvin, T. Wassick, J. Ross, in *Conference Proceedings from the 63rd Electronic Components and Technology Conference (ECTC)* (2013), p. 2138
71. X.L. Zhao, J.M. Chin, R.N. Master, in *Conference Proceedings of 12th IPFA* (2005), p. 258
72. Y. Li, L. Xu, P. Liu, B. Pathangey, M. Pacheco, M. Hossain, L. Hu, R. Dias, D. Goyal, in *Conference Proceedings from the 65th Electronic Components and Technology Conference (ECTC)* (2015), p. 432

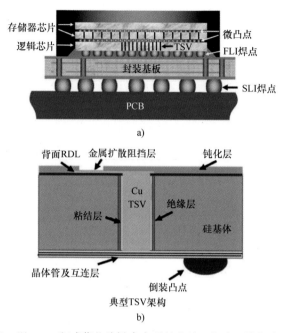

存储器芯片
逻辑芯片

微凸点
TSV
FLI焊点

封装基板

SLI焊点

PCB

a)

背面RDL　金属扩散阻挡层　　　钝化层

Cu
TSV

粘结层　　绝缘层

硅基体

晶体管及互连层

倒装凸点

典型TSV架构

b)

图 1.10　以 TSV 和减薄芯片键合实现的芯片 - 芯片三维集成示意图
（改编自参考文献 [15]）

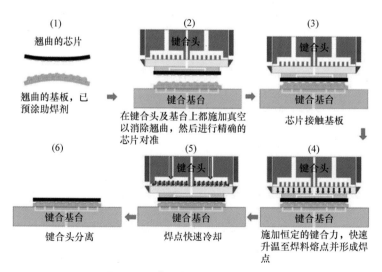

(1)
翘曲的芯片

翘曲的基板，已
预涂助焊剂

(2)
键合头

键合基台

在键合头及基台上都施加真空
以消除翘曲，然后进行精确的
芯片对准

(3)
键合头

键合基台

芯片接触基板

(6)

键合基台

键合头分离

(5)
键合头

键合基台

焊点快速冷却

(4)
键合头

键合基台

施加恒定的键合力，快速
升温至焊料熔点并形成焊
点

图 1.11　典型的 TCB 工艺示意图
（改编自参考文献 [19]）

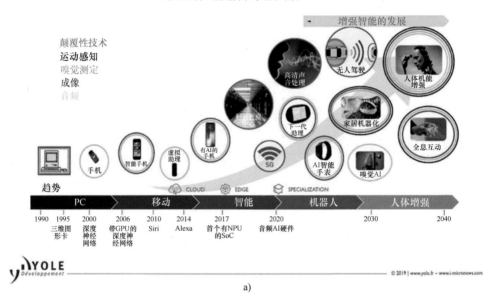

a)

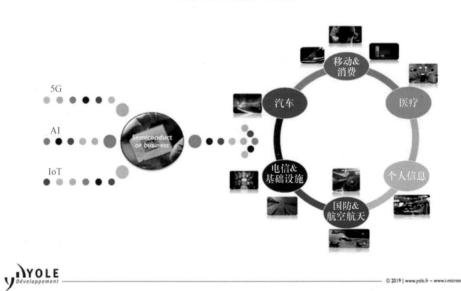

b)

图 2.1　数字社会的市场驱动力

（来源：先进封装行业现状报告，Yole Développement，2019）

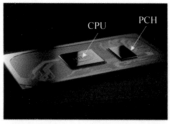

① 双芯片MCP，其中CPU与控制器芯片（PCH）集成在封装上,图为第10代Intel®Core™ 移动处理器

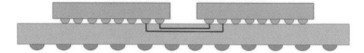

② 双芯片MCP的示意图,红线表示两颗或多颗芯片通过封装上的横向多层布线进行电气互连

a)

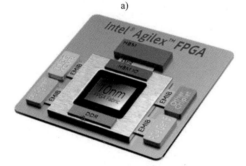

① 基于FPGA的多芯片组件，包含了多颗单芯片和堆叠芯片，图为Intel基于10nm的Agilex™ FPGA

② MCP示意图，单芯片与堆叠芯片之间基于高密度互连桥的横向互连（如红线所示）

b)

图 2.3 a）多芯片组件（MCM）——两颗或以上芯片以平面结构连接到封装基板上　b）基于嵌入式多芯片互连桥（EMIB）的多芯片封装（MCP）——多颗芯片（包括 HBM 堆叠）通过局部的高密度互连桥连接　c）基于硅转接板的 SiP 模组——硅转接板用于实现不同芯片或芯片堆叠之间精细尺寸的互连，转接板通过 TSV 将芯片连接至封装基板上。有关产品实现，参见参考文献 [73]　d）基于 TSV 互连的多芯片堆叠三维微模组，上图为镁光的 HMC 内存堆叠　e）三维堆叠结构，在这种结构中不同硅工艺的两颗芯片面对面键合在一起，英特尔公司的这种三维堆叠技术称之为 Foveros

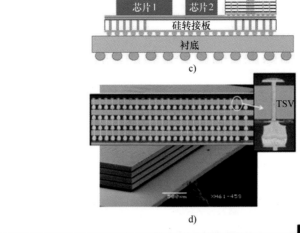

c)

d)

① 三维堆叠，将来自两个不同硅工艺节点的芯片面对面地堆叠在一起，与预先封装的存储芯片连接形成 PoP 结构，图为英特尔 Lakefield 处理器

② 三维集成架构示意图，底座芯片着以不同颜色，以突出显示其包含有源电路

e)

图 2.3　a）多芯片组件（MCM）——两颗或以上芯片以平面结构连接到封装基板上　b）基于嵌入式多芯片互连桥（EMIB）的多芯片封装（MCP）——多颗芯片（包括 HBM 堆叠）通过局部的高密度互连桥连接　c）基于硅转接板的 SiP 模组——硅转接板用于实现不同芯片或芯片堆叠之间精细尺寸的互连，转接板通过 TSV 将芯片连接至封装基板上。有关产品实现，参见参考文献 [73]　d）基于 TSV 互连的多芯片堆叠三维微模组，上图为镁光的 HMC 内存堆叠　e）三维堆叠结构，在这种结构中不同硅工艺的两颗芯片面对面键合在一起，英特尔公司的这种三维堆叠技术称之为 Foveros（续）

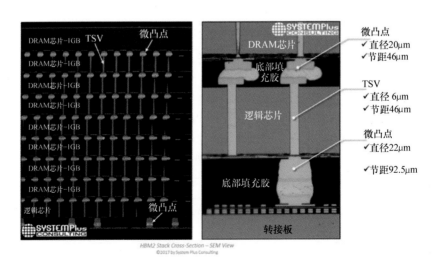

图 2.4　HBM2 堆叠的横截面图（感谢 System Plus Consulting 提供）

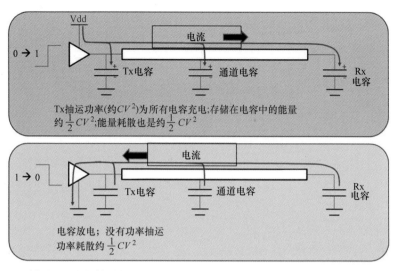

图 2.5 描述 Tx（发射器）和 Rx（接收器）互连链路中能量消耗的简单电容模型

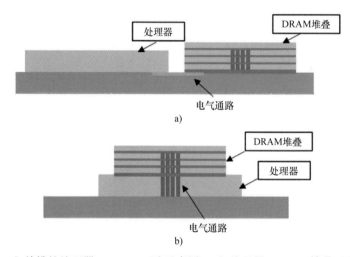

图 2.6 a）并排的处理器 -DRAM 互连示意图 b）处理器 -DRAM 堆叠互连示意图

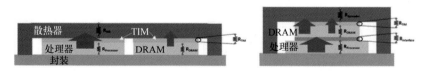

图 2.7 二维与三维堆叠中热传导路径示意图

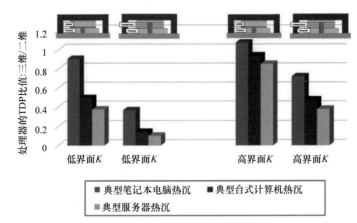

图 2.8　三维堆叠的 TDP 影响

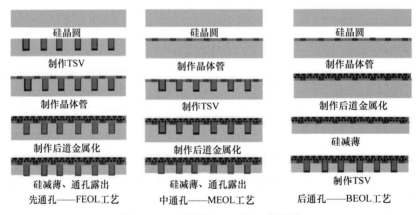

图 2.11　3 种制作 TSV 的工艺流程

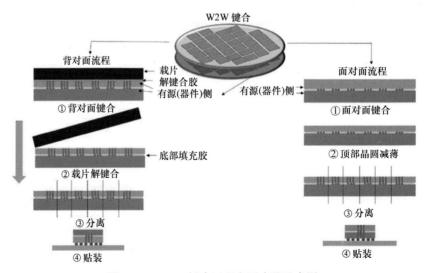

图 2.13　W2W 键合过程主要步骤示意图

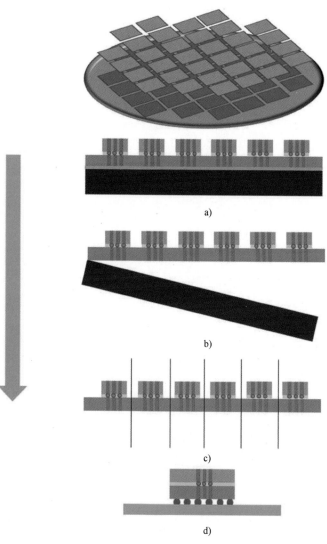

图 2.14 D2W 键合过程主要步骤示意图

a）D2W 键合　b）载片解键合　c）分离　d）封装贴装

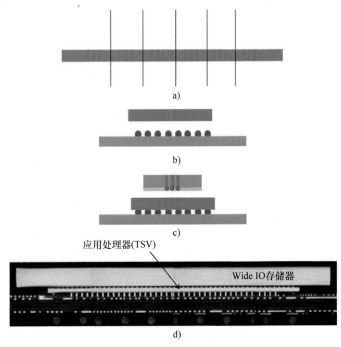

图 2.15　D2D 键合过程主要步骤示意图

a）分离　b）芯片至封装的贴装①　c）芯片至封装的贴装②　d）应用处理器上的 WIO 内存

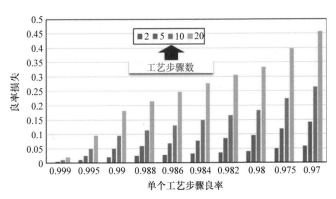

图 2.16　作为单个工艺步骤良率函数的 SiP 良率损失

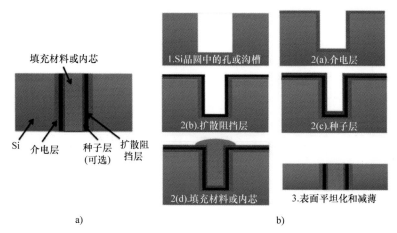

图 3.1 a）由介电层、扩散阻挡层、种子层和填充材料组成的 TSV 组件或 TSV 结构示意图
b）制造 TSV 组件所需的三个主要步骤

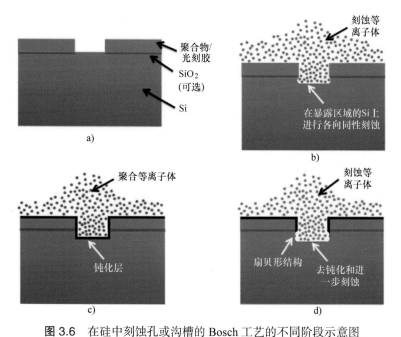

图 3.6 在硅中刻蚀孔或沟槽的 Bosch 工艺的不同阶段示意图

a）在硅表面制备聚合物掩模 b）反应气体等离子体流在暴露的硅表面进行硅刻蚀
c）钝化气体流在孔壁和底部形成钝化层 d）从孔底部去除聚合物层（去钝化）并在孔底部进一步刻蚀加深

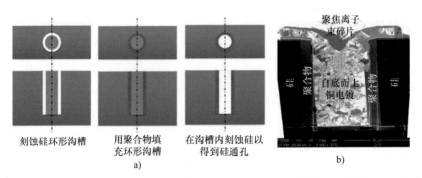

刻蚀硅环形沟槽   用聚合物填充环形沟槽   在沟槽内刻蚀硅以得到硅通孔

a)

b)

图 3.8 a）聚合物填充策略示意图 b）用聚合物（环氧 8023-10）作为介电层实现 Cu 填充 TSV 的扫描电镜显微照片[41]

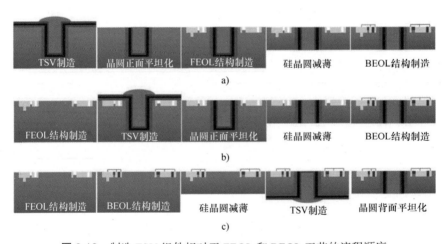

TSV制造   晶圆正面平坦化   FEOL结构制造   硅晶圆减薄   BEOL结构制造

a)

FEOL结构制造   TSV制造   晶圆正面平坦化   硅晶圆减薄   BEOL结构制造

b)

FEOL结构制造   BEOL结构制造   硅晶圆减薄   TSV制造   晶圆背面平坦化

c)

图 3.12 制造 TSV 组件相对于 FEOL 和 BEOL 工艺的流程顺序

a）via-first   b）via-middle   c）via-last（需要注意的是，根据工艺优化，某些工艺流程顺序可能会发生互换，例如在 via-first 工艺路线中，硅片减薄之前可能会制备 BEOL 结构等）

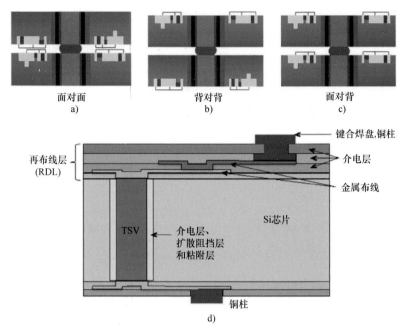

面对面
a)

背对背
b)

面对背
c)

键合焊盘,铜柱

介电层

再布线层
(RDL)

金属布线

TSV

介电层、
扩散阻挡层
和粘附层

Si芯片

铜柱

d)

图 3.13　通过芯片堆叠和焊料微凸点互连的集成策略示意图

a）面对面　b）背对背　c）面对背

d）再布线层（RDL）可允许 TSV 布置在键合焊盘不同的位置，常用于实现芯片互连

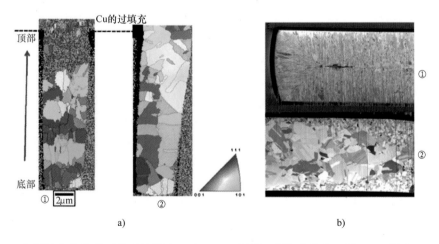

Cu的过填充

顶部

底部

① 2μm

②

a)

①

②

b)

图 4.2　a）铜填充物横截面的反极图（IPF）EBSD 图样：①沉积状态；②420℃退火 20min 后，然后在 300℃退火 15min[6]　b）铜填充物的晶粒结构 FIB 照片：①沉积状态；②在 400℃退火 1h[13]

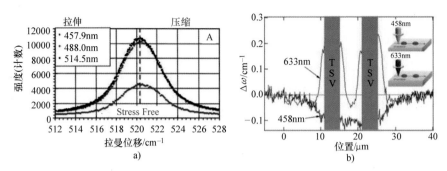

图 4.3 a）使用波长为 457.9nm、488.0nm 和 514.5nm 的激光器得到的硅晶片典型拉曼光谱，
显示了位移和应力之间的关系 [24]　b）使用两种不同波长的激光束，
测量铜 TSV 附近不同深度的硅晶圆的应力剖面 [25]

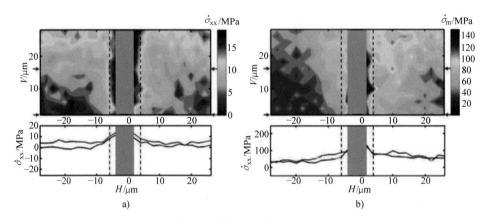

图 4.4　用同步 X 射线微衍射确定平面上的应力分布
a）偏 σ_{xx} 应力　b）Von-Mises 应力 [26]（虚线为铜 TSV 的有效尺寸，
灰色阴影区域表示"不可指标化"区域，其中铜的衍射强度与硅的衍射强度接近）

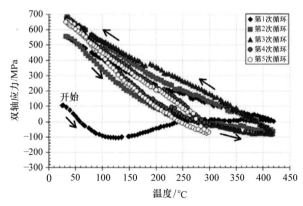

图 4.6　沉积在 Si 上的 Cu 膜在热循环时的等双轴应力演化 [34]

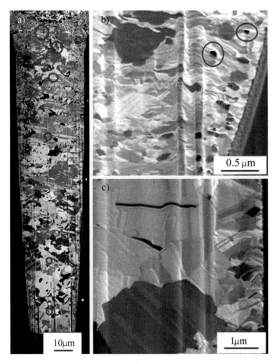

图 4.10　a）退火后 TSV 各部位出现空洞和裂纹（红色圆圈）
b）TSV 顶部附近的空洞　c）侧壁附近的晶界裂纹 [44]

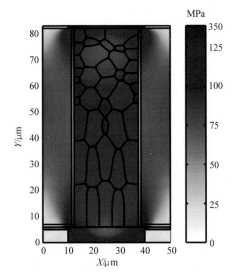

图 4.11　依据包含晶粒微观结构的线弹性力学模型，Cu TSV 结构中的 Von Mises 应力分布 [45]

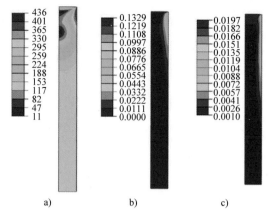

图 4.13 当 Cu TSV 在 425℃下制作并冷却到 −25℃后（还未进行热循环）
a）为 Von Mises 应力（MPa） b）为等效塑性应变 c）蠕变应变。
（图中为 TSV 的 1/4，右侧为界面，左侧为 TSV 轴线，底部为 TSV 中平面。虽然塑性应变
图只突出了界面附近的应变集中，但 TSV 上部的大部分 von Mises 应力大于 250MPa，Cu 已经发生屈服）

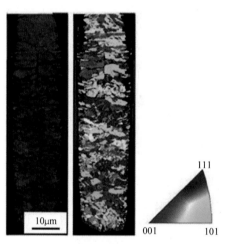

图 4.14 TSV 的 EBSD 取向图，显示随机的晶粒织构[44]，
这是也文献中所报道的大多数 TSV 的典型结构

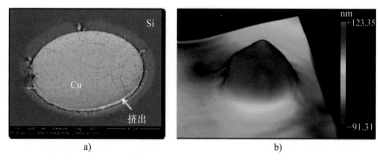

图 4.15 界面处铜和硅的相对位移，大多数挤出发生在界面处 a）直径为 80μm 过孔上的 Cu 挤出
物 SEM 图像 b）直径为 10μm 过孔上的 Cu 挤出物扫描白光干涉图像[54]

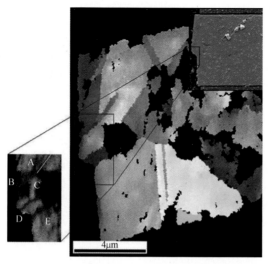

图 4.19　TSV 上表面附近截面的晶粒取向图和对应的 SEM 图像（小图），可见明显的表面台阶；还给出了台阶区域的 EBSD 图像，红线表示非共格 Σ3 晶界，绿线表示共格 Σ3 晶界（孪生面）

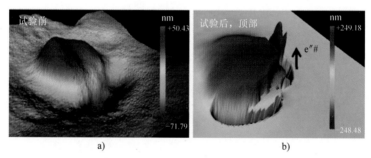

图 4.26　电迁移实验前后 TSV 端头的扫描白光干涉图像，在电子流动方向出现突起；电流穿过沉积在芯片顶部和底部的铜薄膜，并同时穿过多个 TSV，持续时间 62h，温度 170℃，电流密度 $5 \times 10^5 \mathrm{A/cm^2}$ [54]

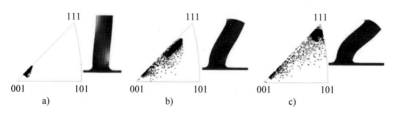

图 4.28　图 a～图 c 分别为当压缩应变为 0.05、0.15 和 0.25 时，直径 - 长度比为 0.29 的 Cu 单晶柱的晶体取向和几何形状演化。彩色编码代表累积的塑性剪切量，范围从蓝色（小）到黄色（大）。初始单晶取向 [1 1 12] 和不稳定的压缩轴 [76]

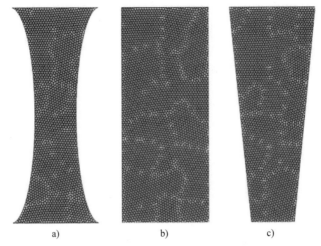

图 4.29 利用晶体相场模型仿真中原子尺度微观结构的形成

a）沙漏形 TSV　b）矩形 TSV　c）梯形 TSV

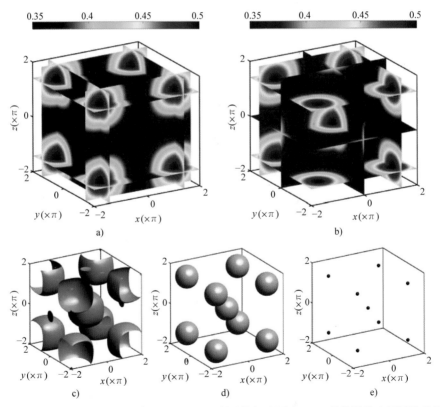

图 5.2 式（5.17）中 n 的三维图：图 a 和 b 所示的切片图为 BCC 晶体结构中原子的位置，图 c~e 分别所示为 $n = 0.4$、$n = 0.45$ 和 $n = 0.5$ 时的等值面，其体积为 $4\pi^3$，大于晶胞的体积，$q = (a_{lc})^3 = (2\sqrt{2}\,\pi)^3$（晶格常数 $a_{lc} = 2\pi q$，$q = 1/\sqrt{2}$）

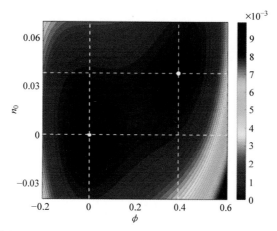

图 5.3 自由能 $\mathcal{F}$ 作为 n_0 和 ϕ 的函数的等值线图，其中 $B^l = 1$ 且 $B^x = 0.925$，白点标出了自由能的两个局部最小值

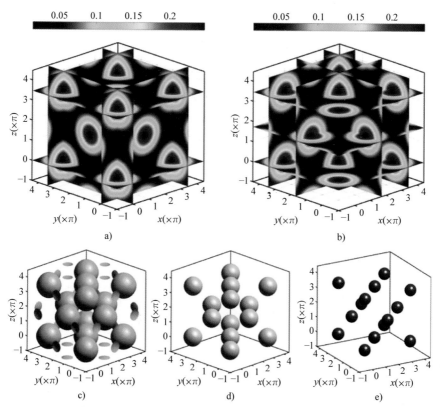

图 5.4 FCC 晶格 n 的三维图：图 a 和 b 所示的切片图为 FCC 晶体结构中原子的位置，图 c~e 分别所示为 $n = 0.1$、$n = 0.15$ 和 $n = 0.2$ 时的等值面。请注意，其体积为 $(5\pi)^3$，大于晶胞的体积 $(a_{lc})^3 = (2\sqrt{3}\,\pi)^3$

图 5.5　石墨烯 - 六方氮化硼 - 石墨烯的双晶异质结构[25]

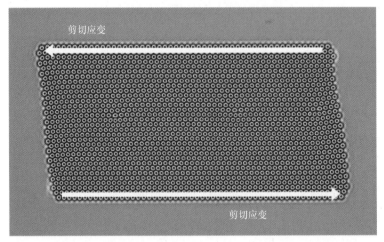

图 5.6　剪切应变下的 PFC 模型

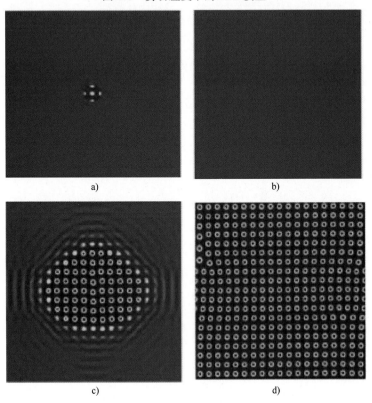

图 5.7　磁场诱发相变示例

a）$t = 0$　b）$t = 100\,000$　c）$t = 103\,000$　d）$t = 200\,000$[33]（在 $t = 100\,000$ 后施加外场 $\boldsymbol{H}$）

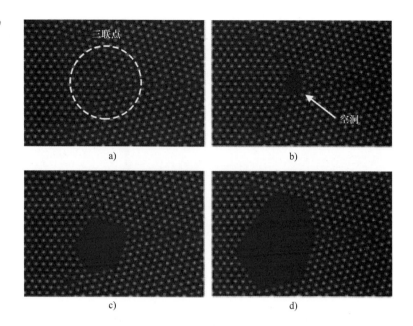

图 5.8　电迁移过程中三联点附近空洞的成核[35]

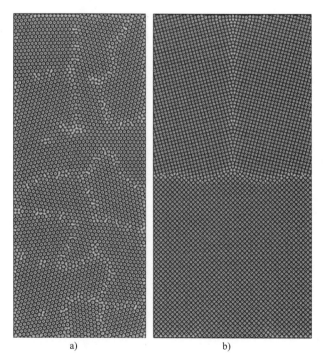

图 5.10　矩形 TSV 中的多晶结构
a）三角晶格　b）方晶格

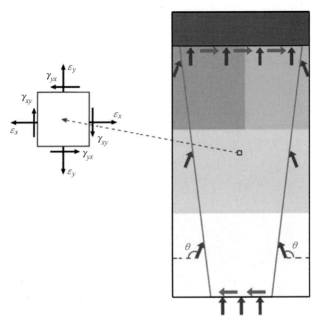

图 6.1 施加载荷时 TSV 结构示意图：晶粒的取向用不同的颜色突出显示，不同类型的载荷用彩色箭头标出；插图说明了 TSV 中一个材料点的应变状态

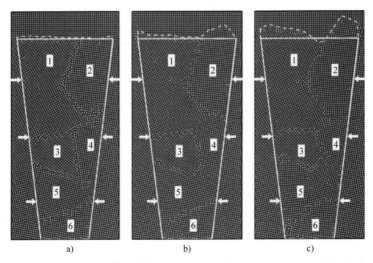

a)   b)   c)

图 6.3 TSV 样品的模型结构以及在 $t = 0$（图 a）、$t = 10000$（图 b）和 $t = 30000$（图 c）的挤出过程快照：挤出的轮廓用白色虚线勾画；TSV 中的缺陷原子由黄色的点标明；箭头表示施加的压缩应变

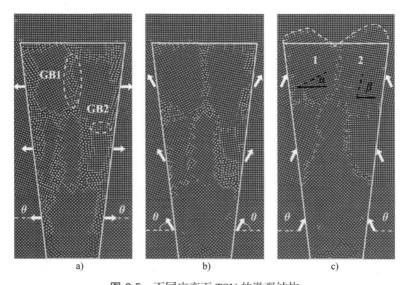

图 6.5　不同应变下 TSV 的微观结构

a）$\theta = 0°$　b）$\theta = 60°$　c）$\theta = 150°$（白色箭头表示加载方向，白色点状椭圆勾勒出晶界 GB1 和 GB2 的轮廓）

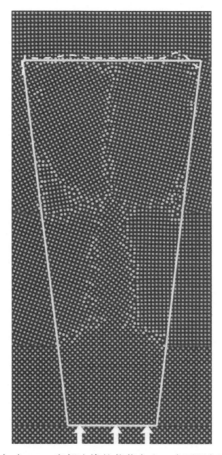

图 6.7　施加在 TSV 底部边缘的载荷产生一个可以忽略的挤出 [5]

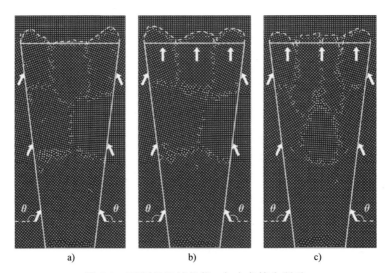

图 6.8　不同的机械载荷，如白色箭头所示

a）在 TSV 的左右边缘加载产生了挤出的两峰轮廓　　b）在 TSV 的边缘和上端加载导致三峰轮廓

c）在 TSV 的边缘和上端加载导致四峰的轮廓

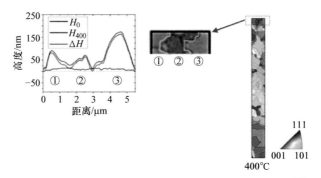

图 6.9　挤出部分的轮廓与上端的局部晶粒结构相吻合 [15]，

右侧所示的 TSV 是一个盲孔，尺寸为 5.5 × 50μm

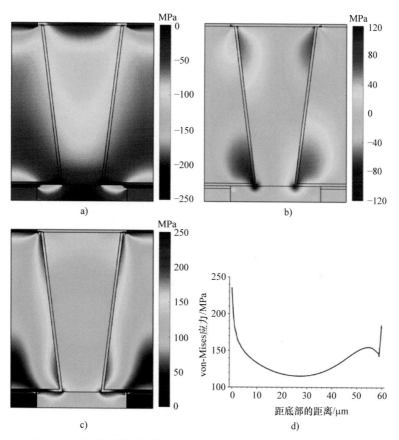

图 6.10 不考虑微观结构的情况下 TSV 中的 FEM 仿真应力云图

a）法向应力 σ_{xx} b）剪应力 σ_{xy} c）等效应力 d）等效应力沿 TSV 边缘的分布

（注意，由于对称性，左右边缘的应力分布是完全相同的）

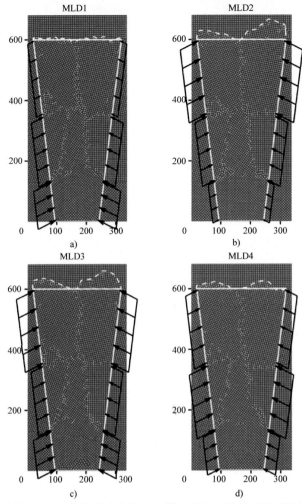

图 6.11　沿着边缘有不同负载分布的 TSV[5]：箭头勾勒出不同区域的机械载荷，
用白色的虚线勾勒出挤出的轮廓

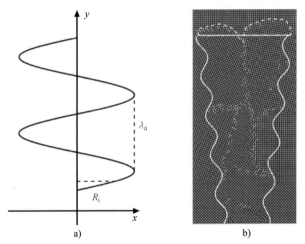

图 6.18　a）TSV 侧壁粗糙度的参数 R_i 和 λ_a 的示意图。平均粗糙度 Ra 通过关系式

$$Ra = \frac{1}{L} \int_0^L |R_i(y)| \, dy \text{ 计算得到 } \quad b）一个 TSV 例子，MSR3: Ra=30, \lambda_a=40\pi$$

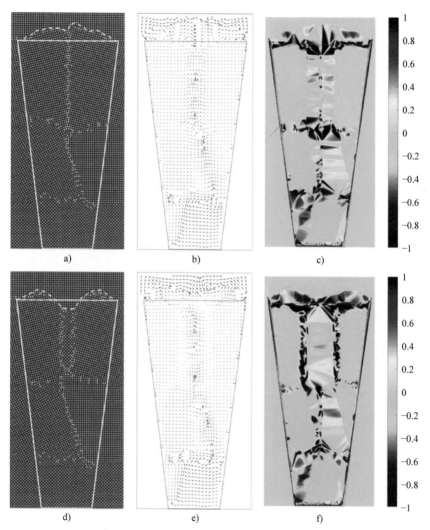

图 6.20　塑性流动的观点为 TSV 挤出行为提供了视觉指南

a）和 d）具有不同晶粒结构的 TSV 的挤出 / 内陷　b）和 e）相应的原子流场　c）和 f）涡量 $|\nabla \times u|$ 的大小

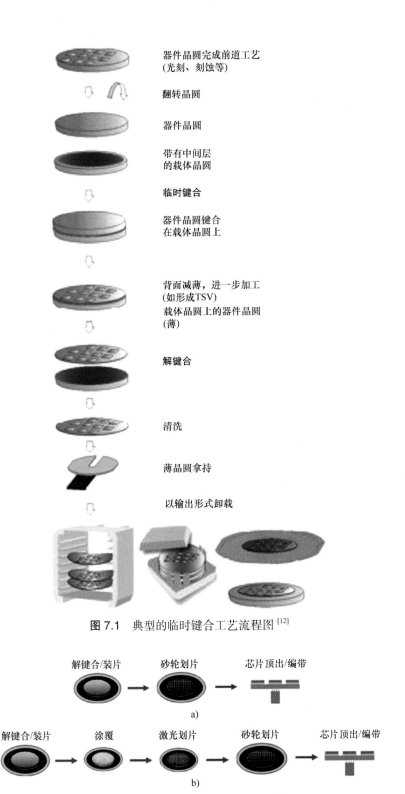

器件晶圆完成前道工艺
(光刻、刻蚀等)

翻转晶圆

器件晶圆

带有中间层
的载体晶圆

临时键合

器件晶圆键合
在载体晶圆上

背面减薄，进一步加工
(如形成TSV)
载体晶圆上的器件晶圆
(薄)

解键合

清洗

薄晶圆拿持

以输出形式卸载

图 7.1 典型的临时键合工艺流程图 [12]

解键合/装片　　砂轮划片　　芯片顶出/编带

a)

解键合/装片　　涂覆　　激光划片　　砂轮划片　　芯片顶出/编带

b)

图 7.2 典型的晶圆分片工艺流程图
a）没有激光划片或开槽　b）有激光划片或开槽

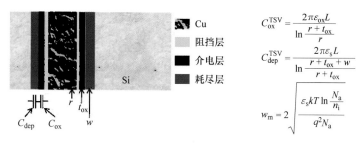

$$C_{ox}^{TSV} = \frac{2\pi\varepsilon_{ox}L}{\ln\dfrac{r+t_{ox}}{r}}$$

$$C_{dep}^{TSV} = \frac{2\pi\varepsilon_{s}L}{\ln\dfrac{r+t_{ox}+w}{r+t_{ox}}}$$

$$w_{m} = 2\sqrt{\frac{\varepsilon_{s}kT\ln\dfrac{N_{a}}{n_{i}}}{q^{2}N_{a}}}$$

图 7.4　TSV 电容示意图

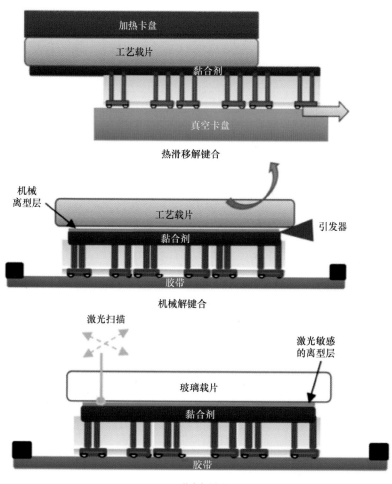

图 7.5　热滑移、机械和激光解键合示意图 [34]

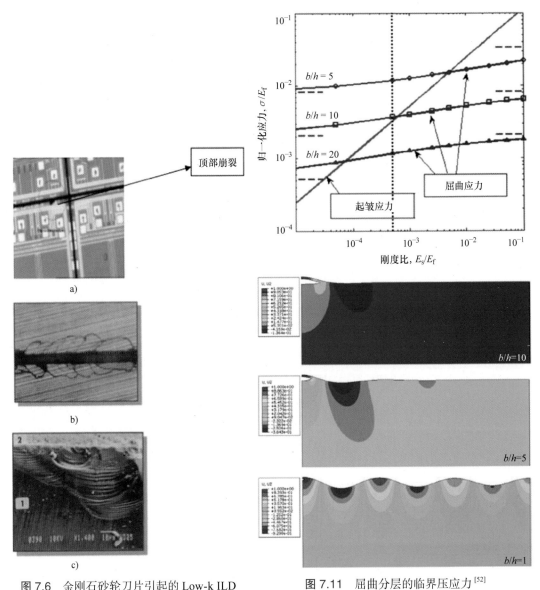

图 7.6　金刚石砂轮刀片引起的 Low-k ILD
层的崩裂和分层现象
a）顶部崩裂　b）背面崩裂
c）从胶带上移除后芯片边缘的 SEM 照片

图 7.11　屈曲分层的临界压应力[52]

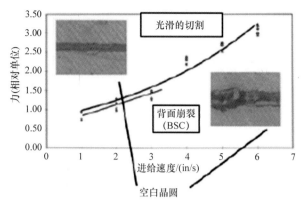

图 7.23　刀片上的切割力与进给速度关系

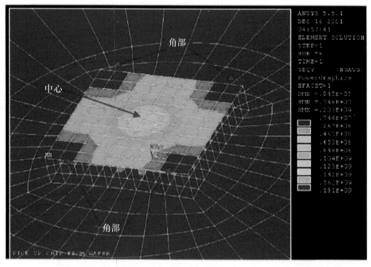

图 7.27　集成电路芯片的 Von Mises 等效应力云图[92]

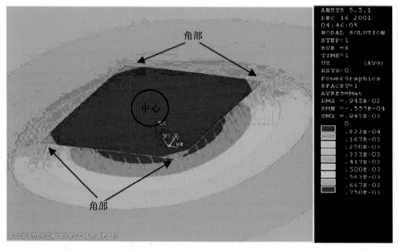

图 7.28　集成电路芯片位移云图[92]

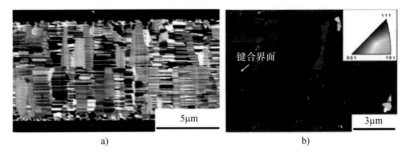

图8.3 在200℃下，在30min内，两个（111）晶面取向电镀Cu薄膜之间的键合

a）TEM横截面图像　b）电子背散射衍射（EBSD）取向图像[20]

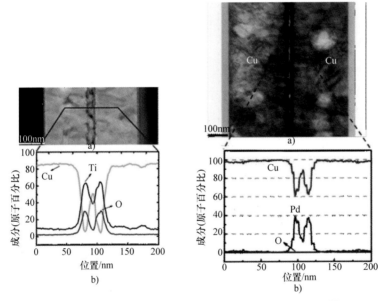

图8.7 Cu-Cu键合中使用Ti（左）和Pd（右）覆盖层的结果

a）TEM图像　b）EDX成分分布[29, 31]

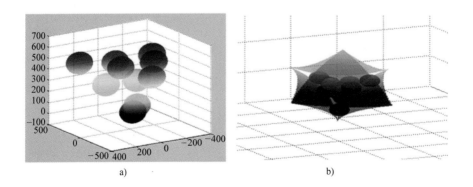

图9.2 随机生成的10个纳米颗粒

a）随机生成排列　b）在间隙中的排列

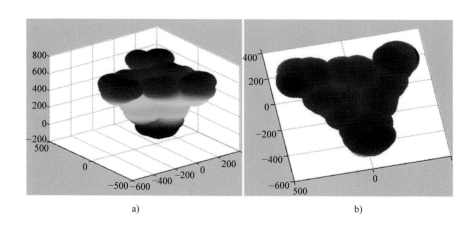

图 9.3 初始条件下 10 个微粒的移动轨迹

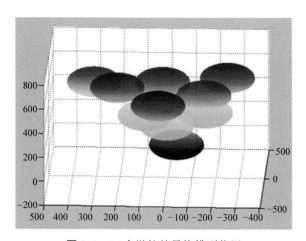

图 9.4 10 个微粒的最终排列位置

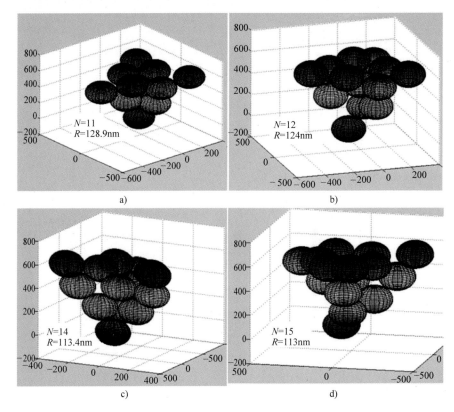

图 9.5 不同颗粒数量与对应的最佳半径关系

a）11 颗初始球数量　b）12 颗初始球数量　c）13 颗初始球数量　d）14 颗初始球数量

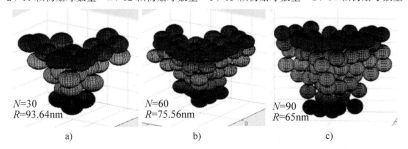

图 9.6 不同颗粒数量与对应的最佳半径关系

a）30 颗初始球数量　b）60 颗初始球数量　c）90 颗初始球数量

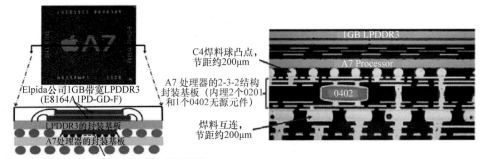

图 10.1 Apple A7 PoP 堆叠封装处理器

a）A7 处理器俯视图以及 A7 PoP 堆叠结构截面示意图　b）A7 PoP 堆叠结构截面显微照片[12]

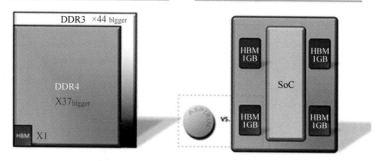

图 10.2 HBM 尺寸对比示意图，来源为 SK Hynix

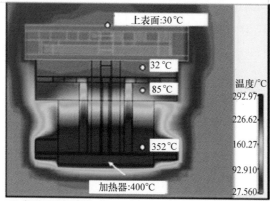

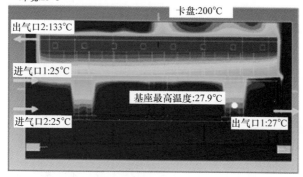

图 10.12 键合头和基台的温度梯度分布 [16]

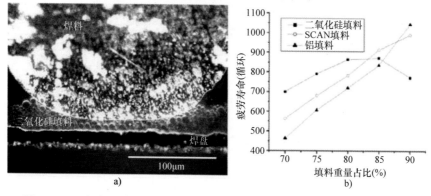

a)   b)

图 10.29 a）由于填料包裹在凸点和焊盘之间造成的典型开路失效显微照片
b）疲劳寿命与填料重量百分比关系图

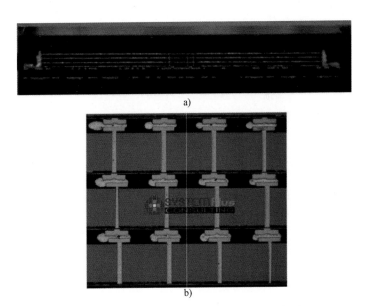

图 10.45　三星 TSV RDIMM 侧视剖面显微图

a）TSV 模块　b）微凸点互连[11]

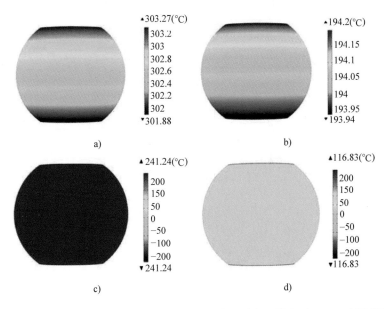

图 10.51　焊料的温度分布（TCB 焊接过程中 3.5s 时相当于阶段 2 结束时，5.6s 时相当于阶段 3 冷却过程结束时；回流焊过程中 170s 时相当于阶段 3 回流过程结束，220s 时相当于阶段 4 冷却过程结束）

a）TCB 焊接过程中 3.5s 时　b）TCB 焊接过程中 5.6s 时

c）回流焊过程中 170s 时　d）回流焊过程中 220s 时

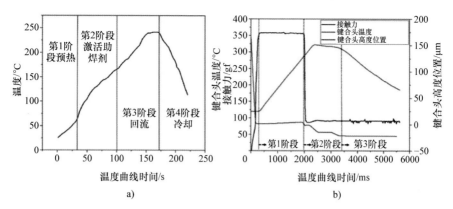

a)   b)

图 10.52　a）回流焊接倒装芯片的温度曲线：其中第 1 阶段用于在约 55℃下预热和均热
（soaking）以防止热冲击，第 2 阶段用于在约 110℃下激活助焊剂以去除表面氧化物，第 3 阶段表示
在约 240℃下回流焊接，第 4 阶段冷却凝固　b）TCB 焊接过程中热、位移和力的分布曲线：其中
第 1 阶段是键合头与基板接触时，第 2 阶段是在焊料合金熔化期间，第 3 阶段为冷却阶段

图 10.53　数码显微镜下的倒装芯片横截面图像：上部为回流工艺的封装样件，
下部为 TCB 工艺的封装样件

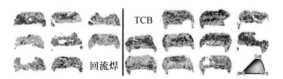

图 10.55　回流和 TCB 样品的自举平均取向差密度（左）和取向差密度（右），
通过自举法获得的角度概率密度和平均 c 轴方向的分布

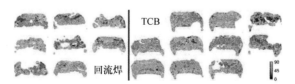

图 10.56　倒装芯片封装经历 EM 之后的数码显微镜横截面图像：（上）采用回流焊工艺的焊点，
焊点基体内无明显缺陷，（下）采用 TCB 工艺的焊点存在缺陷；
从左侧看起，缺少焊盘和 ENIG 表面涂覆、气孔和全部缺失

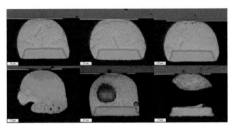

图 10.58　倒装芯片封装的数码显微镜横截面图像显示：（上）采用回流焊工艺的焊点，焊点基体内无明显缺陷，（下）采用 TCB 工艺的焊点存在缺陷；从左起：缺少焊盘和 ENIG 表面涂覆、气孔和全部缺失

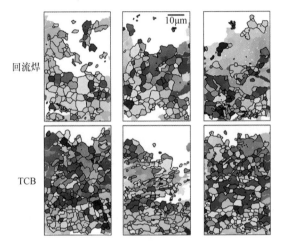

图 10.59　回流焊和 TCB 焊点的高分辨率 EBSD 扫描图：IMC 较多的区域表现出电荷积累，因此已扫描到的衍射图形有的区域质量较差。这些区域是没有进行指标化，显示为白色。此外，尺寸统计中没有计入与图像边界相交的晶粒边界（见图 10.60）

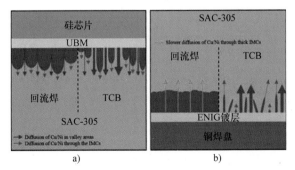

图 10.62　铜和镍原子穿过锯齿状的 IMC 层扩散到 SAC 305 焊料基体中的示意图：Cu 和 Ni 原子从（a）芯片侧和（b）基板侧扩散；请注意，较粗的红色箭头表示通过 Sn 基体扩散的 Cu 和 Ni 原子的数量较多，而较短的蓝色箭头表示 Cu 和 Ni 原子的扩散速度较快

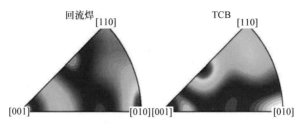

图 10.65　回流和 TCB 相对于样品垂直方向的平均 IPF 取向（电子流方向）

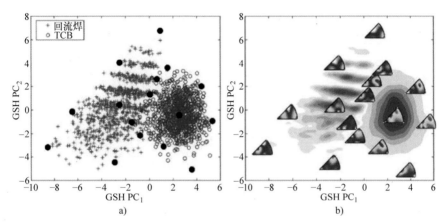

a)

b)

图 10.66　a）PC 空间中回流和 TCB 晶体织构的平均自举 GSH 表达的案例　b）平滑的内核密度图和对应于所选 cMm 设计点（•）的 IPF 图

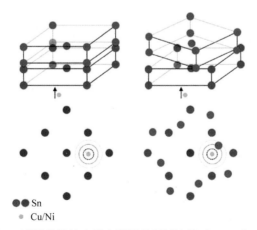

图 10.67　当晶格结构中引入明显的倾斜边界时，Cu 和 Ni 原子（用带黑色箭头的灰点表示）在 β-Sn 晶格中的间隙扩散示意图

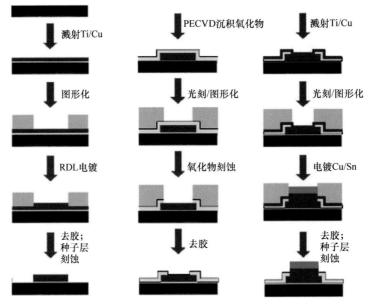

图 11.1 制备 Sn 微凸点的过程示例 [1]

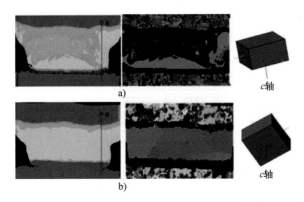

图 12.2 SEM 和 EBSD 分析结果表明 Sn c 轴与阴极端 Ni-P 电迁移损伤存在强相关性, 当 c 轴与 电子流方向一致时, Ni 的溶解速度快; 当 c 轴垂直于电子流方向时, Ni 的溶解速度慢 [21]

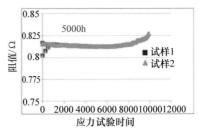

图 12.8 电阻值随应力试验时间的变化情况, 表明在 $1.4 \times 10^5 A/cm^2$ 和 170°C 下施加应力 5000h 后, 完全 IMC 的微凸点未发生电迁移损伤

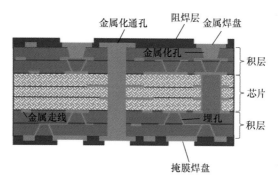

金属化通孔　阻焊层　金属焊盘

金属化孔

金属走线

埋孔

掩膜焊盘

积层

芯片

积层

图 14.1　典型带芯基板结构

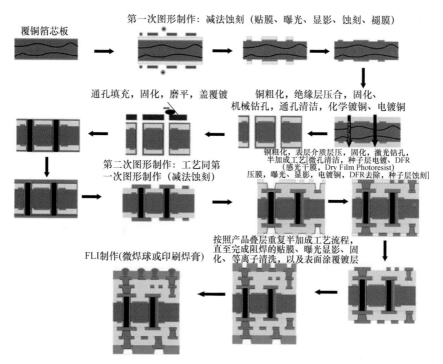

覆铜箔芯板

第一次图形制作：减法蚀刻（贴膜、曝光、显影、蚀刻、褪膜）

通孔填充，固化，磨平，盖覆镀

铜粗化，绝缘层压合，固化、机械钻孔，通孔清洁、化学镀铜、电镀铜

铜粗化，表层介质层压，固化，激光钻孔，半加成工艺[微孔清洁，种子层电镀，DFR（感光干膜，Dry Film Photoresist）压膜，曝光、显影，电镀铜，DFR去除，种子层蚀刻]

第二次图形制作：工艺同第一次图形制作（减法蚀刻）

按照产品叠层重复半加成工艺流程，直至完成阻焊的贴膜、曝光显影、固化、等离子清洗，以及表面涂覆镀层

FLI制作(微焊球或印刷焊膏)

图 14.6　有机基板制造常用工艺流程

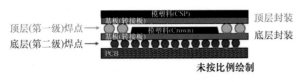

a)

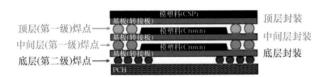

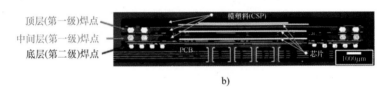

b)

图 16.1　示意图与实物照片
a）PoP 器件　b）PoPoP 器件

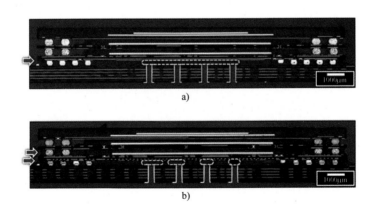

图 16.8　光学显微照片显示了 PoPoP 器件的横截面
a）底部填充仅存在于底部间隙中（红色箭头）　b）底部填充存在于中间和底部间隙中
黄色虚线椭圆突出了底部填充物中的空洞，尤其是它们在间隙中可表现为不同的形态

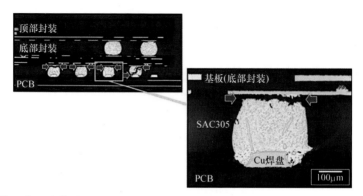

图 16.12　光学显微照片说明了图 16.11 中两组数据的主要失效模式，即第二级焊接互连中的 TMF 开裂，这是 100% SAC305 焊接互连的特定情况

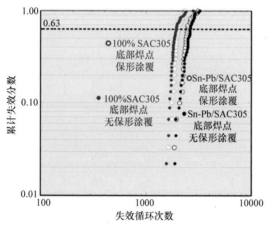

图 16.16　Weibull 图显示了 PoP 器件的热循环结果（−55/125℃，保温时间 10min，升降温速率 6～8℃ /min），这些器件已做保形涂覆，且具有 100% SAC305 的第二级焊点（空心粉色符号）或混装 Sn-Pb/SAC305 的底层焊点（空心蓝色符号），第一级互连都是 SAC305 合金，图上展示了没有保形涂覆的器件相应的基线数据：100% SAC305 底层焊点（实心红色符号）和 Sn-Pb/SAC305 混装互连（实心黑色符号）

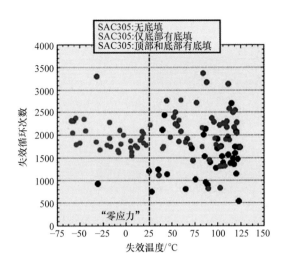

图 16.18 图中显示了三种 PoP 结构的失效循环次数与失效温度的关系（温度循环：−55/125℃，保温时间 10min，升降温速率 6～8℃/min）：第一级和第二级互连都是 100% SAC305 焊料；红色圆圈代表没有底部填充；蓝色圆圈代表仅在底层间隙填充；黑色圆圈代表在两个间隙都进行填充

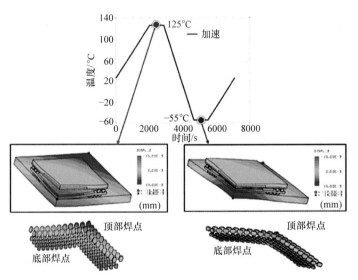

图 16.23 上图是 PoP 器件暴露在加速老化温度循环中的情况；有限元位移（"DISPL_Z"，50 倍放大）图显示了在 125℃和 −55℃的热循环极端温度下，封装和周围印制电路板的翘曲情况；底部的图片显示了在相同的极端温度下，焊点变形（50 倍放大）的模型预测

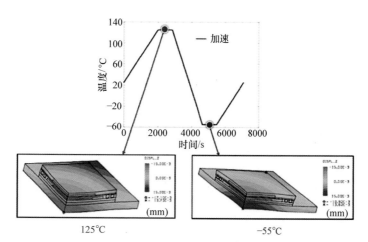

图 16.24 上图是加速老化的温度循环；有限元等高线图显示了在 125℃ 和 −55℃ 的热循环极端温度下（保温时间 10min），封装和周围 PCB 的翘曲（"DISPL_Z"，50 倍放大）；在顶层和底层的间隙中，都进行了底部填充

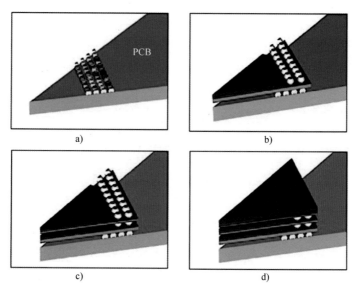

图 16.25 1/8 对称的计算实体模型显示了 PoPoP 器件的组装情况

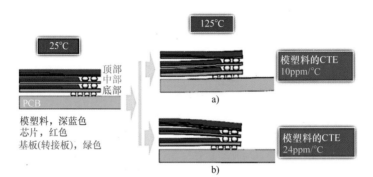

图 16.26　有限元模型说明了当温度从 25℃升至 125℃时，
塑封料的 CTE 极限值对 PoPoP 单个封装的翘曲行为的影响

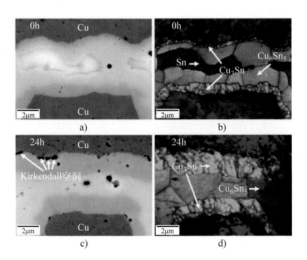

图 17.5　Cu/Sn-Ag/Cu 微凸点的 BSE 和 EBSD 相分布，在 180℃等温退火过程中的微结构演化特征[7]
a）接收态　b）初始状态　c）24h 退火　d）24h 退火

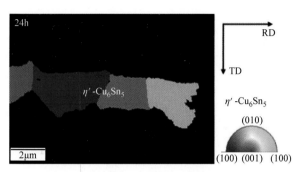

图 17.6　Cu_6Sn_5 微凸采用低温 η'-Cu_6Sn_5 相进行指标化，基于柱状 Cu_6Sn_5 的微凸点中未发现侧向晶界 [7]

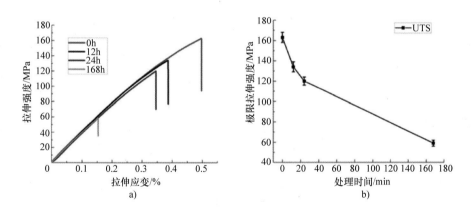

图 17.10　a）210℃破坏性的高温存储 168h 后，Cu/Sn（10μm）/Cu 微连接的拉伸试验曲线
b）附着强度从 163MPa 急剧下降至 60MPa [82]

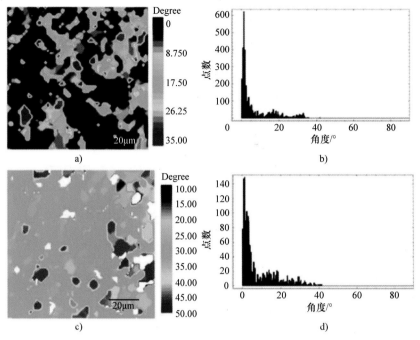

图 17.11   在 250℃下回流 4min 的取向图和直方图
a）、b）Cu/SnPb   c）、d）Cu/Sn

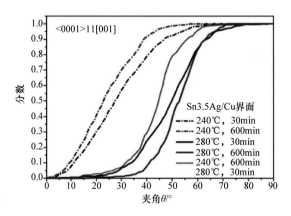

图 17.14   <0001> 取向的 Cu₆Sn₅ 对多晶 Cu 基板 [001] 方向的夹角统计图 [24]

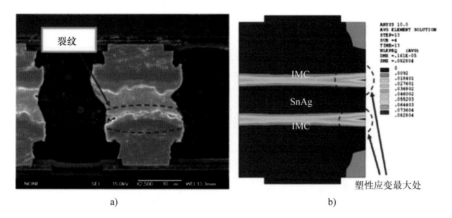

图 17.24　Cu/Ni/Sn2.5Ag/Ni/Cu 微凸点的界面裂纹截面图像

a）SEM 图像中为沿 IMC/ 焊料界面扩展的裂纹　b）有限元分析结果 [27]

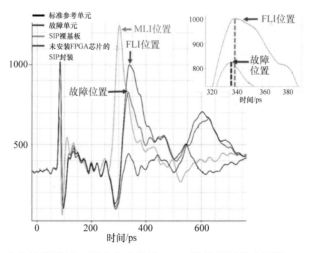

图 18.7　来自故障单元、标准参考单元、SIP 裸基板以及未安装 FPGA 芯片的
SIP 封装的 EOTPR 波形（改编自参考文献 [1]）

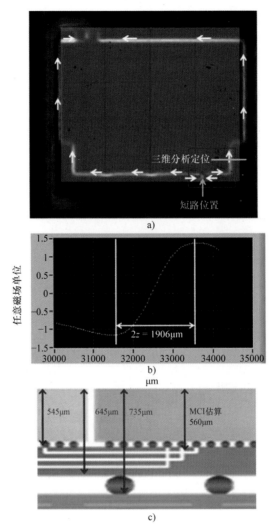

图 18.10 a）具有芯片堆叠结构的三维封装中短路失效的 SSM 分析，短路的 X 和 Y 位置可以通过电流的分析来确定 b），c）电流通路的 z 向位置分析如图 a 所示。沿绿线测量的最小和最大磁场距离为 1906μm。通过将传感器与电流通路距离（953μm，为 1906μm 的一半）减去传感器与试样之间的距离（393μm），估算出试样表面与失效位置之间的距离为 560μm（改编自参考文献 [16]）

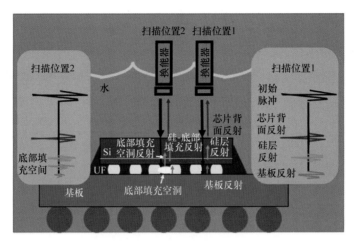

图 18.11 SAM 技术原理图

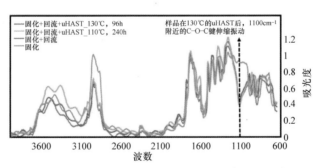

图 18.30 HBM 堆叠间的 NCF 材料的 FTIR 光谱，芯片经过固化、固化 + 回流、固化 + 回流 +uHAST（110℃，240h）、固化 + 回流 +uHAST（130℃，96h）。分析表明只有在 130℃的 uHAST 后形成了 C-O-C 键（改编自参考文献 [54]）

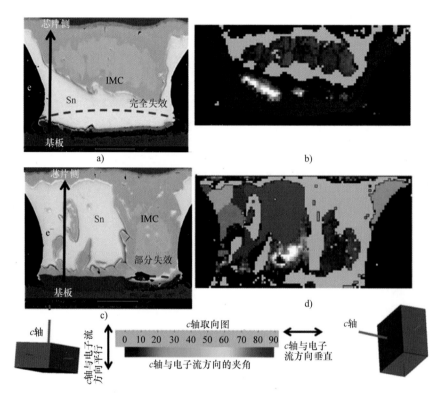

图 18.32 当焊点中单晶 Sn 晶粒的 *c* 轴与电子流方向一致时，电迁移可靠性试验后 Ni 快速溶蚀，图 a 和图 b 分别为失效焊点的 SEM 图像和对应的 EBSD 图像；当焊料中部分锡晶粒的 *c* 轴垂直于电子流方向时，电迁移可靠性试验后镍溶蚀缓慢，图 c 和图 d 分别为未失效焊点的 SEM 图像和对应的 EBSD 图像。（改编自参考文献 [3]）